考工记名物图解（增订本）（上册）

李亚明 著

中国广播影视出版社

图书在版编目（CIP）数据

考工记名物图解. 上册 / 李亚明著. -- 增订本. -- 北京：中国广播影视出版社, 2025.4. -- ISBN 978-7-5043-9304-3

Ⅰ. N092-64

中国国家版本馆 CIP 数据核字第 2025AV4213 号

考工记名物图解（增订本）（上下册）
李亚明　著

出 版 人	纪宏巍
责任编辑	许珊珊
装帧设计	嘉信一丁
责任校对	马延郡

出版发行	中国广播影视出版社
电　　话	010-86093580　010-86093583
社　　址	北京市西城区真武庙二条9号
邮　　编	100045
网　　址	www.crtp.com.cn
电子信箱	crtp8@sina.com

经　　销	全国各地新华书店
印　　刷	涿州市京南印刷厂

开　　本	787毫米×1092毫米　1/16
字　　数	800（千）字
印　　张	52.75
版　　次	2025年4月第1版　2025年4月第1次印刷

书　　号	ISBN 978-7-5043-9304-3
定　　价	168.00元

（版权所有　翻印必究·印装有误　负责调换）

图版 1 河北唐山大城山遗址出土的新石器时代梯形穿孔铜片
【参阅卷一《原材料》"一、五材／（一）金$_1$／1. 金$_2$"】

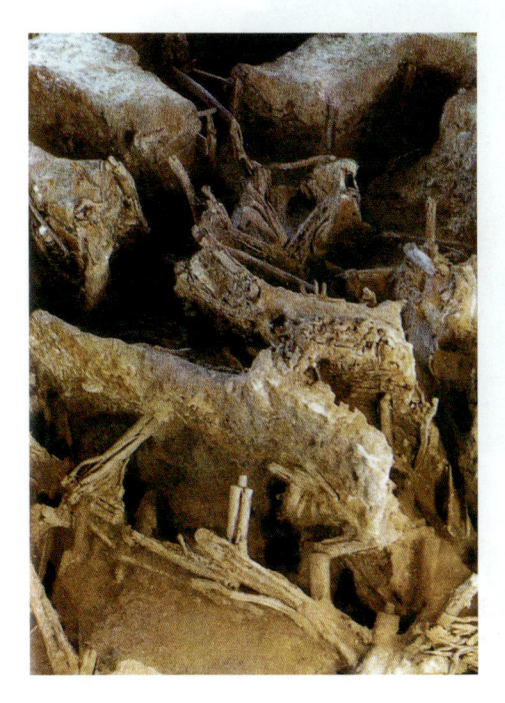

图版 2 湖北铜绿山古铜矿遗址
【参阅卷一《原材料》"一、五材／（一）金$_1$／1. 金$_2$"】

图版 6 青檀

【参阅卷一《原材料》"二、三材∕(二)檀"】

图版 7 河南安阳郭家庄西南商代 M52 车马坑
【参阅卷二《车辆》】

图版 8　湖北枣阳郭家庙西周晚期至春秋早期曾国墓地 GCHK1 车坑
【参阅卷二《车辆》】

图版 9　秦陵 1 号铜马车复原图
【参阅卷二《车辆》"一、类别／（一）兵车"】

图版 10　秦陵 2 号铜马车复原图
【参阅卷二《车辆》"一、类别／（三）乘车"】

图版 11 湖北枣阳郭家庙西周晚期至春秋早期曾国墓地 GCHK1 车坑 22 号车出土情景
【参阅卷二《车辆》"二、部件／（二）舆 /5A. 轸₁"】

图版 12 内蒙古宁城甸子乡小黑石沟出土的夏家店上层文化牛车轭
【参阅卷二《车辆》"二、部件／（三）A 辕 /2. 鬲₁"】

图版 13 湖北枣阳郭家庙西周晚期至春秋早期曾国墓地 GCHK1 车坑出土的轭脚
【参阅卷二《车辆》"二、部件／（三）A 辕／2.鬲$_1$"】

图版 14 湖北枣阳郭家庙西周晚期至春秋早期曾国墓地 GCHK1 车衡、车轭出土情景
【参阅卷二《车辆》"二、部件／（三）A 辕"】

图版 15 湖北枣阳郭家庙西周晚期至春秋早期曾国墓地轮毂、车轴出土情景
【参阅卷二《车辆》"二、部件／（四）轮"】

图版 16 加拿大萨斯喀彻温省草原发现的货运马车轮毂（傅全成摄）
【参阅卷二《车辆》"二、部件／（四）轮／1. 毂"】

图版 17　湖北随州季氏梁出土的春秋早期周王孙戈
【参阅卷四《兵器》"一、句兵／（一）戈"】

图版 18　曾侯乙墓出土的战国早期带刺三戈戟
【参阅卷四《兵器》"一、句兵／（二）戟"】

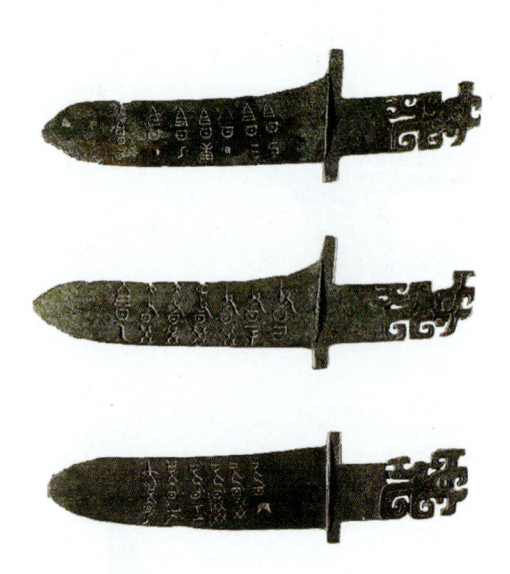

图版 19　辽宁省博物馆藏商代晚期鸟纹内三戈

【参阅卷四《兵器》"一、句兵/（三）戈戟部位/1. 内"】

图版 20　河南洛阳林校出土的西周时期兽纹长胡戈

【参阅卷四《兵器》"一、句兵/（三）戈戟部位/2. 胡"】

图版 21　山东沂水春秋时期纪王崮墓地 M1 出土的三角援铜戈

【参阅卷四《兵器》"一、句兵/（三）戈戟部位/3. 援"】

彩 插 13

图版 22 流落美国的商代晚期镶嵌龙纹铜柲玉戈（弗利尔艺术博物馆藏）
【参阅卷四《兵器》"一、句兵／（四）长柄兵器部位：柲"】

图版 23　山西原平刘庄出土的春秋晚期靴形鐏

【参阅卷四《兵器》"一、句兵/(四)A 长柄兵器部位：庐/2. 晋"】

图版 24　陕西扶风出土的西周中期五齿殳首

【参阅卷四《兵器》"一、句兵/(四)A 长柄兵器部位：庐/3. 首$_1$"】

图版 25　四川博物馆藏战国时期长骹矛

【参阅卷四《兵器》"一、句兵/(四)A 长柄兵器部位：庐/4. 刺"】

图版 26 河南淅川下寺 M2 出土的春秋晚期透雕铜矛
【参阅卷四《兵器》"二、刺兵"】

图版 27　湖北省博物馆藏春秋晚期吴王夫差矛
【参阅卷四《兵器》"二、刺兵"】

图版 28　湖北枣阳郭家庙西周晚期至春秋早期曾国墓地出土的柳叶形短铜矛

【参阅卷四《兵器》"二、刺兵／（一）酋矛"】

图版 29　曾侯乙墓出土的战国早期积竹矜长杆细矛

【参阅卷四《兵器》"二、刺兵／（二）夷矛"】

图版 42　山东沂水春秋时期纪王崮墓地 M1 出土的铜镞
【参阅卷四《兵器》"七、矢"】

图版 43　内蒙古鄂尔多斯朱开沟遗址出土的商代双翼长锋青铜镞
【参阅卷四《兵器》"七、矢/（二）部件/1. 刃"】

图版 44　湖北黄陂盘龙城杨家湾出土的商代铜镞
（自左至右：大后双翼镞，小后双翼镞，宽幅双翼镞）
【参阅卷四《兵器》"七、矢/（二）部件/1. 刃"】

图版 45　河南辉县琉璃阁墓甲出土的春秋晚期铁铤三棱镞
【参阅卷四《兵器》"七、矢 /（二）部件 /2. 铤"】

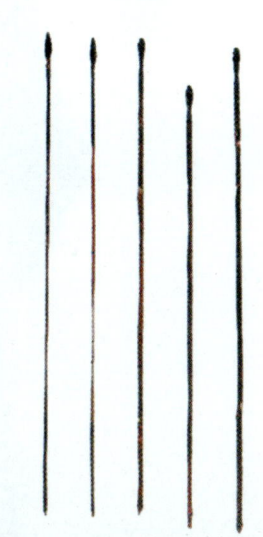

图版 46　曾侯乙墓出土的战国早期长杆箭
【参阅卷四《兵器》"七、矢 /（二）部件 /3. 笴"】

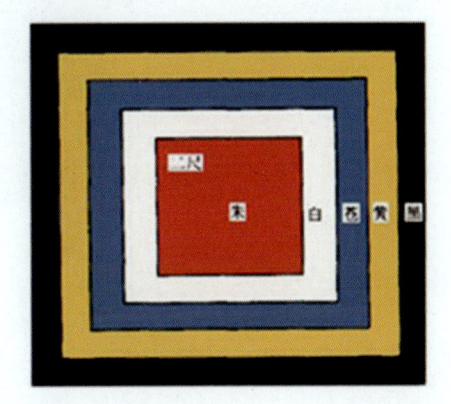

图版 47　五采之侯
【参阅卷四《兵器》"八、侯 /（一）类别 /2. 五采之侯"】

图版 48 曾侯乙墓甲胄复原图
【参阅卷四《兵器》"九、甲";卷八《色彩》"一、五色/(二)赤"】

图版 49 商代兽面纹鹿耳四足青铜甗
【参阅卷五《容器》"一、甗"】

图版 50 河南安阳小屯殷墟妇好墓出土的商代晚期青铜分体甗
【参阅卷五《容器》"一、甗"】

图版 51　河南安阳小屯殷墟妇好墓出土的商代晚期三联铜甗
【参阅卷五《容器》"一、甗"】

图版 52　北京房山琉璃河出土的西周早期圉甗
【参阅卷五《容器》"一、甗"】

图版 53 上海博物馆藏西周早期母癸甗
【参阅卷五《容器》"一、甗"】

图版 54 流落法国的西周时期方甗（玫茵堂藏）
【参阅卷五《容器》"一、甗"】

图版 59　湖北枣阳郭家庙西周晚期至春秋早期周台遗址出土的陶鬲
【参阅卷五《容器》"一、甑 /（二）鬲$_2$"】

图版 60　湖北枣阳郭家庙西周晚期至春秋早期曾国墓地出土的陶鬲
【参阅卷五《容器》"一、甑 /（二）鬲$_2$"】

图版 61　陕西扶风齐家村西周中期 8 号墓出土的云纹盆
【参阅卷五《容器》"二、盆"】

图版 62　河南信阳平西出土的春秋早期樊君盆
【参阅卷五《容器》"二、盆"】

图版 67　商代兽面纹青铜豆
【参阅卷五《容器》"五、豆₁"】

图版 68　湖北枣阳郭家庙西周晚期至春秋早期曾国墓地出土的陶豆
【参阅卷五《容器》"五、豆₁"】

图版 69 春秋晚期错红铜龙纹豆
【参阅卷五《容器》"五、豆₁"】

图版 70 曾侯乙墓出土的战国早期彩绘龙凤纹木雕漆豆
【参阅卷五《容器》"五、豆₁"】

图版 76 河南安阳殷墟出土的商代晚期天觚
【参阅卷五《容器》"八、觚"】

图版 77 河南安阳小屯殷墟妇好墓出土的商代青铜觚
【参阅卷五《容器》"八、觚"】

图版 78 上海博物馆藏商代晚期黄觚
【参阅卷五《容器》"八、觚"】

图版 79 北京房山琉璃河出土的西周早期庶觯
【参阅卷五《容器》"九、觯"】

图版 80 上海博物馆藏西周早期小臣单觯
【参阅卷五《容器》"九、觯"】

图版 84 北京房山琉璃河出土的西周早期兽面纹鼎
【参阅卷五《容器》"十、鼎"】

图版 85 陕西眉县杨家村窖藏西周四十二年逨鼎甲
【参阅卷五《容器》"十、鼎"】

图版 86 陕西眉县杨家村窖藏西周四十二年
逨鼎乙
【参阅卷五《容器》"十、鼎"】

图版 87 上海博物馆藏西周中期大克鼎
【参阅卷五《容器》"十、鼎"】

图版 88　台北故宫博物院藏西周晚期毛公鼎
【参阅卷五《容器》"十、鼎"】

图版 89　上海博物馆藏春秋早期秦公鼎
【参阅卷五《容器》"十、鼎"】

目 录

上册

增订本出版说明 …………………… 1
傅杰教授序 ………………………… 3
李守奎教授序 ……………………… 7
增订本自序 ………………………… 11
阿拉伯语版自序 …………………… 15
前 言 ……………………………… 19

卷一 原材料 ……………………… 1
    一、五材 ……………………… 1
        （一）金₁ …………………… 2
            1. 金₂ ………………… 3
            2. 锡 ………………… 11
        （二）木 …………………… 15
        （三）皮 …………………… 18
        （四）玉 …………………… 20
            1. 全 ………………… 28
            2. 龙 ………………… 29
            3. 瓒 ………………… 29

            4. 埒 ………………… 30
        （五）土 …………………… 31
        （五）A 埴 ………………… 34
    二、三材₁ …………………… 36
        （一）榆 …………………… 36
        （二）檀 …………………… 38
        （三）檀 …………………… 40
    三、六材 ……………………… 40
    三 A、三材₂ ………………… 41
        （一）干₁ …………………… 41
            1. 柘 ………………… 42
            2. 檍 ………………… 43
            3. 檿桑 ……………… 45
            4. 橘 ………………… 47
            5. 木瓜 ……………… 48
            6. 荆 ………………… 49
            7. 竹 ………………… 50
        （二）角 …………………… 53

（三）筋 …… 58	4. 轐 …… 117
（四）胶 …… 61	5A. 軫₁ …… 119
（五）丝 …… 65	5B. 軫₂ …… 122
（六）漆 …… 67	6. 軌₁ …… 123
	7. 任正 …… 125
卷二 车辆 …… 73	8. 邸（軧） …… 126
一、类别 …… 79	（三）輈 …… 127
（一）兵车 …… 79	1. 颈 …… 131
（二）田车 …… 83	2. 軌₂ …… 132
（三）乘车 …… 85	3. 踵 …… 133
（四）饰车 …… 86	4. 軹 …… 136
（五）栈车 …… 86	4A. 兔 …… 137
（六）大车 …… 88	4B. 伏兔 …… 138
（七）柏车 …… 90	5. 当兔 …… 139
（八）羊车 …… 91	（三）A 辕 …… 140
二、部件 …… 93	1. 钩 …… 142
（一）盖 …… 93	2. 鬲₁ …… 143
1. 部₁ …… 95	3. 衡₁ …… 147
2. 弓₁ …… 96	3A. 衡任 …… 150
3. 达常 …… 101	（四）轮 …… 152
3A. 部₂ …… 102	1. 毂 …… 155
4. 桯 …… 102	2. 辐 …… 168
（二）舆 …… 104	3. 牙 …… 174
（二）A 正 …… 107	3A. 渠 …… 177
1. 式 …… 107	3B. 輮 …… 178
2. 较 …… 111	3C. 縿 …… 179
3. 軹₁ …… 113	

	4. 轴 …… 181	五、剑 …… 226
卷三	旗帜 …… 184	（一）身₁ …… 228
	一、龙旗 …… 186	1. 腊 …… 228
	二、鸟旟 …… 188	2. 从 …… 229
	三、熊旗 …… 189	（二）茎 …… 231
	四、龟蛇（旐）…… 191	（三）首₂ …… 233
	五、弧旌 …… 192	六、弓₂ …… 236
卷四	兵器 …… 193	（一）类别 …… 239
	一、句兵 …… 194	1. 句弓 …… 239
	（一）戈 …… 194	2. 侯弓 …… 239
	（二）戟 …… 196	3. 深弓 …… 241
	（三）戈戟部位 …… 199	（二）部件 …… 243
	1. 内（柲）…… 200	1. 峻 …… 243
	2. 胡 …… 202	2. 体 …… 244
	3. 援 …… 203	3. 弦 …… 250
	（四）长柄兵器部位：柲 …… 207	七、矢 …… 250
	（四）A 长柄兵器部位：庐 …… 210	（一）类别 …… 252
	1. 祓 …… 211	1. 鍭矢 …… 252
	2. 晋 …… 213	2. 茀矢 …… 253
	3. 首₁ …… 215	3. 兵矢 …… 255
	4. 刺 …… 219	4. 田矢 …… 255
	二、刺兵 …… 221	5. 杀矢 …… 256
	（一）酋矛 …… 222	（二）部件 …… 258
	（二）夷矛 …… 222	1. 刃 …… 258
	三、毂兵：殳 …… 223	2. 铤 …… 263
	四、刀 …… 224	3. 笴 …… 264

4. 羽 ………………………… 267
　　5. 比 ………………………… 268
八、侯 ……………………………… 268
　（一）类别 ……………………… 272
　　1. 皮侯 ………………………… 272
　　2. 五采之侯 …………………… 272
　　3. 兽侯 ………………………… 273
　（二）部件 ……………………… 274
　　1. 身₂ ………………………… 275
　　2. 鹄 …………………………… 276
　　3. 个（舌）…………………… 276
　　4. 纲 …………………………… 278
　　5. 纲 …………………………… 278
九、甲 ……………………………… 279
　（一）类别 ……………………… 283
　　1. 犀甲 ………………………… 283
　　2. 兕甲 ………………………… 283
　　3. 合甲 ………………………… 285

　（二）部位 ……………………… 287
　　1. 上旅 ………………………… 287
　　2. 下旅 ………………………… 288

卷五　容器 ………………………… 290
一、甗 ……………………………… 290
　（一）甑 ………………………… 292
　　部位：穿 ……………………… 293
　（二）鬲₂ ……………………… 296
二、盆 ……………………………… 299
三、庾 ……………………………… 301
四、簋 ……………………………… 302
【一】【二】【三】【四】部位：唇 … 305
五、豆₁ …………………………… 308
六、勺 ……………………………… 312
七、爵 ……………………………… 315
八、觚 ……………………………… 318
九、觯 ……………………………… 321
十、鼎 ……………………………… 322

下册

卷六　乐器及其悬架 ……………… 327
一、钟 ……………………………… 327
　（一）类别 ……………………… 330
　　1. 大钟 ………………………… 330
　　2. 小钟 ………………………… 331

　（二）部位 ……………………… 332
　　1. 栾 …………………………… 333
　　1A. 铣 ………………………… 334
　　2. 于 …………………………… 334
　　3. 鼓₁ ………………………… 335

4. 钲 ………………………… 342
5. 舞 ………………………… 344
6. 甬 ………………………… 348
7. 衡₂ ………………………… 349
8. 旋 ………………………… 351
9. 斡（榦） …………………… 352
10. 篆₂ ………………………… 353
11. 枚₁ ………………………… 355
11A. 景 ………………………… 357
12. 隧（遂） …………………… 357

二、磬 ……………………………… 359
（一）股₃ …………………… 362
（二）鼓₂ …………………… 363

三、鼓₃ ……………………………… 365
（一）鼖鼓 …………………… 369
（二）皋鼓 …………………… 370

四、笱虡 …………………………… 371
（一）笱 ……………………… 374
（二）虡 ……………………… 377
1. 钟虡 …………………… 378
2. 磬虡 …………………… 379

卷七 丝织品（帛） ……………… 381
卷八 色彩 ………………………… 389
一、五色 …………………………… 389
（一）青 ……………………… 394
（二）赤 ……………………… 396

（三）白 ……………………… 399
（四）黑 ……………………… 403
（四）A 玄 …………………… 405
（五）黄 ……………………… 406

二、画缋 …………………………… 409
（一）文 ……………………… 409
（二）章 ……………………… 410
（三）黼 ……………………… 411
（四）黻 ……………………… 412
（五）绣 ……………………… 413

三、染色 …………………………… 414
（一）纁 ……………………… 415
（二）緅 ……………………… 416
（三）缁 ……………………… 417

卷九 玉器 ………………………… 418
一、圭 ……………………………… 419
（一）镇圭 …………………… 421
（二）命圭 …………………… 421
1. 桓圭 …………………… 422
2. 信圭 …………………… 422
3. 躬圭 …………………… 423
（三）谷圭 …………………… 423
（四）大圭 …………………… 423
（五）祼圭 …………………… 424
（六）琬圭 …………………… 425
（七）琰圭 …………………… 425

（八）琼圭 …………………… 426
　二、璧 ……………………………… 427
　三、圭璧 …………………………… 429
　四、璋 ……………………………… 430
　　（一）大璋 …………………… 431
　　（二）牙璋 …………………… 432
　　（三）中璋 …………………… 435
　　（四）琼璋 …………………… 436
　五、琮 ……………………………… 437
　　（一）璧琮 …………………… 439
　　（二）大琮 …………………… 440
　　（三）驵琮 …………………… 441
　　（四）琼琮 …………………… 441

卷十　都城规划与建设 …………… 446
　一、祖 ……………………………… 447
　二、社 ……………………………… 448
　三、朝 ……………………………… 453
　四、市 ……………………………… 454
　五、宫 ……………………………… 455
　　（一）类别 …………………… 458
　　　1. 堂 ………………………… 458
　　　2. 室 ………………………… 469
　　　3. 门堂 ……………………… 470
　　　4. 茸屋 ……………………… 475
　　　5. 瓦屋 ……………………… 478
　　　6. 囷 ………………………… 481

　　　7. 窌 ………………………… 485
　　　8. 仓 ………………………… 491
　　　9. 城 ………………………… 493
　　（二）部位 …………………… 499
　　　1. 阿 ………………………… 499
　　　2. 墙 ………………………… 504
　　　2A. 逆墙 …………………… 511
　　　3. 门 ………………………… 511
　　　4. 窗 ………………………… 523
　　　5. 阶 ………………………… 525
　　　6. 宫隅 ……………………… 531
　　　7. 城隅 ……………………… 532
　　（三）器具：版 ……………… 533
　六、野 ……………………………… 539
　七、涂 ……………………………… 540
　　（一）经涂 …………………… 543
　　　1. 经 ………………………… 546
　　　2. 纬 ………………………… 547
　　（二）环涂 …………………… 548
　　（三）野涂 …………………… 549
　　（四）堂涂 …………………… 550

卷十一　沟洫 ………………………… 552
　一、畎 ……………………………… 554
　二、遂 ……………………………… 555
　三、沟 ……………………………… 556
　四、洫 ……………………………… 557

五、浍 ……………………… 558
六、防 ……………………… 559
六A、大防 ………………… 564
七、窦 ……………………… 566
八、梢沟 …………………… 575

卷十二 农具 ……………… 577
一、耒 ……………………… 577
（一）直庛 ………………… 579
（二）句庛 ………………… 580
二、耜 ……………………… 581

卷十三 度量衡 …………… 584
度 ………………………… 584
量 ………………………… 585
一、长度单位 ……………… 587
（一）枚$_2$ ……………… 587
（二）寸 …………………… 588
（三）尺 …………………… 589
（四）柯$_1$ ……………… 593
（五）仞 …………………… 594
（六）寻 …………………… 595
（七）常 …………………… 596
（八）雉 …………………… 597
二、宽度单位 ……………… 598
轨 ………………………… 598
三、面积单位 ……………… 601
（一）夫 …………………… 602

（二）井 …………………… 603
（三）成 …………………… 605
（四）同 …………………… 606
四、容积单位 ……………… 608
（一）升 …………………… 609
（二）豆$_2$ ……………… 612
（三）斗 …………………… 614
（四）觳 …………………… 617
（五）鬴 …………………… 618
五、角度：倨句 …………… 619
（一）宣 …………………… 622
（二）橘 …………………… 623
（三）矩 …………………… 623
（四）柯$_2$ ……………… 625
（五）磬折 ………………… 626
（六）规$_1$ ……………… 631
六、测重器具：权 ………… 634
七、测影器具 ……………… 636
（一）槷 …………………… 636
（二）土圭 ………………… 637
（三）规$_2$ ……………… 639

卷十四 六齐 ……………… 644
一、上齐 …………………… 646
（一）钟鼎之齐 …………… 646
（二）斧斤之齐 …………… 648
（三）戈戟之齐 …………… 649

二、下齐 ················· 649
　（一）大刃之齐 ········· 650
　（二）削杀矢之齐 ······· 651
　　1. 削 ················ 651
　　2. 杀矢 ·············· 653
　（三）鉴燧之齐 ········· 653
　　1. 鉴 ················ 654
　　2. 燧 ················ 655

参考文献 ················· 656
索　引 ··················· 683
第一版后记 ··············· 690
增订本后记 ··············· 697
附录一：《四库全书总目》
　　　　著录《考工记》相关文献 ··· 699
附录二：中央人民广播电台
　　　　《品味书香》访谈录 ········· 706

增订本出版说明

《考工记名物图解》于2019年出版后,受到海内外媒体的关注,中央人民广播电台《品味书香》节目、学习强国平台、《中国新闻出版广电报》等媒体对相关内容进行了专门报道与宣传,在文化领域产生了社会影响。北京师范大学王宁教授评价:"就当代的研究现状而言,这部书应是介绍我国载于传世文献的手工业成就最全面的一部图文并茂的书籍。本书同时也传播了在物质文明的背后人民的创造性和一丝不苟、精益求精的工匠精神。"本书阿拉伯语版于2019年被列为"中国图书对外推广计划"项目,于2023年在阿拉伯世界具有较大影响力的埃及斯福萨法出版社(Sefsafa Publishing House)出版;英语版于2023年被列为国家社科基金中华学术外译项目,将由美国著名学术出版机构博睿出版社(Brill)出版。

党的十八大以来,以习近平总书记为核心的党中央高度重视中华文化传承发展工作。从跨湖桥遗址到良渚古城遗址、殷墟遗址,从中国考古博物馆到三星堆博物馆、故宫博物院……大江南北,到处都留下了总书记的足迹。2014年3月,习近平总书记在联合国教科文组织总部发表演讲:"中国人民在实现中国梦的进程中,将按照时代的新进步,推动中华文明创造性转化和创新性发展,激活其生命力,把跨越时空、超越国度、富有永恒魅力、具有当代价值的文化精神弘扬起来,让收藏在博物馆里的文物、陈列在广阔大地上的遗产、书写在古籍里的文字都活起来,让中华文明同世界各国人民创造的丰富多彩的文明一道,为人类提供正确的精神指引和强大的精神动力。"2022年4月,中共中央办公厅、国务院办公厅印发《关于推进新时代古籍工作的意见》要求:"挖掘古籍时代价值。将古籍工作融入国家发展大局,注重国家重大战略实施中的古籍保护传承和转化利用。系统整理蕴含中华优秀传统文化核心思想理念、中华传统美德、中华人文精神的古籍文献，为治国理政提供有益借鉴。""深度整理研究古代科技典籍，传承科学文化，服务科技创新。"2022年10月，习近平总书记在中国共产党第二十次全国代表大会上的报告中指出："中华优秀传统文化源远流长、博大精深，是中华文明的智慧结晶。"2023年6月，习近平总书记在文化传承发展座谈会上发表重要讲话，强调只有全面深入了解中华文明的历史，才能更有效地推动中华优秀传统文化创造性转化、创新性发展，更有力地推进中国特色社会主义文化建设，建设中华民族现代文明。习近平总书记关于中华文化传承发展的系统阐述，是对新时代文化建设实践经验的规律总结。2023年10月，习近平总书记在全国宣传思想文化工作会议上强调，要着力赓续中华文脉、推动中华优秀传统文化创造性转化和创新性发展；会议强调，要紧紧围绕学习贯彻习近平文化思想，围绕贯彻党的二十大关于文化建设的战略部署，促进文化事业和文化产业繁荣发展，推动中华优秀传统文化保护传承。

为了更好地贯彻习近平文化思想中关于着力赓续中华文脉、推动中华优秀传统文化创造性转化和创新性发展的理念，展现中华文明突出特性，促进人类文明发展进程及其多样性的研究，为增强文化自信并实现中华民族伟大复兴的中国梦提供精神动力，《考工记名物图解》增订本以上述精神为指南，运用考古实物与原典名物同步图证的训诂方法，增补近年来最新考古成果和表述方式，增加对《考工记》文本句意的疏解和阐释，突出对先秦精细的工艺制造规格等内容的介绍，进一步类聚呈现《考工记》所载名物蕴含的中国先秦科技史成就，推动具有手工业文化价值和传承意义的冷门绝学"考工学"发展，传播中华优秀传统科技文化知识和大国工匠精神，格物致知，以飨读者。

中国广播影视出版社编辑部
2025年3月

傅杰教授序

1979年秋至1983年夏，小我三岁的亚明是同届的中文系大学生，只是他在杭州大学，我在杭州师范学院。大三之际，鉴于兴趣，加上受邻近的杭州大学姜亮夫、蒋礼鸿先生等古典研究名家的影响，我遂以古典作为主要的钻研方向。后来曾任浙江省作家协会党组书记的同班同学臧军热心地表示，愿介绍亦志于古学而十五岁就考入杭大的他的临安同乡李亚明与我认识，以便切磋交流。那时我已有考杭大研究生之念，他的提议自然让我期待。不料未等他的牵线，我与亚明就不期而遇了。

那时在杭州清泰路上有一家如今早已不存在的古旧书店，在20世纪80年代初期，依然把前后两间旧屋分为公开发行处与内部发行处。内部发行处主要销售1912年至1949年期间出版的旧书，对专业人员及大学生开放，我曾在那里买过多种《丛书集成》与《万有文库》。三年级的一天，我去那里时，竟在书架上看到了闻名已久的本行经典——《万有文库》本高邮王氏父子的《读书杂志》十六册与《经义述闻》十二册，我欣喜若狂地取下来，搁在一边继续淘书。不一会儿，进来一位个子不高、身材瘦小的书生，面露馋相，蠢在那里不停翻着已经有主的书。确定书架上没有复本后，他开始跟我搭讪：

"这是你挑好的？"

我说："是的。"

"你研究古汉语？"

我说："爱好。"

他表示是我的同好，然后问："你能不能让一套给我？随便哪套。"

这当然是不可能的。

之后互通姓名——没错，他就是李亚明。

1983年，我毕业后考了由姜亮夫先生新组建的杭州大学古籍研究所的古典文献学专业研究生，十九岁的亚明毕业分配去浙江中医学院医古文教研室任教。两年以后的1985年，自小圈于湖光山色的他厌倦了江南，起意驰骋海阔天空，于是舍近求远，报考东北师范大学中文系主任刘禾教授的硕士研究生，春节后考试。春节前，我恰在杭师院书亭偶见刘先生的新著《古汉语入门》，当即买了到浙江中医学院送给他。他的舍友说他已回家过年。我匆匆写了个便条，把书寄去临安。然后一切顺利，他真的远赴关外。自此，我们见面的机会就少得多了。不料三十多年后，他在我们共同加入的群中突然晒出那张我早已全无印象的便条：

亚明：

　　今去师院，偶在书亭得见此书，虽为导引初学入门之作，然于其中亦可探知刘先生的学术一斑，对了解刘先生的观点或略有小助。下午送往你处，同室言你已提前返回临安，即此邮上。

　　你年龄小，根底实，置胆怯心理于度外，执复习计划于不懈，成功是必可期的。

　　不多搅扰了，即颂

　　日进！

傅杰

1.22

他竟然没扔掉这张便条！

所以絮叨这些往事，是为了表示，尽管《考工记》是我研究生时代就听过课看过书的，然而此后并无深究，没有序亚明书的资格；但跟亚明已逾四十年的交情，加上他和我逾四十年不变的共同爱好，殊称难得，又很愿意借此机会略缀数言留个纪念。

早已成为儒家经典之一《周礼》组成部分的《考工记》既是文化史，也是科技史上的要籍，李约瑟在《中国科学技术史》中称其为"研究中国古代技术史的最重要的文献"。其中所载各种名物，是我们明古器、究古史的宝贵材料。除《周礼》注疏外，清代程瑶田著《考工创物小记》、戴震著《考工记图》，都下了深厚的功夫，至晚清孙诒让《周礼正义》集其大成。而今中国的文化史、科技史的研究都有了重要的推进，而考古所得的古器物远超古人，因而对《考工记》的研究也在不断地刷新。

昔在杭州大学读硕士研究生时，就听过《考工记》研究名家闻人军教授讲课。后来，他出版了《考工记导读》《考工记译注》等著作。而这些年，《考工记》的研究方兴未艾。举其荦荦大者，2017年，上海古籍出版社推出了闻人军教授以《考工记》研究为主的《考工司南——中国古代科技名物论集》；2019年，也就是在亚明本书第一版出版的同一年，上海教育出版社也推出了我另一位友人也曾是同事的汪少华教授的《〈考工记〉名物汇证》。所以，近年或可堪称《考工记》名物研究的极盛时期。

亚明在接受中央人民广播电台《品味书香》节目专访时，称他撰著的目的之一是"探求中华优秀传统文化一丝不苟、精益求精的工匠精神基因"；而所有一丝不苟、精益求精地研究、传承着中国优秀传统文化的学者，也都值得我们读者衷心致敬。

亚明1988年硕士毕业进京，在中国政法大学当过老师，在中华书局当过编辑，后来又到北京师范大学师从王宁教授攻读博士。他的博士学位论文就是《〈周礼·考工记〉先秦手工业专科词语词汇系统研究》，《考工记》也由此成了他研究的中心。亚明由词义系统的研究为根柢，在发表多篇相关论文后，进而广参前人著述，博稽考古实物，分原材料、车辆、旗帜、兵器、容器、乐器、丝织品、色彩、玉器、都城规划与建设、沟洫、农具、度量衡、六齐等类，一一为其作既持之有故、又通俗易懂的诠释，使读《考工记》简约古朴的原文常陷云里雾里的读者豁然开朗，便于《考工记》的利用，更益于《考工记》的普及，其意义是不言而喻的，受到读者欢迎更是已被证明了的——出版五年以后即有了这个增订本。希望不久的将来，还会有第二次、第三次乃至更多次的增订。

傅杰

浙江大学马一浮书院特聘教授，
全国古籍整理出版规划领导小组成员
2025 年 3 月

李守奎教授序

中国是礼仪之邦，礼非常重要；礼中"器"与"物"非常重要；在礼仪中，正名辨物很重要。这些器与物，对于当时的使用者来说，何为觚何为甒，何为圭何为瓒都不是问题。三代悠远，很多器物或失传，或变化，靠文献中一些零零碎碎的记载，难以复原其形，读书人冥思苦想，终不得解，名与物之间隔着一层，只能靠想象填补。名物，始终是读古书的一大障碍。至于这些器物如何做成，根本不是那些有身份的人考虑的事，后人就更加难以知晓了。

《周礼》是古书中的一部奇书，《周礼》中附有一部更奇的书《考工记》。王公论道，百工作器，论道之作汗牛充栋，作器之书凤毛麟角。《考工记》是我国首部记述官营手工业各工种规范和制造工艺的文献，也是先秦唯一一部详记器物制作的古书，在中国科技史上具有极高地位。全书记述了陶工、制车、木工等手工业的制作工艺和检验方法，以及其他学科知识，并包含了一系列的生产管理和营建制度，但由于时代久远、专业性强，向来难读，"儒者结发从事，今或皓首未之闻"，是块难啃的硬骨头。《考工记》非精研科技史并精于训诂者不能准确解读。

骨头难啃，但总会有人去啃。从语言文字的方向阐明，是谓"名物训诂"，已经是专门的学问，学者视为畏途，读者也视为畏途，从文献到文献，学问很大，训了很多，但最后往往是知者已知,不知者依旧不能确知。我对那些搞名物训诂的学者很钦佩,对那些能考定名物的学者尤其钦佩。

古人很早就想到把那些语言描述的器物转换成视觉图形,"图书"中的"图"应当有很早的来源。就器物图来说,汉代唐代都有人对礼器做图解,但都失传了,我们今天可以看到的是宋人聂崇义的《三礼图》,"三礼"中记载的那些名物,一下子就直观起来;但其中那些依靠文字描述想象出来的图,在今天看来,很多与实物大相径庭。后来的各种图解,也大都是非参半。这些主要依靠文献的图解,画对了自然就解决问题了,画不对就是误解误导。

啃骨头不能只靠牙口,还需要利器。今天啃名物训诂的斩骨刀就是考古学。

《考工记名物图解》就是利用考古发现的实物对《考工记》记载的名物加以图解。文是先秦古文,器是先秦古器,物是先秦古物,彼此对照,文字记载得其实,器物得其名,昭昭若揭。

作者李亚明编审早我师从刘禾先生,我们在东北师大虽然未曾谋面,但我早就知道有一位本科刚毕业就出过专著的很厉害的师兄。亚明兄在北京工作几经曲折,但始终没有忘怀他所醉心的学术研究,不断进取,收获很多。

这部《考工记名物图解》继承乾嘉、章黄学派凡立一义必凭证据的朴实学风,探求中华优秀传统科技文化一丝不苟、精益求精的工匠精神基因,秉承"让书写在古籍里的文字都活起来"的宗旨,在建构《考工记》名物词语系统的基础之上,按照原材料、车辆、旗帜、兵器、容器、乐器及其悬架、丝织品(帛)、色彩、玉器、都城规划与建设、沟洫、农具、度量衡、六齐等名物板块的框架结构,汲取最新的文物考古成果,特别是新中国成立以来的文物考古成果,用系统把看起来像散珠似的各类名物串联起来,十分方便读者更加清晰地阅读和理解《考工记》。《考工记名物图解》配有1000多张高清图片,用与原典同步对应的方式对《考工记》进行图证,逐一按系统类聚350多个名物,是对《考工记》这部中华传统科技文化经典所载名物的当代解读,既有学术含量,又有很强的可读性,图文并茂,雅俗共赏,受到广泛好评和中外广大读者的欢迎。

欣闻增订再版，必当锦上添花。我期望能见到彩色插图版的《考工记名物图解》。不用彩图，"五色"只能想象；用了彩图，"五色"就能图解。此书配彩图，不仅是为了"增色"，更是理解文意所需，是"图解"应有的特色。

李守奎

清华大学中文系、出土文献研究与保护中心教授
国家"2011 计划"出土文献与中国古代文明研究
协同创新中心战国文字研究首席科学家
2025 年 3 月

增订本自序

《考工记·总叙》:"攻木之工,轮、舆、弓、庐、匠、车、梓。攻金之工,筑、冶、凫、栗、段、桃。攻皮之工,函、鲍、韗、韦、裘。设色之工,画、缋、锺、筐、㡛。刮摩之工,玉、楖、雕、矢、磬。搏埴之工,陶、瓬。"孙诒让《周礼正义》:"此记六等工之细目也。"[①]"六工"作为"百工"的一部分,统归"国有六职",体现了高技术含量手工业的专业化,以及社会分工的轮廓。

恩格斯认为:"文明时代是社会发展的这样一个阶段,在这个阶段上,分工,由分工而产生的个人之间的交换,以及把这两者结合起来的商品生产,得到了充分的发展,完全改变了先前的整个社会。"[②]陕西岐山董家村西周铜器窖穴出土卫鼎(乙)(即"九年卫鼎")铭文记载的西周时期贵族用公羊皮和羔羊皮交换土地的活动,就是典型的例子。《考工记·总叙》有关"攻皮之工"的记载,为这个社会分工的例子提供了传世文献的支撑。其中,原材料名物"皮"成为贯串出土文献、传世文献、考古发现西周时期乃至更早动物毛皮实物(或痕迹)及

---

① (清)孙诒让:《周礼正义》,汪少华点校,中华书局,2016,第3765页。
② 中共中央马克思恩格斯列宁斯大林著作编译局:《马克思恩格斯选集》第4卷,人民出版社,1972,第172页。

其蕴含的历史信息的主线。

名物是指"范围比较特定、特征比较具体的专名,也就是草木、鸟兽、虫鱼、车马、宫室、衣服、星宿、郡国、山川以及人的命名,相当于后来的生物、天文、地理、民俗、建筑等科学的术语"。①古籍里记载的名物词,可以成为对考古发现实物资料及其蕴含的历史信息进行阐释的主线,但同时也往往成为古籍佶屈聱牙文本影响读者理解的主要原因。名物训诂的条件和功能在于,考古学可以提供古文献所未尽的古代实物资料,反之,这些实物资料又需要借助古文献来进行阐释。

阐释古籍名物的意义还在于,可为中华文明探源提供文献的支撑。《考工记》名物训诂也不例外。

人类社会进步的根本动力是生产力的发展,在中华文明起源和早期发展过程中,手工业技术发挥了特别重要的作用。国内外学界曾经把文字、城市和冶金术这三个要素作为进入文明社会的标准,但这三个要素并不完备。中华文明探源工程根据中国的实际材料,提出判断进入文明社会的八个新标准——史前农业取得显著发展;手工业技术取得显著进步,部分具有较高技术含量的手工业专业化,并被权贵阶层所掌控;出现显著的人口集中,形成了早期城市;社会贫富、贵贱分化日益严重,形成了掌握社会财富和权力的贵族阶层;形成了金字塔式的社会结构,出现了踞于金字塔顶尖,集军事指挥权、社会管理权和宗教祭祀权于一身的王;血缘关系仍然保留并与地缘关系相结合,发挥着维系社会的重要作用;暴力与战争成为常见的社会现象;形成了王权管理的区域性政体和服从于王的官僚管理机构。②值得注意的是,中华文明探源工程研究成果表明,手工业的发展在文明起源和形成过程中发挥了重要作用。作为文献阐释的支撑,我们以中国最早的手工业文化经典《考工记》为坐标起点,结合考古成果的实物印证,就可以由春秋晚期战国早期回溯夏、商、周三代乃至史前文明社会。例如,由《匠人》考证稻田耕作工具和沟洫灌溉系统,进而回溯三代乃至史前农业的发展;由各篇考证"国有六职"之中,"百工"之"六工"的专业分工,进而回溯三代

---

① 陆宗达、王宁:《训诂方法论》,中华书局,2018,第168页。
② 详见王巍等:《"中华文明探源工程"及其主要收获》,《中国史研究》2022年第4期。

乃至史前手工业的进步和成果；由《匠人》考证都城规划与建设，进而回溯三代乃至史前早期城市的雏形；由《总叙》和《舆人》考证不同阶层乘坐的马车，由《玉人》考证不同阶层拥有的不同纯度和规格的玉制品，由《匠人》考证不同阶层拥有的不同高度的城墙、不同宽度的道路，由《弓人》考证不同阶层使用的不同规格的弓，进而回溯三代乃至史前社会分化的阶层；由《匠人》考证举行祭祀和重要活动的王宫建筑的格局和规模，进而回溯三代乃至史前社会的顶层王权；由《玉人》考证玉器蕴含的社会功能，进而回溯三代乃至史前社会的血缘关系；由《冶氏》《桃氏》《矢人》《弓人》考证各类冷兵器，进而回溯三代乃至史前社会的暴力与战争状况；由《总叙》考证官营手工业管理职能，进而回溯三代乃至史前社会的王权管理政体和机构。特别应予注意的是，恩格斯指出："国家是文明社会的概括。"[①]《考工记》所载都城、宫殿、礼器、兵器等王权名物系统，以及从其延伸回溯的相应的三代乃至史前考古实物，标志着中国在五千多年前业已形成国家，业已进入文明社会。这自然令人想起《礼记·大学》的一段话："古之欲明明德于天下者，先治其国。欲治其国者，先齐其家。欲齐其家者，先修其身。欲修其身者，先正其心。欲正其心者，先诚其意。欲诚其意者，先致其知。致知在格物。物格而后知至，知至而后意诚，意诚而后心正，心正而后身修，身修而后家齐，家齐而后国治，国治而后天下平。"看来，名物训诂作为起点，大有用武之地。

为了把看起来像散珠似的各类名物串联起来，便于读者更加清晰地阅读和理解《考工记》这本难懂的古书，《考工记名物图解》继承乾嘉学派凡立一义必凭证据的朴实学风，遵循章太炎"审名实、重佐证、戒妄牵"的治经原则，从分类阐释名物入手，详审名物词语系统，辅以文物考古成果，于2019年10月出版。近年来，中华文化传承发展日益成为新时代文化建设的重要组成部分，对中华文明起源与早期发展阶段的整体认识不断深化，多学科协同研究取得重要进展，考工学和考古发掘两个方面的成

[①] 中共中央马克思恩格斯列宁斯大林著作编译局：《马克思恩格斯选集》第4卷，人民出版社，1972，第172页。

果日新月异。"岂知精益求精处，更苦当初脱稿时。"[1]我的内心充满了对广大读者和海内外媒体所赐关爱与支持的感激，朝思暮想怎样走出冷门绝学的象牙塔，进一步类聚呈现《考工记》所载名物蕴含的中国先秦科技史成就，推动具有手工业文化价值和传承意义的冷门绝学"考工学"发展，传播中华优秀传统科技文化知识和大国工匠精神。为此，我继续运用考古实物与原典名物同步图证的训诂方法，增补近年来最新考古成果和表述方式，增加对《考工记》文本句意的疏解和阐释，突出对先秦精细的工艺制造规格等内容的介绍，形成增订本，作为文化传承发展的秋实，回馈广大读者的期待和厚爱。

会稽上虞　李亚明 学

2025 年 3 月，北京

---

[1] 晚清林朝崧诗句。

阿拉伯语版自序

这是一位远在北京的作者写给阿拉伯世界读者朋友的序言。

这位作者的童年时代，每天晚上都会听着《一千零一夜》富有想象力和浪漫主义色彩的故事入睡；长大以后，才知道故事的另外一个名字叫《天方夜谭》，来自阿拉伯世界，是民间文学作品里最壮丽的一座纪念碑。顺着这座纪念碑的指引，来到了阿拉伯文明的宝库。

阿拉伯文明有着海纳百川的胸襟，在古希腊罗马文化和西方近代文化之间承前启后，在东西方文明之间架起彩虹般的桥梁，在哲学、医学、数学、化学、天文学、语言学、文学、历史学等诸多领域成就斐然。

放眼东方，黄河流域的古代中国文明与两河流域的古巴比伦文明和尼罗河流域的古埃及文明遥相呼应。中华传统文化的主体是儒家文化，基本典籍是"十三经"。其中的《周礼》通过记述三百多种职官的职掌，记载中国先秦时期社会、政治、经济、文化、风俗、礼法和礼义等一系列制度，阐述对社会政治制度的设想。

有人说，世界工业文明的源头在英国。但纵观历史，无论是古巴比伦、古埃及、古印度还是古代中国，工业文明的真正原始形态都是手工业。《周礼》最后一部分《考工记》是中国第一部记述官营手工业各工种规范和制造工艺的文献，在中国文化史、科技史和工业文明史上具有极高地位。

读者朋友现在手里捧着的这部《考工记名物图解》与您一起携手登高眺望中国古代工业文明的晨曦，回溯先秦手工业的青铜时代。

这部书的阿拉伯语版具有特别的意义。

一是因为阿拉伯语对于人类文明的交流与传播具有非凡的贡献。美国已故前总统尼克松曾经这样评价:"当欧洲还处于中世纪的蒙昧状态的时候,伊斯兰文明正经历着它的黄金时代……几乎所有领域里的关键性进展都是穆斯林在这个时期里取得的……当欧洲文艺复兴时期的伟人们把知识的边界往前开拓的时候,他们的眼光能看得远,是因为他们站在穆斯林世界巨人们的肩膀上。"其背景是,公元9世纪到11世纪,阿拉伯世界开创了一项在世界文化史上有着深远影响的伟大工程——阿拉伯翻译运动,一大批波斯典籍、希腊典籍、印度典籍被翻译为阿拉伯语。这场运动使一大批人类古典文明的辉煌成果得到保存和继承,奠定了西方文艺复兴运动的基础。正如中国国家主席习近平所讲的那样:"每一种文明都是美的结晶,都彰显着创造之美。""文明因多样而交流,因交流而互鉴,因互鉴而发展。"这部阿拉伯语版《考工记名物图解》,可以让阿拉伯世界的读者朋友跨越时空、超越国度,领略中华优秀传统文化中富有永恒魅力并具有当代价值的一丝不苟、精益求精的工匠精神,在审美过程中获得愉悦、感受魅力,在内心深处产生共鸣,加深对中华优秀传统文化的理解和欣赏。

二是因为阿拉伯世界与中国同样具有悠久的文明历史。当我图解《考工记》记载的原材料时,会联想到古埃及人加工金属和石材的情形;当我图解《考工记》记载的车辆时,会联想到古埃及新王国时期第十八王朝法老图坦卡蒙墓的黄金扇形饰板雕刻有熠熠生辉的马车图案;当我图解《考工记》记载的兵器时,会联想到涅伽达文化Ⅱ期的金鞘石刀,出自埃德夫神庙的古埃及国王纳尔迈时期调色板雕刻有侍卫高举长柄兵器的形象,出自麦塞赫提墓的古埃及士兵手持矛、盾,努比亚弓箭手手持弓箭的形象,以及古埃及新王国时期第十八王朝法老图坦卡蒙墓的胸甲;当我图解《考工记》记载的容器时,会联想到涅伽达文化Ⅱ期的彩绘陶罐;当我图解《考工记》记载的乐器时,会联想到古埃及的手鼓;当我图解《考工记》记载的色彩时,会联想到埃德夫神庙的古埃及国王纳尔迈时期的调色板;当我图解《考工记》记载的都城规划与建设时,会联想到古埃及的卡纳克神庙、卢克索神庙、布巴斯蒂斯宫、孟斐斯白墙王城,以及宏伟的古巴比伦城;当我图解《考工记》记载的沟洫时,会联想到古埃及的科希斯坝以及古巴比伦疏治洪水的方式;当我图解《考工记》记载的度量衡时,会联想到阿拉伯数字、十进位制和代数学的传播;当我图解《考工记》记载的冶金剂量时，会联想到聪明的阿拉伯人把炼金术发展为化学，并促进了中世纪后期欧洲化学的诞生……正如中国国家主席习近平所讲的那样："中华文明与阿拉伯文明各成体系、各具特色，但都包含有人类发展进步所积淀的共同理念和共同追求。"知古鉴今，鉴古知今。我相信，从跨越东西方古今文化的图解视角阐释《考工记》，有利于更好地传承这份人类共同的非物质文化遗产。

三是因为阿拉伯世界与中国同样曾经饱受被西方列强欺凌的痛苦，都满怀着民族复兴的希望。中国自1840年鸦片战争以来，超过1000万件文物流失到欧美、日本和东南亚国家及地区。我在图解《考工记》的时候，每每为所写到的中国文物流落天涯而痛心疾首；相信读者朋友在读到本书卷八《色彩》的时候，也一定会联想到流落英国的出自埃及古都阿玛纳的岩片调色板（伦敦大英博物馆藏）。我曾经驻足在巴黎协和广场，想着那尊拉美西斯二世所建的方尖碑何时能够重新回到卢克索神庙塔门前；我曾经徘徊于卢浮宫博物馆，想着那块刻有汉谟拉比法典的石碑何时能够重新回到故里……民族复兴的追梦路上，难免会经历曲折和痛苦，但只要路走对了，就不怕遥远。

衷心期待与阿拉伯世界的读者朋友心手相连、并肩攀登，一起挖掘民族文化传统中的积极处世之道和与当今时代的共鸣点，为深化中阿文化友好合作而努力。

李亚明

2023年12月，北京

前　言

本书的选题策划始于 2017 年，背景是中共中央办公厅、国务院办公厅为建设社会主义文化强国，增强国家文化软实力，实现中华民族伟大复兴的中国梦，印发了《关于实施中华优秀传统文化传承发展工程的意见》。文中提到，为进一步推进中华优秀传统文化传承发展工作，要求加大宣传力度，融通多媒体资源，主动设置主题，创新表达方式，集中打造亮点闪光点，让广大读者观众领略优秀传统文化的非凡价值和魅力，让优秀传统文化活起来、传下去。

中华优秀传统文化的重要载体和强大根基是浩瀚的中华典籍。中华传统文化的主体是儒家文化，基本典籍是"十三经"。其中，《周礼》《仪礼》《礼记》这"三礼"记载了传统的礼法和礼义，是中国古代礼乐文化的理论形态，对中国历代礼制文化具有深远的影响。"三礼"之首为《周礼》，通过记述三百多种职官的职掌，记载中国先秦时期社会、政治、经济、文化、风俗、礼法和礼义等一系列制度，阐述对社会政治制度的设想。

自东汉起，《周礼》成为官方设立的经学典籍之一。"刘歆为王莽国师，始立《周官》经于学官，名为《周礼》，以授杜子春；郑兴受业于子春；传至子众，而贾徽、贾逵并作《周礼解诂》；卫弘、马融、卢植、张恭祖皆治之，唯郑玄《注》集其大成。此汉代《礼》经传授之大略也。"[①] 郑玄的《周礼注》后与唐代贾公彦的《周礼疏》合刊为《周礼注疏》，并被列为《十三经注疏》之一。

---

① 刘师培：《经学教科书》，宁武南氏校印本影印本，中共中央党校出版社，1997，第十三课《两汉礼学之传授》，第 177 页。

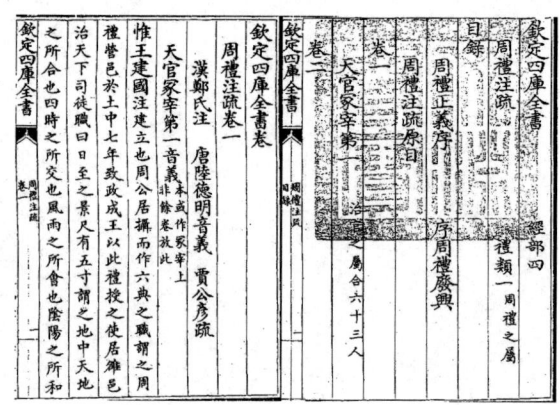

孔子曾经说过这样的话："名不正，则言不顺；言不顺，则事不成；事不成，则礼乐不兴；礼乐不兴，则刑罚不中；刑罚不中，则民无所措手足。故君子名之必可言也，言之必可行也。君子于其言，无所苟而已矣。"[1] 荀子也曾专门论述过"正名"："后王之成名，刑名从商，爵名从周，文名从《礼》。"[2] 贯穿《周礼》全书的，是"正名"的理念。细观各篇，多有"辨某""辨某之名""辨物""辨某物""辨其物""辨某名某物""辨某之物""辨其名物""辨某之名物""辨其某之名物"以及"掌某""掌某之名物""掌某之物名"的表述。例如：

篇目	原文
《天官·庖人》	庖人掌共六畜六兽六禽，辨其名物。
《天官·内饔》	内饔掌王及后、世子膳羞之割、烹、煎、和之事，辨体名肉物，辨百品味之物。
《天官·兽人》	兽人掌罟田兽，辨其名物。
《天官·渔人》	渔人掌以时渔为梁，春献王鲔，辨鱼物，为鲜薧，以共王膳羞。
《天官·职内》	职内掌邦之赋入，辨其财用之物而执其总。
《天官·职币》	振掌事者之余财，皆辨其物而奠其录，以书楬之，以诏上之小用赐予。

---

[1] 《论语·子路》。
[2] 《荀子·正名》。

续表

篇目	原文
《天官·典丝》	典丝掌丝入而辨其物，以其贾楬之。
《地官·大司徒》	大司徒之职，……辨其山林、川泽、丘陵、坟衍原隰之名物。
《地官·司市》	（司市）以陈肆辨物而平市。
《地官·贾师》	贾师各掌其次之货贿之治，辨其物而均平之。
《地官·仓人》	仓人掌粟入之藏，辨九谷之物，以待邦用。
《春官·小宗伯》	毛六牲，辨其名物而颁之于五官，使共奉之；辨六赍之名物与其用，使六官之人共奉之；辨六彝之名物，以待果将；辨六尊之名物，以待祭祀、宾客。
《春官·司几筵》	司几筵掌五几、五席之名物。
《春官·典瑞》	典瑞掌玉瑞、玉器之藏，辨其名物与其用事。
《春官·司服》	司服掌王之吉、凶衣服，辨其名物与其用事。
《春官·龟人》	龟人掌六龟之属……各以其方之色与其体辨之。
《春官·筮人》	筮人掌三易，以辨九筮之名。
《春官·巾车》	巾车掌公车之政令，辨其用与其旗物而等叙之，以治其出入。
《春官·典路》	典路掌王及后之王路，辨其名物与其用说。
《春官·司常》	司常掌九旗之物名，各有属，以待国事。
《春官·家宗人》	凡以神仕者掌三辰之法，以犹鬼、神、示之居，辨其名物。
《夏官·大司马》	群吏撰车徒，读书契，辨号名之用，帅以门名，县鄙各以其名，家以号名，乡以州名，野以邑名，官各象其事，以辨军之夜事。
《夏官·司弓矢》	司弓矢掌六弓、四弩、八矢之法，辨其名物，而掌其守藏与其出入。
《夏官·山师》	山师掌山林之名，辨其物与其利害，而颁之于邦国，使致其珍异之物。
《夏官·川师》	川师掌川泽之名，辨其物与其利害而颁之于邦国，使致其珍异之物。
《夏官·邍师》	邍师掌四方之地名，辨其丘陵、坟衍、邍隰之名物之可以封邑者。
《秋官·职金》	受其入征者，辨其物之媺恶与其数量，楬而玺之。

续表

篇目	原文
《秋官·司厉》	掌盗贼之任器、货贿，辨其物，皆有数量，贾而楬之，入于司兵。
《秋官·司隶》	掌五隶之法，辨其物而掌其政令。
《冬官·总叙》	审曲面埶，以饬五材，以辨民器，谓之百工。

《周礼》全书所"辨"、所掌的"名""物"，就是名物。即"范围比较特定、特征比较具体的专名，也就是草木、鸟兽、虫鱼、车马、宫室、衣服、星宿、郡国、山川以及人的命名，相当于后来的生物、天文、地理、民俗、建筑等科学的术语"。[①]

其中，《周礼》最后一部分《冬官考工记》（以下简称《考工记》）是我国第一部记述官营手工业各工种规范和制造工艺的文献，在中国文化史、科技史和工艺美术史上具有极高地位。全书记述了木工、金工、皮革工、染色工、玉工、陶工六大类、三十个工种，内容涉及先秦时代的制车、兵器、礼器、练染、建筑和水利等手工业的制作工艺和检验方法，以及天文、数学、物理、化学等自然科学知识，记载了一系列的生产管理和营建制度。英国科技史学者李约瑟评价《考工记》"在研究中国古代技术方面无可比拟"[②]；德国计量学者赫尔曼评价："《考工记》是迄今所知中国最古老的技术书籍，同时或许是世界上最古老的技术书籍，但是目前仅极少数中国科技史研究者意识到这一点。欧洲中心主义仍然在西方世界占据主导地位，认为欧洲是人类文明的主要贡献者。

---

① 陆宗达、王宁：《训诂方法论》，中华书局，2018，第168页。
② Joseph N..Science and Civilization in China, Volume 4: Physics and Physical Technology. London: Cambridge University Press, 1965.

许多政客、管理者和民众在所接受的教育和所处社会环境中均相应地受到影响。虽然李约瑟和许多研究中国文明的学者都已经证实,西方国家很多的贡献来源于东方,但这一观点仍有待深入人心。"[1]《考工记》呈现了中国先秦手工业的雏形,我们可以由此眺望中国古代工业文明的一抹晨曦。书中自然述及先秦手工业专科领域的名物。

《礼记·月令》:"孟冬之月……是月也,命工师效功,陈祭器,案度程,毋或作为淫巧,以荡上心,必功致为上。物勒工名,以考其诚,功有不当,必行其罪,以穷其情。"郑玄《礼记注》:"刻工姓名于其器,以察其信,知其不功致。"李学勤《东周与秦代文明》亦谓:"战国时期青铜器、陶器、漆器等,不少记有工匠的身份、籍贯、名氏等项。"[2]例如,《古陶琐萃》录有陶文"高闾豆里人陶者曰泪",《季木藏陶》录有陶文"获阳南里陶者期"等字样。[3]《考工记》之名,盖源于此。

令方彝铭文拓片 　　　　　　伊簋铭文拓片

---

[1] 梁林歆、王烟朦:《口述史法在科技典籍英译文献采集中的应用——以〈考工记〉英译者赫尔曼为例》,《中国科技史杂志》2024年第2期。

[2] 李学勤:《东周与秦代文明》,文物出版社,1984,第210—211页。

[3] 详见朱德熙:《战国陶文和玺印文字中的"者"字》,《古文字研究》第1辑,中华书局,1979。

《考工记·总叙》:"国有六职,百工与居一焉。……审曲面埶,以饬五材,以辨民器,谓之百工。"孙诒让《周礼正义》:"总述百工之事,以发三十工之耑也。……此经五材之工止三十,明百工者举成数众言之。"这里的"百工"指周代司空所管辖的各种工官。此前,河南安阳小屯南地出土的甲骨卜辞和流落美国的西周早期令方彝、流落日本的西周中期伊簋的铭文均有"百工"之词。

前贤注意到:"'百工'在卜辞中属首次发现,但在金文中数见。如:成王时代的令彝百工与卿事寮、诸尹、里君并列,似属于'内服'的最低层,是低级官吏。而在厉王时代的师毁簋中,百工则……是手工业奴隶。金文中对百工的不同记载,可能意味着从西周早期到晚期,百工的地位有了变化。……同时,从金文看,王有直属的百工(如蔡簋、师毁簋、伊簋),诸侯也有直属的百工(如公臣簋)。"①

《尚书·周书·洛诰》:"予齐百工,俾从王于周。"尽管有的注疏径以"百官"解释"百工",但从《洛诰》营建洛邑主题的文意来看,把这里的"百工"理解为工官的总称比较妥帖。

《钦定书经图说》中的垂典百工图、齐工从王图②

---

① 中国社会科学院考古研究所:《小屯南地甲骨》,中华书局,1980,第1022页。
② 孙家鼐等:《钦定书经图说》,清光绪年间内府石印本。

《考工记》所记工艺分六类、三十个工种，包括攻木之工、攻金之工、攻皮之工、设色之工、刮摩之工、搏埴之工等，分别记述木工、金工、皮革、染色、制陶和城市规划等内容。蒋伯潜概括《考工记》全篇的大纲如下：[1]

1. 攻木之工七

（1）轮人——为轮，为盖

（2）舆人——为车（辀人为辀，疑当附此）

（3）弓人——为弓

（4）庐人——为庐器（即戈、矛、殳、戟之柄）

（5）匠人——为城郭道涂宫室

（6）车人——为车柯及耒庛

（7）梓人——为筍虡（钟磬之架），为饮器，为侯（射侯）

2. 攻金之工六

（1）筑氏——为削

（2）冶氏——为杀（即兵器之锋刃）

（3）凫氏——为钟[2]

（4）栗氏——为量

（5）段氏——原文阙（段疑通作锻）

（6）桃氏——为剑

3. 攻皮之工五

（1）函人——为甲

---

[1] 详见蒋伯潜：《十三经概论》，上海古籍出版社，1983。

[2] 元代吴澄认为："周之命官，皆以职命名。……今乃以凫氏为钟之官，无所取义，当以钟氏易之。"[（元）吴澄考注，周梦旸批点：《批点考工部》，中华书局，1991，第41页。]美国考古学者罗泰认为："如《考工记》有原始文本，该是'钟氏为钟'和'凫氏染羽'。"(Lothar von Falkenhausen, Suspended Music: Chime Bells in the Culture of Bronze Age China, Berkeley, Los Angeles, Oxford: University of California Press, 1993, p.65.) 闻人军亦认为："'钟氏染羽'和'凫氏为钟'很可能是一对错简，应校改为'钟氏为钟'和'凫氏染羽'。"(闻人军：《〈考工记〉'钟氏''凫氏'错简论考》，《经学文献研究集刊》第25辑，上海书店出版社，2021。) 录以备考。

（2）鲍人——缝革

（3）韗人——为皋鼓（皋为鼛之借字），为皋陶（皋陶，鼓木）

（4）韦氏——原文阙

（5）裘氏——原文阙

4. 设色之工五

（1）画 ⎫
（2）缋 ⎬ 原文仅总论画缋之事

（3）钟氏——染色①

（4）筐人——原文阙

（5）㡛氏——湅丝

5. 刮磨（摩）之工五

（1）玉人——治圭璧琮璋

（2）楖人——原文阙

（3）雕人——原文阙

（4）磬氏——为磬

（5）矢人——为矢〔矢人隶刮磨（摩）之工，颇为不伦；岂以古矢多用镞耶？〕

6. 搏埴之工二

（1）陶人——为甗、盆、甑、鬲、庾

（2）瓬人——为簋、豆之属

英国科技史学家李约瑟按照现代职业观念将《考工记》内容重新分类如下：②

1. 玉石工

（1）玉工（玉人）

（2）雕刻工（雕人）

---

① 元代吴澄认为："按此职专言染羽之事，绝无及钟者，合改钟作染无疑矣。"[（元）吴澄考注，周梦旸批点：《批点考工韶》，中华书局，1991，第56页。]

② 详见李约瑟：《中国科学技术史》，科学出版社、上海古籍出版社，1999。

（3）制磬工（磬氏）

2. 陶瓷工

（1）陶工（陶人）

（2）砖瓦制模工（瓬人）

3. 木工（攻木之工）

（1）制箭工（槸人，矢人）

（2）制弓工（弓人）

（3）细木工（梓人）

（4）武器柄工（庐人）

（5）测工、营造工、木匠（匠人）

4. 修建渠道和灌溉沟工（以及一般水利技术人员）（匠人）

5. 金属工（攻金之工）

（1）低合金铸工（筑氏）

（2）高合金铸工（冶氏）

（3）制钟铸工（凫氏）[①]

（4）制量具工（栗氏）

（5）制犁工（段氏）

（6）刀剑工（桃氏）

6. 车辆工

（1）轮匠（轮人）

（2）制轮工长（国工）

（3）制车身工（舆人）

（4）制车辕和车轴工（辀人）

（5）车匠（车人）

[①] 《考工记》文本"凫氏"殆应作"钟氏"，说详前注。

7. 制甲（皮革的，不是金属的）工（函人）

8. 鞣革工（攻皮之工）

（1）鞣革工（韦氏）

（2）生革工（鲍人）

（3）皮货工（裘氏）

9. 制鼓工（韗人）

10. 纺织、染色和刺绣工（画缋）

（1）染羽毛工（钟氏）①

（2）制筐工（筐人）

（3）清丝工（㡛氏）

上述分类，可与中华文明探源工程研究结果相互印证，即：大约从距今5800年开始，黄河上中下游、长江上中下游和辽河流域等地区相继出现较为明显的社会分化，出现了琢玉、制骨、冶铜等高技术含量的手工业专业工匠家族。②

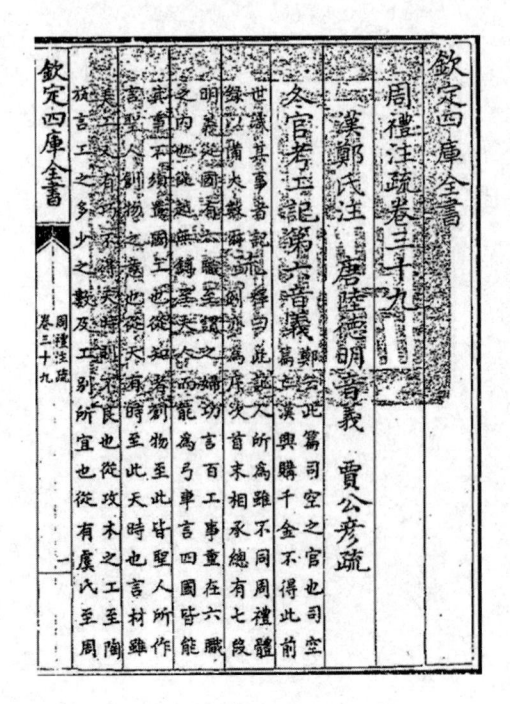

关于《考工记》的国别和成书时代，宋代林希逸《鬳斋考工记解》认为："《考工记》须是齐人为之，盖言语似《谷梁》，必先秦古书也。"清代江永《周礼疑义举要》认为："《考工记》，东周后齐人所作也。……盖齐鲁间精物理、善工事而工文辞者为之。"郭沫若根据《考工记》提到了郑、宋、鲁、吴、越等国，而这些国家进入战国时代不久就都先后灭亡，得出结论："《考工

---

① 《考工记》文本"钟氏"殆应作"髡氏"，说详前注。
② 参见王巍等：《"中华文明探源工程"及其主要收获》，《中国史研究》2022年第4期。

记》实系春秋末年齐国所纪录的官书。"①尽管存在其他纷纭说法②，但多数学者基本上认同林、江、郭的上述观点。

另一方面，《考工记》曾以战国古文的形式流传。西汉河间献王（刘德）因《周官》缺《冬官》篇，以此书补入。刘歆改《周官》名为《周礼》，故名。③孙诒让认为："至此篇本为纪识工事之专书，不为补冬官而作，汉时因其与事职相应，取以补阙耳。"④刘师培认为："《周官》经者，当河间献王时，李氏上《周官》五篇，缺《冬官》一卷，以《考工记》补之。"⑤关于《考工记》与《周礼》的体例关系，唐代贾公彦疏认为："虽不同《周礼》体制，亦为序致首末相承。"《四库全书总目提要》认为："虽不足以当《冬官》，然百工为九经之一，共工为九官之一，先王原以制器为大事，存之尚稍见古制。"⑥

可见，《考工记》自春秋末年起，屡有增补，并非一时、一人之作。

作为滋养《考工记》成书环境的齐文化，是融合东夷文化、商文化和华夏炎黄文化三种文化的结晶。山东淄博桓台史家遗址、青州郝家遗址代表了齐地的夏代岳石文化；济南大辛庄遗址、临淄尧王遗址、青州苏埠屯墓地等代表了齐地的商文化。更令人瞩目的是，早在距今5500年左右，黄河中下游、长江中下游和辽河流域这些不同区域的文明就互相交流，逐渐形成了一些相同的文化基因。一方面，周围地区先进文化因素向中原地区汇聚；另一方面，中原地区夏文明对周围广大地区形成文化辐射。上述地区彼此取长补短、交流互鉴、融会贯通，逐步扩大发展一体化，逐渐形成中华文

---

① 郭沫若：《十批判书·古代研究的自我批判》，《郭沫若文集》，人民出版社，1982。
② 例如刘洪涛：《〈考工记〉不是齐国官书》，《自然科学史研究》1984年第4期。
③ 贾公彦《周礼疏·序》引《后汉书·马融传》："秦自孝公已下，用商君之法，其政酷烈，与《周官》相反。故始皇禁挟书，特疾恶，欲绝灭之，搜求焚烧之独悉，是以隐藏百年。孝武帝始除挟书之律，开献书之路，既出于山岩屋壁，复入于秘府，五家之儒莫得见焉。至孝成皇帝，达才通人刘向、子歆，校理秘书，始得列序，著于录略。然亡其《冬官》一篇，以《考工记》足之。"
④ 孙诒让：《周礼正义》，十三经清人注疏本，汪少华点校，中华书局，2016，第3743页。
⑤ 刘师培：《经学教科书》，宁武南氏校印本影印本，中共中央党校出版社，1997，第十三课《两汉礼学之传授》，第177页。
⑥ 永瑢、纪昀：《四库全书总目提要》（影印本），中华书局，1965，卷十九，经部十九礼类"《周礼注疏》"条。

化圈。正如孔子所述:"殷因于夏礼,所损益,可知也;周因于殷礼,所损益,可知也。其或继周者,虽百世,可知也。"①齐文化也不例外。西周初年,姜太公受封于齐,通过"因其俗、简其礼"的措施,妥善处理好了东夷文化与炎黄文化、周朝新文化之间的关系。春秋时期,管仲治齐,促进了齐文化对儒家思想和法家思想的吸收与融合。战国时期,稷下学官推动百家争鸣,使齐国成为中国最具影响力的文化中心。从某种意义上说,东周时期,天子式微,周礼废弛,而齐国登上了周礼的高峰。正如杨向奎所论:"自清代乾嘉以来,学者乃谓《周礼》一书出于齐。《周礼》一书出于齐,齐之礼俗亦多同于周礼,则谓'周礼在齐',亦不为过。""'周礼在鲁'之外,亦可谓'周礼在齐'。"②《周礼》如此,《考工记》亦不例外。以《考工记》为坐标起点,结合考古成果的实物印证,可以由春秋晚期和战国早期的齐文化拓展至包括列国③在内的整个中华文化圈,并回溯夏、商、周三代乃至史前文明社会。

前代有关《周礼·考工记》的注释和整理文献主要有:汉代郑玄《周礼注》,唐代贾公彦《周礼疏》,宋代林希逸《鬳斋考工记解》,明代徐光启《考工记解》,明代郭正域《批点考工记》,明代徐昭庆《考工记通》,明代程明哲《考工记纂注》,清代江永《周礼疑义举要》,清代程瑶田《考工创物小记》,清代戴震《考工记图》,清代阮元《考工记车制图解》,清代孙诒让《周礼正义》(卷74—86)等。其内容提要和评价,详见《四库全书总目提要》和《续修四库全书总目提要》。

---

① 《论语·为政》。
② 杨向奎:《周礼在齐论——读惠士奇〈礼说〉》,《管子学刊》1988年第3期。
③ 例如楚国等,参见后德俊:《楚文物与〈考工记〉的对照研究》,《中国科技史料》1996年第1期。

《考工记》呈现了中国先秦手工业的雏形，我们可以由此眺望中国古代工业文明的一抹晨曦。本书秉承"让书写在古籍里的文字都活起来"的宗旨，在建构《考工记》名物词语系统的基础之上，按照原材料、车辆、旗帜、兵器、容器、乐器及其悬架、丝织品（帛）、色彩、玉器、都城规划与建设、沟洫、农具、度量衡、六齐等名物板块的框架结构，汲取文物考古成果，与《考工记》原典同步对应，类聚名物，图文并茂，提炼并展示中华优秀传统文化中一丝不苟、精益求精的工匠精神，供读者理解和鉴赏。

卷一　原材料

《考工记》反复强调"天时"即不同季节的自然气候条件在原材料选择和加工过程中的重要作用。《总叙》先从正反两个方面阐述经验和教训："天有时，地有气，材有美，工有巧，合此四者，然后可以为良。材美工巧，然而不良，则不时、不得地气也。"意思是说，大自然有四季寒暑，地有刚柔之气，原材料有优良的，工艺有精巧的，把这四个方面的因素结合起来，然后才可以制造出精良的成品。如果原材料优良并且工艺精巧，但制造出来的成品不精良，就是因为不合天时、不得地气的缘故。《总叙》接着逐项阐述不同季节的自然气候条件与自然界各种事物生长衰亡的自然规律之间的密切关系："天有时以生，有时以杀，草木有时以生，有时以死，石有时以泐，水有时以凝，有时以泽，此天时也。"意思是说，大自然使万物按时生长，按时凋敝，草木按时生长，按时凋谢，石头按时裂缝，水按时冻结，按时流淌。《考工记》这种朴素的唯物主义理念里面，已经具有辩证思维的成分了，与恩格斯辩证的生命观不谋而合："生命总是和它的必然结果，即始终作为种子存在于生命中的死亡联系起来考虑的。辩证的生命观无非就是这样。"[①]

一、五材

"五材"特指金、木、皮、玉、土这五种原材料。

《总叙》："或审曲面势，以饬五材，以辨民器。……审曲面势，以饬五材，以辨民

---

① 恩格斯：《自然辩证法》，中共中央马克思恩格斯列宁斯大林著作编译局译，人民出版社，1971，第271页。

器，谓之百工。"意思是说，有的人根据审视曲直形态来整治五种原材料，以制造各种民生器具……根据审视曲直形态来整治五种原材料，以制造各种民生器具的工匠，叫作百工。郑玄注："郑司农云：'……《春秋传》曰："天生五材，民并用之。"谓金、木、水、火、土也。'玄谓此五材，金、木、皮、玉、土。"贾公彦疏："先郑以五材，金、木、水、火、土。后郑不从。……若然，郑知有皮、玉无水、火者，以百工定造器物之人，水、火单用，不得为器物，故不取之。知有皮、玉者，此三十工内，函人为甲，鞄人为皋，陶造鼓，鲍人主治皮，又有玉人之等，故知有皮、玉无水、火者也。"

★文献链接

天生五材，民并用之，废一不可。——《春秋左传·襄公二十七年》

是月也，命工师令百工审五库之量，金、铁、皮、革、筋、角、齿、羽、箭、干，脂、胶、丹、漆，毋或不良。——《礼记·月令》

（一）金₁

这里的"金₁"是广义的金属的通称，包括白金、青金、赤金、黑金、黄金。

《总叙》："烁金以为刃，凝土以为器，作车以行陆，作舟以行水，此皆圣人之所作也。攻金之工六……。攻金之工，筑、冶、凫、栗、段、桃。"意思是说，熔化金属以制造兵刃利器，抟和泥土烧制陶器，发明车辆行驶在陆地，发明舟船航行在水面，这些都是圣人的创造发明。……冶金工匠有六种……冶金工匠包括：筑氏、冶氏、凫氏、栗氏、段氏、桃氏。《说文解字·金部》："金，五色金也。黄为之长。久薶不生衣，百炼不轻，从革不违。西方之行。生于土，从土；左右注，象金在土中形；今声。""金"的金文字形如表所示：

字形	时期	器名	文献来源	编号
![字形1]	西周早期	利簋	《殷周金文集成》	4131
![字形2]	西周中期	同卣		5398
![字形3]	西周晚期	毛公鼎		2841

以《考工记·总叙》所记载的筑、冶、凫、栗、段、桃等"攻金之工"所制成品为例，削刀、箭镞、戈头、戟头、钟、铜量、镈器、剑等均以金属为原材料。

★ 文献链接

天子之六工，曰土工、金工、石工、木工、兽工、草工，典制六材。——《礼记·曲礼下》

1. 金$_2$

这里的"金$_2$"特指铜合金（Cu），锡指一种延展性较强的低熔点金属（Sn）。

《筑氏》："金有六齐，六分其金而锡居一，谓之钟鼎之齐；五分其金而锡居一，谓之斧斤之齐；四分其金而锡居一，谓之戈戟之齐；参（叁）分其金而锡居一，谓之大刃之齐；五分其金而锡居二，谓之削杀矢之齐；金锡半，谓之鉴燧之齐。"意思是说，铜合金有六种配置用量比例：铜锡配置用量比例为六比一的，叫作钟鼎之齐；铜锡配置用量比例为五比一的，叫作斧斤之齐；铜锡配置用量比例为四比一的，叫作戈戟之齐；铜锡配置用量比例为三比一的，叫作大刃之齐；铜锡配置用量比例为五比二的，叫做削杀矢之齐；铜锡配置用量各占一半的，叫作鉴燧之齐。

恩格斯认为，在人类的野蛮时代低级阶段，"铜、锡以及二者的合金——青铜是顶顶重要的金属；青铜可以制造有用的工具和武器……"[1]考古工作者曾在土耳其东部的卡萤泰佩遗址发现距今1万年前的自然铜制品。约公元前6000年，西亚著名的哈拉夫文化、埃利都文化和欧贝德文化都已进入了铜石并用时代，以使用红铜器为标志。考古工作者在叙利亚西南部的TellRamad遗址和伊朗西南部的AliKosh遗址都曾发现出土铜珠。

关于中国早期冶铜术的起源问题，存在"西来说"和"本土说"两种不同的观点。"西来说"认为，铜的冶炼和制作技术由西亚经中亚地区再经河西走廊传入黄河中游地区；[2]"本土说"则认为，从材质、技术模式、发展阶段和演进过程来看，中国与西方早

---

[1] 恩格斯：《家庭、私有制和国家的起源》，中央编译局编译：《马克思恩格斯选集》第四卷，人民出版社，1972。

[2] 详见李水城：《西北与中原早期冶铜业的区域特征及交互作用》，《考古学报》2005年第3期。

期冶铜术的特点不同，中国早期冶铜术有独立的起源。①

中国是世界上最早掌握黄铜冶炼技术的国家之一。陕西临潼姜寨遗址出土的仰韶文化一期（公元前 4700 至前 4000 年）半圆形黄铜片和黄铜管，是含有杂质锡、铁的铜-锌-铅三元合金，黄铜铸造组织，组织不均匀。这是迄今考古发现的中国最早的金属器。

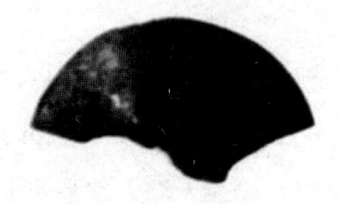

该铜片为液态熔炼铜铸件，证明中国早在距今 6700 年前，就已经制造了熔炼炉和铸范，并铸造铜器。

目前考古发现的中国最早的青铜器是甘肃兰州附近东乡林家马家窑遗址出土的锡青铜刀，距今 4700 多年，年代与西亚两河流域乌尔王朝的青铜器相当。

此刀短柄长刃，刀尖圆钝，微上翘，弧背，刃部前端因使用磨损而凹入。柄端上下内收而较窄，并有明显的镶嵌木把的痕迹。

河北唐山大城山遗址（距今 4300 年至 3800 年）出土的新石器时代梯形穿孔铜片呈红黄色，上有两面对穿的单孔，与石器的钻孔方法相同（参阅图版 1）。

考古工作者曾在河南临汝龙山文化二期煤山遗址遗存的 H28 和 H40 发现炼铜坩埚残片，内壁遗留了多层冶炼过程中形成的铜液凝固残迹，铜的近似值为 95%，属于红铜。②

---

① 详见王建平等：《关于中国早期冶铜术起源的探讨》，《中原文化研究》2014 年第 2 期。
② 详见中国社会科学院考古研究所河南二队：《河南临汝煤山遗址发掘报告》，《考古学报》1982 年第 4 期。

山西绛县周家庄遗址出土的龙山文化时期铜片

年代相当于夏代的甘青地区的齐家文化是早期发现铜器最多的文化,考古发现有铜刀、铜斧、铜锥、铜镞、铜镜、铜泡等;而中原地区的二里头文化则完成了块范法铸造技术的转变,是中国冶金史上的第一个高峰。

山西绛县西吴壁夏商冶铜遗址二里头灰坑出土的铜矿石

二里头第三文化层青铜冶铸遗址附近相同层位出土的青铜爵(参阅图版73)和青铜锛,均由铜锡二元合金铸成。

河南偃师二里头遗址出土的青铜锛

河南偃师二里头遗址出土的铜器残片

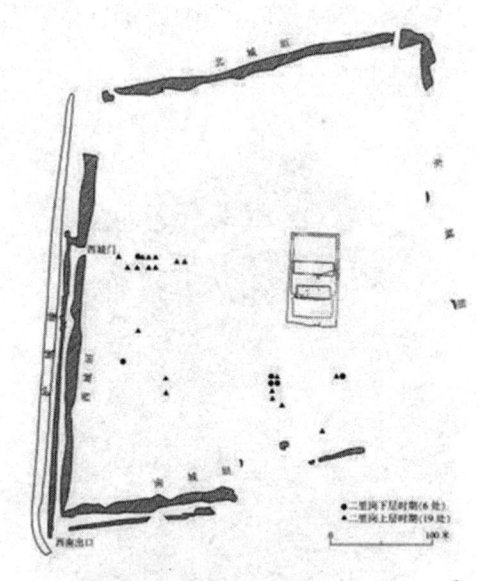

山西垣曲商城青铜冶铸遗迹遗物分布图[①]

考古调查与发掘表明，商代中期以来，就有对长江中下游地带的铜矿资源的开采和冶炼活动。例如，中国古代铜矿采冶活动起始于殷小乙时期。迄今世界上开采时间跨度最长的矿——湖北铜绿山古铜矿遗址有大量先进的井下支护、排水、通风、提升

[①] 佟伟华：《垣曲商城与中条山铜矿资源》，引自《考古学研究》（九），文物出版社，2010。

和冶炼技术，其昭示了中国在距今 3000 多年前就已经掌握了当时世界上最先进的铜矿开发和冶炼技术（参阅图版 2）。

湖北武汉黄陂鲁台山郭元咀遗址出土的商代铜块

华觉明推测："至迟从商代晚期起，在北至辽宁，南至湖南、江西，东至滨海，西至甘肃的广大疆域内，统一的青铜文化已经形成。"[1]

河南安阳任家庄南地商代晚期铸铜遗址 H54 出土的炉壁残块

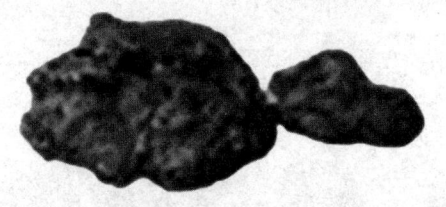

河南安阳任家庄南地商代晚期铸铜遗址 H63 出土的铜残块

---

[1] 华觉明：《中国上古金属文化的技术、社会特征》，《自然科学史研究》1987 年第 1 期。

河南安阳殷墟王陵区侯家庄北地 1 号墓出土的铜片

再如,商周时期,长江中下游地区的安徽安庆至马鞍山的长江沿岸分布有皖南、枞庐(枞阳—庐江)、滁马(滁州—马鞍山)三大铜矿采冶遗址区域,其中皖南区就已至少发现近百处矿冶遗址。另如,江西瑞昌铜岭商周矿冶遗址分布着数十公里范围的孔雀石、蓝铜等次生铜矿。因此,《诗经·鲁颂·泮水》有"憬彼淮夷,来献其琛。元龟象齿,大赂南金"之句。毛传:"南谓荆、扬也。"郑玄笺:"荆扬之州,贡金三品。"孔颖达疏:"金即铜也。"这印证了《周礼·夏官·职方氏》的记载:"东南曰扬州,……其利金、锡、竹、箭。"

安徽铜陵夏家墩遗址 T2 第 5 层出土的西周前期红铜渣

湖北随州叶家山西周墓地 M28 出土的铜锭

西周昭王时期的麦方鼎有"麦赐赤金①用乍（作）鼎"之句。

西周晚期，楚公逆出征汉东，战败的大路铺文化族群向楚国进献铜料"赤金九万钧"，楚公逆钟铭文记载了这段历史（参阅图版3）。

楚公逆钟铭文

安徽铜陵夏家墩遗址出土的西周至春秋早期砷青铜渣断口形貌②

---

① "赤金"特指红铜。
② 崔春鹏等：《安徽铜陵夏家墩遗址出土青铜冶金遗物科学研究》，《考古》2020年第11期。

春秋早期的番君伯龙盘有"隹番君伯龙用其青金[①]"之句。

《考工记·栗氏》："栗氏为量，改煎金锡则不秏。……凡铸金之状，金与锡，黑浊之气竭，黄白次之；黄白之气竭，青白次之；青白之气竭，青气次之：然后可铸也。"这里叙述了冶炼铜锡矿石料的过程——栗氏铸造量器，先反复冶炼铜锡矿石料使之精粹而不存损耗的杂质。冶炼青铜合金时的通常状态是，铜矿石料和锡矿石料的黑色浓烟消失后，接着会出现黄色和白色交融的气体；黄色和白色交融的气体消失后，接着会出现青色和白色交融的气体；青色和白色交融的气体消失后，就剩下青色的气体——然后就可用以浇铸了。这段记载体现了青铜合金冶炼过程中从量变到质变的标准。《考工记·栗氏》："不秏然后权之，权之然后准之，准之然后量之。"江永阐释："先权，以知轻重，准以知大小，然后可量金锡之多寡，入模范使其成，适合一钧也。"[②] 这揭示了《考工记》对于冶炼铜锡矿石料生产活动中，称重量、测算、计量等一系列检验受控量的实际稳态值与预定值之间的精度差的理想检验模式。

国外学界曾经认为，中国没有自己的青铜文化，中国的青铜文化是舶来品，但中国大量考古出土的冶铜文物实物和采冶场面遗迹，以及包括《考工记》在内的文献对冶铜技术的记载，都证明了中华民族悠久而灿烂的青铜文化历史。

★文献链接

职金掌凡金玉锡石丹青之戒令。……入其金锡于为兵器之府。——《周礼·秋官·职金》

[①] "青金"特指青铜。
[②] （清）江永：《周礼疑义举要》，中华书局，1985，卷六。

刑范正，金锡美，工冶巧，火齐得，剖刑而莫邪已。——《荀子·强国》

金柔锡柔，合两柔则为刚。——《吕氏春秋·别类》

2. 锡

锡是一种延展性较强的低熔点金属（Sn），主要以二氧化物（锡石）和各种硫化物（如硫锡石）的形式存在。锡是中国古代"五金"之一。

《总叙》："燕之角，荆之干，妢胡之笴，吴粤之金锡，此材之美者也。"意思是说，吴国和越国的铜和锡都是优良的原材料。郑玄注《攻金之工》："凡金多锡，则忍（刃）白且明也。"《说文解字·金部》："锡，银铅之间也。"

内蒙古克什克腾旗哈巴其拉遗址发掘区中南部H1、H2、H3和H12残存的冶锡炉渣，表明早在公元前1400年至前1200年间（相当于商代中晚期），中国境内就已经有了冶锡活动。

内蒙古克什克腾旗哈巴其拉遗址H2灰烬层

迄今发现最早的纯锡物品是河南安阳殷墟出土的锡块。

考古科技工作者经过合金成分检测，发现陕西宝鸡竹园沟九号墓出土的西周中期锡鼎以锡为主，兼有少量铅、铜、铁的成分，几乎达到了纯锡的标准。

陕西宝鸡竹园沟九号墓出土的西周中期锡鼎

茹家庄 BRM2 出土的西周中期锡鱼[①]

西周中晚期的虢钟铭文中，有"宫令宰仆易（赐）白金十匀（钧）"之句。

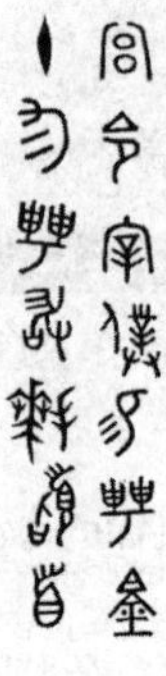

---

① 陈光祖：《商代锡料来源初探》，《考古》2012 年第 6 期。

学者认为，铭文中的"白金"指锡（可能包括铅）。

墓地 M16 出土的西周晚期镀锡铜短剑

陕西岐山孔头沟遗址宋家墓地 M25 出土的西周晚期镀锡铜轭脚饰

春秋晚期吴王光鉴刻有铭文："择厥吉金，玄铣白铣。"

吴王光鉴铭文拓片

曾伯霥簠有铭文："金道锡行。"

曾伯霥簠铭文

陈世辉认为："白镴与锡二词同出现在南方诸国的铭文中，这当不是偶然。我认为这反映着金属锡是南方诸国首先分离出来的。由于南方的冶金技术后来居上，再加上矿源丰富，所以他们能首先把锡提炼出来。"[1] 20世纪90年代以来，江苏南部苏锡地区的西南部曾发现一定规模的地表锡矿体，并存在富锡矿和含锡多金属矿化。位于长江中下游扬子、华夏板块交接地带"江南造山带"北部边缘的江西彭山大型多金属矿田中，曾家垅锡石夕卡岩属于锡多金属矿石。可以作为此种观点的佐证。

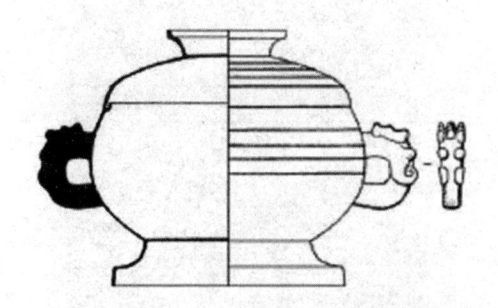

湖北当阳赵家塝8号楚墓出土的锡簠线图

---

[1] 陈世辉：《对青铜器铭文中几种金属名称的浅见》，引自《于省吾教授诞辰100周年纪念文集》，吉林大学出版社，1996，第123页。

湖北当阳赵家塝 8 号楚墓出土的锡簋含锡量为 95.51%，铜铅则未被检出，金相分析也显示属于高纯量的锡器。

（明）宋应星《天工开物》中的炼锡炉图

★ 文献链接

有匪君子，如金如锡，如圭如璧。——《诗经·卫风·淇奥》

矿人掌金玉锡石之地，而为之厉禁以守之。——《周礼·地官·矿人》

（二）木

"木"的甲骨文字形如表所示：

字形	文献来源	编号
✽		5749 宾组
✻	《甲骨文合集》	6614 宾组
✽		27817 何组

"木"的金文字形如表所示：

字形	时期	器名	文献来源	编号
	商代晚期	木父丁爵	《殷周金文集成》	8477
	西周早期	木工册作匕		2246
	西周中期	佣生簋		4265
	西周晚期	散氏盘		10176

由表可见，"木"的甲金文字形上象树枝，中象树干，下象树根，属于象形造字。

《总叙》："凡攻木之工七……。攻木之工，轮、舆、弓、庐、匠、车、梓。"意思是说，治理木材的工匠有七种……治理木材的工匠包括：轮人、舆人、弓人、庐人、匠人、车人、梓人。

距今1.5亿年前的侏罗纪时期，松柏、苏铁、银杏、真蕨、种子蕨等植物被沉积物埋葬后，处于缺水干旱环境中的木质不易腐朽，在漫长的石化过程中，被二氧化硅或碳酸钙、硫化铁等矿物质更替了木质纤维结构，并保存了枝干外形，形成硅化木。

迄今为止最早的木化石是石炭纪早期的裸蕨植物化石。2016年，云南昭通镇雄坪上镇老场村发现距今3亿年至1.5亿年前的二叠纪鳞木化石。

北京动物园陈列的木化石属距今约1.5亿年的中生代侏罗纪。

恩格斯《家庭私有制和国家的起源》认为，木制的容器和用具出现于人类蒙昧时代的高级阶段。国际考古界曾在德国发现距今40万年的木制品，在非洲发现距今20万年的木制品；2014年10月至2015年2月，中国云南玉溪江川甘棠箐旧石器时代遗址出土了距今100万年的数十件木制品。

这些木制品加工形态多呈尖、铲状，保留了切削的痕迹，丰富了该遗址以石器文化为主的文化内涵，体现出古人类生产和生存方式的多样性，不但填补了国内相关领域研究的空白，还是迄今世界上发现时代最早的木制品。

四川资阳濛溪河旧石器时代遗址出土的乌木及其制品（距今5万—7万年）

以《考工记·总叙》所记载的轮、舆、弓、庐、匠、车、梓等"攻木之工"所制成品为例，车轮、车盖、车厢、长兵器柄部、版筑、耒耜、笋虡、饮器、箭靶等均以木材为原材料。

★ 文献链接

弦木为弧，剡木为矢，弧矢之利，以威天下，盖取诸睽。——《周易·系辞下》

谚有之曰："山有木，工则度之；宾有礼，主则择之。"——《左传·隐公十一年》

天子之六工，曰土工、金工、石工、木工、兽工、草工，典制六材。——《礼记·曲礼下》

（三）皮

"皮"指皮革，其金文字形如表所示：

字形	时期	器名	文献来源	编号
𠂤	西周中期	九年卫鼎		2831
𠂤	西周晚期	叔皮父簋	《殷周金文集成》	4090
𠂤	春秋早期	铸叔皮父簋		4127

由表可见，"皮"的金文字形造意皆象用手剥解兽皮的情景，属于会意造字。

《总叙》："攻皮之工五……。攻皮之工，函、鲍、韗、韦、裘。"《梓人》："张皮侯而栖鹄，则春以功。"意思是说，治理皮革的工匠有五种……治理皮革的工匠包括：函人、鲍人、韗人、韦氏、裘氏。《说文解字·皮部》："皮，剥取兽革者谓之皮。"

动物毛皮是人类最古老的衣料。1934年，考古人员在河南安阳侯家庄1004号墓南墓道发现商代后期皮甲残片纹理，尽管整体形状已经湮灭，但地面遗留了皮甲表面的黑、红、白、黄四色漆纹彩绘图案（参阅图版4）。

中国古代防护头颈的装具——胄，经历了一个非金属阶段，即皮革鞣制品或藤条编制品的过程，然后进入青铜及铁质铸造的发展过程。

1981年至1998年，山东滕州前掌大墓地经数次发掘共出

河南安阳侯家庄 M1004 商代后期皮甲残迹线图

土 45 件商代的铜、皮复合胄。

陕西岐山董家村西周铜器窖穴出土卫鼎（乙）（即"九年卫鼎"）的铭文记载了西周贵族用公羊皮和羔羊皮交换土地的活动。

宁夏彭阳姚河塬遗址Ⅰ象限北墓地 M4 西周组墓葬的一个车轮下面叠压着四层髹漆皮革。考古工作者根据其形制和编缀关系推测，可能是皮质盾具。

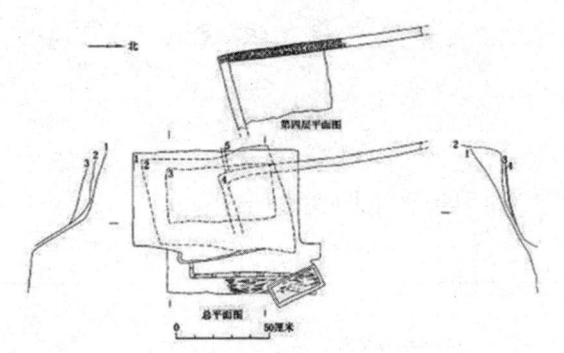

宁夏彭阳姚河塬遗址Ⅰ象限北墓地 M4 西周组墓葬髹漆皮革出土平面图[①]

---

① 宁夏回族自治区文物考古研究所等：《宁夏彭阳姚河塬遗址Ⅰ象限北墓地 M4 西周组墓葬发掘报告（上）》，《考古学报》2021 年第 4 期。

安徽蚌埠双墩钟离君柏墓出土的春秋时期鼓皮

2010年，山东淄博沂源战国晚期墓葬出土八片皮囊，经检测，初步判定为羊皮革制品。

以《考工记·总叙》所记载的函、鲍、韗、韦、裘等"攻皮之工"所制成品为例，护甲、鼓面、毛皮服装等均以皮革为原材料。

★文献链接

掌皮掌秋敛皮，冬敛革，春献之，遂以式法颁皮革于百工，共其毳毛为毡，以待邦事。——《周礼·天官·掌皮》

凡屠者，敛其皮、角、筋、骨，入于玉府。——《周礼·地官·廛人》

昔者先王未有宫室，冬则居营窟，夏则居橧巢；未有火化，食草木之实、鸟兽之肉，饮其血，茹其毛；未有麻丝，衣其羽皮。——《礼记·礼运》

古者丈夫不耕，草木之实足食也；妇人不织，禽兽之皮足衣也。——《韩非子·五蠹》

（四）玉

"玉"指玉石。"玉"的甲骨文字形如表所示：

字形	文献来源	编号
丰		3990
丰	《甲骨文合集》	6653 宾组
丰		9505 宾组

"玉"的金文字形如表所示：

字形	时期	器名	文献来源	编号
王	西周晚期	毛公鼎	《殷周金文集成》	2841
王	春秋晚期	洹子孟姜壶		9729
王	战国晚期	鱼颠匕		980

由表可见，"玉"的甲金文皆象以绳串玉之形。《说文解字·玉部》："玉石之美，有五德：润泽以温，仁之方也；䚡理自外，可以知中，义之方也；其声舒扬，専以远闻，智之方也；不桡而折，勇之方也；锐廉而不技，絜之方也。象三玉之连。丨，其贯也。凡玉之属皆从玉。"

郑玄注《总叙》："郑司农云：'……《春秋传》曰："天生五材，民并用之。"谓金、木、水、火、土也。'玄谓此五材，金、木、皮、玉、土。"意思是说，《考工记》里的五种原材料特指金、木、皮、玉、土。

辽宁阜新市沙拉乡查海遗址出土的新石器时代早期与玉猪龙形体相似的透闪石软玉玉玦，是迄今发现最早的玉材，距今约8000年。

甘肃会宁中川老鸦沟村油坊庄出土的新石器时代青玉质玉芯呈圆台形，底部中央有经人工琢磨并抛光的凹坑。

辽宁阜新查海遗址出土的新石器时代早期透闪石玉玦

甘肃会宁中川老鸦沟村油坊庄出土的新石器时代青玉质玉芯

浙江杭州余杭塘山金村段出土的良渚文化时期玉料

青海民和喇家遗址 M4 出土的齐家文化玉料呈不规则形，切割面残留弧形切割线。

青海民和喇家遗址 M4 出土的齐家文化玉料

同址出土的齐家文化玉璧芯中间有圆形切割凹槽，边缘有旋转切割的痕迹。

青海民和喇家遗址出土的齐家文化玉璧芯

同址出土的齐家文化玉琮芯的外身布满极细的旋转加工痕迹，中心是玉料粗糙的原始面，上端有从中心向外旋转加工的凹槽。

青海民和喇家遗址出土的齐家文化玉琮芯

甘肃会宁老人沟遗址出土的
齐家文化小玉璧及玉璧芯

甘肃武威皇娘娘台遗址出土的
齐家文化玉琮芯

地质科技界与文物考古界联合对中国古代玉器的矿相检测结果表明，中国早期（从仰韶、龙山到夏文化）以装饰为主的古玉器的玉材，以绿松石和水晶（石英）为主。自新石器时代晚期起的郑州大河村的仰韶文化遗址、甘肃齐家文化遗址、山东大汶口文化遗址、辽河红山文化遗址、河南偃师二里头夏墟、山西襄汾陶寺遗址、安阳殷墟和山东滕州前掌大遗址，均出土有绿松石的饰物、串珠和镶嵌物等。

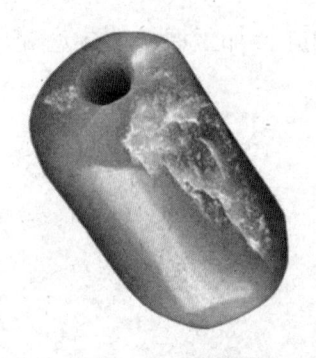

山西襄汾陶寺遗址出土的夏代绿松石管状珠 　　河南偃师二里头遗址出土的镶嵌绿松石铜牌饰

湖北武汉盘龙城遗址杨家湾商代墓葬 M17 出土的金片绿松石兽面形器

湖北武汉盘龙城遗址杨家湾商代墓葬 M17 出土的绿松石片

河南安阳殷墟小屯村 M362 出土的绿松石碎片

山东滕州前掌大遗址出土的商代晚期绿松石兽面形饰

辽西红山文化、山东龙山文化和江浙良渚文化以及殷墟的玉器均以透闪石（Tremolite）为主要矿相的软玉（Nephrite）为原材料。不同玉石制作的物品有所差别，祀礼用的玉璧、玉璜等常用透闪石。

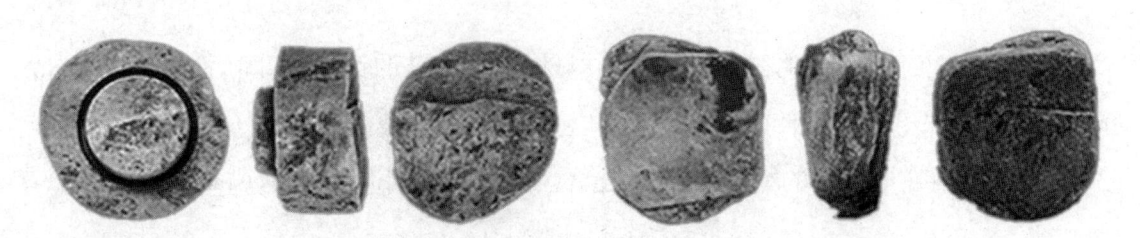

辽宁朝阳半拉山墓地出土的红山文化玉璧毛坯料

河南安阳殷墟宫殿区甲组基址出土的玉料（A、B、C、D、E 是石英岩，F 是石灰岩）

四川广汉三星堆遗址出土的玉料

新疆哈密天湖东商周时期绿松石采矿遗址采集的绿松石矿料

　　夏、商、周时期的联珠组合玉佩件的料珠、管在不同时期用不同质地的材料制成。西周早期，联珠组合玉佩件的料珠、管的玉石材料，主要是硅酸镁（如蛇纹石和透辉石等）；西周中晚期以后的料器就不是玉石，而是人工制造的釉砂（Faience）。[①] 云南

---

① 详见干福熹：《中国古代玉器和玉石科技考古研究的几点看法》，《文物保护与考古科学》2008 年第 20 卷增刊。

曲靖八塔台 M96 出土的春秋时期玉芯，腰部有两面相对的钻痕，应是制作玉器后剩余的芯部。考古学界运用岩石学和宝玉石学的知识和技术，采用无损鉴定方法，对出土的战国时期玉（石）器进行系统的检测和分析，结果表明：曾侯乙墓 26 件出土玉器材质均为软玉，质地细腻；江陵九店 21 件出土玉（石）器中 7 件为软玉，质地相对较粗糙，多有杂质，14 件为云英岩，微粒状结构，质地粗糙；江陵望山 18 件出土玉（石）器，10 件为软玉，质地较均匀，8 件为云英岩，微粒状结构，质地粗糙；荆门包山的 3 件出土玉器材质均为软玉，质地细腻。①

云南曲靖八塔台 M96 出土的春秋时期玉芯

湖北随州战国早期曾侯乙墓出土的玉器有透闪石、大理岩、云母、石英岩玉、萤石、水晶共六类。其中，东室主棺内出土的玉器几乎都是透闪石质。21 世纪 20 年代初，地质学工作者通过红外光谱和 XRF 测试分析，结合部分玉器的风化皮层和戈壁料特征，推测这些透闪石质玉器可能来源于甘肃古玉矿。

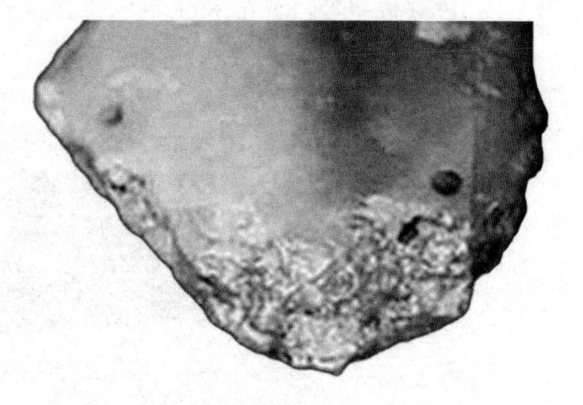

曾侯乙墓出土的玉器的风化皮层和戈壁料表皮特征

---

① 详见朱勤文等：《湖北省博物馆藏出土战国玉（石）器材质研究》，《江汉考古》2016 年第 5 期。

而此前，经中国科学院地质研究所样品鉴定，曾侯乙墓出土的璞料是中国出土玉器中时代最早的新疆软玉戈壁料实物。

曾侯乙墓出土的 E.C.11:46 号玉器（璞料）和 E.C.11:47 号玉器（口塞）

《玉人》记载了全、龙、瓒、埒四种玉石成分比例不同的玉料。

1. 全

天子所用纯玉玉料。《玉人》："天子用全。"意思是说，天子采用纯玉的玉料。郑玄注："玄谓全，纯玉也。"

闻广认为，《玉人》所述分等级、按比例用真假玉的情况，在新石器时代晚期的良渚文化时就已经存在。以良渚文化玉器的玉质纯度为例，第一等级，如浙江杭州余杭反山出土的新石器时代良渚文化玉琮王，全是真玉，相当于"用全"。[①]

浙江杭州余杭反山出土的新石器时代良渚文化玉琮王

[①] 详见闻广等：《沣西西周玉器地质考古学研究——中国古玉地质考古学研究之三》，《考古学报》1993年第 2 期。

2. 龖

公爵所用为玉质纯度80%左右的玉料。《玉人》："上公用龖[①]。"意思是说，公爵采用玉质纯度80%左右的玉料。郑玄注："卑者下尊，以轻重为差。玉多则重，石多则轻。"

闻广认为，以良渚文化玉器的玉质纯度为例，第二等级，真玉居多而杂有假玉，如陕西长安沣西张家坡遗址西周重臣井叔墓出土的玉器的玉质纯度鉴定结果，相当于"用龖"，与其上公身份相符。这说明《玉人》记载的制度在周代社会得到了实际执行。[②]

陕西长安张家坡遗址井叔墓出土的玉琮

3. 瓒

侯爵所用为玉质纯度60%左右的玉料。《玉人》："侯用瓒。"意思是说，侯爵采用玉质纯度60%左右的玉料。《说文解字·玉部》："瓒，三玉二石也。"

闻广认为，以良渚文化玉器的玉质纯度为例，第二等级，如上海青浦福泉山 QFM9 出土的玉器，真玉居多而杂有假玉，相当于"用瓒"。[③]

上海青浦福泉山出土的良渚文化时期神人兽面纹玉琮

[①] 亚明案，各本"龖"作"龍"。郑玄注引郑众语："龍当为龖，龖谓杂色。"兹从二字确已分化和引导读者正确理解的现实角度考虑，依郑众意，引作"龖"。

[②][③] 详见闻广等：《沣西西周玉器地质考古学研究——中国古玉地质考古学研究之三》，《考古学报》1993年第2期。

4. 埒

伯爵所用为玉石参半的玉料。《玉人》："伯用埒。"[①] 意思是说，伯爵采用玉石参半的玉料。

闻广认为，以良渚文化玉器的玉质纯度为例，第三等级，如浙江海宁荷叶地 HHM3 与 HHM9 出土的玉器，真假玉参半，相当于"用埒"。[②]

浙江海宁荷叶地遗址出土的良渚文化时期玉璧

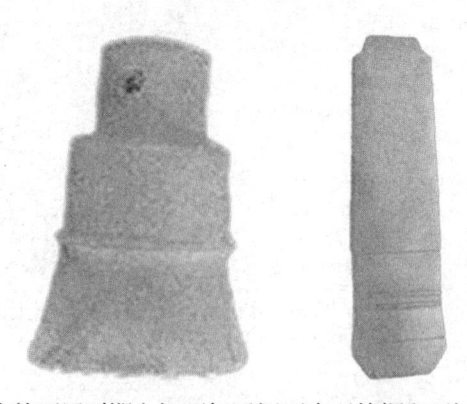

陕西长安张家坡遗址出土的西周时期方解石加透闪石半玉笄帽和天河石加透闪石半玉柄形饰

[①] 亚明案，《说文解字·玉部》"瓒"字引《周礼》作"伯用埒"。阮元《十三经注疏校勘记》："疑今本'埒'作'将'有误。'埒'亦有'杂'义，故郑云'皆杂名也'。"兹从引导读者正确理解的现实角度考虑，依许慎和阮元意，引作"埒"。

[②] 详见闻广等：《沣西西周玉器地质考古学研究——中国古玉地质考古学研究之三》，《考古学报》1993 年第 2 期。

★文献链接

至于治国家，则曰"姑舍女所学而从我"，则何以异于教玉人彫琢玉哉？——《孟子·梁惠王下》

玉在山而草木润，渊生珠而崖不枯。——《荀子·劝学》

★视频链接

《玉石传奇》第一集《玉石之路》

《探索·发现》之《史前古城探秘》：凤凰咀遗址竟然出现了绿松石

《如果国宝会说话》第八集《镶嵌绿松石铜牌饰：金玉共振》

（五）土

"土"指泥土。"土"的甲骨文字形如表所示：

字形	文献来源	编号
⛾	《甲骨文合集》	8490 宾组
⛾		32118 历组
⛾		32119 历组

"土"的金文字形如表所示：

字形	时期	器名	文献来源	编号
⛾	西周早期	大盂鼎	《殷周金文集成》	2837
⛾	西周中期	免簋		4626
⛾	西周晚期	南宫乎钟		181

由表可见，"土"的甲金文都象地上土块的形状。《说文解字·土部》："土，地之吐生物者也。二象地之下、地之中；丨，物出形也。"

《总叙》："凝土以为器，……此皆圣人之所作也。"意思是说，抟和泥土烧制陶器，……这些都是圣人的创造发明。

2012年，江西万年仙人洞遗址出土的新石器时代早期陶片，被确认为有2万年历史，这是世界上已知的最古老陶器，比在东亚和其他各地发现的古陶器早2000年到3000年。

考古科技人员推测，仙人洞遗址出土的陶片可能是以当地的普通黄土为原料烧制。[①] 与此相应，上海闵行马桥遗址堆积地层的第八层出土的良渚文化时期的陶器，地层为灰褐色黏质淤泥，夹烧土碎块；第七层出土的马桥文化时期的印纹硬陶及泥质红陶、泥质灰陶和夹砂陶，地层为灰黑色致密土。

河北徐水高林村南庄头遗址曾发现距今万年以上的两种陶片，一种为夹砂深灰陶，一种为夹砂红褐陶，经碳十四测定，年代距今为 11018±140 至 9690±95 年。[②]

浙江萧山跨湖桥遗址考古发掘出土的距今 8000 年的夏代陶片

云南大理白族自治州剑川县海门口遗址出土的新石器时代晚期陶片和陶器

---

① 详见吴瑞等：《江西万年仙人洞遗址出土陶片的科学技术研究》，《考古》2005 年第 7 期。
② 详见宋澎：《浅谈史前陶器的发明与制造》，《史前研究》2004 年刊。

（五）A 埴

黏土。

《总叙》："搏埴之工二。……搏埴之工，陶、瓬。"郑玄注："埴，黏土也。"贾公彦疏："以手拍黏土以为培，乃烧之。"《总叙》意思是说，拍打黏土制作陶器的工官有两种。……拍打黏土制作陶器的工官有陶人和瓬人。

恩格斯《家庭、私有制和国家的起源》认为，人类野蛮时代的低级阶段从学会制陶术开始。"可以证明，在许多地方，也许是在一切地方，陶器的制造都是由于在编制的或木制的容器上涂上黏土使之能够耐火而产生的。在这样做时，人们不久便发现，成型的黏土不要内部的容器，同样可以使用。"① 新石器时代，世界多个地区采用多种黏土混合制陶技术。中国远古先民在长期生产实践中也发现，黏土掺和水之后，具有较强的可塑性，经火烘焙后具有较强的烧结性，因而适于制作陶器。

科技考古表明，中国古代制陶黏土分为以下类型：普通易熔黏土（如湖北宜都城背溪、枝城北遗址出土的城背溪文化新石器时代中期部分陶器）；高铝质耐火黏土（如山东章丘城子崖遗址出土的龙山文化时期白陶）；高硅质黏土（如江西樟树吴城出土的商代印纹硬陶）；高镁质易熔黏土（如湖北枝江关庙山遗址出土的新石器时代晚期大溪文化时期白陶）。② 浙江余姚河姆渡遗址和桐乡罗家角遗址出土的泥质陶片含有极细的绢云母晶片和石英颗粒；晋南垣曲商城出土的商代前期陶片源自黄河流域沉淀黏土，河南安阳武官大墓出

浙江余姚河姆渡遗址出土的夹炭黑陶敛口釜

---

① 恩格斯：《家庭、私有制和国家的起源》，引自中央编译局编译：《马克思恩格斯选集》第四卷，人民出版社，1972。

② 详见李文杰：《古代制陶所用黏土及羼和料——兼及印纹硬陶与原始瓷原料的区别》，《文物春秋》2021年第1期。

土的商代晚期白陶则源自高岭土类黏土；北京延庆山戎墓地出土的东周陶片属蒙脱石砂质黏土。

大汶口文化黑陶高柄杯
（上海博物馆藏）

山东章丘城子崖遗址出土的龙山文化时期白陶鬶（台北故宫博物院藏）

★ 文献链接

埏埴以为器，当其无，有器之用。——《道德经》第十一章

陶者曰："我善治埴。"——《庄子·外篇·马蹄》

★ 视频链接

《地理·中国》：用来制作砂陶的黏土

★ 文献链接

斫木陶土，器则不匮。——（宋）苏辙《和子瞻次韵陶渊明劝农诗》

又疑晏子矫齐俗，陶土抟泥从俭薄。——（宋）张耒《瓦器易石鼓文歌》

二、三材[1]

"三材[1]"特指制作车轮的毂、辐、牙的三种木材料。

《轮人》："轮人为轮，斩三材，必以其时。三材既具，巧者和之。……轮敝，三材不失职，谓之完。"意思是说，轮人制作车轮，必须按照特定的季节砍伐用来制作车毂、车辐和车轮外框的三种木材。三种木材具备之后，心灵手巧的工匠把它们加工组合成为车轮。……即使车轮磨损坏了，车毂、车辐和车轮外框也不松动变形，堪称完美。郑玄注："三材，所以为毂辐牙也。……今世毂用杂榆，辐以檀，牙以橿也。"意思是说，三材是指所用来制作毂、辐和牙的三种木材。……当今用杂榆木来制作车毂，用檀木来制作车辐，用橿木来制作车轮外框。

（一）榆

榆，落叶乔木。木质坚韧、硬朗，纹理通直、清晰，硬度与强度适中，弹性好，耐湿、耐腐，易烘干，不易变形、开裂，适于雕磨。中国古代通常将榆木作为车轮中心穿轴承辐的有孔圆木（毂）的原材料。

[日]冈元凤《毛诗品物图考》、[日]细井徇《诗经名物图解》中的榆图

《轮人》："凡斩毂之道，必矩其阴阳。阳也者稹理而坚，阴也者疏理而柔，是故以火养其阴而齐诸其阳，则毂虽敝不藃。"意思是说，鉴于用以制作轮毂的榆木向阳部分的纹理致密而坚硬，而背阴部分的纹理疏松而柔软，因此，采伐榆木时一定要对其向阳部分和背阴部分做出不同的标记，以便加工处理榆木时，用火烘烤其背阴部分，使其与向阳部分的特性取得一致。用这种方式制作出来的轮毂即使运转到破旧的程度，也不会发生变形。这说明《考工记》已经认识到，每一种原材料都有各自的特性，只有遵循自然规律，根据其特性去择取，才能制作出符合质量标准的成品。

科技史考古工作者通过植硅石分析和孢粉分析，确证了山西襄汾陶寺遗址有炭化榆木的存在。[1] 中华文明探源工程课题组也在陶寺遗址发掘并采集到了距今 4300 年至 3900 年前龙山文化时期的榆木的炭样。[2] 1932 年至 1933 年，考古学家郭宝钧主持了史语所考古组对河南浚县辛村的四次发掘，清理了从西周早期至春秋初年的墓葬，从 M25.9 中发掘的西周车轭木（木 425）即为榆属。[3] 此外，陕西韩城梁带村考古发现西周晚期至春秋早期芮国（公元前 770 年至前 700 年）墓葬出土的榆木样本，距今 2700 多年。其显微结构如下图所示：

---

[1] 详见姚政权等：《山西襄汾陶寺遗址的植硅石分析》，《农业考古》2006 年第 4 期。
[2] 详见王树芝等：《陶寺遗址出土木炭研究》，《考古》2011 年第 3 期。
[3] 详见何天相：《中国之古木（二）》，《考古学报》1951 年第 5 册。

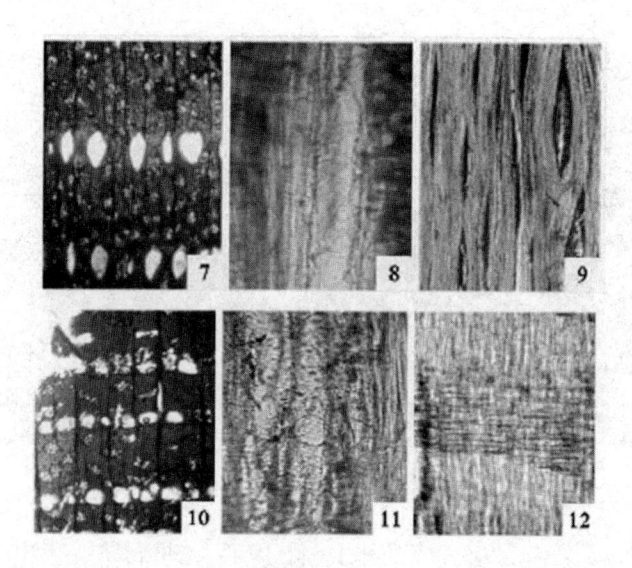

上图中，编号 7 至 9 为 M28 墓葬出土的榆木样本显微结构，[1] 编号 10 至 12 为 M502 墓葬出土的榆木样本显微结构。[2]

★ 文献链接

山有枢，隰有榆。——《诗经·唐风·山有枢》

（二）檀

（清）徐鼎《毛诗名物图说》中的檀图 　　　[日]细井徇《诗经名物图解》中的檀图

---

[1] 冯德君等：《韩城梁带村芮国 M28 墓葬出土木材研究》，《西北林学院学报》2012 年第 5 期。
[2] 赵泾峰等：《韩城梁带村芮国 M502 墓葬出土木材研究》，《西北林学院学报》2012 年第 1 期。

檀，乔木，木质坚硬、细腻，强度较高，耐腐。《诗经·郑风·将仲子》："将仲子兮，无踰我园，无折我树檀。"毛亨传："檀，强韧之木。"中国古代通常将檀木作为车轮辐条的原材料。

★文献链接

坎坎伐檀兮，置之河之干兮；河水清且涟猗。不稼不穑，胡取禾三百廛兮！不狩不猎，胡瞻尔庭有县貆兮！彼君子兮，不素餐兮！坎坎伐辐兮，置之河之侧兮；河水清且直兮。不稼不穑，胡取禾三百亿兮！不狩不猎，胡瞻尔庭有县特兮！彼君子兮，不素食兮！坎坎伐轮兮，置之河之漘兮；河水清且沦猗。不稼不穑，胡取禾三百囷兮！不狩不猎，胡瞻尔庭有县鹑兮！彼君子兮，不素飧兮！——《诗经·魏风·伐檀》

其气不足，则发覵渎盗贼。数剥竹箭，伐檀柘，令民出猎，禽兽不释巨少而杀之，所以贵天地之所闭藏也。——《管子·五行》

（三）檀

檀树，学名檀子木，别称檀子树、老黄檀、黄檀子、栀子树，栎属，半常绿灌木或乔木。木质坚硬，耐久、耐磨损。郭璞注《山海经·西山经》"其上多杻檀"一句："檀，木中车材。"徐锴《说文解字系传·木部》："檍，一名土檀，此名檀则类坚致之木也。"中国古代通常将檀木作为车轮辋（牙）的原材料。

三、六材

"六材"指制作弓的六种复合材料，即干$_1$、角、筋、胶、丝、漆。

《弓人》："弓人为弓，取六材必以其时。六材既聚，巧者和之。……得此六材之全，然后可以为良。"意思是说，弓人制作弓，必须按照季节取用制作弓的六种复合材料。这六种复合材料都具备以后，心灵手巧的工匠把它们加工组合成弓。……只有全部得到这六种完美无瑕的复合材料，然后才能够制作优良的弓。贾公彦疏："此一经主论六材在弓，各有所用，六材相得，乃可为足也。"

★文献链接

弓所以为正者，材也。相材之法视其理，其理不因矫揉而直，中绳则张而不跛，此弓人之所当知也。——（宋）沈括《梦溪笔谈》卷十八

三A、三材₂

"六材"之中,干、角、筋这三种制作弓的复合材料,合称"三材₂"。

《弓人》:"凡为弓,冬析干而春液角,夏治筋,秋合三材。……秋合三材则合。"

意思是说,凡制作弓,冬季剖析弓体,春季用水浸泡加工动物头部的犄角,夏季治理动物肌腱或骨头上的韧带,秋季再把弓体、动物头部的犄角、动物肌腱或骨头上的韧带这三种制作弓的复合材料结合在一起。……秋季把这三种制作弓的复合材料结合在一起,就牢固而致密。

(一)干₁

这里的"干₁"指弓身木,即弓体的基本材料,用以提供射箭的基本动能。

《弓人》:"干也者,以为远也……凡析干,射远者用埶,射深者用直。居干之道,菑栗不迆,则弓不发。……挢干欲孰于火而无赢……弓有六材焉,维干强之,张如流水。"意思是说,弓干用以提供射箭的基本动能,其功能是使箭射得远。……处理弓体材料的原则是,剖析时直而不斜,所制作的弓就不会扭曲。……用火烤制弓体材料要熟而不要太熟。……弓有六种材料,弓体材料强有力,那么张开的弓体就呈现流水似的波浪形。

《弓人》从颜色和叩击声音两个方面提出弓干材料的择材标准:"凡相干,欲赤黑而阳声。赤黑则乡心,阳声则远根。"意思是说,弓干材料要选择颜色赤黑而叩击声音清朗的。这是因为,颜色赤黑,说明木质坚韧;声音清朗,说明木理顺畅。剖析弓干材料时,如果想实现射远的目标,就顺着它弯曲的势头;如果想实现射深的目标,就选用直材。这揭示了干材的颜色与木质以及叩击声音与木理之间前后相继、相互作用的因果关系。

《弓人》还根据弓干材料的质量标准区分为七个等级："凡取干之道七，柘为上，檍次之，檿桑次之，橘次之，木瓜次之，荆次之，竹为下。"意思是说，选取弓体的质量标准分为七等：柘木为上等，其次是檍木，其次是檿桑木，其次是橘木，其次是木瓜树木，其次是荆木，最次是竹子。英国科学史学家李约瑟概括："《周礼》又列举了最适于制弓的木材。按照优先选用的次序，始于名为蚕棘（Silkworm thorn）的硬木，终于竹，中间有：某种水蜡树（檍）、野桑树、橘木、榅桲树（木瓜）和荆，价值依次下降。"[1]

中国古代竹木弓源远流长。除下文提到的浙江萧山跨湖桥遗址出土的新石器时代早期桑木弓外，河南三门峡虢季墓可见两段髹黑漆绘红彩的弧形扁木棒（M2001∶184号木弓）腐朽痕迹；湖北随县曾侯乙墓出土55张弓，其中木弓的干材为弹性和韧性较好的刺槐；江陵望山沙冢1号楚墓出土木弓和竹弓各2张；包山楚墓2号墓、荆门左冢楚墓也均有木弓出土。

湖北江陵藤店1号墓出土的木弓

★ 文献链接

是月也，命工师令百工审五库之量，金、铁，皮、革、筋、角、齿、羽、箭、干，脂、胶、丹、漆，毋或不良。——《礼记·月令》

1. 柘

柘，又名桑柘，桑科落叶灌木或小乔木，木质细密坚韧。《考工记》把柘木当作制作弓干的最佳原材料。

---

[1] 李约瑟：《中国科学技术史》卷五第六分册，科学出版社、上海古籍出版社，2002，第83—84页。

（清）徐鼎《毛诗名物图说》中的柘图 　　　[日]冈元凤《毛诗品物图考》中的柘图

★文献链接

攘之剔之，其檿其柘。——《诗经·大雅·皇矣》

是月也，命野虞毋伐桑柘。——《礼记·月令》

2. 檿

《弓人》把檿木当作制作弓干的第二等原材料。这里的"檿"有三种理解：

第一种理解是，多数版本的《说文解字·木部》自有"檿"字："檿，杶木也。"但段玉裁并不认同："盖浅人谓不当阙檿字而增之。"如按照"杶木"理解，则《尚书·禹贡》："杶榦栝柏。"陆德明《经典释文》："杶本又作櫄。"《山海经》："成侯之山，其上多櫄木。"郭璞注："似樗树，材中车辕。"樗的学名为臭椿，落叶乔木，材质坚韧，纹理直，有光泽，易加工。

椭

第二种理解是，"檍"同"橰"。《说文解字·木部》："橰，梓属。大者可为棺椁，小者可为弓材。"段玉裁注："按，橰、檍古今字。"紫葳科梓属乔木，木材比较常用。

橰

第三种理解是，《尔雅·释木》："杻，檍。"郭璞注："似棣，细叶，叶新生可饲牛，材中车辋，关西呼杻子，一名土橿。"孔颖达《毛诗正义》解《诗·唐风·山有枢》"山有栲，隰有杻"引陆玑疏："杻，檍也。叶似杏而尖，白色，皮正赤，为木多曲少直，枝叶茂好。二月中，叶疏，华如练而细，蕊正白，盖树。今官园种之，正名曰万岁。既取名於亿万，其叶又好，故种之共汲山下，人或谓之牛筋，或谓之檍。材可为弓弩干也。"按此理解，则檍为俗称牛筋木的落叶灌木或小乔木，即中华石楠，花瓣白色，木材坚硬。

（晋）郭璞《尔雅音图》中的杻檍图

中华石楠

对以上三种理解，均录以备考。

3. 檿桑

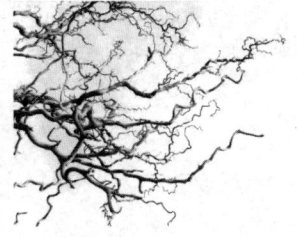

"桑"的甲骨文字形如表所示：

字形	文献来源	编号
![]	《甲骨文合集》	第 29363 何组
![]		第 35489
![]		第 36914 黄组

由表可见，"桑"的甲骨文从木，上附其叶，象桑树之形，属于象形造字。

檿桑即山桑，别称野桑，桑属落叶小乔木或灌木。《尔雅·释木》："檿桑，山桑。"郭璞注："似桑，材中作弓及车辕。"

（晋）郭璞《尔雅音图》中的檿桑、山桑图 　　（清）徐鼎《毛诗名物图说》中的檿图 　　[日]细井徇《诗经名物图解》中的檿图

《弓人》把檿桑木当作制作弓干的第三等原材料。

浙江萧山跨湖桥遗址出土的 8000 多年前的新石器时代早期桑木边材漆弓是目前所能见到的我国最早的弓实物之一。

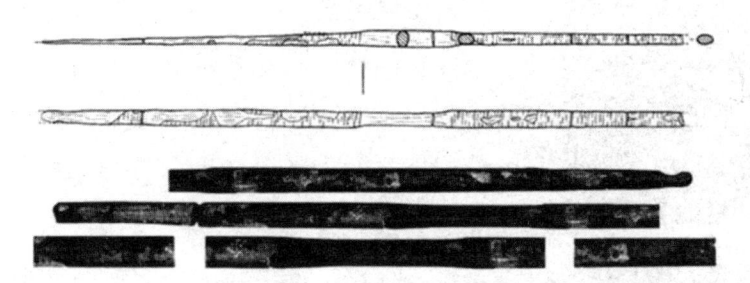

浙江萧山跨湖桥遗址出土的新石器时代桑木边材漆弓

四川成都百花潭出土的战国时期宴乐渔猎攻战纹壶上的采桑纹中，上部有两株枝叶繁茂的桑树，树上有人用篮子采摘桑叶，树下的人有的手挽篮子盛装桑叶，有的头顶篮子搬运桑叶；画面中间有一男子半跪，单手持弓，似展示弓材。

四川成都百花潭出土的战国时期宴乐渔猎攻战纹壶上的采桑纹

★文献链接

蚕月条桑，取彼斧斨，以伐远扬，猗彼女桑。——《诗经·豳风·七月》

檿弧箕服，实亡周国。——《国语·郑语》

4. 橘

橘，芸香科金橘属常绿小乔木，枝多叶密。《弓人》把橘木当作制作弓干的第四等原材料。

★文献链接

后皇嘉树，橘徕服兮。受命不迁，生南国兮。深固难徙，更壹志兮。绿叶素荣，纷其可喜兮。曾枝剡棘，圆果抟兮。青黄杂糅，文章烂兮。精色内白，类任道兮。纷缊宜修，姱而不丑兮。嗟尔幼志，有以异兮。独立不迁，岂不可喜兮？深固难徙，廓其无求兮。苏世独立，横而不流兮。闭心自慎，终不失过兮。秉德无私，参天地兮。愿岁并谢，与长友兮。淑离不淫，梗其有理兮。年岁虽少，可师长兮。行比伯夷，置以为像兮。——《楚辞·九章·橘颂》

橘生淮南则为橘，生于淮北则为枳，叶徒相似，其实味不同。所以然者何？水土异也。——《晏子春秋·内篇杂下第六》

5.木瓜

木瓜，别称木梨、降龙木等，蔷薇科木瓜属，灌木或小乔木，小枝无刺，圆柱形。《弓人》把木瓜木当作制作弓干的第五等原材料。

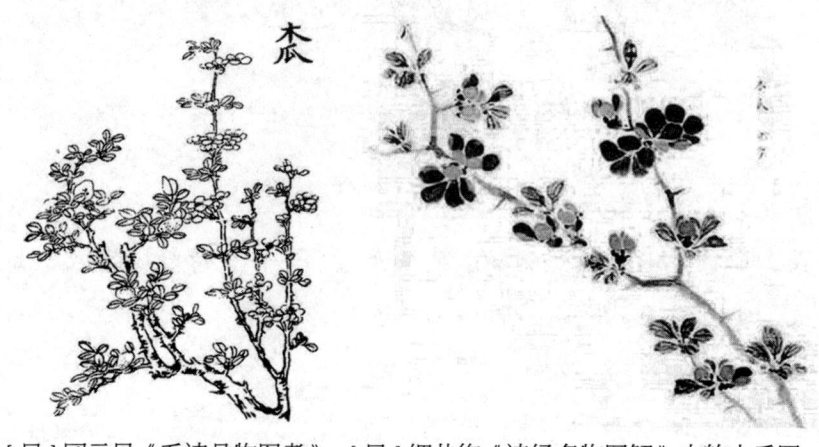

[日]冈元凤《毛诗品物图考》、[日]细井徇《诗经名物图解》中的木瓜图

★ 文献链接

木瓜枝，一尺有百二十节，可为杖。——《本草纲目》果部卷三十引《广志》

6. 荆

荆，落叶乔木或灌木，有紫荆、牡荆等，木纹理直，结构细密。《弓人》把荆木当作制作弓干的第六等原材料。

荆的古名也叫楚、荆楚。

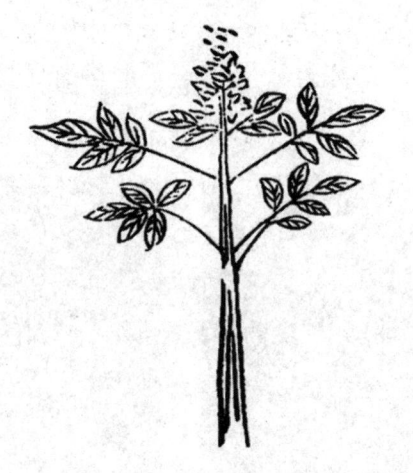

（清）徐鼎《毛诗名物图说》中的楚图

★ 文献链接

三荆欢同株，四鸟悲异林。——（晋）陆机《豫章行》

7. 竹

《甲骨文合集》第108片有"取竹刍于丘"一句，"竹"作 ⋀⋀ 。

"竹"的甲骨文字形如表所示：

字形	文献来源	编号
⋀⋀	《甲骨文合集》	108
⋀⋀		261 宾组
⋀⋀		637
⋀⋀		4746
⋀		4753
⋀⋀		10943
⋀⋀		22067 午组

"竹"的金文字形如表所示：

字形	时期	器名	文献来源	编号
⩕	商代晚期	耳竹爵	《殷周金文集成》	8269

由表可见，"竹"的甲金文字形都象竹叶纷披的样子，属于象形造字。《说文解字·竹部》："竹，冬生艸也，象形。下垂者，箁箬也。"

《弓人》把竹材当作制作弓干的最末等原材料。

春秋、战国时期的贵族大墓里通常同时陪葬木弓和竹弓。

河南光山春秋早期黄君孟夫妇墓 G1 出土的竹弓线图[①]

湖南长沙浏城桥 1 号楚墓出土的战国时期竹弓弓呈黑褐色，弓干完整，做工精细。弣部用三层竹片叠合而成，然后用丝线缠紧，外表髹漆。

湖南长沙浏城桥 1 号楚墓出土的战国时期竹弓

湖北随州曾侯乙墓、江陵望山沙冢楚墓、江陵雨台山楚墓等均有竹弓出土。湖南长沙月亮山 41 号墓出土的战国漆弓弓身用竹子制成，中间一段由四层竹片叠合而成，外缠胶质薄片，再用蚕丝绕紧，表面涂漆。

---

① 河南信阳地区文管会等：《春秋早期黄君孟夫妇墓发掘报告》，《考古》1984 年第 4 期。

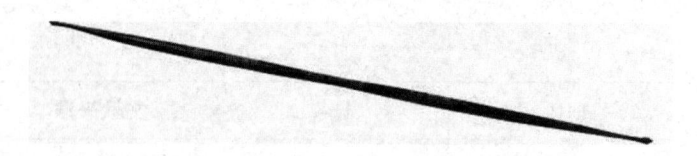

湖南长沙月亮山 41 号墓出土的战国时期漆弓

湖北云梦睡虎地出土的秦代竹弓（编号 M45：31）呈弧形长条，两端较尖，由两块长竹片和两块短竹片构成。长竹片的一端为尖状，另一端较宽。两长竹片的宽端相连接，外边用两块短竹片叠压，并涂黑漆。[①]

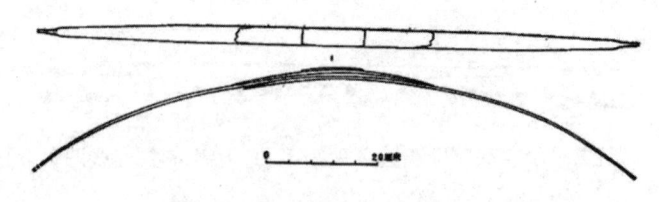

湖北云梦睡虎地出土的秦代竹弓

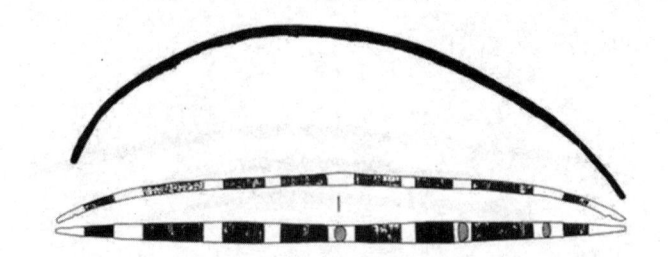

湖南长沙马王堆汉墓出土的竹弓

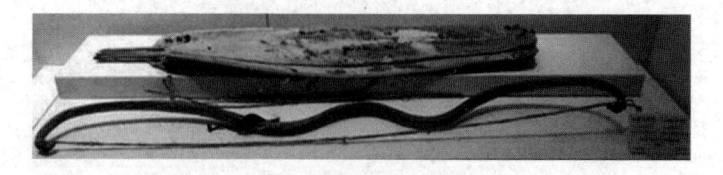

新疆鄯善出土的弓胎为竹制的斯基泰弓

---

① 详见湖北省博物馆：《1978 年云梦秦汉墓发掘报告》，《考古学报》1986 年第 4 期。

★ 文献链接

虎韔镂膺，交韔二弓，竹闭绲滕滕。——《诗经·秦风·小戎》

瞻彼淇奥，绿竹猗猗。……瞻彼淇奥，绿竹青青。……瞻彼淇奥，绿竹如箦。——《诗经·卫风·淇奥》

孔子曰："之死而致死之，不仁而不可为也；之死而致生之，不知而不可为也。是故竹不成用，瓦不成味，木不成斫，琴瑟张而不平，竽笙备而不和，有钟磬而无簨虡。其曰明器，神明之也。"——《礼记·檀弓上》

（二）角

"角"的甲骨文字形如表所示：

字形	文献来源	编号
		670
	《甲骨文合集》	671 宾组
		6057 宾组
		13760

"角"的金文字形如表所示：

字形	时期	器名	文献来源	编号
	商代晚期	角戌父字鼎		18
	西周中期	史墙盘	《殷周金文集成》	10175
	西周晚期	叔角父簋		3959
	战国早期	曾侯乙钟		287

由表可见，"角"的甲金文字形都象牛、羊、鹿等偶蹄类哺乳动物的角的边缘和纹理，属于象形造字。《说文解字·角部》："角，兽角也。"

《总叙》："燕之角，荆之干，妢胡之笴，吴粤之金锡，此材之美者也。"意思是说，燕国的动物头部的犄角是优良的原材料。《弓人》："角也者，以为疾也……凡相角，秋杀者厚，春杀者薄；稚牛之角直而泽，老牛之角紾而昔。疢疾险中，瘠牛之角无泽。角欲青白而丰末。夫角之本，蹙于脑而休于气，是故柔。柔故欲其埶也。白也者，埶之征也。夫角之中，恒当弓之畏。畏也者必桡，桡故欲其坚也。青也者，坚之征也。夫角之末，远于脑而不休于气，是故脆。脆故欲其柔也。丰末也者，柔之征也。角长二尺有五寸，三色不失理，谓之牛戴牛。……柉角欲孰于火而无燂。……维角掌之，欲宛而无负弦。……九和之弓，角与干权。"意思是说，动物头部的犄角可以用来实现箭速飞快的目的。……凡选择角，秋季宰杀的牛角质地较厚，春季宰杀的牛角质地较薄；小牛的角直而润泽，老牛的角弯曲、粗糙而干燥；久病的牛角凹陷不平，瘦瘠的牛角没有润泽。角应当颜色青白而末端丰满。角的根部接近于牛脑而受脑气的温润，所以比较柔韧。由于柔韧，就应当具有自然弯曲的势头。颜色发白，就是自然弯曲的势头的征验。角的中段常贴附在弓把两边弯曲的部位，这样，弓把两边弯曲的部位就必然弯曲。因此，所贴附的牛角应当坚韧。颜色发青，就是坚韧的征验。角的末端远于牛脑而不受脑气的温润，因此比较脆。由于发脆，就应当柔韧。角的末端丰满，就是柔韧的征验。角长二尺五寸，兼有三种特征而纹理没有瑕疵，牛头上顶着的角堪比整头牛的价值。……符合九和标准的弓，角与弓体相称。综上，《考工记》阐明了角材的目标，因时制宜、因对象制宜选取角材，以及角材的颜色和质感与势头之间前后相继、相互作用的因果关系。

《甲骨文合集》第 11139 片隐现"（角）……牛"二字：

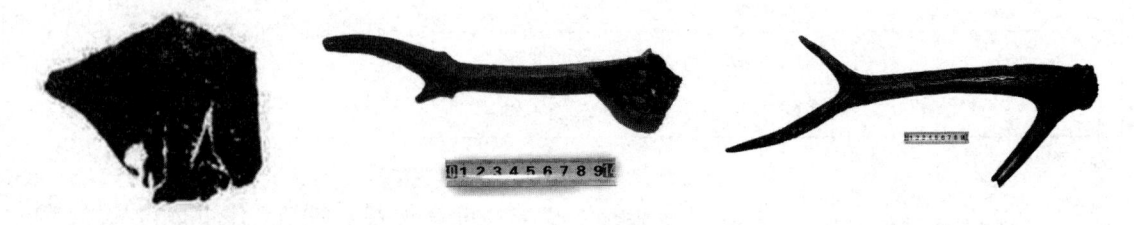

云南玉溪江川甘棠箐旧石器时代遗址出土的旧石器时代轴鹿角化石标本和湖麂角标本（距今 100 万年）

北京房山周口店第 1 地点出土的旧石器时代肿骨鹿角和葛氏斑鹿角化石（上面有火烧和人工破碎的痕迹）

贵州普定穿洞遗址出土的旧石器时代角器

贵州兴义猫猫洞遗址出土的旧石器时代晚期鹿角铲

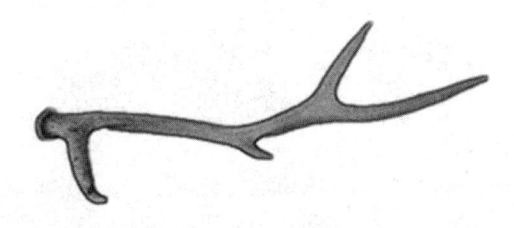

江苏苏州澄湖遗址出土的新石器时代鹿角

河北徐水高林村南庄头遗址出土的新石器时代早期鹿角

河南灵井许昌人遗址 10 号探方出土的新石器时代中期牛角化石

　　河南灵井这对牛角化石的角心和胶质外壳比较完整。从灵井新出土的骨骼看，两角尖之间的复原宽度可达 2.5 米。

　　江苏泗洪新石器时代中期顺山集文化韩井遗址出土的角器（T4②:2）呈不规则柱形，侧面有简单加工形成的劈裂、刮削痕，距今 8000 多年。

江苏泗洪新石器时代中期顺山集文化韩井遗址出土的角器

陕西长安客省庄出土的龙山文化鹿角鹤嘴锄

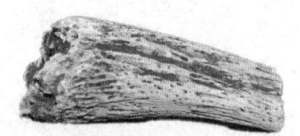

云南大理白族自治州剑川县海门口遗址出土的新石器时代晚期牛角

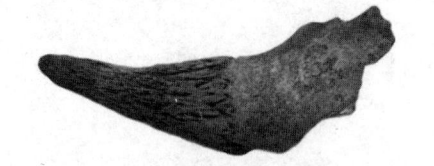

河南洛阳皂角树遗址出土的夏代黄牛角

河南安阳殷墟遗址出土的商代鹿角、黄牛角

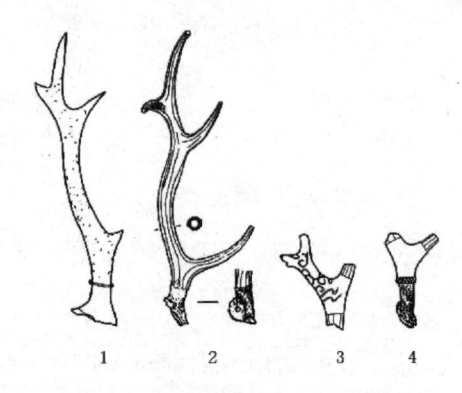

湖北楚墓出土的西周和春秋时期梅花鹿角
（出土地：1.江陵西周器物坑；2.郧县乔家院 M6:16；3、4.当阳曹家岗 M5:1-1、1-2）

湖北随州文峰塔曾侯與墓 M2 出土的春秋时期鹿角

原始的单体弓用单一的天然强韧竹木材料制成；后来发展为一般由竹木材、牛角、筋、胶、丝、漆等复合材料制成复合弓。复合弓的角，可用以增强弓体，提高射箭的初速。一张弓要用两只长度在 60 厘米以上的水牛角。① 不同部位的牛角可用作复合弓不同部位的原材料。例如，弓腹侧的角材用以承受压缩应力，具有很高的复原系数；用牛角的中段做弓腹，可以增强弓体反弹力，起到耐压的作用；角䚸则可用以挂取弓弦。

吐鲁番地区鄯善县洋海 1 号墓地 M90 曾出土一件下限为春秋时期用羚羊角加工磨制而成的骨角䚸（M90:7）。其柄雕成马头形，穿系有带活扣的皮绳，出土时扣在弓箭袋上。弓为反曲弓，使用时弓弦挂在弓上，不使用时取下弓弦，此䚸应是挂弦取弦的工具。②

曾侯乙墓出土的 55 张半月形反曲刺槐木弓的两端弧度内，均有角质弓弭，底部与弓端平齐贴在弓上。长沙近郊发掘的一座战国时期墓中，有一张完整的竹弓，在这张弓的两末端，有弓弧附在上面。弧为角质，全长 5 厘米，上有缺口。③

无独有偶，史载最早的希腊古典时代活跃在欧洲东北部、东欧大草原至中亚一带的游牧民族——斯基泰人，其随居地从俄罗斯平原到中国的河套地区、鄂尔多斯沙漠。斯基泰人在公元前 9 世纪之前主要分布于阿尔泰山以东；公元前 8 世纪中叶，周宣王

---

① 详见仪德刚、张柏春：《北京"聚元号"弓箭制作方法的调查》，《中国科技史料》2003 年第 4 期。
② 详见王鹏辉：《新疆史前考古所出角䚸考》，《文物》2013 年第 1 期。
③ 详见中国科学院考古研究所：《长沙发掘报告》，科学出版社，1957，第 60 页。

征伐猃狁、西戎,斯基泰人受猃狁、西戎压迫而西走南俄。由于水牛角在草原上比较稀缺,斯基泰弓的内胎用北亚独有的北山羊弯曲的羊角制作。

角形与西汉陶器上射手所持斯基泰弓的形象相符。

斯基泰弓的角的部分由两段组合而成,然后与若干段木质弓干结合在一起,外敷筋腱。在弓体制作过程中,把角片粘贴在弓胎内侧,使其覆盖握把段、弓臂段和弓梢段。①

★ 文献链接

骍骍角弓,翩其反矣。兄弟昏姻,无胥远矣。——《诗经·小雅·角弓》

角人掌以时征齿角,凡骨物于山泽之农,以当邦赋之政令,以度量受之,以共财用。——《周礼·地官·角人》

凡造弓,以竹与牛角为正中干质,桑枝木为两梢。弛则竹为内体,角护其外;张则角向内而竹居外。——(明)宋应星《天工开物·佳兵》

(三)筋

筋是附在肌腱或骨头上的韧带。牛筋是弓体制作中非常重要的弹性材料,取自牛背上紧靠牛脊梁骨的那条筋。② 鹿筋也可以作为弓体制作的原材料。

---

① 详见秦延景:《怀中揽月:斯基泰复合弓(下)》,《轻兵器》2016年17期。
② 详见仪德刚、张柏春:《北京"聚元号"弓箭制作方法的调查》,《中国科技史料》2003年第4期。

《弓人》："筋也者，以为深也。……凡相筋，欲小简而长，大结而泽。小简而长，大结而泽，则其为兽必剽，以为弓，则岂异于其兽。筋欲敝之敝……夫目也者必强，强者在内而摩其筋，夫筋之所由幨，恒由此作。……引筋欲尽而无伤其力。……九和之弓，……筋三侔。……大和无灂，其次筋角皆有灂而深，其次有灂而疏，其次角无灂。合灂若背手文。角环灂，牛筋蕡灂，麋筋斥蠖灂。"意思是说，附在肌腱或骨头上的韧带可以用来实现箭射得深的目的。……凡选择附在肌腱或骨头上的韧带，细小的筋丝应当强劲而长，粗大的筋束结应当圆润而有光泽。细小的筋丝强劲而长，粗大的筋束结圆润而有光泽，体内有这种筋的野兽一定行动迅疾，用这样的筋制作弓，其迅疾的程度无异于野兽。附在肌腱或骨头上的韧带应当捶捣得熟之又熟。……拉筋要尽量伸展，而又不至于损害它的力度。……牛的肌腱或骨头上的韧带的漆纹像麻籽纹，麋鹿肌腱或骨头上的韧带的漆纹像尺蛾变的节肢动物的幼虫。这里的"麋筋"就是指大型鹿科动物麋鹿的筋。

由于动物筋腱耐拉，因此，它是制作复合弓的原材料之一。弓背上的筋腱用以承受拉伸应力，具有很高的拉伸强度，可以增加拉弓长度，减小断裂危险，并可增加箭的射入深度。

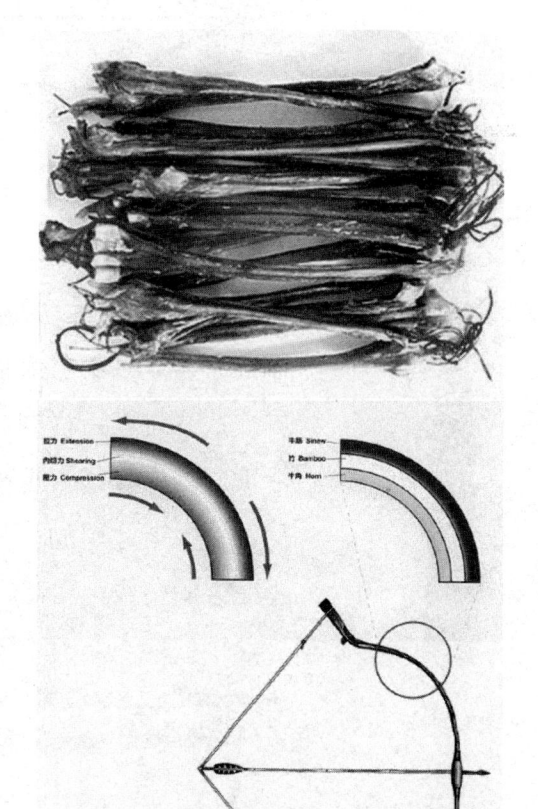

商代晚期，已在单根竹、木的单体弓的基础之上，演进为在多层竹、木弓身前后附有筋、角的复合弓。

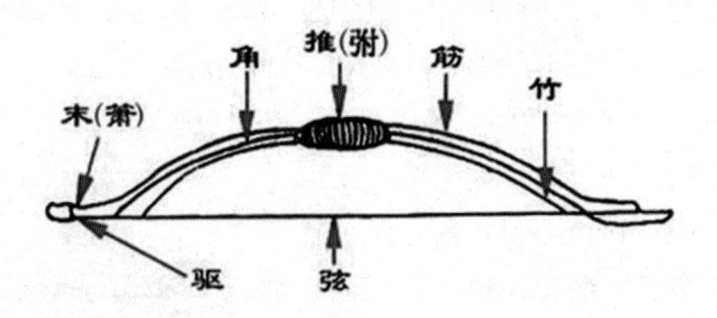

甘肃张家川马家塬战国墓地 M61 出土的骨弓弭的一部分用动物的肋条制成。

尼雅遗址 95 号墓地群 4 号墓出土的一张木质弓，弦使用牛筋线制成。在斯基泰弓体制作过程中，通常要用木质榔头反复锤砸筋腱使其变成头发丝一样细。[①] 在土耳其弓的制作过程中，弓背的筋取自公牛或雄鹿的颈部大肌腱。它们被纵向剖开，然后浸在弹力胶水中，再压成 1/4 英寸厚的一长条，最后按照木质部分塑成形状并黏合上去。上弦之后，成为弓背。

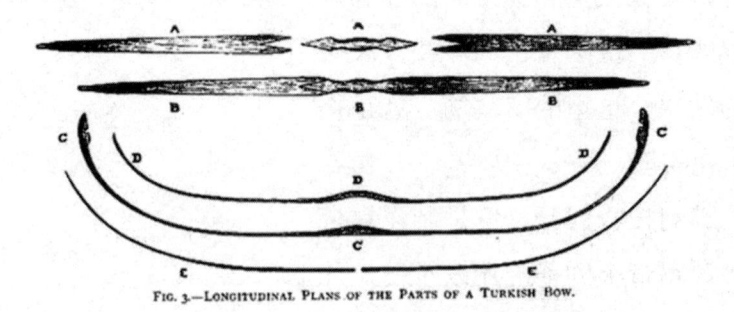

上图中，AAA 是构成弓核心的木条的正面视角（两侧的木条熏蒸弯曲如 CCC）；BBB 是黏成一体木条的正面视角；CCC 是黏成一体木条的侧面视角；DDD 是与心材

---

① 详见秦延景：《怀中揽月：斯基泰复合弓（下）》，《轻兵器》2016 年第 17 期。

黏合的筋片，当上弦翻转后便处于弓的外侧成为弓背；EE 则是自然弯曲的角片，与心材黏合上弦后便处于弓的里侧成为弓腹。[①]

★ 文献链接

凡遗人弓者，张弓尚筋，弛弓尚角，右手执箫，左手承弣，尊卑垂悦。——《礼记·曲礼上》

弓性体少则易张而寿，但患其不劲；欲其劲者，妙在治筋。凡筋生长一尺，干则减半；以胶汤濡而梳之，复长一尺，然后用，则筋力已尽，无复伸弛。又揉其材令仰，然后傅角与筋，此两法所以为筋也。——（宋）沈括《梦溪笔谈》卷十八

凡牛脊梁每只生筋一方条，约重三十两。杀取晒干，复浸水中，析破如苎麻丝。北边无蚕丝，弓弦处皆纠合此物为之。——（明）宋应星《天工开物·佳兵》

（四）胶

动物胶是以动物的皮、骨、腱筋、角芯、鳞或鳔等含胶原蛋白的组织，经过部分水解、萃取和干燥而制成的胶。其水溶液具有表面活性，黏度较高，冷却后会冻结成有弹性的凝胶。

《弓人》记载了鹿胶、马胶、牛胶、鼠胶、鱼胶和犀胶等类型的动物胶："胶也者，以为和也。……凡相胶，欲朱色而昔。昔也者，深瑕而泽，紾而抟廉。鹿胶青白，马胶赤白，牛胶火赤，鼠胶黑，鱼胶饵，犀胶黄。凡昵之类不能方。……斫挚必中，胶之必均。斫挚不中，胶之不均，则及其大修也，角代之受病。夫怀胶于内而摩其角，夫角之所由挫，恒由此作。……鬻胶欲孰而水火相得。……九和之弓，……胶三锊。"意思是说，动物凝胶可以用来实现弓体紧密结合的目的。……动物凝胶应当选择红色而纤维交错纠结的。纤维交错纠结的胶，裂痕深而有光泽，纹理呈圆形而有边棱。鹿胶青白色，马胶赤白色，牛胶火赤色，鼠胶黑色，鱼胶颜色近似筋腱，犀胶黄色。所有黏合剂的黏合力都无法同这样的胶相比。……动物凝胶要煮熟，所用水量和火候要

[①] Ralph Payne-Gallwey: *The Book of the Crossbow: With an Additional Section on Catapults and Other Siege Engines* (*Dover Military History, Weapons, Armor*), Dover Publications; Reprint edition (March 26, 2009).

恰到好处。

考古工作者曾在埃及发现公元前4000年的壁画里表现使用胶制作家具的图，并在金字塔中发现残留的动物胶实物。

相传，至少3300年前，古老的西姆族石刻中已有表现用火加热黏附剂准备黏合木料以及刷涂皮胶的画面。①

2014年，中国科学院大学科技史与科技考古系通过红外光谱、蛋白质组学分析等科技方式，从新疆罗布泊地区小河墓地出土的法杖上提取了几毫克的残留物，发现用牛骨熬成的镶嵌骨雕的牛胶，时间距今约3500年至4000年，时代为夏末商初，这是迄今经科技分析证实的中国最早使用的明胶黏合剂。

---

① 民：《动物胶之沿革及轶事》，《化学世界》1947年第2卷第10期。

科技考古工作者经对文物胶料鱼鳔胶的分析，发现鱼鳔胶和陆生哺乳动物胶类似，但也有区别。[1] 科技考古工作者还利用仪器对湖北武汉黄陂盘龙城杨家嘴 M26 出土青铜斝足内壁的白色物质（碳酸钙）进行分析，推测中国商代已经掌握了使用熟石灰乳液作为胶结材料并实现密封效果的技术。[2] 这印证了英国科技史学者李约瑟的叙述："胶的制备方法总是将兽皮和其他动物组织放进水里滚煮，有时加些石灰使稍呈碱性，然后进行过滤、蒸浓，形成胶体。"[3]

《考工记》所记载的胶是指用动物皮熬成的黏性物质，用以黏合弓体。

湖北江陵望山沙冢 1 号楚墓出土的竹弓上、下弓臂由两条竹片制成，这两条竹片在握持段交叠并用生物胶黏固。

与此相应，斯基泰弓的黏合剂多采用鹿皮、鹿筋或羊筋熬制成胶。弓体制作的第一步是在一片生物角的两侧使用胶液各黏接两片木条，使用挤压工具将四片木材与生物角挤压成一个整体，加工成弓胎分段。如下图所示。

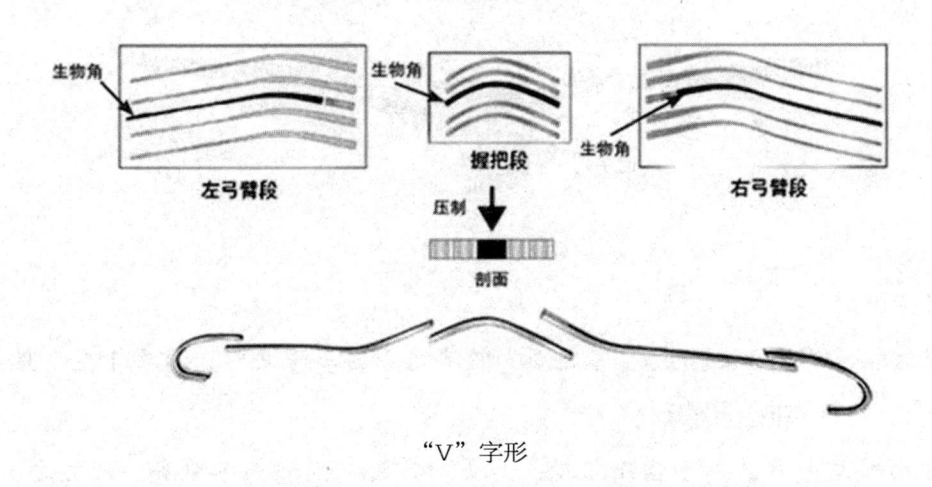

"V"字形

第二步是使用锉刀将握把段两端加工呈"V"字形凸起，弓臂段的握把方向加工

---

[1] 详见杨璐等：《文物胶料鱼鳔胶的红外光谱、拉曼光谱及氨基酸分析》，《西北大学学报》（自然科学版）2011 年第 41 卷第 1 期。

[2] 详见李洋等：《盘龙城杨家嘴遗址 M26 出土青铜斝足内壁白色物质的初步分析》，《江汉考古》2016 年第 2 期。

[3] 李约瑟：《中国科学技术史》第 5 卷第 6 分册，科学出版社、上海古籍出版社，2002，第 85 页。

呈"V"字形凹槽，弓臂段的弓梢方向加工呈"V"字形凸起，弓梢段的弓臂方向加工呈"V"字形凹槽，然后在所有的结合面上涂抹胶液，将五个分段插接成整体的弓胎。如下图所示。

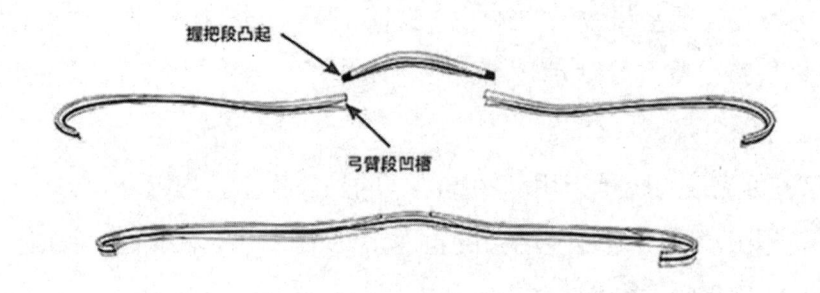

第三步是在握把段两侧加贴多根木条，增加握把段的宽度。然后把加工好的两条生物角片使用胶液粘贴在弓胎内侧。如下图所示。

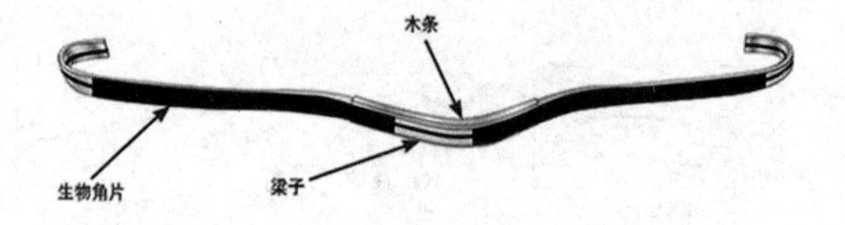

★文献链接

千里馈粮，则内外之费，宾客之用，胶漆之材，车甲之奉，日费千金，然后十万之师举矣。——《孙子·作战》

凡弓初射与天寒，则劲强而难挽；射久、天暑，则弱而不胜矢，此胶之为病也。凡胶欲薄而筋力尽，强弱任筋而不任胶，此所以射久力不屈，寒暑力一也。——（宋）沈括《梦溪笔谈》卷十八

凡胶乃鱼脬杂肠所为，煎治多属宁国郡，其东海石首鱼，浙中以造白鲞者，取其脬为胶，坚固过于金铁。北边取海鱼脬煎成，坚固与中华无异，种性则别也。——（明）宋应星《天工开物·佳兵》

（五）丝

"丝"指蚕丝。"丝"的甲骨文字形如表所示：

字形	文献来源	编号
〿		3337 宾组
〿	《甲骨文合集》	7922 宾组
〿		24156
〿		37794

"丝"的金文字形如表所示：

字形	时期	器名	文献来源	编号
88	西周早期	乃子克鼎		2712
88	西周早期	商尊	《殷周金文集成》	5997
88	西周中期	曶鼎		2838

由表可见，"丝"的甲金文字形都象两束蚕丝编结成线的样子，属于象形造字。《说文解字·丝部》："丝，蚕所吐也，从二糸。"

《总叙》："治丝麻以成之，谓之妇功。"意思是说，治理蚕丝和麻而织成衣服，叫作妇功——妇女的工作。《帧氏》："帧氏涑丝，以涗水沤其丝七日，去地尺暴之。"意思是说，帧氏练制蚕丝，先把蚕丝放在温水中浸泡七天，再离地一尺曝晒。《弓人》："丝也者，以为固也。……丝欲沈。"意思是说，蚕丝可以用来使弓干扎实、牢固。……蚕丝的颜色要像浸泡在水里那样。

迄今发现最早的蚕丝物证出自河南舞阳北舞渡距今约 8500 年的贾湖新石器时代遗址 [详见卷七《丝织品（帛）》]。1958 年，浙江湖州潞村钱山漾遗址发现距今 4700 多年的新石器时代良渚文化丝带，其纤维平均横截面积为 40 平方微米。

钱山漾遗址出土的良渚文化丝带

考古工作者还在山西夏县西阴村发掘出将近4000年前的半个蚕茧；在河南安阳后岗殷商乙、辛时代的圆形祭祀坑中发现了成束堆放的蚕丝。

西周早期乃子克鼎有两处"丝五十寽（锊）"的记载：

西周早期乃子克鼎铭文拓片

湖北随州曾侯乙墓（擂鼓墩1号墓）出土的各种战国早期丝织品均为桑蚕丝，其纤维平均横截面积为60~124平方微米，明显高于钱山漾新石器时代良渚文化丝带的纤维平均横截面积。

《弓人》所记载的丝是指缠绕弓体的丝线，用以加固复合弓体。

湖北包山楚墓 2 号墓出土的马鞍形反曲木弓握持段内侧贴有一条木片，两个弓臂段外侧用生物胶贴一条木片，再用绢带缠绕，弓身使用 4 组丝线分段缠紧。荆门左冢楚墓出土的马鞍形反曲木弓的握持段内侧和外侧各贴两条木片，然后用丝带缠绕固定；弓臂段的两端用丝带缠绕数圈，作为弓弭。马王堆 2 号汉墓出土的翘梢平直弓的臂段用两条木片拼合而成，先绕丝线、髹黑漆，再分几段密集缠绕四股合成的丝线。

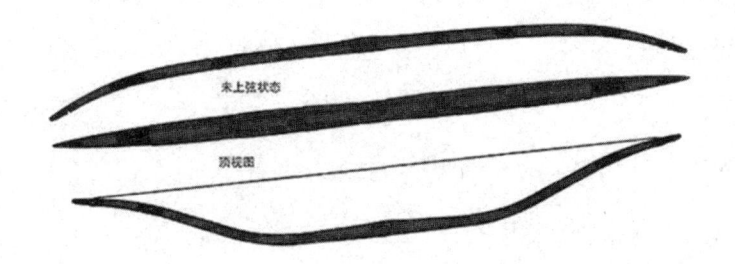

★ 文献链接

羔羊之皮，素丝五紽。……羔羊之革，素丝五緎。……羔羊之缝，素丝五总。——《诗经·召南·羔羊》

凡弓弦取食柘叶蚕茧，其丝更坚韧。每条用丝线二十余根作骨，然后用线横缠紧约。缠丝分三停，隔七寸许则空一二分不缠，故弦不张弓时，可折叠三曲而收之。——（明）宋应星《天工开物·佳兵》

（六）漆

《考工记》所记载的漆是指涂抹在弓体表面的树漆，用以保护弓体免受侵蚀。

《弓人》："漆也者，以为受霜露也。……漆欲测。"意思是说，生漆可以用来保护弓体经受霜露，免受侵蚀。……生漆要清澈。

古人将干、角、筋这些材料用胶合和，缠丝加固，大漆防潮，终成一体，从而成为复合弓，如浙江萧山跨湖桥遗址出土的距今 8000 多年的新石器时代早期桑木边材漆弓即是。此漆弓除了握把位置，均见有漆皮，漆皮带皱痕，局部脱落，被称为中国的"漆之源"。日本考古专家中村教授经对漆皮进行理化分析后，确认为天然漆。这比 1976 年在浙江余姚河姆渡遗址出土的距今 7000 多年的木胎朱漆碗整整早了 1000 年。

（清）徐鼎《毛诗名物图说》中的漆木图

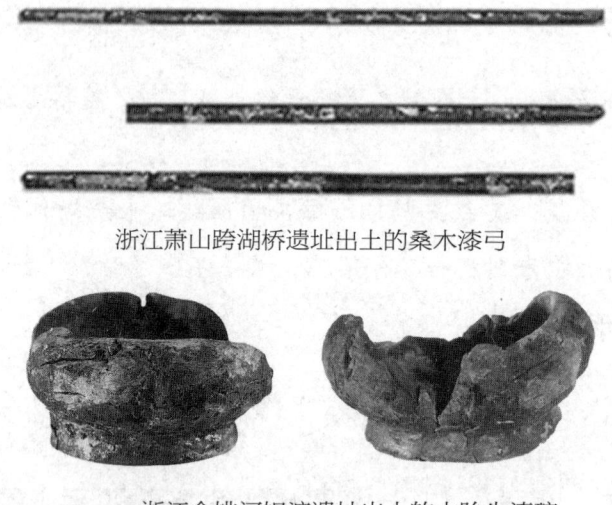

浙江萧山跨湖桥遗址出土的桑木漆弓

浙江余姚河姆渡遗址出土的木胎朱漆碗

浙江余姚井头山遗址出土的局部黑漆木器残迹

浙江杭州余杭反山遗址出土的良渚文化时期嵌玉圆形漆盘遗迹

浙江杭州余杭反山遗址出土的良渚文化时期椭圆形筒形漆器和仿真嵌玉漆杯

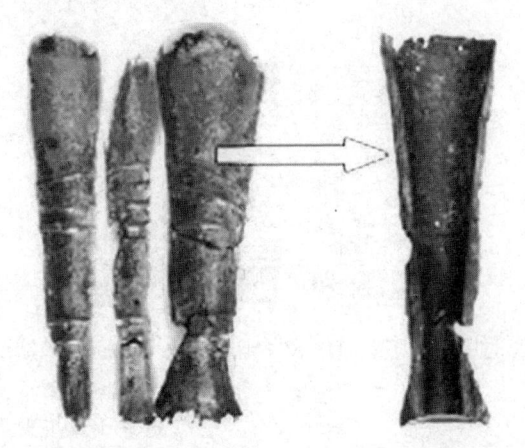

浙江杭州余杭反山遗址出土的良渚文化时期漆觚

河北藁城台西遗址出土的商代漆器残片

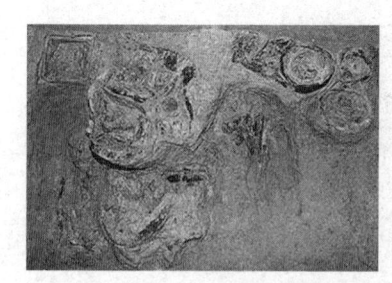

河南安阳辛店商代晚期铸铜遗址出土的漆木器（自左至右：M21，M41）

宁夏彭阳姚河塬遗址 I 象限北墓地 M4 组墓葬出土的两件西周早期漆器残件，其中一件（IM5∶30）的上下两端为黑色宽带纹，其间区域为红底黑彩，黑线单勾曲折纹，间以直线。

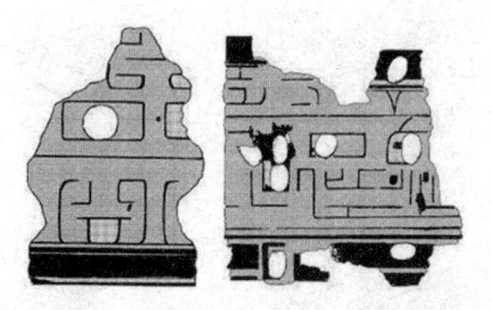

宁夏彭阳姚河塬遗址 I 象限北墓地 M4 组墓葬出土的西周早期漆器残件线图[①]

---

① 宁夏回族自治区文物考古研究所：《宁夏彭阳姚河塬遗址 I 象限北墓地 M4 西周组墓葬发掘报告（下）》，《考古学报》2022 年第 1 期。

湖北随州叶家山西周早期 M107 漆器出土情景 　　安徽蚌埠双墩钟离君柏墓出土的春秋时期漆皮

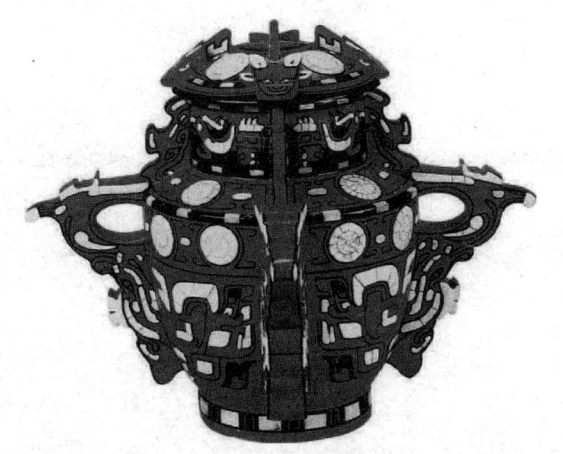

北京房山琉璃河出土的西周时期漆罍复原图

春秋时期漆器的出土地域分布较广。以弓为例，湖北荆门左冢楚墓出土的马鞍形反曲弓在握持段内外两侧各贴两条木片，然后用丝带缠绕固定；弓臂段的两端用丝带缠绕数圈，作为弓弭。整弓外髹黑漆。

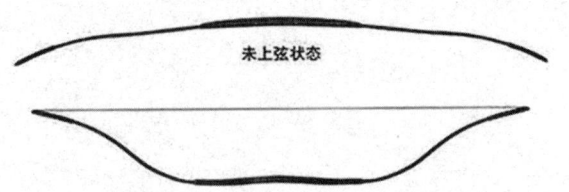

湖北荆门左冢楚墓出土的马鞍形反曲弓

曾侯乙墓出土的 55 张半月形反曲弓在握持段叠合处内侧，都附有一条短木片，然

后用丝线缠绕捆扎，所有弓均髹漆。

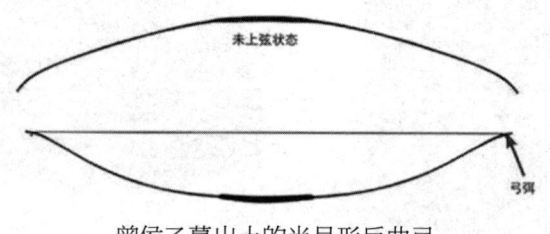

曾侯乙墓出土的半月形反曲弓

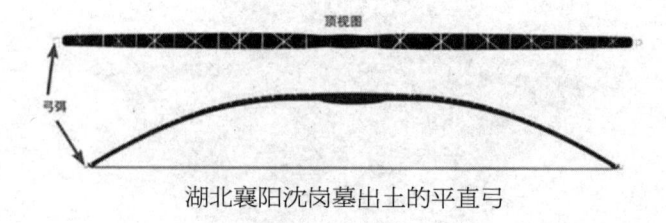

湖北襄阳沈岗墓出土的一张残断平直弓由三条木片拼接而成，用丝线缠绕，外面髹黑漆，再用黄漆分段标记，并饰以斜十字交叉纹。

湖北襄阳沈岗墓出土的平直弓

★ 文献链接

厥贡漆丝。——《尚书·禹贡》

树之榛栗，椅桐梓漆，爰伐琴瑟。——《诗经·鄘风·定之方中》

从其有皮，丹漆若何？——《左传·宣公二年》

桂可食，故伐之；漆可用，故割之。——《庄子·人间世》

叔慎骑乌马，僧伽把漆弓。唤取长安令，共猎北山熊。——（唐）刘行敏《嘲李叔慎、贺兰僧伽、杜善贤》

卷二　车辆

烁金以为刃，凝土以为器，作车以行陆，作舟以行水，此皆圣人之所作也。……故一器而工聚焉者车为多。……车有六等之数：车轸四尺，谓之一等……车戟常，崇于殳四尺，谓之五等；……车谓之六等之数。……凡察车之道，必自载于地者始也，是故察车自轮始。凡察车之道，欲其朴属而微至。——《总叙》

既克其登，其覆车也必易。——《辀人》

六建既备，车不反复，谓之国工。——《庐人》

中国是世界上最早发明和使用车的文明古国之一。

相传，中国古代马车由黄帝发明，一说由奚仲发明。《荀子·解蔽》和《墨子·非儒》都说："奚仲作车。"《左传·定公元年》和《管子·形势解》也有相关记载。据考证，中国古代马车的使用可上溯至二里头文化二、三时期，即公元前19世纪至17世纪的夏王朝。考古工作者曾在距今3600年的夏代二里头遗址宫殿区南侧大路上发现车辙的痕迹，并在河南洛阳皂角树出土的一块二里头时期陶片上面发现刻画着车轴和车轮的图像，释读为象形字"车"。据此，可以判定夏代晚期已经发明并使用车辆。

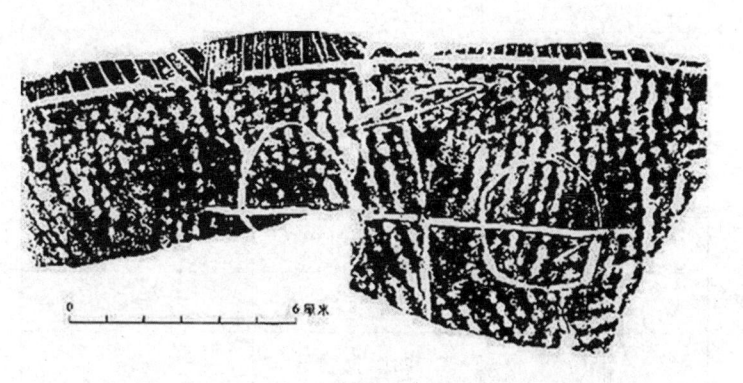

河南洛阳皂角树二里头遗址三期陶片上的"车"字

"车"的甲骨文字形如表所示：

字形	文献来源	编号
		10405 宾组
		11446 宾组
	《甲骨文合集》	11449 宾组
		11451
		21622 子组
		40768

"车"的金文字形如表所示：

字形	时期	器名	文献来源	编号
	商代晚期	父己车鼎		1622
	商代晚期	买车觚		7048
	西周早期	大盂鼎		2837
	西周早期	作车簋		3454
	西周中期	车作宝鼎	《殷周金文集成》	1951
	西周中期	九年卫鼎		2831
	西周晚期	克镈		209
	西周晚期	毛公鼎		2841
	春秋早期	铸公簠盖		4574

由表可见，"车"的甲金文字形主要由车盖、车轴、车轮和车辖等部件组成，属于象形造字。《说文解字·车部》："车，舆轮之总名也。夏后时奚仲所作。象形。"

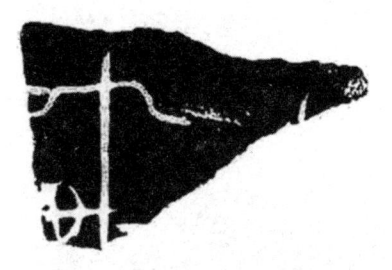

《甲骨文合集》第 11453 拓片 　　　　西周晚期车鼎铭文（《殷周金文集成》第 1150）拓片

1928 年起，河南安阳刘家庄北地、南地和孝民屯东等地相继发掘出一些商代车马坑遗址，但出土的实物只有青铜车马配件和文字记录，兵车实物因遭到隋唐时代的墓葬扰乱破坏而无法复原。

1972 年，河南安阳孝民屯南地 M7 车马坑首次发掘出完整的商代车。

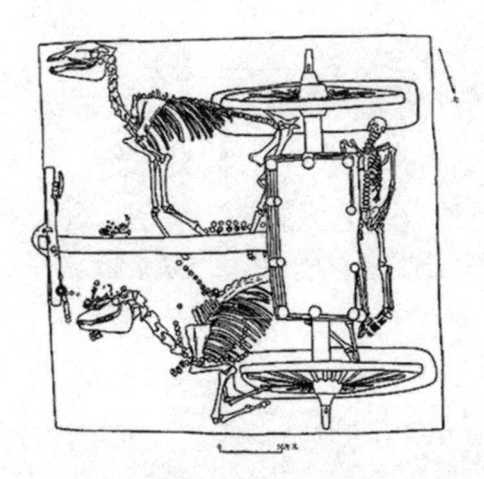

河南安阳孝民屯南地 M7 车马坑

1981 年，殷墟西区发现一座殷墟文化三期车马坑，碳十四测定其绝对年代为公元前 13 世纪。[①] 1987 年，河南安阳郭家庄西南 M52 车马坑又发掘出完整的商代车（参阅图版 7）。

---

① 详见中国社会科学院考古研究所河南安阳工作队：《殷墟西区发现一座车马坑》，《考古》1984 年第 6 期；中国社会科学院考古研究所实验室：《放射性碳素测定年代报告（一一）》（标本 ZK-1032），《考古》1984 年第 7 期。

河南安阳殷墟发掘的商代马车,已经使用大量青铜构件、独辕双套双轮,结构精致复杂,体现了高超的机械、青铜铸造等复合技术。

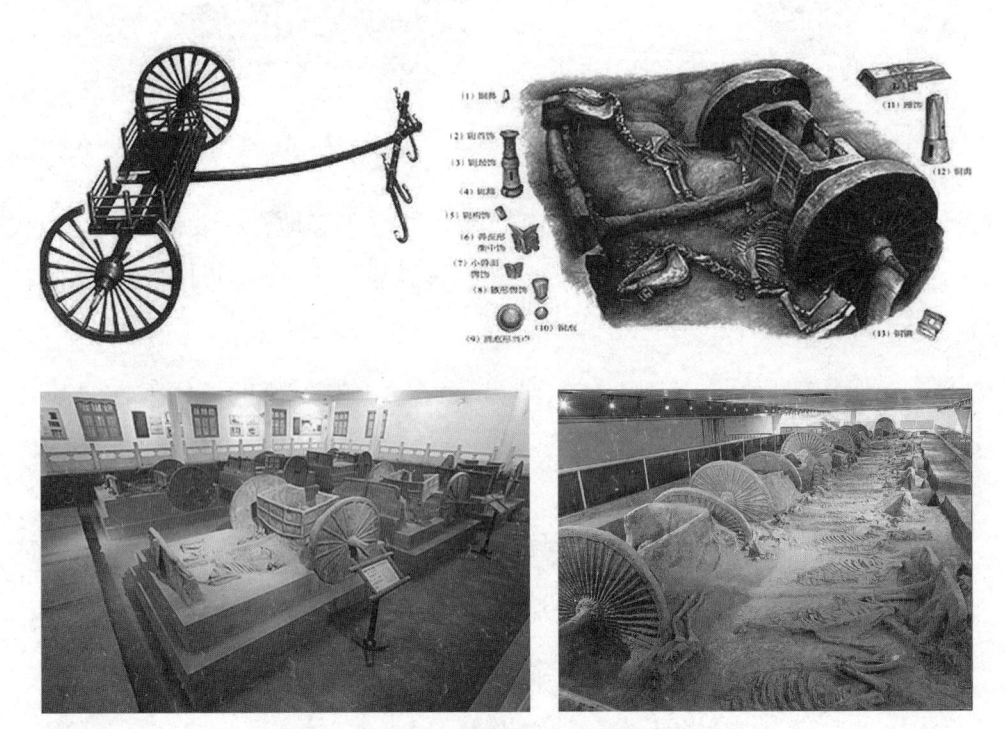

陕西西安沣西发掘的张家坡西周时期车马坑

北京房山琉璃河遗址发掘的
西周时期车马坑

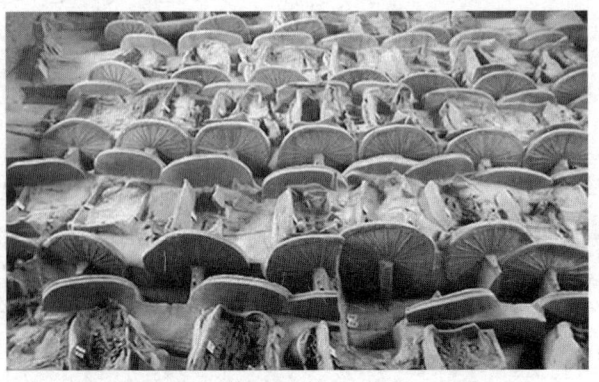

山西曲沃天马-曲村遗址北赵村晋侯墓地出土的
西周晚期车马坑

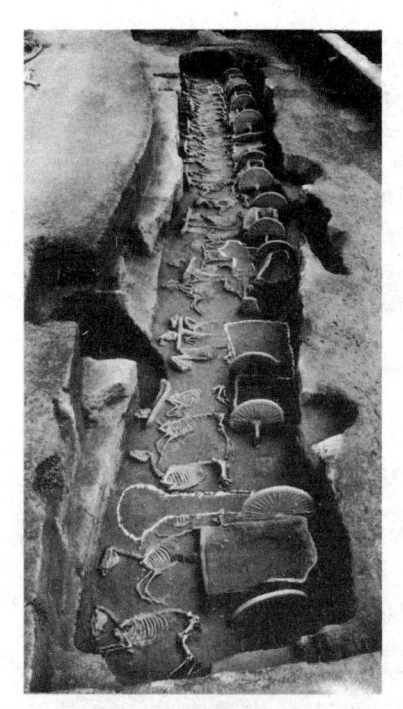

山东淄博淄河店后李官庄
发掘的春秋中期车马坑

河南新郑郑韩故城发掘的
春秋时期郑国车马坑

湖北枣阳九连墩东周时期楚国 2 号车马坑

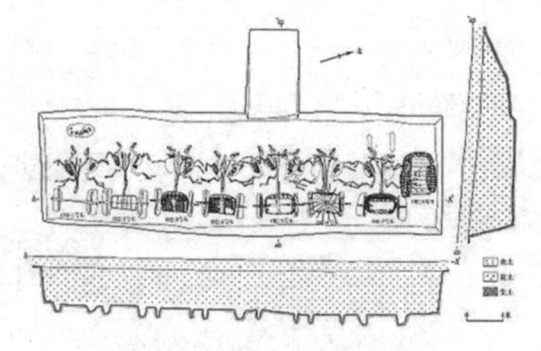

湖北枣阳九连墩东周时期楚国
2 号车马坑平面图及剖面图[1]

---

[1] 湖北省文物考古研究所:《湖北枣阳九连墩 2 号车马坑发掘简报》,《江汉考古》2018 年第 6 期。

湖北荆门包山楚墓 M2 漆奁彩绘车马人物出行图

★ 文献链接

有女同车，颜如舜华。——《诗经·郑风·有女同车》

子有车马，弗驰弗驱。——《诗经·唐风·山有枢》

君子之车，既庶且多。君子之马，既闲且驰。——《诗经·大雅·卷阿》

駉駉牡马，在再坰之野。薄言駉者，有骊有皇，有骊有黄，以车彭彭。思无疆，思马斯臧。駉駉牡马，在坰之野。薄言駉者，有骓有駓，有骍有骐，以车伾伾。思无期，思马斯才。駉駉牡马，在坰之野。薄言駉者，有驒有骆，有骝有雒，以车绎绎。思无斁，思马斯作。駉駉牡马，在坰之野。薄言駉者，有骃有騢，有驔有鱼，以车祛祛。思无邪，思马斯徂。——《诗经·鲁颂·駉》

★ 视频链接

《探索发现·酒务头商周大墓（上）》：M1 号大墓的陪葬车马坑

《如果国宝会说话》第三十三集《秦始皇陵铜车马：图谋远方》

一、类别

（一）兵车

兵车是载兵的战车，用于陆地进攻作战。

《总叙》："故兵车之轮六尺有六寸。"意思是说，战车的车轮高六尺六寸。郑玄注："兵车，革路也。"包括戎路、广车、阙车、苹车和轻车这"五戎"。

中国早在夏朝就已有兵车和小规模的车战，从商代经西周、春秋至战国，车战是主要作战方式，兵车一直是军队的主要装备。

河南安阳殷墟乙组宗庙遗址"北组"坑的兵车中，每车三人，每人各有一套弓、矢、戈、刀等兵器。

山东胶县西菴车马坑的西周兵车，其车厢内三组有兵器：车厢前有一铜钩戟和无胡铜戈，车厢后左侧有一铜铠甲和二十枚铜镞，车厢后右侧有一短胡铜戈。

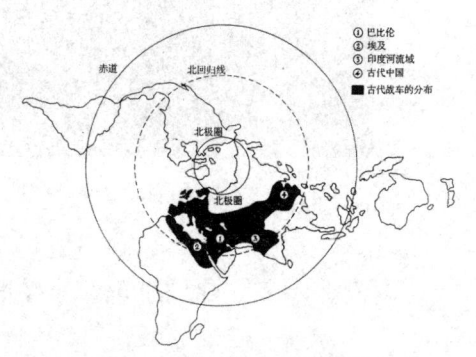

古代战车分布投影图

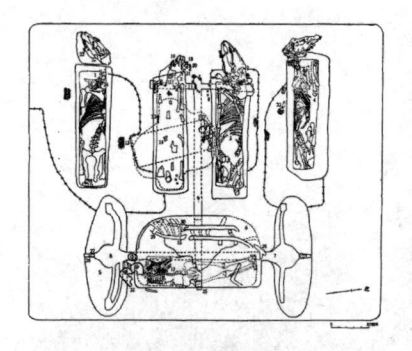

山东胶县西菴西周车马坑平面图[①] 　　山西北赵西周时期晋侯墓地1号车马坑

山西北赵西周时期晋侯墓地11号车左栏与左后栏装甲结构、后栏装甲结构

河南洛阳北窑西周时期车马坑随葬矛1件、戈2件，应属兵车。

河南洛阳北窑西周K5车马坑遗迹全景 　　山东临淄出土的春秋齐国兵车复原图[②]

[①] 山东省昌潍地区文物管理组：《胶县西菴遗址调查试掘简报》，《文物》1977年第4期。
[②] 刘永华：《中国古代车舆马具》，上海辞书出版社，2002。

甘肃甘谷毛家坪春秋中晚期车马坑（K201）2号车的车厢前面置有一张弓、两杆矛、三把戈。由此可见，该车属于兵车。

甘肃甘谷毛家坪春秋中晚期车马坑2号车前视图

甘肃马家塬战国M16墓2号车复原图[①]　　甘肃马家塬战国M3墓2号车复原图[②]

陕西临潼秦始皇陵坟丘西侧出土的两乘铜车马中，1号车为兵车。车舆右侧置盾牌，车舆前挂有铜弩和铜镞；车上立一圆盖，盖下站立一名铜御官俑（参阅图版9）。

[①][②]　赵吴成：《甘肃马家塬战国墓马车的复原——兼谈族属问题》，《文物》2010年第6期。

安徽淮北汉画像石兵车　　　　　　　山东邹城汉画像石兵车

★ 文献链接

革路，龙勒，条缨五就，建大白，以即戎，以封四卫。——《周礼·春官·巾车》

戎仆：掌驭戎车。掌王倅车之政，正其服。犯軷，如玉路之仪，凡巡守及兵车之会亦如之。掌凡戎车之仪。——《周礼·夏官·戎仆》

兵车不中度，不粥于市。——《礼记·王制》

★ 视频链接

《探索·发现》之《故郡古车发掘记》

《探索·发现》之《荆门战国楚墓》：M1号墓车马坑内的车以战车为主

《探索·发现》之《淄河店战国墓》：考古队员陆续发现22辆制作精良的车舆

（二）田车

田车即畋车，狩猎之车。

《总叙》："田车之轮六尺有三寸。"意思是说，狩猎之车的车轮高六尺三寸。

河南洛阳中州路战国时期车马坑内埋葬四马一车一犬。从随葬弩机、铜镞、殉犬和铜徽分析，殆为田猎之车。[①]

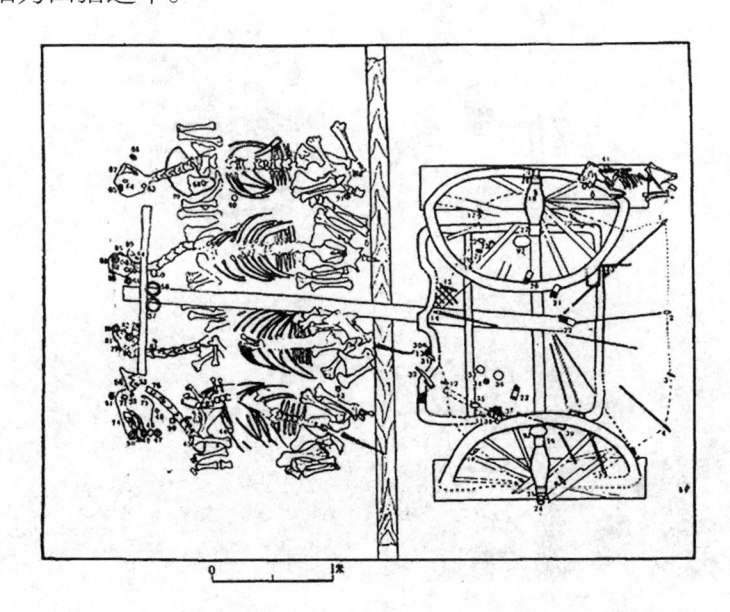

河南洛阳中州路 M19 战国车马坑平面图

甘肃马家塬战国 M3 墓 5 号车复原图[②] 　　甘肃马家塬战国 M14 墓 3 号车复原图[③]

---

① 详见洛阳博物馆：《洛阳中州路战国车马坑》，《考古》1974 年第 3 期。
②③ 赵吴成：《甘肃马家塬战国墓马车的复原——兼谈族属问题》，《文物》2010 年第 6 期。

中国现存最早的石刻文字——石鼓文之《田车》，叙述了秦文公安营扎寨后的一次狩猎情景。

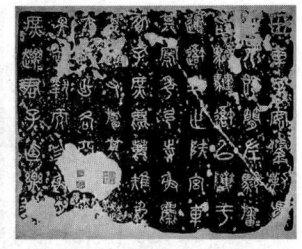

内蒙古阴山岩画狩猎图所见田车形象

安徽淮北汉画像石田车　　四川新津汉画像石棺田车

★文献链接

木路，前樊鹄缨，建大麾，以田，以封蕃国。——《周礼·春官·巾车》

我车既攻，我马既同。四牡庞庞，驾言徂东。田车既好，田牡孔阜。东有甫草，驾言行狩。——《诗经·小雅·车攻》

吉日维戊，既伯既祷。田车既好，四牡孔阜。升彼大阜，从其群丑。吉日庚午，既差我马。兽之所同，麀鹿麌麌。漆沮之从，天子之所。瞻彼中原，其祁孔有。儦儦俟俟，或群或友。悉率左右，以燕天子。既张我弓，既挟我矢。发彼小豝，殪此大兕。以御宾客，且以酌醴。——《诗经·小雅·吉日》

（三）乘车

乘车是天子、诸侯乘坐的驾国马的安车。

《总叙》："乘车之轮六尺有六寸。"意思是说，天子、诸侯乘坐的驾国马的安车的车轮高六尺六寸。郑玄注："乘车，玉路、金路、象路也。"《匠人》："路门不容乘车之五个。"乘车也包括王后乘坐的"五路"（即重翟、厌翟、安车、翟车、辇车）。

河南新郑市郑国 3 号车马坑出土的春秋晚期大型安车（1 号车），车篷有棕色、棕赤色漆片，车篷上有席纹痕迹，是迄今发掘郑韩故城内形制最大、装修最奢华的国君用车。车舆内彩席纹饰清晰，微微泛着红、黑、褐等多种颜色。

郑国 3 号车马坑 1 号车

陕西临潼秦始皇陵坟丘西侧出土两乘铜车马中的 2 号车，再现了秦始皇出巡乘舆的安车。此车呈凸字形，分前、后二室，前室为御手所居，内跽坐一御官俑，后室为主人所居，车舆上有穹窿形的椭圆形穹窿式篷盖（参阅图版 10）。

汉画像石车马出行图

★文献链接

夏采掌大丧,以冕服复于大祖,以乘车建绥复于四郊。——《周礼·天官·夏采》

建乘车之戈盾。——《周礼·夏官·司戈盾》

乘君之乘车,不敢旷左,左必式。——《礼记·曲礼上》

使御广车而行,己皆乘乘车。——《左传·襄公二十四年》

(四)饰车

饰车是大夫以上阶层乘坐的车厢鞔有皮革的车,较端外张而有刻饰。

《舆人》:"饰车欲侈。"意思是说,大夫以上阶层乘坐的车的车厢两边的扶手要向外张开。郑玄注:"饰车,谓革鞔舆也,大夫以上革鞔舆。"孙诒让《周礼正义》:"饰车,大夫以上之车,有重较,较上重耳反出,较之常车为张大,故曰侈。"

甘肃马家塬战国晚期西戎贵族墓 M16 出土的 4 号车车舆以栏木式结构为框架,并结合皮革带编织而成,整体髹漆。出土实物与郑玄注的描述相吻合。

甘肃马家塬战国 M16 墓 4 号车复原图 [①]

★文献链接

乃封苏秦为武安君,饰车百乘,黄金千镒,白璧百双,锦绣千纯,以约诸侯。——《战国策·赵策》

(五)栈车

栈车是士阶层乘坐的车厢短浅的车,漆而不鞔皮革,无刻饰,较端内敛。

《舆人》:"栈车欲弇。"意思是说,士阶层乘坐的车的车厢两边的扶手要向内收敛。《释名·释车》:"栈车,栈,靖也,靖靖物之车也,皆庶人所乘也。"

[①] 赵吴成:《甘肃马家塬战国墓马车的复原——兼谈族属问题》,《文物》2010 年第 6 期。

栈车也指竹木散材制作的简易卧车，一般有卷篷。《左传·成公二年》："丑父寝于轏中，蛇出于其下，以肱击之，伤而匿之，故不能推车而及。"杜预注："轏，士车。"孔颖达疏："'轏'与'栈'字音异义同耳。"《说文解字·木部》："栈，棚也。竹木之车曰栈。"段玉裁注："许云竹木之车者，谓以竹若木散材编之为箱，如栅然，是曰栈车。"与此相应。

山东临沂白庄汉画像石栈车

山东沂南北寨汉画像石栈车

台北历史博物馆典藏汉代栈车石刻（编号：78-50）

★ 文献链接

有栈之车，行彼周道。——《诗经·小雅·何草不黄》

孙叔敖相楚，栈车牝马，粝饼菜羹，枯鱼之膳，冬羔裘，夏葛衣，面有饥色，则良大夫也，其俭偪下。——《韩非子·外储说左下》

（六）大车

"大车"特指运载货物的直辕牛车。

《辀人》："今夫大车之辕挚，其登又难。既克其登，其覆车也。必易此无故，唯辕直且无桡也。是故大车平地既节轩挚之任，及其登陁，不伏其辕，必缢其牛。"意思是说，假如运载货物的直辕牛车的辕低，上坡就困难。……因此，运载货物的直辕牛车行走在平地上，还可以调节载重的平衡度，但到上坡的时候，如果不向下伏压车辕，车辕就一定会悬勒住牛脖子。郑玄注："大车，平地任载之车。"《车人》："大车崇三柯，绠寸，牝服二柯有参分柯之二。"意思是说，运载货物的直辕牛车的车轮高九尺。

陕西榆林清涧寨沟商代遗址瓦窑沟出土的双辕车（M3：12）是中国迄今发现年代最早的双辕车，应即《车人》所记"大车"。

陕西榆林清涧寨沟商代遗址瓦窑沟出土的双辕车

河北行唐故郡遗址战国早期 M2 车马坑（CMK12）西侧 1 号车破坏无存，其东部遗存牛头和牛蹄，应为系驾该车之牛；M58 车前摆放一只牛头和两个前蹄代表全牛。

河北行唐故郡遗址战国早期 M4 车牛马坑

山东临淄淄河店 2 号战国墓出土 11 号车的车厢外围有一层苇席，厢底略窄，殆为运载货物的"大车"。①

临淄淄河店 2 号战国墓 11 号车出土情况　　山东临淄淄河店 2 号战国墓出土的 11 号车复原图②

---

① 详见山东省文物考古研究所：《山东淄博市临淄区淄河店二号战国墓》，《考古》2000 年第 10 期。
② 刘永华：《中国古代车舆马具》，上海辞书出版社，2002。

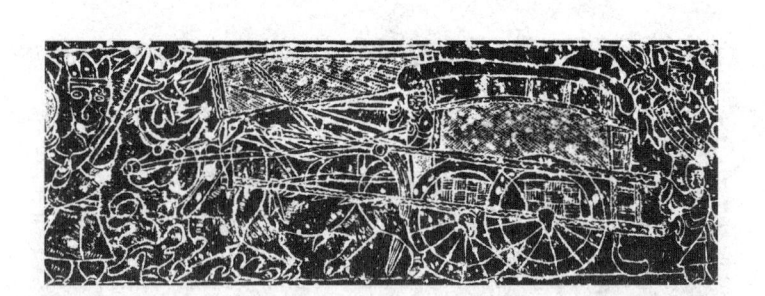

安徽灵璧汉画像石牛车

陕西绥德汉画像石牛车

★ 文献链接

大车槛槛，毳衣如菼。岂不尔思？畏子不敢。大车啍啍，毳衣如璊。岂不尔思？畏子不奔。——《诗经·王风·大车》

无将大车，祇自尘兮。无思百忧，祇自疧兮。无将大车，维尘冥冥。无思百忧，不出于颎。无将大车，维尘雝兮。无思百忧，祇自重兮。——《诗经·小雅·无将大车》

子曰：人而无信，不知其可也。大车无輗，小车无軏，其何以行之哉？——《论语·为政》

（七）柏车

柏车是行于山地，用以运载货物的牛车。

《车人》："柏车毂长一柯。……柏车二柯。"意思是说，行于山地，用以运载货物的牛车的轮毂长三尺。……行于山地，用以运载货物的牛车的车轮高六尺。郑玄注："柏车，山车。"王宗涑《考工记考辨》："柏，迫也。柏车之轮更卑于田车，牝服最迫近于地，故名柏车。"

柏车与大车都是牛驾的载重车，大车用于平地，而柏车用于山地，二者车轮的高度不同。与大车相比，柏车的重心更低，以便实现在崎岖不平山路行驶的安全性。与此相应，柏车与大车的车轮构成部件（如毂长、毂围、辐长、辐宽、辐厚以及渠围等）的参数也有差别。

（八）羊车

陕西米脂汉画像石柏车

"羊车"的概念比较复杂，在历代多有所指，包括装饰精美的车、小车、羊驾之车、丧葬用车、犊车、果下马驾车、人力辇车等。

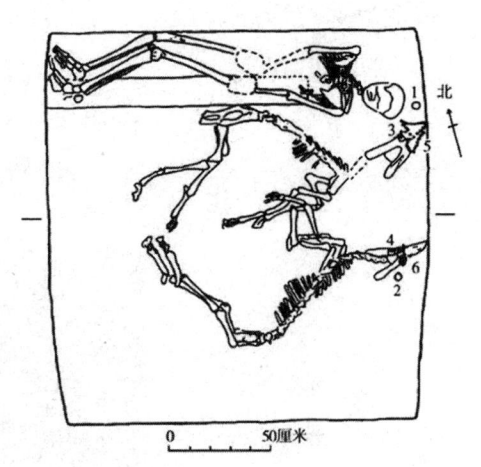

《车人》："羊车二柯有参分柯之一。"意思是说，羊车的车轮高七尺。郑玄注："玄谓羊，善也。善车，若今定张车。较长七尺。"《释名·释车》："羊车：羊，祥也；祥，善也。善饰之车，今犊车是也。"贾公彦疏《辀人》："车人造大车、柏车、羊车，是驾牛车。"疏《车人》："汉世去今久远，亦未知定张车将何所用，

河南安阳殷墟郭家庄商墓 M146 羊坑[①]

但知在宫内所用，故差小为之，谓之羊车也。"《隋书·礼仪志五》："（羊车）其制如辇车，金宝饰，紫锦幰，朱丝网。驭童二十人，皆两鬟髻，服青衣，取年十四五者为，谓之羊车小史。驾以果下马，其大如羊。"似乎均与羊驾之车无关。

然而，河南安阳郭家庄西南发掘的商代晚期 M148 羊坑内埋两只羊的头部由小铜泡组成络头，上方各竖立一件铜軏，嘴旁各有一件铜镳，显示了羊驾车的遗存。

冯好认为，上述軏首、圆泡形铜络头饰的形制、纹饰均与商代晚期车马器相同，

[①] 详见中国社会科学院考古研究所：《安阳殷墟郭家庄商代墓葬》，中国大百科全书出版社，1998，第158页。

只是形体略小；其铜镳的大小则只有马用铜镳的一半，可见这些器物系为羊车专门设计、铸造。据此，可推测羊车是供古代上层贵族游玩使用的车。①

2023年，考古工作者在秦始皇帝陵陵西墓葬陪葬车马坑中发现多种形式的驾车，六只绵羊的骨骼一字排开，车身部分虽已朽化不存，但羊骨上依然留存着用来拉车的配饰。这证实了"六羊驾车"的存在。

汉昭帝平陵3号坑底保存有若干木车的痕迹，其中两辆保存较好。经鉴定，其中一辆驾车的牲畜是羊，即"四羊驾车"。汉画像石中，除了牛车形象，也有羊驾车的形象。湖南长沙马王堆3号汉墓遣策简牍的简五、简六均有"羊车"的记载。②

秦始皇帝陵陵西墓葬羊车出土情景

山东滕州大郭汉画像石羊车　　山东苍山汉画像石羊车

---

① 详见冯好：《关于商代车制的几个问题》，《考古与文物》2003年第5期。
② 湖南省博物馆、湖南省文物考古研究所：《长沙马王堆二、三号汉墓》第一卷，文物出版社，2004。原书误将"羊车"厘为"牛车"，宜正。

《晋书·后妃传上·胡贵嫔》载:"(晋武帝)常乘羊车,恣其所之,至便宴寝。宫人乃取竹叶插户,以盐汁洒地,而引帝车。"《南史·后妃传上·潘淑妃》也有相似记载。

(清)冷枚《十宫词图》之《晋宫》

★文献链接

祥车旷左。——《礼记·曲礼上》

二、部件

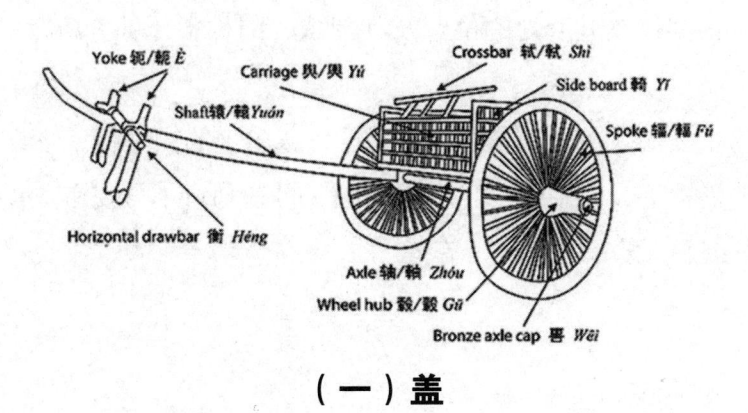

Yoke 轭/軛 È　Carriage 舆/輿 Yú　Crossbar 轼/軾 Shì　Side board 輢 Yǐ
Shaft 辕/轅 Yuán　Spoke 辐/輻 Fú
Horizontal drawbar 衡 Héng
Axle 轴/軸 Zhóu
Wheel hub 毂/轂 Gū
Bronze axle cap 軎 Wèi

(一)盖

车盖是车上用以挡风遮雨的伞形篷子。

《轮人》："轮人为盖。……盖已崇则难为门也，盖已卑是蔽目也，是故盖崇十尺。良盖弗冒弗紘，殷亩而驰不队（坠），谓之国工。"意思是说，轮人制作车盖。……车盖太高就难以通过宫门，车盖太低就会遮挡人的视线。因此，车盖的高度设计为十尺。好的车盖，即使不蒙帷幕，也不用绳子拴系弓形骨架，任凭车子奔驰在垄亩间，弓形骨架也不会脱落。达到这样技术水平的工匠堪称全国一流的工匠。《辀人》："盖之圜也，以象天也；……盖弓二十有八，以象星也。"意思是说，车盖的圆形象征天空。《释名·释车》："盖，在上覆盖人也。"

迄今考古发现最早的车盖见于北京琉璃河 1100 号西周燕国墓地车马坑，在 3 号车的车厢之上、距坑口 90 厘米处，有一直径为 26 厘米、高 25 厘米的圆柱形遗迹。其下部周围有 26 条直径为 2 厘米的木条，由圆柱中心向四周呈辐射线状伸展；平面为圆形，直径 1.5 米。

北京琉璃河 1100 号
西周燕国墓地车马坑平面图[①]

考古工作者根据该遗迹所处的位置及其形状、结构和尺寸分析，认为它应当是 3 号车的伞盖。

春秋时期的车盖如：湖南长沙浏城桥 1 号楚墓出土的由伞柄、伞帽和盖弓三部分组成的完整的车盖遗迹，河南新郑出土的郑国 3 号车马坑 1 号安车车盖遗迹，山东莒南大店出土的莒国殉人墓车盖遗迹，等等。

[①] 中国社会科学院考古研究所、北京市文物工作队琉璃河考古队：《1981—1983 年琉璃河西周燕国墓地发掘简报》，《考古》1984 年第 5 期。

河南新郑春秋时期郑国
3号车马坑1号安车车盖顶部

山东莒南大店春秋时期
莒国殉人墓车盖出土情况

考古工作者在湖北枣阳九连墩东周时期楚国2号车马坑6号车伞盖弓周围发现炭化丝织物腐迹，推测为丝织伞面。

★ 文献链接

王后之五路：……皆有容盖。……辇车，组挽，有翣，羽盖。……大丧，饰遣车，遂廞之行之，及葬，执盖，从车，持旌。——《周礼·春官·巾车》

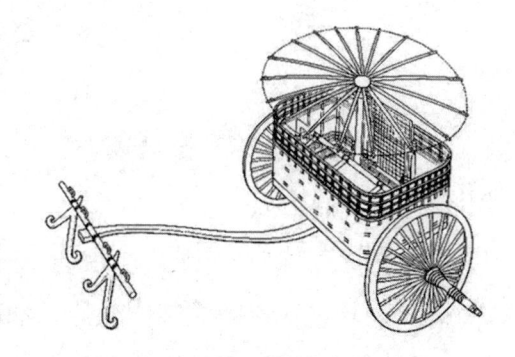

湖北枣阳九连墩东周时期
楚国2号车马坑6号车复原透视图[2]

王式，则下前马；王下，则以盖从。——《周礼·夏官·道右》

日初出大如车盖。——《列子·汤问》

车盖由伞帽（部₁）、弓形骨架（弓₁）、柄部上半截相对细的部位（达常［部₂］）、柄部下半截相对粗的部位（桯）等部分构成。

1. 部₁

"部₁"通"柎"，指车盖柄部顶端较膨大的车伞帽，也称保斗、盖斗。

《轮人》："轮人为盖，达常围三寸，桯围倍之，六寸。信其桯围以为部广，部广

---

① 湖北省文物考古研究所：《湖北枣阳九连墩2号车马坑发掘简报》，《江汉考古》2018年第6期。

六寸。部长二尺，桯长倍之，四尺者二。十分寸之一谓之枚，部尊一枚。"意思是说，柄部顶端膨大的车伞帽高一分（寸的十分之一）。郑玄注引郑众语："部，盖斗也。"贾公彦疏："此言盖之斗四面凿孔，内盖弓者于上部，高隆穿然，谓之为'部'。"

湖南长沙浏城桥春秋时期1号楚墓车盖的伞帽高34.5厘米，直径13厘米，呈喇叭形，髹黑漆；其上部呈圆饼形。①

山东莒南大店出土的春秋晚期莒国殉人墓车盖的伞帽呈蘑菇形，顶略凸出，伞帽缘下饰一周蟠螭纹，柄部饰三角雷纹和凸羽状纹，伞帽有14个凿眼。②

湖南长沙浏城桥春秋时期1号楚墓车盖伞帽

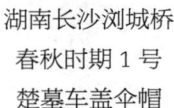

山东莒南大店春秋晚期莒国殉人墓车盖伞帽

秦陵1号铜车的伞帽呈喇叭形，其圆环直径84厘米，厚14厘米，布有22个孔，用以与伞弓相衔接。

《轮人》："轮人为盖，达常围三寸，桯围倍之，六寸。信其桯围以为部广，部广六寸。"意思是说，轮人制作车盖，柄部上半截相对细的部位的周长三寸，柄部下半截相对粗的部位的周长是它的一倍，也就是六寸。把柄部下半截相对粗的部位的周长伸展开设置为伞帽的宽度，也就是六寸。由此推算，伞帽的宽度与柄部上半截相对细的部位的周长和柄部下半截相对粗的部位的周长之间的比例关系为：

伞帽（部$_1$）的宽度（6寸）

＝柄部上半截相对细的部位（达常[部$_2$]）的周长（3寸）×2

＝柄部下半截相对粗的部位（桯）的周长（6寸）

2. 弓$_1$

盖弓是支撑车盖的弓形骨架，也称盖橑，俗称伞骨。

《轮人》："弓长六尺，谓之庇轵，五尺谓之庇轮，四尺谓之庇轸。"意思是说，长

---

① 详见湖南省博物馆：《长沙浏城桥一号墓》，《考古学报》1972年第2期。
② 详见山东省博物馆等：《莒南大店春秋时期莒国殉人墓》，《考古学报》1978年第3期。

六尺的弓形骨架叫作庇轵，长五尺的弓形骨架叫作庇轮，长四尺的弓形骨架叫作庇轸。郑玄注："弓者，盖橑也。盖弓曰橑，亦曰橑。"《辀人》："盖弓二十有八，以象星也。"意思是说，车盖上的二十八根弓形骨架象征星星。

《轮人》："参（叁）分弓长，以其一为之尊。"意思是说，把弓形骨架的长度分为三个等份，把其中的一个等份设置为它的高度。由此推算，弓形骨架的长度与高度之间的比例关系为：

$$弓形骨架（弓_1）的长度（6尺）\times 1/3 = 高度（2尺）$$

北京琉璃河 1100 号西周燕国墓地车马坑之 3 号车车盖的下部周围有 26 根直径为 2 厘米的木条，由圆柱中心向四周辐射线状伸展，平面呈圆形，直径 1.5 米。[①]

湖南长沙浏城桥春秋时期 1 号楚墓车盖有 20 根盖弓，髹黑漆，各长 138.7 厘米。

湖南长沙浏城桥春秋时期 1 号楚墓车盖弓示意图

山东莒南大店发掘春秋晚期莒国殉人墓车盖的盖弓 14 根，其中完整的有 3 根，髹黑漆，长 76 厘米。

湖北枣阳九连墩东周时期楚国 2 号车马坑 6 号车伞盖的 18 根竹质弓形骨架呈放射状排列，横截面呈圆形，直径 1 厘米，末端套有铜盖弓帽。

河南洛阳中州路战国时期车马坑发掘的车盖遗迹，伞状车盖的网格用细绳索在弓形骨架上编织而成；弓木的延长线基本上汇聚于伞帽。

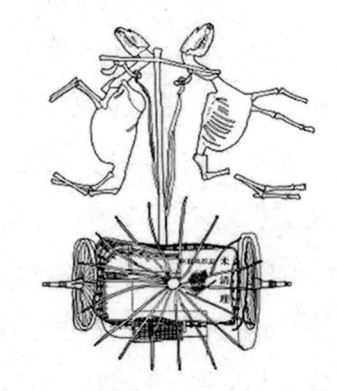

湖北枣阳九连墩东周时期楚国 2 号车马坑 6 号车平面图[②]

[①] 详见中国社会科学院考古研究所、北京市文物工作队琉璃河考古队：《1981—1983 年琉璃河西周燕国墓地发掘简报》，《考古》1984 年第 5 期。

[②] 湖北省文物考古研究所：《湖北枣阳九连墩 2 号车马坑发掘简报》，《江汉考古》2018 年第 6 期。

秦陵1号铜车的22根盖弓在伞柄顶端呈放射状均匀排列，其截面为圆柱形，靠近伞帽部分为方形。

不同长度的盖弓有不同的名称。

【庇轵】【庇轮】【庇轸】

《轮人》："弓长六尺，谓之庇轵，五尺谓之庇轮，四尺谓之庇轸。"

★庇轵——六尺长的盖弓

★庇轮——五尺长的盖弓

★庇轸——四尺长的盖弓

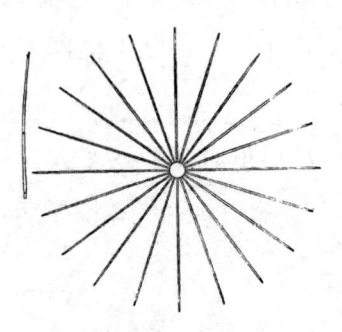

湖北江陵天星观1号
战国楚墓车盖弓示意图[①]

秦陵1号铜车伞盖的直径接近于车的最大宽度（即车轴的长度）。

弓形骨架（弓$_1$）主要包括弓形骨架靠近车伞帽的相对粗的一端（股$_1$）和弓形骨架相对细的一端（蚤$_1$）。

（1）股$_1$

这里的"股$_1$"本指大腿，喻指车盖弓靠近车伞帽的较粗的一端，与"蚤$_1$"相对。

《轮人》："参（叁）分其股围，去一以为蚤围。"意思是说，把车盖弓形骨架相对粗的一端的周长分为三个等份，再把去掉一个等份之后的两个等份设置为车盖弓形骨架相对细的一端的周长。王宗涑《考工记考辨》："股，弓近部者。"孙诒让《周礼正义》引郑锷语："股，与辐之近毂者谓之股同。弓之近部者亦谓之股，以其大也。"

（2）蚤$_1$

这里的"蚤$_1$"通"爪"，本指棘爪，喻指车盖弓较细的一端，用以钩住并撑开盖帷，与"股$_1$"相对。

《轮人》："参（叁）分其股围，去一以为蚤围。"郑玄注："蚤当为爪。"贾公彦疏："此言弓近盖部头粗、近末头细之意。"王宗涑《考工记考辨》："爪，弓末也。"孙诒让《周礼正义》引郑锷语："蚤，与辐之入牙者谓之蚤同。弓之宇曲亦谓之蚤，以其小也。"

---

① 湖北省荆州地区博物馆：《江陵天星观1号楚墓》，《考古学报》1982年第1期。

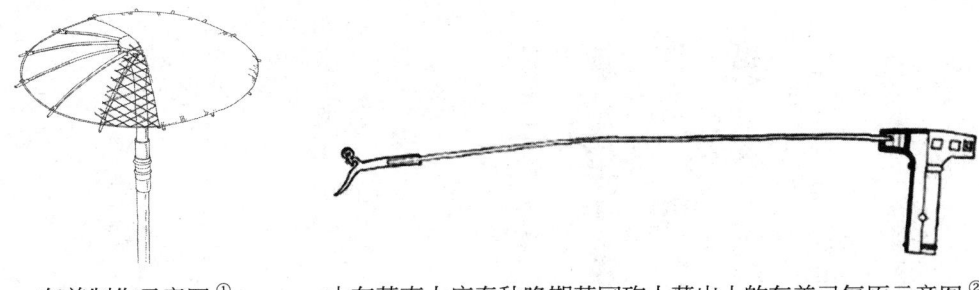

车盖制作示意图①　　山东莒南大店春秋晚期莒国殉人墓出土的车盖弓复原示意图②

山西侯马上马墓地出土的春秋晚期车盖（M1005:40-3）以及河南辉县固围村出土的战国早期车盖（M1:46、M1:119、M1:177）弓形骨架帽儿的侧面都有爪钩。河南三门峡甘棠学校春秋晚期墓M568出土的铜盖弓帽（M568:10）器身略呈管状，横断面呈马蹄形，末端封闭，器身平侧附有一个竖环钮。

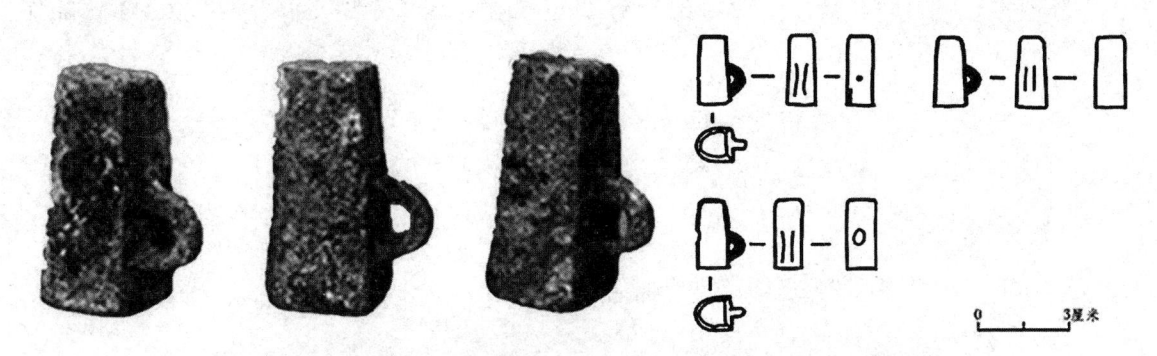

河南三门峡甘棠学校春秋晚期墓M568出土的铜盖弓帽及其线图③

河南洛阳中州路战国时期车马坑在车厢和车轮遗迹上层发现19个排列有序、近乎圆形的弓形骨架帽。甘肃张家川马家塬战国时期墓地M19出土的铜制弓形骨架帽的侧面有勾锉出来的六道棱。

---

① 刘永华：《中国古代车舆马具》，上海辞书出版社，2002。
② 山东省博物馆等：《莒南大店春秋时期莒国殉人墓》，《考古学报》1978年第3期。
③ 河南省文物考古研究院等：《河南三门峡甘棠学校春秋墓M568发掘简报》，《中国国家博物馆馆刊》2022年第9期。

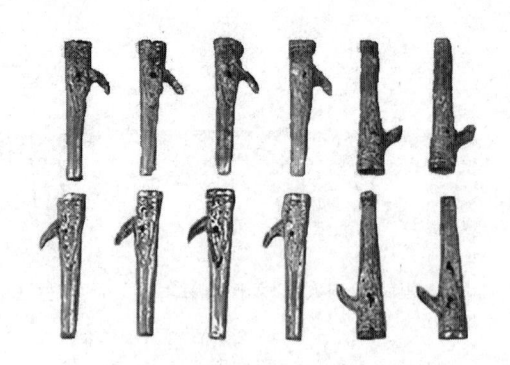

甘肃张家川马家塬战国墓地
M19出土的铜盖弓帽

湖北枣阳九连墩东周
楚国2号车马坑出土的铜盖弓帽

《轮人》："参（叁）分其股围，去一以为蚤围。"意思是说，把弓形骨架相对粗的一端的周长分为三个等份，再把去掉一个等份之后的两个等份设置为弓形骨架相对细的一端的周长。由此推算，弓形骨架相对细的一端的周长与弓形骨架相对粗的一端的周长之间的比例关系为：

$$弓形骨架相对细的一端（蚤_1）的周长（1.06667寸）$$
$$=弓形骨架相对粗的一端（股_1）×2/3$$

（3）凿$_1$

这里的"凿$_1$"特指柎之凿，即车盖伞帽上的榫眼，用以装置盖弓。

《轮人》："弓凿广四枚，凿上二枚，凿下四枚；凿深二寸有半，下直二枚，凿端一枚。"意思是说，车盖伞帽上用来装置弓形骨架的榫眼宽四分，榫眼的上边留出两分，榫眼的下边留出四分；榫眼深二寸半，底部长两分，榫眼与弓形骨架尾端相嵌的部位宽一分。王宗涑《考工记考辨》：

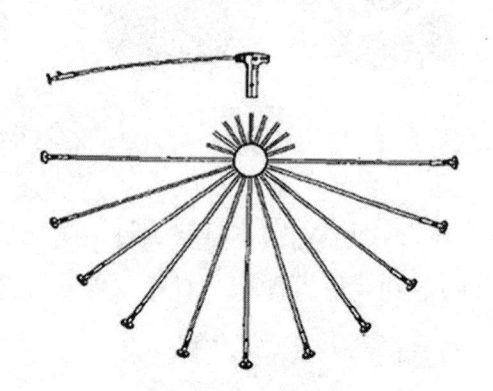

盖弓装置方法示意图[1]

---

[1] 孙机：《中国古独辀马车的结构》，《文物》1985年第8期。

"凿，部上容弓菑之穴，纵横皆四分方空也。"段玉裁注《说文解字·金部》"鏨"："穿木之器曰凿，因之既穿之孔亦曰凿矣。"

北京琉璃河 1100 号西周燕国墓地车马坑 3 号车车盖下面辐射状伸展的木条，都很有规律地插进直径 10 厘米的圆柱形轴芯里。湖北荆州江陵天星观 1 号战国楚墓车盖顶部呈圆盘形，周围的 20 个长方形榫眼里安插 20 根盖弓。

（4）端

这里的"端"通"耑"，指车盖伞帽上的榫眼与车盖弓尾端相嵌的内题。

《轮人》："凿端一枚。"意思是说，车盖伞帽上用来装置弓形骨架的榫眼与弓形骨架尾端相嵌的部位宽一分。郑玄注："端，内题也。"贾公彦疏："盖斗外宽内狭，以是故盖弓内端削使狭，为题头，故云端内题也。"孙诒让《周礼正义》："此凿端亦即凿内之头，故云内题也。"

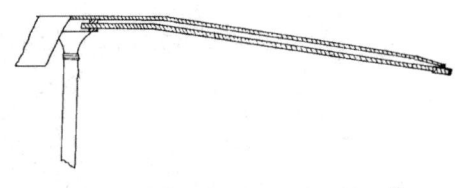

秦陵 1 号铜车盖弓连接示意图①

湖北荆州江陵天星观 1 号战国楚墓车盖弓出长木条制成，通体黑漆，断面呈椭圆形，伞帽上的榫眼与弓形骨架尾端相嵌的部位呈长方形，尾端套铜弓帽。

3. 达常

达常是盖上部较细的直柄，与"桯"相对。

《轮人》："轮人为盖，达常围三寸。"意思是说，轮人作车盖，车盖柄部上半截相对细的部位的周长三寸。郑玄注引郑众语："达常，盖斗柄下入杠中也。"贾公彦疏："盖柄有两节，此达常是上节，下入杠中也。"

湖南长沙浏城桥春秋时期 1 号楚墓出土的车盖的伞柄呈

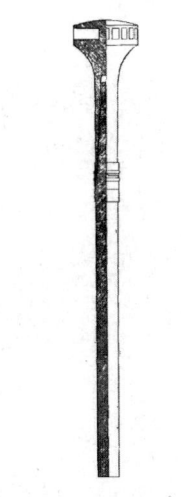

湖南长沙浏城桥春秋时期 1 号楚墓车盖伞帽和伞柄示意图

---

① 杨青等：《秦陵一号铜车立伞结构的分析研究》，《西北农业大学学报》1995 年增刊。

圆柱形，髹黑漆，全长113厘米。①

山东莒南大店发掘春秋晚期莒国殉人墓出土车盖的木质伞柄呈圆柱形。

河南洛阳中州路战国时期车马坑的车厢和车轮遗迹之上，是车盖的中心位置。有两组4件错银铜管，每组分甲乙两管。甲管和乙管紧紧相套并固定。甲管中的残木伸出管外，正好可以插入乙管之中，与乙管的圆筒形朽木连接。三节木柄就这样通过两组铜箍连接起来。②

湖北荆州江陵天星观1号战国楚墓车盖柄部呈圆柱形，由两段圆木套接，接榫处都用铜箍加固。

3A. 部$_2$

部$_2$泛指含车伞帽在内的柄部上半截相对细的部位（即与"桯"相对的"达常"）。

湖北荆州江陵天星观1号战国楚墓车盖柄部③

《轮人》："部长二尺④，桯长倍之，四尺者二。"王宗涑《考工记考辨》："部与达常通高二尺，达常虽部之柄，而与部连为一节，故统名为部。"《轮人》意思是说，柄部上半截相对细的部位长二尺，柄部下半截相对粗的部位的长度是柄部上半截相对细的部位的长度的一倍，也就是四尺。

由此推算，柄部上半截相对细的部位（部$_2$）的长度与柄部下半截相对粗的部位（桯）的长度之间的比例关系为：

柄部上半截相对细的部位（部$_2$）的长度 [2尺]×2
= 柄部下半截相对粗的部位（桯）的长度（4尺）

4. 桯

桯是车盖下部较粗的直柄，与"达常"相对。

---

① 详见湖南省博物馆：《长沙浏城桥一号墓》，《考古学报》1972年第2期。
② 详见洛阳博物馆：《洛阳中州路战国车马坑》，《考古》1974年第3期。
③ 湖北省荆州地区博物馆：《江陵天星观1号楚墓》，《考古学报》1982年第1期。
④ "部长二尺"之"部"并非特指车伞帽，而是泛指含车伞帽在内的车盖柄部上半截相对细的部位（即与"桯"相对的"达常"）。

《轮人》："轮人为盖,达常围三寸,桯围倍之,六寸。信其桯围以为部广,部广六寸。部长二尺,桯长倍之,四尺者二。"意思是说,轮人制作车盖,柄部上半截相对细的部位的周长三寸,柄部下半截相对粗的部位的周长是柄部上半截相对细的部位的周长的一倍,也就是六寸。把柄部下半截相对粗的部位的周长伸展为柄部顶端膨大的车伞帽的宽度,柄部顶端膨大的车伞帽的宽度就是六寸。部$_2$(柄部上半截相对细的部位,即达常)长二尺,柄部下半截相对粗的部位的长度是其长度的一倍,也就是四尺。两截柄部下半截相对粗的部位的长度共八尺。郑玄注引郑众语:"围六寸,直径二寸,足以含达常。"贾公彦疏:"此盖柄下节,粗大常一倍,向上含达常也。"

由此推算,柄部下半截相对粗的部位的周长与柄部上半截相对细的部位的周长之间的比例关系为:

柄部下半截相对粗的部位(桯)的周长(6寸)

=柄部上半截相对细的部位(达常)的周长(3寸)×2

柄部下半截相对粗的部位的周长与车盖伞帽的宽度之间的比例关系为:

柄部下半截相对粗的部位(桯)的周长(6寸)

=伞帽(部)的宽度(6寸)

北京琉璃河1100号西周时期燕国墓地车马坑3号车车盖的下面,有三根倾斜的木柱痕迹,考古学家推测应该是支撑伞盖的支柱。[1]

甘肃马家塬战国时期墓出土的M16-4号车舆厢左侧栏后发现有车盖柄部的基础。

甘肃马家塬战国时期墓出土的M19-1号车的车厢中央偏左位置存有车盖柄部的下半截。

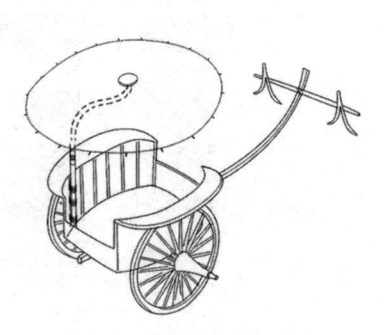

甘肃马家塬战国墓出土的
M16-4车盖基础捆扎示意图[2]

---

[1] 详见中国社会科学院考古研究所、北京市文物工作队琉璃河考古队:《1981—1983年琉璃河西周燕国墓地发掘简报》,《考古》1984年第5期。

[2] 赵吴成:《甘肃马家塬战国墓马车的复原(续二)》,《文物》2018年第6期。

甘肃马家塬战国墓马车 M19-1 号车盖桯部[①] 　　　河南洛阳中州路战国车马坑出土的车盖桯部[②]

秦陵 1 号铜车车厢前部偏左立有高杠铜伞，其中部呈中空的圆柱形，外表有两段各为 170 厘米长的精美错金银花纹装饰。

秦陵 1 号铜车马错金银伞杠 　　　秦陵 1 号铜车侧视图[③]

（二）舆

"舆"的甲骨文作 ⿱、⿱，战国古文字演化为 ⿱、⿱，构意表示车厢。

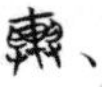

[①] 赵吴成：《甘肃马家塬战国墓马车的复原（续二）》，《文物》2018 年第 6 期。
[②] 刘永华：《中国古代车舆马具》，上海辞书出版社，2002。
[③] 杨青等：《秦陵一号铜车立伞结构的分析研究》，《西北农业大学学报》1995 年增刊。

《舆人》："舆人为车。"意思是说，舆人制作车厢。

商周时期马车的车厢位于车辀与车轴十字形相交处。

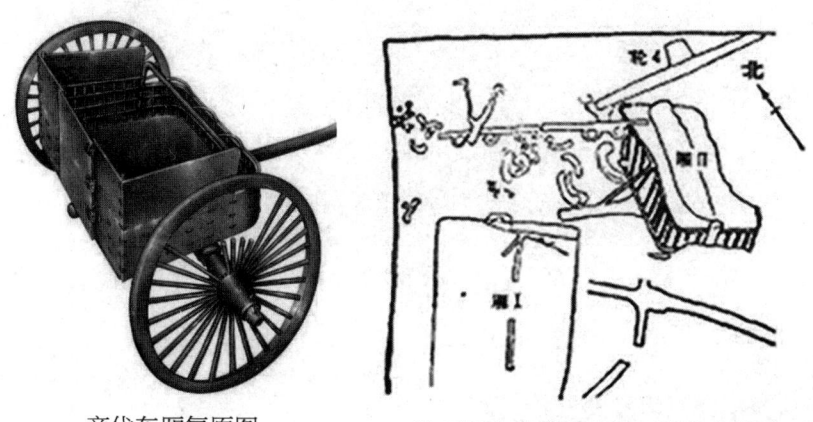

商代车厢复原图

陕西长安张家坡西周时期井叔墓地M111车厢出土情况[1]

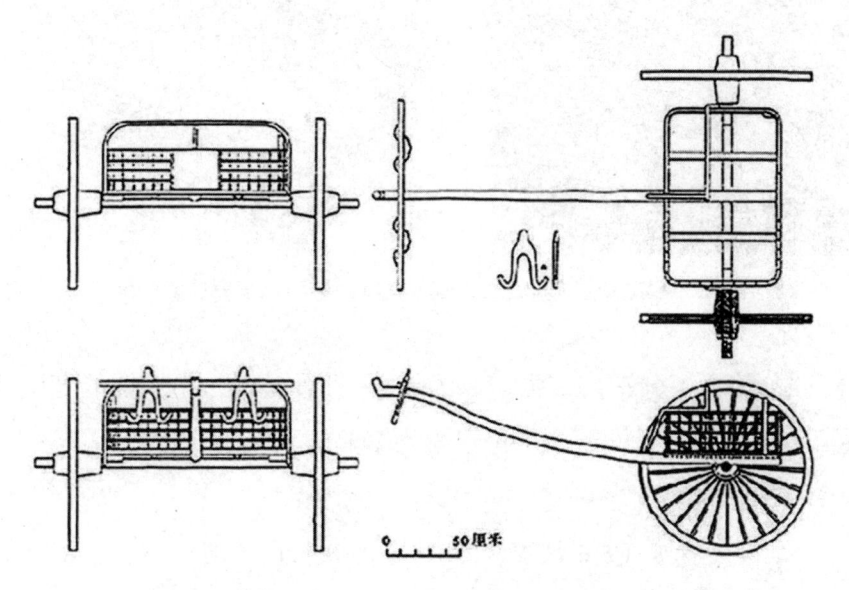

河南三门峡上村岭周代虢国墓地出土的木车复原图[2]

---

[1] 张长寿、张孝光：《井叔墓地所见西周轮舆》，《考古学报》1994年第2期。
[2] 林寿晋：《先秦考古学》，香港中文大学出版社，1991，第37页。

河南洛阳北窑西周 K5 车马坑车舆遗迹

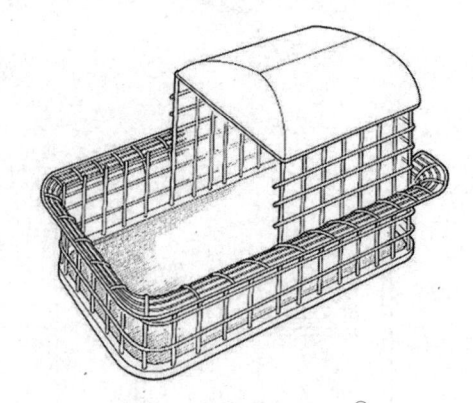

湖北枣阳九连墩东周时期楚国 2 号车马坑 8 号车及其复原透视图 ①

《舆人》:"参(叁)分车广,去一以为隧。"意思是说,把车厢的宽度分为三个等份,再把去掉一个等份之后的两个等份设置为车厢的长度。

由此推算,车厢的宽度与长度之间的比例关系为:

车厢的宽度(6.6 尺)×2/3= 车厢的长度(隧)(4.4 尺)

★文献链接

君子得舆,民所载也。——《周易·剥》

---

① 湖北省文物考古研究所:《湖北枣阳九连墩 2 号车马坑发掘简报》,《江汉考古》2018 年第 6 期。

晋人使司马斥山泽之险，虽所不至，必旆而疏陈之。使乘车者左实右伪，以旆先，舆曳柴而从之。——《左传·襄公十八年》

荆之地方五千里，宋方五百里，此犹文轩之与弊舆也。——《战国策·宋·公输般为楚设机》

（二）A 正

"正"指车正，即车厢。

《辀人》："凡任木，任正者，十分其辀之长，以其一为之围。"郑玄注："任正者，谓舆下三面材，持车正者也。"孙诒让《周礼正义》引郑珍语："正，车正也。舆当车之正……。"又引黄以周语："正谓车正。车正者，舆也。舆形方正，故谓之车正。"《辀人》意思是说，凡承受车厢重力的木材，把车辀的长度分为十个等份，把其中的一个等份设置为车辀后端与车厢底部后面枕木相交的横木的周长。

车厢（舆）由车厢前部栏杆顶端用作扶手的横木（式）、车厢两侧的扶手（较）、车厢两侧的扶手下面围栏纵横交错的木条（轵₁）、车厢前部栏杆顶端用作扶手的横木下面围栏纵横交错的木条（鞘）、车厢底部四面的枕木（轸）、车厢前部的挡板（軓₁）等部分构成。

1. 式

"式"通"轼"，指车轼，车厢前部栏杆顶端用作扶手的横木。

《释名·释车》："轼，式也，所伏以式敬者也。"

山西侯马上马墓地 M3 车马坑出土的 2 号车的车厢前部栏杆顶端用作扶手的横木横剖面呈扁圆形，横跨车厢，两端向下弯曲，沿着车厢两侧倚靠木板的外侧插入车底。山西太原金胜村 M251 春秋时期车马坑 5 号车的车厢前部栏杆顶端用作扶手的横木用圆木煣制而成，中部略微拱起。甘肃甘谷毛家坪春秋中晚期车马坑 3 号车的轼的整体呈"冂"形，横长 140 厘米，侧高 60 厘米；截面呈圆形，直径 4.5 厘米。

甘肃甘谷毛家坪春秋中晚期车马坑 3 号车前视图

湖北枣阳九连墩东周楚国 2 号车马坑 5 号车的轼由一根圆木棍煣制呈一形，两端下折，形成轼栏柱。

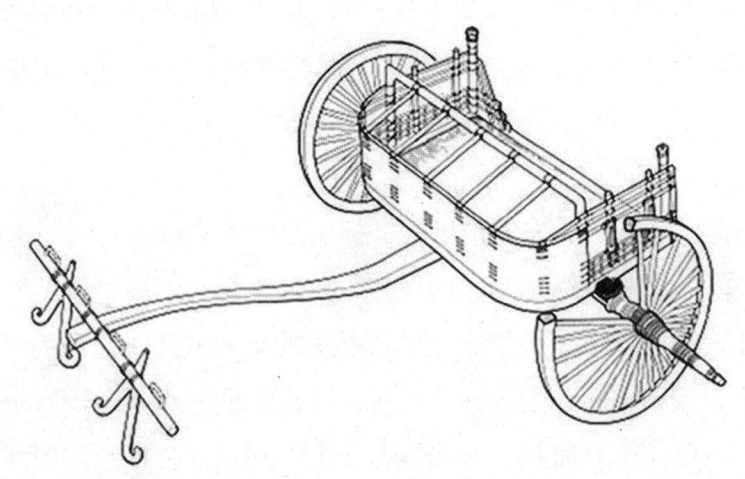

湖北枣阳九连墩东周楚国 2 号车马坑 5 号车复原透视图[1]

河南三门峡后川战国时期车马坑 3 号车车厢前部栏杆顶端用作扶手的横木由上、

---

[1] 湖北省文物考古研究所：《湖北枣阳九连墩 2 号车马坑发掘简报》，《江汉考古》2018 年第 6 期。

下两根直径 0.4 厘米的圆木组成,位于车厢上中部偏前,横跨车厢。

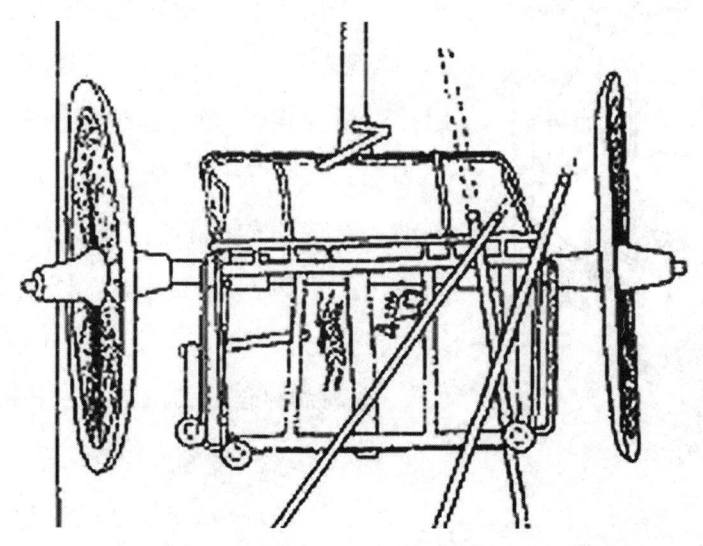

河南三门峡后川战国车马坑 3 号车平面图[①]

河南洛阳唐宫路战国时期 1 号车马坑的车轼略呈弓形,上有纵横相连的小木条。考古工作者还在 2 号车马坑 1 号车舆的前面发现一段东西向弓形横栏,推测应为车轼。

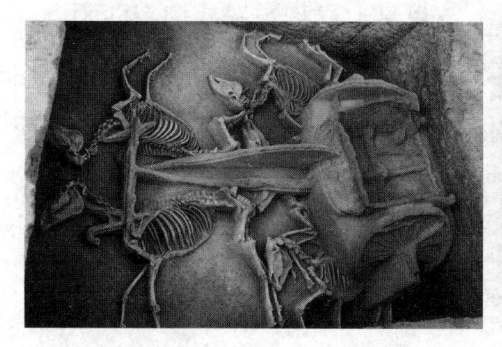

河南洛阳唐宫路战国 K1 车马坑 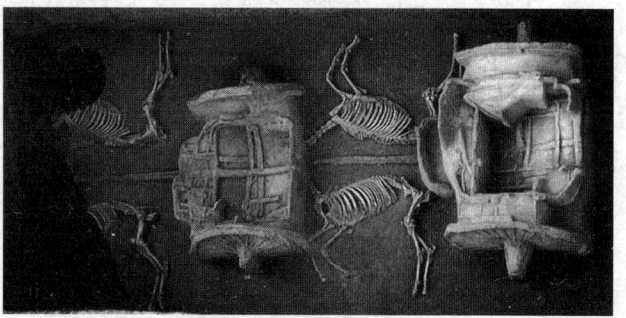　　　　河南洛阳唐宫路战国 K2 车马坑

---

① 三门峡市文物考古研究所:《河南三门峡市后川战国车马坑发掘简报》,《华夏考古》2003 年第 4 期。

秦陵1号铜车的轼的高度约合人体身高的一半；2号铜车轼的位置如左图所示。

《舆人》："参（叁）分其隧，一在前，二在后，以揉其式。"意思是说，把车厢的长度分为三个等份，一个等份在前，两个等份在后，用火揉制前一个等份的车厢前部栏杆顶端用作扶手的横木。由此推算，车厢前部栏杆顶端用作扶手的横木的长度与车厢的长度之间的比例关系为：

车厢前部栏杆顶端用作扶手的横木（式）的
长度（1.4667尺）
= 车厢的长度（隧）（4.4尺）×1/3

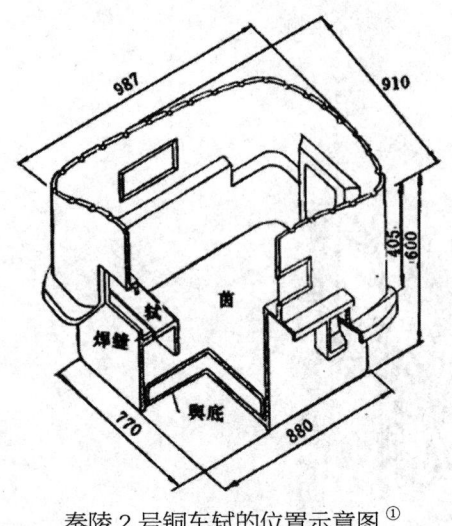

秦陵2号铜车轼的位置示意图[①]

《舆人》："以其广之半为之式崇。"意思是说，把车厢宽度的一半设置为车厢前部栏杆顶端用作扶手的横木的高度。由此推算，车厢前部栏杆顶端用作扶手的横木的高度与车厢的宽度之间的比例关系为：

车厢前部栏杆顶端用作扶手的横木（式）的高度（3.3尺）
= 车厢的宽度（6.6尺）×1/2

《舆人》："参（叁）分轸围，去一以为式围。"意思是说，把车厢底部后面的枕木的周长分为三个等份，再把去掉一个等份之后的两个等份设置为车厢前部栏杆顶端用作扶手的横木的周长。由此推算，车厢底部后面的枕木的周长与车厢前部栏杆顶端用作扶手的横木的周长之间的比例关系为：

车厢前部栏杆顶端用作扶手的横木（式）的周长（0.73333尺）
= 车厢底部后面枕木（轸$_2$）的周长（1.1尺）×2/3

★ 文献链接

王式则下前马，王下则以盖从。——《周礼·夏官·道右》

[①] 侯介仁、杨青：《秦陵铜车马的铸造技术研究》，《西北农业大学学报》1995年增刊。

国君抚式，大夫下之；大夫抚式，士下之。……故君子式黄发，下卿位，入国不驰，入里必式。——《礼记·曲礼上》

2. 较

"较"（jué）的金文作 ①，左边像车的两个轮子，右边像车厢两旁板上的横木，木上有铜钩装饰。较是车厢两旁高出于车轼的木把手。②

郑玄注《舆人》"较"引郑众语："较，两輢上出式者。"贾公彦疏："较，谓车舆两相，今人谓之平鬲也。言两輢，谓车相两旁竖之者。"《说文解字·车部》："较，车輢上曲钩也。"段玉裁注："较之制，盖汉与周异。周时较高于轼，高处正方有隅，故谓之较，较之言角也；至汉乃圜之如半月然，故许云'车上曲钩'。'曲钩'言句中钩也，圜之则亦谓之车耳。"《释名·释车》："较，在箱上，为辜较也。"

河南浚县辛村西周车马坑出土的铜较，形如弯钩，一端有安装柄部的孔，可插车厢两边的輢柱之上，顶部折而平直，用以扶持。

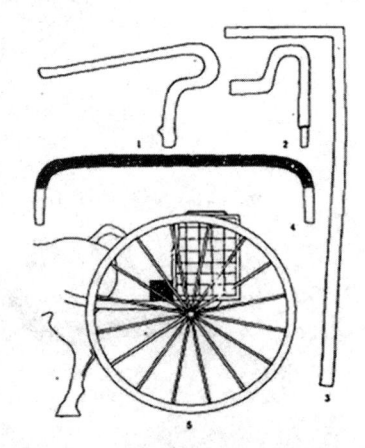

山东淄博临淄淄河店 2 号战国时期墓 20 号车两侧的两根藤条与轼相结后，又与后角柱相连接、固定，构成供乘车抓扶的较；左右较各从后角柱向下斜拉并固定在后轮上，使车厢后部留出用以上车和下车的缺口。

较示意图③
（1.浚县出土的春秋铜较；
2.淮阳出土的战国铜较；
3.秦俑坑出土的铜较；
4.满城汉墓出土的错金铜较；
5.武威出土的木车模型之輢上立较）

---

① 《殷周金文集成》，第 4468。
② 学术界有的承郑众说，认为指"竖輢之上连接之横木"（郑思虞：《〈毛诗〉车乘考》，《西南师范学院学报》1983 年第 2 期）、"輢上之横木可凭靠者"（朱凤瀚：《古代中国青铜器》，南开大学出版社，1995，第 281 页）；有的承贾公彦说，认为指"輢柱上再加高的一节短柱"（汪少华：《古车舆"輢""较"考》，《华东师范大学学报》〔哲学社会科学版〕2005 年第 3 期）。
③ 孙机：《中国古独辀马车的结构》，《文物》1985 年第 8 期。

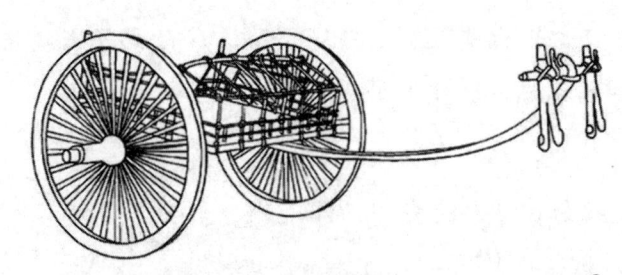

山东淄博临淄淄河店2号战国墓20号车复原示意图①

江苏淮阴高庄战国时期墓出土的青铜车较及其线图②

古者卿以上等级所乘车有重较。秦陵2号兵马俑坑出土的铜较与西周铜较的式样区别不大,垂直部分较长,插入车厢底部枕木并用铜钉固定,其上端折成直角。

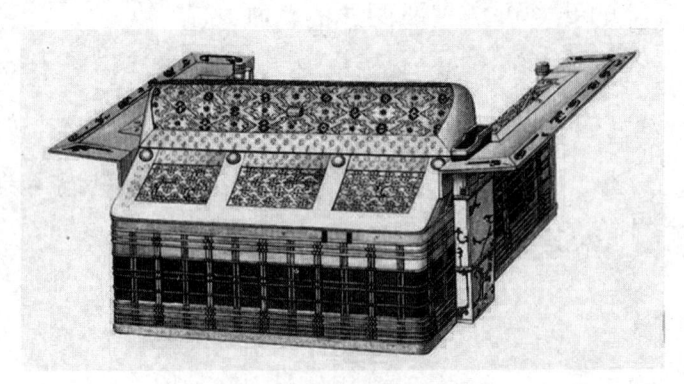

秦陵1号铜车车轼复原图③

---

① 山东省文物考古研究所:《山东淄博市临淄区淄河店二号战国墓》,《考古》2000年第10期。
② 王厚宇、王卫青:《淮阴高庄战国墓的青铜舆饰及相关问题》,《故宫博物院院刊》2000年第6期。
③ 刘永华:《中国古代车舆马具》,清华大学出版社,2002。

《舆人》："以其隧之半为之较崇。"意思是说，把车厢长度的一半设置为车厢两侧高出于车厢前部栏杆顶端用作扶手的横木的高度。由此推算，车厢两侧扶手的高度与车厢的长度之间的比例关系为：

车厢两侧扶手（较）的高度（2.2 尺）= 车厢的长度（隧）（4.4 尺）× 1/2

《舆人》："参（叁）分式围，去一以为较围。"意思是说，把车厢前部栏杆顶端用作扶手的横木的周长分为三个等份，再把去掉一个等份之后的两个等份设置为车厢两侧扶手的周长。由此推算，车厢两侧扶手的周长与车厢前部栏杆顶端用作扶手的横木的周长之间的比例关系为：

车厢两侧扶手（较）的周长（0.48889 尺）
= 车厢前部栏杆顶端用作扶手的横木（式）的周长（0.73333 尺）× 2/3

★ 文献链接

宽兮绰兮，倚重较兮。——《诗经·卫风·淇奥》

3. 轵₁

这里的"轵₁"是支撑车厢两侧车较纵横交错的木条，与车轼下的轛并称，与下文毂末之"轵₂"名同而实异。

郑玄注《舆人》"轵"引郑众语："轵，輢之植者、衡者也，与毂末同名。"贾公彦疏："此轵是车较下竖直者，及较下横者，直衡者并纵横相贯也。"

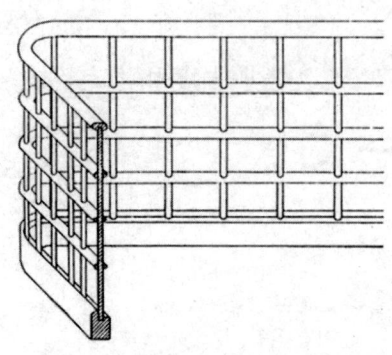

河南三门峡上村岭周代虢国墓地第 1727 号车马坑 3 号车车厢栏杆结构[①]

---

① 林寿晋：《先秦考古学》，香港中文大学出版社，1991。

陕西岐山孔头沟遗址西周墓葬 M9 出土的一件舆栏铜饰（M9∶22）的表面饰有数周略凸起的斜行条带纹，器内残存两段舆栏朽木；一端呈封闭的长圆管形，直径 2.7 厘米，底部开长条形槽，与口端相通。[①]

陕西岐山孔头沟遗址西周墓葬 M9 出土的舆栏铜饰

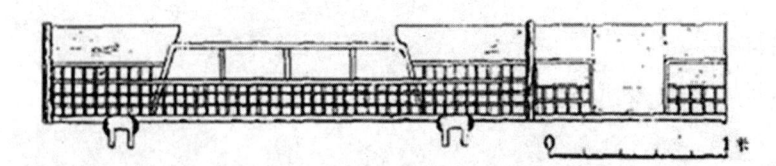

山西侯马上马墓地 3 号车马坑 2 号车车厢结构展示图[②]

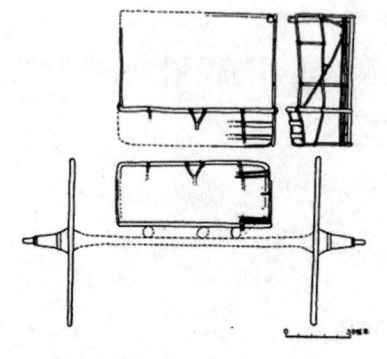

山西太原金胜村 251 号春秋车马坑 5 号车的左右两侧栏杆，全部用藤条和革带相互穿绕连结而成；除横竖条外，还用两根斜条固定形成三角结构，以增加强度和稳定性。

山西太原金胜村 251 号春秋车马坑 5 号车各视角示意图[③]

---

① 详见陕西省考古研究院、北京大学考古文博学院：《陕西岐山县孔头沟遗址西周墓葬 M9 的发掘》，《考古》2022 年第 4 期。
② 山西省考古研究所侯马工作站：《山西侯马上马墓地 3 号车马坑发掘简报》，《文物》1988 年第 3 期。
③ 山西省考古研究所、太原市文物管理委员会：《太原金胜村 251 号春秋大墓及车马坑发掘简报》，《文物》1989 年第 9 期。

山西太原春秋时期晋国赵卿墓 1 号车复原示意图[①]

湖北枣阳九连墩东周楚国 2 号车马坑出土的 5 号车围栏的下部结构由车厢两侧的扶手下面围栏纵横交错的木条（轵₁）与车厢前部栏杆顶端用作扶手的横木下面围栏纵横交错的木条（轛）榫卯而成。车厢两侧的扶手下面围栏纵横交错的木条（轵₁）共三层；车厢前部栏杆顶端用作扶手的横木下面围栏纵横交错的木条（轛）呈圆柱形，下端与车厢底部枕木（軨）榫卯。

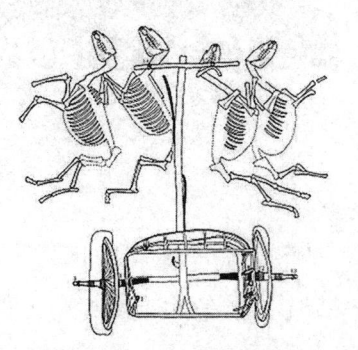

湖北枣阳九连墩东周楚国
2 号车马坑 5 号车平面图[②]

湖北枣阳九连墩东周楚国
2 号车马坑 8 号车舆结构

甘肃张家川马家塬战国墓马车舆厢装配结构和方法是，先做好木栏式结构舆厢，然后在左右两侧安装高出木栏的侧板。[③]

[①] 太原市文物管理委员会：《太原晋国赵卿墓》，文物出版社，1996。
[②] 湖北省文物考古研究所：《湖北枣阳九连墩 2 号车马坑发掘简报》，《江汉考古》2018 年第 6 期。
[③] 详见赵吴成：《甘肃马家塬战国墓马车的复原（续二）》，《文物》2018 年第 6 期。

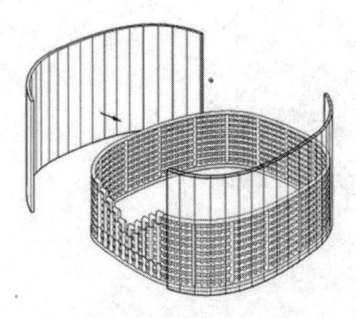

甘肃张家川马家塬战国墓马车
舆厢结构组装示意图

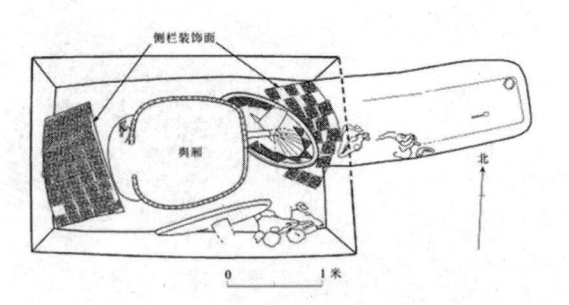

甘肃张家川马家塬战国墓马车
M62-1号车厢与侧栏装饰面

甘肃张家川马家塬战国墓马车
M62-1号车厢左侧板

甘肃张家川马家塬战国墓马车
M3-3号车厢侧板

　　河南三门峡后川战国时期车马坑1号车两侧围栏自上而下由两根栏杆和两层方格状栏网带组成。河南三门峡西苑小区战国时期车马坑2号车的上围栏分左右两侧围栏，由上下两根横栏杆组成。上横栏杆前部在车厢前部栏杆顶端用作扶手的横木外下折，从下围栏内侧穿过与前轮相接，后部在角柱外下折，连在后轮和两边轮的衔接处；下横栏杆前部在车厢前部栏杆顶端用作扶手的横木外稍靠前处下折，从下围栏内侧穿过与两侧边轮相接，后部绕过后角柱呈弧形下弯与后轮相连。下围栏由两根横栏杆和37根小竖撑组成方格形带状围栏。①

---

① 详见三门峡市文物考古研究所：《三门峡市西苑小区战国车马坑的发掘》，《文物》2008年第2期。

河南三门峡西苑小区战国车马坑
2 号车围栏左前部结构

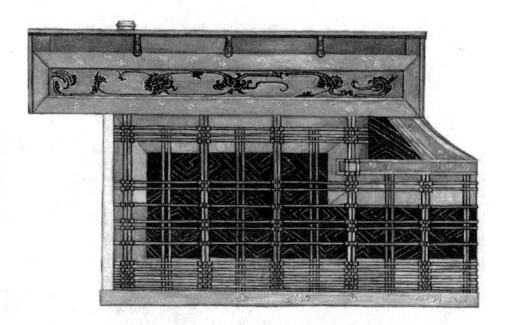

秦陵铜车马 1 号车车舆右侧外栏板[1]

《舆人》:"参(叁)分较围,去一以为轵围。"意思是说,把车厢两侧扶手的周长分为三个等份,再把去掉一个等份之后的两个等份设置为车厢两侧的扶手下面围栏纵横交错的木条的周长。"由此推算,车厢两侧的扶手下面围栏纵横交错的木条的周长与车厢两侧扶手的周长之间的比例关系为:

车厢两侧的扶手下面围栏纵横交错的木条($轵_1$)的周长
= 车厢两侧扶手(较)的周长(0.48889 尺)× 2/3

★ 文献链接

仆左执辔,右祭两轵,祭轨,乃饮。——《周礼·夏官·大驭》

4. 轛

轛是支撑车轼的纵横交错的木条或藤条,与车较下的轵并称。

郑玄注《舆人》"轛":"轛,式之植者衡者也。"《说文解字·车部》:"轛,车横軨也。""軨,车轖闲横木。""轖,车籍交错也。"

山西侯马上马墓地 3 号车马坑 2 号车轼上安有 3 根弯曲成弧形的支柱,支柱下端插入车厢底部前枕木上面栏杆的最高一根横木;支柱横剖面呈圆形,直径 2.5 厘米;中

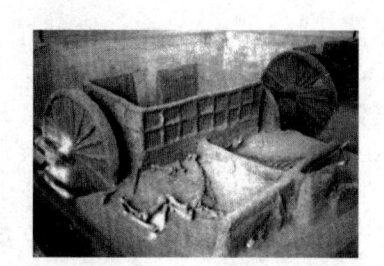

河南安阳小屯殷陵博物馆
商代车所见轵轛痕迹

---

[1] 刘永华:《中国古代车舆马具》,清华大学出版社,2013。

间一根支柱居轼正中，距左右两支柱均34厘米。①

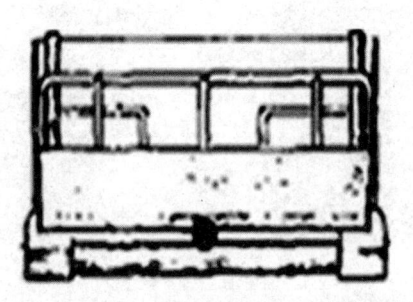

山西侯马上马墓地3号车马坑2号车辀复原前视图

河南三门峡后川战国时期车马坑3号车车厢前部栏杆顶端用作扶手的上横木与下横木之间由四根小撑均匀分布相连接。河南三门峡西苑小区战国时期车马坑3号车厢前部栏杆顶端用作扶手的横木的下面有三根圆竖撑，上部呈"人"字形与轼相连，下部在下围栏的外侧车軨横折，左右两根竖撑都从围栏内侧穿过，与前轮相连。

甘肃张家川马家塬战国墓地
M14-1车车舆前部

河南三门峡西苑小区
战国车马坑3号车辀

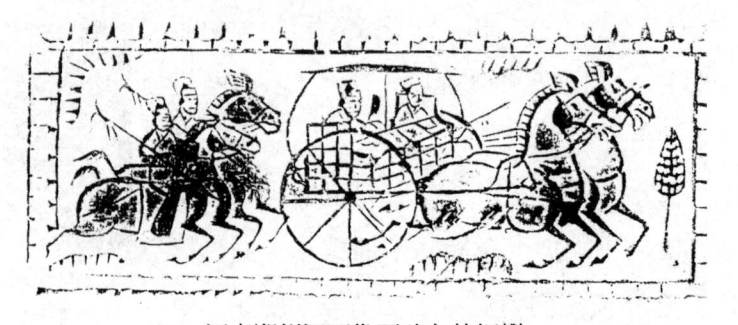

河南郑州汉画像石砖车的轵辀

---

① 详见山西省考古研究所侯马工作站：《山西侯马上马墓地3号车马坑发掘简报》，《文物》1988年第3期。

《舆人》:"参(叁)分轵围,去一以为轛围。"意思是说,把车厢两侧的扶手下面围栏纵横交错的木条的周长分为三个等份,再把去掉一个等份之后的两个等份设置为车厢前部栏杆顶端用作扶手的横木下面围栏纵横交错的木条的周长。由此推算,车厢前部栏杆顶端用作扶手的横木下面围栏纵横交错的木条的周长与车厢两侧的扶手下面围栏纵横交错的木条的周长之间的比例关系为:

车厢前部栏杆顶端用作扶手的横木下面

围栏纵横交错的木条(轛)的周长(0.21729 尺)

＝车厢两侧的扶手下面围栏纵横交错的

木条(轵$_1$)的周长(0.32593 尺)×2/3

5A. 軫$_1$

这里的"軫$_1$"泛指车厢底部四面的枕木。

《总叙》:"六尺有六寸之轮,轵崇三尺有三寸也,加軫与幞焉四尺也。"意思是说,六尺六寸高的车轮,车厢两侧的扶手下面围栏纵横交错的木条高三尺三寸,再加上车厢底部四面的枕木和勾连马车车厢底板与轮轴的半规形木垫就是四尺。郑玄注《总叙》:"軫,舆也。"孙诒让《周礼正义》:"云'軫,舆也'者,以此軫加幞轵之上,明通舆下四面材言之,不徒指后軫也。"戴震《考工记图》:"舆下四面材合而收舆谓之軫,亦谓之收,独以为舆后横者,失其传也。"

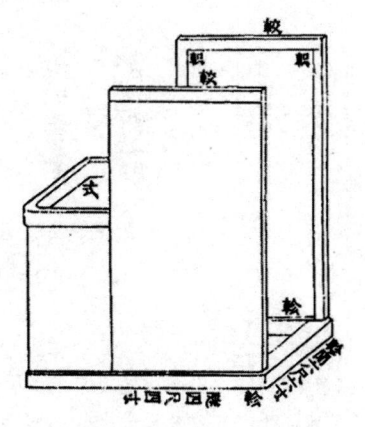

(清)戴震《考工记图》中的舆图

河南洛阳老城西周时期 2 号车马坑出土的车厢上部的晚期遗迹完全被破坏，只存车厢底部痕迹。车厢底用四根木条构成矩形的圆角方框。4 号车马坑出土的车厢残存几根垫木。

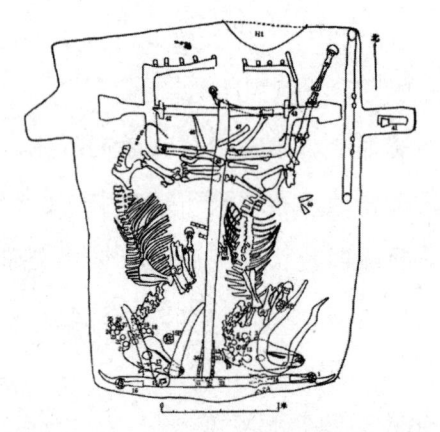

河南洛阳老城 1985 年发掘的西周 4 号车马坑平面图①

山西侯马西周时期上马墓地 3 号车马坑 2 号车车厢的底部由四根木条组合成圆角长方形外框，底边平齐；上边外缘在转角处呈弧形，内缘下凹，用以安置四周栏杆的立柱和底板。

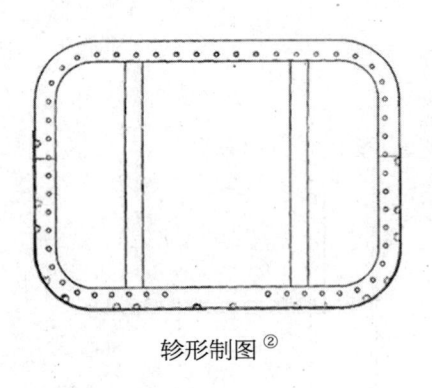

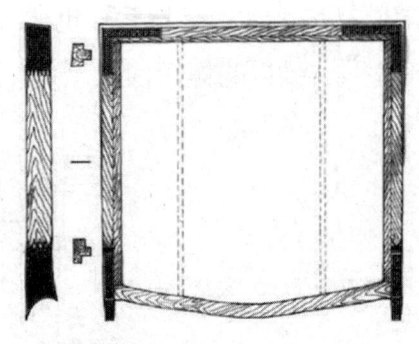

軨形制图②

陕西宝鸡茹家庄西周时期车马坑出土的车軨铜饰安装示意图③

① 中国社会科学院考古研究所洛阳唐城队：《洛阳老城发现四座西周车马坑》，《考古》1988 年第 1 期。
② 张长寿、张孝光：《井叔墓地所见西周轮舆》，《考古学报》1994 年第 2 期。
③ 王厚宇、赵海涛：《淮阴高庄战国墓车舆铜饰赏析》，《收藏界》2013 年第 1 期。

河南三门峡后川战国时期车马坑 1 号车车厢底部四面的枕木用四根直径 0.5 厘米的圆木连接成边框；2 号车的车厢底部三面枕木外用面板裹饰。

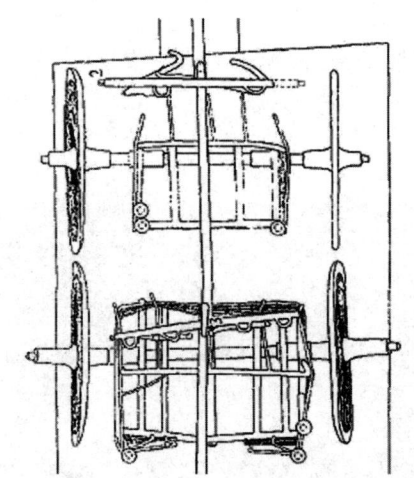

河南三门峡后川战国车马坑 1、2 号车平面图[①]

河南洛阳唐宫路战国时期车马坑 1 号车的车厢底部用四根枕木构成矩形方框。

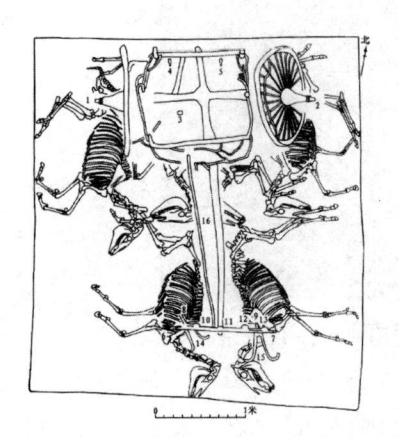

河南洛阳唐宫路战国 K1 车马坑平面图[②] 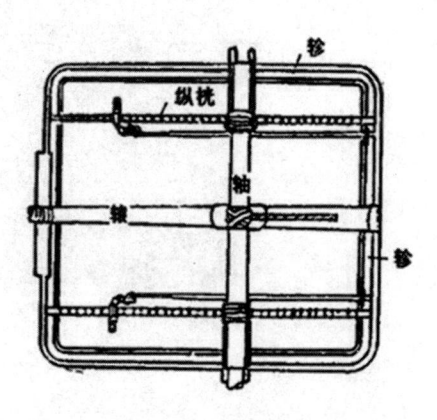　　秦陵 2 号铜车舆底之轸结构示意图[③]

---

① 三门峡市文物考古研究所：《河南三门峡市后川战国车马坑发掘简报》，《华夏考古》2003 年第 4 期。
② 洛阳市文物工作队：《河南洛阳市唐宫路战国车马坑》，《考古》2007 年第 12 期。
③ 侯介仁、杨青：《秦陵铜车马的铸造技术研究》，《西北农业大学学报》1995 年增刊。

5B. 軫₂

这里的"軫₂"特指车厢底部后面的枕木，与"軓"并称。

郑玄注《总叙》"軫"："軫，舆后横木。"又注《舆人》"軫"："軫，舆后横者也。"《说文解字·车部》："軫，车后横木也。"段玉裁注："合舆下三面之材与后横木而正方，故谓之軫……浑言之，四面曰軫，析言之，輢轼所尌曰軓，輢后曰軫。"

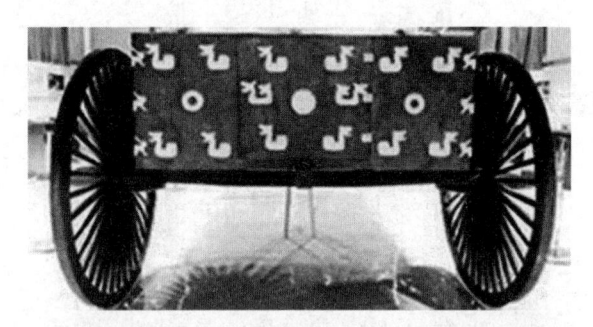

河北行唐东周故郡2号车马坑5号车复制品的车厢后部

湖北荆州战国中期熊家冢墓地大车马坑CH17车舆后軫

《舆人》："六分其广，以一为之軫围。"意思是说，把车厢的宽度分为六个等份，再把其中一个等份设置为车厢底部后面的枕木的周长。由此推算，车厢底部后面的枕木的周长与车厢的宽度之间的比例关系为：

车厢底部后面的枕木（軫₂）的周长（1.1 尺）
＝车厢的宽度（6.6 尺）×1/6

★ 文献链接

舆形变方,其他三面改用直木,和后轸一样,也就用后轸的名称推广到前左右的三面材。——郭宝钧《殷周车器研究》

6. 軓₁

这里的"軓₁"是车厢前部的挡板,与"輢"相对。①

《輈人》:"軓前十尺,而策半之。"《说文解字·车部》:"軓,车轼前也。从车,凡声。《周礼》曰:'立当前軓。'"戴震《考工记图》:"车旁曰輢,式前曰軓,皆掩舆版也。軓以掩式前,故汉人亦呼曰掩軓。"

(清)戴震《考工记图》中的舆图

陕西清涧寨沟遗址后刘家塔商代墓葬 M1 出土的车軓残片

山西太原金胜村 251 号春秋时期大墓及车马坑的考古发掘表明,车厢前部栏杆顶端用作扶手的横木前用来容纳膝盖空间的形制为,先用揉成接近直角的藤条为骨架,横竖藤条绑扎联结并固定在车厢底部前面的枕木上,顶端套绕在车厢前部栏杆顶端用作扶手的横木上,再用两条革带或纻麻胎漆条打孔并穿绑固定,形成车厢前部的挡板的框架。

---

① 一说,"軓"是轼前左、前、右三面成"п"形的车厢沿木。郑玄注《考工记·輈人》:"軓,法也。谓舆下三面之材,轼式之所尌,持车正也。"孙诒让《周礼正义》:"但軓之本义,则自通晐舆前及左右三面材。《大行人》之'车軹',《说文》车部引作'前軓'。有前軓,明有左右軓矣,故后郑又增成其义也。……至后郑诂'軓'为'舆下三面材',先郑诂'軓'为'式前',义虽小异,意实相成。……舆下三面材持车正者总名軓。"这就是"軓"的另外一种解释,认为是车厢底部前面及左右两侧的枕木,也称"任正";与"轸"并称。存以备说。

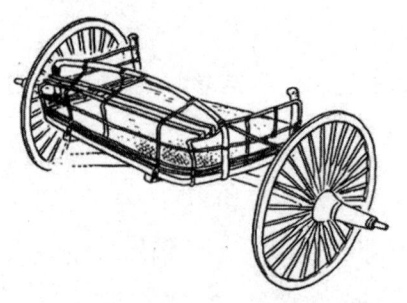

山西太原金胜村 251 号春秋车马坑 5 号车复原示意图 [1]

湖北枣阳九连墩东周楚国 2 号车马坑 3 号车的车厢前部栏杆顶端用作扶手的横木前面由栏柱与围栏包裹成半封闭的挡板,横长 132 厘米,进深 25 厘米。

湖北枣阳九连墩东周楚国 2 号车马坑 3 号车

河北行唐东周故郡 2 号车马坑 5 号车复制品的车厢前部

---

[1] 山西省考古研究所、太原市文物管理委员会:《太原金胜村 251 号春秋大墓及车马坑发掘简报》,《文物》1989 年第 9 期。

《辀人》："軌前十尺，而策半之。"意思是说，马车曲辕在车厢前部的挡板之前的长度为十尺，马鞭的长度是它的一半。由此推算，马车曲辕在车厢前部的挡板之前的长度与马鞭的长度之间的比例关系为：

马车曲辕在车厢前部的挡板（軌$_1$）之前的长度（10尺）×1/2＝马鞭的长度（5尺）

7. 任正

郑玄注《辀人》"任正"："任正者，谓舆下三面材，持车正者也。"贾公彦疏："名任正者，此木任力，车舆所取正。以其两輢之所树于此木，较，式，依于两軌，故曰任正也。"阮元《考工记车制图解》则认为，汉代以前，"任正"由于靠近车厢底部的枕木（"轸"），因此替代了"轸"的名称；汉代以后，人们把"轸"归入车厢的部件，因而迷失了木构部件"任正"的含义，一错再错，长期无法得到明辨。按照阮元的说法，"任正者，辀后端之横木，当车后持舆之后轸底者也。"孙诒让《周礼正义》："正，车正也。舆当车之正，而軌任之，故云任正者。"任正是车辆后端与车厢底部后面枕木相交的横木。

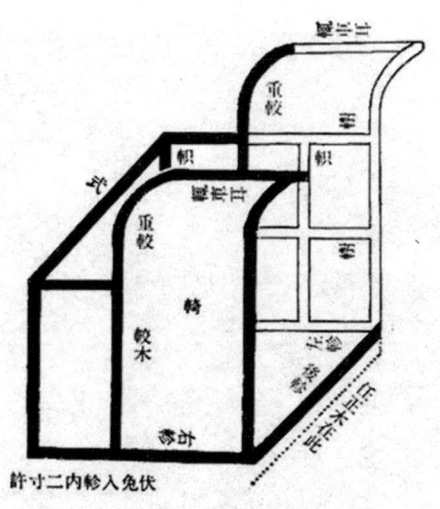

（清）阮元《考工记车制图解》舆图一

《考工记·辀人》："凡任木，任正者，十分其辀之长，以其一为之围。"意思是说，凡承受车厢重力的木材，把车辀的长度分为十个等份，再把其中的一个等份设置为车辀后端与车厢底部后面枕木相交的横木的周长。由此推算，车辀后端与车厢底部后面枕木相交的横木的周长与车辀的长度之间的比例关系为：

车辀后端与车厢底部后面枕木相交的横木（任正）的周长 = 车辀的长度 ×1/10

★视频链接

《探索发现·故郡古车发掘记（二）》：承载着5号车的厢体进行翻身

8. 邸（軝）

"邸"是"軝"的借字，指牛牵引的辎重车的尾部。

《辀人》："及其下阤也，不援其邸，必緧其牛后。"王宗涑《考工记考辨》："'邸'当作'軝'。《说文》云：'軝，大车后也。'今谓之车尾。'邸'借字。"《辀人》意思是说，牛牵引的辎重车下坡时，如果不从后面拉住车尾，那么緧绳必然会勒住牛的后身。

先秦牛牵辎重车尾部假想图

（三）辀

《考工记·辀人》："辀人为辀，辀有三度。"意思是说，辀人制作马车曲辕，马车曲辕有三种高度。

《说文解字·车部》："辕，辀也。"《释名·释车》："辀，句也，辕上句也。"戴震《考工记图》："小车谓之辀，大车谓之辕。人所乘，欲其安，故小车畅毂梁辀。大车任载而已，故短毂直辕。此假大车之辕，以明揉辀使桡曲之故。""辀"析言指单根马车曲辕，与"辕"相对。

（清）戴震《考工记图》中的辀图

商周时期的马车曲辕在车厢下面与车轴垂直相交。

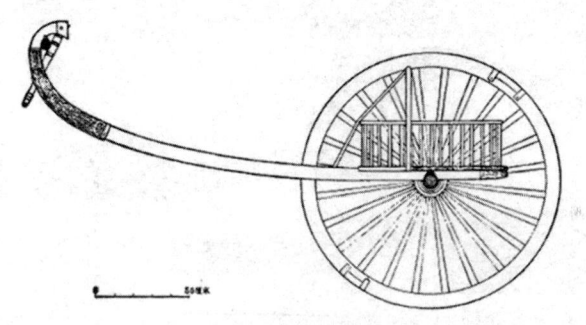

西周车辀形制图[1]

甘肃张家川马家塬战国墓 M16–17 车辀金饰

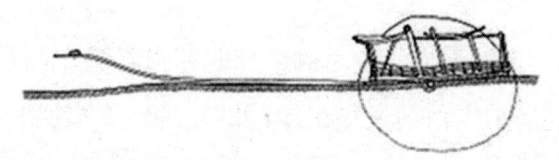

湖北枣阳九连墩东周楚国 2 号车马坑 3 号车辀侧面图[2]

---

[1] 张长寿、张孝光：《井叔墓地所见西周轮舆》，《考古学报》1994 年第 2 期。
[2] 湖北省文物考古研究所：《湖北枣阳九连墩 2 号车马坑发掘简报》，《江汉考古》2018 年第 6 期。

湖北枣阳九连墩东周楚国 2 号车马坑 5 号车辀侧面图[①]

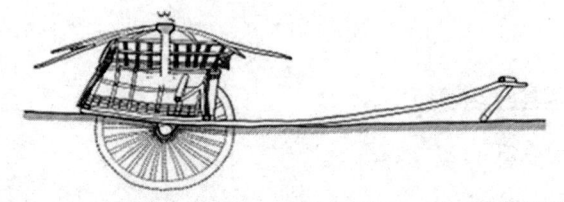

湖北枣阳九连墩东周楚国 2 号车马坑 6 号车辀侧面图[②]

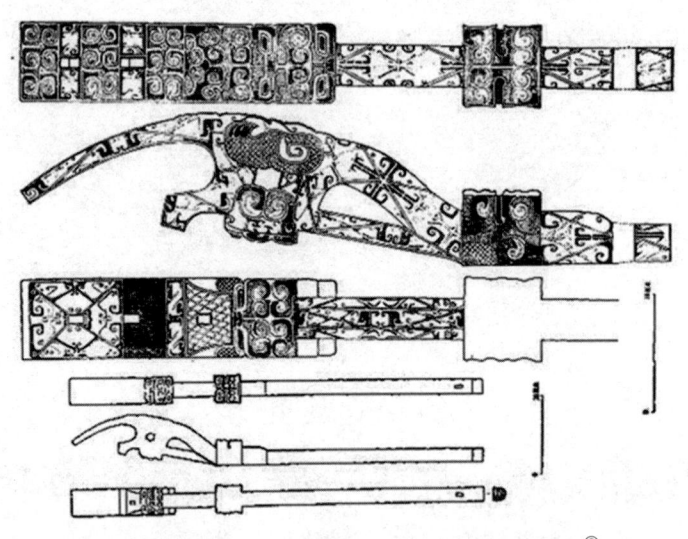

湖北江陵天星观 1 号楚墓出土的车辀明器线图[③]

  2023 年，考古工作者在秦始皇陵西侧墓葬北墓道陪葬车马坑内清理出一辆带有车伞的四轮独辀木车。这是国内目前发现最早的四轮独辀木车实物。

[①][②]　湖北省文物考古研究所：《湖北枣阳九连墩 2 号车马坑发掘简报》，《江汉考古》2018 年第 6 期。
[③]　湖北省荆州地区博物馆：《江陵天星观 1 号楚墓》，《考古学报》1982 年第 1 期。

秦始皇陵北墓道车马坑四轮独辀木车出土情景

秦陵2号铜车曲辕的后段平直地位于车厢下，车厢之前的一段曲辕则向上仰起，一直延伸到辕端缚衡的部位，与马的高度相当，从而使马不压低、轴不提高，车舆保持平正。

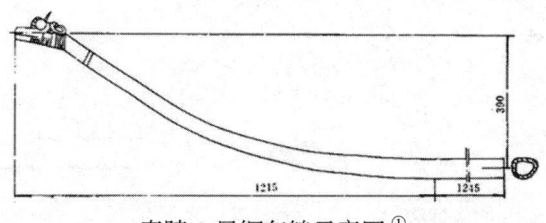

秦陵2号铜车辀示意图[1]

山东临沂白庄汉画像石轓车　　　　　安徽灵璧汉画像石轩车

---

[1] 杜白石等：《秦陵铜车马的牵引性能分析》，《西北农业大学学报》1995年增刊。

不同马车的辀有不同的名称，即辀之"三度"。

【国马之辀】【田马之辀】【驽马之辀】

★国马之辀——种马、戎马、齐马、道马等国马所驾兵车、乘车所配之辀

★田马之辀——田马（駑马）所驾田车（猎车）所配之辀

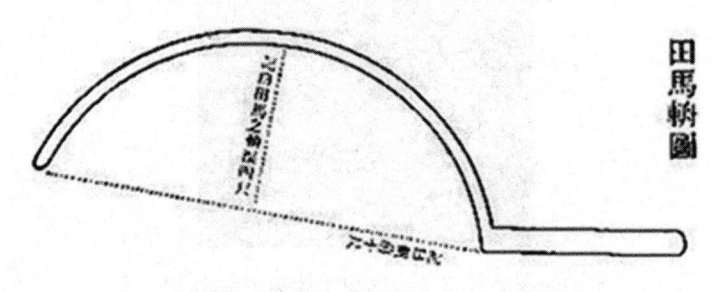

（清）阮元《考工记车制图解》中的田马辀图

★驽马之辀——驽马所驾役车所配之辀

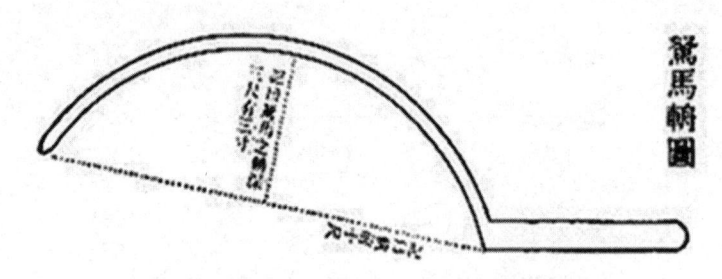

（清）阮元《考工记车制图解》中的驽马辀图

★文献链接

小戎俴收，五楘梁辀。——《诗经·秦风·小戎》

公孙阏与颍考叔争车，颍考叔挟辀以走，子都拔棘以逐之。——《左传·隐公十一年》

群臣大夫诸公子入朝，马蹄践霤者，廷理斩其辀，戮其御。——《韩非子·外储说右上》

马车曲辕（辀）由曲辕前端比较细的部位（颈）、马车曲辕与车厢相接合的前支点

（軏₂）、曲辕的尾部（踵）、勾连马车车厢底板与轮轴的半规形（马鞍形）木垫（鞣/兔/伏兔）、马车曲辕在车厢下面正中一段与轮轴之间的木垫（当兔）等构成。

1. 颈

颈是辀前端稍细以持衡的部位，与"踵"相对。

郑玄注《辀人》"颈"："颈，前持衡者。"贾公彦疏："衡在辀颈之下，其颈于前向下持制衡鬲之辅，故云'颈前持衡辕'者也。"

辀颈位置及其细部线图①

河南三门峡西苑小区战国时期车马坑1号车曲辕前端比较细的部位呈弯钩形，与驾马横木相连。秦陵1号铜车的曲辕从车厢前开始上扬，略呈20°角，前端呈鸭嘴形。②

《辀人》："参（叁）分其兔围，去一以为颈围。"意思是说，把勾连马车车厢底板与轮轴的半规伏兔形部件的周长分为三个等份，再把去掉一个等份之后的两个等份设置为马车曲辕前端比较细的部位的周长。由此推算，马车曲辕前端比较细的部位的周长与勾连马车车厢底板与轮轴的半规伏兔形部件的周长之间的比例关系为：

马车曲辕前端比较细的部位（颈）的周长（0.96尺）
= 勾连马车车厢底板与轮轴的半规伏兔形部件（兔）的周长（1.44尺）× 2/3

---

① 湖北省荆州地区博物馆：《江陵天星观1号楚墓》，《考古学报》1982年第1期。
② 详见杜白石等：《秦陵铜车马的牵引性能分析》，《西北农业大学学报》1995年增刊。

2. 軌₂

这里的"軌₂"指前轸木下正中的围䩞部件，即䩞与车厢相接合的前支点。①

《䩞人》："良䩞环灂，自伏兔不至軌七寸，軌中有灂，谓之国䩞。"意思是说，优良的马车曲辕上的漆饰环形纹理，在勾连马车车厢底板与轮轴的半规伏兔形部件的前边、接近马车曲辕与车厢相接合的前支点约七寸的地方，马车曲辕与车厢相接合的前支点能保持这样的漆饰环形纹理，堪称全国一流的马车曲辕。阮元《考工记车制图解》："当式下围䩞者曰軌。軌之为物，盖在舆之前轸下正中，略如伏兔，为半规形以围䩞身。䩞与舆之力在后轸则有任正以持之，在前轸则有軌以衔之，故左右转庆不致败折。"

考古研究者发现，从商代到春秋时期，中原地区的青铜軌饰有两种形状。一种是转折形，由一长条形中凹铜板与一长条弧形铜板相连接而成，弧形铜板覆盖在车䩞上，长条形铜板则嵌在车厢前面的车轸上；另一种是十字形，是一段上有两个方孔的弧形半圆铜管，在中部前后各连接一段长方形铜板。②

前者如陕西西安老牛坡商代墓地出土的軌饰（原称轸饰），位于车厢前轸中部与车辕相连接的部位，铜片的中间下部有一道凹槽，用来嵌纳车辕，位置正与车䩞末端的踵饰对应，共同起着固定车厢与车辕的作用。

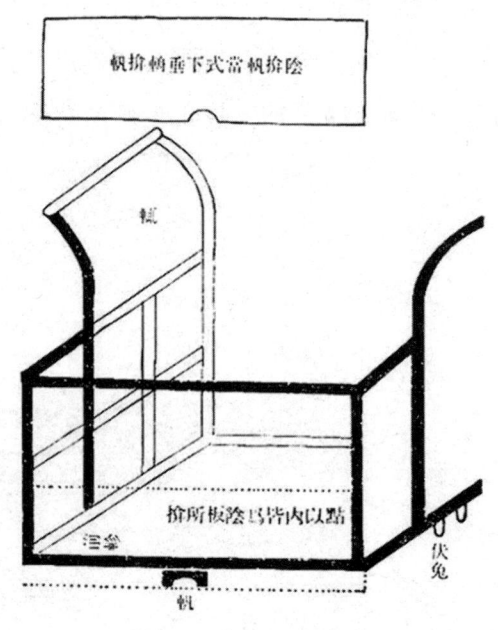

(清)阮元《考工记车制图解》中的舆图二

---

① 一说，"軌"指车厢前部的挡板（详见軌₁）。存以备说。
② 详见吴晓筠：《商至春秋时期中原地区青铜车马器形式研究》，《古代文明》第1卷，文物出版社，2002。

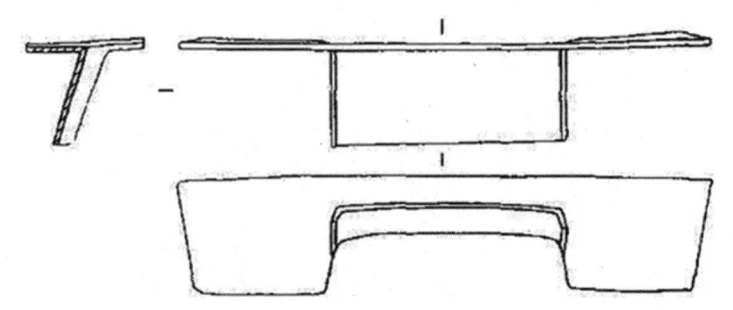

陕西西安老牛坡商代墓地出土的軏饰（M27:7）线图[①]

后者如河南安阳小屯商代墓地出土的軏饰。

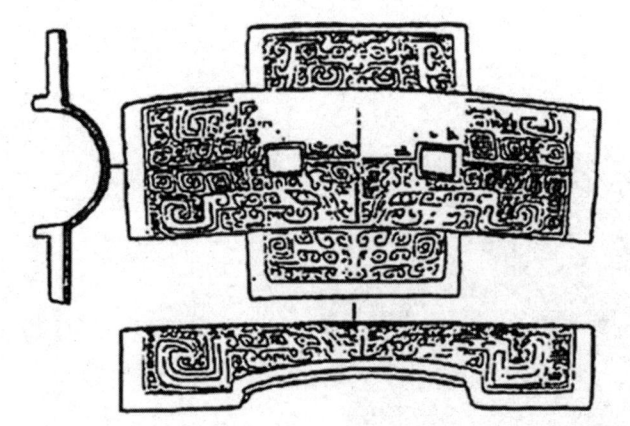

河南安阳小屯商代墓地出土的軏饰（M20:R1778）线图[②]

3. 踵

踵是辀的尾部，即后端承轸的部位，与"颈"相对。

郑玄注《辀人》"踵"："踵，后承轸者也。"贾公彦疏："衡在辀颈之下，其颈于前向下持制衡鬲之辅，故云'颈前持衡辕'者也。辀后承轸之处，似人之足跗在后，名为踵，故名承轸处为踵也。"

[①②] 西北大学历史系考古专业：《西安老牛坡商代墓地的发掘》，《文物》1988年第6期。

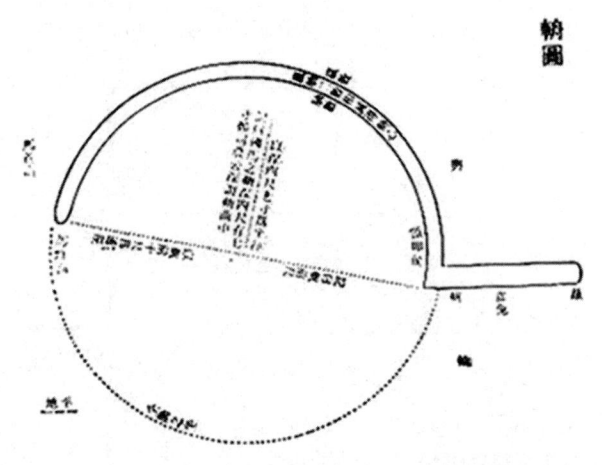

（清）阮元《考工记车制图解》中的辀图

陕西清涧寨沟遗址后刘家塔商代墓葬 M1
出土的铜踵饰残片

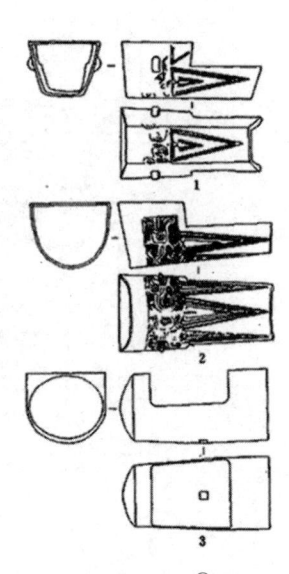

铜踵线图[2]
（1. 河南安阳孝民屯出土的商代铜踵；
2. 陕西长安张家坡出土的西周早期铜踵；
3. 山东胶县西庵出土的西周晚期铜踵）

商代和西周时期，马车曲辕的尾部稍露车厢之外，用以登车踏脚。商代马车曲辕

---

[1] 孙机：《中国古独辀马车的结构》，《文物》1985 年第 8 期。

的尾部断面呈梯形，前端呈筒形，后端呈槽形；西周早期的马车曲辕的尾部断面呈马蹄形。

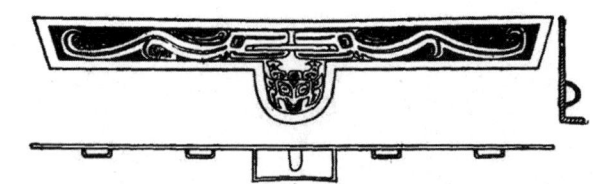

河南安阳郭家庄西南商代 M52 车马坑出土的铜踵线图[①]

山西绛县横水西周墓地 M1011 出土的铜踵（M1011:16）呈多边形套管形，有一凹槽，侧视呈"凹"字形；上部比较平整；尾端封闭，外壁下部黏附有少量麻布纤维。亚明案，其踵腔内残存小块木头，殆为辀尾。

陕西长安张家坡西周
M170 号井叔墓出土的铜踵饰

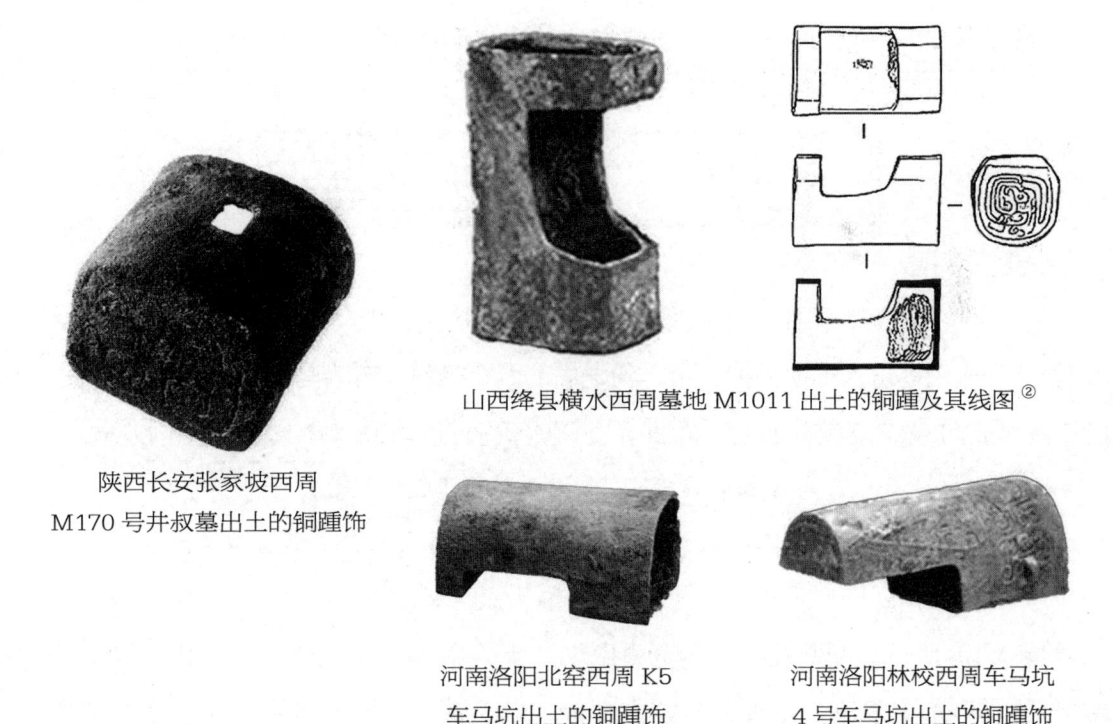

山西绛县横水西周墓地 M1011 出土的铜踵及其线图[②]

河南洛阳北窑西周 K5
车马坑出土的铜踵饰

河南洛阳林校西周车马坑
4 号车马坑出土的铜踵饰

---

① 中国社会科学院考古研究所安阳工作队：《安阳郭家庄西南的殷代车马坑》，《考古》1988 年第 10 期。
② 山西省考古研究院等：《山西绛县横水西周墓地 1011 号墓发掘报告》，《考古学报》2022 年第 1 期。

甘肃张家川马家塬战国墓马车的铁质车踵是用厚 2 毫米的铁皮加工包饰辀尾，铜质车踵是以铸造的上平下圆的马蹄形铜套管套装在辀尾上，银箔花片车踵则直接包裹辀尾。

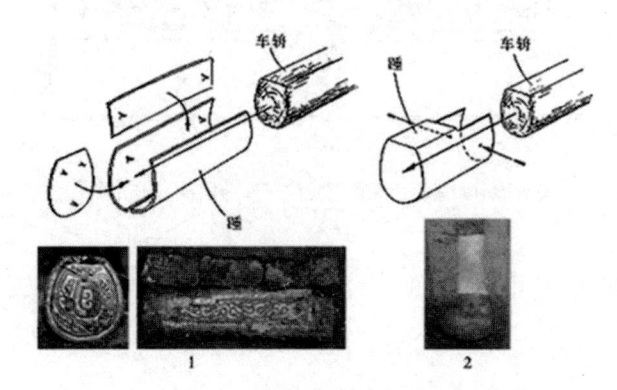

甘肃张家川马家塬战国墓马车车踵装配方法示意图[①]

秦陵 1 号铜车马的曲辕尾部呈圆柱形，伸出车厢底部后面的枕木之外。

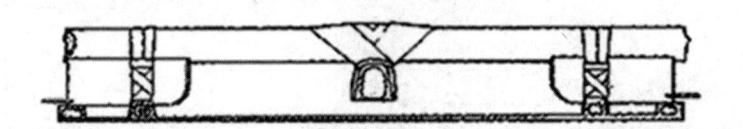

《辀人》："五分其颈围，去一以为踵围。"意思是说，把马车曲辕前端比较细的部位的周长分为五个等份，再把去掉一个等份之后的四个等份设置为马车曲辕尾部的周长。由此推算，马车曲辕尾部的周长与马车曲辕前端比较细的部位的周长之间的比例关系为：

马车曲辕尾部（踵）的周长（0.768 尺）
= 马车曲辕前端比较细的部位（颈）的周长（0.96 尺）× 4/5

4. 轐

轐（bú）是在车厢两侧的轸与轴相接处，形如伏兔，勾连马车车厢底板与车轴的半规形（马鞍形）木垫。车轴承其凹入部分，以使轴、轸稳定接合，也就是固定车轴，

---

① 赵吴成：《甘肃马家塬战国墓马车的复原（续二）》，《文物》2018 年第 6 期。

让舆底与车轴的接触位于同一平面之上。也称"伏兔""兔"。

《总叙》:"六尺有六寸之轮,轵崇三尺有三寸也,加轸与轐焉四尺也。"意思是说,六尺六寸高的车轮,车厢两侧的扶手下面围栏纵横交错的木条高三尺三寸,再加上车厢底部四面的枕木和勾连马车车厢底板与轮轴的半规形木垫就是四尺。郑玄注引郑众语:"轐读为旆仆之仆,谓伏兔也。"《说文解字·车部》:"轐,车伏兔也。"阮元《考工记车制图解》:"轐在舆底而御于轴上,其居轴上之高当与辀圜径同。至其两旁,则作半规形,与轴相合,而更有二长足少锲其轴而夹钩之,使轴不转钩,轴后又有革以固之。舆底有轐,则不致与轴说(脱)离矣。"

考古多次发现周代马车的半规伏兔形木垫遗迹。陕西长安张家坡西周时期2号车马坑出土的2号车,在轮毂内侧约30厘米的车厢底部,也就是轮轴的两侧,各有一个半规伏兔形木垫。北京琉璃河西周时期车马坑出土马车的半规伏兔形木垫外侧紧靠铜制轮轴饰件,长度和车厢两侧高出于车厢前部栏杆顶端用作扶手的横木的扶手的宽度相同。河南三门峡上村岭虢国墓地1727号车马坑3号车的轮轴靠近两个轮毂的内端处,各有一块伏兔形木垫。

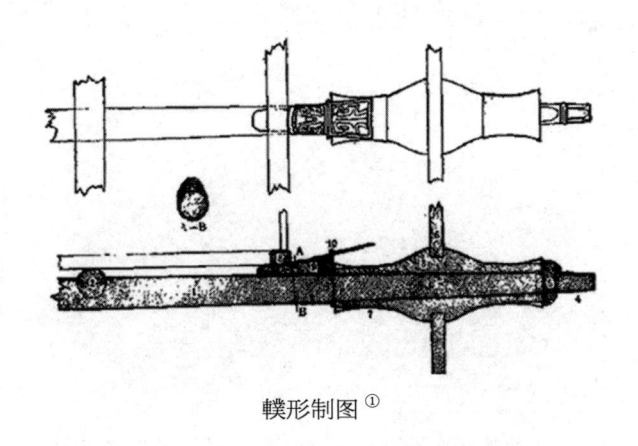

轐形制图[①]

4A. 兔

这里的"兔"喻指形如趴着的兔子,勾连马车车厢底板与车轴的半规形(马鞍形)

---

① 张长寿、张孝光:《说伏兔与画𫐐》,《考古》1980年第4期。

部件,也称"鞪""伏兔"。

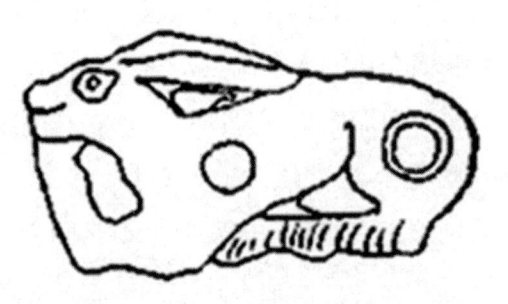

内蒙古宁城夏家店上层文化遗址出土的卧伏形兔图案　　山西曲沃晋侯墓地 M8 出土的西周中期兔形尊

《辀人》:"参(叁)分其兔围,去一以为颈围。"意思是说,把勾连马车车厢底板与轮轴的半规伏兔形部件的周长分为三个等份,再把去掉一个等份之后的两个等份设置为马车曲辕前端比较细的部位的周长。王宗涑《考工记考辨》:"兔谓伏兔也。"由此推算出来的马车曲辕前端比较细的部位的周长与勾连马车车厢底板与轮轴的半规伏兔形部件的周长之间的比例关系详见上文"1. 颈"。

4B. 伏兔

伏兔是形如趴着的兔子,勾连马车车厢底板与车轴的半规形(马鞍形)部件。也称"鞪""兔"。

山东滕州前掌大 M31 出土的商代晚期卧兔形玉佩

《辀人》:"良辀环灂,自伏兔不至軓七寸,軓中有灂,谓之国辀。"意思是说,优良的马车曲辕上的漆饰环形纹理,在勾连马车车厢底板与轮轴的半规伏兔形部件的前边、接近马车曲辕与车厢相接合的前支点约七寸的地方,马车曲辕与车厢相接合的前支点能保持这样的漆饰环形纹理，堪称全国一流的马车曲辕。贾公彦疏："伏兔衔车轴，在舆下，短不至軓。"孙诒让《周礼正义》："'伏兔'即《总叙》之'鞼'也。"

河南三门峡后川的战国时期车马坑1号车厢底部两侧的轮轴上各有一块伏兔形木垫，与马车曲辕的上部位于同一平面。

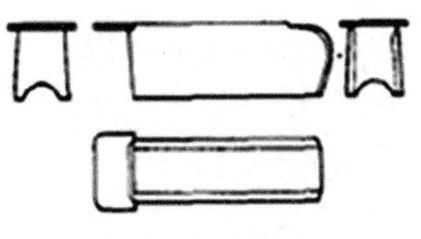

秦陵2号铜车伏兔线图

（清）阮元《考工记车制图解》中的伏兔图

5. 当兔

当兔指辀在车厢下正中一段与车轴之间的木垫。因正对左右伏兔，故名。

郑玄注《辀人》"当兔"："当伏兔者也。"贾公彦疏："当兔，谓舆下当横轴之处。"戴震《考工记图》："当兔在舆下正中，其两旁置伏兔者。"

秦陵1号铜车曲辕的后段与轴十字相交，交界处填有方形木垫，上下各有一个凹口，上口承托车厢，下口府含轮轴。

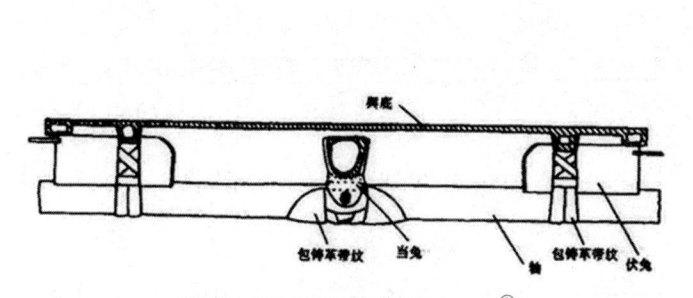

秦陵1号铜车当兔形制图之一[①]

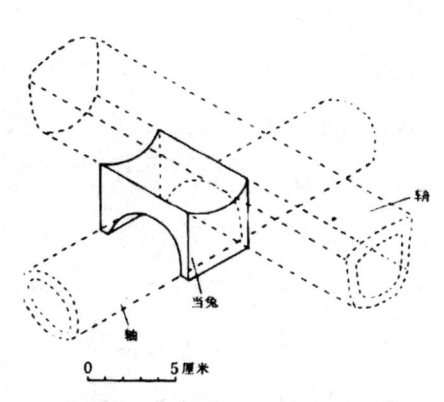

秦陵1号铜车当兔形制图之二[②]

[①][②] 朱思红、宋远茹：《伏兔、当兔与古代车的减震》，《秦陵秦俑研究动态》2003年第2期。

《辀人》："十分其辀之长，以其一为之当兔之围。"意思是说，把马车曲辕的长度分为十个等份，再把其中的一个等份设置为马车曲辕在车厢下面正中一段与轮轴之间的木垫的周长。由此推算，马车曲辕在车厢下面正中一段与轮轴之间的木垫的周长与马车曲辕的长度，以及马车曲辕与车厢相接合的前支点的周长之间的比例关系为：

马车曲辕在车厢下面正中一段与轮轴之间的木垫（当兔）的周长（1.44尺）

= 马车曲辕（辀）的长度（14.4尺）× 1/10

= 马车曲辕与车厢相接合的前支点（軓$_2$）的周长（1.44尺）

（三）A 辕

"辕"析言指牛车直辕，与"辀"相对。

《辀人》："今夫大车之辕挚，其登又难；既克其登，其覆车也必易。此无故，唯辕直且无桡也。是故大车平地既节轩挚之任，及其登阤，不伏其辕，必缢其牛。此无故，唯辕直且无桡也。故登阤者，倍任者也，犹能以登；及其下阤也，不援其邸，必絼其牛后。此无故，唯辕直且无桡也。"意思是说，假如运载货物的直辕牛车的辕低，上坡就困难。……因此，运载货物的直辕牛车行走在平地上，还可以调节载重的平衡度，但到上坡的时候，如果不向下伏压车辕，车辕就一定会悬勒住牛脖子。这没有别的原因，只是因为车辕直而不弯曲的缘故。因此，运载货物的直辕牛车上坡，加倍用力，还能够爬上坡去，但到下坡的时候，如果不拉住车的后边，革带一定会兜勒住牛的臀部。这没有别的原因，只是因为车辕直而不弯曲的缘故。孙诒让《周礼正义》："小车曲辀，此辀人所为者是也；大车直辕，车人所为者是也。散文则辀辕亦通称。"《说文解字·车部》："辕，辀也。"桂馥义证："辕直而辀曲，辕两而辀一，辕施之大车以驾牛，辀施之小车以驾马。"

陕西榆林清涧寨沟商代遗址瓦窑沟出土的双辕车（M3:12）是中国迄今发现年代最早的双辕车，双直辕平行，通长4米，前端横置一弓形轭，后连椭圆形车厢。

陕西榆林清涧寨沟商代遗址瓦窑沟出土的双辕车

甘肃张家川马家塬战国墓地 M19-1 车坑东壁下即车辕、车衡下面葬有四个横向排列的牛头，表明所驾之车为牛车。这是迄今发现最早的牛车真车陪葬实物。其辕架结构呈"Ⅲ"形，由马车的辀改装而成，即用横木连接三根辀身中部，上载车舆，下扣车轴，增强了坚固性和牵引功能。M57-2 号车的车衡与左右两根昂起较低的辀木而非中间昂起的辀木连接。马家塬墓地牛车辕架结构属于从独辀式向双辕式转变的过渡型。[①]

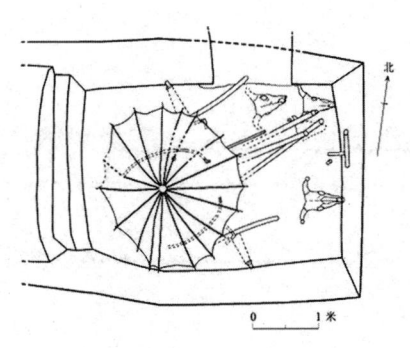

甘肃张家川马家塬战国墓地
M19-1 号牛车平面图

山东滕州桑村镇汉画像石牛车

---

① 详见赵吴成：《甘肃马家塬战国墓马车的复原（续二）》，《文物》2018 年第 6 期。

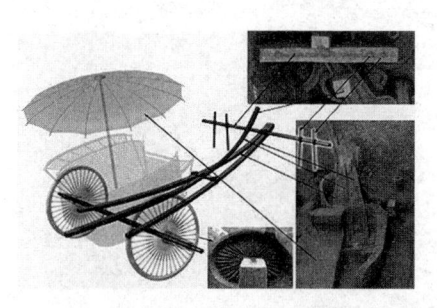

甘肃张家川马家塬战国墓地
M57-2号牛车结构复原图

加拿大萨斯喀彻温省草原发现的
"人"形辕架货运马车（傅全成摄）

★ 文献链接

夫骥之齿至矣，服盐车而上太行，蹄申膝折，尾湛胕溃，漉汁洒地，白汗交流，中阪迁延，负辕不能上。——《战国策·楚四》

1. 钩

钩是商代至战国中期刻在辀辕下部与轮轴上部交汇之处的半月形槽。辀辕与轮轴在车厢下面呈十字形相交，刻槽相含，槽底与槽壁的断面严密契合，其深度即辀辕与轮轴相加之后伏兔形木垫和车厢底部枕木的高差。

郑玄注《车人》引郑众语："钩，钩心。"

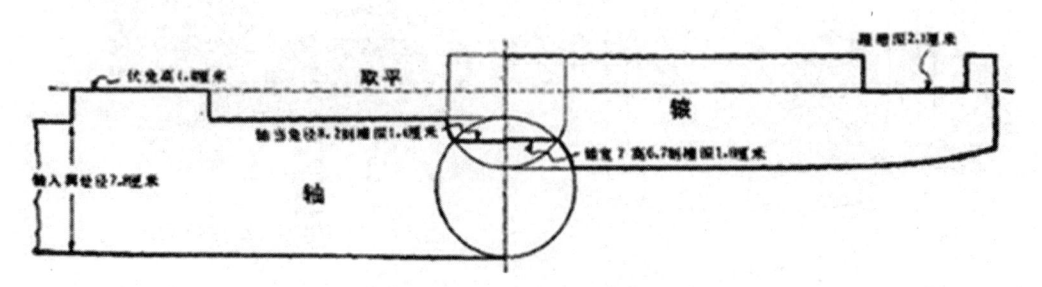

辀辕与轴相含及刻槽形制示意图[①]

---

① 张长寿、张孝光：《井叔墓地所见西周轮舆》，《考古学报》1994年第2期。

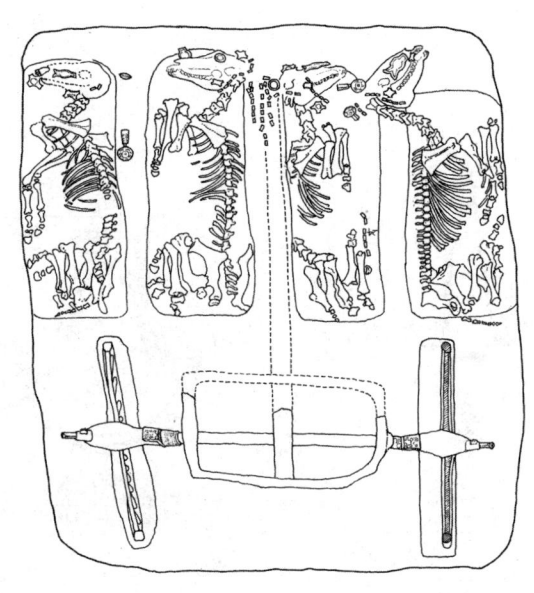

北京琉璃河西周燕国墓地 IM52CH1 号车马坑平面图[②]

《车人》:"凡为辕,三其轮崇,参分其长,二在前,一在后,以凿其钩。"意思是说,凡制作牛车的车辕,把车辕的长度设为车轮高度的三倍,然后把车辕的长度分为三个等份,两个等份在前,一个等份在后,在这个节点凿刻车辕下部与轮轴上部交汇之处的半月形槽。由此推算,车辕下部与轮轴上部交汇之处的半月形槽凿刻位置与车辕的长度之间的关系为:

车辕的长度(车轮的高度×3)×2/3= 车辕下部与轮轴上部交汇之处的

半月形槽(钩)凿刻位置前的长度

车辕的长度(车轮的高度×3)×1/3= 车辕下部与轮轴上部交汇之处的

半月形槽(钩)凿刻位置后的长度

2. 鬲$_1$

"鬲$_1$"通"槅"。槅是绑在衡上约束牲口或套在牲口颈部用以牵车的轭具。

《车人》:"鬲长六尺。"意思是说,牛车的轭具长六尺。郑玄注引郑众语:"鬲,谓

[①] 刘永华:《中国古代车舆马具》,上海辞书出版社,2002。

辕端，厌（压）牛领者。"《说文解字·木部》："槅，大车轭也。"《释名·释车》："槅，扼也，所以扼牛颈也。"

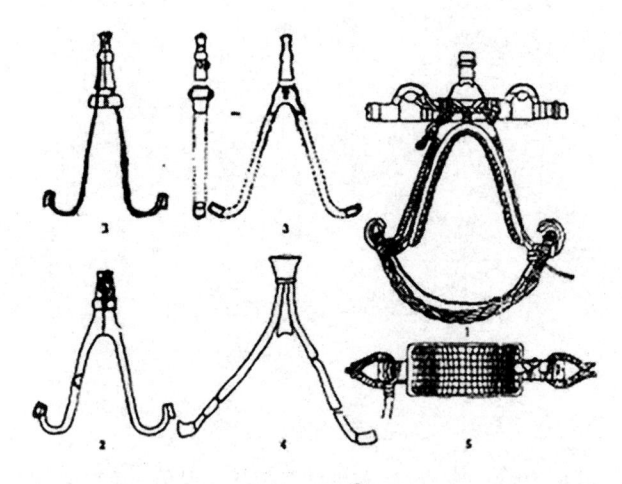

轭示意图①

（1—3.河南安阳孝民屯出土的商代轭；4.河南浚县出土的西周轭；5.秦陵出土的轭）

陕西长安张家坡西周时期墓葬 35 号车马坑出土的车辕前端驾马横木后面马的颈部上的铜轭（标本 35∶1）由轭首、轭箍和两件轭脚的末端铜套组成。

河南洛阳林校西周 5 号车马坑的 C3M43 平面图，车轭清晰可见。

陕西长安张家坡西周墓葬
35 号车马坑出土的铜轭②

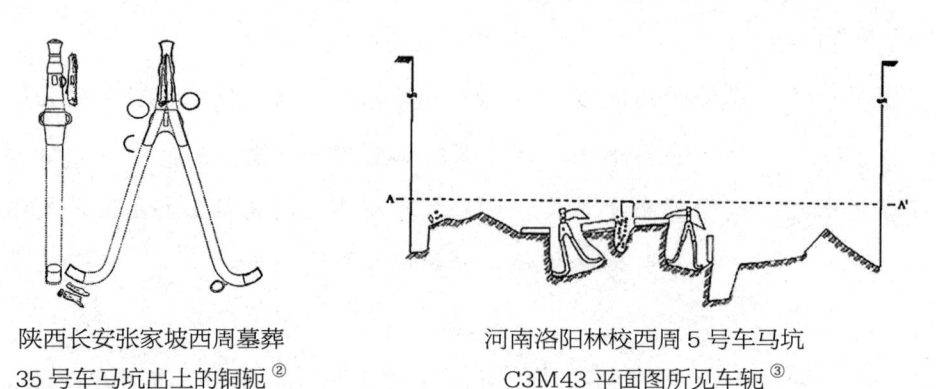

河南洛阳林校西周 5 号车马坑
C3M43 平面图所见车轭③

---

① 孙机：《中国古独辀马车的结构》，《文物》1985 年第 8 期。
② 中国社会科学院考古研究所沣西发掘队：《1967 年长安张家坡西周墓葬的发掘》，《考古学报》1980 年第 4 期。
③ 洛阳市文物考古研究院：《洛阳林校西周车马坑发掘简报》，《洛阳考古》2015 年第 1 期。

山西北赵西周晋侯墓地 1 号车马坑 11 号车轭

北京琉璃河西周燕国墓地出土的车轭

北京琉璃河西周时期墓出土的铜轭首饰和轭脚饰
（自左至右：M2:93，M2:94）

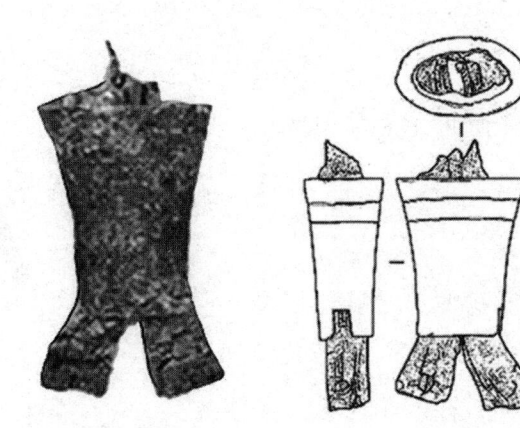

山西绛县横水西周墓地 M1011 出土的青铜轭首及其线图[①]

---

① 山西省考古研究院等：《山西绛县横水西周墓地 1011 号墓发掘报告》，《考古学报》2022 年第 1 期。

山西绛县横水西周墓地 M1011 出土的木轭脚（M1011:187）弯曲上翘呈"U"形。

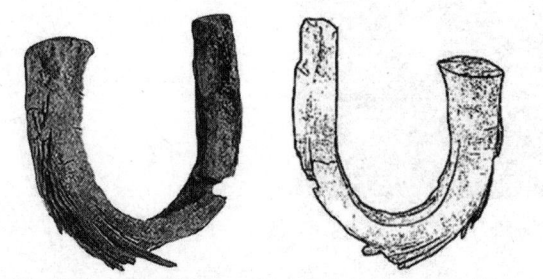

山西绛县横水西周墓地 M1011 出土的木轭脚及其线图[①]

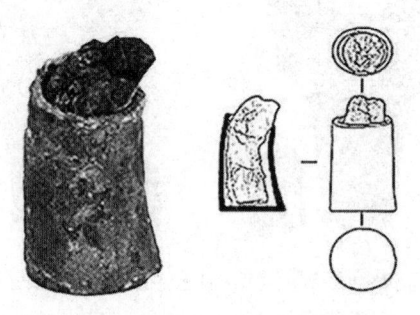

山西绛县横水西周墓地 M1011 出土的青铜轭脚饰及其线图[②]

内蒙古宁城甸子乡小黑石沟出土编号为 M8501.1 的夏家店上层文化（相当于西周中晚期至春秋早期）弓形铜轭背部两侧各有一穿鼻，两端方形，各有一对穿，端背各有一铸钉（参阅图版 12）。

甘肃张家川马家塬战国墓地马车 M14-1 号车轭（编号 M8501）的首部是嵌金银铁质圆筒，中部呈方形，用四条带钉的嵌金银铁片安装，钉在四个面上，下部两个轭腿外侧也用带钉的嵌金银铁片装、钉。M5-1 号车

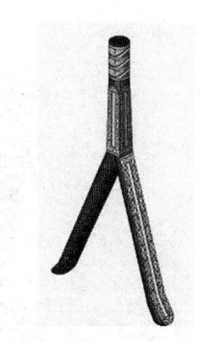

甘肃张家川马家塬战国墓地马车 M14-1 号车轭复原图[③]

[①][②] 山西省考古研究院等：《山西绛县横水西周墓地 1011 号墓发掘报告》，《考古学报》2022 年第 1 期。
[③] 赵吴成：《甘肃马家塬战国墓马车的复原（续二）》，《文物》2018 年第 6 期。

衡中部和衡末用金银凤鸟纹饰件装饰，近车軏处贴卷草纹银饰件，軏腿用银卷草纹饰件装饰，軏首套在黑漆管上。

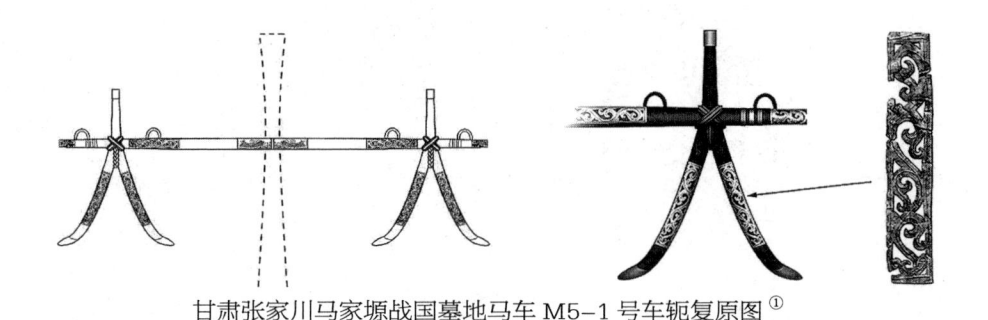

甘肃张家川马家塬战国墓地马车 M5–1 号车軏复原图[①]

马家塬战国墓地牛车的车軏则为"艹"形，即用两根木棒并列束绑在车衡左右两端。

河南淮阳马鞍冢战国楚墓出土 4 号车的軏首下接圆管形铜軏颈部，下面的铜軏裤内套插木质軏架。

秦陵 1 号铜车马配两具人字形车軏，分别支在左右两匹服马的颈部，并捆绑在驾马横木的内侧。

3. 衡$_1$

这里的"衡$_1$"指安装在辀辕颈部并与其垂直相交，用于缚軏驾驭服马的横木。

《舆人》："舆人为车，轮崇、车广、衡长，参（叁）如一，谓之参（叁）称。"《释名·释车》："衡，横也，横马颈上也。"

河南淮阳马鞍冢战国楚墓出土的 4 号车軏

---

① 早期秦文化联合考古队、张家川回族自治县博物馆：《张家川马家塬战国墓地 2008—2009 年发掘简报》，《文物》2010 年第 10 期。

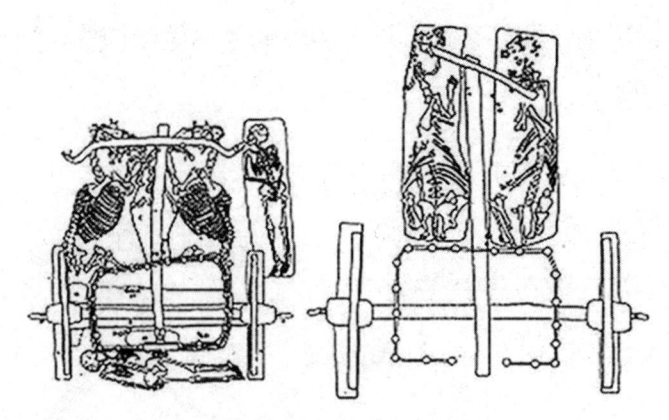

商代车衡位置示意图[1]

（左：安阳郭家庄 M52 车马坑出土的车衡；右：殷墟西区车马坑出土的车衡）

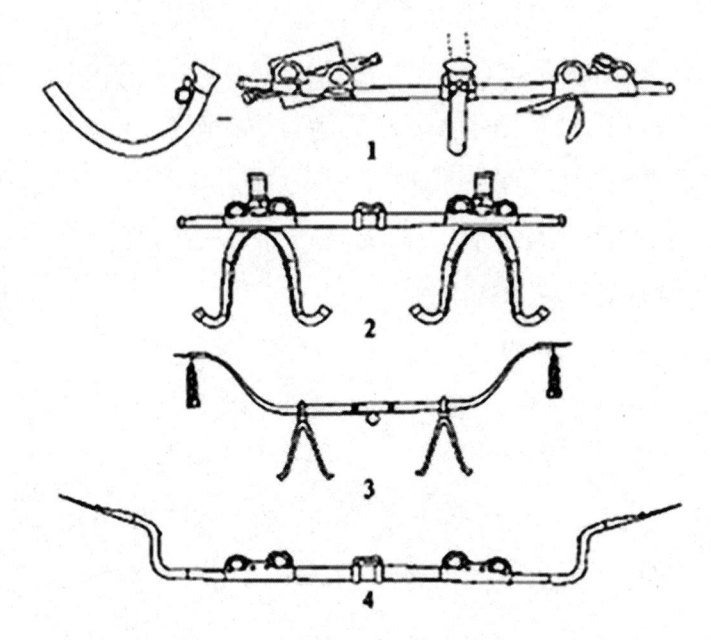

西周时期车衡图[2]

（1. 井叔墓地 M170 出土的马车直衡；2. 井叔墓地 M170 出土的马车直衡复原图；
3. 长安张家坡 2 号西周车马坑出土的 2 号马车曲衡；4. 井叔墓地 M170 出土的马车曲衡复原图）

---

[1] 中国社会科学院考古研究所安阳工作队：《安阳郭家庄西南的殷代车马坑》，《考古》1988 年第 10 期；中国社会科学院考古研究所安阳工作队：《殷墟西区发现一座车马坑》，《考古》1984 年第 6 期。

[2] 马永强：《商周时期车子衡末饰研究》，《考古》2010 年第 12 期。

陕西岐山孔头沟遗址西周墓葬 M9 墓道出土的 4 号车车衡

洛阳北窑西周车马坑 K5 车衡及车軎

山西侯马上马墓地 3 号车马坑 2 号车驾马横木用绳绑在车辆前端，中部较粗，靠近末端部分较细。从末端向内 32 厘米处各置一轭。

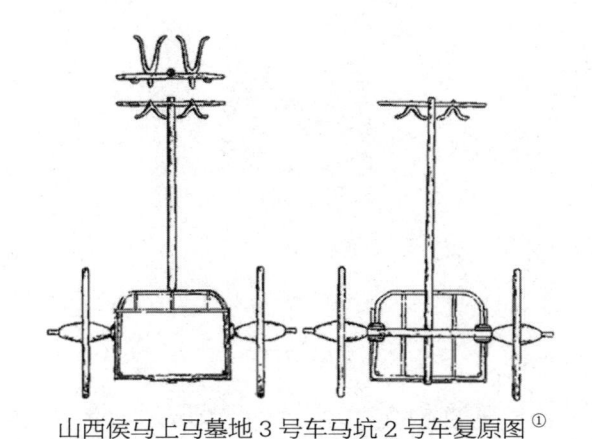

山西侯马上马墓地 3 号车马坑 2 号车复原图[①]

---

① 山西省考古研究所侯马工作站：《山西侯马上马墓地 3 号车马坑发掘简报》，《文物》1988 年第 3 期。

《舆人》："舆人为车，轮崇、车广、衡长，参如一，谓之参（叁）称。"意思是说，舆人制作车厢，使车轮的高度、车厢的宽度、车辕颈部缚轭驾马的横木的长度三者的尺寸比例均等，叫作三者相称。阮元《考工记车制图解》："衡与车广等，长六尺六寸，平横辀端直木也。"即：

车辕颈部缚轭驾马横木（衡₁）的长度（6.6 尺）

= 车厢的宽度（6.6 尺）

= 车轮的高度（6.6 尺）

湖北枣阳九连墩东周楚国
2 号车马坑出土的 3 号车衡

河北博物院藏战国时期
龙首形金衡帽

★ 文献链接

约軝错衡，八鸾鸧鸧。——《诗经·商颂·烈祖》

贝勒县于衡。——《仪礼·既夕礼》

★ 视频链接

《探索·发现》之《刘家洼考古记（五）》：刘家洼遗址
出土车衡彰显墓主人身份尊贵

3A. 衡任

安装在辀辕颈部并与其垂直相交，用于缚轭驾驭服马的横木，即"衡₁"。因承受外力，故名。

马家源战国时期墓地马车车辕颈部横木的长度为 0.92 米至 1.42 米，而牛车车辕颈部横木的长度达到了 2.5 米，比马车车辕颈部横木的长度约长出一倍。其中，M16-4 号车驾马横木的截面呈圆形，两端较细，中部略粗；M14-1 号车驾马横木的截面呈扁弧形，两端略细，中部扁宽；M16-2 号车驾马横木使用槽形铜扣件，排列明确。

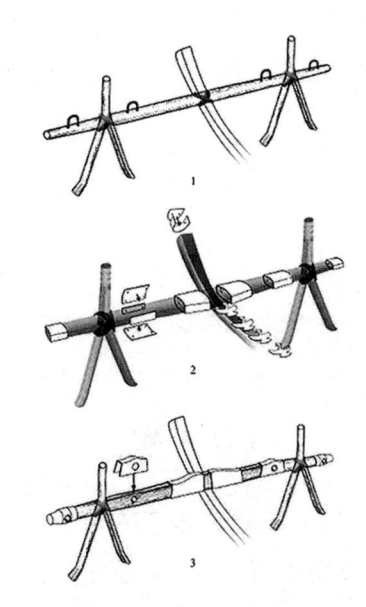

甘肃张家川马家塬战国墓地车衡形制复原图[①]
[1.A 型（M16-4 号车）2.B 型（M14-1 号车）3.C 型（M16-2 号车）]

《辀人》："衡任者，五分其长，以其一为之围。"郑玄注："衡任者，谓两轭之间也。兵车、乘车衡围一尺三寸五分寸之一。"阮元《考工记车制图解》："衡任者，即辀前端之衡，驾马者也。"[②]《辀人》意思是说，把车辕颈部缚轭驾马横木的长度分为五个等份，再把其中的一个等份设置为它的周长。由此推算，车辕颈部缚轭驾马横木（$衡_1$）的长度与周长之间的比例关系为：

车辕颈部缚轭驾马横木（$衡_1$）的长度（6.6 尺）×1/5
= 车辕颈部缚轭驾马横木（$衡_1$）的周长（1.32 尺）

---

① 赵吴成：《甘肃马家塬战国墓马车的复原（续二）》，《文物》2018 年第 6 期。
② 阮元：《考工记车制图解》，引自《揅经室集》，中华书局，1993，邓经元点校，第 154 页。

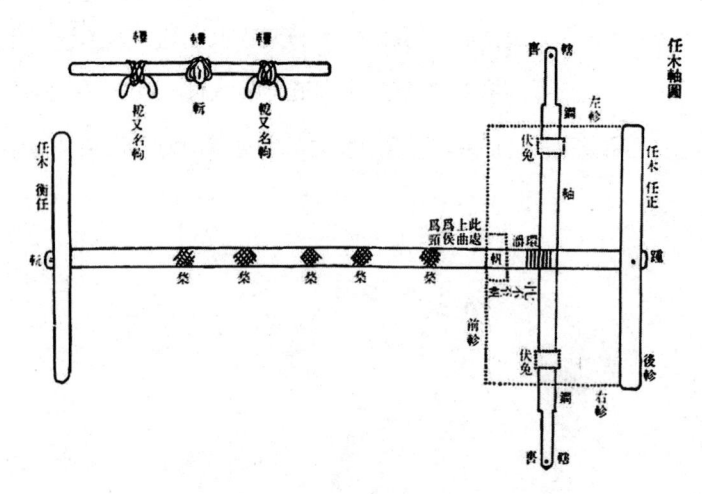

（清）阮元《考工记车制图解》中的任木轴图

（四）轮

轮即车轮，是车的核心部件。

《总叙》："是故察车自轮始。"意思是说，观察车子从车轮开始。《轮人》："轮人为轮，斩三材，必以其时。三材既具，巧者和之。……轮敝，三材不失职，谓之完。"意思是说，轮人制作车轮，必须按照特定的季节砍伐用来制作轮毂、车轮辐条和圆框形轮辋的三种木材。三种木材具备之后，心灵手巧的工匠把它们加工组合成为车轮。……即使车轮磨损坏了，轮毂、车轮辐条和圆框形轮辋也不松动变形，堪称完美。《舆人》："舆人为车，轮崇、车广、衡长，参（叁）如一，谓之参（叁）称。"意思是说，舆人制作车厢，使车轮的高度、车厢的宽度、车辕颈部缚轭驾马的横木的长度三者的尺寸比例均等，叫作三者相称。《释名·释车》："轮，纶也，弥纶周匝之言也。"

轮由毂、辐、牙、轴等部分构成。

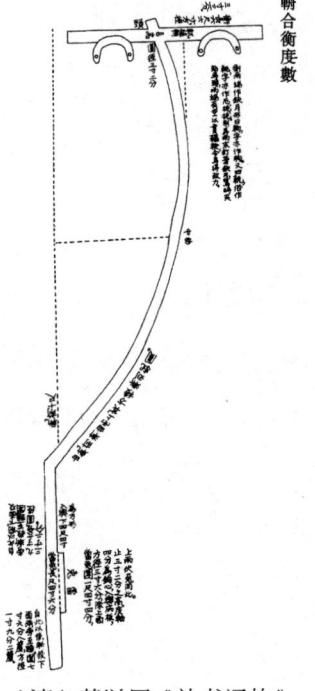

（清）黄以周《礼书通故》
辀合衡度数

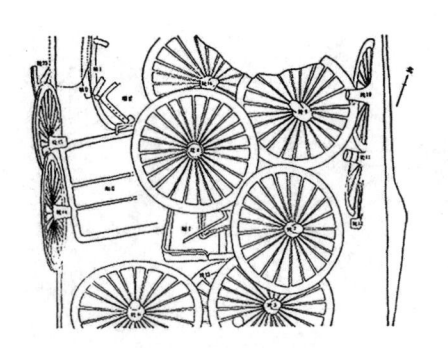

陕西长安张家坡西周井叔墓地 M157
南墓道车轮出土情景[1]

河北行唐东周故郡 2 号车马坑 5 号车轮出土情景

以下是甘肃张家川马家塬战国墓地出土车轮的复原图。

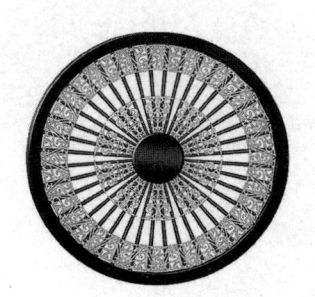

M1-2 车轮[2] 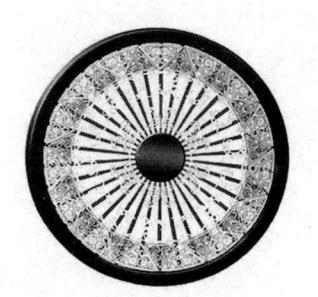　　　　　M3-1 车轮[3]

---

[1] 张长寿、张孝光：《井叔墓地所见西周轮舆》，《考古学报》1994 年第 2 期。
[2][3] 赵吴成：《甘肃马家塬战国墓马车的复原（续二）》，《文物》2018 年第 6 期。

M4-2 车轮① 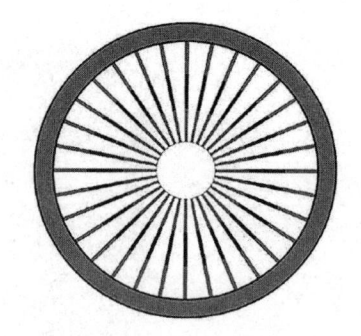　　　　　　　　M6-3 车轮②

M14-1 车轮③

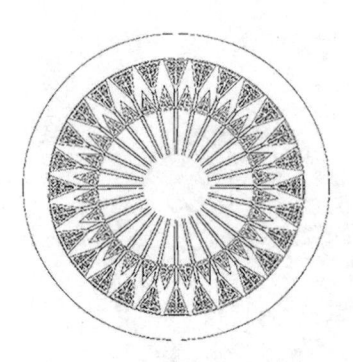

M15 车轮④

---

① 赵吴成：《甘肃马家塬战国墓马车的复原（续二）》，《文物》2018 年第 6 期。
②③④ 早期秦文化联合考古队、张家川回族自治县博物馆：《张家川马家塬战国墓地 2007—2008 年发掘简报》，《文物》2009 年第 10 期。

M16-1 车轮[①] 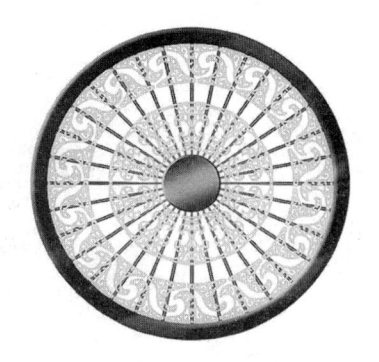　　　　　M16-2 车轮[②]

★ 文献链接

坎坎伐轮兮，置之河之漘兮。——《诗经·魏风·伐檀》

梓匠轮舆能与人规矩，不能使人巧。——《孟子·尽心下》

1. 毂

毂是车轮中心穿轴承辐的有孔圆木，是车轮得以运转的核心部件。中部粗，两端细，形似腰鼓。

《轮人》："毂也者，以为利转也。"意思是说，轮毂的作用在于利于车轮的转动。《车人》："行泽者欲短毂，行山者欲长毂，短毂则利，长毂则安。"意思是说，在沼泽地行驶的轮毂要短，在山地行驶的轮毂要长。短的轮毂便利，长的轮毂安稳。《说文解字·车部》："毂，辐所凑也。"

---

① 早期秦文化联合考古队、张家川回族自治县博物馆：《张家川马家塬战国墓地 2007—2008 年发掘简报》，《文物》2009 年第 10 期。

② 赵吴成：《甘肃马家塬战国墓马车的复原（续一）》，《文物》2010 年第 11 期。

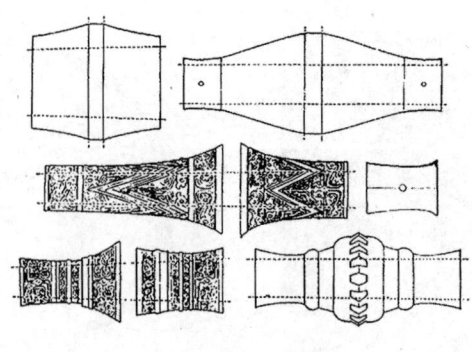

商周车毂形制图

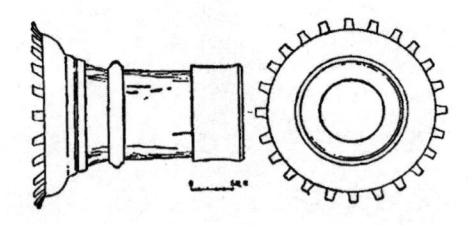

陕西长安张家坡西周 M170 号井叔墓出土的车毂正视、俯视图[1]

山东蓬莱柳格庄春秋时期车马坑（K1）出土的马车车轴南端的轮毂较粗，直径 17 厘米，总长 52 厘米。与秦始皇陵 2 号铜车毂长 33.5 厘米相比，殆属长毂。

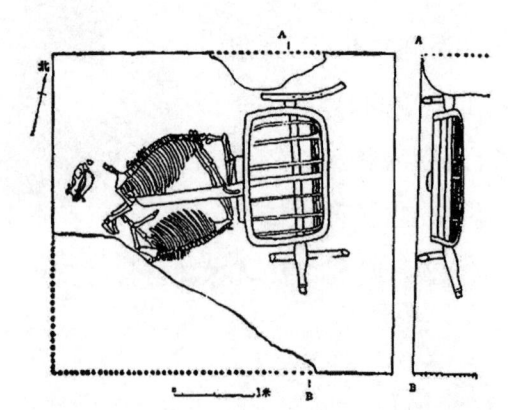

山东蓬莱柳格庄春秋时期车马坑（K1）平面图和剖面图[2]

---

[1] 中国社会科学院考古研究所沣西发掘队：《陕西长安张家坡 M170 号井叔墓发掘简报》，《考古》1990 年第 6 期。

[2] 烟台市文物管理委员会：《山东蓬莱县柳格庄墓群发掘简报》，《考古》1990 年第 9 期。

河南洛阳体育场路春秋时期车坑出土的轮毂（自左至右：A型，B型，C型）

湖北荆州熊家冢墓地出土的战国中期铜毂（CHMK2:1）

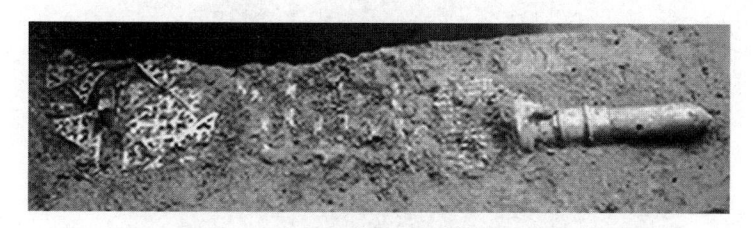

甘肃张家川马家塬战国墓地 M14–1 车毂及车軎

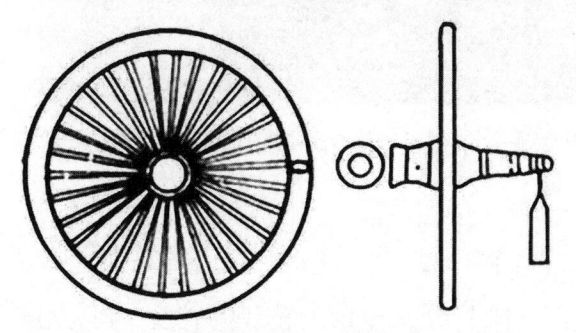

秦陵 2 号铜车车轮结构[①]

---

① 秦俑考古队：《秦始皇二号铜车马清理简报》，《文物》1983 年第 7 期。

无独有偶，加拿大萨斯喀彻温省草原发现的货运马车轮毂，与中国古车的相应部位非常相似。

加拿大萨斯喀彻温省草原发现的货运马车轮毂（傅全成摄）

《轮人》："椁其漆内而中诎之以为之毂长，以其长为之围。"意思是说，测量车轮两边油漆以内的长度而从中折分，设置为轮毂的长度；再把轮毂的长度设置为轮毂的周长。由此可见，马车的轮毂的长度与周长尺寸相同。

轮毂（毂）的长度（3.2 尺）= 轮毂（毂）的周长（3.2 尺）

《车人》:"毂长半柯,其围一柯有半。"意思是说,牛车的轮毂的长度是柯₁的一半,也就是一尺半;轮毂的周长是一柯₁半,也就是四尺半。由此推算,牛车的轮毂的长度与周长的比例关系为:

$$轮毂（毂）的长度（1.5 尺）= 1 柯_1（3 尺）\times 1/2$$

$$1 柯_1（3 尺）+ 0.5 柯_1（1.5 尺）\times 1/2 = 轮毂的周长（4.5 尺）$$

《车人》:"柏车毂长一柯,其围二柯,其辐一柯。"意思是说,行于山地的牛车的轮毂的长度是一柯₁,也就是三尺;轮毂的周长是两柯₁,也就是六尺;车轮辐条的长度是一柯₁,也就是三尺。"由此推算,行于山地的牛车的轮毂的长度与车轮辐条的长度的比例关系为:

$$轮毂（毂）的长度（1 柯_1[3 尺]）\times 2 / 车轮辐条（辐）的长度（1 柯_1[3 尺]）\times 2$$
$$= 轮毂（毂）的周长（2 柯_1[6 尺]）$$

轮毂（毂）由轮毂的主干部位（干₂）、轮毂内端贯穿轮轴的空腔（薮）、轮毂内端贯穿轮轴的空腔大口（贤）、轮毂外端贯穿轮轴的空腔小口（轵₂）、缠裹在轮毂主干部位的皮革（帱）、轮毂上转圈雕刻的环饰（篆₁）、车轮辐条在轮毂上所入的榫眼（凿₂）等部分构成。

★文献链接

文茵畅毂,驾我骐异。——《诗经·秦风·小戎》

三十辐共一毂,当其无,有车之用。——《老子》第十一章

立视五巂,式视马尾,顾不过毂。——《礼记·曲礼上》

★视频链接

《探索·发现》之《宁夏姚河塬西周遗址发掘》:出土的众多车辆是礼仪车还是战车?

《探索·发现》之《甘肃马家塬西戎墓地（下）》：48号墓内发现豪华车辆

（1）干₂

这里的"干₂"指车毂的主干部分。

《轮人》："帱必负干。"意思是说，所缠裹的皮革一定要紧紧地贴附着轮毂的主干部位。贾公彦疏："谓以革覆毂之木，隐着革，使之急，是革毂相应也。"孙诒让《周礼正义》："谓帱革与毂干密相依倚也。"

（2）薮

秦陵铜车辐毂接合处

薮（sǒu）是车毂内端贯穿车轴的空腔。

郑玄注《轮人》"薮"："郑司农云：'……薮读为蜂薮之薮，谓毂空壶中也。'玄谓此薮径三寸九分寸之五。壶中，当辐菑者也。蜂薮者，犹言趣也，薮者众辐之所趣也。"江永《周礼疑义举要》："壶中空，所以受轴者也。……统言之，中空处皆为薮；切指之，外当菑者为薮。"章太炎先生《文始》卷九《宵谈盍类·阴声宵部甲》："蠶薮即蠶巢，是橾之名本于巢，谓毂空处众辐之所趣形若蠶巢也。"①李约瑟这样表述薮在毂里的作用及其与轴之间的关系："把毂钻通以形成空洞（'薮'），将锥形轴端装入洞内，然后在轴端和毂的中间插入锥形青铜轴承（'金'）。"②

---

① 章太炎：《章太炎全集》，上海人民出版社，2014，第448页。
② 李约瑟：《中国科学技术史》第四卷《物理学及相关技术》第二分册《机械工程》，科学出版社、上海古籍出版社，1999，第73页。

加拿大萨斯喀彻温省草原发现的货运马车轮毂的空腔（傅全成摄）

《轮人》："以其围之䢖捎其薮。……量其薮以黍，以视其同也。"意思是说，依照轮毂的周长的三分之一等份挖除轮毂的圆心部位，形成轮毂内端贯穿轮轴的空腔。……用黍粒来测量两个轮毂内端贯穿轮轴的空腔，观察它们的大小是否相同。由此推算，轮毂内端贯穿轮轴的空腔的直径与轮毂的周长之间的比例关系为：

轮毂内端贯穿轮轴的空腔（薮）的直径 = 轮毂的周长 × 1/3

（3）贤

贤通"臀"，本义为大眼，引申指轮毂内端贯穿车轴的空腔大口；内端。也称"大穿"，与"轵"相对。

郑玄注《轮人》"贤"引郑众语："贤，大穿也。"孙诒让《周礼正义》引王宗涑《考工记考辨》："贤得毂长五分之四，围二尺五寸六分。轵得毂长五分之二，围尺二寸八分。"

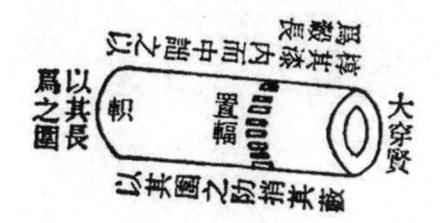

（清）戴震《考工记图》中的毂贤图　　（清）阮元《考工记车制图解》中的毂贤图

秦陵铜车轮毂内端贯穿轮轴的空腔大口（贤）的直径大于轮毂外端贯穿轮轴的空腔小口（轵₂）的直径。

《轮人》："五分其毂之长，去一以为贤，去三以为轵。"意思是说，把轮毂的长度分为五个等份，去掉其中的一个等份，即把轮毂的长度的五分之四设置为轮毂内端贯穿轮轴的空腔大口的周长。由此推算，轮毂内端贯穿轮轴的空腔大口的周长与轮毂的长度之间的比例关系为：

轮毂内端贯穿轮轴的空腔大口（贤）的周长（2.56尺）

＝ 轮毂（毂）的长度（3.2尺）× 4/5

（4）轵₂

这里的"轵₂"特指轮毂空腔直径较小的一端即外端，也称"小穿"，与"贤"相对；与上文支撑车厢两侧车较纵横交错之"轵₁"名同而实异。①

《轮人》："五分其毂之长，去一以为贤，去三以为轵。"郑玄注《轮人》"轵"引郑众语："轵，小穿也。"《释名·释车》："轵，指也，如指而见于毂头也。"孙诒让《周礼正义》引李惇语："车上之'轵'，一名而三物。其一为车较之直木、横木，《舆人》云'参（叁）分较围，去一以为轵围'是也。其一为车轴之末出毂外者，《轮人》云'六尺有六寸之轮，轵崇三尺有三寸'，又云'弓长六尺，谓之庇轵'，《大驭》云'右祭两轵'，又《大行人》云'公立当轵'是也。其一为毂内之小穿，《轮人》云'五分其毂之长，去一以为贤，去三以为轵'是也。"

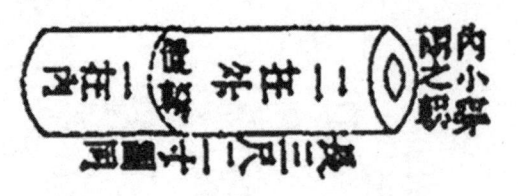

（清）戴震《考工记图》中的毂轵图　　（清）阮元《考工记车制图解》中的毂轵图

---

① 戴震《考工记图》："此毂末之轵，故书本作軝，与轮内之轵宜有别，不得一车之中二名混淆也。"軝（jī）者鞁也，即车軎。存以备说。

部件	发掘地及车号	内径（厘米）	外径（厘米）
贤	江苏淮安淮阴马鞍冢战国墓 2 号坑 4 号车	17.2	7.6
	秦陵 1 号铜马车	4.1	8.2
	秦陵 2 号铜马车	4.5	8.7
轵	江苏淮安淮阴马鞍冢战国墓 2 号坑 4 号车	3.6	8.8
	秦陵 1 号铜马车	2.1	4.2
	秦陵 2 号铜马车	2.1	4

《轮人》："五分其毂之长，去一以为贤，去三以为轵。"意思是说，把轮毂的长度分为五个等份，去掉其中的一个等份，即把轮毂的长度的五分之四设置为轮毂内端贯穿轮轴的空腔大口的周长；去掉其中的三个等份，即把轮毂的长度的五分之二设置为轮毂外端贯穿轮轴的空腔小口的周长。由此推算，轮毂外端贯穿轮轴的空腔小口的周长与轮毂的长度之间的比例关系为：

$$轮毂外端贯穿轮轴的空腔小口（轵_2）的周长（1.28 尺）= 轮毂（毂）的长度（3.2 尺）\times 2/5$$

（5）帱

帱是覆于毂端的皮革。

《轮人》："进而视之，欲其帱之廉也。……帱必负干。"意思是说，靠近观察，缠裹皮革的部位要显出轮毂的木棱。……所缠裹的皮革一定要紧紧地贴附着轮毂的主干部位。郑玄注："帱，幔毂之革也。"阮元《考工记车制图解》："革漆在毂谓之'帱'。……盖毂外有急革裹之以为固也。"孙诒让《周礼正义》："帱本为帐，引申为覆帱之义。凡小车毂以革冢幎为固，故亦谓之帱。"英国科技史学者李约瑟这样表述帱在毂中的作用："外端面加一个皮盖（'帱'）以保持润滑。"[①]

---

① 李约瑟：《中国科学技术史》第四卷《物理学及相关技术》第二分册《机械工程》，科学出版社、上海古籍出版社，1999，第 73 页。

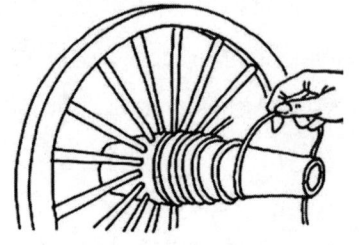

山西太原全胜村251号春秋时期8号车轮毂加固髹漆①

湖北江陵九店M104号车马坑车毂加固髹漆示意图②

山西北赵西周时期晋侯墓地1号车马坑1号车軹端的外部缠扎有五道白色绳状编织物，应是对轮毂起到加固作用的皮条。

（6）篆₁

这里的"篆₁"指毂上转圈雕刻的环饰。

《轮人》："陈篆必正。"意思是说，轮毂上转圈雕刻的环饰一定要排列平齐。郑玄注："篆，毂约也。"孙诒让《周礼正义》："凡毂初斫治成，平缦无文。自卿以上乘夏篆，则回环塚刻，自成圻堮，若竹之有节者，是谓之篆，亦谓之约。"

山西太原金胜村251号春秋时期大墓及车马坑发掘的8号车的轮毂外端共有八道凸起的环棱，高、宽和间隔各约1厘米。考古学家推测其工序是，先在轮毂上琢刻八道环槽，再敷施浓胶，然后用皮筋缠绕平齐，晾干后再打磨髹漆。

这与《考工记·轮人》制毂之法相合。显现的凸起环棱，即原先施以胶和筋的槽，而原槽之间的隔棱，则因木质腐朽萎缩反而凹下。

湖北江陵九店东周纪南楚都M104车马坑和湖北宜城东周楚国陪都M1CH车马坑考古发掘表明，车毂分段缠裹筋革，与槽沿平齐之后，继续密密缠绕几层筋革。

湖北枣阳九连墩东周楚国2号车马坑出土的5号车的轮毂外侧外段有十道环棱状窄篆，内段有八道环棱状窄篆；轮毂内侧外段有四道篆，内段有五道篆。

---

① 山西省考古研究所、太原市文物管理委员会：《太原金胜村251号春秋大墓及车马坑发掘简报》，《文物》1989年第9期。

② 刘永华：《中国古代车舆马具》，上海辞书出版社，2002。

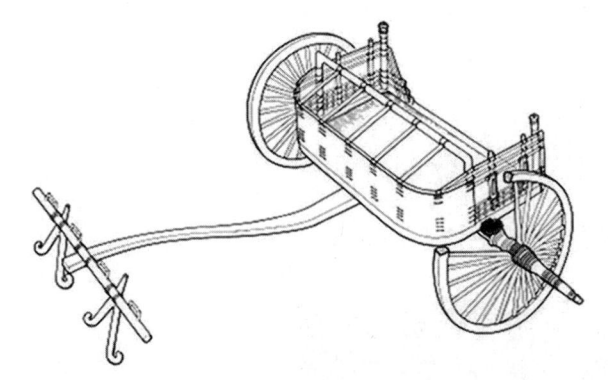

湖北枣阳九连墩东周楚国 2 号车马坑出土的 5 号车复原透视图[①]

甘肃马家塬战国墓多数出土的马车轮毂外部留有环形凸起的转圈刻纹。

其中 M16 的 4 号车轮毂缠裹皮革之后，还用为底色，红色描绘图案，并加石绿、石青和白色填绘纹饰。

甘肃马家塬战国墓 M16 的 4 号车车毂装饰

[①] 湖北省文物考古研究所：《湖北枣阳九连墩 2 号车马坑发掘简报》，《江汉考古》2018 年第 6 期。

山东淄博临淄淄河店 2 号战国墓 1 号车毂軹端表面有 11 道凹弦篆纹。

河南淮阳马鞍冢战国时期楚墓出土的 4 号车从轮毂里间往外端缠有四道铜箍，每道铜箍的内端较粗，外端较细；从轮毂里间往内端缠有两道铜箍。

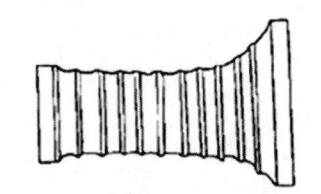

山东淄博临淄淄河店 2 号战国墓 1 号车毂篆纹[①]

河南淮阳马鞍冢战国楚墓出土的 4 号车毂

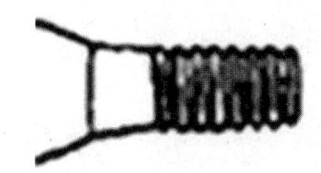

秦陵 2 号车毂弦篆纹和锯齿篆纹

（7）凿₂

这里的"凿₂"指辐菑在毂上所入的榫眼，与上文车盖弓榫眼的"凿₁"名类相同而所指相异。

《轮人》："凡辐，量其凿深以为辐广。辐广而凿浅，则是以大扤，虽有良工，莫之能固。凿深而辐小，则是固有余而强不足也。"意思是说，凡车轮辐条，度量车轮辐条在轮毂上所入榫眼的深度来确定车轮辐条的宽度。车轮辐条宽而轮毂上所入榫眼

---

① 山东省文物考古研究所：《山东淄博市临淄区淄河店二号战国墓》，《考古》2000 年第 10 期

浅，车轮辐条就会因此而晃动，即使是技术精湛的工匠，也无法使它牢固；轮毂上所入榫眼深而车轮辐条狭小，就会使车轮辐条牢固有余但强度不够。段玉裁注《说文解字·金部》"鑿"："穿木之器曰凿，因之既穿之孔亦曰凿矣。"孙诒让《周礼正义》："《说文》金部云：'凿，穿木也。'案：'凿'本穿木之器。引申之，凡穿物为空亦谓之'凿'。此'凿'即辐菑所入之空，其数与辐同。"

中国木器的榫卯技术源远流长。浙江杭州余杭良渚古城钟家港出土的木构件正面加工平整，凿有39个方形榫眼。

浙江杭州余杭良渚古城钟家港出土的木构件及其局部

无独有偶，加拿大萨斯喀彻温省草原发现的马车轮毂上的轮辐所入榫眼，与中国古车的相应部位非常相似。

加拿大萨斯喀彻温省草原发现的马车轮毂上的轮辐所入榫眼（傅全成摄）

2. 辐

辐是连接并支撑轮毂与轮辋（圈）的直木条。

《轮人》："辐也者，以为直指也。……望其辐，欲其掣尔而纤也……揉辐必齐，平沈必均。……县之以视其辐之直也。"意思是说，车轮辐条，要使它直指圆框形轮辋。……远望车轮辐条，指向圆框形轮辋的一端要削得比较纤细。……用火燺制车轮辐条的木材必须齐直，木材沉入水中的深度必须均衡。……用线悬垂车轮辐条，观察它是否平直。《辀人》："轮辐三十，以象日月也。"意思是说，三十根车轮辐条象征太阳和月亮每三十天交汇一次。《说文解字·车部》："辐，轮轑也。"孙诒让《周礼正义》引郑珍《轮舆私笺》："辐与凿其深广如一，言一则二见。辐广凿浅，是广及度而深不及度；凿深辐小，是深及度而广不及度。深不及度，则菑之入毂不固；广不及度，则菑之承毂少力。见辐凿广深非皆三寸半不可也。"

甘肃张家川马家塬战国墓地 M3-2 号车辐　　（清）黄以周《礼书通故》毂辐牙合材

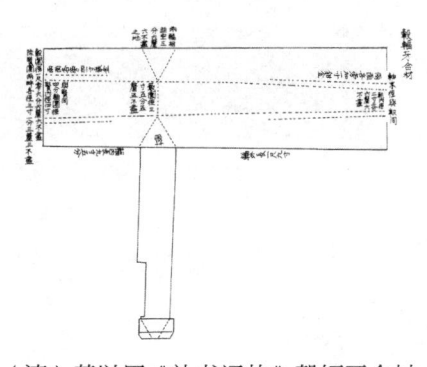

戴念祖从材料接合构架力学的角度阐述《轮人》："根据这段文字叙述，设辐宽为 b，毂的凿深为 h，那么，当 h<b 时，车轮摇摆不定，车载重有危险；当 h>b 时，车轮坚固，毂的强度受到破坏；只有当 h=b 时，车既载重而不摇，毂又不致断裂。这个数量关系是古代人在制造木质车轮的工艺水平上总结获得的材料和结构力学知识。"[①]

---

① 戴念祖：《中国科学技术史·物理学卷》，科学出版社，2001，第112页。

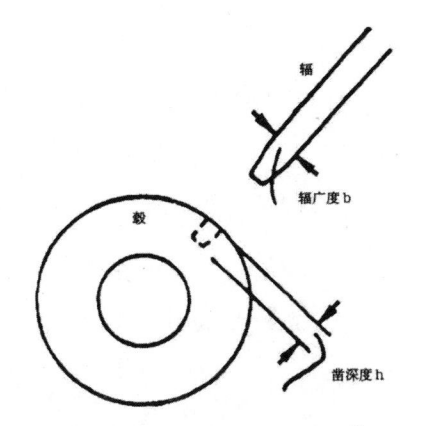

（清）戴震《考工记图》中的辐图　　　　辐条与车毂接合尺寸比例[1]

湖北荆州熊家冢墓地大车马坑战国中期轮辐

（自左至右：左轮，右轮）

加拿大萨斯喀彻温省草原发现的马车轮毂上的轮辐所入情景（傅全成摄）

---

[1] 戴吾三：《考工记图说》，山东画报出版社，2003，第31页。

《轮人》:"凡辐,量其凿深以为辐广。"意思是说,凡是车轮辐条,把所测量的车轮辐条在轮毂上所入榫眼的深度设置为车轮辐条的宽度。由此可见,车轮辐条在轮毂上所入榫眼的深度和车轮辐条的宽度尺寸相同;它们之间的关系,实际上就是车轮辐条与轮毂接合尺寸之间的比例关系。

$$车轮辐条(辐)的宽度(3.5寸) = 车轮辐条在轮毂上所入榫眼(凿_2)的深度(3.5寸)$$

《车人》:"辐长一柯有半,其博三寸,厚三之一。"意思是说,车轮辐条长一柯$_1$半,也就是四尺五寸,宽三寸,厚一寸。由此推算,牛车车轮辐条的长度为:

$$车轮辐条(辐)的长度(4.5尺) = 1柯_1(3尺) \times 1.5$$

牛车车轮辐条的宽度与厚度之间的关系为:

$$车轮辐条(辐)的宽度(3寸) \times 1/3 = 车轮辐条(辐)的厚度(1寸)$$

★ 文献链接

坎坎伐辐兮,置之河之侧兮。——《诗经·魏风·伐檀》

三十辐共一毂,当其无,有车之用。——《老子》

★ 视频链接

《探索·发现》之《甘肃马家塬西戎墓地(下)》:
38号墓随葬车辆辐条部分遗迹保存不太理想

车轮辐条(辐)由车轮辐条插入轮毂里的榫头(菑、弱/蒻)、辐条插入圆框形轮辋里的榫头(蚤$_2$)、车轮辐条靠近轮毂的较粗的一端(股$_2$)、车轮辐条靠近圆框形轮辋的较细的一端(骹)等部分构成。

(1)菑

菑是车轮辐条插入轮毂里的榫头,与车轮辐条插入圆框形轮辋里的榫头"蚤$_2$"

相对。

《轮人》:"察其菑蚤不龋,则轮虽敝不匡。"意思是说,观察车轮辐条插入轮毂里的榫头和插入圆框形轮辋里的榫头没有不齐,那么即使车轮磨损坏了也不会变形。郑玄注:"菑谓辐入毂中者也。"贾公彦疏:"凡植物于地中谓之菑,此辐入毂中似植物地中,亦谓之菑。"

英国科技史学者李约瑟这样表述菑和凿在辐条里的关系:"对于各辐条的厚度,对于毂周围用以接纳辐条里端'倨'的各孔的深度,对于辋内边用以接纳辐条外端雄榫('菑')的各榫眼('凿')的深度,都经过仔细调整,使不太大也不太小。"[1]

(1A)弱

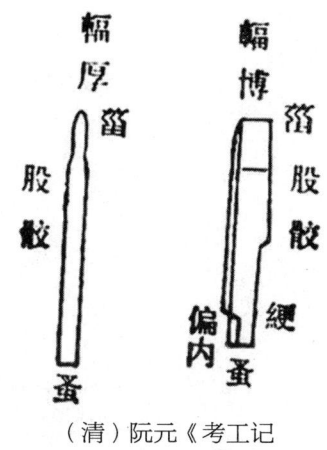

《轮人》:"察其菑蚤不龋,则轮虽敝不匡。"意思是说,观察车轮辐条插入轮毂里的榫头和插入圆框形轮辋里的榫头没有不齐,那么即使车轮磨损坏了也不会变形。郑玄注《轮人》:"弱,菑也。今人谓蒲本在水中者为弱,是其类也。"弱通"蒻",指辐菑,即辐条插入毂中的榫头;与车轮辐条插入圆框形轮辋里的榫头"蚤$_2$"相对。

(2)蚤$_2$

这里的"蚤$_2$"通"爪",指辐条插入轮牙的榫头,与车轮辐条插入轮毂里的榫头(菑/弱[蒻])相对;与上文车盖弓较细的一端之"蚤$_1$"名类相同而所指相异。

《轮人》:"视其绠,欲其蚤之正也。"意思是说,观察向外偏出的圆框形轮辋,要使车轮辐条插入圆框形轮辋里的榫头位置平正。郑玄注:"'蚤'当为'爪',谓辐入牙中者也。"戴震《考工记图》:"辐端之枘建牙中者,谓之蚤。"孙诒让《周礼正义》:"车辐大头名股,蚤为小头,对股言之,与人手爪相类,故以爪为名。"

---

[1] 李约瑟:《中国科学技术史》第四卷《物理学及相关技术》第二分册《机械工程》,科学出版社、上海古籍出版社,1999,第73页。

部件	发掘地	车号	长（厘米）	宽（厘米）	厚（厘米）
辐菑	河南三门峡市后川战国车马坑	1号车		0.3	0.1
		2号车		0.3	0.1
		3号车		0.3	0.1
	秦陵	1号车	0.37	3.35	0.26
		2号车	0.4	3.3	0.3
辐蚤	河南三门峡市后川战国车马坑	1号车			0.2
		2号车			0.2
		3号车			0.2
	秦陵	1号车	0.8	0.6	0.5
		2号车	0.5	1.1	0.6

（3）股$_2$

这里的"股$_2$"指车轮辐条靠近轮毂的较粗的一端，与车轮辐条靠近圆框形轮辋的较细的一端"骹"相对，与上文车盖弓较粗的一端的"股$_1$"名类相同而所指相异。

《轮人》："参（叁）分其股围，去一以为骹围。"意思是说，把车轮辐条靠近轮毂的较粗的一端的周长分为三个等份，去掉其中的一个等份，也就是把车轮辐条靠近轮毂的较粗的一端的周长的三分之二设置为车轮辐条靠近圆框形轮辋的较细的一端的周长。郑玄注引郑众语："股谓近毂者也。"

西周晚期至春秋初期的上村岭虢国墓地出土的车轮辐条靠近轮毂的较粗的一端呈宽而薄的扁平状；河南淮阳马鞍冢战国时期楚墓出土的4号车靠近轮毂处辐条的断面呈扁圆形。

（4）骹

骹是辐条靠近牙的较细的一端，与股相对。

郑玄注《轮人》"骹"引郑众语："骹谓近牙者也。方言股以喻其丰，故言骹以喻其细。人胫近足者细于股,谓之骹。羊胫细者亦为骹。"贾公彦疏:"近牙细者谓之骹,谓若人脚近踝之骹也。……股既喻丰,故言骹以喻其细,一切粗细相对,细处则言骹。"英国科技史学者李约瑟这样表述骹在辐条里的位置和作用:"把辐条的近辋部分('骹')逐渐减薄,作为克服深泥阻碍的流线型措施。"[1]

《轮人》:"参(叁)分其股围,去一以为骹围。"意思是说,把车轮辐条靠近轮毂的较粗的一端的周长分为三个等份,去掉其中的一个等份,也就是把车轮辐条靠近轮毂的较粗的一端的周长的三分之二设置为车轮辐条靠近圆框形轮辋的较细的一端的周长。由此推算,车轮辐条靠近圆框形轮辋的较细的一端的周长与车轮辐条靠近轮毂的较粗的一端的周长的比例关系为:

车轮辐条靠近圆框形轮辋的较细的一端(骹)的周长(5.6寸)
= 车轮辐条靠近轮毂的较粗的一端(股$_2$)的周长(8.4寸)× 2/3

西周晚期至春秋初期的上村岭虢国墓地出土的车轮辐条靠近圆框形轮辋的较细的一端呈窄而厚的偏椭圆形;河南淮阳马鞍冢战国时期楚墓出土的4号车车轮辐条靠近圆框形轮辋的较细的一端的断面呈圆形。

加拿大萨斯喀彻温省草原发现的货运马车轮辐靠近轮辋的一端(傅全成摄)

---

[1] 李约瑟:《中国科学技术史》第四卷《物理学及相关技术》第二分册《机械工程》,科学出版社、上海古籍出版社,1999,第73页。

3. 牙

牙是马车的圆框形轮辋（圈）。由煣曲之木齿状交错衔接而成，故名。也称"罔（辋）"。

《轮人》："牙也者，以为固抱也。……凡揉牙，外不廉而内不挫，旁不肿，谓之用火之善。"意思是说，马车的圆框形轮辋，要使它坚固得像紧紧抱在一起那样。……凡用火煣制马车的圆框形轮辋，木材外侧的纹理不断绝，内侧的纹理不开裂，两旁的纹理也不膨胀，叫作善于用火。郑玄注引郑众语："牙……谓轮輮也。世间或谓之罔。"孙诒让《周礼正义》引阮元语："辋非一物，其曲须揉，其合抱之处，必有牡齿以相交固，为其象牙，故谓之牙。""牙"同"枒"。《说文解字·木部》："枒，木也；一曰车辋会也。"

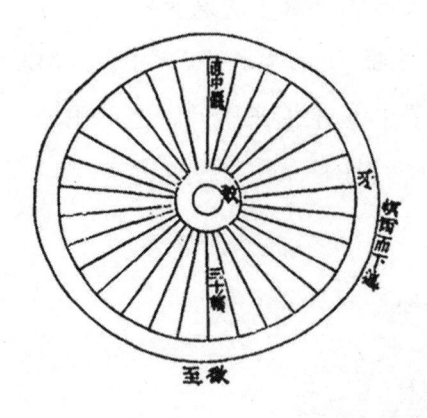

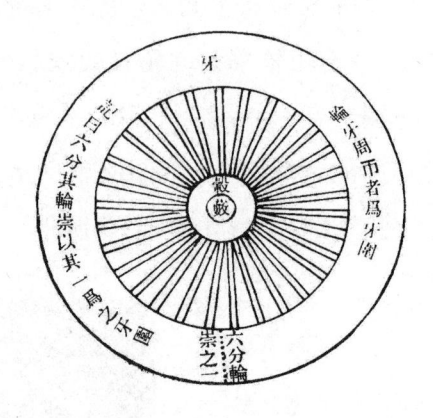

（清）戴震《考工记图》中的轮图　　　　（清）阮元《考工记车制图解》中的轮图

土库曼斯坦东南部戈努尔杰别"王陵区"M3225 和 M3200 出土马车的青铜轮牙

卷二 车辆 175

土库曼斯坦东南部戈努尔杰别"王陵区"M3900 出土车辆的青铜轮牙

陕西周原遗址贺家村 1976 年甲组基址之南出土马车的青铜轮牙

加拿大萨斯喀彻温省草原发现的马车裹钢轮辋（傅全成摄）

井叔墓地所见西周轮牙的接口方式及牙饰在轮牙上的位置如下图所示。①

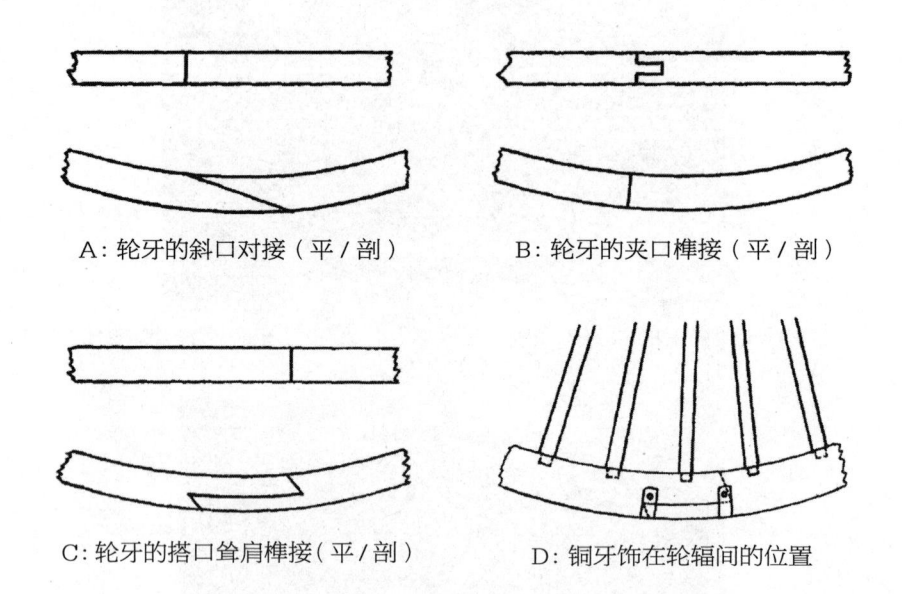

A：轮牙的斜口对接（平/剖）

B：轮牙的夹口榫接（平/剖）

C：轮牙的搭口耸肩榫接（平/剖）

D：铜牙饰在轮辐间的位置

《轮人》："是故六分其轮崇，以其一为之牙围。"意思是说，把车轮的高度分为六个等份，把其中的一个等份设置为圆框形轮辋的面宽。

由此推算，战车、乘车的圆框形轮辋截面的周长与车轮的高度之间的比例关系为：

（兵车、乘车）圆框形轮辋（牙）截面的周长（1.1尺）

≈车轮的高度（6.6尺）×1/6

狩猎之车的圆框形轮辋截面的周长与车轮的高度之间的比例关系为：

（田车）圆框形轮辋（牙）截面的周长（1.05尺）

≈车轮的高度（6.3尺）×1/6

牛车的圆框形轮辋截面的周长与车轮的高度之间的比例关系为：

（大车）圆框形轮辋（牙）截面的周长（1.5尺）

≈车轮的高度（9尺）×1/6

---

① 张长寿、张孝光：《井叔墓地所见西周轮舆》，《考古学报》1994年第2期。

《车人》:"五分其轮崇,以其一为之牙围。"意思是说,行于山地的牛车的轮的高度分为五个等份,把其中一个等份设置为圆框形轮辋(牙)截面的周长。由此推算,行于山地的牛车的圆框形轮辋截面的周长与车轮的高度之间的比例关系为:

(柏车)圆框形轮辋(牙)截面的周长(1.2 尺)
= 车轮的高度(6 尺)×1/5

3A. 渠

"渠"通"𫐄",指大车与柏车的圆框形轮辋(圈)。也称"輮"。

郑玄注《车人》:"渠二丈七尺,谓罔也,其径九尺。郑司农云:'渠谓车輮,所谓牙。'"孙诒让《周礼正义》:"'渠'与'罔'为一,'輮'与'牙'为一,二者微异,后郑释'渠'为'罔'是也。汉时俗语'牙'或通称'罔',先郑沿俗为释,其义未析,故引之于后。"

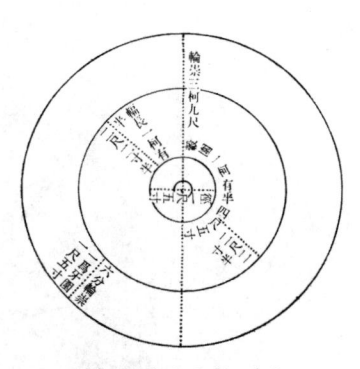

(清)阮元《考工记车制图解》中的大车轮图

《车人》:"渠三柯者三。"意思是说,牛车的圆框形轮辋的周长是三柯₁的三倍,也就是二丈七尺。可表述为:

(大车)圆框形轮辋(渠)的周长 =3 柯₁(9 尺)×3=27 尺

《车人》:"柏车毂长一柯,其围二柯,其辐一柯,其渠二柯者三。"意思是说,行于山地的牛车的圆框形轮辋的周长是两柯₁的三倍,也就是一丈八尺。可表述为:

（柏车）圆框形轮辋（渠）的周长 =2 柯$_1$（6 尺）×3=18 尺

3B. 輮

輮是大车与柏车的圆框形轮辋（圈），也称"渠"。

《车人》："行泽者反輮，行山者仄輮，反輮则易，仄輮则完。"意思是说，牛车在沼泽地行驶，就把圆框形轮辋的树心截面向外面安装；在山地行驶，就把圆框形轮辋的树心截面向侧面安装。圆框形轮辋的树心截面向外面安装，则轮辋与地面的摩擦力小，行驶顺滑；圆框形轮辋的树心截面向侧面安装，则使轮辋保持完好。《说文解字·车部》："輮，车辋也。"《释名·释车》："辋，罔也，罔罗周轮之外也。关西曰輮，言曲揉之也。"

汉画像石造车图

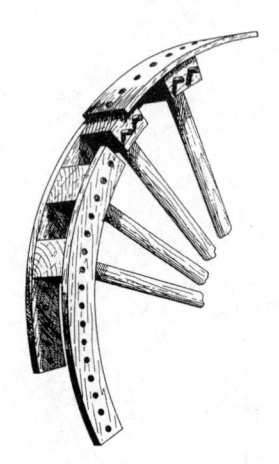

汉代重型组合车轮推测性复原图[1]

加拿大萨斯喀彻温省草原发现的货运马车轮辋（傅全成摄）

---

[1] 李约瑟：《中国科学技术史》第四卷《物理学及相关技术》第二分册《机械工程》，科学出版社、上海古籍出版社，1999，第83页。

根据树心截面的不同部位和方向，轮辋（圈）有两种不同的名称。

【反辇】【仄辇】

《车人》："行泽者反辇，行山者仄辇，反辇则易，仄辇则完。"

★反辇——大车与柏车树心截面向外的轮辋（圈）。

★仄辇——大车与柏车树心截面在侧的轮辋（圈）。

★文献链接

木直中绳，辇以为轮，其曲中规。——《荀子·劝学》

3C. 綆

这里的"綆"特指向外偏出的圆框形轮辋（圈），功能是通过加宽车的底基，支撑内倾分力，使车轮不易外脱，维持车的平稳。

《轮人》："视其綆，欲其蚤之正也。"意思是说，观察向外偏出的圆框形轮辋，要看车轮辐条插入轮辋里的榫头是否平正。郑玄注："轮箄则车行不掉也。"又注《车人》"綆"："綆，轮箄。"孙诒让《周礼正义》："轮箄谓牙偏向外也。"

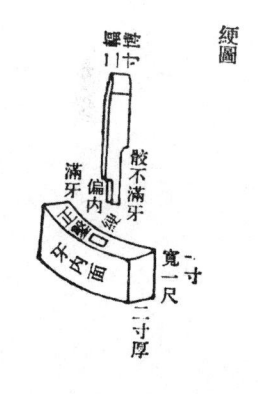

（清）阮元《考工记车制图解》中的綆图

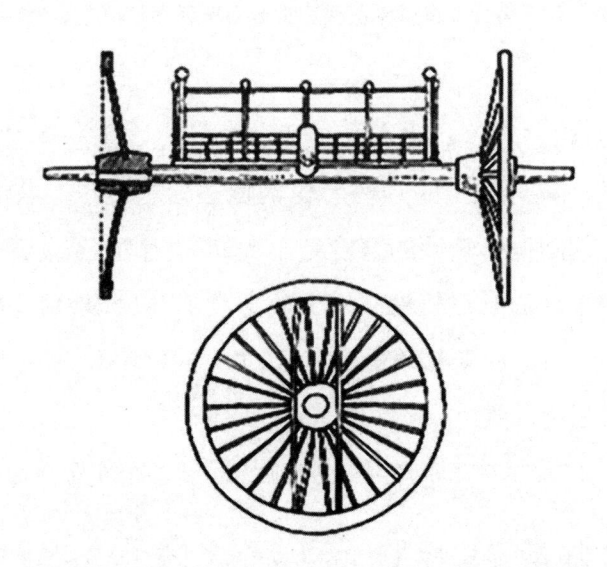

河南辉县战国时期车马坑出土的16号车綆的正视和侧视图

英国科技史学者李约瑟这样表述绠的功能："这种技术名为'成碟形'。当车辆在不平整或有车辙的路上运载重负荷，因而在车轮上引起侧向推力时，这种结构能提供抵抗侧向推力的强度。……车轮成碟形远不是 16 世纪西方的成就，而是周、汉轮匠系统地使用的方法。《考工记》上有几段文字证明这一点。"[①]

无独有偶，加拿大萨斯喀彻温省草原发现的货运马车轮毂，与中国古车的相应部位非常相似。

加拿大萨斯喀彻温省草原发现的货运马车碟形车轮（傅全成摄）

《轮人》："六尺有六寸之轮，绠参（叁）分寸之二，谓之轮之固。"意思是说，（马车）车轮高六尺六寸，向外偏出的圆框形轮辋宽三分之二寸，堪称车轮子牢固。由此推算，马车向外偏出的圆框形轮辋的宽度与车轮的高度（直径）之间的比例关系为：

向外偏出的圆框形轮辋（绠）的宽度（2/3 寸即约 0.67 寸）

≈ 车轮的高度（66 寸）× 1/100

《车人》："车崇三柯，绠寸。"意思是说，（牛车）车轮高九尺，向外偏出的圆框形轮辋宽一寸。由此推算，牛车向外偏出的圆框形轮辋的宽度与车轮的高度（直径）

---

① 李约瑟：《中国科学技术史》第四卷《物理学及相关技术》第二分册《机械工程》，科学出版社、上海古籍出版社，1999，第 74 页。

之间的比例关系为：

向外偏出的圆框形轮辋（绠）的宽度（1寸）= 车轮的高度（90寸）×1/90

4. 轴

轴即轮轴，横贯舆底，自辕下穿两毂而出，其贯毂部分呈纺锤形；轴上中部与辀呈"十"字交叉。

《辀人》："轴有三理：一者以为嬡也，二者以为久也，三者以为利也。"意思是说，制作轮轴有三项标准：一要光洁美观，二要经久耐用，三要利于转动。《说文解字·车部》："轴，持轮也。"《释名·释车》："轴，抽也，入毂中可抽出也。"戴震《考工记图》："左右轸之间六尺六寸，轴之长出毂末，而以轸间为度者，主乎任舆之六尺六寸也。"阮元《考工记车制图解》："所以贯毂谓之'轴'。……盖轴横舆底，穿两轮，运于穿中，……"①

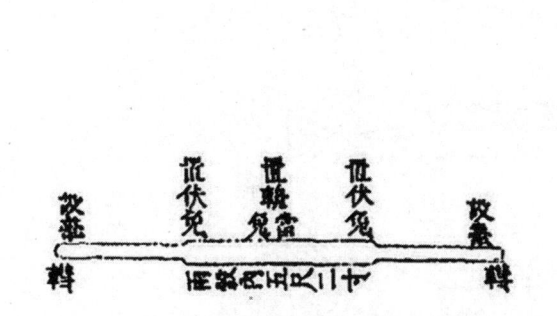

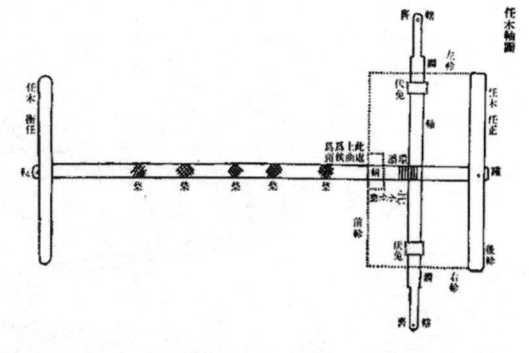

（清）戴震《考工记图》中的轴图　　（清）阮元《考工记车制图解》中的任木轴图

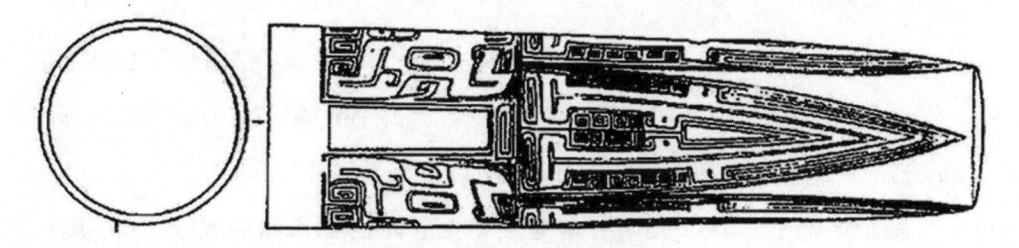

商代晚期马车车轴复原图

---

① 阮元：《考工记车制图解》，载《揅经室集》，中华书局，1993，邓经元点校，第159页。

甘肃张家川马家塬战国时期墓地 M3-1 号车的车轴长 3 米，两端呈圆锥形，端头套铜制轮毂。

甘肃张家川马家塬战国时期墓地 M3-1 号车轮轴

秦陵铜车轮轴的中段柱体通直，两端持轮部分由内而外逐渐收减为纺锤形。

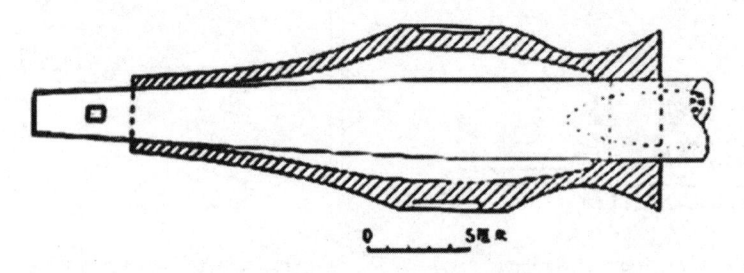

秦陵 2 号铜车轴与毂配合示意图[①]

《辀人》："五分其轸间，以其一为之轴围。"意思是说，把车厢底部左右两侧枕木间的宽度分为五个等份，把其中的一个等份设置为轮轴的周长。由此推算，轮轴的周长与车厢底部左右两侧枕木间的宽度之间的比例关系为：

轮轴（轴）的周长（1.32 尺）= 车厢底部左右两侧枕木间的宽度（6.6 尺）× 1/5

---

① 史晓雷：《〈考工记〉中车制问题的两点商榷》，《广西民族大学学报（自然科学版）》2008 年第 4 期。

★文献链接

蔓山，其木可以为材，可以为轴，斤斧得入焉，九而当一。——《管子·乘马》

★视频链接

《探索·发现》之《甘肃马家塬西戎墓地（上）》：
马家塬西戎墓地随葬的车辆具有极高的研究价值

卷三　旗帜

先秦的旗帜不仅是军队指挥的重要工具，也是身份和地位的象征。根据考古发现和历史文献记载，先秦的旗帜种类繁多，功能各异。

山西侯马上马墓地 3 号车马坑南壁与车子之间，散置有三根已经腐朽的木杆，杆均呈东西方向，向东伸入马坑；杆的横剖面呈圆形，东端稍微有点细，西端稍微有点粗。其中，1 号杆放置在三辆车右轮的车毂上，2 号杆和 3 号杆放置在 1 号车右轮的车毂上。考古人员推测为旗杆。

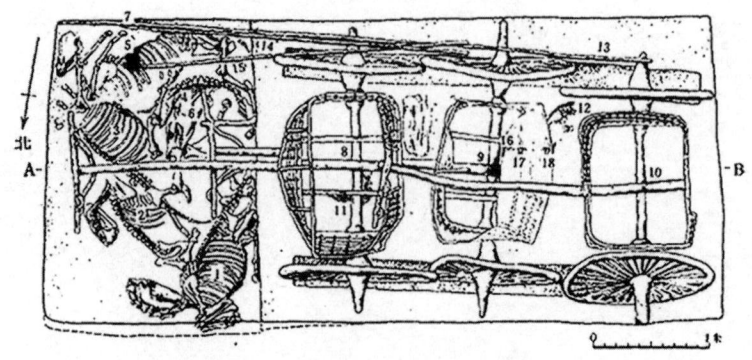

山西侯马上马墓地 3 号车马坑旗杆[1]

---

[1] 山西省考古研究所侯马工作站：《山西侯马上马墓地 3 号车马坑发掘简报》，《文物》1988 年第 3 期。

河南三门峡市后川战国时期车马坑 3 号车舆上部南侧有三根圆木杆搭置在车轵上，数量与车相同，考古人员也推测为每辆车上的旗杆。

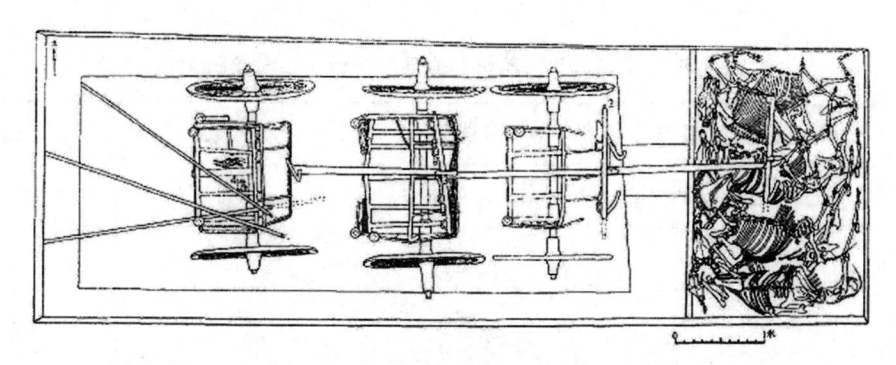

河南三门峡后川战国时期车马坑平面图[①]

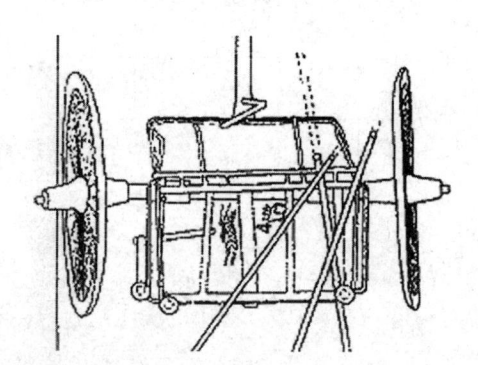

河南三门峡后川战国时期车马坑 3 号车平面图[②]

山东长岛出土的战国时期铜鉴刻纹

---

①② 三门峡市文物考古研究所：《河南三门峡市后川战国车马坑发掘简报》，《华夏考古》2003 年第 4 期。

《考工记》中，旗帜不仅具有实用性，更被赋予浓郁的天地、自然、星宿、节气、身份、威仪等象征身份。

《考工记》空间方位、颜色、成品、斿数、星象聚合关系

方位	颜色	成品	斿数	星象
东方	青	龙旗	九斿	大火
南方	赤	鸟旟	七斿	鹑火
西方	白	熊旗	六斿	伐
北方	黑	龟蛇	四斿	营室
天	玄	盖		
地	黄	轸		
同系关系			联想关系	

一、龙旗

龙旗是画有两龙相蟠图案的旗帜。取象东宫形似苍龙的七个星宿。

《輈人》:"龙旗九旒,以象大火也。"意思是说,画有两条龙互相屈曲、环绕图案的旗帜饰有九条飘带,象征大火之星。郑玄注:"交龙为旗,诸侯之所建也。大火,苍龙宿之心,其属有尾,尾九星。"贾公彦疏:"东方木色苍,东方七宿画为龙,故曰苍龙。日月季秋会于此,星则曰宿、角、亢、氐、房心、尾箕,次比言之,则曰心,故云大火,苍龙宿之心也。云'其属有尾,尾九星'者,是九旒所象也。言九旒若此,正谓天子龙旗,其上公亦九旒,若侯伯则七旒,子男则五旒,《大行人》所云者是也。"《释名·释兵》:"交龙为旗。旗,倚也,画作两龙相依倚也,通以赤色为之无文采,诸侯所建也。"

(清)黄以周《礼书通故》中的旂图

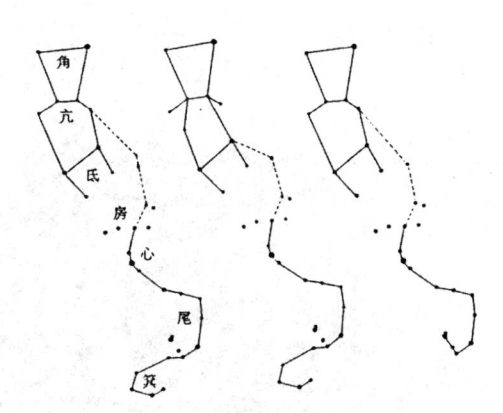

东宫苍龙星宿构图

东方苍龙之象

★ 文献链接

龙旂十乘，大糦是承。——《诗经·商颂·玄鸟》

天子乘龙，载大旂，象日月、升龙、降龙。——《仪礼·觐礼》

★ 视频链接

《如果国宝会说话》第三十八集《四神纹玉铺首：青龙白虎朱雀玄武》

二、鸟旟

鸟旟是画有鸟隼图案的旗帜。取象南宫形似朱鸟的七个星宿。

《辀人》："鸟旟七斿，以象鹑火也。"意思是说，画有鸟隼图案的旗帜饰有七条飘带，象征鹑火之星。郑玄注："鸟隼为旟，州里之所建。鹑火，朱鸟宿之柳，其属有星，星七星。"贾公彦疏："南方七宿，画为鹑，画为鸟，火色朱，日月六月会于柳，故云宿之柳也。"《释名·释兵》："鸟隼为旟。旟，誉也。军吏所建，急疾趋事则有称誉也。"

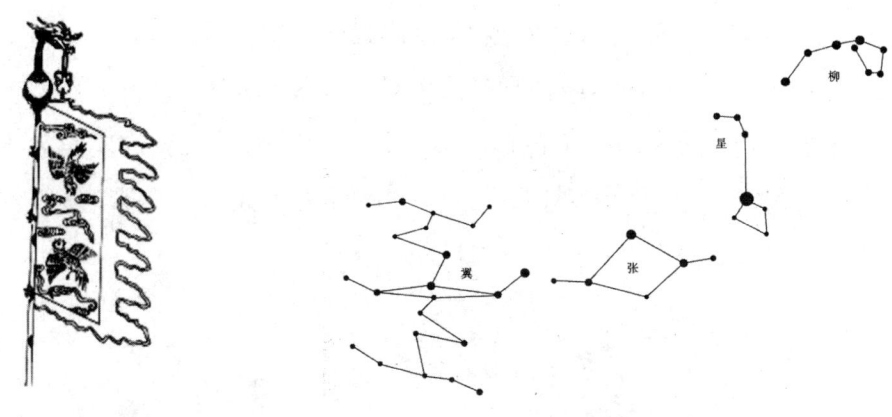

（清）黄以周《礼书通故》中的旟图　　　　　　南宫朱雀星宿构图

南方朱雀之象

★ 文献链接

州里建旟。——《周礼·春官·司常》

百官载旟。——《周礼·夏官·大司马》

孑孑干旟，在浚之都。——《诗经·鄘风·干旄》

彼旟旐斯，胡不旆旆？——《诗经·小雅·出车》

三、熊旗

熊旗是画有熊虎图案的旗帜。取象西宫形似白虎的七个星宿。

《辀人》:"熊旗六斿,以象伐也。"意思是说,画有熊虎图案的旗帜有六条飘带,象征伐星。郑玄注:"熊虎为旗,师都之所建。伐属白虎宿,与参连体而六星。"贾公彦疏:"西方七宿,画为虎,金色白。孟夏日月会,则日宿参伐六星为上下,是连体也。师都,乡遂大夫也。"《释名·释兵》:"熊虎为旗。军将所建,象其猛如虎,与众期其下也。"

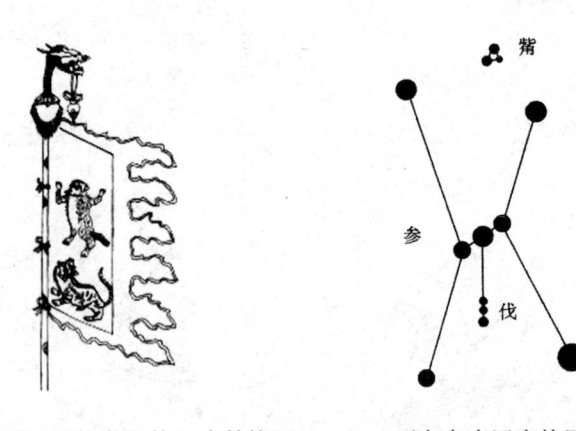

(清)黄以周《礼书通故》中的旗图　　西宫白虎星宿构图

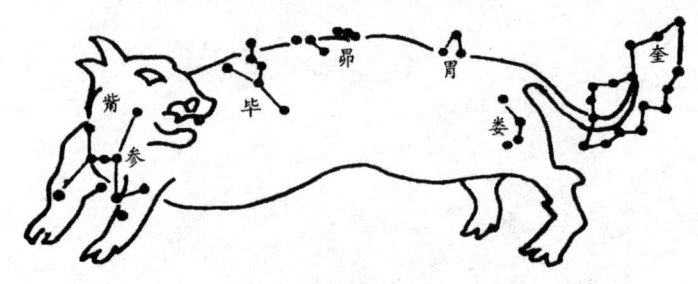

西方白虎之象

★文献链接

师都建旗。——《周礼·春官·司常》

车吏载旗。——《周礼·夏官·大司马》

四、龟蛇（旐）

"龟蛇"即"龟旐"①，指画有龟蛇图案的旗帜。取象北宫玄武的七个星宿。

《鞃人》："龟蛇（旐）四斿，以象营室也。"意思是说，画有龟蛇图案的旗帜饰有四条飘带，象征营室之星。郑玄注："龟蛇为旐，县鄙之所建。营室，玄武宿，与东壁连体而四星。"《释名·释兵》："龟蛇为旐。旐，兆也。龟蛇知气兆之吉凶，建之于后，察度事宜之形兆也。"

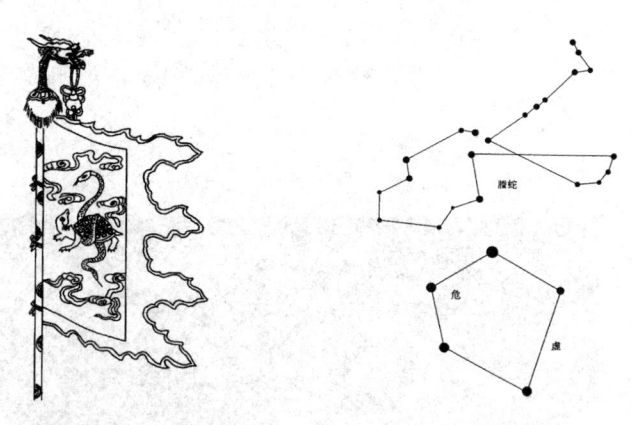

（清）黄以周《礼书通故》中的旐图　　北宫玄武星宿构图

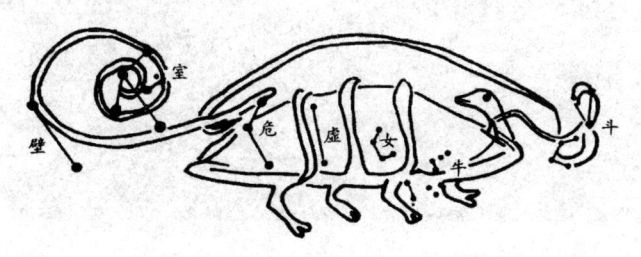

北方玄武之象

---

① 王引之《经义述闻·周官》："经文本作'龟旐四斿'，今作'龟蛇'者，涉注文而误也。上文'龙旗''鸟隼''熊旗'，上一字皆所画之物，下一字皆旗名，此不当有异。若作'龟蛇'，则旗名不著，所谓'四斿'者，不知何旗矣。龟蛇为旐而称'龟旐'者，犹熊虎为旗而称'熊旗'，约举其一耳。上注'交龙为旗'，释'旗'字也；'鸟隼为旟'，释'旟'字也；'熊虎为旗'，释'旗'字也。此注'龟蛇为旐'，释'旐'字也。以注考经，其为'龟旐'明甚。"

★ 文献链接

县鄙建旐。——《周礼·春官·司常》

郊野载旐。——《周礼·夏官·大司马》

设此旐矣，建彼旄矣。——《诗经·小雅·出车》

五、弧旌

弧旌是画有参宿弧星图案的旗帜。取象弧星（矢星）。

《辀人》："弧旌枉矢，以象弧也。"意思是说，画有弧矢图案的旗帜，象征形如张弓射矢的弧星。郑玄注："弧以张縿之幅。"贾公彦疏："旌旗有弓，所以张縿幅，故曰弧旌也。"孙诒让《周礼正义》："《左·隐十一年传》有郑伯之旗蝥弧，盖即弧旌也。"

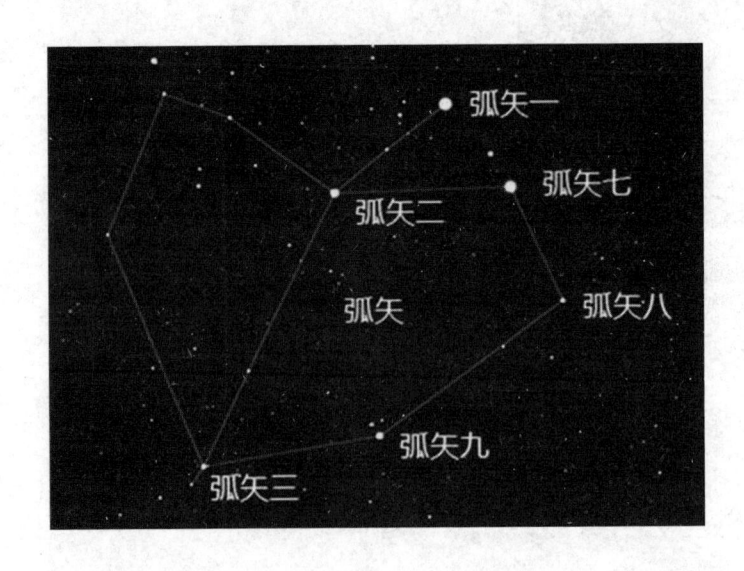

卷四　兵器

凡兵无过三其身，过三其身，弗能用也而无已，又以害人。故攻国之兵欲短，守国之兵欲长。攻国之人众，行地远，食饮饥，且涉山林之阻，是故兵欲短；守国之人寡，食饮饱，行地不远，且不涉山林之阻，是故兵欲长。——《考工记·庐人》

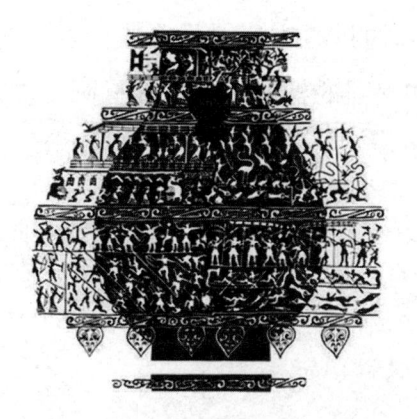

北京故宫博物院藏
战国早期燕乐渔猎攻战图壶纹饰

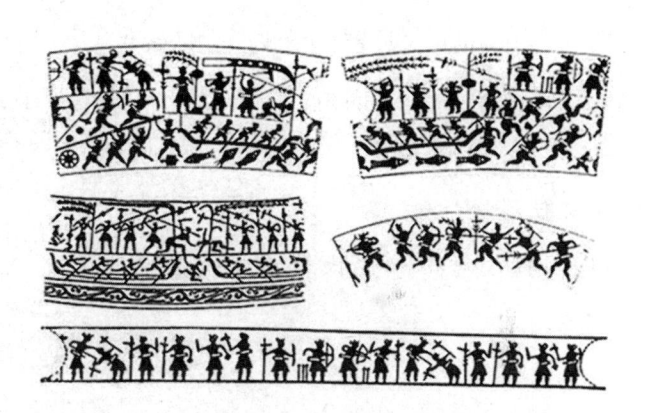

四川成都百花潭出土的
战国早期嵌错宴乐渔猎攻战图铜壶纹饰

兵器即军事武器。古代兵器包括格斗兵器、远射兵器和卫体兵器。中国古代兵器源远流长。原始社会晚期（即新石器时代晚期），约在公元前 2000 年，相当于从部落联盟向国家转化的过渡阶段，带有锋刃的生产工具分化出专门用于作战的兵器。随着社会生产力的发展和战争的需要，兵器不断发展变化，到了青铜时代和铁器时代，以青铜和钢铁为主的冷兵器的发展日趋成熟。《考工记》述及兵器的名称、形制、长度和制作规范等内容，表明当时已达到中国古代兵器的成熟阶段。

★视频链接

《如果国宝会说话》第二十七集《战国嵌错宴乐攻战纹铜壶：战国春秋》

一、句兵

句兵是用以勾击的兵器，如戈、戟。

《庐人》："凡兵，句兵欲无弹，刺兵欲无蜎，是故句兵椑，刺兵抟。"意思是说，凡兵器，用以勾击的兵器的锋刃不可转动，用以直刺的兵器的锋刃不可弯折。因此，用以勾击的兵器柄部的横断面呈椭圆形，用以直刺的兵器的柄部的横断面呈圆形。郑玄注："句兵，戈戟属。"

★文献链接

句兵钩颈。——《吕氏春秋·知分》

（一）戈

戈是一种既可啄击（横击）又可钩击的长柄兵器。

"戈"的甲骨文字形如表所示：

字形	文献来源	编号
ᚒ		3335
ᛉ	《甲骨文合集》	8396
ᛉ		8403

"戈"的金文字形如表所示：

字形	时期	器名	文献来源	编号
	商代晚期	戈尊	《殷周金文集成》	5468
	西周早期	戈觯		6056
	西周早期戈觯	戈觯		6057
	西周中期	走马休盘		10170

由表可见，"戈"的甲金文字形均象既可啄击（横击）又可钩击的长柄兵器，属于象形造字。

《总叙》："人长八尺，崇于戈四尺，谓之三等。"意思是说，人的身高为八尺，比戈高出四尺，这是第三个等级。郑玄注："戈，句兵也。"《说文解字·弋部》："戈，平头戟也。从弋、一，横之象形。"《释名·释兵》："戈，句孑戟也。戈，过也，所刺捣则决过，所钩引则制之，弗得过也。"

中国最早的青铜戈是河南偃师二里头采集的直内戈，年代为二里头三期，相当于夏代晚期。

河南偃师二里头遗址出土的直内戈

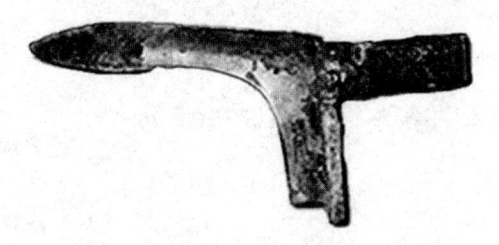

北京故宫博物院藏春秋晚期吴王光戈

周纬评论《考工记》记载之戈："此为战国或东周时代之戈，因胡已长而内亦不短，实为最进化之戈；周代初年之戈，未必与殷戈异形至如是之甚，如斯之速也。"①

★ 文献链接

王于兴师，修我戈矛，与子同仇。——《诗经·秦风·无衣》

夫文，止戈为武。——《左传·宣公十二年》

（二）戟

"戟"是一种合戈、矛为一体的长柄兵器。

"戟"的金文字形如表所示：

字形	时期	器名	文献来源	编号
𢧵	西周中期	走马休盘	《殷周金文集成》	10170
𢧵	西周晚期	弭伯师耤簋		4257
𢧵	战国时期	平阿左戟		11158

由表可见，"戟"的甲金文字形象两股以上锋刃的长柄兵器。

《冶氏》："戟广寸有半寸。"意思是说，戟的头部宽一寸半。《说文解字·弋部》："戟，有枝兵也。"《释名·释兵》："戟，格也，旁有枝格也。"

戟与戈的共同之处是都有内（枘）、胡、援等部分，差异之处是戟有枝兵。

迄今考古发现最早的青铜戟是河北藁城台西商代早期墓葬出土的戈矛联装铜戟（编号 M17:5）。

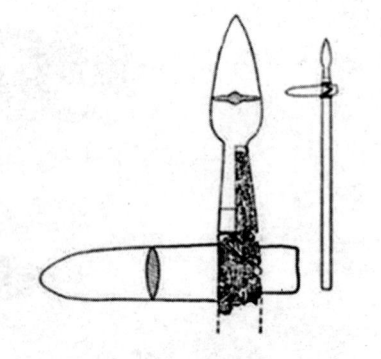

河北藁城台西商代早期墓葬出土的戈矛联装铜戟线图②

---

① 周纬：《中国兵器史稿》，百花文艺出版社，2006，第49页。
② 河北省文物研究所：《藁城台西商代遗址》，文物出版社，1985。

陕西旬邑下魏洛出土的西周早期刺戟　　陕西扶风召李出土的西周早期钩戟

北京故宫博物院藏西周中期双戈戟（原称"双援兵器"）

河南叶县旧县乡4号墓（许灵公墓）出土的春秋时期六戈戟和钺形戟

曾侯乙墓墓主内棺上的漆画，其门旁有持戟的神人神兽，所持之戟皆双戈，多数无矛。

此墓共出土戟 30 柄，其形制有三种。

第一种是双戈无矛，共 18 柄。

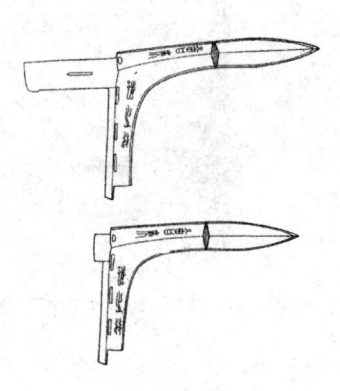

第二种是三戈无矛，共 9 柄。

第三种是三戈有矛（即带刺三戈戟，参阅图版 18），共 3 柄。

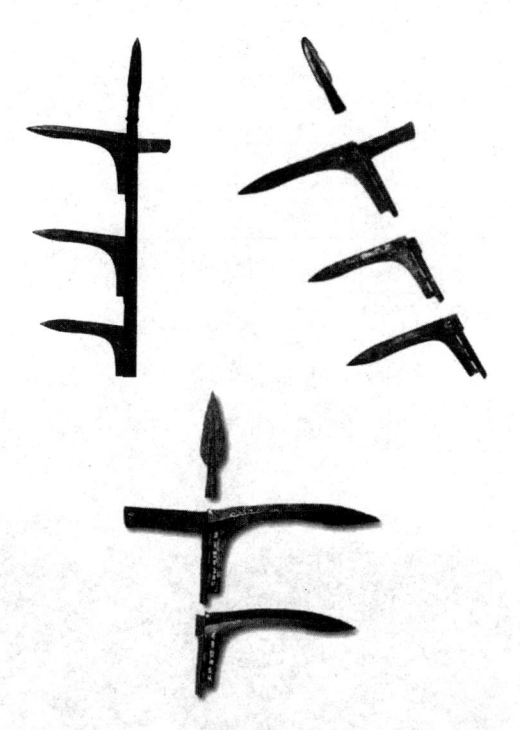

河南新蔡李桥楚墓出土的战国中期平夜君成之用双戈有矛戟

★ 文献链接

王于兴师，修我矛戟，与子偕作。——《诗经·秦风·无衣》

进矛、戟者前其镦。——《礼记·曲礼上》

（三）戈戟部位

戈头由内（柄）、胡、援等部分构成。

考古学者发现，《考工记》有关戈头的记载，与曾侯乙墓出土戈头的实际情况相差无几。[1]

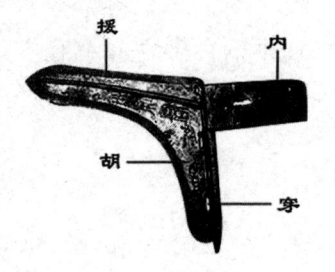

戈头部位名称

---

[1] 郭德维：《戈戟之再辨》，《考古》1984 年第 12 期。

单位：厘米

器号	对比	通长	援长	胡长	胡宽	内长
北室 257	实测数	21	13.4	11.4	3.75	7.5
	按《考工记》计算	21.5	14	11.25	3.75	7.5
东室 150	实测数	14.1	9.1	7.2	2.4	4.8
	按《考工记》计算	14.4	9.6	7.2	2.4	4.8

而戟的多数情况则与《考工记》的记载有些距离。

1. 内（枘）

内（枘，ruì）是戈头、戟头后部插入柄杖与其相连接的榫头。

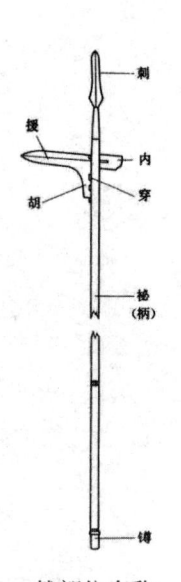

戟部位名称

郑玄注《冶氏》："内谓胡以内接柲者也。"孙诒让《周礼正义》："与援相接，横贯于柲者，谓之内。"周纬《中国兵器史稿》这样描述："内，即援后短柄，用以穿入长木柄，中端亦有孔贯索缚于长木柄之上端，使戈体坚牢着柄而不左右移者。"[①]

河南安阳殷墟西区 M968 出土的商代兽面纹銎内戈

---

① 周纬：《中国兵器史稿》，百花文艺出版社，2006，第38页。

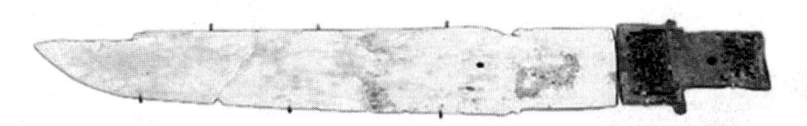

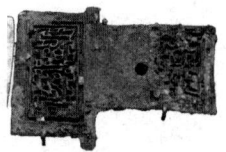

河南安阳殷墟妇好墓出土的商代铜内玉戈及其内

河南新郑新村出土的商代铜内玉戈

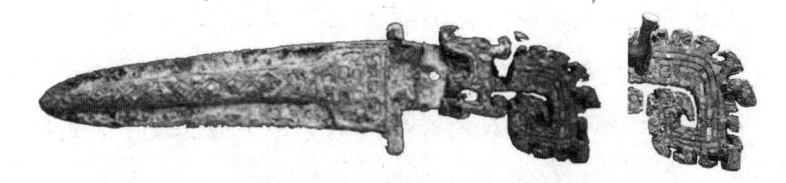

流落美国的商代晚期镶嵌绿松石青铜戈及其内（弗利尔艺术博物馆藏）

流落美国的商代晚期镶嵌绿松石玉援青铜戈及其内（弗利尔艺术博物馆藏）

河南叶县旧县乡4号墓（许灵公墓）出土的春秋时期许公之车戈内特写

河南辉县琉璃阁墓甲出土的春秋晚期三穿方内戈

战国晚期通用型刃内戈——相邦肖戈　　湖北枣阳九连墩 M1 出土的
　　　　　　　　　　　　　　　　　战国中晚期楚国钩形刃内戟

《冶氏》："戈广二寸，内倍之。"意思是说，戈的头部宽二寸，其后部插入柄杖的部位的长度是戈的头部的宽度的一倍。由此推算，戈头的后部插入柄杖的部位的长度与戈头的宽度之间的比例关系为：

戈头的后部插入柄杖的部位（内／枘）的长度（4寸）

＝戈头的宽度（2寸）×2

《冶氏》："戟广寸有半寸，内三之。"意思是说，戟的头部宽一寸半，其后部插入柄杖的部位的长度是戟的头部的宽度的三倍。由此推算，戟头的后部插入柄杖的部位的长度与戟头的宽度之间的比例关系为：

戟头的后部插入柄杖的部位（内／枘）的长度（4.5寸）

＝戟头的宽度（1.5寸）×3

2. 胡

胡是戈头、戟头援下靠近下阑，即下刃后部弧弯下垂的部分。

孙诒让《周礼正义》引程瑶田语："援接内处下垂者，谓之胡。……下刃之本，曲而下垂为刃，辅以下刃，以决人，所谓胡也。"周纬《中国兵器史稿》这样描述："胡，即直下之部分，有孔用以贯索以缚于柄者。"[1]

---

[1] 周纬：《中国兵器史稿》，百花文艺出版社，2006，第38页。

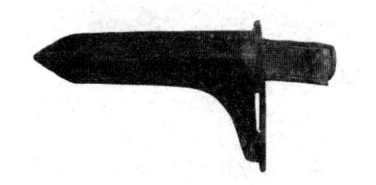

河南安阳殷墟西区 M1052　　河南浚县出土的西周中胡二穿戈 　　辽宁旅顺博物馆藏战国时期
出土的商代短胡戈　　　　　　　　　　　　　　　　　　　　　楚国特长胡戈

《冶氏》："戈广二寸，内倍之，胡三之。"意思是说，戈的头部宽二寸，其后部插入柄杖的部位的长度是戈的头部的宽度的一倍，其下刃后部弧弯下垂的部位的长度是戈的头部的宽度的三倍。由此推算，下刃后部弧弯下垂的部位的长度与戈头的宽度之间比例关系为：

下刃后部弧弯下垂的部位（胡）的长度（6寸）

＝戈头的宽度（2寸）×3

《冶氏》："戟广寸有半寸，内三之，胡四之。"意思是说，戟的头部宽一寸半，其后部插入柄杖的部位（内／枘）的长度是戟的头部的宽度的三倍，其下刃后部弧弯下垂的部位的长度是戟的头部的宽度的四倍。由此推算，下刃后部弧弯下垂的部位的长度与戟头的宽度之间的比例关系为：

下刃后部弧弯下垂的部位（胡）的长度（6寸）

＝戟头的宽度（1.5寸）×4

3. 援

援是戈头、戟头的前部横出、有锋有刃的部分。

孙诒让《周礼正义》："戈上一横刃，平出而微昂，谓之援。……戟则二刃，援胡与戈正同……而援则正平，不昂起，与戈异。此古制也。"周纬《中国兵器史稿》这样描述："援，即平出之刃，用以钩啄敌人者。"[①] 一般来说，戈为肥援，戟为瘦援。

---

① 周纬：《中国兵器史稿》，百花文艺出版社，2006，第38页。

河南郑州出土的商代早期长条援直内戈 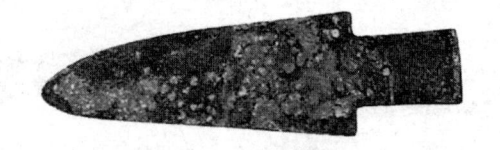　　湖北黄陂盘龙城杨家湾出土的商代中期三角援戈

上海博物馆藏商代晚期镶嵌兽面三角援戈 　　河南三门峡虢国墓地 M2001 号季墓
　　　　　　　　　　　　　　　　　　　　出土的西周铜内铁援戈

　　湖北随州叶家山西周早期 M111 出土的铁援曲内戈（M111:684）的锋和援的前半部分缺失。援部宽直，断面有一菱形铁质夹层，考古工作者由此推定此戈本来就有铁援。①

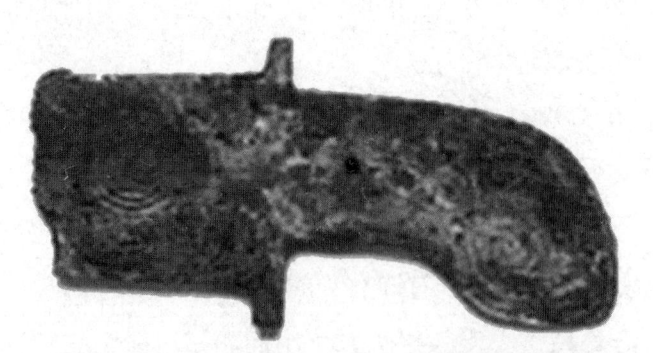

湖北随州叶家山西周早期 M111 出土的铁援曲内戈

　　西周末期之后，青铜戈基本上是援锋呈圭首形的圭援戈，即长胡多穿夹内戈。

---

① 详见湖北省文物考古研究所等：《湖北随州叶家山 M111 发掘简报》，《江汉考古》2020 年第 2 期。

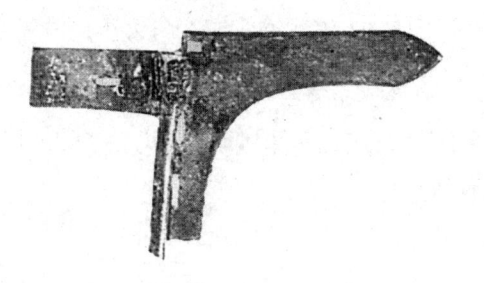

湖北随州季氏梁出土的周王孙戈 　　　　　北京故宫博物院藏春秋早期梁伯戈

上海博物馆藏春秋早期铁援铜戈

但也有例外者，如山东沂水春秋时期纪王崮墓地 M1 出土的三角援铜戈（参阅图版 21）。

春秋中期，普通型方内戈的援锋由圭首形演变为尖叶形。例如，湖南汨罗出土的春秋缪叔戈在造型上摆脱了铜戈援一般呈圭状的古朴造型，胡部变长，援部略微上翘，援身脊线明显，援部中间最窄，前锋膨大。

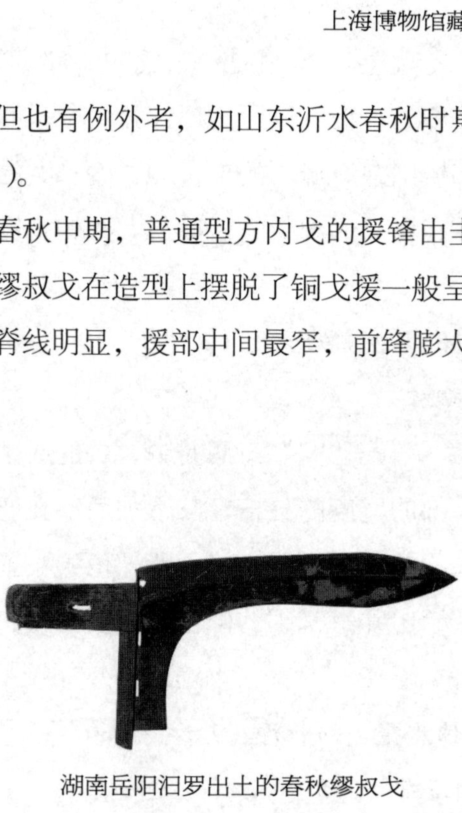

湖南岳阳汨罗出土的春秋缪叔戈 　　　　湖北枣阳九连墩 1 号墓出土的战国双援异形戟

上海博物馆藏战国时期燕国郾侯载戈（《殷周金文集成》编号11220）与《考工记·冶氏》记载基本吻合。其援部较直，明显上扬，援锋呈尖叶形，下刃与上刃平行，中段后弯转而下，延伸为长胡，胡底平折；援部和胡部后侧起阑，上设三穿，其一在援部后上角，其二在胡部。

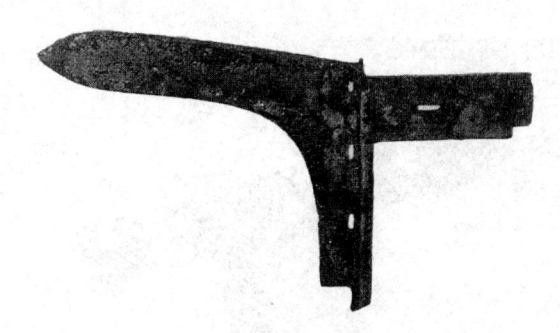

战国中期郾侯载戈

《冶氏》："戈广二寸，内倍之，胡三之，援四之。"意思是说，戈的头部宽二寸，其后部插入柄杖的部位的长度是戈的头部的宽度的一倍，其下刃后部弧弯下垂的部位的长度是戈的头部的宽度的三倍，其头的前部横出并有锋刃的部位的长度是戈的头部的宽度的四倍。由此推算，戈头的前部横出并有锋刃的部位的长度与戈头的宽度之间的比例关系为：

戈头的前部横出并有锋刃的部位（援）的长度（8寸）

＝戈头的宽度（2寸）×4

《冶氏》："戟广寸有半寸，内三之，胡四之，援五之。"意思是说，戟的头部宽一寸半，其后部插入柄杖的部位的长度是戟的头部的宽度的三倍，其下刃后部弧弯下垂的部位的长度是戟的头部的宽度的四倍，其头的前部横出并有锋刃的部位的长度是戟的头部的宽度的五倍。由此推算，戟头的前部横出并有锋刃的部位的长度与戟头的宽度之间的比例关系为：

戟头的前部横出并有锋刃的部位（援）的长度（7.5寸）

＝戟头的宽度（1.5寸）×5

（四）长柄兵器部位：柲

柲是戈、戟等长柄兵器的柄杖。

"柲"的甲骨文字形如表所示：

字形	文献来源	编号
∫	《甲骨文合集》	4242 宾组
∫		14034 宾组
∫		25937

"柲"的金文字形如表所示：

字形	时期	器名	文献来源	编号
夨	西周晚期	南宫乎钟	《殷周金文集成》	181
止	西周中期	走马休盘		10170

由表可见，"柲"的甲金文字形均象长柄兵器的柄杖，属于象形造字。

《总叙》："戈柲六尺有六寸，既建而迤，崇于轸四尺，谓之二等。"意思是说，戈的柄部长六尺六寸，插在战车上而让它斜靠着，比车厢底部的枕木高出四尺，这是第二等。郑玄注："柲犹柄也。"《庐人》："庐人为庐器，戈柲六尺有六寸。"《说文解字·木部》："柲，欑也。""欑，积竹杖也。"

一般来说，戈为短柲，戟为长柲。

河南偃师二里头三期遗址出土相当于夏代晚期的曲内戈（编号K3:2）的穿、援之间有宽约4厘米的柲痕。

河南偃师二里头遗址出土的曲内戈

河南安阳殷墟花园庄出土的商代带木柄青铜戈

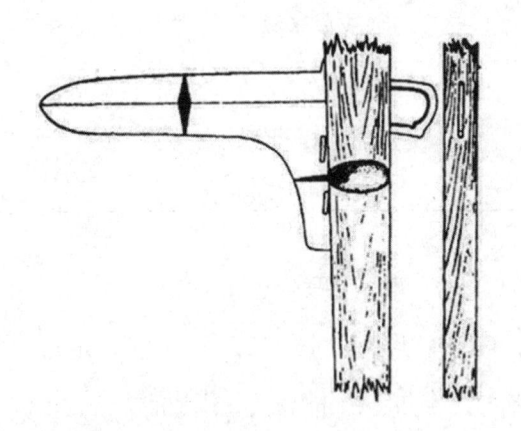

根据殷墟小屯西地墓出土的木柲（M234:10）
残痕复原的戈柲安装方法示意图[1]

山西翼城大河口西周墓地出土的铜矛
（M1034:38）及其柲木

---

[1] 中国社会科学院考古研究所：《殷墟发掘报告》，文物出版社，1987，第249页。

曾侯乙墓出土的戟均内置木芯，外裹竹篾，缠绕丝麻并髹漆，即积竹柲；而同墓出土的戈均不积竹。

山西潞城潞河战国时期墓出土的铜匜刻纹

纵观先秦时期戈戟柲的形制发展演变轨迹，材质由单一的木制发展为复合型的积竹柲；截面由前后等宽的扁椭圆形发展为前窄后宽或前扁后圆的梨形；表面由简单地分段涂彩发展为先缠绕丝绳后分段髹漆或再饰彩绘图案；长度由 1 米以下到延长到 1.5 米左右，甚至 3 米以上。

河南汲县山彪镇出土的战国时期水陆攻战图铜鉴纹饰（局部）

★文献链接

君王命剥圭以为鏚柲，敢请命。——《左传·昭公十二年》

（四）A　长柄兵器部位：庐

这里的"庐"通"簵"，泛指长柄兵器的柄杖。

《总叙》："秦无庐。……秦之无庐也，非无庐也，夫人而能为庐也。"意思是说，秦国没有专门制作长柄兵器的柄杖的工匠……秦国没有专门制作长柄兵器的柄杖的工匠，不是说没有工匠，而是说那里人人都会制作长柄兵器的柄杖。郑玄注："'庐'读为'纑'，谓矛戟柄，竹攒柲。"贾公彦疏："汉世以竹为之攒，攒谓柄之入銎处，柲即柄也。"《庐人》："庐人为庐器。"意思是说，庐人制作长柄兵器的柄杖。

辽宁凌海水手营子出土的商代中期夏家店下层文化连柄铜戈

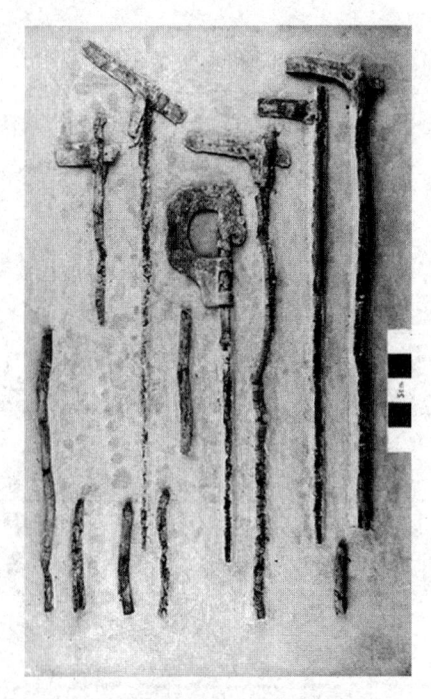

山西翼城大河口出土的西周霸国长兵器

曾侯乙墓出土的ⅠA式长杆细矛柄杖大多是上细下粗的八棱形木芯积竹矜，外面贴附宽 1 厘米左右的青竹片，然后缠以丝线，髹以红漆；ⅠB 式长杆细矛柄杖是不积竹木矜，丝线髹以黑漆；Ⅱ式长杆细矛柄杖与ⅠA 式类似，接近镦部的丝线髹以黑漆。

秦始皇兵马俑 1 号坑"十年寺工"戈出土时，遗有柄杖腐朽痕迹，尾端套有铜镦。

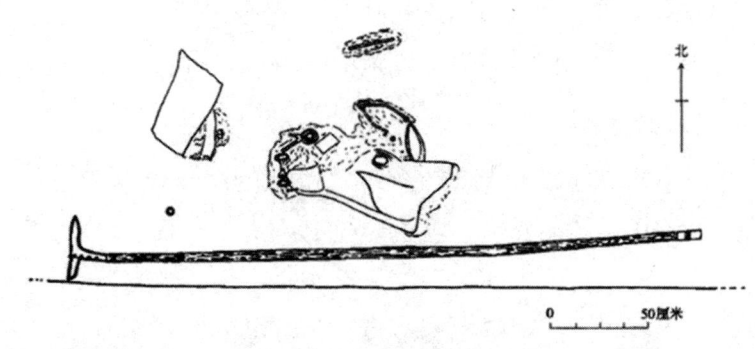

"十年寺工"戈的出土情形①

湖南长沙浏城桥 1 号楚墓出土的战国时期漆戈柄

长柄兵器的柄杖（庐）由柄部的手握部位（柲）、套在柄部末端的铜箍（晋[镦]）、柄部的首端（首₁）、柄部上端插入矛刃尾部的部位（刺）等部分构成。

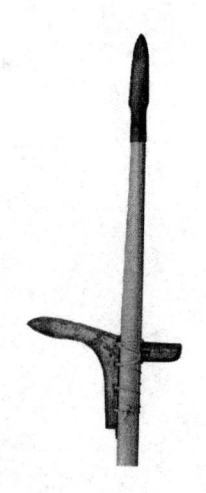

1. 柲

《庐人》："凡为殳，五分其长，以其一为之柲而围之。"意思是说，凡制作殳，把它的长度分为五个等份，把其中的一个等份设置为柄部横截面呈圆形的手握部位的周长。郑玄注："柲，把中也。"孙诒让《周礼正义》："《说文》手部云：'把，握也。'言当手握处之中也。"

陕西长安张家坡 M170 出土的两件西周时期铜戈木柄顶端以下一段缠绕细绳用以把握，并髹黑漆；下段则不缠

秦兵马俑 1 号坑带柲铜戟复原图

---

① 蒋文孝：《秦俑坑新出土铜戈、戟研究》，《文物》2006 年第 3 期。

绳，但髹红漆，漆皮下有细砂状泥子。这是典型的"糸侯柲"。

考古学者分析，上段缠绕细绳是为了增强戈柲的韧性，避免格斗时因用力过猛而发生折断的危险；下段涂抹细砂泥子，可以增强操持者与柲接触面的摩擦力，防止长柄从手中脱出；长柄的上下段髹黑、红漆不仅起装饰作用，还可以提醒操持者所应把握的位置。战国早期曾侯乙墓出土的30多件积竹矜缠丝、髹漆；湖南长沙浏城桥出土的竹节形残木柲（M89:24）手握处的漆皮下抹有细砂状泥子，手感粗涩；战国中期湖北荆州纪城出土的戈柲（95M1:25）表面雕刻成竹节状的凹弦纹以防滑，髹黑、红相间两色漆，也均起这种作用。

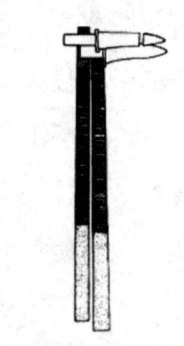

陕西长安张家坡 M170 西周带柲铜戈（M170:129）[①]

南方出土的东周带柲戈戟[②]
（1.湖南慈利石板村 M36:14，2.安徽舒城九里墩墓出土的蔡侯朔戟，3、7.湖北江陵望山 M1:B143、B74，4、9.湖北荆门包山 M2:229、291，5.湖南长沙 M89:24，6.曾侯乙墓:N.218，8.湖北荆州纪城95M1:25）

---

① 中国社会科学院考古研究所沣西发掘队：《陕西长安张家坡 M170 号井叔墓发掘简报》，《考古》1990年第6期。

② 井中伟：《夏商周时期戈戟之柲研究》，《考古》2009年第2期。

2. 晋

这里的"晋"同"镈",泛指套在戈、戟、矛等长柄兵器柄部末端的铜箍。

《礼记·曲礼》:"进戈者前其镈,后其刃;进矛戟者前其镦。"郑玄注:"锐底曰镈,取其镈地;平底曰镦,取其镦地。"《说文解字·金部》:"镈,柲下铜也。"《释名·释兵》:"下头曰镈,镈,入地也。""镈""镦"析言有别,浑言则同。孙诒让《周礼正义》:"兵器柲末并以铜镯之,名曰镈,亦曰晋。"

河南南阳黄山遗址屈家岭文化大墓出土的大玉钺木柄骨镈饰

先秦时期镈的形制有扁球形、扁筒形、矛形、凿形、三棱体形等。

湖北黄陂盘龙城杨家湾出土的商代圭首形底铜镈

流落美国的商代晚期镶嵌绿松石玉援青铜戈及其镈(弗利尔艺术博物馆藏)

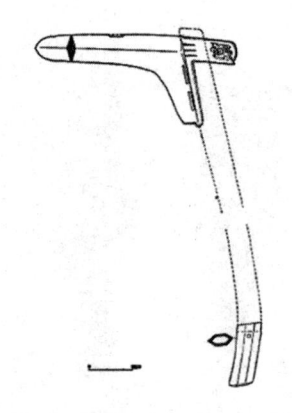

陕西长安张家坡西周54号墓
出土的铜戈和铜镦①

河南辉县琉璃阁墓甲出土的
春秋晚期镂空方锥形镦

河南南阳春秋晚期楚彭氏家族墓地 M1 出土的铜镦（M1:66）呈椭圆形筒状，口大，底小而平。

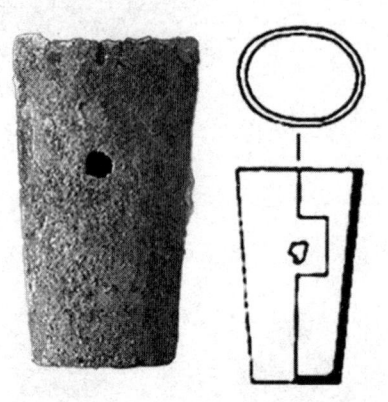

河南南阳春秋晚期楚彭氏家族墓地
M1 出土的铜镦及其线图②

山西原平刘庄出土的
春秋晚期靴形镦

---

① 中国社会科学院考古研究所沣西发掘队:《1967年长安张家坡西周墓葬的发掘》,《考古学报》1980年第4期。
② 河南省文物考古研究院等:《河南南阳春秋楚彭氏家族墓地M1、M2及陪葬坑发掘简报》,《文物》2020年第10期。

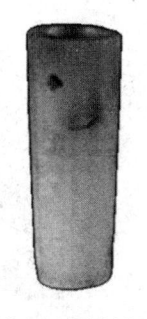

山西太原金胜村赵卿墓　　山西榆次猫儿岭出土的　　河北博物院藏中山王墓
出土的春秋晚期玉戈镦　　战国中期错金银戈镎　　出土的战国时期铜戈金镎

《庐人》)："凡为殳，五分其长，以其一为之被而围之。参（叁）分其围，去一以为晋围。"意思是说，凡制作殳，把它的长度分为五个等份，把其中的一个等份设置为柄部横截面呈圆形的手握部位的周长。把手握部位的周长分为三个等份，去掉其中的一个等份，就是柄部末端的铜箍的周长。由此推算，殳的柄部末端的铜箍的周长与柄部的手握部位的周长之间的比例关系为：

柄部末端的铜箍（晋/镎）的周长（6寸）

＝柄部的手握部位（被）的周长（9寸）×2/3

《庐人》："凡为酋矛，参（叁）分其长，二在前、一在后而围之。五分其围，去一以为晋围。"意思是说，凡制作酋矛，把它的长度分为三个等份，两个等份在前，一个等份在后，设置为柄部横截面呈圆形的手握部位的周长。把柄部横截面呈圆形的手握部位的周长分为五个等份，去掉其中的一个等份，就是柄部末端的铜箍的周长。由此推算，酋矛的柄部末端的铜箍的周长与柄部的手握部位的周长之间的比例关系为：

柄部末端的铜箍（晋/镎）的周长（7.2寸）

＝柄部的手握部位（被）的周长（9寸）×4/5

3. 首₁

首₁指兵器柄部的首端，特指殳首。

郑玄注《庐人》："首，殳上镎也。"

首的形制，有的有尖刺，有的没有尖刺。

内蒙古扎鲁特旗南宝力皋吐新石器时代墓地出土的黑色磨制软玉骨朵（BM44∶3）外大内小，中央钻有两端粗细不同的圆孔；外径14厘米，孔径2.8厘米，厚4.2厘米；呈圆齿形，平面为错开的双五角星形。亚明案，此物与陕西扶风出土的西周中期五齿殳首、内蒙古鄂尔多斯地区出土的春秋战国时期殳首外形极为相似，因此，其用途似为象征王权的杖首或殳首，可以作为中国新石器时代晚期跨进文明史的的标志物之一。

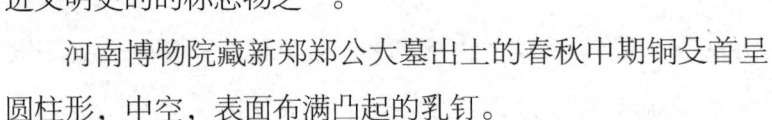

内蒙古扎鲁特旗南宝力皋吐新石器时代墓地出土的黑色磨制软玉骨朵

河南博物院藏新郑郑公大墓出土的春秋中期铜殳首呈圆柱形，中空，表面布满凸起的乳钉。

河南博物院藏春秋中期郑公大墓出土的铜殳首

陕西扶风出土的西周中期五齿殳首

安徽寿县蔡侯墓出土的春秋殳首

湖北当阳曹家岗5号墓出土的春秋铜殳首

河南淅川和尚岭1号楚墓出土的春秋中晚期铜殳首

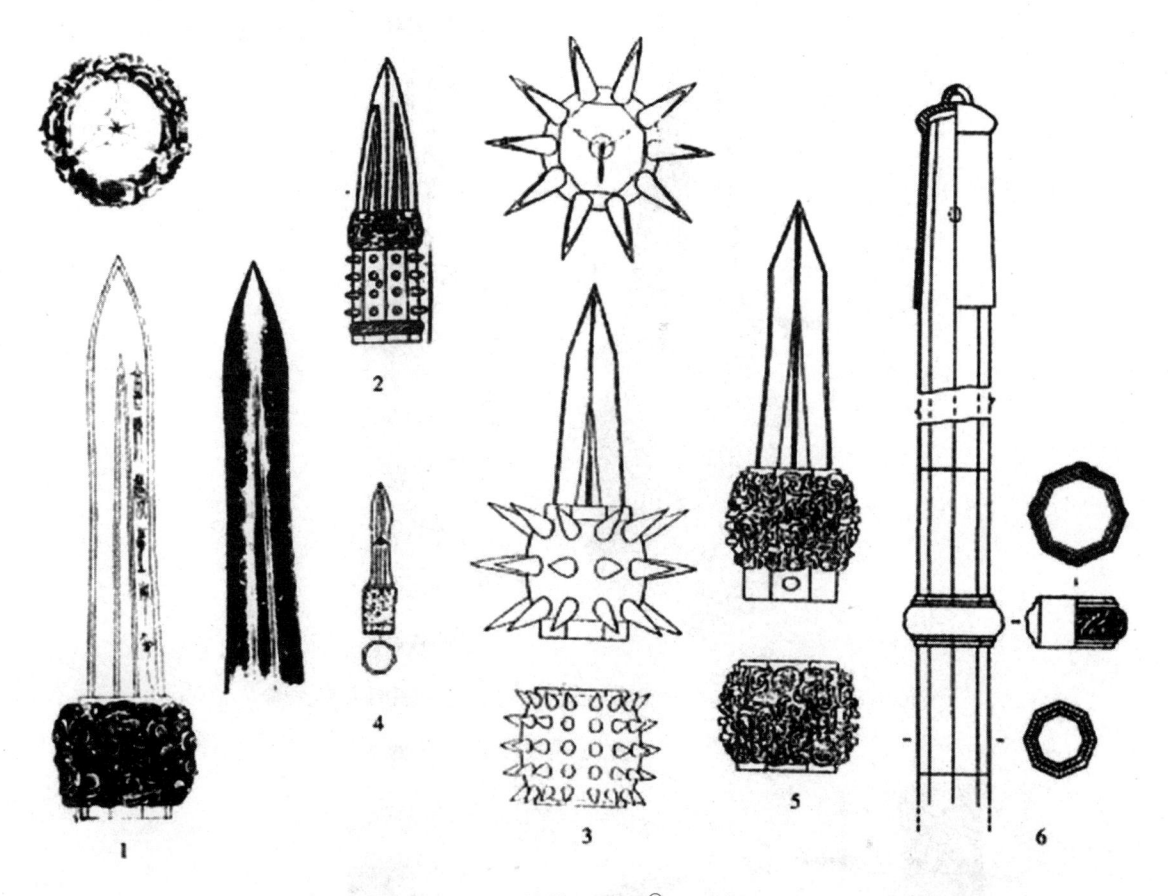

殳首形制图①
（1.头部为三棱矛形，筒部八棱形；2.筒部为刺球形；3.筒部及其花箍均为刺球形；
4.筒部表面饰绚索形纹和浮雕式旋涡纹；5.筒部表面饰浮雕式龙纹；6.箍部饰花纹）

河南南阳春秋晚期楚彭氏家族墓地 M1 出土的铜殳首呈三棱矛形，錞呈刺球状，錞体中部有一穿孔，錞口截面呈圆形，内残存木柲。

---

① 许道胜：《楚系殳（殳）研究》，《中原文物》2005 年第 3 期。

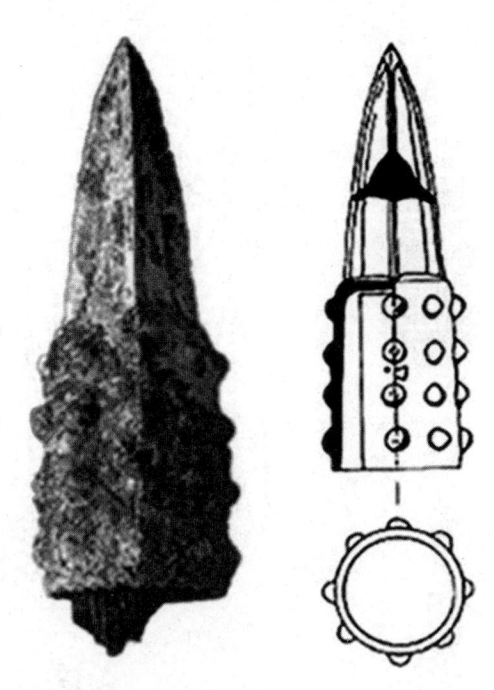

河南南阳春秋晚期楚彭氏家族墓地 M1 出土的铜殳首及其线图[①]

内蒙古鄂尔多斯地区出土的春秋战国时期殳首

《庐人》）："凡为殳，……五分其晋围，去一以为首围。"意思是说，凡制作殳，……把柄部末端的铜箍的周长分为五个等份，去掉其中的一个等份，就是柄部的首端的周长。由此推算，殳的首端的周长与柄部末端的铜箍的周长之间的比例关系为：

---

① 河南省文物考古研究院等：《河南南阳春秋楚彭氏家族墓地M1、M2及陪葬坑发掘简报》，《文物》2020年第10期。

首端（首$_1$）的周长（4.8寸）

＝柄部末端的铜箍（晋／镡）的周长（6寸）×4/5

4. 刺

刺指长柄兵器柄部上端插入矛刃尾部的部分。

郑玄注《庐人》引郑众语："刺谓矛刃胸也。"程瑶田《冶氏为戈戟考》："戈戟并有内，有胡，有援，二者之体，大略同矣。其不同者，戟独有刺耳。是故《说文》曰：'戈，平头戟也。'然则戟为戈之不平头者矣。又曰：'戟，有枝兵也。'然则戈为戟之无枝者矣。《说文》言'枝'，《考工记》言'刺'，'枝''刺'一物也。"孙诒让《周礼正义》："矛之用在刺，故即以刺名其内刺之一端……谓矛刃本与矜相含之圜銎。……盖戟有直锋，故谓之刺。……戟则二刃，援胡与戈正同，惟援上别为一刃直出者，谓之刺。"

河南安阳殷墟花园庄出土的商代带木柄青铜矛

考古学者根据矛头与柄部固定方式，将商周青铜矛分为三种类型：A型，有耳；B型，无耳；C型，束腰尖叶形。

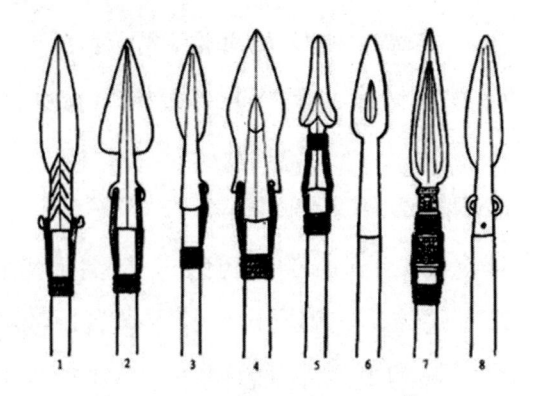

商周青铜矛固矜方法示意图[①]
（1、2、3：A 型矛，4：C 型矛，5、6、7：B 型矛，8：有钉孔的 A 型矛）

由上图可见，只有 B 型的 6 矛骹长鋬深，矛头与柄部之间可形成较强的附着力，可以不必采取其他辅助固定措施。

江西新干大洋洲出土的
商代阔叶长骸矛

江西新干大洋洲出土的
商代窄叶长骸矛

河南三门峡虢国墓地虢季墓
（M2001）出土的西周铜矛

曾侯乙墓出土的短杆粗矛的矛头与矛柄之间有一段角质柄，上端插入矛刃的尾口，下端套在木柄之上。

《庐人》："凡为酋矛，……参（叁）分其晋围，去一以为刺围。"意思是说，凡制

[①] 沈融：《商与西周青铜矛研究》，《考古学报》1998 年第 4 期。

作酋矛，……把柄部末端的铜箍的周长分为三个等份，去掉其中的一个等份，就是柄部上端插入矛刃尾部的部位的周长。由此推算，酋矛的柄部上端插入矛刃尾部的部位的周长与柄部末端的铜箍的周长之间的比例关系为：

柄部上端插入矛刃尾部的部位的周长（4.8 寸）
＝柄部末端的铜箍（晋[镈]）的周长（7.2 寸）×2/3

二、刺兵

刺兵是用以直刺的兵器，如矛、剑。

《庐人》："凡兵，句兵欲无弹，刺兵欲无蜎，是故句兵椑，刺兵抟。"意思是说，凡兵器，用以勾击的兵器的锋刃不可转动，用以直刺的兵器的锋刃不可弯折。……因此，用以勾击的兵器柄部的横断面呈椭圆形，用以直刺的兵器柄部的横断面呈圆形。郑玄注："刺兵，矛属。"《说文解字·刀部》："刺，直伤也。"

中国迄今考古发现最早的青铜矛是湖北黄陂盘龙城李家嘴墓葬出土的商代早期叶脉纹双耳矛（编号 PLZM2:56）。

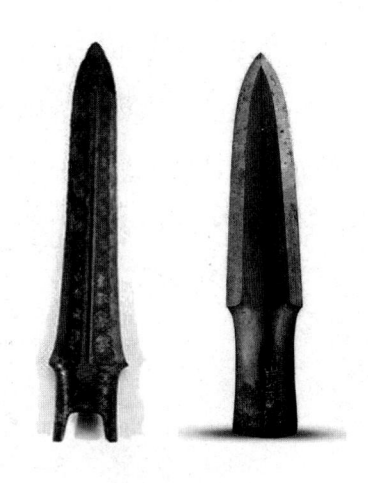

湖北黄陂盘龙城李家嘴出土的商代叶脉纹双耳矛

（一）酋矛

酋矛较夷矛为短，是车战五兵之一。

《总叙》："酋矛常有四尺，崇于戟四尺，谓之六等。"意思是说，酋矛的长度是两丈，比戟高出四尺，这是第六等。《庐人》："酋矛常有四尺。……凡为酋矛，参分其长，二在前，一在后而围之。"意思是说，酋矛的长度是两丈。……凡制作酋矛，把它的长度分为三个等份，两个等份在前，一个等份在后，设置为柄部横截面呈圆形的手握部位的周长。郑玄注："酋、夷，长短名。酋之言遒也。酋近夷长矣。"《说文解字·矛部》："矛，酋矛也，建于兵车，长二丈。"《释名·释兵》："矛，冒也，刃下冒矜也。"

曾侯乙墓出土的战国早期短杆粗矛头部粗大，矛头与矛柲之间有一段横截面为菱形的角质柄相连。

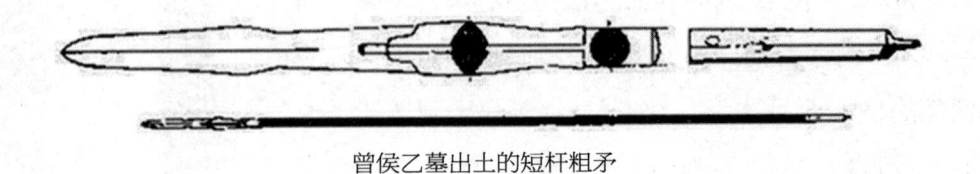

曾侯乙墓出土的短杆粗矛

（二）夷矛

夷矛为长矛，较酋矛为长，车战五兵之一。

《庐人》："夷矛三寻。"意思是说，夷矛的长度是三寻（即两丈四尺）。《释名·释兵》："夷矛，夷，常也。其矜长丈六尺。不言常而言夷者，言其可夷灭敌，亦车上所持也。"

陕西宝鸡竹园沟 M7 出土的西周早期柳叶形双耳长矛（BZM7∶23）柄部痕迹通长 4 米，直径 3 厘米；矛头长 24.1 厘米，骸长 11 厘米，骸口直径 2.5 厘米。

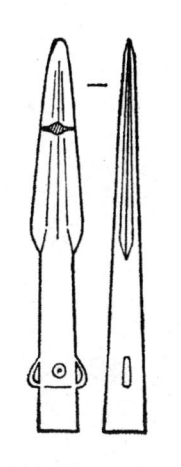

陕西宝鸡竹园沟出土的　　　曾侯乙墓出土的战国
西周早期柳叶形双耳矛　　　早期积竹矜长柲细矛

三、殳兵：殳

殳本来是有锋刃的击、刺两用的长柄兵器，后来逐渐退出实战兵器的行列，演变为没有锋刃的仪仗、警卫兵器（参阅图版30）。

"殳"的甲骨文字形如表所示：

字形	文献来源	编号
	《甲骨文合集》	21868

"殳"的金文字形如表所示：

字形	时期	器名	文献来源	编号
	西周中期	十五年趞曹鼎	《殷周金文集成》	2784

由表可见，"殳"的甲金文皆象以手持殳之形，同时从又，几声，属会意兼形声。贾公彦疏《庐人》"殳兵同强"："云殳，以殳长丈二而无刃，可以殳打人，故云

毁兵也。"意思是说，"毁"指殳的长度为一丈二尺，没有锋刃，可以用来打击人，所以叫"击兵"。《说文解字·殳部》："殳，以杖殊人也。《礼》：'殳以积竹，八觚，长丈二尺，建于兵车，车旅贲以先驱。'"段玉裁注："谓以杖隔远之。"《释名·释兵》："殳，殊也。长丈二尺而无刃，有所撞挃于车上，使殊离也。"

★ 文献链接

伯也执殳，为王前驱。——《诗经·卫风·伯兮》

廷理举殳而击其马，败其驾。——《韩非子·外储说右上》

四、刀

刀是单面侧刃劈、砍兵器。

"刀"的甲骨文字形如表所示：

字形	文献来源	编号
∫	《甲骨文合集》	20349 亚组
∫		22474 子组
∫		33035 历组

"刀"的金文字形如表所示：

字形	时期	器名	文献来源	编号
∫	商代晚期	子刀父辛方鼎	《殷周金文集成》	1882
∫	商代晚期	子刀簋		3079

由表可见，"刀"的甲金文字形皆象刀面、刀背和刀柄，属象形造字。《说文解字·刀部》："刀，兵也。"

《总叙》："郑之刀，……迁乎其地，而弗能为良，地气然也。"意思是说，出产于郑国的刀具，如果迁移到别的地方去制作，不能成为精品，这就是不同地区具有不同自然区域条件的缘故。

迄今考古发现中国最早的青铜刀是甘肃东乡林家马家窑文化遗址出土的新石器时代中期小铜刀（编号F20:18），距今约5000年。

甘肃东乡林家马家窑文化遗址出土的新石器时代中期小铜刀

甘肃武威皇娘娘台出土的齐家文化铜刀

按照最基本的形态特征即刀柄的形制，可将先秦时期的刀类分为长刀、手刀和短刀。

迄今考古发现最早的长刀是湖北黄陂盘龙城杨家湾墓葬出土的相当于商代中期的卷锋长刀（编号PYWM11:7）。

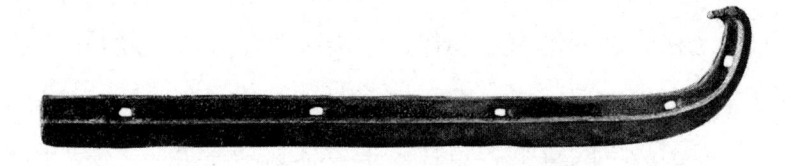

湖北黄陂盘龙城杨家湾出土的商代卷锋长刀

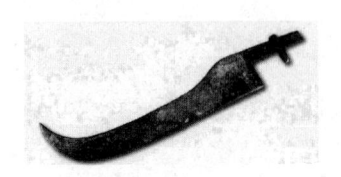

江西新干大洋洲出土的
商代夔纹直脊翘首青铜刀和
曲脊翘首青铜刀

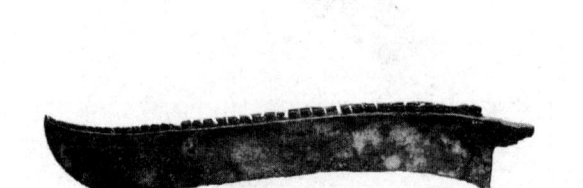

北京故宫博物院藏商代晚期青铜大刀

河南鹿邑长子口墓
出土的西周铜刀

迄今考古发现最早的短刀是河南偃师二里头Ⅲ区墓葬出土的相当于夏代晚期的环首短刀（编号Ⅲ M2:3）。

西周中期以后，短刀不再是兵器，而成为手工业生产工具"削"。

★文献链接

吴人伐越，获俘焉，以为阍，使守舟。吴子余祭观舟，阍以刀弑之。——《左传·襄公二十九年》

五、剑

剑是短柄长刃的刺劈兵器（参阅图版33）。

《总叙》:"……吴粤之剑,迁乎其地,而弗能为良,地气然也。"其中提到了出产于吴国和越国的宝剑。《说文解字·刃部》:"剑,人所带兵也。"

剑由主体部位(身$_1$)、柄部(茎)和柄部末端的把头(首$_2$)等部位构成。其中,主体部位(身$_1$)可细分为两刃之间(腊)和脊与刃之间(从)。

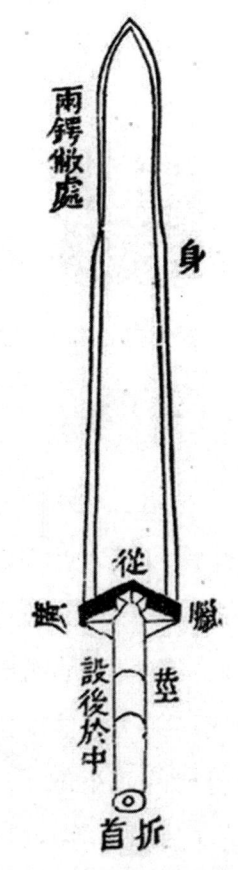

(清)程瑶田绘古铜剑图

★ **文献链接**

受弓剑者以袂。——《礼记·曲礼上》

剑则启椟,盖袭之,加夫襓与剑焉。——《礼记·少仪》

莒子庚舆虐而好剑。苟铸剑,必试诸人。国人患之。——《左传·昭公二十三年》

★ 视频链接

《国家宝藏》第一季：越王勾践剑

《如果国宝会说话》第二十三集《越王勾践剑：胜者为王》

《探索·发现》之《迷影窦都（上）》：青铜时代的刀光剑影

（一）身₁

这里的"身₁"指剑的主体部分，由腊、从两部分构成。

《桃氏》："身长五其茎长，重九锊，谓之上制，上士服之；身长四其茎长，重七锊，谓之中制，中士服之；身长三其茎长，重五锊，谓之下制，下士服之。"意思是说，剑的主体部位的长度是柄部的长度的五倍，重九锊，称为上制，上等身材的武士佩用；剑的主体部位的长度是柄部的长度的四倍，重七锊，称为中制，中等身材的武士佩用；剑的主体部位的长度是柄部的长度的三倍，重五锊，称为下制，下等身材的武士佩用。

1. 腊

腊是剑两刃之间的一面，即脊与两从、两锷的合称（参阅图版34）。

《桃氏》："桃氏为剑，腊广二寸有半寸。"意思是说，桃氏制作剑，两刃之间部位的宽度是两寸半。郑玄注："腊谓两刃。"孙诒让《周礼正义》："中为一脊，左右两从，合为一面，谓之腊。"

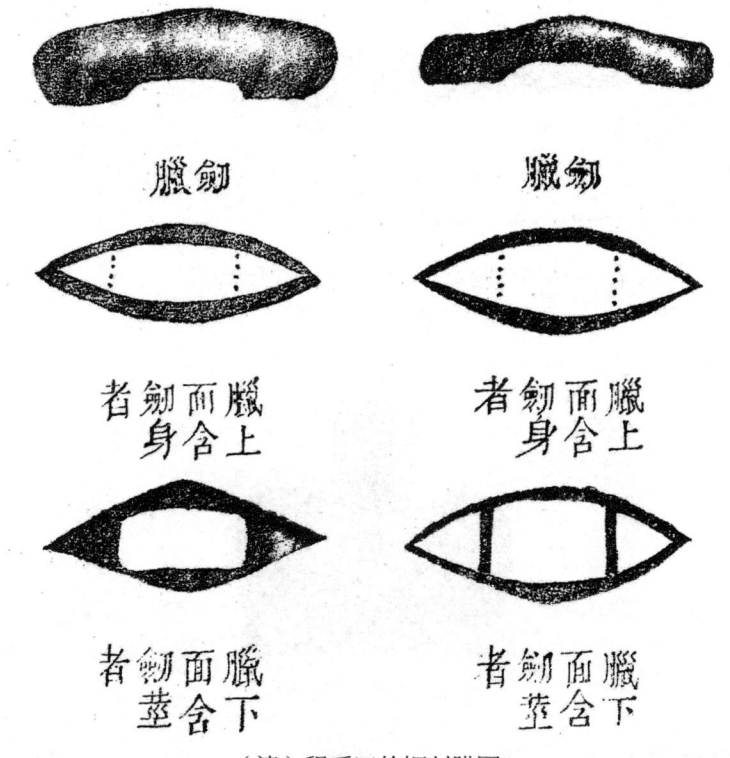

（清）程瑶田绘铜剑腊图

河南三门峡虢国墓地虢太子墓（M2011）出土的西周铜剑

2. 从

从是剑从剑脊对分出的腊广的二分之一，即脊与刃之间（参阅图版35）。

孙诒让《周礼正义》疏解《桃氏》"两从"："此明分腊广为二之度，以其从夹剑脊，故云'两从'。脊中隆起，分为两刃，故其横径适得腊广之半度。"

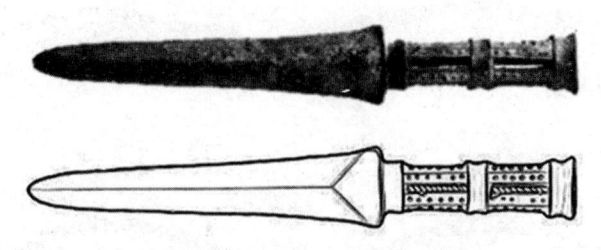

230　考工记名物图解（增订本）

山西翼城大河口西周墓地出土的铜剑
（M1034:93）及其线图[①]

越王勾践剑两从特写

越王者旨於睗剑两从特写（自左至右：正面，背面）

湖南长沙黄泥坑出土的战国时期
楚国复合有箍圆茎剑两从特写

《桃氏》："两从半之。"意思是说，脊与刃之间的部位的宽度是从剑脊对分出的两刃之间部位的宽度的一半。由此推算，从剑脊对分出的两刃之间部位的宽度与脊与刃

---

① 山西省考古研究所等：《山西翼城大河口西周墓地 M1034 发掘简报》，《中原文物》2020 年第 1 期。

之间的部位的宽度之间的比例关系为：

从剑脊对分出的两刃之间部位（腊）的宽度（2.5寸）÷2

＝脊与刃之间的部位（从）的宽度（1.25寸）

（二）茎

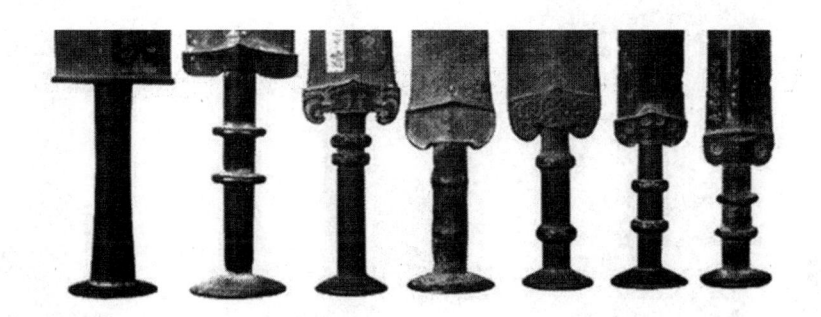

茎是剑柄的主要器段（参阅图版36、37）。

戴震《考工记图》："刃后之铤曰茎。"

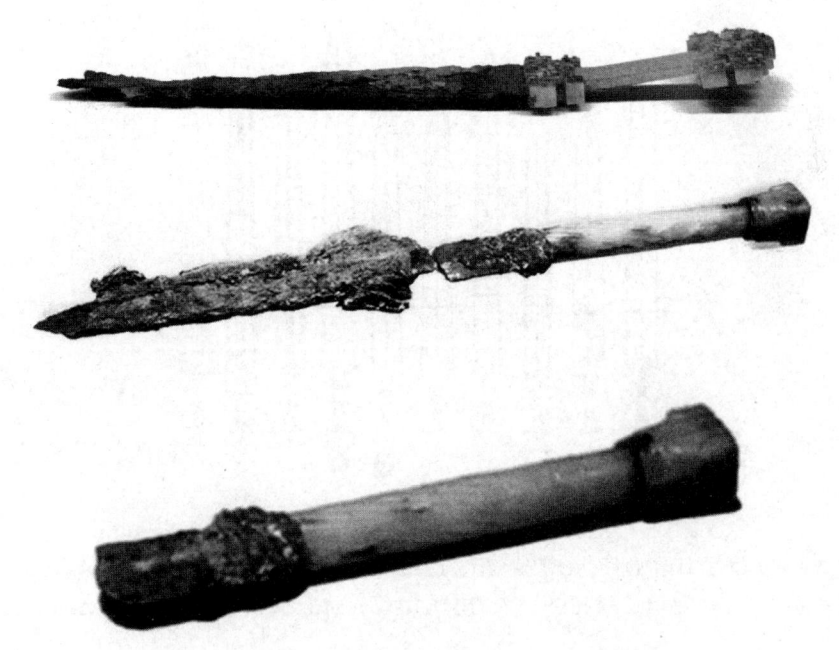

河南三门峡西周虢国墓地 M2001 出土铁剑的玉柄

陕西宝鸡益门村 2 号墓出土的春秋晚期金柄铁剑的剑柄整体镂空，浮雕阳线与细珠纹构成蟠虺形象，两侧铸有略微错落的方齿。

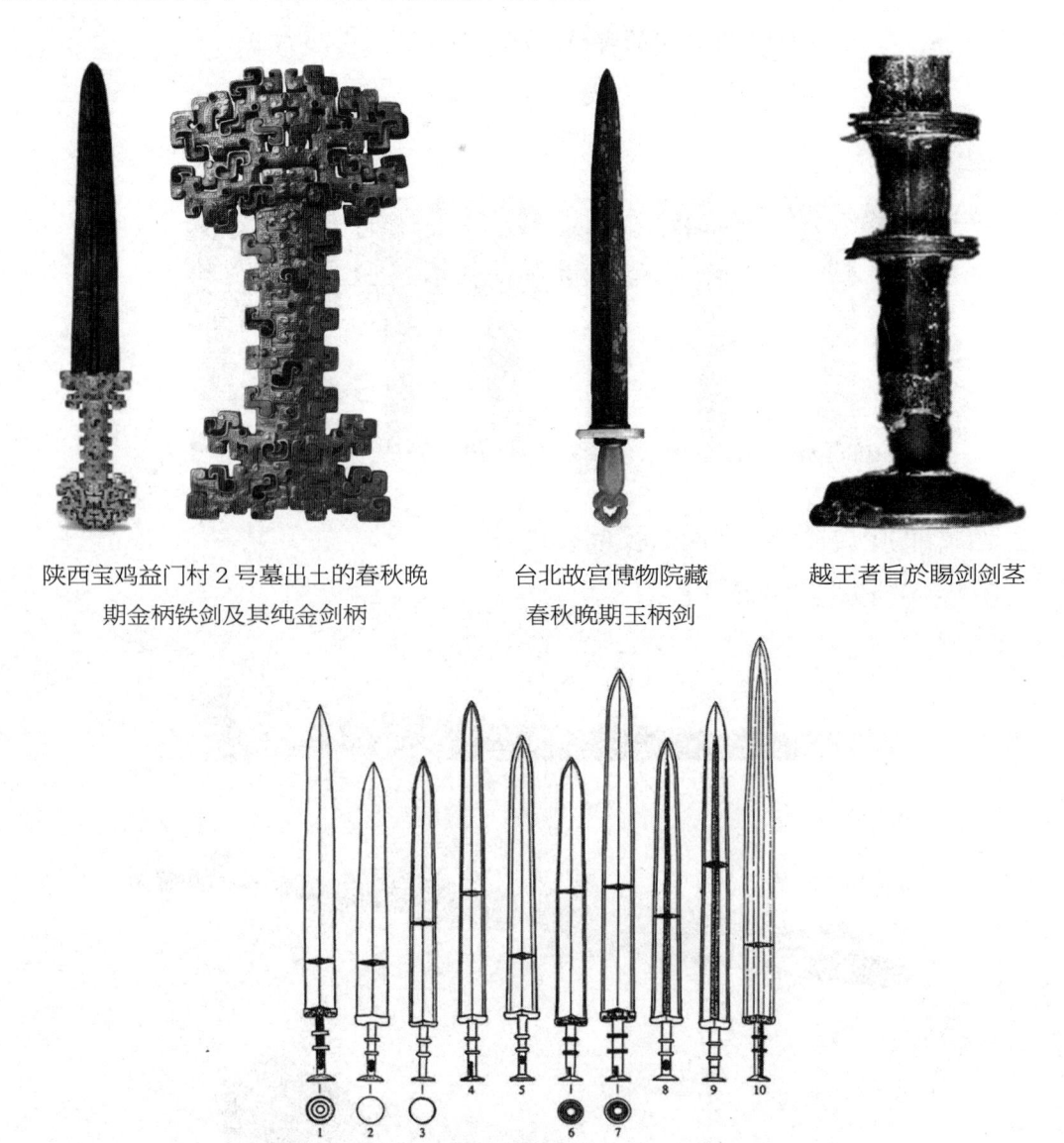

陕西宝鸡益门村 2 号墓出土的春秋晚期金柄铁剑及其纯金剑柄

台北故宫博物院藏春秋晚期玉柄剑

越王者旨於睗剑剑茎

战国时期圆首双箍柱茎剑
（1、2.河南洛阳中州路 M2729:20、M2728:40，3.湖北江陵天星观 M1:401，
4-10.湖南长沙楚墓 M935:1、M1195:11、M1510:2、M315:1、M1316:1、M1427:2、M85:1）

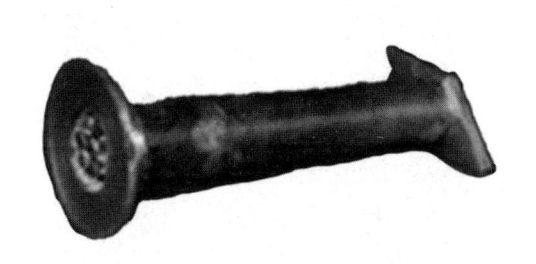

江西樟树市国字山战国时期墓出土的铜剑柄 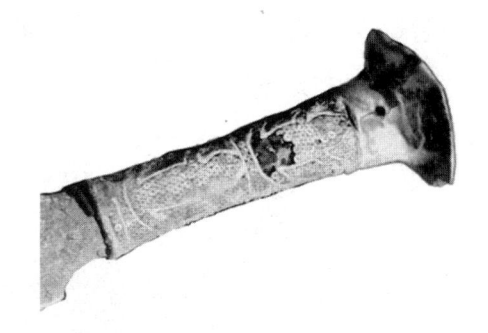　　　云南江川李家山 M24 出土的战国时期嵌绿松石片剑柄

《桃氏》："以其腊广为之茎围，长倍之。"意思是说，把从剑脊对分出的两刃之间部位的宽度设置为剑的柄部的周长；柄部的长度是其一倍。

由此推算，剑的柄部的周长与从剑脊对分出的两刃之间部位的宽度之间的比例关系为：

柄部（茎）的周长（2.5寸）

＝从剑脊对分出的两刃之间部位（腊）的宽度（2.5寸）

剑的柄部的长度与从剑脊对分出的两刃之间部位的宽度之间的比例关系为：

柄部（茎）的长度（5寸）

＝从剑脊对分出的两刃之间部位（腊）的宽度（2.5寸）×2

（三）首[2]

这里的"首"特指剑柄部末端手握部分的把头（参阅图版38、39）。

《桃氏》:"参分其腊广,去一以为首广,而围之。"意思是说,把从剑脊对分出的两刃之间部位的宽度分为三个等份,去掉其中的一个等份,设置为柄部末端圆形把头的直径。

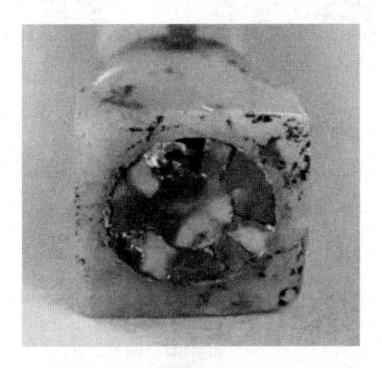

河南三门峡西周虢国墓地 M2001 出土铁剑的玉首

河南陕县后川出土的春秋时期金镡金首铁剑

陕西凤翔瓦岗寨砖厂秦墓出土的战国早期玉首铜剑的玉首正面呈梯形，横断面呈棱形，剑茎插入玉首的圆孔之中。

陕西凤翔瓦岗寨砖厂秦墓出土的战国早期玉首铜剑

浙江长兴鼻子山出土的
战国早期璧形青玉剑首

越王者旨於睗剑剑首

战国时期青玉谷纹剑首 　　　北京故宫博物院藏战国时期玉云纹剑首

河南洛阳唐宫路小学　　江西樟树市国字山战国时期墓　　陕西长安潘家庄 M154 出土的
战国时期墓出土的玉剑首　　出土的镏金铜剑首　　　　　　战国晚期柿蒂纹玉剑首

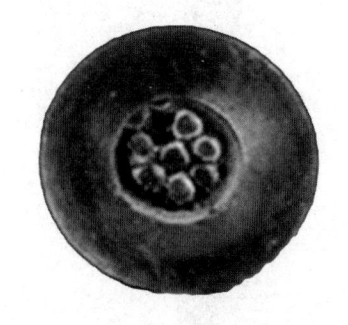

★ **文献链接**

进剑者左首。——《礼记·曲礼上》

侍坐于君子，君子欠伸，运笏，泽剑首，还屦，问日蚤莫，虽请退可也。——《礼记·少仪》

六、弓$_2$

这里的"弓$_2$"指弹射兵器（参阅图版40）。

《总叙》："胡无弓、车。……胡之无弓、车也，非无弓、车也，夫人而能为弓、车也。"

意思是说，中原的北方和西方没有专门制作弓和车的工匠，不是说那里没有会制作弓和车的工匠，而是说那里人人都会制作弓和车。《释名·释兵》："弓，穹也，张之穹隆然也。"

早在远古渔猎时代，人类就发明了弓箭。美国人类学家摩尔根高度评价弓箭："弓箭是一大发明，它给狩猎事业带来了第一件关键性的武器。……弓箭必然对古代社会起过强有力的推进作用，它对蒙昧阶段的影响正有如铁制刀剑之于野蛮阶段，有如火器之于文明时代。"[①] 恩格斯也认为，人类蒙昧时代的高级阶段始于弓箭的发明，"弓、弦、箭已经是很复杂的工具，发明这些工具需要有长期积累的经验和较发达的智力，因而也要同时熟悉其他许多发明。"[②]

"弓"的甲骨文字形如表所示：

字形	文献来源	编号
		940 宾组
	《甲骨文合集》	940 宾组
		32012 历组

"弓"的金文字形如表所示：

字形	时期	器名	文献来源	编号
	西周早期	弓父癸觯		6332
	西周中期	同卣	《殷周金文集成》	5398
	西周晚期	虢季子白盘		10173

由表可见，"弓"的甲金文字形象搭弦或未搭弦的弓，属于象形造字。这说明中国

---

① 刘易斯·亨利·摩尔根：《古代社会》，杨东莼等译，商务印书馆，1977，第20页。
② 恩格斯：《家庭、私有制和国家的起源》，《马克思恩格斯选集》第四卷，中央编译局编译，人民出版社，1972，第18—19页。

早在商周时代，就已达到复合弓制作水平。

目前所能见到的中国最早的弓实物是湖南长沙浏城桥 1 号墓出土的春秋晚期竹弓。该弓弣部用三层竹片迭合而成，然后用丝线缠紧，外表髹漆。

江苏镇江谏壁王家山春秋末期墓出土的铜鉴（采 No.52）较大残片刻纹的第二层宴乐和射侯图里，有一人在台榭上张弓欲射。

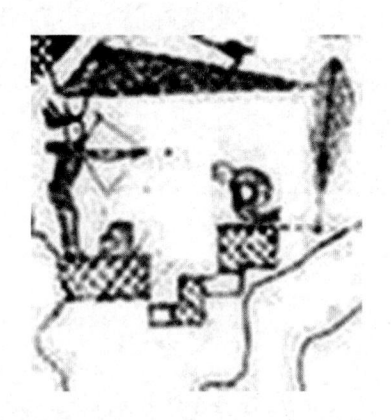

江苏镇江谏壁王家山春秋末期墓出土的铜鉴刻纹里的弓的画面

在丝绸之路途中发现的石刻里，刻有骑兵射手拉弓射箭的形象，其所持弓为斯基泰弓。石刻里还雕刻有中文篆体字。

丝绸之路石刻里骑兵射手拉弓射箭的形象

★ 文献链接

弓六物，为三等。——《周礼·夏官·槀人》

思辑用光，弓矢斯张。——《诗经·大雅·公刘》

之子于狩，言韔其弓。——《诗经·小雅·采绿》

（一）类别

《弓人》所记载的弓有句弓、侯弓（包括夹弓和庾弓）、深弓（包括王弓和唐弓）等。

1. 句弓

句弓是指角材优良而干材和筋材质量较差的弓，属复合弓的下品。由于干材不佳，其弯曲度较大，故名。

《弓人》："覆之而角至，谓之句弓。"意思是说，检查弓的质量时，仅仅是动物犄角的材质优良而弓体和动物韧带的材质较差的弓叫作句弓。

湖北当阳曹家港 5 号墓出土的半月形反曲竹弓全长 125 厘米，其弓梢段的反曲度较大。

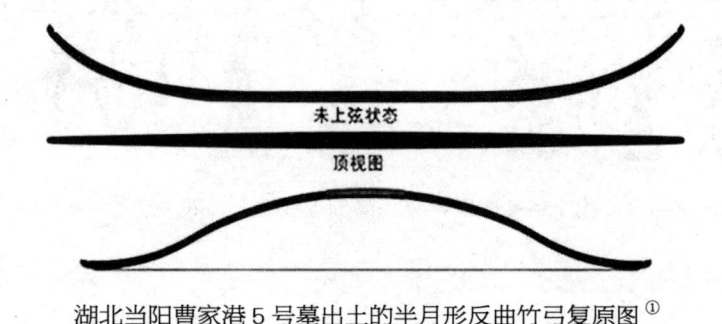

湖北当阳曹家港 5 号墓出土的半月形反曲竹弓复原图[1]

2. 侯弓

侯弓即射侯（箭靶）之弓，属复合弓的中品，如夹弓和庾弓。其干材和角材优良，而筋材质量较差。

---

[1] 秦延景：《中国竹木弓历代演进》，《轻兵器》2016 年 12 月第 24 期。

《弓人》:"覆之而干至,谓之侯弓。"意思是说,检查弓的质量时,仅仅是弓体和动物犄角的材质优良,而动物韧带的材质较差的弓,叫作侯弓。郑玄注:"射侯之弓也。干又善,则矢疾而远。"

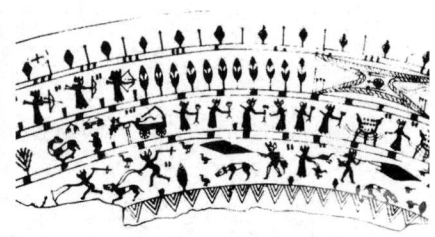

河南辉县出土的战国时期刻纹铜鉴残片及其画面

四川成都百花潭出土的战国时期宴乐渔猎攻战纹壶颈部表现射礼活动的画面

(1)夹弓 (2)庾弓

夹即夹弓;"臾"同"庾",即庾弓。二者均属"六弓",共同之处是弓体弯曲,射力较弱,射势较浅近。

《弓人》:"往体多,来体寡,谓之夹臾之属,利射侯与弋。"意思是说,向外弯曲的弓体弧度偏大,向内弯曲的弓体弧度偏小,叫作夹弓和庾弓之类的弓,适合习射箭靶和弋射飞鸟。孙诒让《周礼正义》:"此夹臾,谓弓之最弱者也。……凡大射、燕射、宾射,弓皆用夹臾也。"

河南信阳长台关战国晚期
1号楚墓出土的瑟首狩猎图

★ 文献链接

夹弓、庾弓以授射犴侯、鸟兽者。……凡弩，夹、庾利攻守。——《周礼·夏官·司弓矢》

3. 深弓

深弓即弓力较强的射深之弓，属复合弓的上品，如王弓和唐弓。其干材、角材和筋材质量均属优良。

《弓人》："覆之而筋至，谓之深弓。"意思是说，检查弓的质量时，弓体、动物犄角的材质和动物韧带的材质均属优良的弓，叫作深弓。郑玄注："射深之弓也。筋又善，则矢既疾而远又深。"

（1）王弓

王弓与弧弓同类，弓体直，射力最强，射势深远。属"六弓"之一。

《弓人》："往体寡，来体多，谓之王弓之属，利射革与质。"意思是说，向外弯曲的弓体弧度偏小，向内弯曲的弓体弧度偏大，叫作王弓之类的弓，适合射皮甲和厚的木靶。孙诒让《周礼正义》："此王弓，谓弓之最强者也，亦兼有弧弓。……据《司弓矢》，王弓、弧弓同类。"

例如，湖南长沙马王堆2号汉墓出土的竹弓之一的开弓拉力非常大，单凭手臂的力量难以拉开，须借助外力。

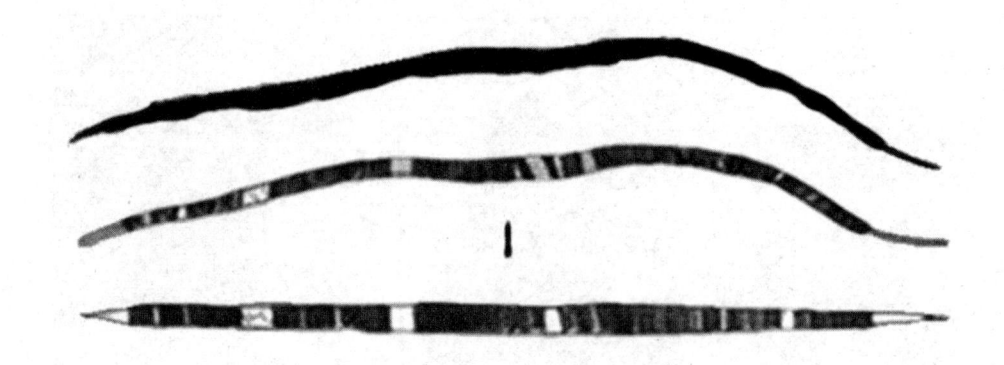

湖南长沙马王堆2号汉墓出土的竹弓

★文献链接

王弓、弧弓以授射甲革、椹质者。——《周礼·夏官·司弓矢》

（2）唐弓

唐弓与大弓同类。弓体曲直适中，射力中等，射势较深远。属"六弓"之一。

《弓人》："往体来体若一，谓之唐弓之属，利射深。"意思是说，向外弯曲的弓体与向内弯曲的弓体的弧度相同，叫作唐弓之类的弓，适合射深。孙诒让《周礼正义》："此谓弓之强弱中者也。……据《司弓矢》，唐弓、大弓同类也。"

★文献链接

唐弓、大弓以授学射者、使者、劳者。……唐、大利车战、野战。——《周礼·夏官·司弓矢》

（二）部件

弓由弓梢的弯曲部位末端支撑弦结的桥柱（峻）、弓体（体[来体｛畏｝、往体]）、弓弦（弦）构成弓体由内侧衬里正中起调节弓体强弱的衬木（帮）、向内弯曲的弓体与弓把的接缝（瀰）、向内弯曲的弓体与弓的末端相接的部位（茭解中）、握持的弓把（挺臂[柎$_1$｛柎$_2$〔弣$_2$〕、敝｝]）等部分构成。

1. 峻

为了增强弓弦的稳定性，在弓弭的末端设置支撑弦结的桥柱，与弓弦两端的环形结相扣。峻指弓梢的弯曲部位末端支撑弦结的桥柱。

《弓人》："凡为弓，方其峻而高其柎。"意思是说，凡制作弓，弓梢的弯曲部位的末端支撑弦结的桥柱（峻）要方，而弓把（柎$_1$[弣$_1$]）要高。郑玄注："峻，谓箫也。"孙诒让《周礼正义》："峻即箫上隆起而有隅棱，所以持弦使急，故欲方。"

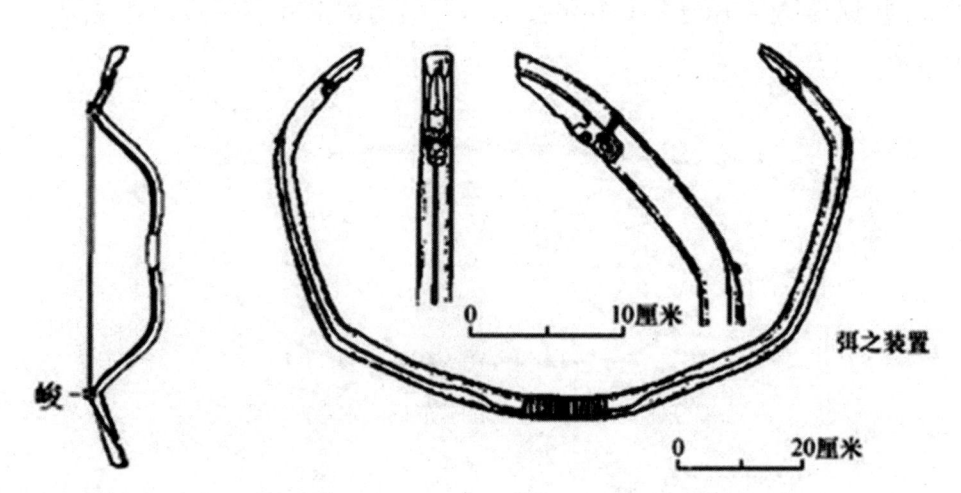

河南安阳殷墟小屯 M20 出土的弓饵使用方式示意图（石璋如复原）[①]

[①] 徐琳：《故宫博物院藏商代玉器概述》，中国社会科学院考古研究所夏商周考古研究室《三代考古（七）》，科学出版社，2007。

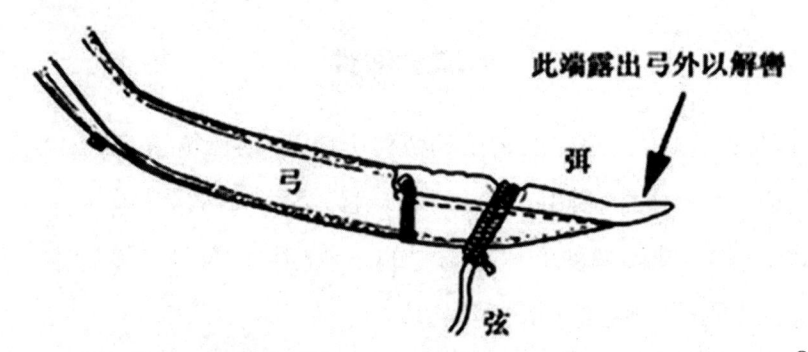

河南安阳殷墟妇好墓玉弓饵使用方式示意图（石璋如复原，黄铭崇修正）[1]

2. 体

这里的"体"特指弓体（参阅图版41）。

《弓人》："寒奠体。……寒奠体则张不流。"意思是说，寒冬季节固定弓体。……寒冬季节固定弓体，张开弓弦时就不再变形。

湖北荆门左冢楚墓出土的马鞍形反曲木弓由两条木片在握持段交叠而成，上、下弓臂等宽等长。

湖北荆门左冢楚墓出土的鞍形反曲木弓复原图[1]

体由来体（畏）、往体两个部分构成。

《弓人》："往体多，来体寡，谓之夹臾之属，利射侯与弋。往体寡，来体多，谓

---

[1] 徐琳：《故宫博物院藏商代玉器概述》，中国社会科学院考古研究所夏商周考古研究室《三代考古（七）》，科学出版社，2007。

[2] 秦延景：《中国竹木弓历代演进》，《轻兵器》2016年第24期。

之王弓之属，利射革与质。往体、来体若一，谓之唐弓之属，利射深。"①意思是说，向外弯曲的弓体弧度偏大，向内弯曲的弓体弧度偏小，叫作夹弓和庾弓之类的弓，适合习射箭靶和弋射飞鸟。向外弯曲的弓体弧度偏小，向内弯曲的弓体弧度偏大，叫作王弓之类的弓，适合射皮甲和厚的木靶。向外弯曲的弓体与向内弯曲的弓体的弧度相同，叫作唐弓之类的弓，适合射深。②

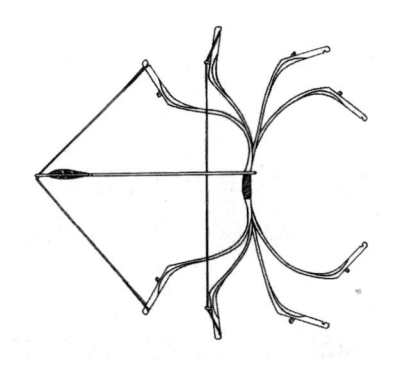

（1）来体

来体是向内弯曲的弓体，与往体相对。孙诒让《周礼正义》："来体，谓弓体内向。"

（1）A 畏

这里的"畏"指弓箫与弓把之间两段向内弯的弓体，即来体，也称"渊"。

《弓人》："夫角之中，恒当弓之畏。畏也者必桡。"意思是说，动物犄角的中段通常附在弓的末端与弓把之间两段向内弯

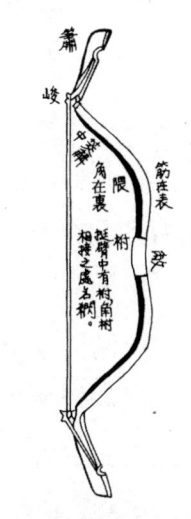

（清）戴震《考工记图》中的弓图

---

① 闻人军根据《弓人》的"析干"之道和"成规"法，结合《周礼·夏官·司弓矢》的六弓次第和沈括《梦溪笔谈·弓有六善》，以及现代射艺知识，经过理校后发现"往体多，来体寡"应是"王弓之属"；"往体寡，来体多"反而是"夹庾之属"。由此推测《考工记·弓人》曾经错简，理应校正为："往体多，来体寡，谓之王弓之属，利射革与质。往体寡，来体多，谓之夹庾之属，利射侯与弋。往体、来体若一，谓之唐弓之属，利射深。"详见闻人军：《〈考工记·弓人〉"往体""来体"句错简校读》，《自然科学史研究》2020年第1期。

② 按照闻人军的推测，则《弓人》此段意思是说，向内弯曲的弓体弧度偏大，向外弯曲的弓体弧度偏小，叫作夹弓和庾弓之类的弓，适合习射箭靶和弋射飞鸟。向内弯曲的弓体弧度偏小，向外弯曲的弓体弧度偏大，叫作王弓之类的弓，适合射皮甲和厚的木靶。录以备考。

的弓体部位，这个部位必然弯曲。"畏"通"隈"。《说文解字·阜部》："隈，水曲隩也。"孙诒让《周礼正义》："引申之，弓曲亦曰隈。"

★文献链接

大射正执弓，以袂顺左右隈，上再下一，左执拊，右执箫，以授公。——《仪礼·大射仪》

（2）往体

往体是向外弯曲的弓体，与来体相对。孙诒让《周礼正义》："往体，谓弓体外挠。"

（3）柲

"柲"指弓体内侧衬里正中起调节弓体强弱的衬木。

《弓人》："厚其柲则木坚，薄其柲则需，是故厚其液而节其柲。"意思是说，衬木太厚，弓体木就会显得过于坚硬；衬木太薄，弓体木就会显得过于柔软。因此，弓体木要多多浸治，并适当地垫加厚薄相称的衬木。郑玄注引郑众语："'柲'读为'襦有衣絮'之絮。柲谓弓中裨。"贾公彦疏："造弓之法，弓干虽用整木，仍于干上裨之，乃得调适也。"

曾侯乙墓出土的半月形反曲刺槐木弓都由上弓臂段、下弓臂段和短木片拼成，其中上、下弓臂段的木片一样长，呈弯曲形，一端比较厚，另一端比较薄；两片木片比较薄的一端，在弓的中部也就是握持段重叠，再缠绕丝线，刷上黑漆。

曾侯乙墓出土的半月形反曲刺槐木弓复原图[①]

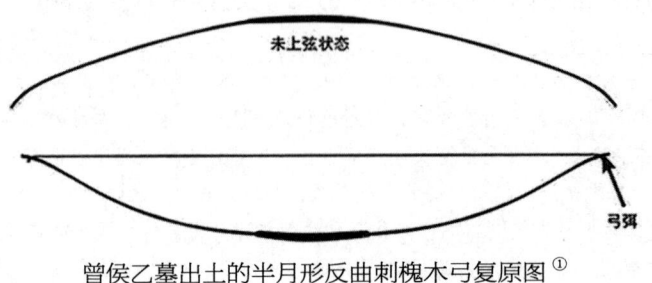

① 秦延景：《中国竹木弓历代演进》，《轻兵器》2016年第24期。

（4）𢧵

𢧵是弓隈与弓柎（弓把）的接缝。

《弓人》："为柎而发，必动于𢧵。弓而羽𢧵，末应将发。"意思是说，弓把如果扭曲变形，必然会导致弓的末端与弓把之间两段向内弯曲的弓体与弓把的接缝松动。接缝如果松动，弓体就会软弱无力，弓的末端也会相应扭曲变形。郑玄注："𢧵，接中。"

湖北江陵九店东周墓出土的半月形反曲木弓的上、下弓臂由两片槐木片拼接而成，拼合的部位削薄，叠加部位的正中间嵌进一块长铜片。

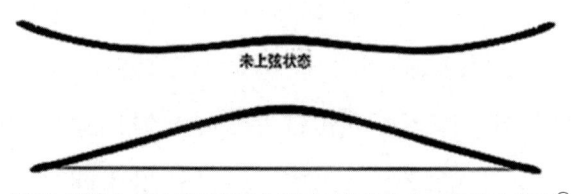

湖北江陵九店东周墓出土的半月形反曲木弓复原图[①]

（5）荚解中

荚解中是弓隈与弓的末端相接之处。

《弓人》："今夫荚解中有变焉，故校。"意思是说，由于向内弯曲的弓体与弓的末端相接的部位发力方向不同，因此，射箭的速度就快疾。孙诒让《周礼正义》："弓臂两峁与箫相接处微细，故取骹以为名。"

（6）挺臂

挺臂是弓的握持段，即弓把，包括弓把两侧镶嵌的垫片（柎₂[𢼠₂]）、附在弓把内侧的动物骱角（𢼠）等部位。

《弓人》："于挺臂中有柎焉，故剽。"意思是说，弓把的两侧镶嵌有垫片，因此，射箭的力度就迅猛。贾公彦疏："直臂中，正谓弓把处。"孙诒让《周礼正义》："弓隈把虽通谓之臂，然两隈皆句曲，惟当把处挺直，故谓之挺臂。"

湖北荆门包山楚墓2号墓出土的马鞍形反曲木弓的弓把的内侧贴一条木片。

---

① 秦延景：《中国竹木弓历代演进》，《轻兵器》2016年第24期。

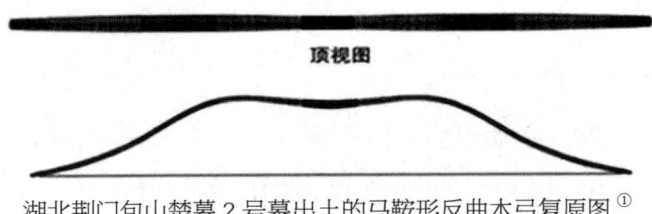

湖北荆门包山楚墓2号墓出土的马鞍形反曲木弓复原图①

（6）A 柎₁

这里的"柎₁"同"弣₁"，指弓的握持段，即弓把。

《弓人》："凡为弓，方其峻而高其柎……。下柎之弓，末应将兴。为柎而发，必动于閷。"意思是说，凡制作弓，弓梢的弯曲部位的末端支撑弦结的桥柱要方，而弓把要高；……弓把低的弓，其末端也会相应变形。弓把如果扭曲变形，必然会导致弓的末端与弓把之间两段向内弯曲的弓体与弓把的接缝松动。贾公彦疏："柎，把中。"《释名·释兵》："中央曰弣，弣，抚也，人所持抚也。"

山西定襄中霍村东周1号墓出土的铜匜刻纹②

山西定襄中霍村东周1号墓出土的铜匜（M1:14）壁上纹饰上层左侧授弓场景中，弓弦向上，弓把在下，这与《礼记·曲礼上》记载相吻。

★文献链接

有司左执弣，右执弦而授弓。——《仪礼·乡射礼》

凡遗人弓者，张弓尚筋，弛弓尚角，右手执箫，左手承弣，尊卑垂悦。——《礼记·曲礼上》

① 柎₂

这里的"柎₂"同"弣₂"，特指弓把两侧镶嵌的垫片。

《弓人》："于挺臂中有柎焉，故剽。"意思是说，弓把的两侧镶嵌有垫片，因此，射箭的力度就迅猛。郑玄注："柎，侧骨。"贾公彦疏："谓角弓于把处两畔有侧骨。"

① 秦延景：《中国竹木弓历代演进》，《轻兵器》2016年第24期。
② 李有成：《定襄县中霍村东周墓发掘报告》，《文物》1997年第5期。

湖北江陵望山沙冢 1 号楚墓出土的马鞍形反曲竹弓的上、下弓臂由两条竹片制成，在弓把交叠并用生物胶粘固，再用短竹片夹住弓把，用藤条缠紧。

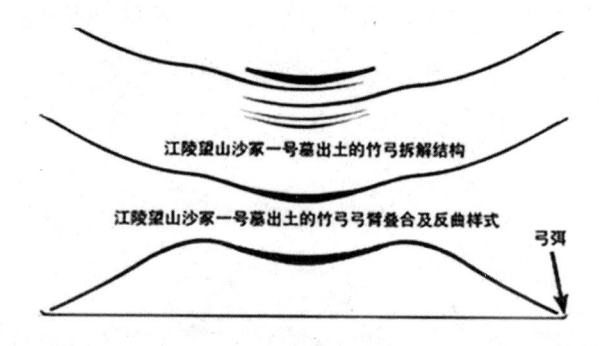

江陵望山沙冢一号墓出土的竹弓拆解结构

江陵望山沙冢一号墓出土的竹弓弓臂叠合及反曲样式

弓弭

湖北江陵望山沙冢 1 号楚墓出土的马鞍形反曲竹弓复原图[①]

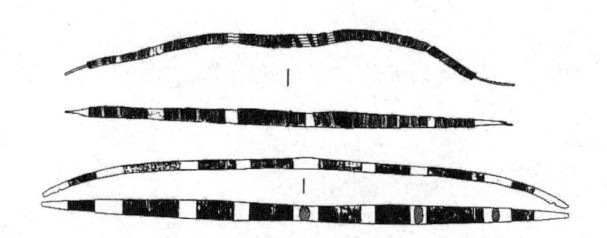

② 弣

弣是附在弓的握持段即弓把内侧的动物犄角。

《弓人》："凡为弓，……长其畏而薄其弣。"意思是说，凡制作弓，……向内弯的弓体部位要长，附在弓把内侧的动物犄角要薄。郑玄注引郑众语："谓弓人所握持者。"贾公彦疏："弣，谓人所握持，手蔽之处，宜薄为之。"戴震《考工记图》："'弣'与'柎'皆弓把。柎者，其内侧骨。"孙诒让《周礼正义》："'弣'与'柎'同处，但弣蔽柎之外，干既高，则表角不宜过厚，故欲薄。……以先郑之义推之，弣当谓弓把之角在弓里与

（清）黄以周《礼书通故》中的弓图

[①] 秦延景：《中国竹木弓历代演进》，《轻兵器》2016 年第 24 期。

干相傅者。弓栿之干本高，又有衬木及侧骨，则内已甚厚，故薄其敝角以调剂之。"

3. 弦

这里的"弦"特指弓弦，即系在弓背两端之间的弹性绳状物。

《弓人》："春被弦则一年之事。"意思是说，春季安上弓弦，就是整整一年的事情了。《说文解字·弓部》："弦，弓弦也。从弓，象丝轸之形。"

（明）宋应星《天工开物》中的试弓定力图

★ 文献链接

执弓不挟，右执弦。——《仪礼·乡射礼》

夫工人张弓也，伏檠三旬而蹈弦。——《韩非子·外储说左上》

坚箭利金，不得弦机之利，则不能远杀矣。——《战国策·齐五》

弓箭所体现的各种力的配合非常奥妙，因此我们认为它不像是偶然发明出来的。对于蒙昧人来说，要觉察到某几种树木的弹性和韧性，要了解动物的筋或植物的纤维系在弓弧上的张力，最后还要想到如何将上面这两种力和人体的膂力结合起来才能把箭发射出去，这一切都不是一望而知的事。——[美]路易斯·亨利·摩尔根《古代社会》

七、矢

矢即箭。

"矢"的甲骨文字形如表所示：

字形	文献来源	编号
↥	《甲骨文合集》	4787 宾组
↑		23053 出组

"矢"的金文字形如表所示：

字形	时期	器名	文献来源	编号
↑	西周早期	小盂鼎	《殷周金文集成》	2839
↑	西周中期	豆闭簋		4276
大	西周晚期	虢季子白盘		10173

由表可见，"矢"的甲金文字形上部象箭头，竖象箭杆，下部象栝、羽，属于象形造字。《说文解字·矢部》："矢，弓弩矢也。从入，象镝栝羽之形。古者夷牟初作矢。"《释名·释兵》："矢，指也，言其有所指向迅疾也；又谓之箭，前进也。其本曰足。矢形似木，木以下为本，本以根为足也。"

《矢人》："矢人为矢。"意思是说，矢人制作箭。

河北藁城台西 F10 文化层出土的全箭（编号 T10:0181）表明，中国羽箭在商代中期已经定型。该箭木杆铜镞，镞部双翼有铤，全长 85 厘米。伴随出土陶文标有"矢"字。

江苏镇江谏壁王家山春秋末期墓出土的铜盘

河南安阳殷墟妇好墓出土的成束铜镞

（No.36）刻纹的第一层自左向右，第一人引弓欲射，第二人持弓取箭，第三人双手持箭递给第四人，第四人持弓搭箭。

江苏镇江谏壁王家山春秋末期墓出土的铜盘刻纹里的弓箭画面

★ 文献链接

弦木为弧，剡木为矢，弧矢之利，以威天下。——《周易·系辞下》

既张我弓，既挟我矢。——《诗经·小雅·吉日》

诸侯，赐弓矢然后征。——《礼记·王制》

（一）类别

《考工记》所记载的矢有杀矢、镞矢、茀矢、田矢、兵矢等。

1. 镞矢

镞矢是近射之箭。箭镞较重，箭杆重心靠前，杀伤力大。

《矢人》："镞矢参（叁）分……一在前，二在后。"意思是说，把镞矢的长度分为三个等份，……一个等份在前，两个等份在后，前后轻重相等。

★ 文献链接

敦弓既坚，四镞既均，舍矢既均，序宾以贤。敦弓既句，既挟四镞。四镞如树，序宾以不侮。——《诗经·大雅·行苇》

杀矢、镞矢用诸近射田猎。——《周礼·夏官·司弓矢》

2. 茀矢

茀矢是弋射之箭。箭镞较轻，适于射取空中飞禽。

曾侯乙墓出土的衣箱绘有弋射图

《矢人》："茀矢参（叁）分，一在前，二在后。"意思是说，把茀矢的长度分为三个等份，……一个等份在前，两个等份在后，前后轻重相等。

河南南阳春秋晚期楚彭氏家族墓地 M1 出土的 B 型铜镞的主体呈圆柱形，顶端较粗，圆钝无锋，铤呈锥形。

山西浮山南霍墓地东周铜器墓 M13 出土的春秋晚期茀矢（M13:54，发掘简报称"圆棒槌状镞"）呈圆棒槌形，首端略粗，前粗后细，细腰，通长 8.4 厘米，铤长 3.4 厘米，器身最大直径 1.2 厘米，重 25.9 克。

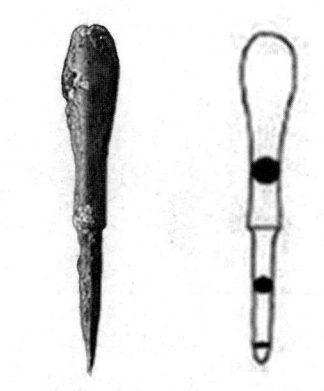

河南南阳春秋晚期楚彭氏家族墓地 M1 出土的 B 型铜镞及其线图[①]

---

① 河南省文物考古研究院等：《河南南阳春秋楚彭氏家族墓地M1、M2及陪葬坑发掘简报》，《文物》2020年第10期。

山西浮山南霍墓地东周铜器墓 M13 出土的春秋晚期茀矢

河南洛阳中州路出土的一件战国时期弋射双翼镞（编号 2719∶80），近銎口处一侧有一个用来系绳线的半环形附钮。

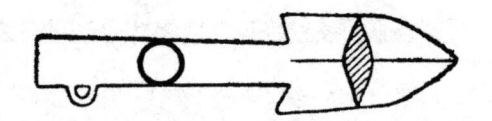

河南洛阳中州路出土的战国时期弋射双翼镞

曾侯乙墓出土的衣箱绘有弋射图 　　北京故宫博物院藏战国时期宴乐铜壶弋射图 　　河南辉县山彪镇琉璃阁出土的战国时期铜壶弋射图

四川成都百花潭出土的战国时期嵌错宴乐攻战纹铜壶弋射图 　　四川成都出土的汉代画像砖弋射图

★ 文献链接

矰矢、茀矢，用诸弋射。——《周礼·夏官·司弓矢》

射鸟氏掌射鸟。祭祀，以弓矢驱乌鸢。凡宾客、会同、军旅，亦如之。——《周礼·夏官·司弓矢》

仲尼在陈，有隼集于陈侯之庭而死，楛矢贯之，石砮，其长尺有咫。陈惠公使人以隼如仲尼之馆问之。仲尼曰："隼之来也远矣，此肃慎氏之矢也。"——《国语·鲁语下》

3. 兵矢

兵矢是用弓发射的带火之箭，包括枉矢、絜矢，箭镞重量次于镞矢、杀矢，主要用于守城、车战。

《矢人》："兵矢、田矢五分，二在前，三在后。"意思是说，把兵矢和田矢的长度为分五个等份，两个等份在前，三个等份在后，前后轻重相等。郑玄注："兵矢，谓枉矢、絜矢也。此二矢亦可以田。"

★ 文献链接

凡矢，枉矢、絜矢利火射，用诸守城、车战。——《周礼·夏官·司弓矢》

4. 田矢

田矢是用弩发射的带火之箭。箭镞重量次于镞矢、杀矢。

《矢人》："兵矢、田矢五分，二在前，三在后。"意思是说，把兵矢和田矢的长度为分五个等份，两个等份在前，三个等份在后，前后轻重相等。

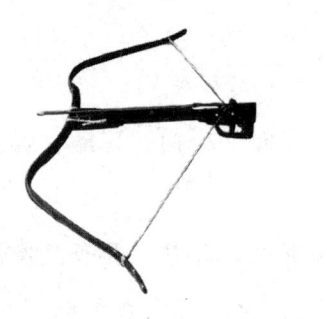

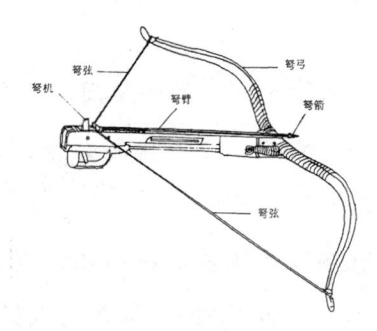

湖南长沙扫把塘出土的战国时期楚国弩复原图

中国古代连发弩箭复原图[①]

（明）宋应星《天工开物》中的连发弩图

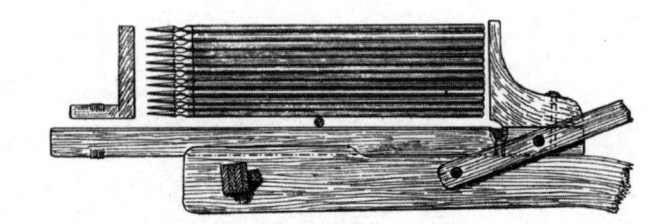

5. 杀矢

① Ralph Payne-Gallwey：*The Book of the Crossbow With an Additional Section on Catapults and Other Siege Engines* (*Dover Military History, Weapons, Armor*)，Dover Publications; Reprint edition (March 26, 2009).P242.

杀矢是近射田猎之箭。箭镞较重,箭杆重心靠前,杀伤力大,适于近射。

《冶氏》:"冶氏为杀矢。"意思是说,冶氏制作杀矢。《矢人》:"杀矢七分,三在前,四在后。"意思是说,把杀矢的长度分为七个等份,三个等份在前,四个等份在后,前后轻重相等。

考古出土实物中,最接近《考工记》所记载"杀矢"的是长铤三棱镞。

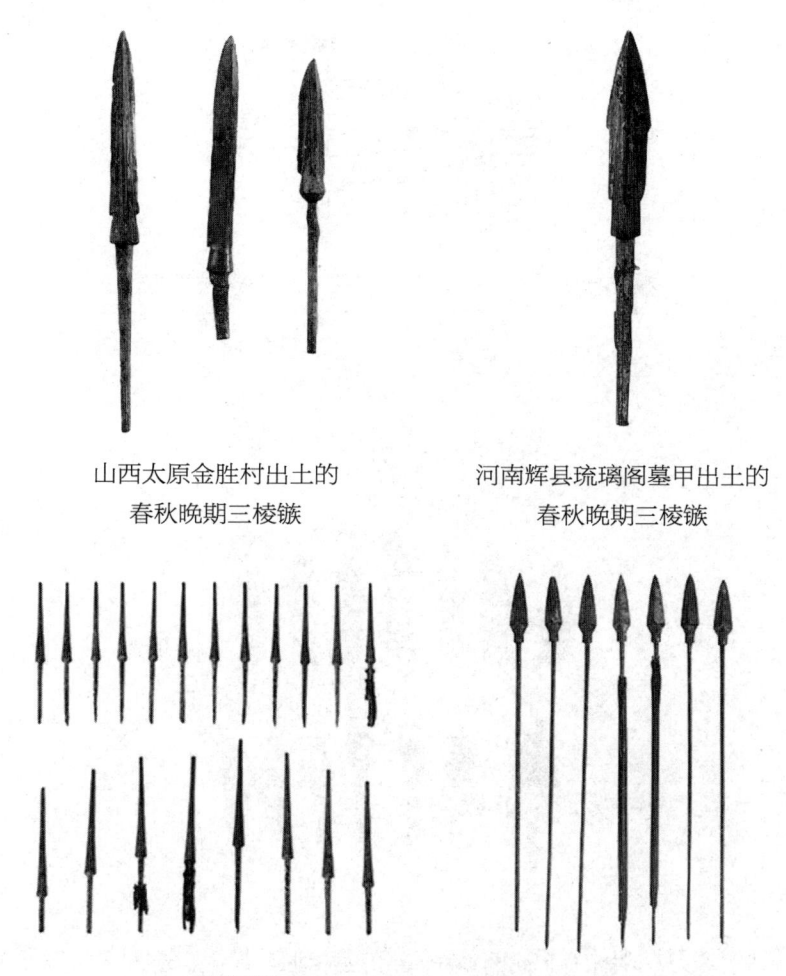

山西太原金胜村出土的
春秋晚期三棱镞

河南辉县琉璃阁墓甲出土的
春秋晚期三棱镞

湖北荆门包山 2 号墓出土的战国时期箭镞

★ **文献链接**

杀矢、镞矢用诸近射田猎。——《周礼·夏官·司弓矢》

（二）部件

箭矢由箭镞前端锋翼的锐利部位（刃）、箭镞装入箭杆的部位（铤）、箭杆（笴）、箭羽（羽）、箭杆末端扣住弓弦的部位（比）等构成。

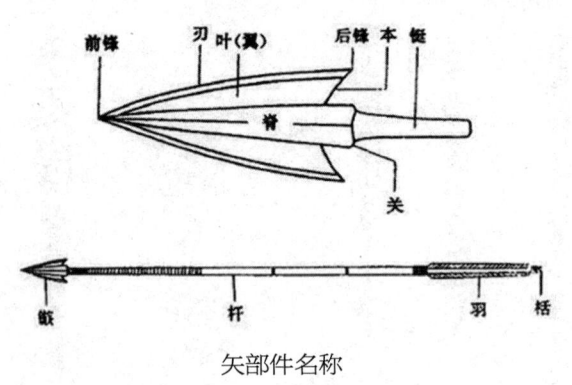

矢部件名称

1. 刃

《考工记》的"刃"特指箭镞前端锋翼的锐利部分。《矢人》："刃长寸，围寸。"意思是说，箭镞前端锋翼的锐利部位长一寸，周长一寸。

石器时代出现了石镞和骨镞。中国最早的箭镞实物是山西朔州峙峪出土的约28900多年前的石镞。

山西朔州峙峪遗址
出土的旧石器晚期石镞

内蒙古呼伦贝尔哈克遗址出土的新石器时代石镞

河南舞阳贾湖遗址出土的新石器时代骨镞

黑龙江饶河小南山遗址出土的
新石器时代石镞

浙江吴兴钱山漾
出土的良渚文化石镞

浙江宁波傅家山遗址
出土的新石器时代骨镞

河南禹州瓦店出土的新石器
晚期－中原龙山文化骨镞

夏商时代，铜镞与石镞、骨镞并用。

河南安阳洹北商城祭祀沟 C 区殉马肋骨间遗存骨镞

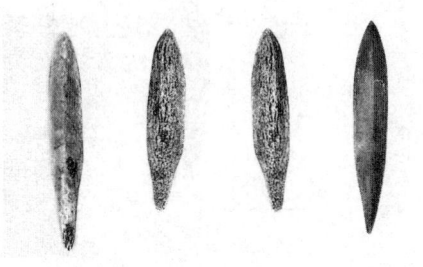

商代骨镞　　　　　河南郑州南关外出土的商代陶镞范

两周及战国时期、秦代以铜镞为主。

湖北武汉曾家墩遗址出土的西周时期青铜箭镞铸造石范

北京琉璃河遗址西周时期墓出土的铜镞（ⅠM2:25）

山西襄汾陶寺北墓地 M3011 出土的春秋时期铜镞双翼前聚成锋，后锋呈倒刺形，中部脊线分明，属双翼式。

山西襄汾陶寺北墓地出土的春秋时期铜镞（M3011:156-2）

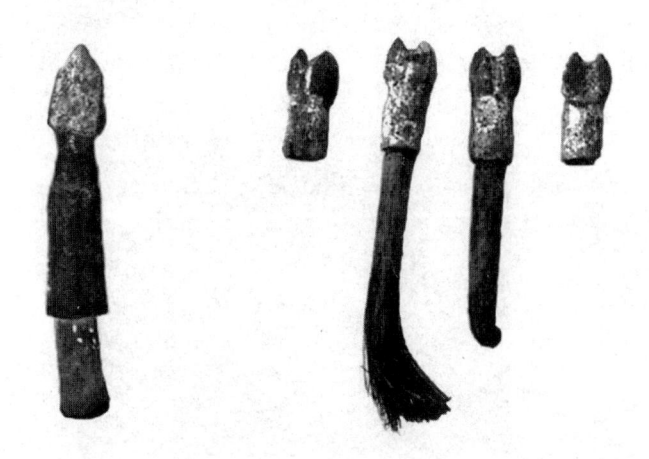

河南三门峡虢国墓地虢太子墓（M2011）出土的西周方锥锋铜镞及四叶锋铜镞

北京故宫博物院藏春秋晚期有翼矢镞 　　曾侯乙墓出土的战国早期青铜镞

甘肃张家川马家塬战国墓地 M1 出土错金银箭箙时，内存九枚铜镞。

甘肃张家川马家塬战国墓地 M1
出土的错金银箭箙

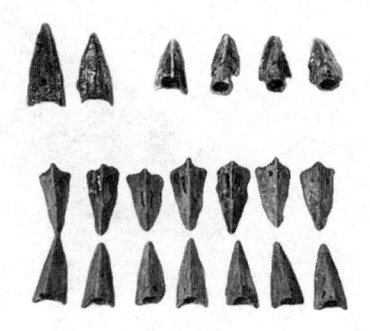

甘肃张家川马家塬战国墓地出土的
铜镞（M12、M15、M20）

山西晋城高平出土的秦军长平之战射杀赵国降俘的三棱青铜箭镞

★视频链接

《探索·发现》之《南阳黄山遗址》：彰显武力的箭镞

《探索·发现》之《宁夏姚河塬西周遗址发掘》：
骨质箭镞历时三千年尖端仍然能把人扎疼

《探索·发现》之《衢州土墩墓瑰宝探奇》：
两千多年的掩埋，也未能抹去箭刃的寒气

《探索·发现》之《寻古纪王城》：城墙中发现的箭镞诉说着战争的残酷

2. 铤

"铤"（dìng）通"茎"，指箭镞下端没入箭杆的部分，即箭头装入箭杆的部分。郑玄注《冶氏》引郑众语："铤，箭足入槀中者也。"

北京故宫博物院藏商代晚期圆柱铤铜镞 　　　河南三门峡虢国墓地虢太子墓（M2011）出土的西周圆锥锋锥铤铜镞

河南淅川下寺楚墓出土的春秋晚期圆柱铤铜镞 　　　北京故宫博物院藏战国晚期铁铤三棱镞

《矢人》："刃长寸，围寸，铤十之。"意思是说，箭镞前端锋翼的锐利部位长一寸，周长一寸；箭镞装入箭杆的部位的长度是箭镞前端锋翼的锐利部位的长度的十倍。由此推算，箭镞装入箭杆的部位的长度为：

箭镞装入箭杆的部位（铤）的长度（1尺）

= 箭镞前端锋翼的锐利部位（刃）的长度（1寸）×10

= 箭镞前端锋翼的锐利部位（刃）的周长（1寸）×10

3. 笴

笴是箭杆。

《矢人》:"凡相笴,欲生而抟,同抟欲重,同重节欲疏,同疏欲栗。"意思是说,凡选择箭杆,要挑选天然浑圆的;同样浑圆的,要挑选分量重的;同样分量重的,要挑选枝节稀疏的;同样枝节稀疏的,要挑选颜色如栗木的。郑玄注:"笴,读为槀,谓矢干。"《释名·释兵》:"其体曰干,言梃干也。"

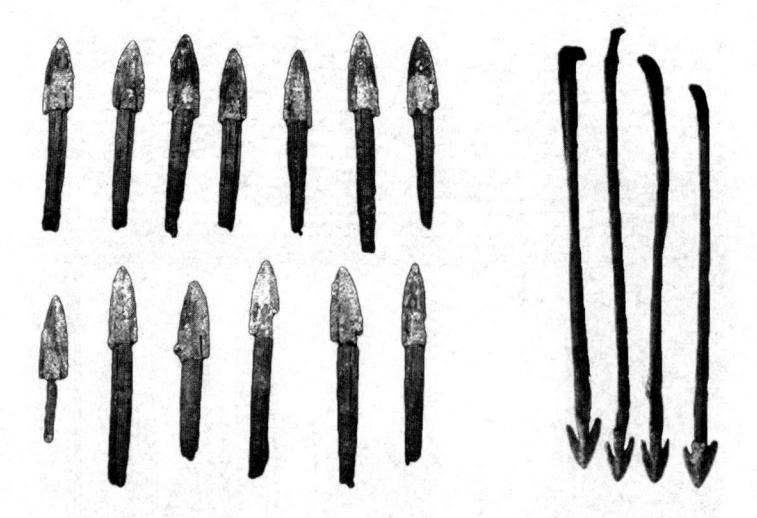

河南三门峡虢国墓地虢季墓（M2001）出土的西周残存苇秆铜镞

河南光山春秋早期黄季佗父墓出土的羽杆铜箭

安徽蚌埠双墩钟离君柏墓出土的春秋时期箭杆

河南新蔡李桥楚墓出土的战国中期残存竹竿铜镞

（清）戴震《考工记图》中的矢图

★ 文献链接

楅长如笴，博三寸，厚寸有半。——《仪礼·乡射礼》

4. 羽

《考工记》的"羽"特指箭羽。《矢人》："五分其长而羽其一，以其笴厚为之羽深。……羽丰则迟，羽杀则趮。"意思是说，把箭杆的长度分为五个等份，把其中的一个等份设置为安装箭羽的部分；把箭杆的厚度设置为安装箭羽的深度。……箭羽太丰满，箭就飞行迟缓；箭羽太稀疏，箭就飞行偏斜。《释名·释兵》："其旁曰羽，如鸟羽也。鸟须羽而飞，矢须羽而前也。"

战国时期刻纹铜鉴残片刻纹

★ 文献链接

兼取乘矢，顺羽而兴，反位，揖。——《仪礼·乡射礼》

5. 比

比即栝（guā），指箭干末端扣弦处。

《矢人》："水之以辨其阴阳，夹其阴阳以设其比，夹其比以设其羽。"意思是说，把箭杆浸入水里以辨别它的阴面和阳面，夹在阴阳分界处开口设置箭杆末端扣住弓弦的部位，夹在箭杆末端扣住弓弦的部位的两边设置箭羽。郑玄注引郑众语："比谓括也。"《释名·释兵》："其末曰栝，栝，会也，与弦会也。"

（清）黄以周《礼书通故》中的矢图

八、侯

侯是主体用布缝制而成的箭靶。

"侯"的甲骨文字形如表所示：

字形	文献来源	编号
 厌	《甲骨文合集》	3293
 育		6457 宾组
 閈		33082 历组

"侯"的金文字形如表所示：

字形	时期	器名	文献来源	编号
↑	商代晚期	子侯卣	《殷周金文集成》	4847
↑	西周早期	康侯爵		8310
↑	西周中期	己侯簋		3772
↑	西周晚期	蔡侯鼎		2441
↑	春秋早期	郜公平侯鼎		2772

由表可见，"侯"的甲金文字形皆从矢，象射靶向左或向右张布的形状，属于象形造字。

《说文解字·矢部》："春飨所射侯也。从人，从厂，象张布；矢在其下。天子射熊虎豹，服猛也；诸侯射熊豕虎；大夫射麋，麋，惑也；士射鹿豕，为田除害也。"章太炎先生《文始》卷六《侯东类·阴声侯部甲》："射侯得名因于诸侯。《六韬》说丁侯不朝，太公画丁侯射之。《史记》亦说苌弘设射狸首，狸首者，诸侯之不来者也。盖上古神怪之事，讫周未息。《记·射义》言射中者得为诸侯，《春秋国语》言：'唐叔射兕于徒林。殪，以为大甲，以封于晋。'《射义》说亦有征，此则周道尚文，因巫事而变易其义也。盖本言群后，因射群后不朝者而作侯，由是借侯为后，且以为五等之名焉。然则后孳乳为侯，春飨所射侯也，从人，其制上广下陕，取象于人，张臂八尺，张足六尺。古文作𦉢者，盖初作𦉢，后省作𦉢，讳射人也。"①陆颖明（宗达）先生亦谓："射侯本是在神权统治下的诅咒仪式，恐怕起源于氏族社会，是用以诅咒叛变的部落首领的。进入阶级社会后，遗风未泯。《左传》就屡次记载盟主召集诸侯的盟会，有誓词，有诅咒。"②

---

① 章太炎：《文始》，载《章太炎全集》，上海人民出版社，2014，第360页。
② 陆宗达：《说文解字通论》，中华书局，2015，第177页。

《梓人》："梓人为侯。"意思是说，梓人制作箭靶。

《钦定书经图说》中的射侯示罚图

江苏镇江谏壁王家山春秋末期墓出土的铜盘（No.36）刻纹的第一层自左向右，第三人与第四人之间设有一圆形箭靶，上附六枝箭。

江苏镇江谏壁王家山春秋末期墓出土的铜盘刻纹里的箭靶画面

同墓出土的铜鉴（采 No.52）较大残片刻纹的第二层宴乐和射侯图里的高台右侧，弯曲小河的右岸，设有一圆形箭靶，上附四枝箭。

江苏镇江谏壁王家山春秋末期墓出土的
铜鉴刻纹里的箭靶画面

河南洛阳战国铜匜刻纹　　河南辉县赵固出土的战国铜鉴刻纹

★文献链接

王以六耦射三侯，三获三容，乐以《驺虞》，九节五正。诸侯以四耦射二侯，二获二容，乐以《狸首》，七节三正。孤卿大夫以三耦射一侯，一获一容，乐以《采苹》，五节二正。士以三耦射豻侯，一获一容，乐以《采蘩》，五节二正。若王大射，则以狸步张三侯。王射，则令去侯，立于后，以矢行告。——《周礼·夏官·射人》

司马命获者执旌以负侯，获者适侯，执旌负侯而俟。——《仪礼·乡射礼》

大侯既抗，弓矢斯张。——《诗经·小雅·宾之初筵》

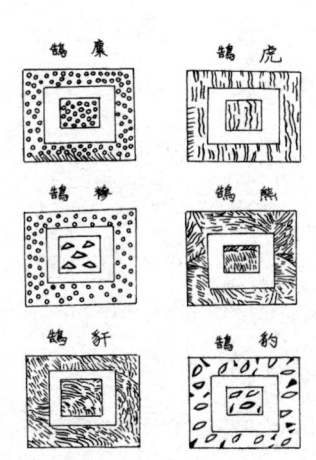

鹄麋	鹄虎
鹄糁	鹄熊
鹄豻	鹄豹

（清）黄以周《礼书通故》
中的大射侯鹄图

（一）类别

1. 皮侯

皮侯是靶心及靶侧缀饰虎、豹、熊、鹿等动物皮毛的箭靶。

《梓人》："张皮侯而栖鹄，则春以功。"意思是说，张设在靶心和靶侧缀饰有虎、豹、熊、鹿等动物皮毛的箭靶，春季组织诸侯群臣举办射箭武功比赛。贾公彦疏："天子三侯，用虎、熊、豹皮饰侯之侧，号曰皮侯。"孙诒让《周礼正义》："是侯侧之饰及鹄，并以皮为之，故专得皮侯之名也。"

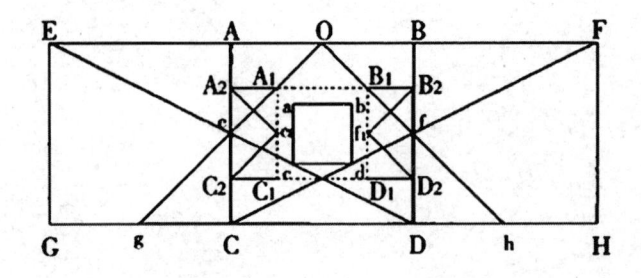

刘道广推算，皮侯缀饰动物皮毛的位置是a、b、c、d之中以及A_2、B_2、C_2、D_2的边缘。[①]

★ 文献链接

王大射，则共虎侯、熊侯、豹侯，设其鹄；诸侯则共熊侯、豹侯；卿大夫则共麋侯。皆设其鹄。——《周礼·天官·司裘》

2. 五采之侯

五采之侯是用朱、白、苍、黄、黑五种颜色绘饰而成的箭靶（参阅图版47）。

《梓人》："张五采之侯，则远国属。"意思是说，张设用朱、白、苍、黄、黑五种颜色绘饰而成的箭靶，天子与远方来朝的诸侯举行宾射礼仪。郑玄注："五采之侯，谓以五采画正之侯也。……五采者，内朱，白次之，苍次之，黄次之，黑次之。其侯之饰，又以五采画云气焉。"

---

① 详见刘道广：《"侯"形制考》，《考古与文物》2009年第3期。

（清）黄以周《礼书通故》中的五采之侯图

3. 兽侯

兽侯是绘有虎、豹、熊、麋、鹿、豕等动物图案并缀饰以相应皮毛的箭靶。

《梓人》："张兽侯，则王以息燕。"意思是说，张设绘有虎、豹、熊、麋、鹿、豕等动物图案并缀饰相应皮毛的箭靶，天子与诸侯群臣举行宴饮射礼。孙诒让《周礼正义》："兽侯实兼取兽皮及画兽为名也。"

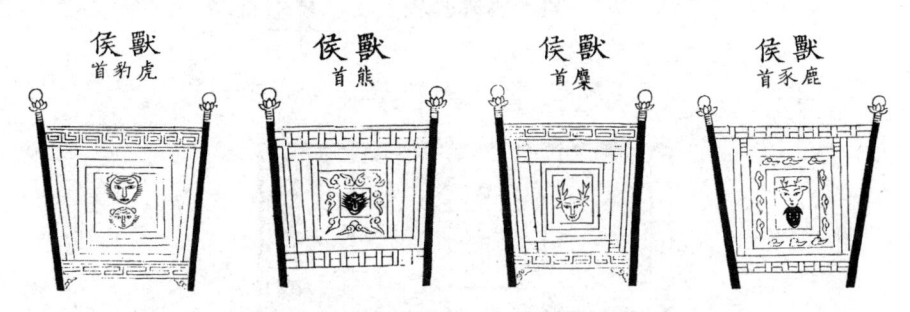

（宋）聂崇义《新定三礼图》中的兽侯形制图

（清）黄以周《礼书通故》中的兽侯形制图（自左至右：虎豹兽、熊首、麋首、鹿豕首）

★ 文献链接

凡侯，天子熊侯，白质；诸侯麋侯，赤质；大夫布侯，画以虎豹；士布侯，画以

鹿豕。——《仪礼·乡射礼》

（二）部件

箭靶（侯）由在箭靶的上方和下方起维持和固定作用的靶身（身₂[躬]）、靶心（鹄）、在靶身（身₂）的上方和下方的两侧起维持和固定作用的布幅（个[舌]）、把箭靶系在木柱上的粗绳（纲）、穿持箭靶粗绳的纽襻（緆）等部件构成。侯的形制，《周礼·天官·司裘》《周礼·夏官·射人》也有记载。

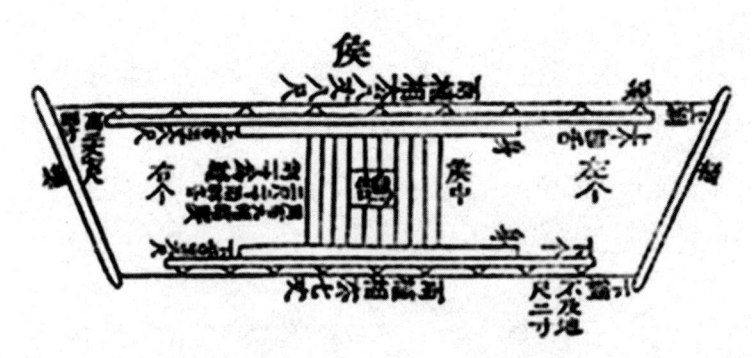

（清）戴震《考工记图》中的侯形制图

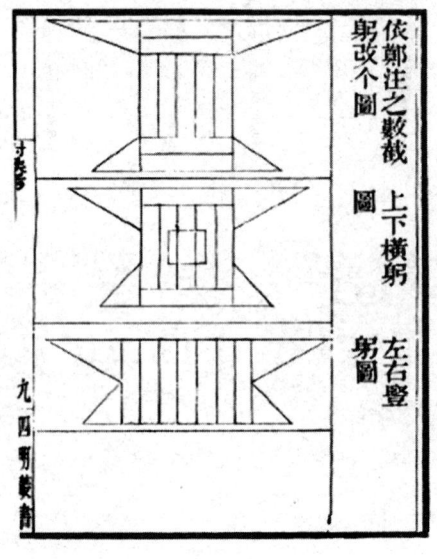

（清）胡龠《射侯考》中的侯形制图

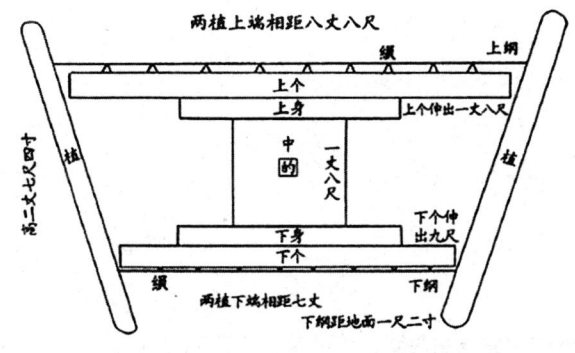

卷四　兵器　275

吕友仁绘侯形制图①

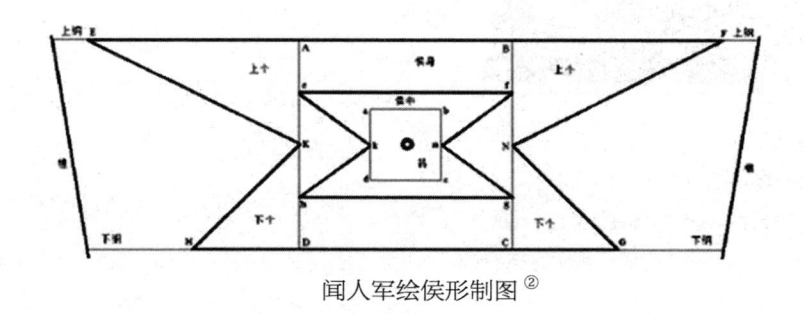

闻人军绘侯形制图②

侯各部件的形制，须结合考古出土文物和传世文献，综合还原。

1. 身$_2$

这里的"身$_2$"指在侯中上下方起维持、固定作用的布幅，也称"躬"。

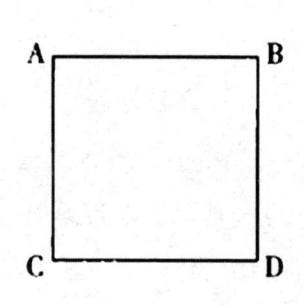

《梓人》："梓人为侯，广与崇方，参（叁）分其广而鹄居一焉。上两个，与其身三，下两个半之。"意思是说，梓人制作箭靶。……如果把靶身的长度设置为一个等份，那么在靶身的上方起维持、固定作用的布幅的长度就是两个等份，与靶身的长度相合而为三个等份；在靶身的下方起维持、固定作用的布幅的长度是在靶身的上方起维持、固定作用的布幅的长度的一半。郑玄注："身，躬也。《乡射礼记》

---

① 吕友仁：《周礼译注》，中州古籍出版社，2004，第612页。
② 闻人军：《周代射侯形制新考》，《咸阳师范学院学报》2021年第2期。

曰：'倍中以为躬，倍躬以为左右舌，下舌半上舌。'"

刘道广推算，侯身是边长为 18 尺的正方形。①

2. 鹄

鹄指靶心。

《梓人》："梓人为侯，广与崇方，参（叁）分其广而鹄居一焉。"意思是说，梓人制作箭靶，宽度与高度相等，把其宽度分为三个等份，靶心的宽度占三分之一。郑玄注《梓人》："鹄，所射也。"贾公彦疏："名此为鹄者，缀于中央，似鸟之栖，故云'而栖鹄'也。"

上海博物馆藏战国中期铜椭杯局部图案上有绘曲线纹的长方形箭靶，一箭射中靶心，一箭稍偏；故宫博物院藏燕射画像壶面左面置箭靶，箭靶面双层，由框架连接，上中三箭，两箭穿透前层，一箭正中靶心。

春秋、战国时期铜器纹饰局部展开图案
（1.上海博物馆藏战国中期铜椭杯；
2.湖南长沙黄泥坑 5 号楚墓出土的铜匜；
3.北京故宫博物院藏战国时期宴乐渔猎攻战纹铜壶）

刘道广推算，侯鹄是侯身的三分之一，即边长为 6 尺的正方形。②

★ 文献链接

故曰："为人父者，以为父鹄；为人子者，以为子鹄；为人君者，以为君鹄；为人臣者，以为臣鹄。"故射者各射己之鹄。——《礼记·射义》

3. 个（舌）

个（gàn）指在身的上下方起维持、固定作用之布幅，也称"舌"。

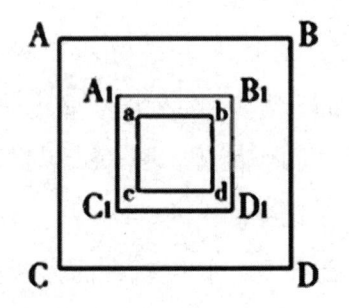

①② 刘道广：《"侯"形制考》，《考古与文物》2009 年第 3 期。

《梓人》："梓人为侯，……上两个，与其身三，下两个半之。"意思是说，梓人制作箭靶。……如果把靶身的长度设置为一个等份，那么在靶身上方的两侧起维持、固定作用的布幅的长度就是两个等份，与靶身的长度相合而为三个等份；在靶身下方的两侧起维持、固定作用的布幅的长度是在靶身上方的两侧起维持、固定作用的布幅的长度的一半。郑玄注："个或谓之舌者，取其出而左右也。"并引郑众语："舌，维持侯者。"

个由在靶身（身$_2$）上方的两侧起维持、固定作用的布幅（上两个）和在靶身（身$_2$）下方的两侧起维持、固定作用的布幅（下两个）这两个部件构成。

刘道广推算，下图中，上左个E至侯右下角D相交于AC中点e，同理，上右个F相交于BD中点f；Cg、Dh是上两个AE、BF的一半，即Cg、Dh，且其力点也在侯的一半；侯身AB的中点是O，CG的中点g从g引到力点O，同时也相交于AC中点e；同理，Oh也相交于BD中点f，与出土文物的侯形相符。①

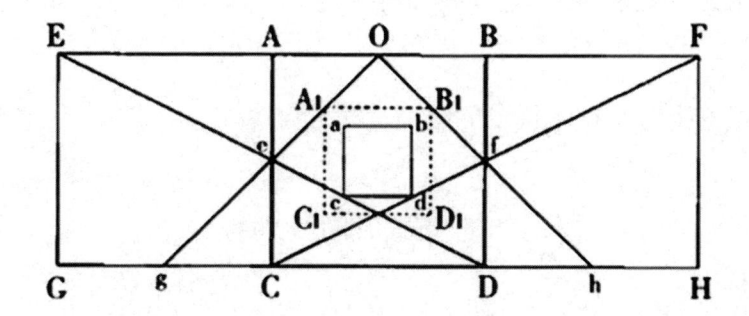

★ **文献链接**

司射犹袒决遂，左执弓，右执一个，兼诸弦，面镞。——《仪礼·乡射礼》

倍中以为躬，倍躬以为左右舌。下舌半上舌。——《仪礼·乡射礼》

（1）上两个

上两个是在靶身（身$_2$）上方的两侧起维持、固定作用的布幅，即AEe、BFf。

---

① 刘道广：《"侯"形制考》，《考古与文物》2009年第3期。

★ 文献链接

乡侯，上个五寻，中十尺。——《仪礼·乡射礼》

（2）下两个

下两个是在靶身（身$_2$）下方的两侧起维持、固定作用的布幅，即 Cge、Dhf。

郑玄注《梓人》引郑众语："两个，谓布可以维持侯者也。"

4. 纲

纲是把侯系在木柱上的粗绳，由上纲、下纲两个部分构成。

《梓人》："梓人为侯，……上纲与下纲出舌寻，緽寸焉。"意思是说，梓人制作箭靶，……把箭靶的上方系在木柱上的粗绳与把箭靶的下方系在木柱上的粗绳各比在靶身（身$_2$）的上方和下方的两侧起维持、固定作用的布幅长出一寻（即八尺）。郑玄注引郑众语："纲，连侯绳也。"

★ 文献链接

司马正命退楅、解纲。——《仪礼·大射》

（1）上纲

上纲是把侯的上方系在木柱上的粗绳，即 E 至 F。

（2）下纲

下纲是把侯的下方系在木柱上的粗绳，即 G 至 H。

★ 文献链接

乃张侯，下纲不及地武。不系左下纲，中掩束之。——《仪礼·乡射礼》

5. 緽

緽（yún）是穿持纲绳的纽襻，位置分别在 A、B、C、D、E、F、G、H。

《梓人》："梓人为侯，……緽寸焉。"意思是说，梓人制作箭靶，……穿持箭靶粗绳的纽襻长一寸。郑玄注引郑众语："笼纲者。"《说文解字·糸部》："緽，持纲纽也。"段玉裁注："纽者，结而可解也。大曰系，小曰纽。纲之系网也，必以小绳贯大绳而结于网，是曰緽。"

各等级侯的部位及长度比例[①]

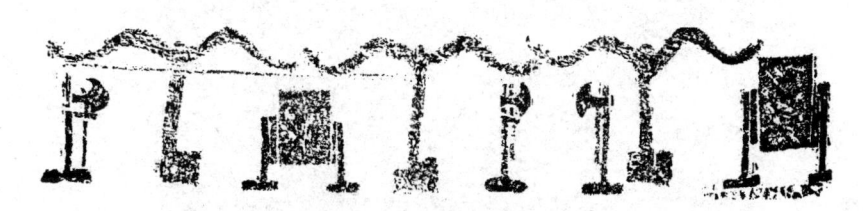

部位及长度 等级	身	上个	下个	上两个	下两个
九节之侯	36 尺	72 尺	54 尺	各出 18 尺	各出 9 尺
七节之侯	28 尺	56 尺	42 尺	各出 14 尺	各出 7 尺
五节之侯	20 尺	40 尺	30 尺	各出 10 尺	各出 5 尺

河南南阳英庄汉画像石侯

九、甲

这里的"甲"指皮甲，皮革所制披挂作战的护身衣（参阅图版 48）。

"甲"的甲骨文字形如表所示：

字形	文献来源	编号
田	《小屯·殷虚文字甲编》	632

"甲"的金文字形如表所示：

字形	时期	器名	文献来源	编号
田	西周早期	甲作宝方鼎	《殷周金文集成》	1949
田	西周晚期	兮甲盘		10174

[①] 详见吕友仁：《周礼译注》，中州古籍出版社，2004，第 612 页。

由表可见，"甲"的甲金文字形象铠甲札片相连之形，属于象形造字。《函人》："函人为甲。"意思是说，函人制作皮甲。

河南安阳殷墟西北冈 M1004 号大墓曾发现彩绘皮质护甲残迹。

河南安阳殷墟西北冈 M1004 号大墓发现的彩绘皮质护甲残迹

河南三门峡西周虢季墓出土的皮甲碎片，遗存细密而整齐的缝补针脚，有的绘有红色，殆为髹丹漆皮甲的残存部分。

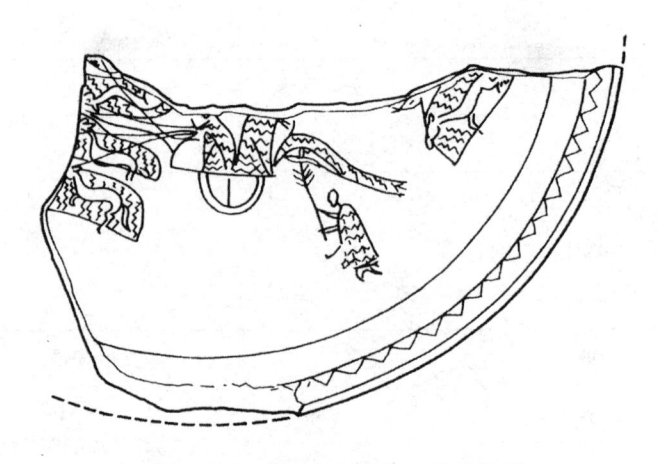

山西侯马铸铜遗址出土的陶豆残片线图

甘肃甘谷毛家坪春秋中晚期车马坑 2 号车服马身甲

河南南阳春秋晚期楚彭氏家族墓地 M1 出土的一组 730 片皮甲片，有长方形、正方形、菱形、梯形、三角形、弧形等形状，边缘有圆形穿孔；多数髹漆并彩绘有各种图案，部分还贴有金箔。标本 M1:P177 呈梯形，四角各有一个圆形穿孔，一侧短边的中部有两个穿孔。

河南南阳春秋晚期楚彭氏家族墓地 M1 出土的皮甲片

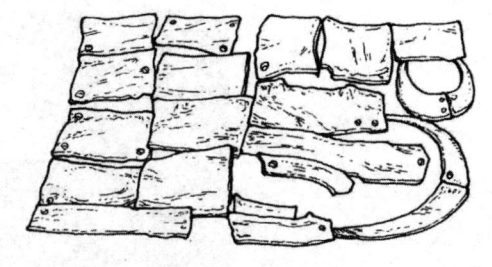

湖南长沙浏城桥1号楚墓出土一领凌乱的皮甲，甲片呈深褐色，有长方形、璜形、角形、枕形等多种式样。

湖北随州擂鼓墩战国早期曾侯乙墓出土的一批皮甲，均由各式甲片编缀而成，外表髹漆，漆膜厚薄不一，除少数甲片髹红漆外，多数髹黑漆。甲片的皮胎均已腐烂无存，仅剩漆壳遗存，但有的漆膜内面还遗留着皮胎的痕迹，毛面一侧的痕迹较光滑，有的毛孔还清晰可见，肉面一侧则呈网状纤维。[2]

湖南长沙浏城桥1号楚墓出土的皮甲线图[1]

曾侯乙墓第一组皮甲胄上层全貌

曾侯乙墓第二组皮甲胄上层全貌

湖南长沙左家公山战国时期墓出土的皮甲线图

安徽六安战国时期墓出土的皮甲

---

[1][3] 刘永华：《中国古代军戎服饰》（图文修订本），清华大学出版社，2013。
[2] 详见湖北省博物馆、随县博物馆、中国社会科学院考古研究所：《湖北随县擂鼓墩一号墓皮甲胄的清理和复原》，《考古》1979年第6期。

★文献链接

王于兴师，修我甲兵，与子偕行。——《诗经·秦风·无衣》

献甲者执胄。——《礼记·曲礼上》

蛟革犀兕，以为甲胄。——《淮南子·兵略训》

（一）类别

1. 犀甲

犀甲是用犀牛皮制作的作战卫体衣，每块皮甲用七针缝成，线脚较短。

《函人》："犀甲七属……犀甲寿百年。"意思是说，犀牛皮制作的作战卫体衣的每块皮甲七针缝成。……犀牛皮制作的作战卫体衣的使用寿命可达百年。《说文解字》："犀，徼外牛，一角在鼻，一角在顶，似豕。"

★文献链接

水犀之甲。——《国语·越语》

齐桓公将欲征伐，甲兵不足，令有重罪者出犀甲一戟，有轻罪者赎以金分，讼而不胜者出一束箭，百姓皆说。——《淮南子·泛论训》

2. 兕甲

兕是传说中一种青黑色的独角犀牛。

"兕"的甲骨文字形如表所示：

字形	文献来源	编号
![字形1]	《甲骨文合集》	10398 宾组
![字形2]		28403
![字形3]		28411 无名组

由表可见，"兕"的甲骨文字形象独角犀牛，属于象形造字。

《函人》："兕甲六属……兕甲寿二百年。"意思是说，由兕牛皮制作的作战卫体衣的每块皮甲用六针缝成。……兕牛皮制作的作战卫体衣的使用寿命可达二百年。

（晋）郭璞《尔雅音图》中的兕图　　（清）徐鼎《毛诗名物图说》中的兕图

兕甲是用兕牛皮制作的作战卫体衣，每块皮甲用六针缝成，线脚适中。

★ 文献链接

虎兕出于柙，龟玉毁于椟中，是谁之过与？——《论语·季氏》

兕西北有犀牛，其状如牛而黑。——《山海经·海内南经》

假之筋角之力，弓弩之势，则贯兕甲而径于革盾矣。——《淮南子·兵略训》

3. 合甲

合甲是犀牛皮和兕牛皮贴合所制的作战卫体衣，每块皮甲用五针缝成，线脚较长。《函人》："合甲五属……合甲寿三百年。"意思是说，由犀牛皮和兕牛皮双层皮革叠合制成的作战卫体衣的每块皮甲用五针缝成。……由犀牛皮和兕牛皮双层皮革叠合制成的作战卫体衣的使用寿命可达三百年。郑玄注引郑众语："合甲，削革里肉，但取其表，合以为甲。"江永《周礼疑义举要》："犀甲、兕甲皆单而不合，合甲则一甲有两甲之力，费多工多而价重。"

湖北江陵天星观战国时期1号楚墓出土的甲，内为木胎，外贴皮革。

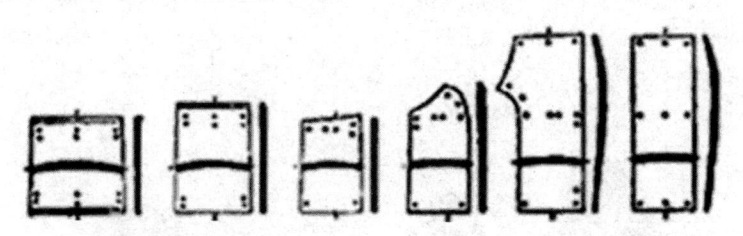

湖北江陵天星观战国时期1号楚墓出土的合甲形制图

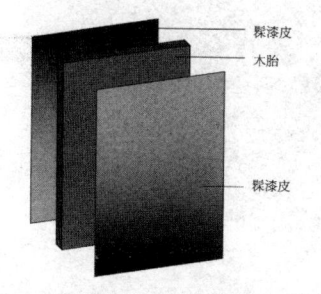

湖北江陵天星观战国时期1号楚墓出土的合甲层次[①]

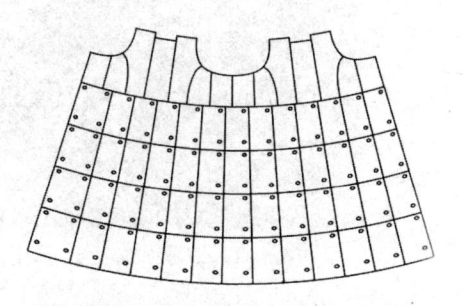

湖北江陵天星观战国时期1号楚墓出土的合甲复原形制图[②]

---

①② 陈大威：《画说中国历代甲胄》，化学工业出版社，2018。

湖北江陵藤店战国时期1号楚墓出土的皮甲，由两层皮革合成，上有缀联用的穿孔，在少数甲片的孔中还残留着串联用的小皮条，宽2毫米至5毫米。

湖北枣阳九连墩战国中晚期1号楚墓中，所有甲片的皮革均已腐烂，仅余漆片，其选材的动物种属难以确定。从现有漆片内空的厚度看，有一部分甲片由双层皮革叠合制成。

湖北江陵藤店战国时期1号楚墓出土的合甲

湖北枣阳九连墩1号墓出土的F型大片人甲裙甲（M1:349）

湖北枣阳九连墩1号墓出土的G型大片人甲甲片叠放情况（M1:401）

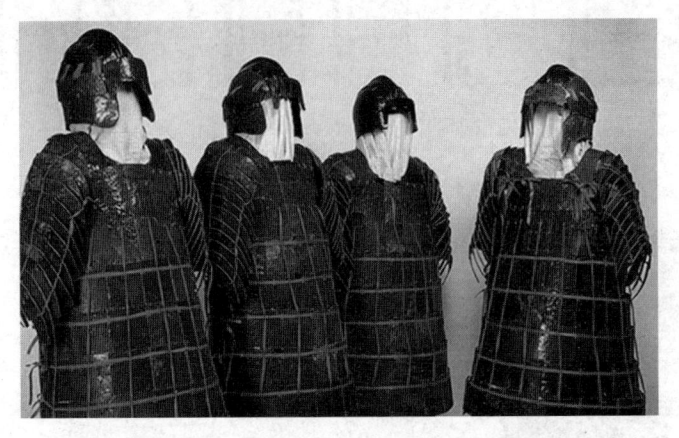

湖北枣阳九连墩1号墓出土的皮甲胄复原模型

湖南长沙侯家塘一座西汉墓出土的皮甲残片，分长方形、方圆形和椭圆形等几种形式，均为用薄革两相夹合的合甲，外表髹漆，制工精致。

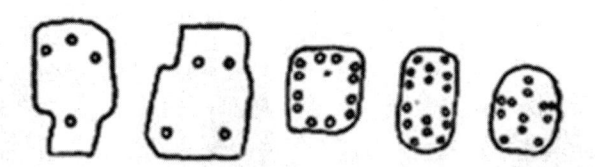

湖南长沙侯家塘西汉墓出土的合甲形制图

★ 文献链接

楚人鲛革犀兕以为甲，鞈坚如金石。——《荀子·议兵》

（二）部位

"旅"通"膂"，本谓脊骨，引申指腰部。旅札的上下长度与左右周长相等。

《函人》："权其上旅与其下旅，而重若一，以其长为之围。"意思是说，称量皮甲作战卫体衣的上衣和下裳，其重量要一样；把皮甲作战卫体上衣的长度设置为腰围。

1. 上旅

上旅指甲的上衣，用以掩护躯干上部，与甲的下裳比重相近。

郑玄注《函人》引郑众语："上旅谓要以上。"

曾侯乙墓出土的Ⅲ号甲的上旅由胸甲、背甲、肩片、肋片、大领等三十三片甲片组成，Ⅶ号甲的上旅包括八版胸甲，十片背甲。

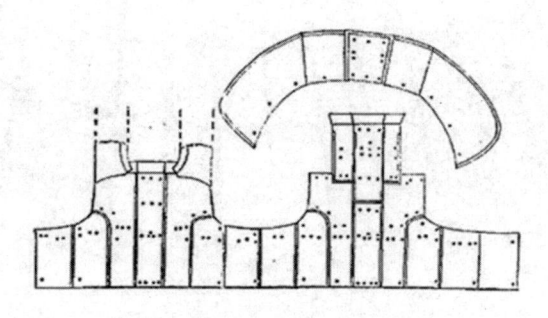

曾侯乙墓Ⅶ号甲上旅展开图[1]

---

[1] 湖北省博物馆、随县博物馆、中国社会科学院考古研究所：《湖北随县擂鼓墩一号墓皮甲胄的清理和复原》，《考古》1979年第6期。

2. 下旅

曾侯乙墓出土的皮甲胄复原模型

下旅指甲的下裳，用以掩护躯干下部及大腿上部，与甲的上衣比重相近。

郑玄注《函人》引郑众语："下旅谓要以下。"

曾侯乙墓出土的Ⅲ号甲和Ⅶ号甲的甲裙均由四排甲片组成，每排各十四片，共五十六片。

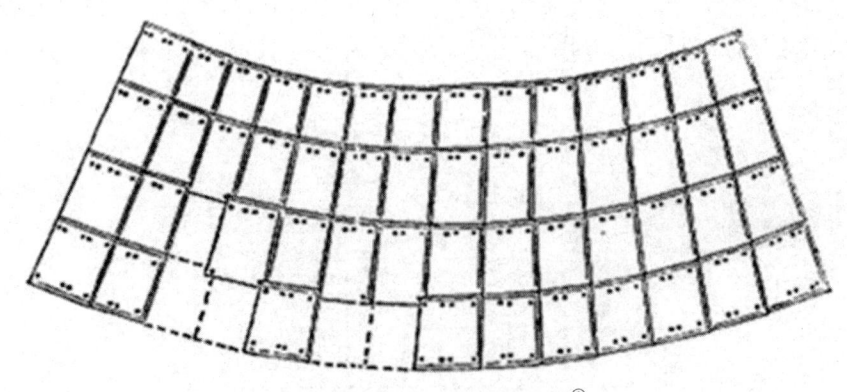

曾侯乙墓Ⅶ号甲下旅展开图[1]

---

[1] 湖北省博物馆、随县博物馆、中国社会科学院考古研究所：《湖北随县擂鼓墩一号墓皮甲胄的清理和复原》，《考古》1979年第6期。

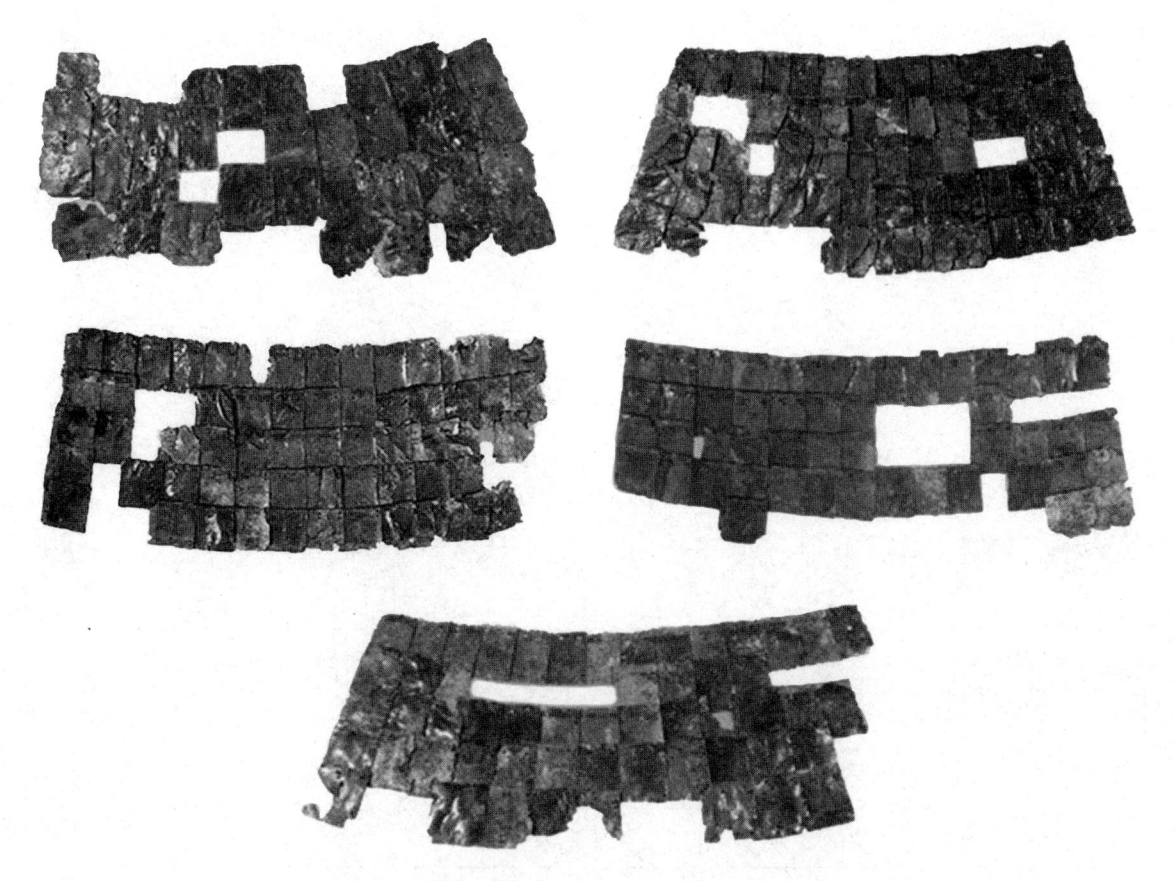

湖北枣阳九连墩战国时期 1 号墓出土的甲裙

卷五　容器

一、甗

甗是蒸食器皿（亦可兼作礼器），由上部的甑和下部的鬲（或鼎或釜）组成。"甗"的金文字形如表所示：

字形	时期	器名	文献来源	编号
	商代晚期	甗征觚	《殷周金文集成》	7019
	西周早期	见作甗		818
	春秋早期	王孙寿甗		946

由表可见，"甗"的金文字形上象甑，下象鬲，属于象形造字。最初的甗是泥土烧制的陶器，所以小篆及其后文字的部首从瓦，即使是表示相同形制和用途的青铜器，部首也仍然约定俗成从瓦而不从金。狭义的"甗"特指一个大孔而无底的甑。《说文解字·瓦部》："甗，甑也，一穿。""甗"字或从鬲作"鬳"。《说文解字·鬲部》："鬳，鬲属。"

《陶人》："陶人为甗，实二鬴，厚半寸，唇寸。"意思是说，陶人制作一个大孔而无底的甑，容积为二鬴，壁的厚度为半寸，唇沿的厚度为一寸。戴震《考工记图》："甗上体如甑，无底，施箅其中，容十二斗八升；下体如鬲，以承水，升气于上。古铜甗有存者，大势类此。"

甗始于新石器时代晚期，早期为陶制；商代早期出现青铜甗，商周时期是高中级贵族的用器。

流落海外的商代二里岗
时期鬲（玫茵堂藏）

北京平谷刘家河出土的
商代中期弦纹鬲

北京故宫博物院藏
商代晚期孚父癸鬲

山西翼城大河口1号墓
出土的西周霸国鬲

湖北随州叶家山西周墓地M2
出土的曾侯谏作媿连体鬲

山东曲阜孔府藏周代饕餮鬲

北京故宫博物院藏
春秋早期四蛇饰鬲

陕西韩城梁带芮国墓地
M28出土的春秋早期方鬲

北京故宫博物院藏
春秋晚期环带纹鬲

《陶人》所载甗（甑）与盆、鬲、升之间的容积比例关系为：

$$甗（甑）＝盆＝鬲×2＝128升$$

★ 文献链接

廪人摡甑、甗、匕与敦于廪爨。——《仪礼·少牢馈食礼》

（一）甑

甑是甗的上部，敞口，圆腹，通过镂空的箅与下部的鬲相连，用以蒸食物。

《陶人》："甑，实二鬲，厚半寸，唇寸，七穿。"意思是说，甑的容积为二鬲，壁的厚度为半寸，唇沿的厚度为一寸，底部有七个小孔。《说文解字·瓦部》："甑，甗也。"

浙江余姚河姆渡遗址出土的陶甑

浙江杭州余杭良渚古城姜家山墓地
出土的陶甑

河南洛阳西干沟遗址出土的
新石器时代龙山文化陶甑

河南偃师二里头出土的
夏代二里头文化陶甑

甘肃张家川马家塬战国时期 M18 墓地出土的铜甗，甑部为侈口，窄平沿，斜弧腹，高圈足；M19 墓地出土的铜甗，甑部为直口，尖唇，窄平沿，斜弧腹，圈足略外撇，足底为窄平沿。

甘肃张家川马家塬战国墓地出土的铜甗甑部
（左为 M18MS:1-1、右为 M19MS:1）

★ 文献链接

许子以釜甑爨，以铁耕乎？——《孟子·滕文公上》

孔子穷乎陈、蔡之间，藜羹不斟，七日不尝粒，昼寝。颜回索米，得而爨之，几熟，孔子望见颜回攫其甑中而食之。选间，食熟，谒孔子而进食。孔子佯为不见之。孔子起曰："今者梦见先君，食洁而后馈。"颜回对曰："不可。向者煤炱入甑中，弃食不祥，回攫而饭之。"孔子叹曰："所信者目也，而目犹不可信；所恃者心也，而心犹不足恃。弟子记之，知人固不易矣。"——《吕氏春秋·审分览·任数》

朝甑米空烹芋粥，夜缸油尽点松明。——（宋）陆游《杂题六首》

部位：穿

甑底箅部的小孔。

《陶人》："甑，……七穿。"意思是说，甑的底部有七个小孔。

考古出土的甑底箅部的小孔多寡不一。

浙江余姚河姆渡遗址出土的陶甑 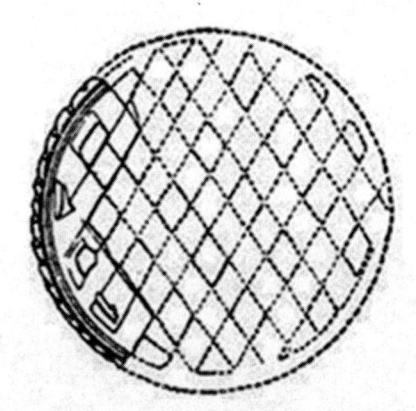　　　河南临汝煤山遗址出土的新石器时代
龙山文化晚期陶甑箅部轮廓[1]

　　河南驻马店杨庄遗址出土的二里头文化陶甑的底部有一个圆形大箅孔，周围四个箅孔略呈等腰三角形。

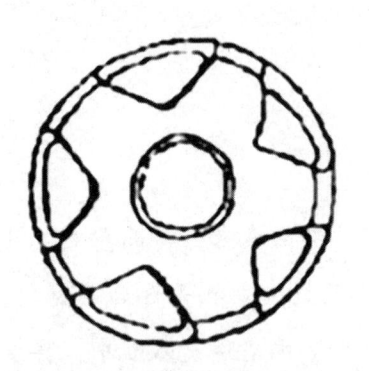

河南驻马店杨庄遗址出土的　　河南安阳殷墟妇好墓　　陕西宝鸡石鼓山商周墓地
二里头文化陶甑箅部轮廓[2]　　出土的商代青铜甑　　　M4 出土的铜甗拓片[3]

---

[1] 中国社会科学院考古研究所河南二队：《河南临汝煤山遗址发掘报告》，《考古学报》1982 年第 4 期。
[2] 《河南驻马店市杨庄遗址发掘简报》，《考古》1995 年第 10 期。
[3] 陕西省考古研究院：《陕西宝鸡石鼓山商周墓地 M4 发掘简报》，《文物》2016 年第 1 期。

陕西岐山王家嘴周原遗址出
土的西周铜甗之甑箅部

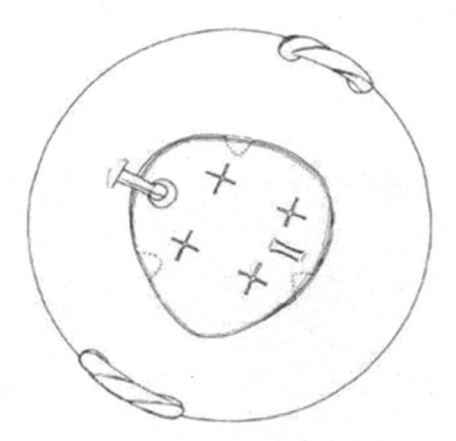

陕西扶风周原遗址李家西周时期墓出
土的铜甗之甑箅部线图

湖北随州叶家山西周时期墓地 M2 出土的甗的甑与鬲连体，甑腹较深，壁斜直至下腹内收，下腹微垂，束腰。甑底内有桃形箅部，可上下活动；箅部圆端有半环状提纽，尖圆端有一圆孔内穿有半环形纽形活页，半环纽铸固于甑与鬲的腹内壁，箅部有"十"字形镂孔。

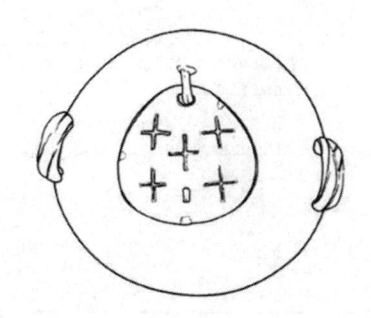

湖北随州叶家山西周墓地 M2 出土的
曾侯谏作媿连体甗之甑箅部线图[①]

湖北随州叶家山西周墓地
M107 铜甗之甑箅部

山西垣曲北白鹅墓地 M3 出土的
春秋早期铜甗之甑箅部

---

① 详见湖北省文物考古研究所、随州市博物馆：《湖北随州叶家山西周墓地发掘简报》，《文物》2011 年第 11 期。

陕西商洛东龙山遗址出土的夏代陶甗的箅部、上海博物馆藏西周早期母癸甗的甗的箅部均有七个小孔，与《陶人》记载相合。这或许是一种巧合。

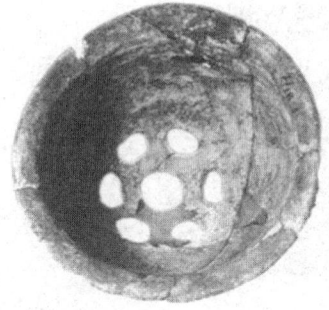

陕西商洛东龙山遗址出土的夏代陶甗

上海博物馆藏西周早期母癸甗之甗箅部

（二）鬲₂

这里的"鬲₂"指甗的下部，敞口，多为三足，可用以煮水、熬粥，兼用以盛放肉食。"鬲"的甲骨文字形如表所示：

字形	文献来源	编号
鬲	《甲骨文合集》	18631 宾组
鬲		31030 无名组

"鬲"的金文字形如表所示：

字形	时期	器名	文献来源	编号
鬲	西周早期	大盂鼎	《殷周金文集成》	2837
鬲	西周晚期	鬲叔兴父盨		44
鬲	西周晚期	召仲鬲		672

由表可见，"鬲"的甲金文字形象鬲，属于象形造字。《说文解字·鬲部》："鬲，鼎属，实五觳，斗二升曰觳，象腹交文，三足。"《尔雅·释器》："鼎，款足者谓之鬲。"陆宗达先生认为："鼎为共名，而专以款足者叫鬲。然而鬲是陶器，也可能最初是以鬲作为此类器物的大名。到了殷商时代，陶器已发展为釉陶，而许多过去用陶制的日用器皿，贵族们则多以青铜为之了。"[①]

河南三门峡三里桥遗址出土的
新石器时代龙山文化陶鬲

内蒙古敖汉旗大甸子出土的
夏代夏家店下层文化彩绘陶鬲

流落法国的商代二里岗时期鬲
（玫茵堂藏）

流落美国的商代兽面纹深腹袋形分档
青铜鬲（旧金山亚洲艺术博物馆藏）

北京故宫博物院藏
西周中期师趛鬲

北京故宫博物院藏
西周晚期刖人鬲

---

① 陆宗达：《说文解字通论》，中华书局，2015，第153、154页。

陕西眉县杨家村窖藏西周晚期单叔青铜鬲甲－壬 　　陕西韩城梁带芮国墓地 M28 出土的春秋早期青铜鬲

甘肃张家川马家塬战国 M18 墓地出土的铜甗的鬲部尖唇，高领，分档，袋足，铲形足跟；M19 墓地出土的铜甗的鬲部鼓腹，袋足，柱形足跟。

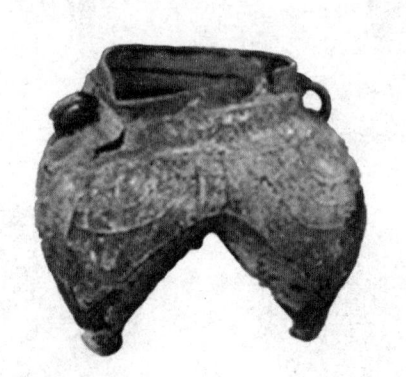

甘肃张家川马家塬战国墓地出土的铜甗鬲部
（左为 M18MS:1-2、右为 M19MS:2）

《陶人》："鬲，实五觳，厚半寸，唇寸。"意思是说，陶人制作鬲，容积为五觳，壁的厚度为半寸，唇沿的厚度为一寸。亚明案，每觳容量为一斗二升，鬲的容量为五觳，则相当于六斗，正如戴震《考工记图》所示。

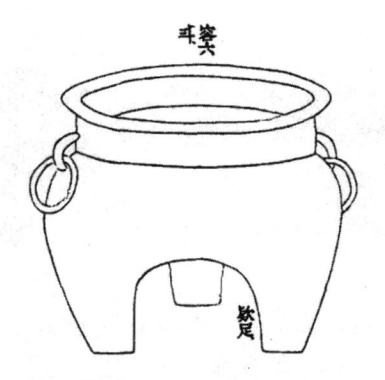

(清)戴震《考工记图》中的鬲图

由此推算，鬲与縠、升、豆之间的容积比例关系为：

$$鬲的容积 = 縠 \times 5 = 60 升 = 15 豆$$

★文献链接

蔡泽见逐于赵，而入韩、魏，遇夺釜鬲于涂。——《战国策·秦三》

二、盆

盆是一种盛食兼可盛液体的敞口折沿斜壁容器。

《说文解字·皿部》："盆，盎也。"孙诒让《周礼正义》疏《陶人》："甂、盆、甑皆容一縠二斗八升。"

陕西西安半坡遗址出土的新石器时代仰韶文化人面鱼纹彩陶盆和人面网纹彩陶盆

湖北随州金鸡岭出土的新石器时代晚期陶盆 　　山东临淄齐国故城博物馆藏春秋早期两头龙纹盆

山西翼城大河口出土的西周时期霸国凤鸟纹盆

《陶人》："盆，实二鬴，厚半寸，唇寸。"意思是说，盆的容积为二鬴，壁的厚度为半寸，唇沿的厚度为一寸。由此推算，盆与甗（甑）、鬴、升之间的容积比例关系为：

$$盆 = 甗（甑）= 鬴 \times 2 = 128 升$$

★文献链接

庄子妻死，惠子吊之，庄子则方箕踞鼓盆而歌。——《庄子·至乐》

★视频链接

《探索·发现》之《考古中国（五）·问古中原》：
白衣彩陶大盆成为大河村的又一个象征

三、庾

这里的"庾"同"斞",指一种容二斗四升的陶器,形制阙疑待考。

郑玄注《陶人》:"庾读如'请益,与之庾'之庾。"引文出自《论语·雍也》:"子华使于齐,冉子为其母请粟。子曰:'与之釜。'请益。曰:'与之庾。'冉子与之粟五秉。子曰:'赤之适齐也,乘肥马,衣轻裘。吾闻之也,君子周急不继富。'"孔颖达疏《左传·昭公二十六年》:"庾,瓦器,今甕之类。"戴震《考工记图》:"量之数,斗二升曰瓽,十斗曰斛,二斗四升曰庾,十六斗曰薮。瓽与斛、庾与薮,音声相迩,传注往往讹溷。《论语》:'与之庾。'谓于釜外更益二斗四升。盖与之釜已当,所益不得过乎始与?包注'十六斗曰庾',误也。"《考工记图》又在甒图的左下角标注:"庾则无考。"孙诒让《周礼正义》:"'庾,实二瓽'者,容二斗四升。……形制未闻。"

《陶人》:"庾,实二瓽,厚半寸,唇寸。"意思是说,庾的容积为二瓽,壁的厚度为半寸,唇沿的厚度为一寸。由此推算,庾与瓽、豆$_2$、升之间的容积比例关系为:

$$庾 = 瓽 \times 2 = 6 豆_2 = 24 升$$

参照齐国每升约200毫升的容积标准,则二斗四升相当于4800毫升左右。这与山东临淄出土的战国时期齐国公区陶量和邹城邾国故城遗址出土的战国时期陶量(H623④∶9)的容积相近。

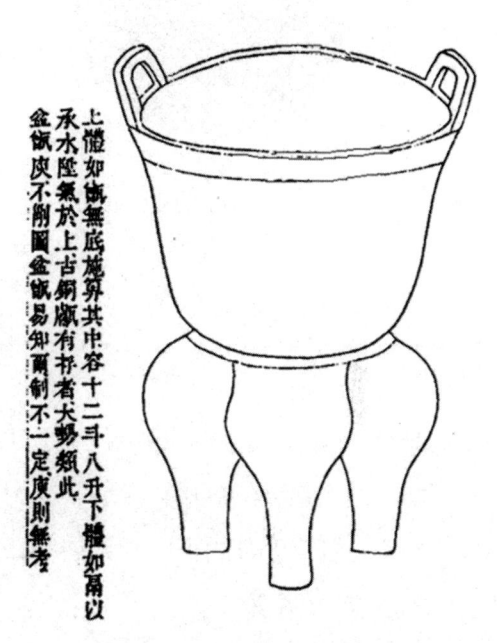

(清)戴震《考工记图》中的甒图

山东临淄出土的战国时期
齐国公区陶量①

山东邹城邾国故城遗址出土的
战国时期陶量（H623④:9）②

四、簋

簋是盛放黍、稷、稻、粱等熟食的容器。

可能是由于最初的簋用竹篾编制或泥土烧制而成，因此，"簋"字的小篆添加竹和皿的部首，作簋；尽管现存的簋以青铜居多，但小篆之后的隶书和楷书也仍然都约定俗成从竹从皿而不从金。《说文解字·竹部》："簋，黍稷方器也。"《周礼·地官·舍人》："凡祭祀，共簠簋。"郑玄注："方曰簠，圆曰簋，盛黍、稷、稻、粱器。"戴震《考工记图》："古者簠簋，或以金，或以木，或以瓦为之。……饰以玉、饰以象者，木簋也。瓦簋不得有饰。"

上海青浦福泉山良渚文化高台墓地
出土的带盖双层陶簋

山西襄汾陶寺遗址出土的
新石器时代龙山文化彩绘陶簋

---

① 容积约 4847 毫升。
② 容积约 4735 毫升，详见刘艳菲等：《山东邹城邾国故城遗址新出陶量与量制初论》，《考古》2019 年第 2 期。

商周以后，簋逐渐演化为祭祀所用礼器。

20世纪50年代，考古学家高去寻曾整理河南安阳殷墟出土的用大理石制作的石簋的残片，并勾勒出复原线图，其中的簋耳残片上刻有 𠂤 字的铭文。

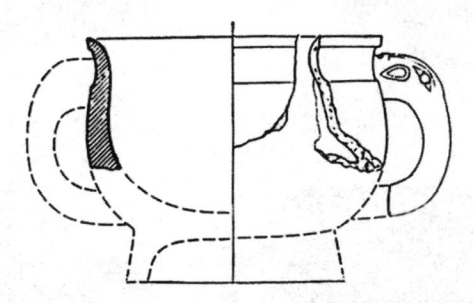

河南安阳殷墟出土的商代晚期石簋复原线图[①]

河南安阳小屯村殷墟妇好墓出土的商代白玉簋

河南安阳小屯村殷墟妇好墓出土的商代青铜簋

北京故宫博物院藏商代兽面纹簋

台北故宫博物院藏商代晚期亚醜方簋

[①] 高去寻：《小臣𫍯石簋的残片与铭文》，台北"中研院"：《中央研究院历史语言研究所集刊》第28本下册，1956。

304　考工记名物图解（增订本）

陕西西安张家坡出土的西周时期陶簋

上海博物馆藏西周中期元年师兑簋

台北故宫博物院藏西周中期县改簋

上海博物馆藏西周晚期史颂簋

河南新郑郑国祭祀遗址出土的春秋时期窃曲纹铜簋

湖北枣阳九连墩2号墓出土的战国中晚期漆木簋

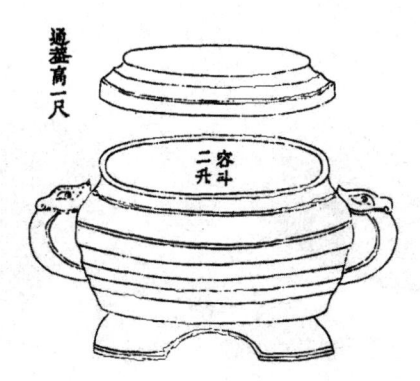

《瓬人》："瓬人为簋，实一觳。"意思是说，瓬人制作簋，容积为一觳。由此推算，簋与觳、豆、升之间的容积比例关系为：

$$簋 = 觳 = 豆 \times 3 = 12 升$$

（清）戴震《考工记图》中的簋图

★ 文献链接

于我乎，每食四簋，今也每食不饱。于嗟乎，不承权舆！——《诗经·秦风·权舆》

簠、簋、俎、豆，制度、文章，礼之器也。——《礼记·乐记》

★ 视频链接

《如果国宝会说话》第十三集《利簋：刻下商周的界碑》

【一】【二】【三】【四】部位：唇

甗、甑、鬲、盆、庾、簋等器皿的口沿。

《陶人》："陶人为甗，实二鬴，厚半寸，唇寸。盆，实二鬴，厚半寸，唇寸。甑，实二鬴，厚半寸，唇寸，七穿。鬲，实五觳，厚半寸，唇寸。庾，实二觳，厚半寸，唇寸。"《瓬人》："瓬人为簋，实一觳，崇尺，厚半寸，唇寸。"孙诒让《周礼正义》：

"凡器枱厚半寸，其口唇周帀有缘，故厚倍之，陶甋诸器并同。"

江苏泗洪顺山集文化韩井遗址出土的夹砂陶盆（T13②:3）敞口，圆唇，浅弧腹，圆底，距今 8000 多年。

江苏泗洪顺山集文化韩井遗址出土的夹砂陶盆

仰韶文化时期陶甋（西安半坡博物馆藏）

甘肃庆阳南佐新石器时代遗址 F2 出土的白衣陶簋（F2④:8）敛口，口径 34 厘米，宽弧唇，唇面涂有红彩。

甘肃庆阳南佐新石器时代遗址 F2 出土的白衣陶簋

福建闽侯昙石山遗址出土的新石器时代提线陶簋口沿的外沿凸出三组锯齿状附加堆纹，相应镂有三组各六个小圆孔，圈足镂对称四孔，以便穿线绳提拎之用。

福建闽侯昙石山遗址出土的新石器时代提线陶簋及其口沿

山东济南章丘城子崖遗址
出土的龙山文化时期黑陶鬲

辽宁北票康家屯城址出土的
夏家店下层文化时期陶甗

西周时期，中原地区的甗大致为敛口、卷沿，甑大致为敛口，鬲大致为敛口、卷沿，盆大致为大口、宽沿，簋大致为大口、折沿；东南地区的鬲和盆则亦有折沿者。

安徽阜阳佛圣寺遗址出土的商周时期陶器口沿

五、豆[1]

豆是盛放肉酱、腌菜等和味食品的高脚容器,上有盖盘,下有圈足,中间有直柄。
"豆"的甲骨文字形如表所示:

字形	文献来源	编号
豆	《甲骨文合集》	6657 反宾组
豆		22145 子组
豆		29364 何组

"豆"的金文字形如表所示:

字形	时期	器名	文献来源	编号
豆	商代晚期	宰甫卣	《殷周金文集成》	5395
豆	西周中期	豆闭簋		4276
豆	西周晚期	散氏盘		10176

由表可见,"豆"的甲金文字形象高脚容器豆,属于象形造字。《说文解字·豆部》:"豆,古食肉器也。从口,象形。"

《瓬人》:"豆中县。"意思是说,豆的直柄要符合垂线。

山东泰安大汶口文化遗址
出土的彩陶八角星纹豆

上海青浦福泉山良渚文化高台
墓地出土的禽鸟蟠璃纹陶豆

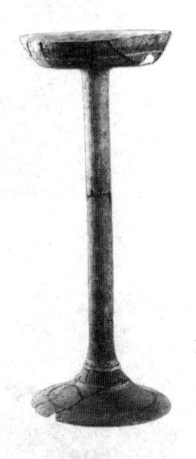

四川广汉三星堆
遗址出土的高柄陶

河南安阳大司空遗址
出土的商代陶豆

河南安阳新安庄殷墟遗址
出土的原始瓷豆

商代晚期出现青铜豆。

北京故宫博物院藏
商代晚期青铜豆

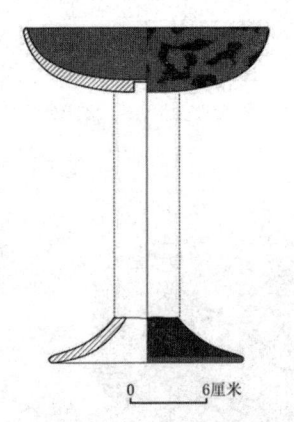

湖北随州叶家山西周早期
曾国墓地 M28 出土漆豆复原图[①]

山西翼城出土的西周时期
霸国青铜豆

北京故宫博物院藏
西周晚期卫始豆

青铜豆盛行于春秋战国，功能亦可兼为礼器。

江苏镇江谏壁王家山春秋末期墓出土的铜匜（采 No.51）较大残片刻纹的第三层宴饮图里的七人里，有三人托举着豆，地面也置放着三个豆。另有残片，刻纹里的台下，一人托举着豆，右侧有一手接住此豆。

[①] 卢一、黄凤春：《湖北随州叶家山西周墓地出土漆器整理与研究》，《江汉考古》2024 年第 1 期。

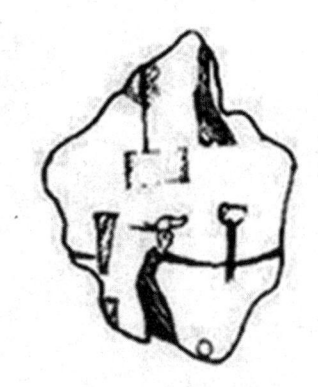

江苏镇江谏壁王家山春秋末期墓出土的铜匜刻纹里的豆的画面

同墓出土的铜鉴（采 No.52）较大残片刻纹的第二层宴乐和射侯图里的高台右下侧，鼎的右侧，有一人一手持豆，一手欲执鼎内长勺。另有残片，刻纹的第二层，有一人一手持豆，一手执长勺从鼎内舀食；鼎的右侧，有一人双手捧着豆向右递送；双层建筑上层左廊栏杆外，有一人捧着豆向栏杆内的人递送。

江苏镇江谏壁王家山春秋末期墓出土的铜鉴刻纹里的豆的画面

曾侯乙墓出土的战国早期
彩绘龙凤纹盖木豆

湖北枣阳九连墩 1 号墓
出土的战国时期漆木豆

湖北枣阳九连墩1号墓出土的战国时期铜深腹圆盘豆

★文献链接

卬盛于豆，于豆于登。——《诗经·大雅·生民》

傧尔笾豆，饮酒之饫。——《诗经·小雅·常棣》

铺筵席，陈尊俎，列笾豆，以升降为礼者，礼之末节也，故有司掌之。——《礼记·乐记》

★视频链接

《探索·发现》之《洪洞南秦墓地（上）》：考古人员推断青铜豆是盛放肉食的器物

六、勺

勺是一种直柄舀酒器具，与曲柄舀酒器具枓稍异。

《梓人》："梓人为饮器，勺一升。"意思是说，梓人制作饮器，直柄舀酒器勺的容积为一升。郑玄注："勺，尊斗也。""勺"的金文作 [图]①。《说文解字·勺部》："勺，枓也，所以挹取也，象形，中有实。"

---

① 商代晚期勺方鼎。

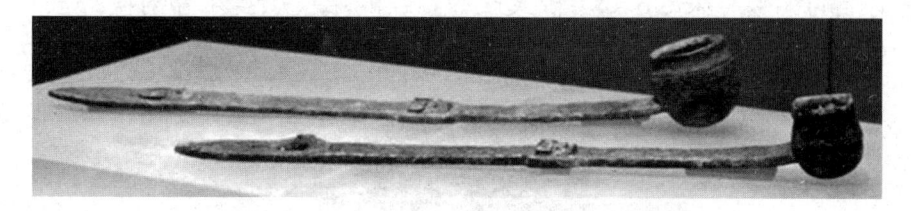

河南安阳小屯殷墟妇好墓出土的商代青铜勺

北京故宫博物院藏商代晚期青铜勺 　　内蒙古宁城小黑石沟石椁墓出土的夏家店上层文化
　　　　　　　　　　　　　　　　　　（西周中后期－春秋时期）东胡祖柄铜勺

　　春秋早期之前，勺指挹水器，枓指挹酒器，二者有别；春秋中期以后，二者器形逐渐相似，勺与枓逐渐浑言。

　　江苏镇江谏壁王家山春秋末期墓出土的铜盘（No.36）刻纹的宴饮图双层式建筑的上层堂内有一人一手持觚，一手持长勺舀酒。

江苏镇江谏壁王家山春秋末期墓出土的铜盘刻纹里的勺的画面

同墓出土的铜鉴（采 No.52）较大残片刻纹的第二层宴乐和射侯图里的建筑物堂内，案上有两个酒瓮，瓮内各斜置一个挹斗。

江苏镇江谏壁王家山春秋末期墓出土的
铜鉴刻纹里的挹斗的画面

同一残片刻纹的第二层宴乐和射侯图里的高台右下侧，鼎的右侧，有一人一手持豆，一手欲执鼎内长勺。另有较小残片，刻纹的第二层，有一人一手持豆，一手执长勺从鼎内舀食。

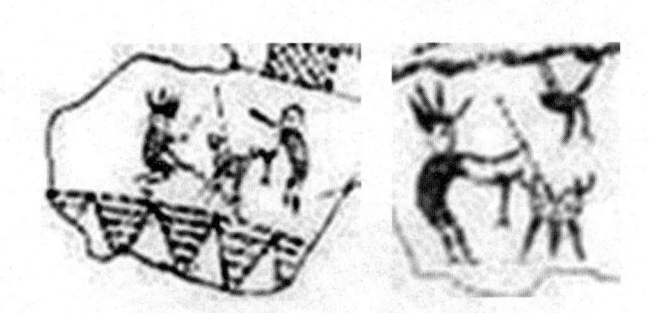

江苏镇江谏壁王家山春秋末期墓出土的
铜鉴刻纹里的勺的画面

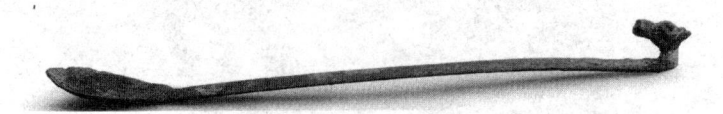

内蒙古鄂尔多斯地区出土的战国时期羊首柄铜勺

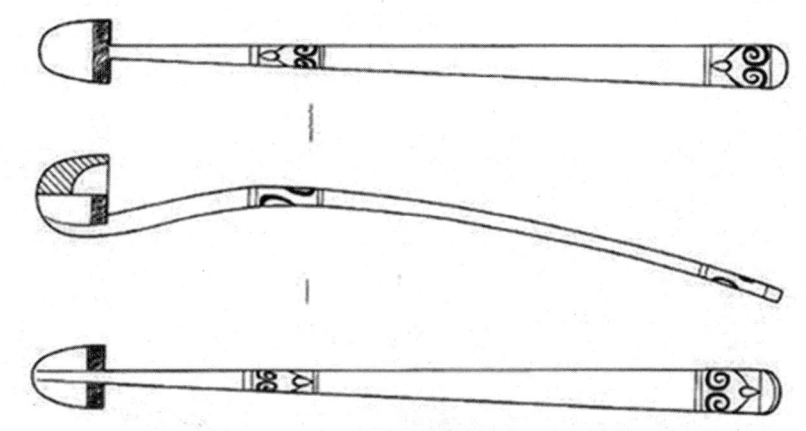

湖北枣阳九连墩 M2 出土的战国时期漆木勺线图[1]

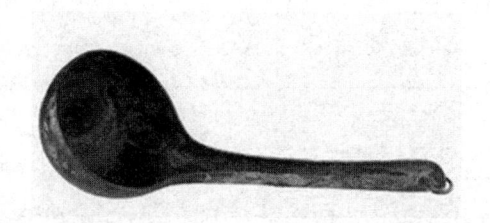

湖北荆门包山 2 号墓出土的战国时期铜勺

（清）戴震《考工记图》中的勺图

★ 文献链接

其勺，夏后氏以龙勺，殷以疏勺，周以蒲勺。——《礼记·明堂位》

七、爵

爵是一种三足形斟酒器。

"爵"的甲骨文字形如表所示：

---

[1] 湖北省文物考古研究所等：《湖北枣阳九连墩 M2 发掘简报》，《江汉考古》2018 年第 6 期。

字形	文献来源	编号
		18570 宾组
	《甲骨文合集》	18578 宾组
		22264 子组

"爵"的金文字形如表所示：

字形	时期	器名	文献来源	编号
	西周早期	爵且丙尊		5599
	西周早期	爵宝彝爵	《殷周金文集成》	8823
	西周晚期	伯公父勺		9935

由表可见，"爵"的甲金文字形象三足形斟酒器——爵，属于象形造字。《说文解字·鬯部》："爵，礼器也。象雀之形，中有鬯酒，又持之也，所以饮。器象雀者，取其鸣节节足足也。"

《梓人》："梓人为饮器，……爵一升。"意思是说，梓人制作饮器，爵的容积为一升。

流落法国的夏代二里头
文化爵（玫茵堂藏）

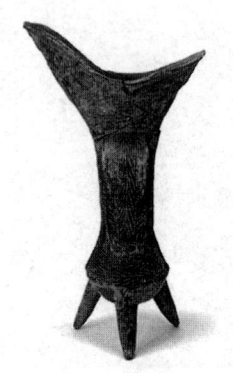

内蒙古敖汉旗大甸子出土的
夏代夏家店下层文化陶爵

爵在商周时期兼为礼器。

上海博物馆藏商代晚期家爵 　　　　　　流落法国的商代二里岗时期爵（玫茵堂藏）

河南安阳殷墟铸铜遗址出土的亚长爵 　　河南安阳殷墟铸铜遗址出土的庚豕爵

北京房山琉璃河出土的
西周早期母己铜爵　　　　　　　　　　（清）戴震《考工记图》中的爵图

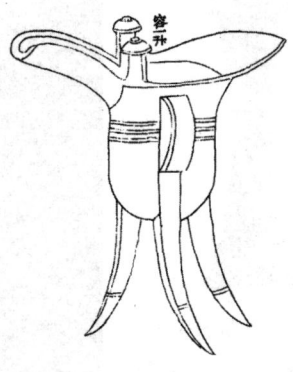

江苏镇江谏壁王家山春秋末期墓出土的铜匜（采 No.51）较大残片刻纹的第三层宴饮图里的七人里，有四人托举着觚，地面也置放着两个觚。另有残片，刻纹里的台下左侧，有一手托举着觚。

江苏镇江谏壁王家山春秋末期墓出土的铜匜刻纹里的觚的画面

同墓出土的铜盘（No.36）刻纹的宴饮图双层式建筑的上层左廊，有一人凭栏举觚；堂内有一人一手持觚，一手持长勺舀酒，另一人持觚站立。

江苏镇江谏壁王家山春秋末期墓出土的铜盘刻纹里的觚的画面

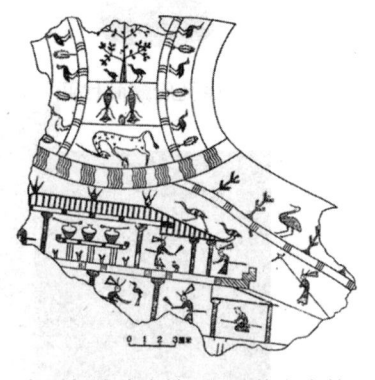

山西长治分水岭 12 号墓出土的战国时期鎏金残铜匜刻纹

韩《诗》之说，觚容二升。

★ 文献链接

司宫撅豆、笾、勺、爵、觚、觯、几、洗、篚于东堂下，勺、爵、觚、觯实于

筐。——《仪礼·少牢馈食礼》

子曰："觚不觚，觚哉！觚哉！"——《论语·雍也》

★视频链接

《探索·发现》之《殷墟铁血亚长大墓探秘（三）》：
觚的通体扉棱标志着墓主人的级别比较高

九、觯

觯是一种敞口敛颈圆体鼓腹的饮酒器，下有圈足。

郑玄注《礼记·礼器》"尊者举觯"："三升曰觯。"《说文解字·角部》："觯，乡饮酒角也。"

北京故宫博物院藏
商代晚期山妇觯

北京故宫博物院藏
西周早期蝉纹觯

陕西宝鸡竹园沟墓地出土的
西周早期父己觯

郑玄注《梓人》之"梓人为饮器，勺一升，爵一升，觚三升"，认为"觚""当为觯"；贾公彦疏认同："觯字为觚，是字之误。"韩《诗》之说，觯容三升。"觯"亦作"觗"，形与"觚"相近，故易讹。湖北随州叶家山西周墓地M27出土且（祖）南兽觯时，斗（勺）置于觯内，可证勺与觯的密切配套关系。故郑说可信，今从而列之。

湖北随州叶家山西周墓地 M27　　　（清）戴震《考工记图》
出土的且（祖）南兽觯（附斗）　　　中的觚（觯）图

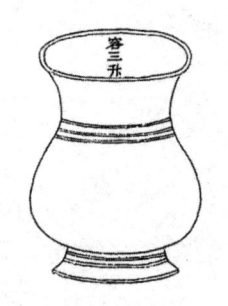

李零根据武威汉简《仪礼》中"觯"字大多从"辰"（93 例），从"单"只有三例，从"支"只有一例，而"觚"字大多作"柢"（21 例），作"觚"只有一例，以及汉隶"氏"（或"氐"）讹"辰"的惯例，也认同郑玄之说，认为应当取消觚而归入觯。①

★ 文献链接

献用爵，其他用觯。——《仪礼·乡饮酒礼》

有以小为贵者：宗庙之祭，贵者献以爵，贱者献以散，尊者举觯，卑者举角。——《礼记·礼器》

十、鼎

鼎是三足两耳的烹煮或盛装肉食之器，商周时期兼为宴享和祭祀的礼器，甚至是国家权力的象征。

"鼎"的甲骨文字形如表所示：

---

① 李零：《商周酒器的再认识——以觚、爵、觯为例》，《中国国家博物馆馆刊》2023 年第 7 期。

字形	文献来源	编号
𣇃	《甲骨文合集》	15267
𣇃		20194
𣇃		30995 何组

"鼎"的金文字形如表所示：

字形	时期	器名	文献来源	编号
𣇃	商代晚期	鼎方彝	《殷周金文集成》	9837
𣇃	西周早期	作父己鼎		2252
𣇃	西周中期	师器父鼎		2727

由表可见，"鼎"的甲金文字形象鼎器，属于象形造字。《说文解字·鼎部》："鼎，三足两耳，和五味之宝器也。"

《筑氏》："金有六齐，六分其金而锡居一，谓之钟鼎之齐。"意思是说，铜合金有六种配置用量比例：铜锡配置用量比例为六比一的，叫作钟鼎之齐。

河南郑州出土的商代饕餮乳钉纹铜方鼎　　山东曲阜孔府藏商代木工鼎

台北故宫博物院藏　　　　　　上海博物馆藏西周早期员方鼎
商代晚期、西周早期倗祖丁鼎

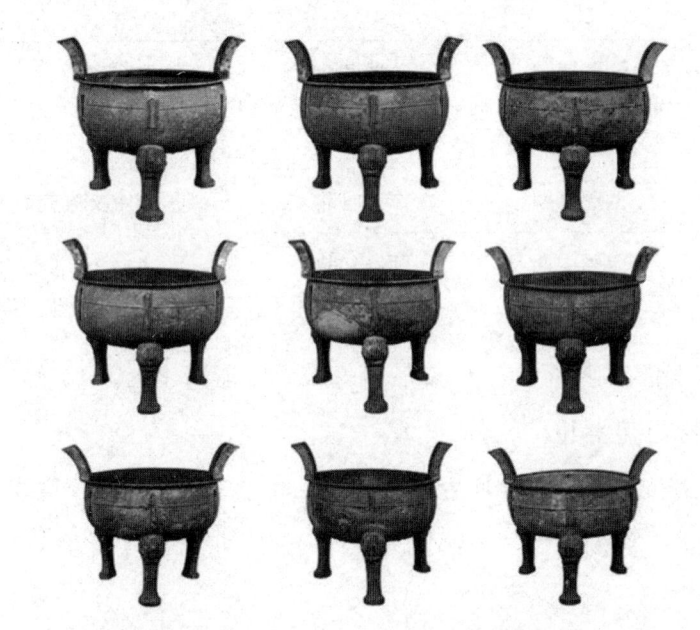

河南新郑郑国祭祀遗址出土的春秋时期蟠螭纹铜鼎

台北故宫博物院藏　　　　河南叶县旧县乡 4 号墓（许灵公墓）出土的
春秋中期秦国蟠虺纹鼎　　　　春秋时期束腰垂鳞纹铜鼎（升鼎）

江苏镇江谏壁王家山春秋末期墓出土的铜匜（采No.51）一块较小残片刻纹里有一鼎，旁有一人持棒，似在烹火。

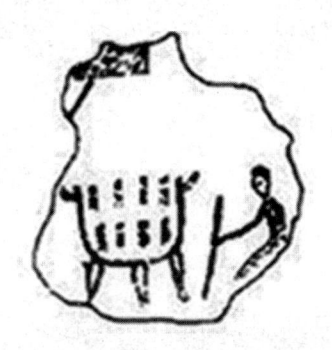

江苏镇江谏壁王家山春秋末期墓出土的铜盘刻纹里的鼎的画面

同墓出土的铜鉴（采No.52）较大残片刻纹的第二层宴乐和射侯图里的高台右下侧有一鼎，其右侧有一人一手持豆，一手欲执鼎内长勺。另有较小残片，刻纹的第二层，有一人一手持豆，一手执长勺从鼎内舀食。

江苏镇江谏壁王家山春秋末期墓出土的铜鉴刻纹里的鼎的画面

★ **文献链接**

王举，则陈其鼎俎，以牲体实之，选百羞、酱物、珍物，以俟馈。——《周礼·天官·内饔》

陈其鼎俎，实之牲体、鱼腊。——《周礼·天官·外饔》

陈其牺牲，备其鼎、俎，列其琴、瑟、管、磬、钟、鼓，修其祝、嘏，以降上神与其先祖，以正君臣，以笃父子，以睦兄弟，以齐上下，夫妇有所。——《礼记·礼运》

★ 视频链接

《国家宝藏》第一季：大克鼎

《如果国宝会说话》第十九集《大克鼎：一本打开的青铜之书》

《如果国宝会说话》第十集《后母戊鼎：国之重器》

《真相》之《国之重器》第一集：后母戊大方鼎（上）（下）

《探索·发现》之《刘家洼考古记（五）》：
刘家洼遗址 M2 号大墓出土的七件鼎印证当时礼制的严格

《探索·发现》之《灵台西周墓地》：
M1 墓葬有了惊人的发现！竟然随葬七件青铜鼎

考工记名物图解（增订本）（下册）

李亚明 著

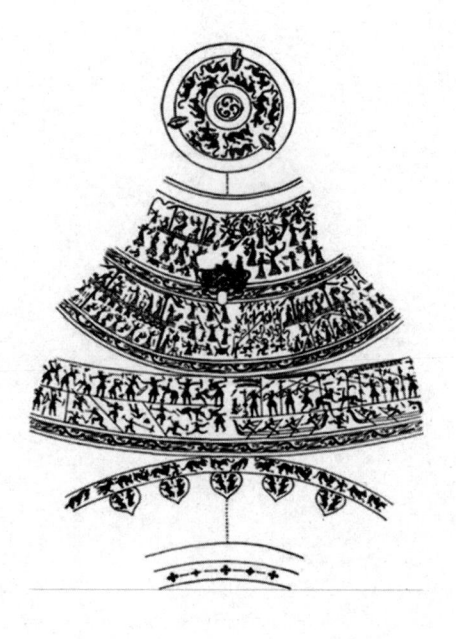

中国广播影视出版社

图书在版编目（CIP）数据

考工记名物图解 . 下册 / 李亚明著 . -- 增订本 . -- 北京 : 中国广播影视出版社 , 2025.4. -- ISBN 978-7 -5043-9304-3

Ⅰ . N092-64

中国国家版本馆 CIP 数据核字第 2025R35X73 号

卷六　乐器及其悬架

一、钟

钟泛指金属中空的打击乐器。

《凫氏》："凫氏为钟。"① 意思是说，凫氏制作金属中空的打击乐器。

中国的钟有悠久的历史。新石器时期已有陶钟；夏、商后，随着青铜冶炼术的

---

① 《考工记》文本"凫氏"殆应作"钟氏"，详见吴澄考注，周梦旸批点：《批点考工记》，中华书局，1991；Lothar von Falkenhausen, *Suspended Music: Chime Bells in the Culture of Bronze Age China*, Berkeley, Los Angeles, Oxford:University of California Press, 1993；闻人军：《〈考工记〉"钟氏""凫氏"错简论考》，《经学文献研究集刊》第 25 辑，上海书店出版社，2021。

发明，出现了青铜钟。中国古代的钟，不仅是祭祀、朝聘、宴飨以及日常燕乐时所用的打击乐器，即所谓"钟鸣鼎食"，还是象征王公贵族地位和权力的礼器、祭器和赠品。

钟分为特钟和编钟。单个的钟称为特钟；按一定的音列关系组合在一起的钟称为编钟。

从考古发现来看，编钟最早出现在西周早期，3件一组。

北京故宫博物院藏西周中期钟 　　陕西韩城梁带芮国墓地 M28 出土的编钟

台北故宫博物院藏春　　流落法国的东周时期
秋中期子犯和钟　　青铜钟（玫茵堂藏）

春秋中晚期编钟多为9件一组，在西周钟的基础上增铸了低音徵音和商音。

山西襄汾陶寺北墓地 M3011 出土的春秋时期镈钟

山西襄汾陶寺北墓地 M3011 出土的春秋时期甬钟

战国时期编钟，除仍有 9 件一组者外，又出现 13 件、14 件的组合。湖北随州擂鼓墩 2 号墓曾发现 36 件一组的编钟。湖北随州曾侯乙墓编钟共 64 件，是迄今发现的最为庞大的编钟，具有重要价值。

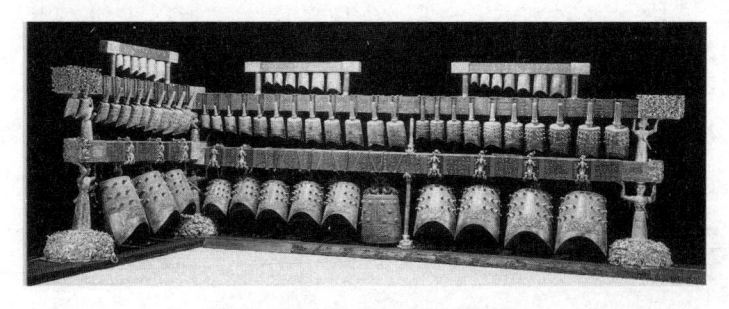

曾侯乙墓出土的战国早期编钟

《考工记》所记载的钟包括"大钟"和"小钟"。

★ 文献链接

鼓钟钦钦，鼓瑟鼓琴，笙磬同音。——《诗经·小雅·鼓钟》

钟师，掌金奏。凡乐事，以钟鼓奏九夏。——《周礼·春官·钟师》

故钟、鼓、管、磬，羽、籥、干、戚，乐之器也。——《礼记·乐记》

★ 视频链接

《国家宝藏》第一季：曾侯乙编钟

《如果国宝会说话》第二十八集《曾侯乙编钟：中国之声》

《国宝·发现》：《揭秘曾侯乙·黄钟大吕》

（一）类别

1. 大钟

编钟的演奏，分为旋律与和声两部。分层悬挂的编钟，大钟在下，乐音深沉雄浑，以击节和声。

《凫氏》："是故大钟十分其鼓间，以其一为之厚。"意思是说，因此，把大钟钟口边沿的两个叩击部位之间的长度分为十个等份，把它的一个等份设置为大钟钟体的厚度。《尔雅·释乐》："大钟谓之镛。"

山西曲沃北赵村晋侯墓地出土的西周晋侯稣钟

曾侯乙墓出土的战国早期编钟

★ 文献链接

晋平公铸为大钟，使工听之，皆以为调矣。师旷曰："不调，请更铸之。"平公曰："工皆以为调矣。"师旷曰："后世有知音者，将知钟之不调也，臣窃为君耻之。"——《吕氏春秋·仲冬纪》

2. 小钟

分层悬挂的编钟，小钟在上，乐音清越，为旋律之用。

《凫氏》："小钟十分其钲间，以其一为之厚。"意思是说，把小钟位于钟体中上部两面直形阔条之间的长度分为十个等份，把它的一个等份设置为小钟钟体的厚度。

河南叶县旧县乡 4 号墓出土的春秋编钟

★视频链接

《探索·发现》之《刘家洼考古记(四)》：墓葬中现两架编钟，墓主人身份显赫

(二) 部位

《凫氏》所记载钟的部位包括钟口两侧尖锐的两角（栾/铣）、钟口边沿（于）、钟口边沿的两个敲击部位（鼓₁）、钟体中上部的直形阔条部位（钲）、钟的平顶（舞）、悬挂钟体的柄部

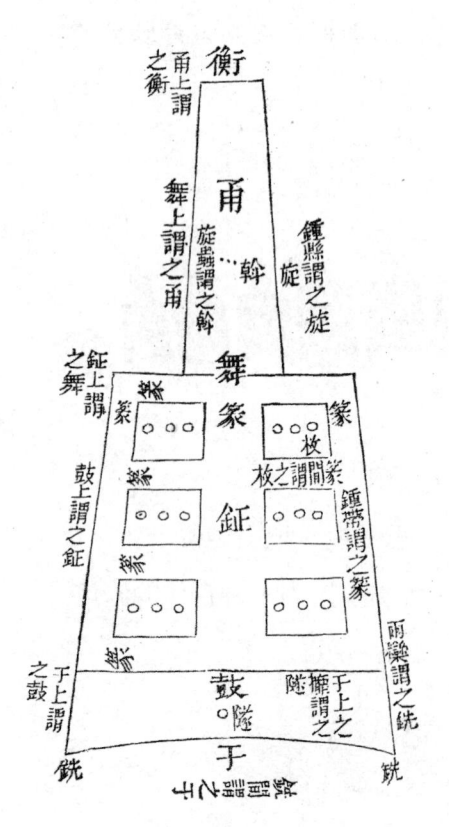

（清）程瑶田绘凫氏为钟命名图

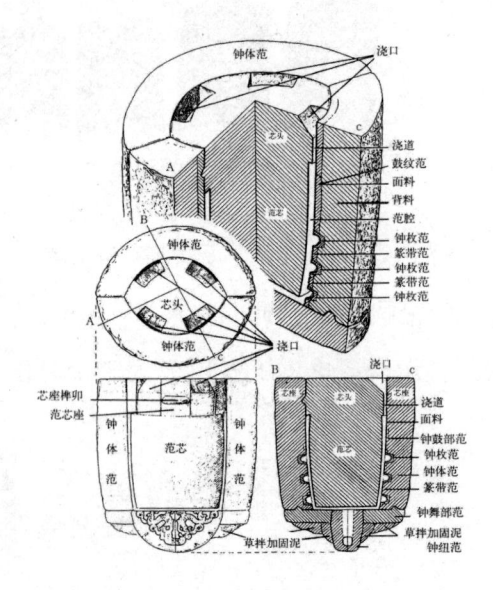

山西侯马春秋铸铜遗址出土的编钟合范示意图[1]

---

[1] 李京华：《冶金考古》，文物出版社，2007。

（甬）、悬挂钟体的柄部顶端的圆形平面（衡$_2$）、悬挂钟体的柄部中段突出的部位（旋）、钟柄上用以悬挂钟钩的孔（幹［榦］）、乳状凸钉之间的纹饰间隔界带（篆$_2$）、钟带之间突出的乳状凸钉（枚$_1$/景）、敲击部位的内腔用以调整音律的沟状磨槽（隧［遂］）等。

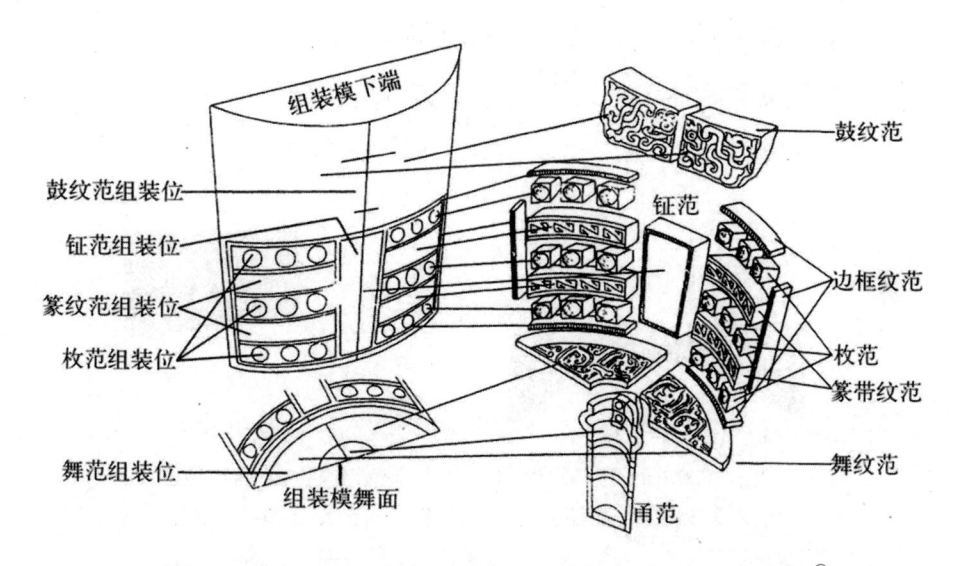

山西侯马春秋铸铜遗址出土的编钟各范块与组装模关系示意图[①]

1. 栾

山西襄汾陶寺北墓地出土的春秋时期青铜甬钟（M3011：39）

[①] 李京华：《冶金考古》，文物出版社，2007。

栾是钟口的两角，即铣（参阅图版 97）。

《凫氏》："凫氏为钟，两栾谓之铣。"意思是说，凫氏制作钟，钟口两侧尖锐的两角（栾）叫作铣。程瑶田谓："古钟羡而不圆，故有两栾，在钟旁，言其有棱栾栾然。"

1A. 铣

铣也指钟口两侧尖锐的两角，即栾（参阅图版 98）。

《凫氏》："凫氏为钟，两栾谓之铣。"意思是说，凫氏制作钟，钟口两侧尖锐的两角（栾）叫作铣。贾公彦疏："栾、铣一物，俱谓钟两角。"

湖北随州文峰塔 1 号墓出土的　　陕西宝鸡太公庙窖藏
曾侯与编钟（局部）　　　　　　春秋时期秦公编钟（局部）

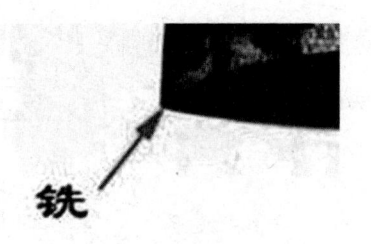

铣间指钟口的两铣之间的长度，即椭圆形钟口的长轴。《凫氏》："以其钲为之铣间。"郑玄注引杜子春语："铣，钟口两角。"又云："此言钲之径居铣径之八，而铣间与钲之径相应。"程瑶田《凫氏为钟图说》："铣间者，钟口之大径。"《凫氏为钟章句图说》："此记以钟之命名位置既定，须制矩度，以为诸命名出分之本也。其矩度，即以钟体之长所谓铣者为之。两铣之间，即以其钲为之，钲八，……铣间亦八也，是为钟口大径。"

2. 于

于是位于钟口两侧尖锐的两铣周围一圈的迂曲形钟唇，即钟口边沿。

《凫氏》："凫氏为钟，……铣间谓之于。"意思是说，凫氏制作钟，……位于钟口两侧尖锐的两铣周围一圈的迂曲形钟唇即钟口边沿叫作于。程瑶田《凫氏为钟章句图说》："两铣下垂角处相距之间，即钟口大径，其体于然不平，故谓之于。"山西绛县横水西周墓地 2022 号墓出土的青铜甬钟（M2022∶193）钟口呈凹弧形。

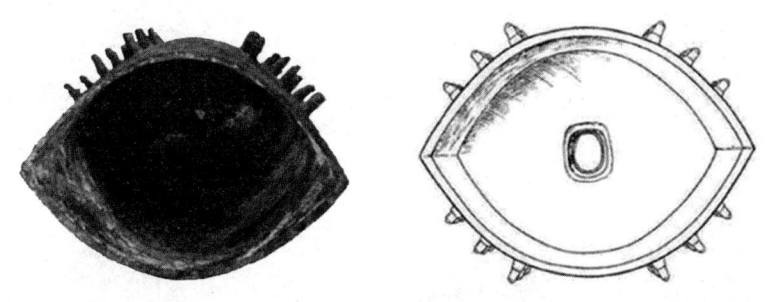

山西绛县横水西周墓地 2022 号墓出土的青铜甬钟（M2022:193）钟口及其线图 [1]

山西太原金胜村 251 号春秋时期大墓出土的夔龙夔凤纹编钟的钟腔内唇较厚，钟体外壁下段靠近钟口边沿敲击处两旁的前后又各有两处圈拱形特厚的部位，其余部位厚薄均匀。

3. 鼓$_1$

这里的"鼓$_1$"指位于钟体外壁下段（即于上、钲下）靠近钟口边沿的叩击处（参阅图版 99）。

《凫氏》："凫氏为钟，……于上谓之鼓。"意思是说，凫氏制作钟，……于的上面即靠近钟口边沿的叩击部位叫作鼓$_1$。郑玄注引郑众语："鼓，所击处。"程瑶田《凫氏为钟图说》："铣判钟体为两面，面之上体曰钲，面之下体曰鼓。鼓，所以受击者。"《凫氏为钟章句图说》："于上为钟体下段击处，故谓之鼓。""于是十分其铣，然后以十分之铣去二得八，为钟体上段之钲，所去之二在下段者为鼓也。"

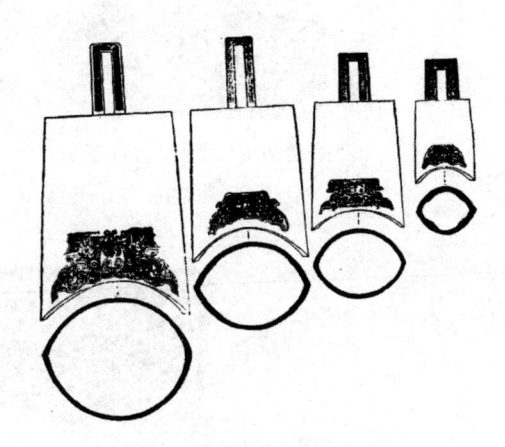

湖北江陵天星观 1 号楚墓
出土的铜编钟形制图

---

① 山西省考古研究院、运城市文物工作站、绛县文物局联合考古队等：《山西绛县横水西周墓地 2022 号墓发掘报告》，《考古学报》2022 年第 4 期。

叩击钟的正面鼓部，可以得到钟的第一基频，即正鼓音；叩击钟的两侧鼓部，可以得到钟的第二基频，即侧鼓音。

山西太原金胜村251号春秋大墓出土的夔龙夔凤纹编钟的两面叩击部位饰有夔龙夔凤纹。

山西太原金胜村251号春秋大墓出土的
夔龙夔凤纹编钟

山西太原金胜村251号春秋
大墓出土的散虺纹编钟

山西太原金胜村251号春秋大墓
出土的夔龙夔凤纹编钟鼓部

山西太原金胜村251号春秋
大墓出土的散虺纹编钟鼓部

山西太原金胜村251号春秋大墓出土的
夔龙夔凤纹编钟鼓部纹饰拓片[1]

---

[1] 山西省考古研究所、太原市文物管理委员会:《太原金胜村251号春秋大墓及车马坑发掘简报》,《文物》1989年第9期。

湖北随州文峰塔春秋时期曾侯與墓出土的 M1:1 编钟鼓部
（自左向右：正面左鼓；正面右鼓；背面左鼓；背面右鼓）

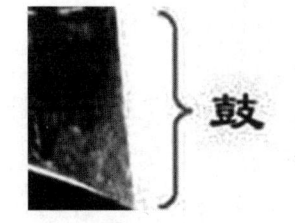

陕西宝鸡窖藏
春秋时期秦公钟（局部）

鼓间指钟口的两鼓之间的长度，即椭圆形钟口的短轴。程瑶田《凫氏为钟图说》："两鼓相触，以为钟口小径，是之谓鼓间。"

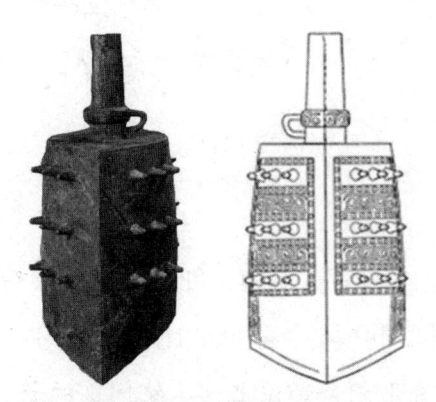

山西绛县横水西周墓地 2022 号墓出土的
青铜甬钟（M2022:193）侧视及其线图[①]

《凫氏》："十分其铣，去二以为钲，以其钲为之铣间，去二分以为之鼓间。"意思是说，把钟体的长度分为十个等份，去掉其中的两个等份，作为钟体中上部直形阔条部位的长度。把钟体中上部直形阔条部位的长度设置为钟口的两铣之间的长度（即椭

---

① 山西省考古研究院、运城市文物工作站、绛县文物局联合考古队等：《山西绛县横水西周墓地 2022 号墓发掘报告》，《考古学报》2022 年第 4 期。

圆形钟口的长轴），去掉其中的两个等份，作为钟口边沿的两个叩击部位之间的长度（即椭圆形钟口的短轴）。郑玄注《凫氏》："此言钲之径居铣径之八，而铣间与钲之径相应；鼓间又居铣径之六，与舞修相应。"程瑶田《凫氏为钟章句图说》："去铣间之二分，以为两鼓间，铣间八，鼓间六也，是为钟口小径。"

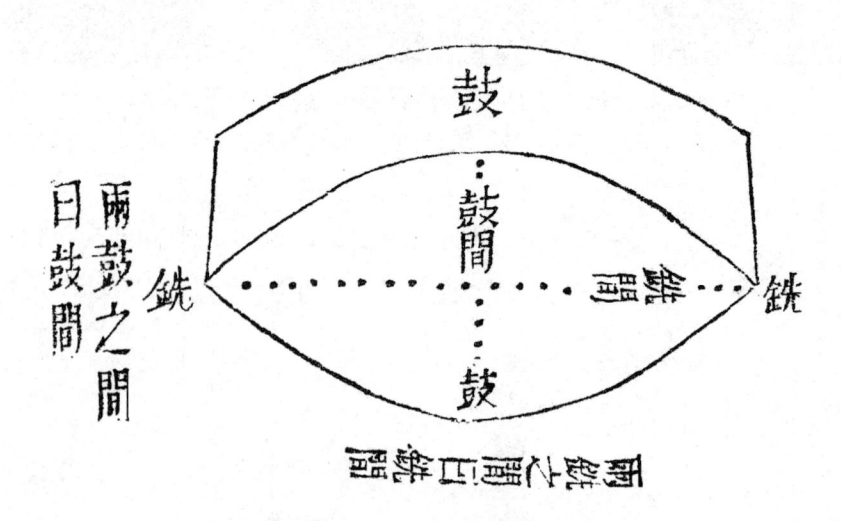

（清）程瑶田绘凫氏为钟铣间鼓间图

由此推算，钟体中上部两面直形阔条部位之间的长度与钟口边沿的两个叩击部位之间的长度（即椭圆形钟口的短轴）之间的比例关系为：

钟体中上部两面直形阔条部位之间（钲间）的长度（8等份）－2等份
＝钟口边沿的两个叩击部位之间（鼓$_1$间）的长度（6等份）

对照山西绛县横水西周墓地2022号墓出土的青铜甬钟（M2022:193）钟口的两铣之间（即椭圆形钟口长轴）与钟口的两鼓之间（即于阔，椭圆形钟口短轴）的尺寸及《考工记》有关记载，列表如下：[1]

---

[1] 本表所涉及的山西绛县横水西周墓地2022号墓青铜甬钟（M2022:193）铣间与鼓间（即于阔）的尺寸统计数据，源于山西省考古研究院、运城市文物工作站、绛县文物局联合考古队等：《山西绛县横水西周墓地2022号墓发掘报告》，《考古学报》2022年第4期。

器号	铣间（厘米）	鼓间（厘米）	铣间与鼓间的比例关系（约）	
			横水西周墓地2022号墓	《考工记》
M2022：193	24.7	18.6	1∶0.753	1∶0.75

对照河南淅川和尚岭春秋中期楚墓M2出土的九件钮钟钟口的两铣之间（即椭圆形钟口长轴）与钟口的两鼓之间（即椭圆形钟口短轴）的尺寸及《考工记》有关记载，列表如下：①

器号	铣间（厘米）	鼓间（厘米）	铣间与鼓间的比例关系（约）	
			和尚岭楚墓M2	《考工记》
M2：37	8.7	6.8	1∶0.78	1∶0.75
M2：38	9	7.4	1∶0.82	
M2：39	10.2	8.1	1∶0.79	
M2：40	11.5	9	1∶0.78	
M2：41	13	9.5	1∶0.73	
M2：42	14.4	11	1∶0.76	
M2：43	14.4	11.6	1∶0.81	
M2：44	16	12	1∶0.75	
M2：45	16	11.5	1∶0.72	

对照河南淅川和尚岭春秋中期楚墓M2出土的八件镈钟钟口的两铣之间（即椭圆形钟口长轴）与钟口的两鼓之间（即椭圆形钟口短轴）的尺寸及《考工记》有关记载，

---

① 本表所涉及的河南淅川和尚岭春秋中期楚墓M2出土的钮钟的铣间与鼓间的尺寸统计数据，源于河南省文物研究所等：《淅川县和尚岭春秋楚墓的发掘》，《华夏考古》1992年第3期。

列表如下：[1]

器号	铣间（厘米）	鼓间（厘米）	铣间与鼓间的比例关系（约）	
			和尚岭楚墓 M2	《考工记》
M2:46	15.5	12	1:0.77	1:0.75
M2:47	17.3	12.4	1:0.72	
M2:48	18	12.6	1:0.7	
M2:49	19.2	15	1:0.78	
M2:50	21.3	16	1:0.75	
M2:51	24	17	1:0.71	
M2:52	26.5	20	1:0.75	
M2:53	28.2	19	1:0.67	

上述九件钮钟钟口的两铣之间（即椭圆形钟口长轴）与钟口的两鼓之间（即椭圆形钟口短轴）的平均尺寸比例关系约为 1:0.77，略高于《考工记》记载的 1:0.75 的比例关系；而八件镈钟钟口的平均尺寸比例关系约为 1:0.73，则略低于《考工记》记载的 1:0.75 的比例关系；九件钮钟与八件镈钟钟口的平均尺寸比例关系约为 1:0.75，恰与《考工记》记载的 1:0.75 的比例关系相符。

湖北随州文峰塔 M1（春秋晚期曾侯舆墓）出土的八件编钟之中，两件（M1:2、M1:4）残破，对照其余六件编钟钟口的两铣之间（即椭圆形钟口长轴）与钟口的两鼓之间（即椭圆形钟口短轴）的尺寸及《考工记》有关记载，列表如下：[2]

---

[1] 本表所涉及的河南淅川和尚岭春秋中期楚墓 M2 出土的镈钟的铣间与鼓间的尺寸统计数据，源于河南省文物研究所等：《淅川县和尚岭春秋楚墓的发掘》，《华夏考古》1992 年第 3 期。

[2] 本表所涉及的湖北随州文峰塔 M1（春秋晚期曾侯舆墓）出土的六件编钟的铣间与鼓间的尺寸统计数据，源于湖北省文物考古研究所等：《随州文峰塔 M1（曾侯舆墓）、M2 发掘简报》，《江汉考古》2014 年第 4 期。

器号	铣间（厘米）	鼓间（厘米）	铣间与鼓间的比例关系（约）	
			文峰塔 M1	《考工记》
M1:1	49.2	38	1∶0.77	1∶0.75
M1:3	20.6	16.4	1∶0.8	
M1:5	14.7	11.2	1∶0.76	
M1:6	10	7.9	1∶0.79	
M1:7	7.9	6.1	1∶0.77	
M1:8	8.2	5.4	1∶0.66	

上述六件编钟钟口的两铣之间（即椭圆形钟口长轴）与钟口的两鼓之间（即椭圆形钟口短轴）的平均尺寸比例关系约为 1∶0.76，略高于《考工记》记载的 1∶0.75 的比例关系。

《凫氏》："是故大钟十分其鼓间，以其一为之厚。"由此推算，《考工记》所载钟口的两鼓之间（即椭圆形钟口短轴）与钟的厚度的比例关系为：

鼓间（6 等份）×1/10=（大钟）厚（0.6 等份）

山西侯马铸铜遗址出土的春秋晚期晋国编钟鼓部饕餮衔虺纹陶模

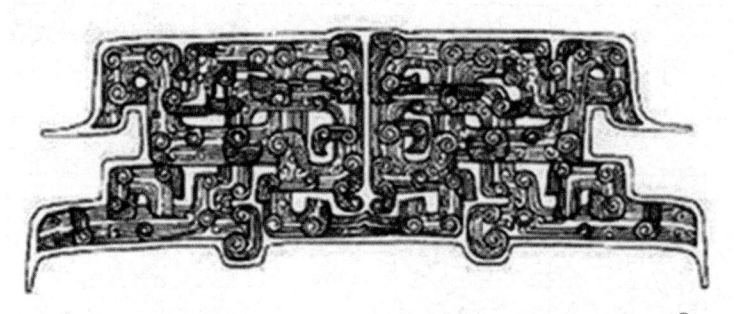

湖北随州文峰塔墓地 M4 出土的春秋晚期甬钟鼓部蟠螭纹饰[①]

★视频链接

《国家宝藏》第十集《青铜奇迹》："一钟双音"的破解

4. 钲

钲是位于钟体中上部（即鼓上、舞下）正面和背面的直形阔条（参阅图版100）。

《凫氏》："凫氏为钟，……鼓上谓之钲。"意思是说，凫氏制作钟，……鼓$_1$上面的直形阔条部位叫作钲。程瑶田《凫氏为钟图说》："铣判钟体为两面，面之上体曰钲，面之下体曰鼓。……钲之言正也。"《凫氏为钟章句图说》："鼓上为钟体之上段，正面也，故谓之钲。"

上海博物馆藏西周中期克钟钲部　　上海博物馆藏西周晚期梁其钟钲部

[①] 湖北省文物考古研究所等：《湖北随州文峰塔墓地 M4 发掘简报》，《江汉考古》2015 年第 1 期。

湖北随州文峰塔春秋时期曾侯與墓出土的编钟钲部
（自左向右：M1:1 正面钲部，M1:1 背面钲部，M1:6 正面钲部，M1:7 正面钲部）

《凫氏》："十分其铣，去二以为钲。"意思是说，把钟体的长度分为十个等份，去掉其中的两个等份，作为钟体中上部直形阔条部位之间的长度。郑玄注："此言钲之径居铣径之八。"程瑶田《凫氏为钟章句图说》："于是十分其铣，然后以十分之铣去二得八，为钟体上段之钲。"

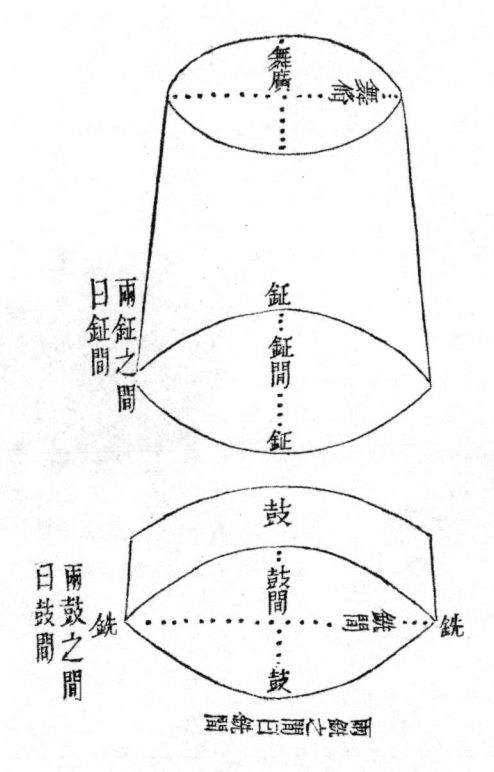

（清）程瑶田绘凫氏为钟铣间鼓间钲间图

由此推算，钟体的长度与钟体中上部直形阔条部位的长度之间的比例关系为：

钟体的长度（10 等份）− 2 等份

= 钟体中上部直形阔条之间（钲间）的长度（8 等份）

《凫氏》："小钟十分其钲间，以其一为之厚。"意思是说，把小钟位于钟体中上部两面直形阔条部位之间的长度分为十个等份，把它的一个等份设置为小钟钟体的厚度。由此推算，钟体中上部两面直形阔条部位之间的长度与小钟钟体的厚度之间的比例关系为：

钟体中上部两面直形阔条之间（钲间）的长度（8 等份）× 1/10

= 钟体的厚度（0.8 等份）

5. 舞

舞是古钟共鸣体的平顶。（参阅图版 101、102）

《凫氏》："凫氏为钟，……钲上谓之舞。"意思是说，凫氏制作钟，……钲上面的平顶叫作舞。程瑶田《凫氏为钟图说》："舞，覆也，谓钟顶。"《凫氏为钟章句图说》："钲上为钟顶，覆之如廡，故谓之舞。"

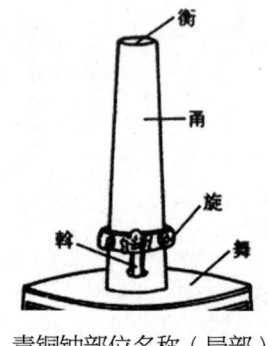

青铜钟部位名称（局部）

山西绛县横水西周墓地 1011 号墓出土的
青铜甬钟（M1011:66）舞部

山西绛县横水西周墓地 2022 号墓出土的青铜甬钟（M2022:193）舞部及其线图①

山西太原金胜村 251 号春秋大墓出土的
夔龙夔凤纹编钟舞部纹饰拓片②

流落美国的晋式凤钮镈钟（局部）
（弗利尔美术馆藏）

山西侯马铸铜遗址出土的春秋晚期
晋国编钟舞部凤纹陶模

湖北随州文峰塔墓地 M4 出土的
春秋晚期甬钟舞部蟠螭纹饰③

河南新郑东周祭祀遗址 1 号坑
出土的 A2 号钟舞部

《凫氏》："以其鼓间为之舞修，去二分以为舞广。"意思是说，把钟口边沿的两个

---

① 山西省考古研究院、运城市文物工作站、绛县文物局联合考古队等：《山西绛县横水西周墓地 2022 号墓发掘报告》，《考古学报》2022 年第 4 期。
② 山西省考古研究所、太原市文物管理委员会：《太原金胜村 251 号春秋大墓及车马坑发掘简报》，《文物》1989 年第 9 期。
③ 湖北省文物考古研究所等：《湖北随州文峰塔墓地 M4 发掘简报》，《江汉考古》2015 年第 1 期。

叩击部位之间的长度设置为钟的平顶的长度；再去掉两个等份，设置为钟的平顶的宽度。"由此推算，钟的平顶的椭圆长轴与短轴的比例关系为：

平顶（舞）的长度（6等份）-2等份＝平顶（舞）的宽度（4等份）

对照山西绛县横水西周墓地2022号墓出土的青铜甬钟（M2022:193）舞部的椭圆长轴与短轴的尺寸及《考工记》有关记载，列表如下：[1]

器号	长轴（厘米）	短轴（厘米）	长轴与短轴比例关系（约）	《考工记》舞修与舞广比例关系（约）
M2022:193	20	15.7	1∶0.785	1∶0.67

对照河南淅川和尚岭春秋中期楚墓M2出土的九件钮钟的舞部的椭圆长轴与短轴的尺寸及《考工记》有关记载，列表如下：[2]

器号	长轴（厘米）	短轴（厘米）	长轴与短轴比例关系（约）	《考工记》舞修与舞广比例关系（约）
M2:37	8	6	1∶0.75	1∶0.67
M2:38	8.6	6.5	1∶0.76	
M2:39	10.3	7.2	1∶0.7	
M2:40	10.5	8.6	1∶0.82	
M2:41	12.1	8.7	1∶0.72	
M2:42	13.2	9.2	1∶0.7	
M2:43	14	10.2	1∶0.73	
M2:44	14.4	10.3	1∶0.72	
M2:45	13.8	10.4	1∶0.75	

---

[1] 本表所涉及的山西绛县横水西周墓地2022号墓青铜甬钟（M2022:193）舞部的椭圆长轴与短轴的尺寸统计数据，源于山西省考古研究院、运城市文物工作站、绛县文物局联合考古队等：《山西绛县横水西周墓地2022号墓发掘报告》，《考古学报》2022年第4期。

[2] 本表所涉及的河南淅川和尚岭春秋中期楚墓M2出土的钮钟舞部的椭圆长轴与短轴尺寸统计数据，源于河南省文物研究所等：《淅川县和尚岭春秋楚墓的发掘》，《华夏考古》1992年第3期。

对照河南淅川和尚岭春秋中期楚墓 M2 出土的八件镈钟的舞部的椭圆长轴与短轴的尺寸及《考工记》有关记载，列表如下：①

器号	长轴（厘米）	短轴（厘米）	长轴与短轴比例关系（约）	《考工记》舞修与舞广比例关系（约）
M2:46	13.8	10.6	1∶0.77	1∶0.67
M2:47	15.2	11.6	1∶0.76	
M2:48	15.5	12.5	1∶0.81	
M2:49	17.5	13	1∶0.74	
M2:50	18.5	14.2	1∶0.77	
M2:51	21	16	1∶0.76	
M2:52	23	17.5	1∶0.76	
M2:53	24	19.6	1∶0.82	

上述九件钮钟的舞部的椭圆长轴与短轴的平均尺寸比例关系约为 1∶0.74，八件镈钟的相关平均尺寸比例关系约为 1∶0.77，均略高于《考工记》记载的约 1∶0.67 的比例关系。

对照湖北随州文峰塔 M1（春秋晚期曾侯與墓）出土的八件编钟的舞部的椭圆长轴与短轴的尺寸及《考工记》有关记载，列表如下：②

---

① 本表所涉及的河南淅川和尚岭春秋中期楚墓 M2 出土的镈钟舞部的椭圆长轴与短轴尺寸统计数据，源于河南省文物研究所等：《淅川县和尚岭春秋楚墓的发掘》，《华夏考古》1992 年第 3 期。
② 本表所涉及的湖北随州文峰塔 M1（春秋晚期曾侯與墓）出土的八件编钟的舞部的椭圆长轴（舞修）与短轴（舞广）的尺寸统计数据，源于湖北省文物考古研究所等：《随州文峰塔 M1（曾侯與墓）、M2 发掘简报》，《江汉考古》2014 年第 4 期。

器号	长轴（厘米）	短轴（厘米）	长轴与短轴比例关系（约）	《考工记》舞修与舞广比例关系（约）
M1:1	42.8	32.6	1∶0.76	1∶0.67
M1:2	46	34.2	1∶0.74	
M1:3	18	13.6	1∶0.76	
M1:4	17.5	13.2	1∶0.75	
M1:5	13.2	10	1∶0.76	1∶0.67
M1:6	9.3	6.6	1∶0.71	
M1:7	7.1	5.4	1∶0.76	
M1:8	7.4	5.6	1∶0.76	

上述八件编钟的舞部的椭圆长轴与短轴的平均尺寸比例关系约为1∶0.75，也略高于《考工记》记载的约1∶0.67的比例关系。

6. 甬

甬是悬挂钟体的柄形物，位于舞上（参阅图版103）。

《凫氏》："凫氏为钟，……舞上谓之甬。"意思是说，凫氏制作钟，……舞的上面悬挂钟体的柄部叫作甬。程瑶田《凫氏为钟章句图说》："舞上连钟顶而出之钟柄也为甬，故谓之甬。"

《凫氏》："以其钲之长为之甬长，以其甬长为之围。"意思是说，把钟体中上部直形阔条部位的长度设置为悬挂钟体的柄部的长度，再把柄部的长度设置为其周长。程瑶田《凫氏为钟章句图说》："于是以其钲之长为之甬长，甬长亦八也。"其间比例关系可表述为：

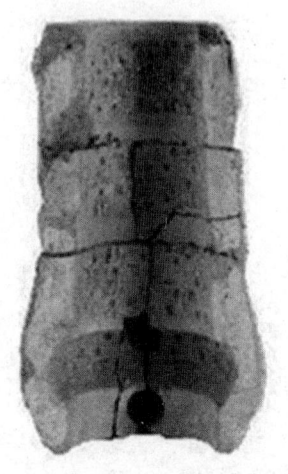

山西侯马铸铜遗址出土的
春秋晚期晋国编钟甬部蟠螭纹陶模

钟体中上部两面直形阔条（钲间）的长度（8等份）

＝悬挂钟体的柄部（甬）的长度/周长（8等份）

7. 衡₂

这里的"衡₂"指甬部顶端的圆形平面。

《凫氏》："凫氏为钟，……甬上谓之衡。"意思是说，凫氏制作钟，……甬上顶端的圆形平面叫作衡₂。程瑶田《凫氏为钟图说》："其端谓之衡。衡，平也。"《凫氏为钟章句图说》："甬末正平，故谓之衡。"

陕西宝鸡太公庙窖藏春秋时期秦公编钟（局部）

《凫氏》："参分其围，去一以为衡围。"意思是说，把悬挂钟体的柄部的长度设置为其周长，把其周长分为三个等份，去掉一个等份，也就是把柄部周长的三分之二设置为柄部顶端的圆形平面的周长。由此推算，柄部顶端的圆形平面的周长与柄部的周长（等于长度）的比例关系为：

悬挂钟体的柄部顶端的圆形平面（衡₂的周长）（5.333等份）

＝悬挂钟体的柄部（甬）的周长（等于长度）（8等份）×2/3

对照山西绛县横水西周墓地2022号墓出土的青铜甬钟（M2022:193）甬部的长度与衡部的长轴和短轴的尺寸及其与《考工记》有关记载，列表如下：[①]

[①] 本表所涉及的山西绛县横水西周墓地2022号墓青铜甬钟（M2022:193）甬部的长度与衡部的长轴和短轴的尺寸统计数据，源于山西省考古研究院、运城市文物工作站、绛县文物局联合考古队等：《山西绛县横水西周墓地2022号墓发掘报告》，《考古学报》2022年第4期。

器号	甬长（厘米）	衡部长轴（厘米）	衡部短轴（厘米）	衡围（厘米）①	甬长与衡围的比例关系（约）（厘米）	衡部长轴
M2022:193	13.5	3.9	3	11.22	1：0.83	1：0.67

　　湖北随州文峰塔 M1（春秋晚期曾侯與墓）出土的八件编钟之中，一件（M1:2）残破，对照其余七件编钟的甬部的长度与衡部的直径和周长的尺寸及《考工记》有关记载，列表如下：②

器号	甬长（厘米）	衡径（厘米）	衡围（厘米）	甬长与衡围的比例关系（约）	
				文峰塔 M1	《考工记》
M1:1	44.4	10	31.42	1：0.71	
M1:3	19.1	3.8	11.94	1：0.63	
M1:4	18.1	3.8	11.94	1：0.66	
M1:5	13.7	2.3	7.23	1：0.53	1：0.67
M1:6	9.6	3.2	10.05	1：1.09	
M1:7	7.2	1.5	4.71	1：0.65	
M1:8	7.6	1.6	5.03	1：0.66	

　　上述七件编钟的甬部的长度与衡部的周长之间的尺寸比例关系，在去除最高值（M1:6）和最低值（M1:5）各一件之后，其余五件编钟的相关平均尺寸比例关系约为

---

① 《山西绛县横水西周墓地 2022 号墓发掘报告》未涉 M2022:193 衡部周长尺寸。笔者根据 M2022:193 衡部的长轴和短轴的尺寸以及椭圆形周长的运算公式 $L=2\pi b+4(a-b)$，推算其周长（即衡围）的尺寸为 11.22 厘米，甬长与衡部周长（即衡围）的比例为 1：0.83。

② 本表所涉及的湖北随州文峰塔 M1（春秋晚期曾侯與墓）出土的七件编钟的甬部的长度（甬长）与衡部的直径（衡径）的尺寸统计数据，源于湖北省文物考古研究所等:《随州文峰塔 M1（曾侯與墓）、M2 发掘简报》，《江汉考古》2014 年第 4 期。

1∶0.66，与《考工记》记载的甬长与衡围之间约 1∶0.67 的比例关系相近。

8. 旋

旋是甬部中段突出的环部，即县（悬）。

《凫氏》："钟县谓之旋。"意思是说，悬挂钟体的柄部中段突出的部位叫作旋，即县（悬）。郑玄注："旋属钟柄，所以县之也。"程瑶田《凫氏为钟图说》："盖为金枘于甬上，以贯于悬之者之凿中。形如螺然，如此则宛转流动，不为声病。此古钟所以侧旋也。"王引之《经义述闻》："'钟县谓之旋'者，县钟之环也。环形旋转，故谓之'旋'。"又《凫氏》："参分其甬长，二在上，一在下，以设其旋。"意思是说，把悬挂钟体的柄部的长度分为三个等份，两个等份在上面，一个等份在下面，把柄部中段突出的部位设在这个位置。

陕西周原遗址出土的青铜甬钟旋部陶范

陕西宝鸡太公庙窖藏春秋时期秦公编钟的甬部中段突出的环部饰有重环纹，曾侯乙墓出土的战国早期甬钟的旋部饰有猴首龙身造型（参阅图版 105），印证了郑玄注"今时旋有……盘龙"的说法。

★ 文献链接

据《记》文，三分甬长以设其旋，则知旋必着于甬。旋义为环，今目验古钟，甬中间均突起以带，周环甬围，其位置正与《考工记》合，是所谓旋也。——唐兰《古

《乐器小记》

9. 斡（幹）

斡（幹）[①]是钟柄上用以悬挂钟钩的孔（参阅图版106、107）。

《凫氏》："旋虫谓之斡（幹）。"意思是说，钟柄上用以悬挂钟钩的孔叫作"斡（幹）"，即旋虫。

[①] 各本"斡"作"幹"。程瑶田《凫氏为钟图说》："余谓'幹'当为'斡'，盖所以制旋者，旋贯于悬之者之凿中，其端必有物以制之。戴东原《注》云：'斡，所以制旋转者。'钟之旋虫盖亦是物与？'斡旋'二字，后人连文，本诸此矣。"段玉裁注《说文解字》"斡，蠡柄也"："判瓠为瓢以为勺，必执其柄而后可以挹物，执其柄则运旋在我，故谓之斡。引申之，凡执柄枢转运皆谓之斡。……或叚借'筦'字。……或作'幹'字。"王引之《经义述闻·周官》"钟县谓之旋旋虫谓之幹"条谓："'旋虫谓之斡'者，衔旋之纽铸为兽形，……居甬与旋之间而司管辖，故谓之'斡'。'斡'之为言犹'管'也。《楚辞·天问》'斡维焉系'，'斡'一作'筦'，'筦'与'管'同。"亚明案，以字形辨之，明代章黼撰、吴道长重订《直音篇》卷三《斡部》"斡"字作" "；清代邢澍《金石文字辨异》"幹"："汉武荣碑内'斡'三署。案，'幹'乃'斡'字转写之讹，始于汉时也。""斡""幹"形近易溷。以字音辨之，"幹"本无管音，《集韵》《韵会》之"古缓切"音殆由"斡"音（《唐韵》"古案切"）衍转而来，俱属见纽元部。以字义辨之，《凫氏》"旋虫"及《说文解字》"蠡柄"之核义素皆为旋转，是故《广雅·释诂》云："斡，转也。"《增韵》训"斡"："旋也，运也，凡旋运者皆曰斡。"阮元《十三经注疏校勘记》："按，凡旋者皆得云'斡'。"然则《凫氏》"旋虫"文本当厘为"斡"，各本"幹"徒形近字耳，《经义述闻·周官》"钟县谓之旋旋虫谓之幹"条之"筦""管"徒"幹"之假借同源字耳，与《凫氏》"旋虫"无涉，故宜从程、戴、段、阮诸公之意改《凫氏》文本之字。

陕西宝鸡太公庙窖藏春秋时期秦公编钟（斡［斡］部饰目云纹）

山西襄汾陶寺北墓地出土的春秋时期甬钟（M3011:45）的斡（斡）部

10. 篆$_2$

这里的"篆$_2$"指钟体中上部两面直形阔条部位（钲）两边乳状凸钉之间的纹饰间

隔界带（参阅图版 108、109）。

《凫氏》："钟带谓之篆。"意思是说，钲的两边乳状凸钉之间的纹饰间隔界带叫作篆$_2$，即带。郑玄注："带，所以介其名也。介在于、鼓、钲、舞、甬、衡之间，凡四。"

台北故宫博物院藏西周晚期宗周钟（篆间饰两头兽纹）

山西太原金胜村 251 号春秋大墓出土的夔龙夔凤纹编钟的钲部有两条篆带，篆带上饰单体交织夔龙纹。

山西太原金胜村 251 号春秋大墓出土的夔龙夔凤纹编钟篆部纹饰拓片[①]　　山西侯马春秋铸铜遗址出土的编钟篆带纹与边框纹模[②]（1、2.篆带纹模，3.边框纹模）

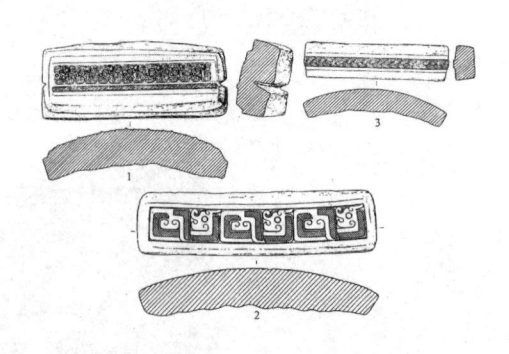

---

①　山西省考古研究所、太原市文物管理委员会：《太原金胜村 251 号春秋大墓及车马坑发掘简报》，《文物》1989 年第 9 期。

②　李京华：《冶金考古》，文物出版社，2007。

叩击正鼓部时有六条节线，位置在四个侧鼓部和两个铣棱。叩击侧鼓部时有四条节线，位置在两个正鼓部和两个铣棱。实验发现，钟带可起阻尼和加速衰减的作用，以避免轰鸣声。

11. 枚₁

这里的"枚₁"指钟带之间突出的乳状凸钉，即"景""篆间"（参阅图版110、111）。

《凫氏》："篆间谓之枚。"意思是说，钟带之间突出的乳状凸钉叫做枚₁，即景。郑玄注引郑众语："枚，钟乳也。"

枚作为钟体的振动负载，具有加速高频衰减的作用，有利于钟体的稳态振动。

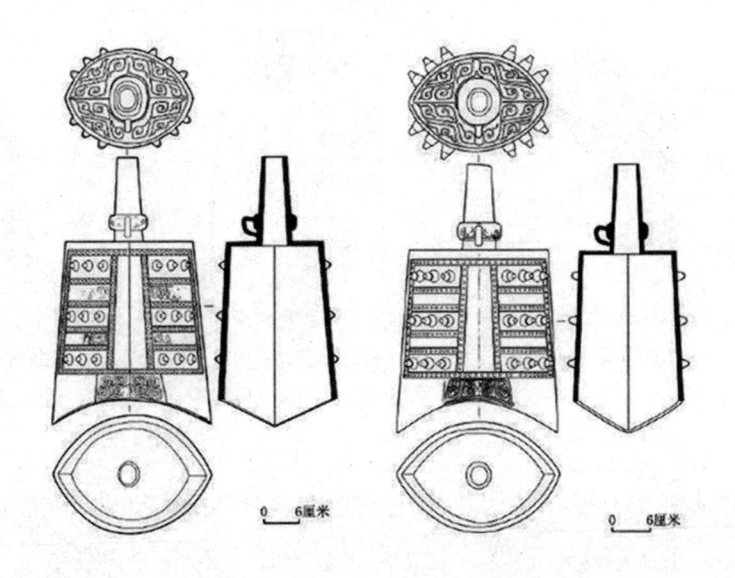

湖北随州叶家山西周早期墓地 M111 出土的截锥状枚甬钟（M111:7）和乳钉状枚甬钟（M111:8）线图[①]

山西绛县横水西周墓地 2022 号墓出土的青铜甬钟（M2022:193）钟体的两面，每面有 18 个枚，各按三横三竖排列在钲部的两侧。枚的中部有缩棱，顶部尖圆。

[①] 湖北省文物考古研究所等：《湖北随州叶家山 M111 发掘简报》，《江汉考古》2020 年第 2 期。

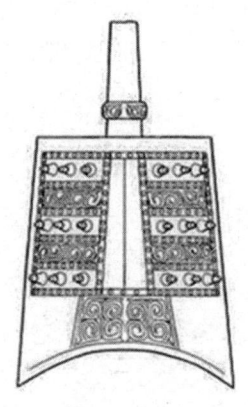

山西绛县横水西周墓地 2022 号墓出土的青铜甬钟（M2022:193）线图[①]

陕西长安张家坡遗址出土的
西周中期铜钟（局部）

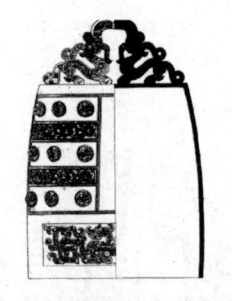

山西太原金胜村 251 号
春秋大墓出土的
夔龙夔凤纹编钟形制图[②]

河南叶县旧县乡 4 号墓
（许灵公墓）出土的
春秋时期螺旋枚镈

　　山西太原金胜村 251 号春秋大墓出土的夔龙夔凤纹编钟的篆带上下及两篆间都有团身螭首形枚突，重庆涪陵小田溪战国 1 号土坑墓出土的编钟的篆带上下及两篆间各有涡纹钟乳突起，每区 3 层 9 枚，正背 4 区共 36 枚。

---

　　① 　山西省考古研究院、运城市文物工作站、绛县文物局联合考古队等：《山西绛县横水西周墓地 2022 号墓发掘报告》，《考古学报》2022 年第 4 期。
　　② 　山西省考古研究所、太原市文物管理委员会：《太原金胜村 251 号春秋大墓及车马坑发掘简报》，《文物》1989 年第 9 期。

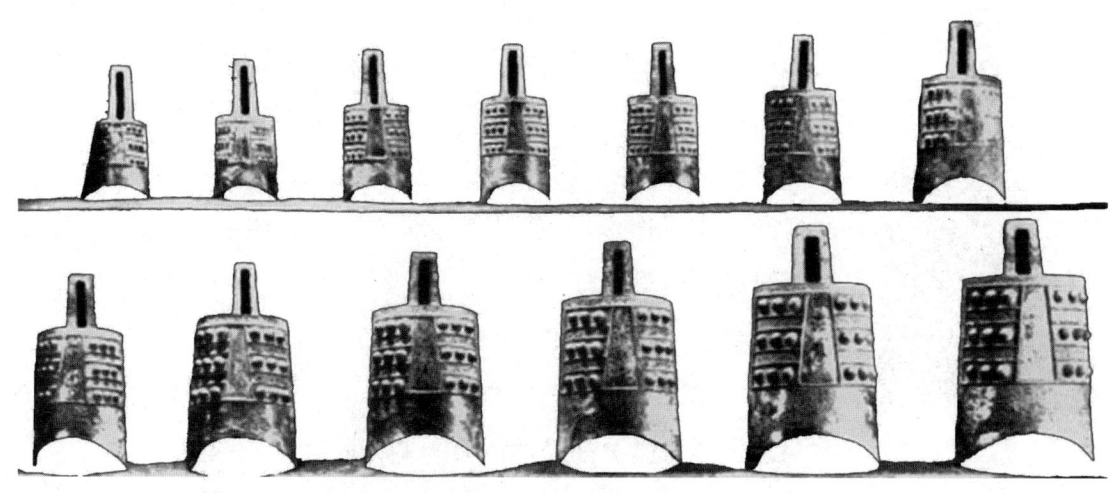

重庆涪陵小田溪战国 1 号土坑墓出土的编钟

11A. 景

景即枚₁。

《凫氏》："枚谓之景。"意思是说，钟带之间突出的乳状凸钉叫作枚₁，也叫作景。孙诒让《周礼正义》引程瑶田语："枚，隆起有光，故又谓之景。"

湖北随州文峰塔春秋时期曾侯與墓出土的 M1:1 编钟的乳状凸钉凸起较高，枚体无纹，顶端饰浅涡纹。

12. 隧（遂）

关于"隧"（遂）①的解释，众说纷纭。对照文献和考古出土古钟实物，应指钟口边沿内腔用以调整音律的沟状磨槽（参阅图版112）。

湖北随州文峰塔
春秋时期曾侯與墓出土的 M1:1 编钟

---

① 孙诒让引俞樾语："盖'隧'即'遂'之俗字。一简之中，正俗错见，传写异耳。"（《周礼正义》，中华书局，2015，第 3937 页。）《凫氏》："为遂……"孙诒让引阮元语："'遂'是古字，《说文》无'隧'字。'隧'，后世俗字耳。"（同上，第 3947 页。）

《凫氏》："于上之攠谓之隧。"意思是说，钟口边沿内腔用以调整音律的沟状磨槽叫作隧（遂）。俞樾《群经平议》："下文'为遂，六分其厚，以其一为之深而圜之'，字正作'遂'，可证也。《释文》于《匠人》出'隧'字，曰：'隧，音遂。本又作遂。'盖'隧'即"遂"之俗字。一简之中，正俗错见，传写异耳。"

考古工作者发现，陕西蓝田出土的西周时期应侯钟内壁有隧（遂），正面正鼓的一条沟形长隧（遂）和背面左侧鼓的两条长隧（遂）都经过错磨的调音处理。

应侯钟

河南新郑东周祭祀遗址1号坑出土的3号镈口部

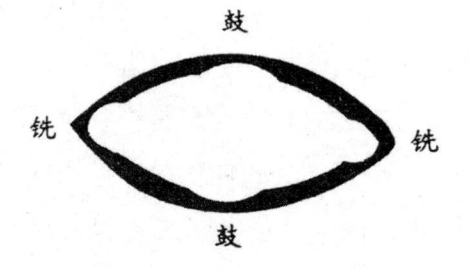

河南信阳长台关战国中期楚墓出土的编钟鼓部及两铣内腔错磨示意图

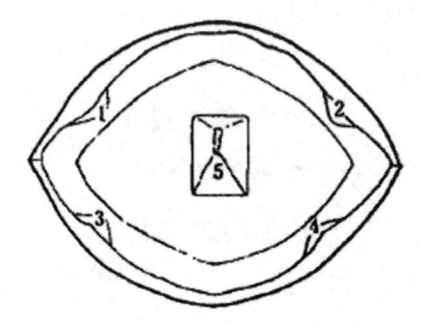

编钟底视示意图[①]（1、2、3、4为音脊，5为舞部芯撑所在槽孔）

---

① 华觉明等：《先秦编钟设计制作的探讨》，《自然科学史研究》1983年第1期。

《㐀氏》:"为遂,六分其厚,以其一为之深而圜之。"意思是说,制作钟口边沿内腔用以调整音律的沟状磨槽时,把它的厚度分为六个等份,把其中的一个等份设置为它的深度,并做成圆形。由此推算,钟口边沿内腔用以调整音律的沟状磨槽的厚度与深度的比例关系为:

钟口边沿内腔用以调整音律的沟状磨槽(遂)的厚度 ×1/6
= 钟口边沿内腔用以调整音律的沟状磨槽(遂)的深度

综上,《㐀氏》所记乐钟的部分部位之间度量的比照关系如表所示:

名称	度量比照(等分)
铣(长)	10
钲(长)	8
甬长	8
铣间	8
鼓间	6
舞修	6
舞广	4

二、磬

磬是一种石制打击乐器(参阅图版113、114、115)。

"磬"的甲骨文字形如表所示:

字形	文献来源	编号
𣪊	《甲骨文合集》	8032 宾组
𣪊		8035
𣪊		18761 宾组

由表可见,"磬"的甲骨文字形象用手持杖叩击悬空而有饰物的磬,属于会意造字。《磬氏》:"磬氏为磬。"意思是说,磬氏制作磬。

山西绛县西吴壁遗址出土的二里头文化时期石磬

河南殷墟妇好墓出土的商代晚期凤鸟纹石磬

河南安阳小屯北地出土的商代晚期龙纹石磬

北京故宫博物院藏西周时期墨玉磬

湖北随州文峰塔春秋时期曾侯與墓出土的M2石编磬形上呈倨句，下边作弧形上收，鼓部稍窄，股部略宽，鼓与股交接处上部有一圆形穿孔，孔洞一边稍大一边略小。

湖北随州文峰塔春秋时期曾侯與墓M2出土的石编磬

江苏镇江谏壁王家山春秋末期墓出土的铜鉴（采No.52）较大残片刻纹的第二层宴乐和射侯图里的高台左下侧，有一人双手持槌击磬奏乐。

江苏镇江谏壁王家山春秋末期墓出土的铜鉴刻纹里的磬的画面

湖北博物馆藏曾侯乙墓出土的编磬　　　　北京故宫博物院藏战国时期兽首铜编磬

★文献链接

磬师掌教击磬，击编钟，教缦乐、燕乐之钟磬。——《周礼·春官·磬师》

钟鼓喤喤，磬筦将将。——《诗经·周颂·执竞》

既和且平，依我磬声。——《诗经·商颂·那》

★视频链接

《国宝档案》：石磬

《探索·发现》之《洪洞南秦墓地（下）》：M6号墓葬出土九钟十磬

（一）股$_3$

这里的"股$_3$"特指磬的上体。

程瑶田《磬氏为磬图说》："磬有二体，曰鼓曰股。悬设于股，故股横在上。……夫磬之有股，犹钟之有甬也。钟悬设于甬，磬悬设于股，恐着钟磬之本体而为声病，故别为甬与股以设之。圣人制作之精意在斯乎！"

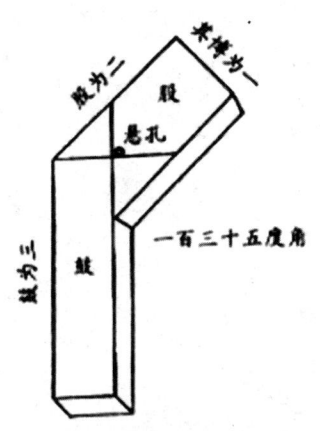

吕友仁绘磬部位名称图[①]

（二）鼓₂

这里的"鼓₂"特指磬的下体。

程瑶田《磬氏为磬图说》："磬有二体，曰鼓曰股。……其下纵者鼓，盖所击处，磬之本体也。"

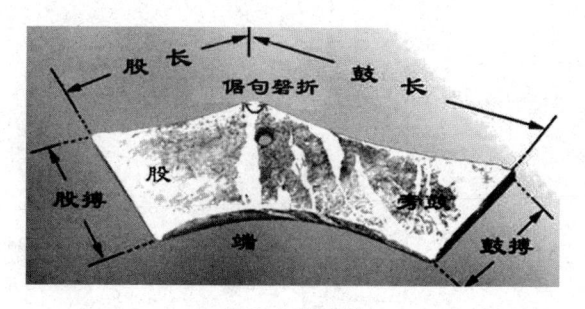

秦公大墓编磬

关于磬的长度、宽度与厚度的比例关系，科学史学者列出股₃和鼓₂同积等重的公式：

---

① 吕友仁：《周礼译注》，中州古籍出版社，2004，第602页。

股$_3$部体积 = 股$_3$长 × 股$_3$博 × 厚 = 2×1×2/9=4/9（单位体积）

鼓$_2$部体积 = 鼓$_2$长 × 鼓$_2$博 × 厚 = 3×2/3×2/9+4/9（单位体积）

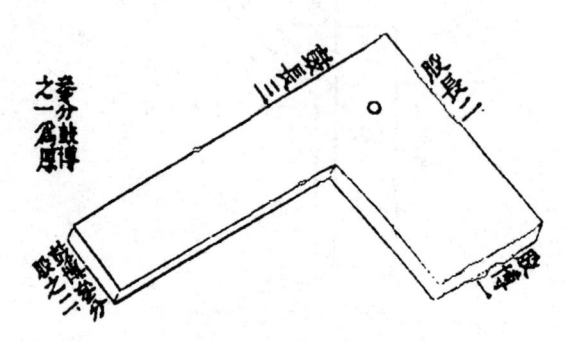

（清）戴震《考工记图》中的磬图

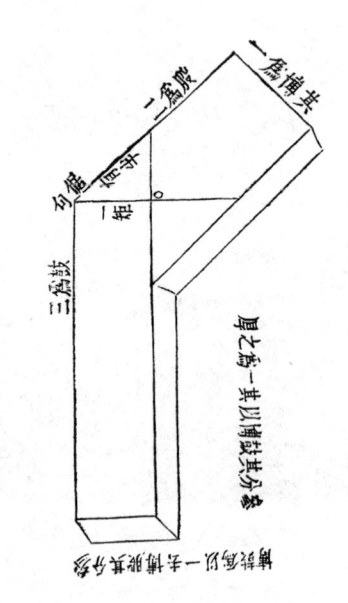

（清）程瑶田《磬氏为磬章句图说》中的磬图

《磬氏》："磬氏为磬，……其博为一，股为二，鼓为三。"意思是说，磬氏制作磬，……把磬的上体的宽度设置为一个等份，其长度就是两个等份，磬的下体的长度则为三个等份。把磬的上体的宽度分成三个等份，去掉一个等份就是磬的下体的宽度；把磬的下体的宽度分成三个等份，把其中的一个等份设置为磬的厚度。由此推算，磬的各部位的长度、宽度与厚度的比例可以概括为：

$$磬的上体（股_3）的宽度 = 1 等份$$

$$磬的上体（股_3）的长度 = 2 等份$$

$$磬的下体（鼓_2）的宽度 = 磬的上体（股_3）的宽度 1 等份 - 1/3 等份 = 2/3 等份$$

$$磬的下体（鼓_2）的长度 = 3 等份$$

$$磬的厚度 = 2/3 等份 \times 1/3 等份 = 2/9 等份$$

三、鼓$_3$

"鼓"的甲骨文字形如表所示：

字形	文献来源	编号
		6945 宾组
	《甲骨文合集》	21229 子组
		35333 历组

"鼓"的金文字形如表所示：

字形	时期	器名	文献来源	编号
	商代晚期	鼓觯		6044
	西周晚期	大克鼎	《殷周金文集成》	2836
	春秋晚期	子璋钟		114

由表可见，"鼓"的甲金文字形皆象鼓饰、鼓面、鼓架、手持鼓槌，会击鼓之意，

属于会意造字。《说文解字·鼓部》:"鼓,郭也。春分之音,万物郭皮甲而出,故谓之鼓。从壴,支象其手击之也。《周礼》六鼓:靁鼓八面,灵鼓六面,路鼓四面,鼖鼓、皋鼓、晋鼓皆两面。"

《韗人》:"凡冒鼓,必以启蛰之日。良鼓瑕如积环。鼓大而短,则其声疾而短闻;鼓小而长,则其声舒而远闻。"意思是说,凡蒙鼓面,必须在二十四节气的惊蛰那天。优良的鼓的鼓面上的漆痕如同一层套一层的圆环。鼓面大而鼓身短,击鼓发出的声音就急促而短暂;鼓面小而鼓身长,击鼓发出的声音就舒缓而持久。

大汶口文化陶鼓 　　河南内乡朱岗仰韶文化陶鼓 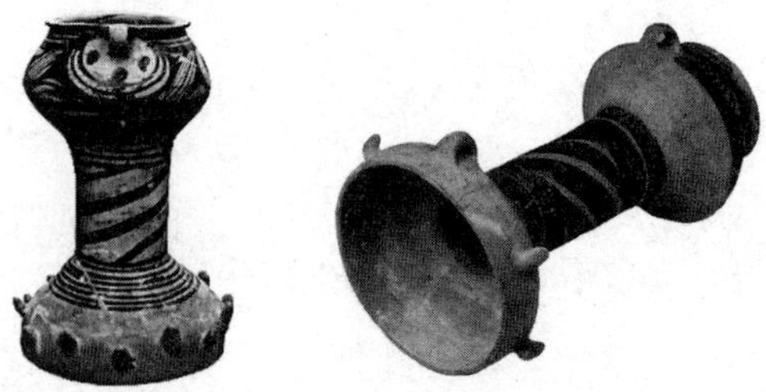　　甘肃兰州永登出土的马家窑文化彩陶鼓

山西襄汾陶寺龙山文化古墓出土的鼍鼓的鼓腔用树干挖空制成,口小底大,上蒙鳄鱼皮,鼓腔外壁粉红或赭红底色,尚留残白、黄、黑、宝石蓝等云纹、几何纹图痕迹,鼍鼓皮虽已腐朽,尚留鳄鱼骨板数枚。

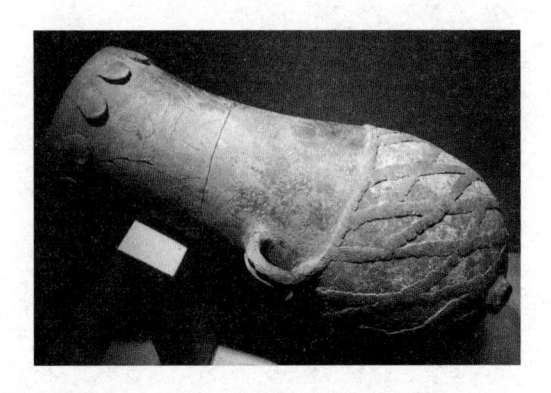

同址出土的陶鼓鼓腔内也散落鳄鱼骨板,亦可证原以鳄鱼皮蒙鼓。

河南安阳殷墟西北冈 M217 出土的　　商代晚期鼓鼙铭文 　　　浙江绍兴坡塘狮子山春秋晚期 M306
鼍鼓鼓腔表面饕餮线图[①]　　　　　　　　　　　　　　　　出土的伎乐铜屋内的击鼓俑

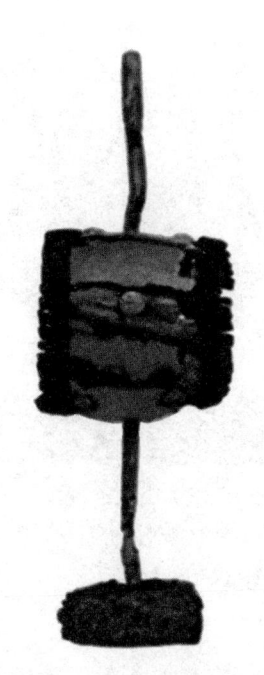

湖北枣阳九连墩楚墓（M1）出土的战国中期革建鼓（M1:901）

湖北枣阳九连墩楚墓（M2）出土的战国中期虎座鸟架鼓（M2:351）的悬鼓由多块鼓框扣接、双面蒙鼓皮而成。

---

① 梁思永、高去寻：《侯家庄·1217 大墓》，历史语言研究所（台北），1968，第 27 页。

湖北枣阳九连墩楚墓（M2）出土的战国中期虎座鸟架鼓（M2:351）及其线图[①]

湖北江陵天星观楚墓（M2）出土的战国时期虎座凤鸟漆木架鼓
（虎虡鸟跗悬鼓）

★ 文献链接

窈窕淑女，钟鼓乐之。——《诗经·周南·关雎》

琴瑟击鼓，以御田祖。——《诗经·小雅·甫田》

鼓人掌教六鼓、四金之音声。以节声乐，以和军旅，以正田役，教为鼓而辨其声用。——《周礼·地官·鼓人》

---

① 湖北省文物考古研究所等：《湖北枣阳九连墩M2乐器清理简报》，《中原文物》2018年第2期。

鼓鼙之声欢，欢以立动，动以进众。君子听鼓鼙之声则思将帅之臣。——《礼记·乐记》

★视频链接

《探索·发现》之《酒务头商周大墓（上）》：M1号大墓中发掘出鼍鼓

（一）鼛鼓

鼛鼓是一种军用大鼓。

《韗人》："鼓长八尺，鼓四尺，中围加三之一，谓之鼛鼓。"意思是说，鼓长八尺，鼓面直径四尺，鼓身中段的周长比鼓面的周长增加三分之一个等份，叫作鼛鼓。

山西潞城潞河战国墓出土的铜匜刻纹

陕西绥德汉画像石鼛鼓

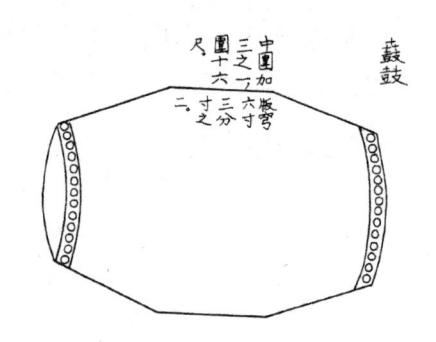

（宋）聂崇义《新定三礼图》中的鼖鼓图　（清）戴震《考工记图》中的鼖鼓图　（清）黄以周《礼书通故》中的鼖鼓图

★ 文献链接

胤之舞衣，大贝、鼖鼓在西房。——《尚书·顾命》

虡业维枞，贲鼓维镛。于论鼓钟，于乐辟雍。——《诗经·大雅·灵台》

以鼖鼓鼓军事。——《周礼·地官·鼓人》

（二）皋鼓

皋鼓是一种指挥劳役所用的大鼓。

《韗人》："为皋鼓，长寻有四尺，鼓四尺，倨句磬折。"意思是说，制作皋鼓，鼓长一寻零四尺（即一丈二尺），鼓面直径四尺。

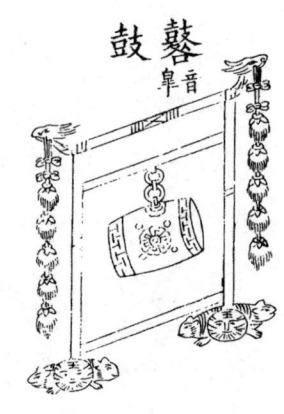

（宋）聂崇义《新定三礼图》中的皋鼓图

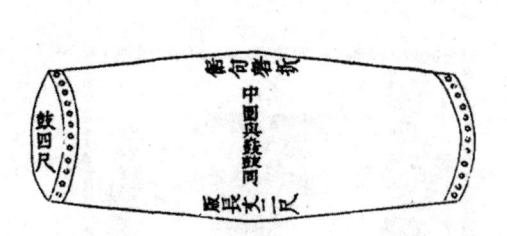

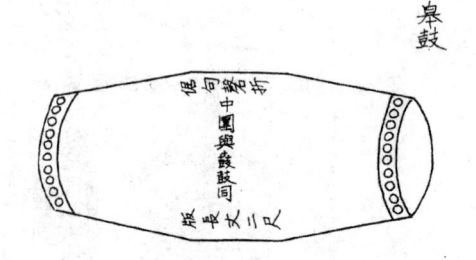

（清）戴震《考工记图》中的皋鼓图　（清）黄以周《礼书通故》中的皋鼓图

★ 文献链接

以皋鼓鼓役事。——《周礼·地官·鼓人》

百堵皆兴，鼛鼓弗胜。——《诗经·大雅·绵》

四、筍虡

筍虡是悬挂钟、磬的架子。

《梓人》："梓人为筍虡。"意思是说，梓人制作悬挂钟、磬的架子。郑玄注："乐器所县，横曰筍，植曰虡。"

湖北枣阳郭家庙西周晚期至春秋早期曾国墓地曹门湾墓区 M1 出土的编钟架和编磬架是迄今发现最早的彩漆木雕大型编钟架和编磬架（参阅图版 118）。

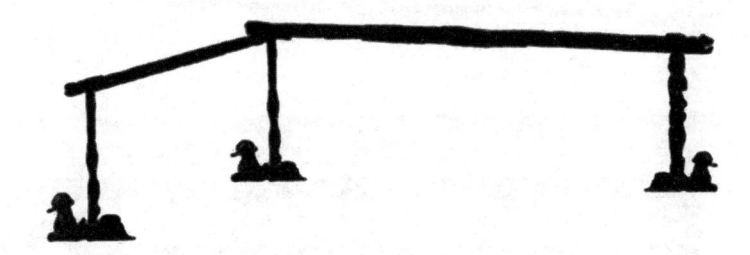

湖北枣阳郭家庙西周晚期至春秋早期曾国墓地曹门湾墓区 M1 出土的编钟架

湖北枣阳郭家庙西周晚期至春秋早期曾国墓地曹门湾墓区 M1 出土的编磬架

曾侯乙墓出土的编钟和编磬是先秦礼乐制度极盛的标志（编钟参阅图版 119）。

曾侯乙墓出土的鸳鸯盒奏钟图

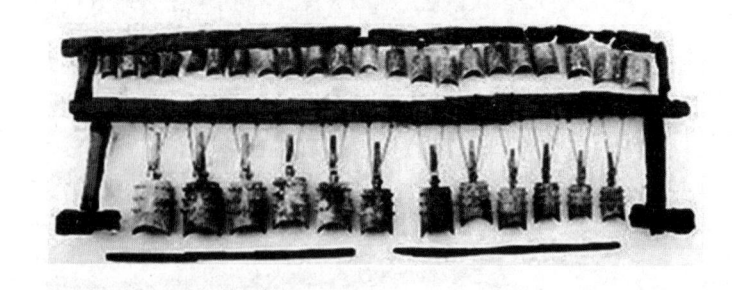

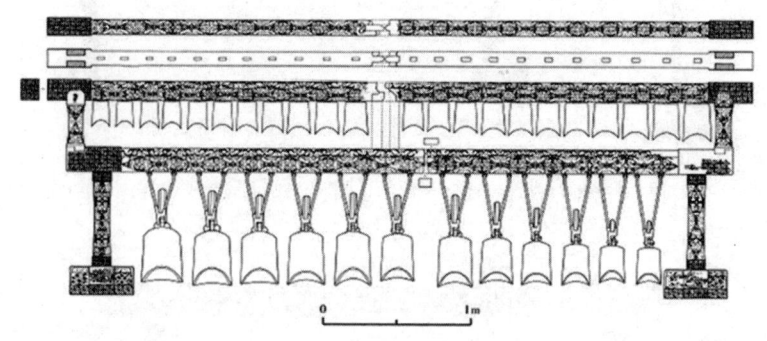

湖北枣阳九连墩楚墓（M1）出土的战国中期漆木编钟架（M1:893-1）及其线图[①]

湖北枣阳九连墩楚墓（M2）出土的战国中期漆木编钟架（M2:346）的上层横梁（笋）为长方体，其顶部和正面、背面的两端外突，并各有一个倒"凸"形榫，与立柱（簴）的凹口相扣；立柱（簴）为方柱体，上、下两段的四壁从两端向中间凹弧，上端

---

① 湖北省文物考古研究所等：《湖北枣阳九连墩 M1 乐器清理简报》，《中原文物》2019 年第 2 期。

有凹口卡安置横梁，下端的榫头穿过钟座，一侧中部的两面和另一侧中部的一面均有长方形卯孔。

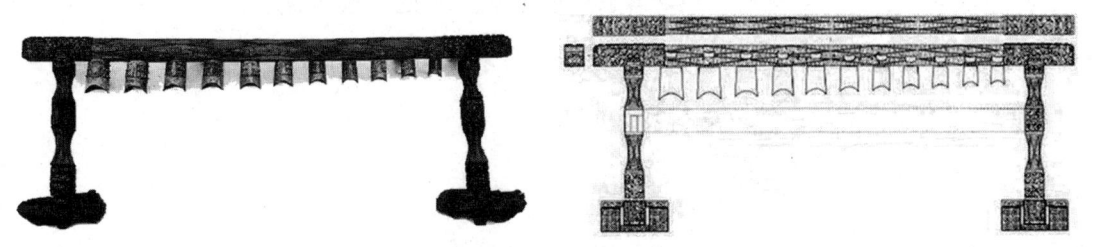

湖北枣阳九连墩楚墓（M2）出土的战国中期漆木编钟架（M2:346）复原图、线图[①]

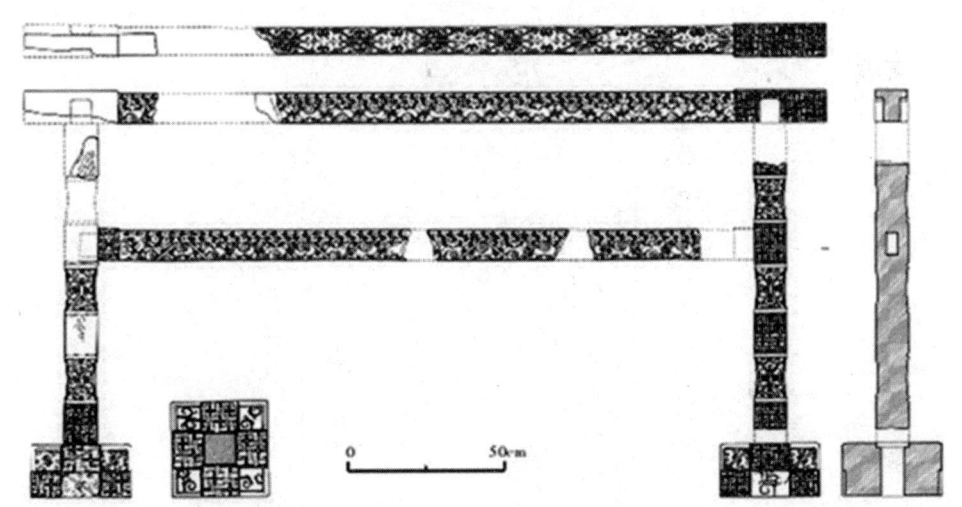

湖北枣阳九连墩楚墓（M1）出土的战国中期漆木编磬架（M1:911-1）线图[②]

湖北枣阳九连墩楚墓（M2）出土的战国中期漆木编磬架（M2:362）复原图、线图[③]

---

①②③　湖北省文物考古研究所等：《湖北枣阳九连墩 M1 乐器清理简报》，《中原文物》2019年第2期。

★ 文献链接

典庸器掌藏乐器庸器，及祭祀，帅其属而设笋虡。——《周礼·春官·典庸器》

孔子曰："之死而致死之，不仁而不可为也；之死而致生之，不知而不可为也。是故竹不成用，瓦不成味，木不成斫，琴瑟张而不平，竽笙备而不和，有钟磬而无簨虡。其曰明器，神明之也。"——《礼记·檀弓上》

（一）笋

笋是悬挂钟、磬的架子的横梁。

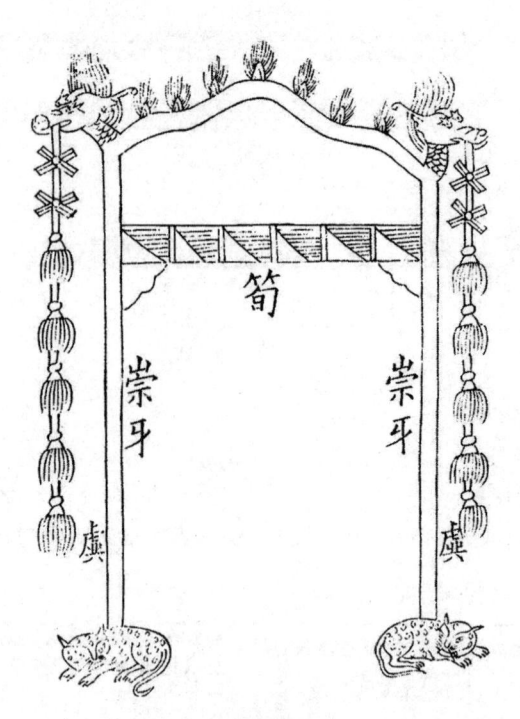

（宋）林希逸《鬳斋考工记解》中的笋图

湖北枣阳郭家庙西周晚期至春秋早期曾国墓地曹门湾墓区 M1 出土的钟、磬架横梁（即笋）的两端为圆雕龙首造型，整体浮雕彩绘变形龙纹（参阅图版 120）。

陕西澄城刘家洼春秋早期芮国遗址 M2 编钟横梁嵌有蚌饰木雕漆绘图案。

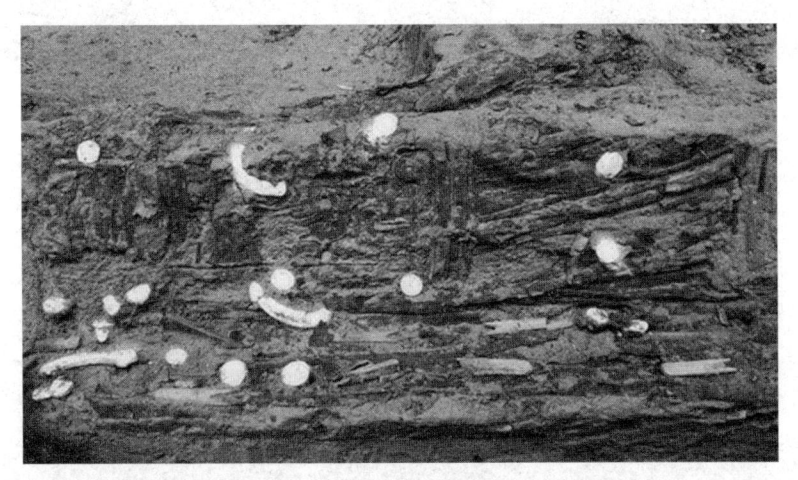

陕西澄城刘家洼春秋早期芮国遗址 M2 出土的编钟横梁局部

河南新郑郑韩故城郑国祭祀遗址春秋中期 K16 乐器坑内北部有五根横梁木灰痕迹，其中三根横梁悬挂有编钟。自北向南，第三根横梁和第四根横梁各悬挂十件纽钟，第五根横梁悬挂四件镈钟。

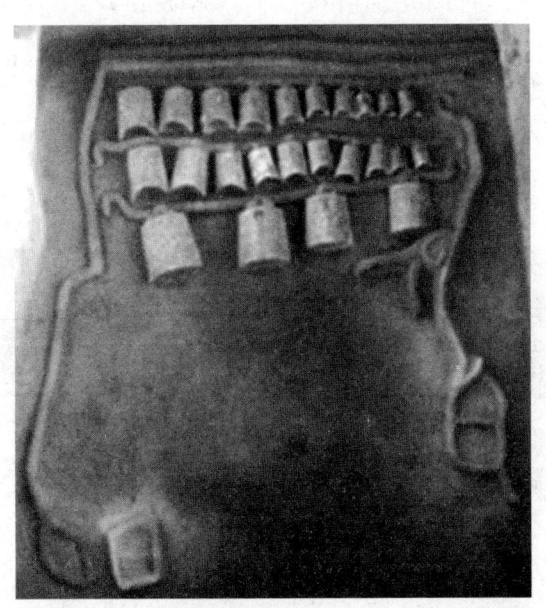

河南新郑郑韩故城郑国祭祀遗址春秋中期 K16 乐器坑内编钟出土情景

湖北随州枣树林春秋时期曾国贵族墓地 M190 出土的编钟横梁

曾侯乙墓出土的编钟的 19 件钮钟、45 件甬钟和 1 件镈，分上、中、下三层悬挂；上层为分别独立的三个小架，立于中层横梁之上。

曾侯乙墓出土的编钟筍簴

江西南昌西汉海昏侯刘贺墓出土的漆钟架（M1:164-15-②）残块为木胎，通体刷有朱漆；平面呈长方条形，朱漆底色上面用浅黑色漆描云气纹，云气纹外用白粉调漆描边。[1]

江西南昌汉代海昏侯国遗址出土的漆钟架残块（M1:164-15-②）

---

[1] 详见江西省文物考古研究院、北京师范大学：《江西南昌西汉海昏侯刘贺墓出土漆木器》，《文物》2018 年第 11 期。

（二）虡

虡是悬挂钟、磬架子两侧的立柱，包括钟虡和磬虡。

"虡"的金文字形如表所示：

字形	时期	器名	文献来源	编号
![]	春秋晚期	虡公剑	《殷周金文集成》	11663
![]	春秋晚期	少虡剑		11696
![]	春秋晚期	蔡侯墓残钟		224

由表可见，"虡"的金文字形，象悬挂钟、磬的架子两侧的立柱，属于象形造字。《尔雅·释器》："木谓之虡。"郭璞注："县（悬）钟磬之木，植者名虡。"《说文解字·虍部》："虡，钟鼓之柎也。饰为猛兽，从虍、異，象形，其下足。"章太炎先生讲授虡字："钟虡以猛兽负之，犹碑以龟负之，同制。"[1]

台北历史博物馆藏春秋中期兽形器座的兽头双目圆睁，卷唇咧口，袒胸凸肚，头部歧出四根支柱，用于承托器物（参阅图版121）。

江西南昌西汉海昏侯刘贺墓出土的铜虡

---

[1] 章太炎讲授，王宁主持整理：《章太炎说文解字授课笔记》，中华书局，2010，第209页"虡"字朱希祖记录。

江西南昌西汉海昏侯刘贺墓出土的铜虡底座兽是龙的形象。

★ 文献链接

有瞽有瞽，在周之庭。设业设虡，崇牙树羽。——《诗经·周颂·有瞽》

1. 钟虡

钟虡是悬挂钟的架子两侧的立柱。

《梓人》："厚唇弇口，出目短耳，大胸耀后，大体短脰，若是者谓之臝属，恒有力而不能走，其声大而宏。有力而不能走，则于任重宜；大声而宏，则于钟宜。若是者以为钟虡，是故击其所县，而由其虡鸣。"意思是说，嘴唇厚，嘴巴深，眼睛突出，耳朵短小，胸部阔大，后身细小，体型大，脖子短，这样的动物就叫作臝类动物。这类动物总是有力量却不擅长奔跑，发出的声音大而宏亮。有力量却不擅长奔跑，适合负重；声音大而宏亮，与钟的特点相符。把这类动物的形象作为悬挂钟的架子两侧的立柱的造型，叩击所悬挂的钟，声音就好像是从悬挂钟的架子两侧的立柱发出来似的。

湖北枣阳郭家庙西周晚期至春秋早期曾国墓地曹门湾墓区 M1 出土的钟虡呈圆浮雕的龙凤合体羽人形（参阅图版 122）。

曾侯乙墓出土编钟的立虡

★ 文献链接

及至秦王，蚕食天下，并吞战国，称号曰皇帝，主海内之政，坏诸侯之城，销其兵，铸以为钟虡，示不复用。——《史记·平津侯主父列传》

2. 磬虡

磬虡是悬挂磬的架子两侧的立柱。

《梓人》："锐喙决吻，数目顾脰，小体骞腹，若是者谓之羽属，恒无力而轻，其声清阳而远闻。无力而轻，则于任轻宜；其声清阳而远闻，则于磬宜。若是者以为磬虡，故击其所县，而由其虡鸣。"意思是说，嘴巴尖利，嘴唇张开，眼睛细小，脖子细长，体型小，腹部低陷，这样的动物叫作羽类动物。这类动物总是没有力量却轻捷，叫声清脆而远播。没有力量却轻捷，适合负载轻的物体；叫声清脆而远播，与磬的特点相符。把这类动物的形象作为悬挂磬的架子两侧的立柱上的造型，叩击所悬挂的磬，声音就好像是从悬挂磬的架子两侧的立柱发出来似的。贾公彦疏《梓人》："上既言钟虡，此说磬虡，磬轻于钟，故画鸟为饰。"

河南安阳殷墟小屯西地商代大墓 M1 西二层台的夯土中竖立嵌有石磬，两旁相距约一米处各有一副"十"字形木架，应是磬架的底座。

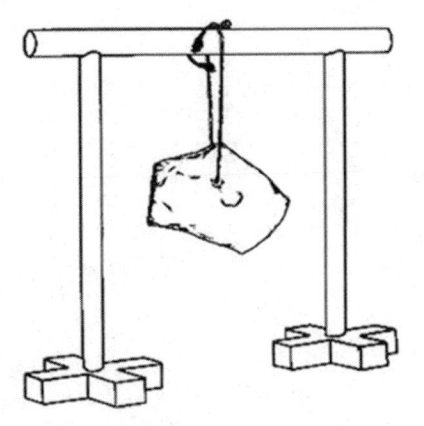

河南安阳殷墟小屯西地商代大墓 M1 磬架底座出土情景及其复原示意图[①]

---

① 中国社会科学院考古研究所安阳工作队：《河南安阳市殷墟小屯西地商代大墓发掘简报》，《考古》2009年第9期。

曾侯乙墓曲尺结构的编磬架与编钟架组合成"轩悬"规制。曾侯乙墓编磬出土时，沿中室北壁按双层结构立架陈放，青铜磬架由一对怪兽立柱和两层圆杆横梁榫卯结合而成。

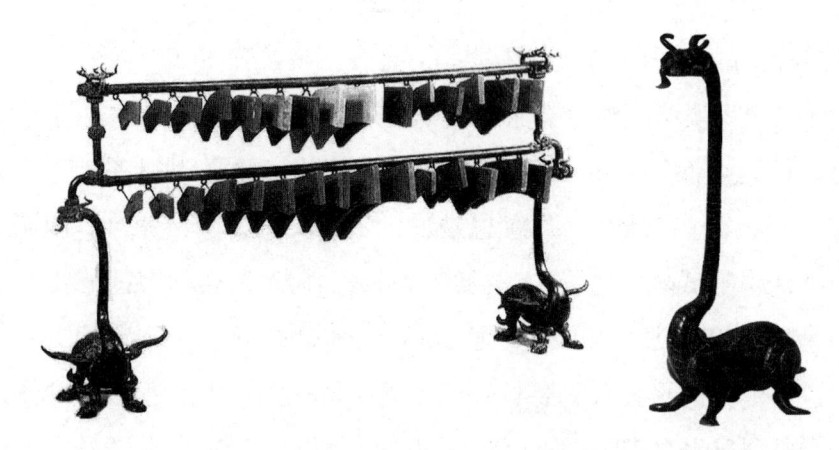

曾侯乙墓出土的编磬架怪兽形编磬座

这与湖北枣阳郭家庙曾国墓地出土的西周晚期至春秋早期编磬一脉相承。

卷七　丝织品（帛）

帛是丝织品的总称。

《㡛氏》："湅帛，以栏为灰，渥淳其帛，实诸泽器，淫之以蜃。"意思是说，湅制丝织品，用楝树的灰加水调成浓汁，厚厚地浇在丝织品的上面，装进光滑的容器里，再把蛤蜊壳的灰涂在丝织品的上面。随后，清洗丝织品上面的蛤蜊壳灰，拧干，掸掉蛤蜊壳灰，再厚浇用楝树的灰加水调成的浓汁，再清洗，再拧干，再涂上蛤蜊壳灰过夜。到了第二天，再清洗，再拧干。经过这样七天七夜反复湅制的过程，叫作灰湅。白天在阳光下曝晒，夜晚在井水里浸泡，经过这样七天七夜反复湅制的过程，叫作水湅。这里叙述了运用浸泡、曝晒、煮等加工方式练丝帛使其软熟的过程。陆颖明（宗达）先生阐释："古代湅麻用两种灰：一种叫'栏'，是用楝木烧成的；一种叫'蜃灰'，是用贝壳做的灰。程序是搓灰以后，用水漂盝。《周礼·考工记》所谓'清其灰而盝之而挥之'。这种方法叫'湅'。"[1] 科学史学者从古代精练的角度予以阐述："这整个过程所述是利用了丝胶在碱性溶液中溶解度较大的特点，先在较浓的碱性溶液（楝灰水）中使丝胶充分膨润、溶解，再用较稀的碱性溶液（蜃灰水）把丝胶脱下。……《考工记》把丝、帛之精练区别开来，这是十分合理的，因丝未必要像帛那样，把丝胶脱除得那样干净。"[2] 具体来看，丝帛的水湅方式是先曝后宿，灰湅方式是渥+淳→淫→盝→挥→沃→盝→涂→宿→沃→盝。[3]

---

[1] 陆宗达：《说文解字通论》，中华书局，2015，第157页。
[2] 《中华文明史》编纂工作委员会：《中华文明史》，河北教育出版社，1994，第二卷"先秦"，第214页。
[3] 详见李亚明：《从〈周礼·考工记〉看〈汉语大字典〉和〈汉语大词典〉的释义》，《语言研究集刊》第4辑，上海辞书出版社，2007。

英国科技史学者李约瑟曾阐述："早在公元前14世纪的商代，养蚕和丝绸业就已经发展起来了，这意味着当时只有中国人有极长的纺织纤维。一根单丝的平均长度可达数百码，根本不像亚麻或棉花那样短的植物纤维。亚麻或棉花的纤维只能以英寸计量，必须抽出来放在一起才能纺成纱。而蚕丝则是由蚕茧抽出，几乎可达1英里长，其抗拉强度约为每平方英寸65000磅，远远超过了任何植物纤维，已接近于工程材料的标准。"[1] 事实上，迄今发现最早的蚕丝织品物证出自河南舞阳北舞渡贾湖新石器时代遗址。考古工作者在贾湖两处墓葬人的遗骸腹部土壤样品中检测到了蚕丝蛋白的残留物。对遗址中发现的编织工具和骨针综合分析表明，8500年前的贾湖居民可能已经掌握了基本的编织和缝纫技艺，并有意识地使用蚕丝纤维制作丝绸。

河南荥阳青台仰韶文化遗址的平纹织物和浅绛色罗距今约5500年。考古工作者在荥阳汪沟遗址的瓮棺里的头盖骨附着物和瓮底土样中，用酶联免疫技术检测到桑蚕丝残留物，与此前青台遗址瓮棺中出土的织物为同类丝织物，由此确认当时包裹瓮棺中亡童的织物是丝绸。

河南荥阳汪沟遗址出土的碳化丝织品残留物

考古工作者还在浙江湖州潞村钱山漾遗址一个出土竹篮里发现距今4700多年的新石器时代良渚文化平纹丝织品残片，属于经过缫丝加工的长丝产品。

---

[1] 李约瑟：《文明的滴定》，张卜天译，商务印书馆，2016，第86页。

科技考古工作者经对距今 4000 年至 3800 年的陕西榆林神木夏代早期石峁遗址出土的皇城台织物 IV（SM-3）和 V（SM-5）进行傅里叶变换红外光谱分析，推测其纤维为家养桑蚕丝，并由此得出结论——中国的史前丝绸在长江中下游、中原地区和河套地区均有分布。

浙江湖州潞村钱山漾遗址出土的良渚文化平纹丝织品残片

陕西榆林神木石峁遗址出土的皇城台织物
（自左至右：IV[SM-3]，V[SM-5]）

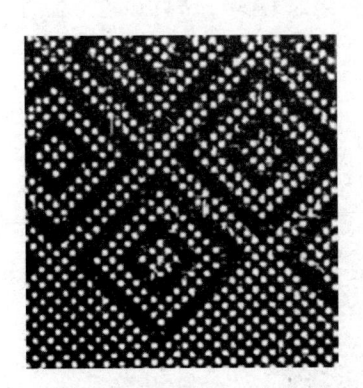

商代铜钺残存回纹花绮组织意匠图

北京故宫博物院藏商代玉戈黏附雷纹绢条花绮组织意匠图

河北藁城台西村商代遗址曾发现粘在铜觚上的几处丝织品遗迹，可大致辨认出属于平纹纨、平纹纱、罗纱、平纹绮等类别的丝织品残片。

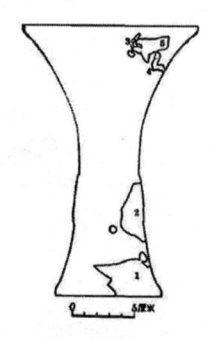

河北藁城台西村商代遗址 M38 出土铜觚表面平纹丝织品残迹的位置[①]

三星堆遗址祭祀坑 K4 灰烬中残存的丝织品遗迹

河南安阳殷墟妇好墓中出土的 50 余件铜礼器表面黏附有平纹绢帛、菱形纹暗花绸、大孔罗等丝织品残片痕迹，纱、纨类 20 余件，朱砂涂染者 9 件，回纹绮 1 件。此外，一个圆尊上黏附有单经双纬（经重平组织）和双经双纬（方平组织）的平纹变化组织丝织物各一件，是中国最早的缣类丝织品。

山西运城绛县横水镇西周时期倗国墓地出土青铜器的表面，有四件纺织品残片。其中，样品之一位于铜鼎口沿外部，深黄色，纱线紧密交叉编织；样品之二位于铜鼎表面，深黄色，纱线较紧密交叉编织。

山西运城绛县横水镇西周时期倗国墓地出土铜鼎口沿外部的纱线残片

[①] 王若愚：《从台西村出土的商代织物和纺织工具谈当时的纺织》，《文物》1979 年第 6 期。

样品之三位于铜车饰内，黄褐色，纱线松散排列。

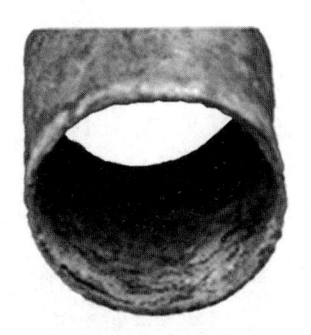

山西运城绛县横水镇西周时期倗国墓地出土铜车饰内的纱线残片

样品之四位于铜车毂内，土黄色，纱线疏松交叉编织。

山西运城绛县横水镇西周时期倗国墓地出土铜车毂内的纱线残片及其局部

陕西韩城梁带村墓地北区 M502 的周代帷幄痕迹

陕西宝鸡茹家庄西周时期1号墓和2号墓也都曾发现丝织品遗痕（参阅图版128）。

江西靖安李洲坳东周墓G26出土的春秋中晚期朱砂染线织造花纹织锦，每厘米经线达240根，是中国迄今发现最早的高密度织锦实物。

江西靖安李洲坳东周墓G26出土的春秋中晚期朱砂染线织造花纹织锦

陕西宝鸡茹家庄西周时期墓出土的铜剑柄上黏附有多层丝织品残痕，是在平纹地上加假纱组织（透孔组织）形成菱形花纹的绮。

湖北随州曾侯乙墓出土的纱、绢、锦、绣等多种战国早期丝织品中，有一种用夹纬显示经线暗花的单层几何织锦，属于首次发现。另外还有一件龙纹绣残片，地帛为深棕色绢，质地致密，表面畦纹，经线密度为每厘米96根，投影宽度为0.15毫米；纬线密度为每厘米24根，投影宽度为0.2毫米，特别珍贵。

湖北江陵马山砖厂1号战国时期楚墓出土的绣衾（N7）用黄绢为绣地，用成对的凤鸟和龙构成对称的图案，各单元间以花草纹相衔，用简练的手法把凤鸟和龙的形态表现得栩栩如生。

湖北江陵马山砖厂 1 号战国时期楚墓出土的凤鸟花卉纹绣浅黄绢面绵袍复原

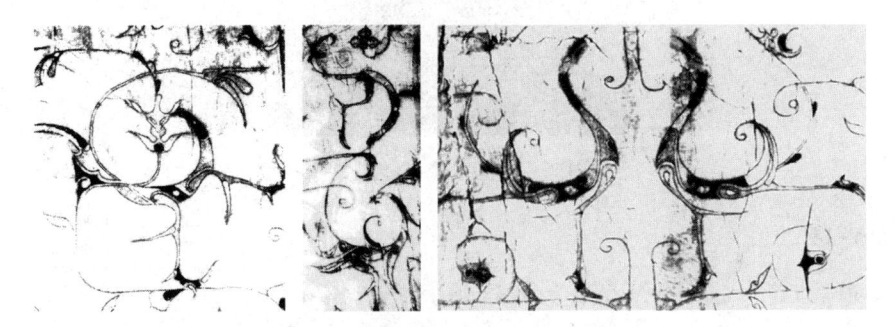

湖北江陵马山砖厂 1 号战国时期楚墓出土的绣衾局部图案（自左至右：龙纹，对凤对龙纹，凤纹）

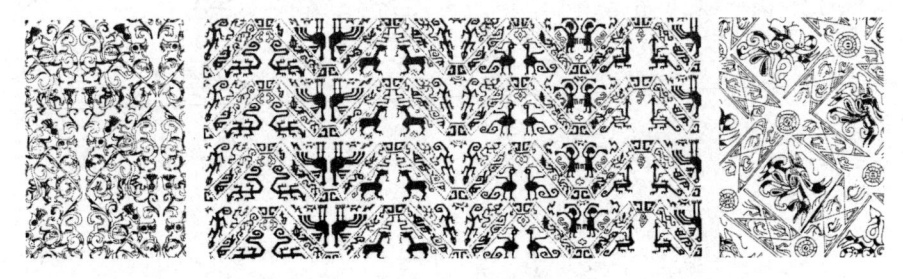

湖北江陵马山砖厂 1 号战国时期楚墓出土的丝织品纹样
（自左至右：龙凤虎纹刺绣，凤鼍麒麟舞人纹经锦，变体凤纹鹙衣刺绣）

战国时期楚墓出土的丝织品组织

（自左至右：湖南长沙左家塘对龙对凤纹经锦，河南信阳长台关复合菱文绮，湖北江陵四经绞织罗）

安徽灵璧汉画像石纺织场景

★文献链接

孤执皮帛。——《周礼·春官·大宗伯》

后圣有作……治其丝麻，以为布帛。——《礼记·礼运》

禹合诸侯于涂山，执玉帛者万国。——《左传·哀公七年》

卷八 色彩

一、五色

五色是指青、黄、赤、白、黑（玄）五种颜色。

《画缋》："画缋之事，杂五色。……青与白相次也，赤与黑相次也，玄与黄相次也。……杂四时五色之位以章之，谓之巧。"意思是说：绘画的事，调配五种颜色。……调配好象征四季的五种特定颜色，以使色彩鲜明，叫作工巧。科技史学者分析："这段话表明，在染色、刺绣选彩线中，人们已经知道，相近之色并列，则色混而不显，相远之色并列，则色愈显而可观，从而认识到五色及其相次之法则。"[1]

中国古人早在新石器时代就已利用矿物和植物，染出各种颜色。山东临朐朱封龙山文化墓葬 M202 除了在边箱一类容器上涂有彩绘，在棺内、棺椁之间以及椁外壁等处，都有红、黑、白、黄、绿等多种颜色的彩绘。

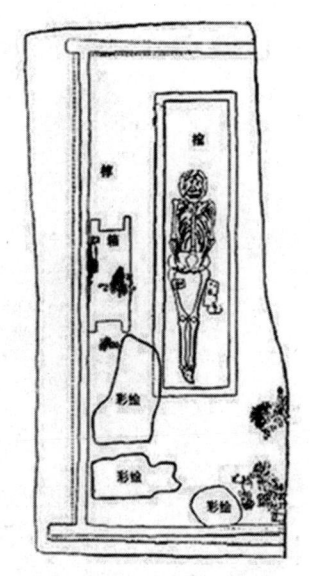

山东临朐朱封龙山文化墓葬 M202 平面图[2]

---

[1] 戴念祖：《中国科学技术史·物理学卷》，科学出版社，2001，第 245 页。
[2] 中国社会科学院考古研究所山东工作队：《山东临朐朱封龙山文化墓葬》，《考古》1990 年第 7 期。

陕西宝鸡北首岭遗址出土的
新石器时代仰韶文化双格石研磨盘

甘肃兰州出土的新石器时代
双格陶调色盒

陕西神木石峁遗址壁画是中国迄今发现数量最多的史前壁画，其中最大的一幅壁画残块约 30 厘米，以白灰面为底，以红、黄、黑、绿四种颜色绘出各种几何图案，应属二里头文化时期（参阅图版 129）。

内蒙古大甸子遗址出土的夏商时期夏家店文化颜料及彩绘图案

河南安阳殷墟郭家庄东墓葬 M5 木棺盖板髹有黄、红、白三色漆，西边一块纵板上全髹黄漆，色彩鲜艳，东边纵板上主要髹红漆，红漆上局部见白漆条纹；M8 和 M9 棺板均有红、黄、黑、白四色漆痕。

---

① 中国社会科学院考古研究所安阳工作队：《2017 年河南安阳市殷墟郭家庄东墓葬发掘简报》，《三代考古（九）》，科学出版社，2021。

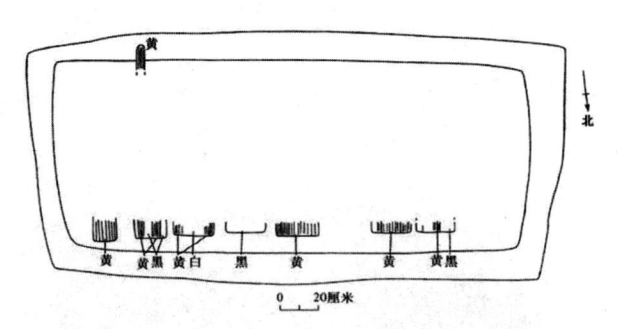

河南安阳殷墟郭家庄东墓葬 M9 椁盖板平面图[①]

殷墟遗址和墓葬曾出土青铜质、陶质、石质和蚌质的孔洞内残留有各种颜料的调色器（盛色器）。

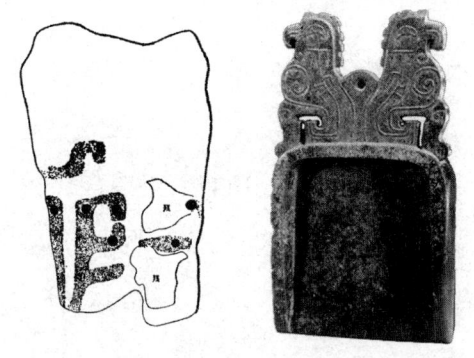

河南安阳殷墟出土的商代宫殿壁画残块及小屯村出土的商代玉调色盘

其中，刘家庄北地 M1095 出土的调色器（M1095∶4）的中间是一个圆形空腔，周围等距连接三个圆筒形器，内部分别残留一层浅绿、暗、黑色物质。

河南安阳殷墟刘家庄北地 M1095 出土的商代调色器（M1095∶4）

花园庄东地 M54 出土的石质三色调色器（M54:369）整体呈长方形，刻有一道深深的凹槽，其上方有磨制光滑的三孔，内有红色、绿色和黑色三种颜料遗迹。

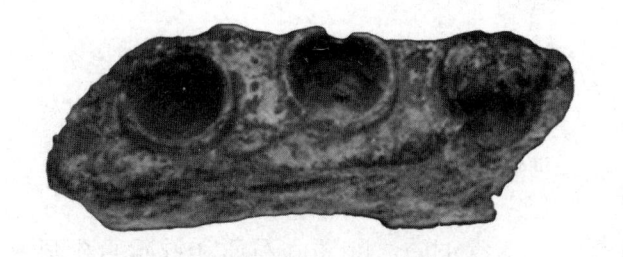

河南安阳殷墟花园庄东地 M54 出土的
商代石质三色调色器

流落美国的商末周初牛首四足调色器（圣路易斯美术馆藏），证明商、周两代兑漆技术已经比较成熟，在漆中加丹砂、石黄、雄黄、红土、白土等矿物质，就可以调制出多种色彩。商、周两代漆器的颜色主要有红色、黑色、白色、褐色和黄色。考古学家根据周原漆器彩绘包括红、黄、蓝、白、黑五种基本颜色和各种复色，推断当时使用的颜料大致为朱砂、石黄、雄黄、红土、白土等矿物性颜料和蓝靛等植物性颜料。

流落美国的商末周初牛首四足调色器（圣路易斯美术馆藏）

河南洛阳北窑西周墓出土的玉牛形调色器，灰白玉质，牛呈卧伏状，牛头前伸，有黑色斑纹，双耳贴于头部，背部雕琢四个圆洞，洞内残留朱红色颜料，器身饰卷云纹。

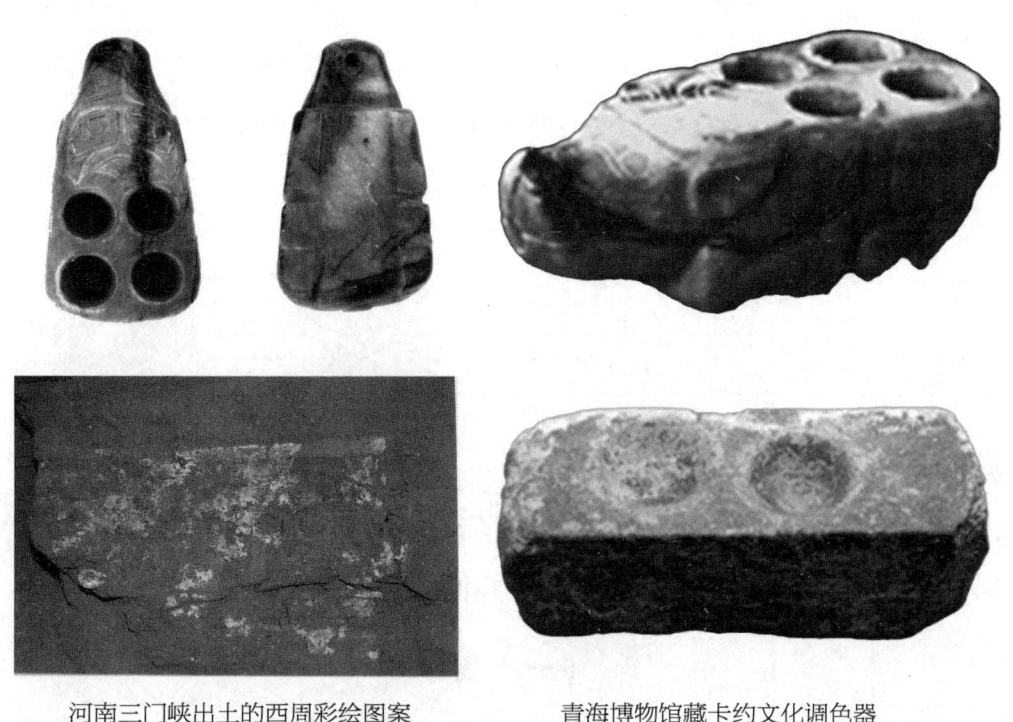

河南三门峡出土的西周彩绘图案

青海博物馆藏卡约文化调色器

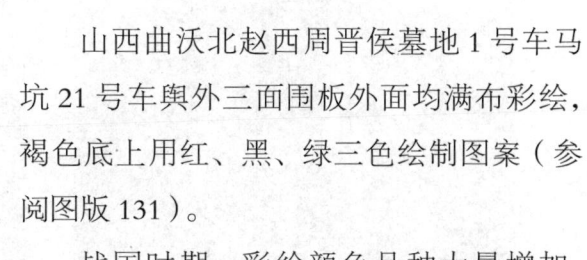

曾侯乙墓出土的战国早期
彩绘龙凤纹木雕漆豆

山西曲沃北赵西周晋侯墓地 1 号车马坑 21 号车舆外三面围板外面均满布彩绘，褐色底上用红、黑、绿三色绘制图案（参阅图版 131）。

战国时期，彩绘颜色品种大量增加，除了红色、黑色、白色、褐色和黄色，还有绿色、蓝色、金色、银色等。

《考工记》"五色"关系表

颜色	属性			
	彩色	波长（纳米）	频率（兆赫）	配位
青	（+）	485—500	620—600	东
赤	（+）	625—740	480—405	南
白	（-）			西
黑	（-）			北
玄	（-）			天
黄	（+）	565—570	530—510	地

★ 文献链接

以五采彰施于五色，作服，汝明。——《尚书·益稷》

水无当于五色，五色弗得不章。——《礼记·学记》

（一）青

青是介于绿色和蓝色之间的颜色。

《栗氏》："青白之气竭，青气次之，然后可铸也。"意思是说，青色和白色交融的气体消失后，就剩下青色的气体，然后就可以浇铸了。《画缋》："东方谓之青。……

青与白相次也。"意思是说：象征东方的颜色叫作青色。……青色与白色依照顺序排列。《弓人》："青也者，坚之征也。"意思是说：（犄角）青色是坚韧的体现。《说文解字·青部》："青，东方色也。"

中国古代染青的矿石染料是空青，化学成分是盐基性碳酸铜。科技考古工作者经对陶寺遗址陶器和木器上的彩绘颜料进行发射光谱定性分析后发现，其绿色颜料主矿物都是孔雀石。[①]

中国古代染青的植物原料之一是蓝草（也称马蓝、板蓝）的茎叶。中国古人从夏代开始，人工种植蓝草并使用蓝草进行染色。

战国时期，人们根据铜器煎煮荩草汁为绿色的经验，提炼出用荩草染绿的媒染剂即含铜盐的蓝矾。

★文献链接

以青圭礼东方。——《周礼·春官·大宗伯》

青青子衿，悠悠我心。纵我不往，子宁不嗣音？青青子佩，悠悠我思。纵我不往，子宁不来？——《诗经·郑风·子衿》

苕之华，其叶青青。——《诗经·小雅·苕之华》

青取之于蓝，而青于蓝。——《荀子·劝学》

---

① 详见李乃胜等：《陶寺遗址陶器和木器上彩绘颜料鉴定》，《考古》1994年第9期。

（二）赤

赤即红色。

"赤"的甲骨文字形如表所示：

字形	文献来源	编号
（字形）	《甲骨文合集》	10198
（字形）		15679 宾组
（字形）		28196 何组

"赤"的金文字形如表所示：

字形	时期	器名	文献来源	编号
（字形）	西周早期	麦方鼎	《殷周金文集成》	2706
（字形）	西周中期	走马休盘		10170
（字形）	西周晚期	南宫柳鼎		2805
（字形）	春秋早期	走马薛仲赤簠		4556
（字形）	春秋晚期	郑公华钟		245

由表可见，"赤"的甲金文字形皆从大、从火，会意火大则其色赤红，属于会意造字。《说文解字·赤部》："赤，南方色也。"

《画缋》："南方谓之赤。……赤与黑相次也。"意思是说：象征南方的颜色叫作赤色。……赤色与黑色依照顺序排列。

河南陕县庙底沟出土的新石器时代石研磨盘的磨面上存留有大面积的红色痕迹，颜料块似为赤铁矿（参阅图版134）。

江苏张家港东山村遗址新石器时代崧泽文化墓葬的石钺（M90：31）出土时，在其下面的土壤里发现几道朱彩纹饰印痕，应是石钺穿孔上面的彩绘纹饰。

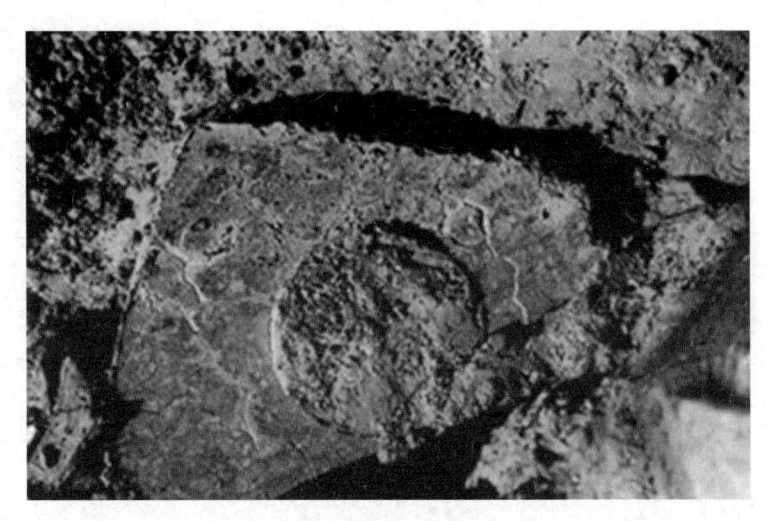

江苏张家港东山村遗址新石器时代崧泽文化墓葬的石钺（M90：31）出土情景

《礼记·檀弓》记载："夏后氏尚黑，殷人尚白，周人尚赤。"但实际上，殷人也尚赤。

例如，河南安阳殷墟刘家庄北地墓葬 M35 居右一人的左腹部有一片红漆痕迹，面积约 10 平方厘米，其上有磨石和贝各两件；居左一人的右胸部也有一片红漆痕迹，面积约 10 平方厘米。

再如，殷墟乙七基址北组墓葬中，车队前的殉人骨上均有红色，车队右边无头殉人骨上带有红色。另如，河南安

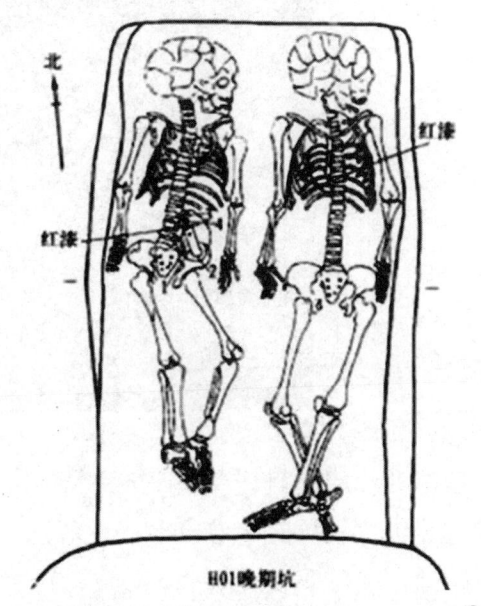

河南安阳殷墟刘家庄北地墓葬 M35 平面图[1]

---

[1] 中国社会科学院考古研究所安阳工作队：《河南安阳市殷墟刘家庄北地 2008 年发掘简报》，《考古》2009 年第 7 期。

阳殷墟王裕口村南地商代遗址 M103 二层台上层的殉人附近，也有红漆痕迹。

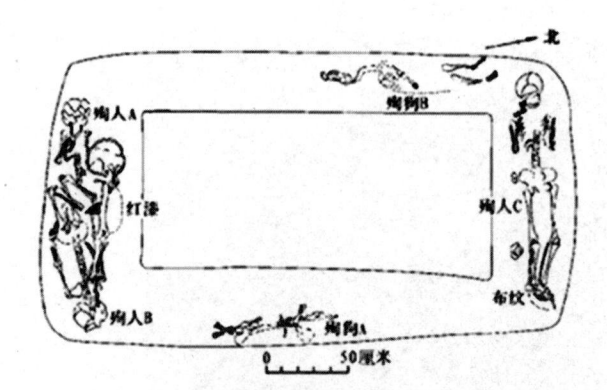

河南安阳殷墟王裕口村南地 M103
二层台上层牺牲平面图①

湖北随州叶家山西周早期 M107
残留朱砂的骨梳出土情景

周代开始使用茜草，它的根部含有茜素，可用明矾作为媒染剂染出红色。

山西北赵西周晋侯墓地1号车马坑21号车围板内侧有彩绘，从右侧围板的情况看，底色应为大面积涂红（参阅图版138）。

科技考古工作者经仪器分析发现，战国早期曾侯乙墓出土的甲胄红色漆膜的主要显色成分为朱砂（参阅图版48）。

---

① 中国社会科学院考古研究所安阳工作队：《河南安阳市殷墟王裕口村南地2009年发掘简报》，《考古》2012年第12期。

★ 文献链接

以赤璋礼南方。——《周礼·春官·大宗伯》

诸侯麋侯,赤质。——《仪礼·乡射礼》

设六色:东方青,南方赤,西方白,北方黑,上玄,下黄。——《仪礼·觐礼》

★ 视频链接

《探索·发现》:《洪洞南秦墓地(下)》考古人员钻探时发现地下有朱砂

(三)白

白即白色。

"白"的甲骨文字形如表所示:

字形	文献来源	编号
白	《甲骨文合集》	3395
白		20079
白		33070

"白"的金文字形如表所示:

字形	时期	器名	文献来源	编号
白	西周早期	大盂鼎	《殷周金文集成》	2837
白	西周中期	公貿鼎		2719
白	西周晚期	克钟		207

由表可见,"白"的甲金文字形皆象指甲根部的甲半月(也称半月痕,俗称月牙),属于指事造字。《说文解字·白部》:"白,西方色也。"

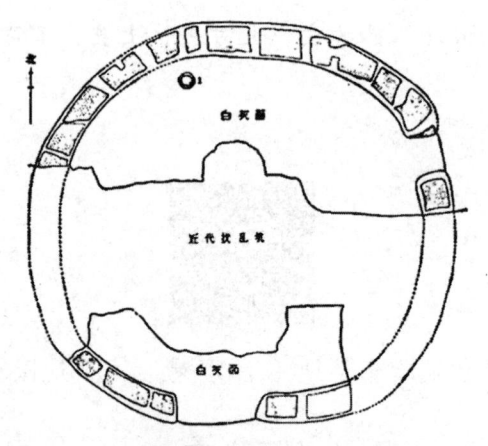

河南安阳后冈遗址新石器时代龙山文化时期
土坯墙房址 F12 平面图①

《画缋》:"西方谓之白"。意思是说,象征西方的颜色叫作白色。《匠人》:"夏后氏世室,……白盛。"意思是说,夏后氏的宗庙用白色的蛤蜊壳灰泥粉刷墙面。《弓人》:"白也者,㔸之征也。"意思是说,(犀角)白色是自然弯曲之势的体现。

点缀白色圆点的马家窑文化陶盆

---

① 中国社会科学院考古研究所安阳工作队:《1979年安阳后冈遗址发掘报告》,《考古学报》1985年第1期。

科技考古工作者对陶寺遗址出土的新石器时代陶器和木器上的彩绘颜料进行发射光谱定性分析后发现，其白色颜料主矿物是方解石。[①]

河南安阳后冈遗址新石器时代龙山文化时期土坯墙房址 F12 的室内墙面上留有多层草拌泥和白灰面。

山西芮城太安遗址新石器时代龙山文化时期白灰面房址

山西兴县新石器时代龙山文化末期碧村遗址小玉梁台地西北部的半地穴式房址均为白灰地面。其中，F11 的北壁、东壁和门道西侧都有白灰面墙裙，火塘四壁和平面也都涂抹有白灰面。

山西兴县新石器时代龙山文化末期碧村遗址
小玉梁台地西北部 F11 门道西侧白灰面墙裙

---

① 详见李乃胜等：《陶寺遗址陶器和木器上彩绘颜料鉴定》，《考古》1994 年第 9 期。

陕西岐山凤雏西周甲组建筑基址夯土墙面附有掺着少量石灰质材料的饰面用的三合土表层。其工序是，为使面层与墙体结合牢固，先在壁面刻划若干条沟槽，使其粗糙，然后抹上厚约1厘米的灰面，再在表面涂饰白垩，①即郑玄注《匠人》"白盛"所说的"以蜃灰垩墙，所以饰成宫室"。

安徽蚌埠双墩春秋中晚期钟离国君柏墓的封土堆下墓口外生土上，铺有一层直径约60厘米、厚约0.2厘米至0.3厘米的白土垫层。经光谱仪测试分析，属于粉石英黏土矿物。

安徽蚌埠双墩春秋中晚期钟离国君柏墓
白土垫层复原图②

★ 文献链接

以白琥礼西方。——《周礼·春官·大宗伯》

天子熊侯，白质。——《仪礼·乡射礼》

不曰白乎？涅而不缁。——《论语·阳货》

告子曰："生之谓性。"孟子曰："生之谓性也，犹白之谓白与？"曰："然。""白羽之白也，犹白雪之白；白雪之白，犹白玉之白与？"曰："然。""然则犬之性，犹牛之性；牛之性，犹人之性与？"——《孟子·告子上》

---

① 详见杨鸿勋：《西周岐邑建筑遗址初步考察》，《文物》1981年第3期。
② 安徽省文物考古研究所等：《春秋钟离君柏墓发掘报告》，《考古学报》2013年第2期。

（四）黑

黑即黑色。

"黑"的甲骨文字形如表所示：

字形	文献来源	编号
（字形）	《甲骨文合集》	6976
（字形）		10179 宾组
（字形）		10187 宾组

"黑"的金文字形如表所示：

字形	时期	器名	文献来源	编号
（字形）	春秋早期	铸子叔黑臣簠	《殷周金文集成》	4570
（字形）				4571

由表可见，"黑"的甲金文字形皆像人脸被烟熏黑（一说上象受熏烟囱，下为火的讹变，左右两点象火花），会熏黑之意，属于会意造字。《说文解字·黑部》："黑，火所熏之色也。"

《画缋》："北方谓之黑。"意思是说，象征北方的颜色叫作黑色。《弓人》："鼠胶黑。"意思是说，鼠胶黑色。

山西博物院藏仰韶文化庙底沟弧腹平底彩陶罐的口沿内壁绘有黑彩宽条纹，唇边绘一道黑彩，肩部和腹部绘有四组黑彩花卉纹饰。

山西博物院藏仰韶文化庙底沟弧腹平底彩陶罐

山西博物院藏仰韶文化庙底沟彩陶盆的口沿和腹部用黑彩绘出圆点、直线、三角形等组成的图案。

山西博物院藏仰韶文化庙底沟彩陶盆 　　浙江杭州余杭良渚古城钟家港出土的黑漆杯

光谱分析表明，中国新石器时代陶器上的黑彩的主要着色元素是铁和锰，原料可能是一种含铁较高的红土。甘肃临洮马家窑遗址出土的彩陶颜料成分分析显示，其黑色颜料来自磁铁矿、黑锰矿或锌铁尖晶石；河南淅川下王岗仰韶一期的黑色颜料则来自锰铁矿石。

马家窑文化半山类型黑红二色彩陶 　　河北藁城台西村商代遗址出土的漆器残片，上有色彩绚丽的朱红地黑漆花纹

科技考古的化学检测分析显示，河南安阳殷墟出土龟甲和兽骨上面黑色颜料是制墨原料——碳元素单质。河南罗山蟒张商代晚期墓葬出土的三件铜鼎的饕餮纹和六件提梁卣肩部的纹饰都有均匀填髹黑漆的痕迹。北京房山琉璃河遗址出土的兽面纹铜鼎

（5.2311）鼎腹上部的饕餮花纹饰阴线均匀分布了黑色填充物，其主要成分为碳元素。山西太原赵卿墓出土的高柄方壶壶身和壶柄纹饰内填充的黑色物质，分析显示为多种矿物的混合物，矿相鉴定显示为石英、白铅矿、锡石等氧化物。

中国古人还从五倍子、柿叶、冬青叶、栗壳、莲子壳、乌桕叶等植物中提炼染黑色素作为染料。

★ 文献链接

白沙在涅，与之俱黑。——《荀子·劝学》

（四）A　玄

玄的引申义为黑色的一种。

"玄"的金文字形如表所示：

字形	时期	器名	文献来源	编号
𠄌	西周中期	同簋盖	《殷周金文集成》	4270
𠄌	西周晚期	颂鼎		2829
𠄌	春秋晚期	少虡剑		11696

由表可见,"玄"的金文字形合体指事幽远,属于指事造字。《说文解字·玄部》:"玄,幽远也。黑而有赤色者为玄,象幽而入覆之也。"

《画缋》:"天谓之玄。"意思是说,象征天的颜色叫作"玄"。孙诒让《周礼正义》辨析:"玄黑同色而微异,染黑,六入为玄,七入为缁,此黑即是缁,与玄对文则异,散文则通。"意思是说,玄与黑同为黑色,却略有区别。染黑色的时候,反复浸染六次是玄,反复浸染七次是缁。这里的黑就是缁,与玄泛称时可以通用,相对出现时又必须区别。

曾侯乙墓出土的黑漆朱绘星宿图衣箱　　　　湖南长沙出土的战国时期漆耳杯

★文献链接
以玄璜礼北方。——《周礼·春官·大宗伯》
七月鸣鵙,八月载绩,载玄载黄,我朱孔阳,为公子裳。——《诗经·豳风·七月》
天子居玄堂左个,乘玄路,驾铁骊,载玄旗,衣黑衣,服玄玉。——《礼记·月令》
士玄衣纁裳。——《礼记·礼器》

(五)黄

黄即黄色。

"黄"的甲骨文字形如表所示:

字形	文献来源	编号
(字形)	《甲骨文合集》	3476
(字形)		4368

"黄"的金文字形如表所示：

字形	时期	器名	文献来源	编号
(字形)	西周早期	见作甗	《殷周金文集成》	818
(字形)	西周中期	走马休盘		10170
(字形)	西周晚期	颂簋		4333
(字形)	春秋晚期	哀成叔鼎		2782

由表可见，"黄"的甲金文字形象箭杆穿透靶心（一说象组绚佩玉），会黄色之意，属于会意造字。《说文解字·黄部》："黄，地之色也。"

《画缋》："地谓之黄。"意思是说，象征大地的颜色叫作黄色。

中国古人最初主要利用栀子的果实中所含藏花酸的黄色素作为直接染料，染成的黄色微泛红光。

后来从三硫化二砷矿石——石黄（也叫雄黄、雌黄）中提炼黄色素作为染黄染料。

科技考古工作者对陶寺遗址陶器和木器上的彩绘颜料进行发射光谱定性分析后发现，其黄色颜料主矿物是一种膨胀性黏土矿物——蒙脱石。

河南洛阳帽郭村西周时期墓 C5M1981 出土的五件蚌泡的边沿处都残留橘黄色颜料。

河南洛阳帽郭村西周时期墓 C5M1981 出土的蚌泡　　湖南长沙马王堆 1 号汉墓黄褐色对鸟菱纹绮地"乘云绣"

★ 文献链接

以黄琮礼地。——《周礼·春官·大宗伯》

裳裳者华，芸其黄矣。……裳裳者华，或黄或白。——《诗经·小雅·裳裳者华》

献其貔皮，赤豹黄罴。——《诗经·大雅·韩奕》

缁衣羔裘，素衣麑裘，黄衣狐裘。——《论语·乡党》

二、画缋

"画缋"指用调匀的颜料或染液描绘图案的方法。

《画缋》:"画缋之事,杂五色。""缋"通"绘"。意思是说,绘画的事,调配五色。孔颖达疏《礼记·礼运》:"绘犹画也,然初画曰画,成文曰缋。"

大汶口文化彩陶的色彩主要有黑、白、红、褐、赭、黄等(参阅图版144)。庙底沟文化彩陶突出黑红白色对比,以黑白、黑红两组色彩配合为原则,将双色对比效果提升到极致,由此奠定了中国绘画艺术的色彩基础(参阅图版145-148)。

《考工记》中"画缋"包括绘画和刺绣,各要素关系如表所示。

			文章黼黻绣			
文章黼黻绣			黑			文章黼黻绣
		黼	↑	黻		
	黼				黻	
	白	←	绣黄绣	→	青	
		章			文	
		章	↓	文		
			赤			
			文章黼黻绣			

(一)文

"文"的甲骨文字形如表所示:

字形	文献来源	编号
𠂇	《甲骨文合集》	947 反宾组
𠂇		4834
𠂇		18682 宾组

"文"的金文字形如表所示：

字形	时期	器名	文献来源	编号
文	商代晚期	仲子觥	《殷周金文集成》	9298
文	西周早期	作文考父丁卣		5370
文	西周中期	追簋盖		4222

由表可见，"文"的甲金文字形上皆象交错的刻纹和色彩，属于象形造字。《说文解字·文部》："错画也，象交文。"

中国古代最高贵的丝绸品种是一种多彩提花丝织品——锦。其中，用两种不同颜色的经线织成的提花丝织品，叫二色锦。《画缋》："青与赤谓之文。"意思是说，青色与赤色相配的图案或丝织品叫作"文"。这里的"文"引申特指用深蓝色和红色两种颜色相互映衬的纹理、图案，或用深蓝色和红色两种颜色的经线织成的二色锦。

★ 文献链接

礼有以文为贵者，天子龙衮，诸侯黼，大夫黻，士玄衣纁裳。——《礼记·礼器》

（二）章

"章"的金文字形如表所示：

字形	时期	器名	文献来源	编号
🗦	西周早期	竞卣	《殷周金文集成》	5425
🗦	西周中期	师遽方彝		9897
🗦	西周晚期	颂鼎		2829

由表可见,"章"的金文字形象用刻刀在平面上刻画符号(一说象用刀将玉剖为璋),会花纹之意,属于会意造字。

《画缋》:"赤与白谓之章。"意思是说,赤色与白色相配的图案或丝织品叫作"章"。

这里的"章"引申特指用红色和白色两种颜色相互映衬的纹理、图案(参阅图版149–152),或用红色和白色两种颜色的经线织成的提花丝织品。

★ 文献链接

天命有德,五服五章哉。——《尚书·皋陶谟》

终日不成章,泣涕零如雨。——《古诗十九首》

(三)黼

"黼"的金文作 🗦 [1]。

《画缋》:"白与黑谓之黼。"意思是说,白色与黑色相配的图案或丝织品叫作"黼"。这里的"黼"引申特指用白色和黑色两种颜色相互映衬的纹理、图案,或用白色和黑色两种颜色的经线织成的提花丝织品。《说文解字·黹部》:"黼,白与黑相次文。"

---

[1] 西周晚期颂鼎。

庙底沟文化钩羽圆点纹彩陶盆黑白相间色彩

湖北枣阳雕龙碑庙底沟文化单旋纹与双旋纹彩陶黑白相间色彩

湖南长沙出土的战国时期彩绘雕花板黑白相间色彩

★文献链接

是月也，命妇官染采，黼黻文章，必以法故，无或差忒，黑黄苍赤，莫不质良，勿敢伪诈，以给郊庙祭祀之服，以为旗章，以别贵贱等级之度。——《吕氏春秋·季夏纪》

天子龙衮，诸侯黼。——《礼记·礼器》

（四）黻

《画缋》："黑与青谓之黻。"意思是说，黑色与青色相配的图案或丝织品叫作"黻"。这里的"黻"引申特指用黑色和深蓝色两种颜色相互映衬的纹理、图案，或用黑色和深蓝色两种颜色的经线织成的提花丝织品。《说文解字·黹部》："黻，黑与青相次。"

甘肃张家川马家塬战国墓地M1-2号车的车厢右侧板髹漆，用黑、朱、蓝三种颜色绘出饕餮图案。

★文献链接

大夫黼。——《礼记·礼器》

遂朱绿之，玄黄之，以为黼黻文章。服既成，君服以祀先王先公，敬之至也。——《礼记·祭义》

（五）绣

《画缋》："五采备谓之绣。"意思是说，五彩俱备的丝织品叫作"绣"。这里的"绣"特指用深蓝色、红色、白色、黑色和黄色五种颜色相互映衬的纹理、图案，或用深蓝色、红色、白色、黑色和黄色五种颜色的经线织成的提花丝织品。孙诒让《周礼正义》辨析："凡对文，五采备谓之绣；散文，文章黼黻绣亦通称。"《说文解字·糸部》："绣，五采备也。"贾公彦疏《诗经·唐风·扬之水》"素衣朱绣"："凡绣亦须画，乃刺之，故画绣二工共其职也。"

山西绛县横水西周墓地M1的西壁和北壁，有总面积达10平方米左右的帐帷——整体为红色的丝织品，上有精美的刺绣图案，图案主题是凤鸟，线条流畅，气势磅礴，说明当时的刺绣技术已经非常成熟（参阅图版154）。

湖南长沙马王堆1号汉墓出土的刺绣
（自左向右：黄褐色对鸟菱纹绮地乘云绣、长寿纹刺绣）

湖北江陵马山砖厂1号战国楚墓出土的龙凤纹绣绢衾（N2）用黄色绢做绣地，用绛红、金黄、浅黄、浅绿等色线满绣蟠龙飞凤纹，显得十分浓艳（参阅图版155）。①同墓出土的绣罗禅衣（N9）用皂色罗做绣地，用朱红、黑、金黄、淡黄、银灰等色线绣出龙、凤、虎等飞禽走兽（参阅图版156）。②

★文献链接

君子至止，黻衣绣裳。——《诗经·秦风·终南》

乃命司服具饬衣裳，文绣有恒，制有小大，度有长短，衣服有量，必循其故，冠带有常。——《礼记·月令》

黼黻、文绣之美，疏布之尚，反女功之始也。——《礼记·郊特牲》

★视频链接

《探索·发现》之《新田西周大墓（上）》：三千年前纺织品出土，色彩图案历历在目

《探索·发现》之《探秘石家墓地》：考古队员能否成功提取帷帐

三、染色

《钟氏》："钟氏染羽，以朱湛丹秫三月而炽之。"意思是说，钟氏染羽毛，把朱砂和红色的粟米一起在水中浸泡三个月，然后用火蒸，再把蒸馏水浇在朱砂和红色的粟米上面，然后再蒸，就可以用蒸馏浓汁染羽毛了。这里讲的是交替浸染的套色媒染技

---

①② 详见荆州地区博物馆：《江陵马砖一号墓出土的战国丝织品》，《文物》1982年第10期。

术。浸染的程序是，先把染料物质研磨成粉末，用水调和，再把丝或织物浸入其中，纤维吸附染料物质粉末，获得媒染效果。

（一）纁

纁（xūn）是朱红色，浸染三次而获得。

《钟氏》："三入为纁。"意思是说，丝织品浸染三次成为朱红色。郑玄注："染纁者，三入而成。"《说文解字·系部》："纁，浅绛也。"《尔雅·释器》："一染谓之縓，再染谓之赪，三染谓之纁。"

中国古人最早使用的染红矿物质颜料是赭石，而染红效果最好的矿物质颜料是朱砂。朱砂即丹砂、汞砂，化学成分是硫化汞。朱砂是商代祭祀和丧葬仪式中的重要用品。河南安阳殷墟的祭祀遗存中有一些人骨、动物骨骼和甲骨卜辞被染成红色的现象，例如，分三层埋葬的安阳后岗圆形祭祀坑，其中第一层和第二层的殉人骨上多有鲜艳的朱砂痕迹。殷墟遗址高等级贵族墓葬使用朱砂的现象较为普遍，有的是把朱砂铺撒在棺底或墓室底部，有的是把朱砂涂抹在随葬品上，更多的则是把朱砂撒在墓主身上。北京故宫博物院藏商代玉戈的正反两面均留有麻布、平纹绢等纺织品痕迹，并渗有朱砂。

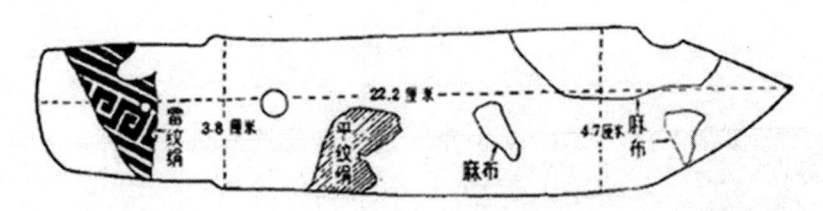

北京故宫博物院藏商代玉戈黏附朱砂纺织品痕迹示意图[①]

陕西宝鸡茹家庄西周井姬墓出土的三层丝织品，中间一层有鲜艳的朱红色，说明当时已经成功地掌握了朱砂颜料的制作技术。河南三门峡上村岭虢国墓地 M2009 号仲

[①] 陈娟娟：《两件有丝织品花纹印痕的商代文物》，《文物》1979 年第 12 期。

墓出土的麻织短裤和麻织短褂分为两层，内层着鲜艳红色，明显经过人工染色。经检测分析，确定麻织物上的红色是由赭石染色的结果。这为西周时期织物染色应用石染提供了实证（参阅图版 157）。①

★ 文献链接

凡染，春暴练，夏纁玄，秋染夏，冬献功。——《周礼·天官·染人》

爵弁服，纁裳，纯衣，缁带，韎韐。——《仪礼·士冠礼》

★ 视频链接

《探索·发现》之《探秘三星堆》：考古人员试图找到已炭化的丝织品

《探索·发现》之《探秘三星堆》：
考古人员在青铜网格器上面发现了带有红色颜料的丝织品

（二）緅

緅（zōu）是略近黑色的深红色，以纁为底色，用青矾石等交替浸染五次，媒染而成。

《钟氏》："五入为緅。"意思是说，丝织品浸染五次成为深红色。《说文解字·糸部》："緅，帛青赤色也。"

---

① 详见李清丽等：《虢国墓地 M2009 出土麻织品上红色染料的鉴定》，《文物保护与考古科学》2019 年第 3 期。

★ 文献链接

君子不以绀緅饰，红紫不以为亵服。——《论语·乡党》

（三）缁

缁（zī）是黑色，以纁为底色，用青矾石等交替浸染七次，媒染而成。

《钟氏》："七入为缁。"意思是说，丝织品浸染七次成为黑色。《说文解字·糸部》："缁，帛黑色。"

★ 文献链接

缁衣之宜兮，敝予又改为兮；适子之馆兮，还予授子之粲兮。缁衣之好兮，敝予又改造兮；适子之馆兮，还予授子之粲兮。缁衣之蓆兮，敝予又改作兮；适子之馆兮，还予授子之粲兮。——《诗经·郑风·缁衣》

不曰白乎？涅而不缁。——《论语·阳货》

始冠，缁布之冠也。太古冠布，齐则缁之。——《仪礼·士冠礼》

卷九　玉器

玉琢

中国玉器源远流长，从河姆渡文化算起，已有七千年的历史。经新石器时代的良渚文化、龙山文化、红山文化，历夏代二里头文化、商代殷墟文化，到西周时期，玉器风格受宗法、礼俗制度影响，循规守矩。后来的封建统治者把儒家的理念比附到各类玉器中去，玉器具备了更为丰富的文化含义。

《玉人》涉及玉人制作玉器的事务。

★文献链接

他山之石，可以攻玉。——《诗经·小雅·鹤鸣》

以玉作六器，以礼天地四方：以苍璧礼天，以黄琮礼地，以青圭礼东方，以赤璋礼南方，以白琥礼西方，以玄璜礼北方。——《周礼·春官·大宗伯》

君子无故玉不去身，君子于玉比德焉。——《礼记·玉藻》

夫昔者君子比德于玉焉：温润而泽，仁也。缜密以栗，知也。廉而不刿，义也。垂之如队，礼也。叩之，其声清越以长，其终诎然，乐也。瑕不掩瑜，瑜不掩瑕，忠也。孚尹旁达，信也。气如白虹，天也。精神见于山川，地也。圭、璋特达，德也。天下莫不贵者，道也。诗云："言念君子，温其如玉。"故君子贵之也。——《礼记·聘义》

★视频链接

《玉石传奇》第二集《巫神之玉》

《玉石传奇》第三集《国之大事》

《如果国宝会说话》第十五集《玉组佩：把世界戴在身上》

一、圭

圭是古代帝王、诸侯朝聘、祭祀、丧葬等场合所用的长条形玉制礼器。
"圭"的甲骨文字形如表所示：

字形	文献来源	编号
⧍	《小屯·殷虚文字甲编》	乙6776

"圭"的金文字形如表所示：

字形	时期	器名	文献来源	编号
圭	西周中期	师遽方彝	《殷周金文集成》	9897
圭	西周晚期	毛公鼎		2841
圭	西周晚期	多友鼎		2835

由表可见,"圭"的甲金文字形皆象有刻度的玉圭,属于象形造字。《说文解字·土部》:"瑞玉也,上圜下方。公执桓圭,九寸;侯执信圭,伯执躬圭,皆七寸;子执谷璧,男执蒲璧,皆五寸。以封诸侯。从重土。"

《玉人》:"天子圭中必。"意思是说,天子的圭的中间部位系有丝带。

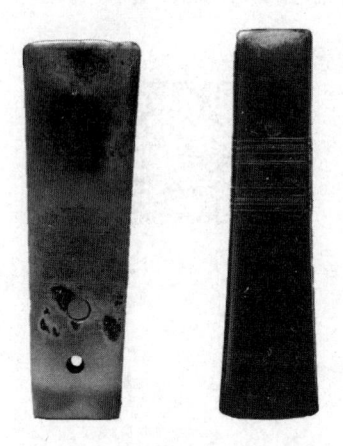

北京故宫博物院藏新石器时代
龙山文化玉兽面纹圭

★文献链接

合六币:圭以马,璋以皮,璧以帛,琮以锦,琥以绣,璜以黼,此六物者,以和诸侯之好故。——《周礼·秋官·小行人》

天子、诸侯将出,必以币、帛、皮、圭告于祖、祢,遂奉以出,载于齐车以行。——《礼记·曾子问》

颙颙卬卬,如圭如璋,令闻令望。——《诗经·大雅·卷阿》

（一）镇圭

镇圭是天子朝仪时所执表示权位的圭，长12寸。以四镇之山为雕饰，取安定四方之意。

《玉人》："玉人之事，镇圭尺有二寸，天子守之。"意思是说，玉人负责制作玉器的事务，镇圭长一尺二寸，由天子执守。郑玄注《周礼·春官·大宗伯》"王执镇圭"："镇，安也，所以安四方。镇圭者，盖以四镇之山为瑑饰，圭长尺有二寸。"

明代镇圭

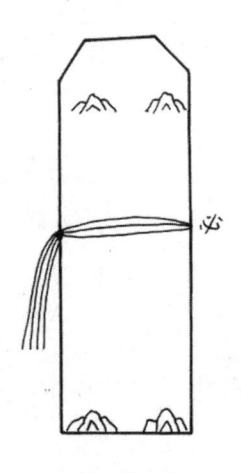

（清）黄以周
《礼书通故》中的镇圭形制图

★ 文献链接

王晋大圭，执镇圭，缫藉五采五就，以朝日。——《周礼·春官·天府》

（二）命圭

命圭是天子在册命礼时颁赐给王公大臣的圭。

《玉人》："命圭九寸，谓之桓圭，公守之；命圭七寸，谓之信圭，侯守之；命圭七寸，谓之躬圭，伯守之。"意思是说，长九寸的命圭，叫作桓圭，由公爵执守；长七寸的命圭，叫作信圭，由侯爵执守；长七寸的命圭，叫作躬圭，由伯爵执守。郑玄注："命圭者，王所命之圭也。朝觐执焉，居则守之。"孙诒让《周礼正义》："谓诸侯初封及嗣位来朝时，王命以爵，即赐以圭。"

★ 文献链接

命圭，受赐圭之策命。——韦昭注《国语·吴语》"夫命圭有命"

诸侯即位，天子赐之命圭为瑞。——杜预注《春秋左传·僖公十一年》"天王使召武公、内史过赐晋侯命"

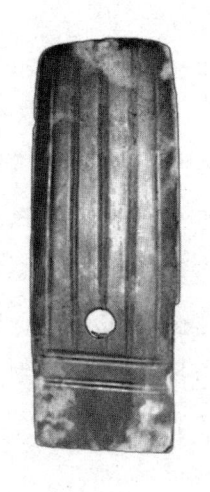

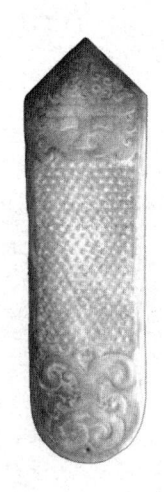

河南安阳小屯村出土的商代玉圭

1. 桓圭

郑玄注《周礼·春官·典瑞》"公执桓圭"："双植谓之桓。桓，宫室之象，所以安其上也。桓圭，盖亦以桓为琢饰，圭长九寸。"桓圭是上公所执圭，长九寸。

★ 文献链接

上公之礼，执桓圭九寸，缫藉九寸，冕服九章，建常九旒，樊缨九就，贰车九乘，介九人，礼九牢。——《周礼·秋官·大行人》

2. 信圭

信圭是诸侯所执圭，长七寸。

郑玄注《周礼·春官·大宗伯》"侯执信圭"："信当为身声之误也。"

★ 文献链接

诸侯之礼，执信圭七寸，缫藉七寸，冕服七章，建常七旒，樊缨七就，贰车七乘，介七人，礼七牢。——《周礼·秋官·大行人》

（宋）聂崇义《三礼图》中的信圭图

3. 躬圭

躬圭是伯爵所执圭，长七寸。

郑玄注《周礼·春官·大宗伯》"伯执躬圭"："身圭、躬圭，盖皆象以人形为瑑饰，文有粗縟耳，欲其慎行以保身。圭皆长七寸。"

★ 文献链接

诸伯执躬圭。——《周礼·秋官·大行人》

（宋）聂崇义《三礼图》中的躬圭图

（三）谷圭

谷圭是天子聘女所执圭，长七寸。

《玉人》："谷圭七寸，天子以聘女。"意思是说，谷圭长七寸，天子用来向将要迎娶的女方行聘礼。

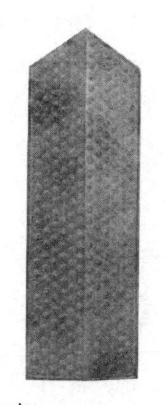

战国时期青玉谷纹圭

★ 文献链接

谷圭以和难，以聘女。——《周礼·春官·典瑞》

（四）大圭

大圭即珽（珵），天子朝仪时所佩玉笏，长3尺。

《玉人》："大圭长三尺，杼上，终葵首，天子服之。"意思是说，大圭长三尺，上端两侧向里削进，首部好像椎头，天子所佩。郑玄注："王所搢大圭也，或谓之珽。"《说文解字·玉部》："珽，大圭，长三尺，杼上，终葵首。"戴震《考工记图》："大圭，笏也。天子玉笏，其首六寸，谓之珽。"孙诒让《周礼正义》："此圭较镇圭为尤长，故称大圭。……珽与笏异名同物。"

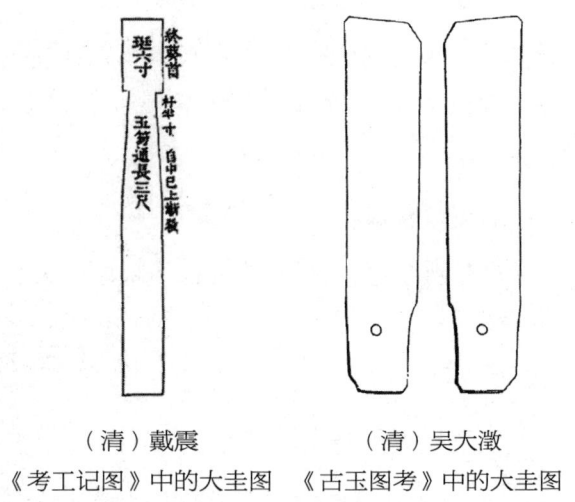

★ 文献链接

王晋大圭。——《周礼·春官·天府》

大圭不琢，美其质也。——《礼记·郊特牲》

（清）戴震　　　　（清）吴大澂
《考工记图》中的大圭图　《古玉图考》中的大圭图

（五）裸圭

裸圭是灌祭行裸礼时用以酌酒祭酒的瓒的玉柄，长12寸。

《玉人》："裸圭尺有二寸，有瓒，以祀庙。"意思是说，裸圭长一尺二寸，前端有勺，用来祭祀宗庙。郑玄注："裸谓始献酌奠也。瓒如盘，其柄用圭，有流前注。"孙诒让《周礼正义》："《说文》玚圭尺度形制，与裸圭同，盖即《国语·鲁语》之鬯圭。鬯，经典或通作畅，故鬯圭字亦作玚也。"

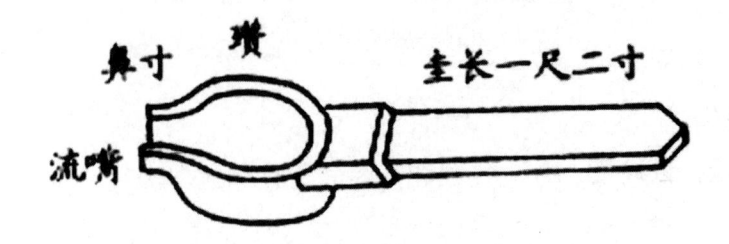

台北故宫博物院藏西周晚期毛公鼎有"裸圭瓒宝"之语。

毛公鼎铭文（局部）

（六）琬圭

琬圭是天子的使臣嘉勉诸侯时所执圭，长9寸，上端半圆形（参阅图版159）。

《玉人》："琬圭九寸而缫，以象德。"意思是说，琬圭长九寸，有垫板，用来象征德行。郑玄注："琬犹圜也。王使之瑞节也。诸侯有德，王命赐之，使者执琬圭以致命焉。"

（七）琰圭

琰圭是天子的使臣声讨诸侯时所执圭，长9寸，上端尖锐形。

《玉人》："琰圭九寸，判规，以除慝，以易行。"意思是说，琰圭长九寸，上端尖角两侧呈半规形，用来诛除诸侯的邪恶，改变诸侯的恶行。郑玄注："凡圭，琰上寸半。琰圭，琰半以上，又半为瑑饰。诸侯有为不义，使者征之，执以为瑞节也。"

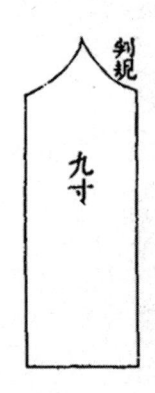

(清)戴震《考工记图》中的琰圭图 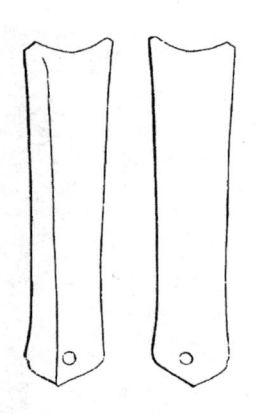　　(清)吴大澂《古玉图考》中的琰圭形制图

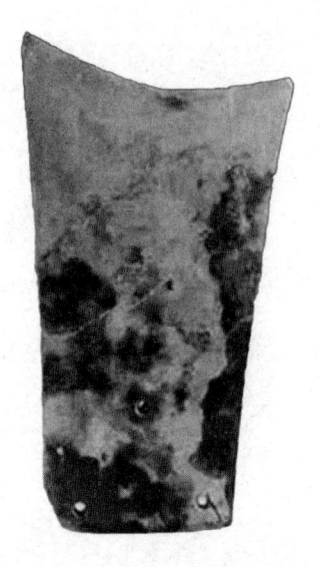

四川成都金沙遗址Ⅰ区"梅苑"东北部地点出土的一件被发掘简报称作"璋"的灰色无阑玉器(2001CQJC:5)，长28.1厘米，刃宽15.1厘米，末端略向内弧，从两面打磨成斜刃，左边角呈圭形，打磨平整。亚明案，该器与《玉人》记载琰圭"判规"(上端尖角两侧呈半规形)的特征相吻，故应定名为"琰圭"。

台北故宫博物院藏西周琰圭为玉石质，白灰色，带有红赭斑，有裂璺，表面有横向白色丝纹。圭全器近似长方形，一端为刃部，刃部作内凹弧形，器身下半部有孔。

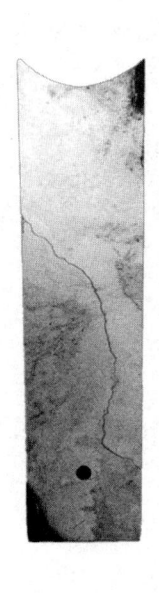

四川成都金沙遗址Ⅰ区"梅苑"东北部地点出土的灰色无阑玉器

（八）琰圭

琬圭是诸侯相见行聘问之礼或觐见天子行进贡之礼时所执的圭，表面雕刻有隆起花纹，长8寸。

《玉人》："瑑圭璋八寸，璧琮八寸，以覜聘。"郑玄注："瑑，文饰也。"郑众注《周礼·春官·典瑞》"瑑圭璋璧琮"："瑑有圻鄂瑑起。"

台北故宫博物院藏战国瑑圭正面雕有花纹，沿轮廓有一装饰带，饰以细阴线雕成的斜三角纹；装饰带包围的范围内，用较宽的阴线琢饰谷纹。

（清）黄以周《礼书通故》中的瑑圭形制图

台北故宫博物院藏战国时期瑑圭

二、璧

玉璧是重要的礼天祭器和祥瑞之器。

《玉人》："璧羡度尺，好三寸，以为度。"意思是说，玉璧的外径为一尺，中间的孔的内径为三寸，设置为标准长度。

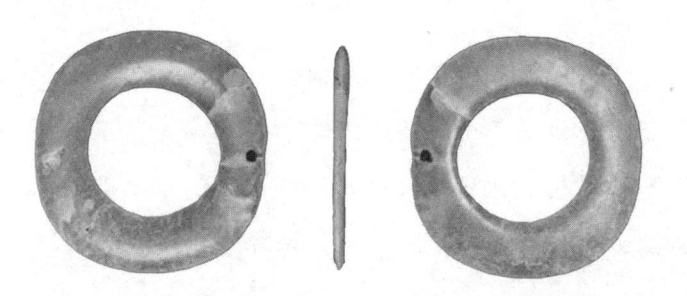

辽宁朝阳半拉山墓地出土的红山文化玉璧

陕西神木石峁遗址出土的龙山文化晚期玉璧

春秋晚期龙首纹璧

台北故宫博物院藏春秋晚期璩璧　　台北故宫博物院藏战国时期璩璧

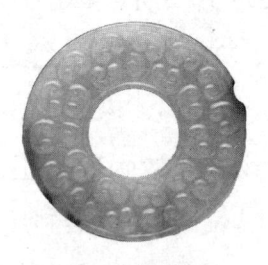

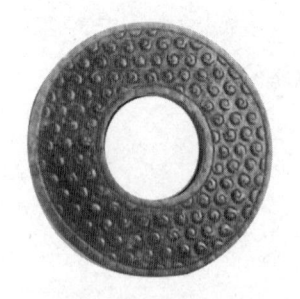

战国时期青玉谷纹璧　　上海博物馆藏战国时期重环谷纹璧

★文献链接

以苍璧礼天。——《周礼·春官·大宗伯》

诸子执谷璧，五寸，缫藉五寸，冕服五章，建常五斿，樊缨五就，贰车五乘，介五人，礼五牢。——《周礼·秋官·大行人》

有匪君子，如金如锡，如圭如璧。——《诗经·卫风·淇奥》

★视频链接

《考古公开课》：历史上所说的玉璧是哪里人发明的？

三、圭璧

圭璧是天子及诸侯祭祀日月星辰时所执璧圭合一的玉器。长五寸。

《玉人》："圭璧五寸，以祀日月星辰。"意思是说，圭璧长五寸，用来祭祀日月星辰。郑玄注："圭，其邸为璧，取杀于上帝。"朱熹《诗集传》注《诗经·大雅·云汉》"圭璧既卒"："圭璧，礼神之玉也。"

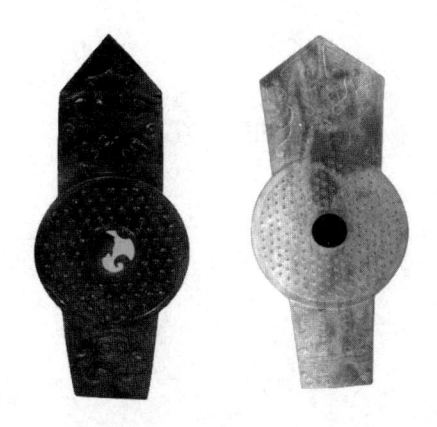

四川成都金沙遗址Ⅰ区"梅苑"东北部地点出土的一件璧环形铜器（2001CQJC：588）直径 10.2 厘米，孔径 4.3 厘米，环面宽 2.67 厘米，环面一侧有矩形短柄，柄长 2.26 厘米，疑似圭璧。

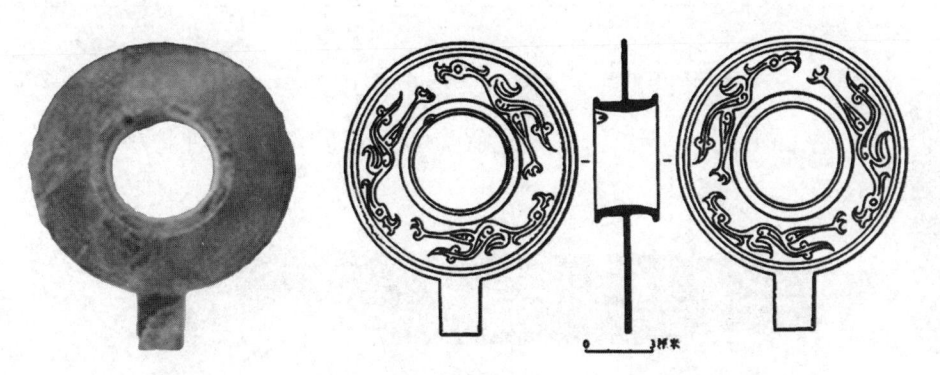

四川成都金沙遗址Ⅰ区"梅苑"地点出土的璧环形铜器及其线图

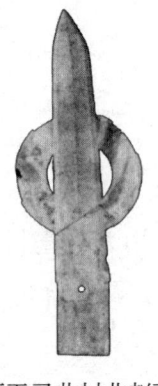

430　考工记名物图解（增订本）

山西天马曲村北赵西周晋侯墓地出土的圭璧 　　汉代四神纹圭璧 　　　　　　汉代圭璧

四、璋

璋是半圭形玉制礼器。

"璋"的金文字形如表所示：

字形	时期	器名	文献来源	编号
	西周早期	竞卣		5425
	西周中期	师遽方彝	《殷周金文集成》	9897
	西周晚期	颂鼎		2829

由表可见，"璋"的金文字形象用刀将玉剖为璋（一说象用刻刀在平面上刻画符号）。《说文解字·玉部》："璋，剡上为圭，半圭为璋。"

三星堆文化大璋

★ 文献链接

以赤璋礼南方。——《周礼·春官·大宗伯》

济济辟王，左右奉璋。奉璋峨峨，髦士攸宜。——《诗经·大雅·棫朴》

以圭璋聘，重礼也。已聘而还圭璋，此轻财而重礼之义也。——《礼记·聘义》

★ 视频链接

《探索·发现》之《宝鸡益门村二号墓（三）》：玉璋是古代一种重要的礼玉器

（一）大璋

大璋是比普通的璋规格高的璋。

《玉人》："大璋、中璋九寸，……大璋亦如之，诸侯以聘女。"意思是说，诸侯用大璋向将要迎娶的女方行聘礼。

三星堆文化大璋

从西周金文的记载来看，大璋的用途比较宽泛。例如，流落美国的耶鲁大学博物馆藏西周晚期五年琱生簋铭文所载"大章（璋）"，属于贵族向王后贡献的礼物。

五年琱生簋铭文

（二）牙璋

牙璋是一种起源于黄河流域龙山文化的大型扁平玉礼器，其分布范围覆盖了中国黄河以至越南北部的红河流域。

《玉人》："牙璋、中璋七寸，射二寸，厚寸，以起军旅，以治兵守。"意思是说，牙璋和中璋削尖的部分长二寸，厚一寸，用来发兵，调动驻守的军队。郑众注《周礼·春官·典瑞》"牙璋以起军旅，以治兵守"："牙璋瑑以为牙。牙齿，兵象，故以牙璋发兵，若今时以铜虎符发兵。"

考古学界认为，牙璋在二里头遗址以前，是用于山川祭祀的祭玉；二里头三期以后，则为宫廷礼仪瑞玉，是君臣关系和秩序的体现，与国家政治制度有着密切的关系。

相传，牙璋是调动大规模军队时所持的半圭形玉制兵符，底部两侧有突出的鉏牙，故名。宋代沈括《梦溪笔谈·辩证一》："牙璋，判合之器也，当于合处为牙，如今之'合契'；牙璋，牡契也。以起军旅，则其牝宜在军中，即虎符之法也。"

北京故宫博物院藏新石器时代晚期龙山文化牙璋

甘肃临夏回族自治州博物馆藏
新石器时代晚期齐家文化牙璋

河南偃师二里头遗址出土的石璋

陕西榆林神木高家堡石峁遗址出土的
新石器时代晚期至夏代早期牙璋

台北故宫博物院藏
夏代牙璋

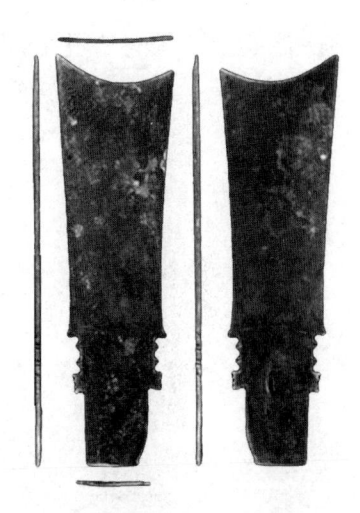

中国社会科学院考古研究所藏
二里头遗址出土的牙璋

　　台北故宫博物院藏三星堆文化二期墨玉牙璋造型典雅，厚薄匀称，柄部有齿棱及平行线纹，应为夏代蜀地统治者所用礼器。

三星堆文化牙璋　　　　　　　河南博物院藏商代牙璋

台北故宫博物院藏西周时期青玉牙璋呈不规则长板形，刃部作斜弧线，柄部底边略斜，器身下半部有一孔，两侧各有齿棱凸出。

台北故宫博物院藏西周时期牙璋 　　　　越南永富省冯原牙璋（PN51）

★ 文献链接

牙璋辞凤阙，铁骑绕龙城。——（唐）杨炯《从军行》

★视频链接

《探索·发现》之《玄圭传奇》：牙璋

《探索·发现》之《岭南早期文化探源（上）》：牙璋的来历神秘莫测

（三）中璋

相传，中璋是调动小规模军队时所持的半圭形玉制兵符。

《玉人》："牙璋、中璋七寸，射二寸，厚寸，以起军旅，以治兵守。"意思是说，牙璋和中璋削尖的部分长二寸，厚一寸，用来发兵，调动驻守的军队。贾公彦疏："牙璋起军旅，治兵守，正与《典瑞》文同。彼无中璋者，以其大小等，故不见也。郑知二璋皆为鉏牙之饰者，以其同起军旅，又以牙璋为首，故知中璋亦有鉏牙。但牙璋文饰多，故得牙名而先言也。"

（四）琡璋

琡璋是诸侯相见行聘问之礼或觐见天子行进贡之礼时所执半圭形玉制礼器，表面雕刻有隆起花纹，长八寸。

《玉人》："琡圭璋八寸，……以覜聘。"意思是说，琡圭和琡璋长八寸，……诸侯相见行聘问之礼或觐见天子行进贡之礼。

四川成都金沙遗址出土的商代晚期至西周早期刻纹玉璋的两面分别刻有两组图案，均由跪坐人像、两道折曲纹和三道直线纹构成。人像身穿长袍，双膝跪地，左手握持，肩扛象牙形物品。

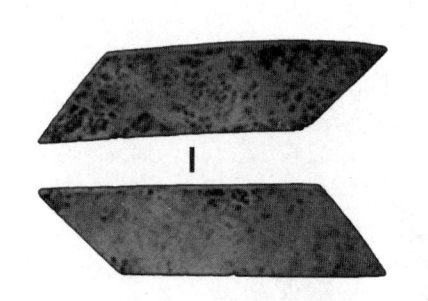

四川成都金沙遗址出土的商代晚期至西周早期刻纹玉璋

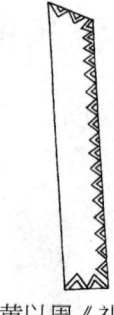

（清）黄以周《礼书通故》中的琡璋形制图

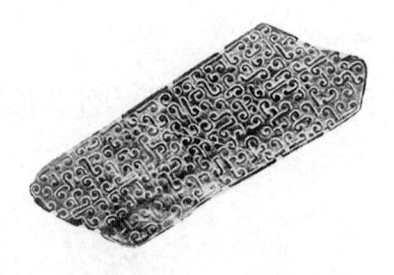

山西长子牛家坡出土的春秋时期勾云纹琡璋残片

上海博物馆藏西周恭王时期师遽方彝铭文有"瑑璋"二字，杨树达认为应当读作"琡璋"。

台北故宫博物院藏战国琡璋呈长方形，一端又作斜三角形；正面雕有花纹，沿轮廓有一装饰带，饰以细阴线雕成的斜三角纹；装饰带包围的范围内，用较宽的阴线琢饰谷纹。

师遽方彝铭文（局部）

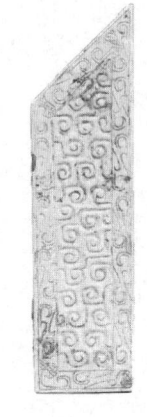

台北故宫博物院藏战国时期琡璋

五、琮

琮是一种外方内圆的管形玉器。"琮"的甲骨文作▯、▯，金文作▯，皆象玉琮之形。《说文解字·玉部》："琮，瑞玉大八寸，似车釭。"

《玉人》涉及璧琮、大琮、驵琮和瑑琮等玉琮。

四川成都金沙遗址祭祀区出土的新石器时代良渚文化十节玉琮

上海博物馆藏新石器时代良渚文化神像飞鸟纹玉琮

浙江杭州余杭瓶窑反山墓地出土的
新石器时代良渚文化玉琮王

陕西长安张家坡遗址
出土的西周凤纹琮

江苏吴县严山春秋时期吴国玉器窖藏有多件经改制的良渚文化时期的玉璧和玉琮。其中一件玉琮被当作玉料切割掉了半片,另一半被改制成了别的玉器。考古学界认为,这种情况说明春秋时代的玉琮已经逐渐失去了礼天祭地的功能。[1]

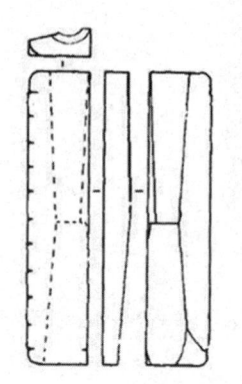

江苏吴县春秋吴国玉器窖藏琮(J2:1)线图[2]

曾侯乙墓出土的玉琮

★ 文献链接

以黄琮礼地。——《周礼·春官·大宗伯》

---

[1] 详见中国社会科学院考古研究所:《中国考古学·两周卷》,中国社会科学出版社,2012,第429页。
[2] 吴县文物管理委员会:《江苏吴县春秋吴国玉器窖藏》,《文物》1988年第11期。

★视频链接

《国家宝藏》第一季——玉琮

《如果国宝会说话》第七集《良渚玉琮王：神之徽章》

《考古公开课》：玉琮，为五千年前的良渚文化代言

《考古公开课》：良渚玉琮王的前世今生竟藏着这么多秘密

《探索·发现》之《圣地良渚（上）》：玉琮王，目前已知良渚玉琮之首

（一）璧琮

璧琮是一种合璧与琮为一体的玉器，形制待考。

《玉人》："璧琮九寸，诸侯以享天子。……璧琮八寸，以覜聘。"意思是说，璧琮长九寸，诸侯用于进贡天子。……璧琮长八寸，用于诸侯相见行聘问之礼或觐见天子行进贡之礼。

大多数良渚文化大墓有璧、琮共葬的现象。例如，江苏常州武进寺墩 M3 墓出土

玉璧 24 件、玉琮 32 件，上海青浦福泉山 T4M 6 墓出土玉璧 4 件、玉琮 3 件，浙江杭州余杭反山 M20 墓出土玉璧 37 件、玉琮 4 件。关于璧、琮之间的密切关系，王仁湘曾经推测："最有可能是一套合体的琮璧，考古也真就发现过这样的琮与璧，璧正好可以套接在琮之射上。也许这就是所谓的'璧琮'。提及尺寸大小时，一定是以璧的直径为准。天与地，王与后，璧与琮就是这样体现了相关性。"①邓淑苹进而推测璧琮的使用方法："在竖立的琮上方平置以璧，以木棍贯穿圆璧和方琮的中孔，组合成一套通天地的法器。"②陕西宝鸡扶风案板坪村所曾出土齐家文化时期的璧与琮的玉质非常相似，孔径相近，好像是同一块玉料制作；陕西宝鸡岐山双庵村也曾发掘一个客省庄文化祭祀坑，在一块平置的残存约半的玉石璧上，压放着一件有极浅射口的玉石方琮。如右图所示。

陕西宝鸡岐山双庵村客省庄
文化祭祀坑出土的璧、琮

璧琮呈现了先民天圆地方的宇宙观和祭天礼地的习俗。

★ 文献链接

驵圭璋璧琮琥璜之渠眉。——《周礼·春官·典瑞》

礼神者，必象其类，璧圆象天，琮八方象地。——（汉）郑玄注《周礼·春官·大宗伯》

（二）大琮

大琮是象征天子的正位配偶（宗后）权位的琮。

《玉人》："大琮十有二寸，射四寸，厚寸，是谓内镇，宗后守之。"意思是说，大琮长一尺二寸，尖棱部位各长四寸，厚

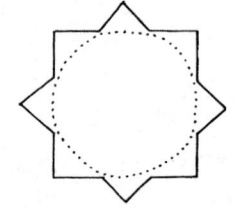

（清）黄以周《礼书通故》
中的大琮形制图

---

① 王仁湘：《琮璧名实臆测》，《文物》2006 年第 8 期。
② 邓淑苹：《由"绝地天通"到"沟通天地"》，《故宫文物月刊》（台北）1988 年第 67 期。

一寸，叫作内镇，由天子的正位配偶执守。孙诒让《周礼正义》："此镇琮即王后所守之瑞玉。"

（三）驵琮

驵琮是用丝带系挂的琮，可兼作秤锤。

《玉人》："驵琮五寸，宗后以为权。……驵琮七寸，鼻寸有半寸，天子以为权。"意思是说，驵琮长五寸，天子的正位配偶用来当作秤锤。……驵琮长七寸，系挂丝带的孔直径一寸半，天子用来当作秤锤。郑玄注："'驵'读为'组'，以组系之，因名焉。郑司农云：'以为称锤，以起量。'""驵"同"组"，即宽而薄的丝带。

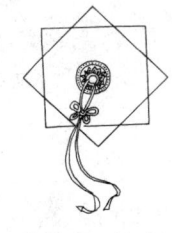

（清）黄以周《礼书通故》中的驵琮形制图

（四）琥琮

琥琮是雕饰有花纹的琮。

《玉人》："琥琮八寸，诸侯以享夫人。"意思是说，琥琮长八寸，诸侯用来进献给所见国君的夫人。

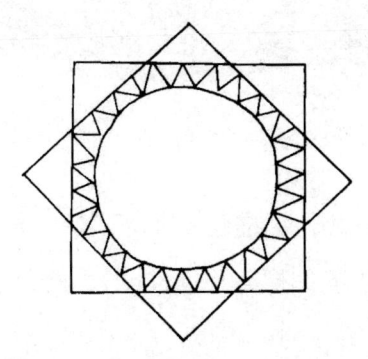

（清）黄以周《礼书通故》中的琥琮形制图

上海博物馆藏的良渚文化神面纹玉琮，外壁共分15节，每节均以四角为中线琢神面纹，二长横棱表示冠帽，一短横棱表示鼻子，单圈表示眼睛（参阅图版164）。

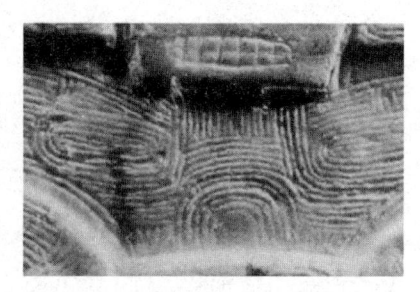

良渚文化时期玉器阴刻线条

台北故宫博物院藏良渚文化中期的绿玉琢琮，有白色、赭色沁斑，内圆外方，外壁一节琢眼面纹，圆形眼球外围橄榄形眼眶，加上眼角，一节琢平行线。

台北故宫博物院藏良渚文化中期绿玉琢琮

台北故宫博物院藏良渚文化中期的青玉琢琮，深沁成乳白色，呈内圆外方的柱体，外壁分成两节，上层为小眼面纹（表示巫师的脸），下层为大眼面纹（表示兽面），各以转角为中心，向左右铺展，线条颇为细腻。

台北故宫博物院藏良渚文化中期青玉琢琮

台北故宫博物院藏华东新石器时代晚期琢琮分为三节，节间凹槽颇宽深，自上而下，交替琢小眼、大眼面纹。小眼面纹的额部为一道宽长横棱，其上琢平行弦纹，单圈表示眼睛，浮雕的云纹表示鼻子。

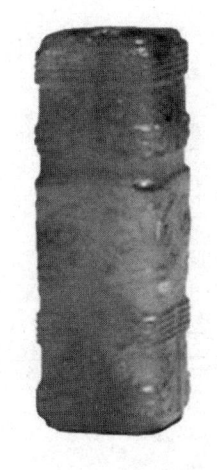

台北故宫博物院藏华东新石器时代晚期琢琮　　甘肃静宁后柳沟村出土的陶寺文化传统弦纹玉琮

台北故宫博物院藏西周时期琢琮为凤纹玉石琮，上下有射口，外壁琢凤纹与抽象的龙纹与虎面纹。

台北故宫博物院藏西周时期琮

台北故宫博物院藏春秋时期龙纹琮呈褐红色，上下有射口，外壁琢侧面龙头纹以及各式云纹。

台北故宫博物院藏春秋时期琮

陕西凤翔秦公 1 号墓出土的春秋晚期龙纹残玉琮的表面布满了阴刻的秦式龙纹。

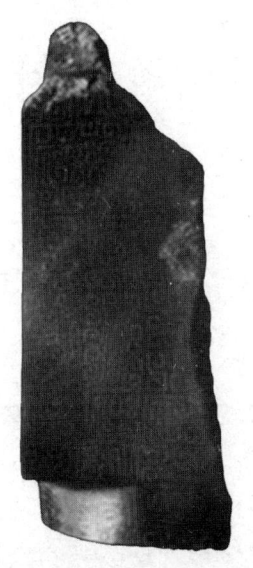

陕西凤翔秦公 1 号墓出土的春秋晚期龙纹残玉琮

卷十　都城规划与建设

匠人建国……匠人营国，方九里，旁三门。国中九经九纬，经涂九轨。……九分其国以为九分，九卿治之。——《考工记·匠人》

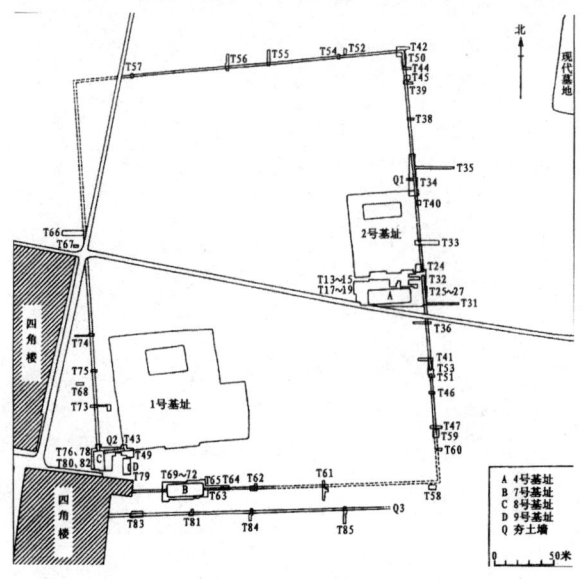

河南偃师二里头夏代后期都城遗址平面图（1号基址为社、2号基址为祖）

中华文明探源工程研究成果表明，距今 6000 年前起，黄河、长江和辽河流域相继出现了规模达数十万乃至上百万平方米的大型聚落，形成了早期的城市。

河南偃师二里头遗址是中国夏代后期规模最大的都邑性遗址。

《匠人》："左祖右社，面朝后市，市朝一夫。"意思是说，王宫的左边是宗庙，右边是社稷；前面是朝廷，后面是市场。市场和朝廷的面积各为一夫（即 100 平方步）。《匠人》所载天子、诸侯的都城规划如左图所示。

	市	
社	宫	祖
	朝	

一、祖

"祖"指祖庙，即祭祀祖先的宗庙。

"祖"的甲骨文字形如表所示：

字形	文献来源	编号
𠀀	《殷虚书契前编》	1.9.6
𠀀	《铁云藏龟》	48.4

"祖"的金文字形如表所示：

字形	时期	器名	文献来源	编号
𠀀	西周早期	大盂鼎	《殷周金文集成》	2837
𠀀	春秋时期	栾书缶		10008

由表可见，"祖"的甲金文本象宗庙祖先神位之形，亦有加示部表示祭祀者。

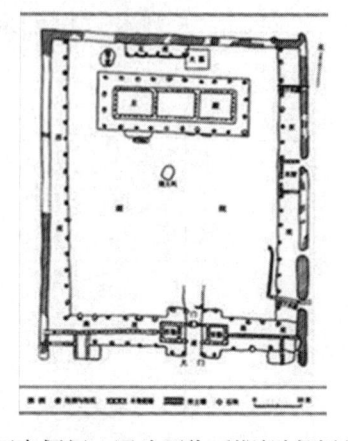

河南偃师二里头夏代后期都城遗址　　河南偃师二里头夏代后期都城遗址 2 号宫殿（祖）基址
2 号宫殿（祖）基址平面图[①]

《说文解字·示部》："祖，始庙也。"

★文献链接

诸侯适天子，必告于祖，奠于祢。——《礼记·曾子问》

故圣王，其赏也必于祖，其僇（戮）也必于社。——《墨子·明鬼》

二、社

"社"的甲骨文作 ⌂，指土地之神；金文加"示"部作 社。"社"指社稷，即祭祀土神和谷神的宗庙。《说文解字·示部》："社，地主也。"

闻一多曾提出："治我国古代文化史者，当以'社'为核心。大抵人类生活中最基本者不过二事，自个人言之，曰男女，曰饮食；自社会言之，则曰庶，曰富。故先民礼俗之重要者莫如求子与求雨，而二事又皆寓于社。"[②] 戴家祥认为："人类社会从狩猎经济发展到农牧经济，意识到土壤对于人类生存的命运，有着不可思议的主宰力量，因而产生了一种幼稚可笑的敬畏心理。一系列的祈求活动，便接连而来，这在宗教学

[①] 中国社会科学院考古研究所：《偃师二里头》，中国大百科全书出版社，1999，第 158 页。

[②] 闻一多跋语，见陈梦家：《高禖郊社祖庙通考》，《清华学报》1937 年第 3 期。

上叫作自然神崇拜。"① 陆颖明（宗达）先生指出"社是土地使用权的一种象征，它表示土地私有的高度集中"，也是"在奴隶社会和封建社会用神权观念来维护奴隶主和地主土地占有制度的一种礼制"。②

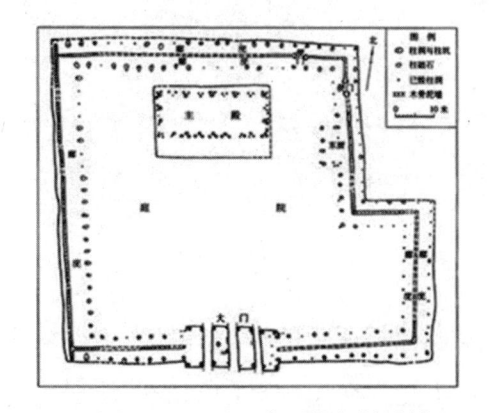

河南偃师二里头夏代后期都城遗址1号宫殿（社）基址平面图③

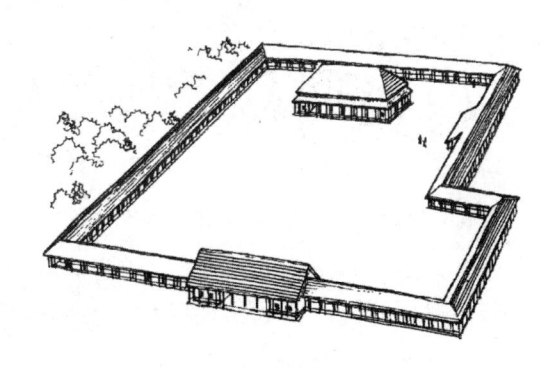

河南偃师二里头夏代后期都城遗址1号宫殿（社）鸟瞰图（杨鸿勋绘）④

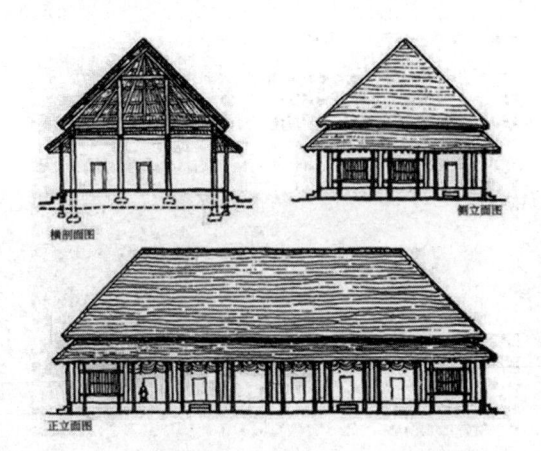

河南偃师二里头夏代后期都城遗址1号宫殿（社）立面图（杨鸿勋绘）⑤

---

① 戴家祥：《"社""杜""土"古本一字考》，《上海博物馆集刊》第3期，上海古籍出版社，1986。
② 陆宗达：《说文解字通论》，中华书局，2015，第183页。
③ 中国社会科学院考古研究所：《偃师二里头》，中国大百科全书出版社，1999，第158页。
④ 杨鸿勋：《古蜀大社（明堂·昆仑）考——金沙郊祀遗址的九柱遗迹复原研究》，《文物》2010年第12期。
⑤ 转引自杜金鹏：《二里头遗址宫殿建筑基址初步研究》，《考古学集刊》第16辑，科学出版社，2006。

偃师商城王城社稷坛复原图（杨鸿勋绘）①　　　金沙古蜀大社复原图（杨鸿勋绘）②

1965年冬，考古人员在江苏铜山丘湾商代晚期社祀遗址的一处葬地发现四块紧靠在一起的、未经人工制作且形状不规则的自然石块竖立在土中。中间的一块最大，略像方柱体，下端如楔形，插进土内较深。在葬地内共清理出20具人骨，两个人头骨，12具狗骨。根据人骨、狗骨的分布以及人骨头部的方向来看，人骨和狗骨都是以四块大石为中心，四面环绕。考古人员据此判断，这四块大石是有意识放置的，而不是一种自然的现象；但初始以为这是用石头砌成的祭坛。③

江苏铜山丘湾商代晚期社祀遗址石社遗存

---

①② 杨鸿勋：《古蜀大社（明堂·昆仑）考——金沙郊祀遗址的九柱遗迹复原研究》，《文物》2010年第12期。
③ 详见南京博物院：《江苏铜山丘湾古遗址的发掘》，《考古》1973年第2期。

后来，考古学者经过对出土现场与传世文献的对比考证，结合商代东夷祭祀风俗，认为丘湾的中心大石当是社主即石社，从而推定这应是商代社祀遗迹。①

无独有偶，1994年至2009年的15年里，考古学家陆续在土耳其东部的哥贝克力山丘（Gobekli Tepe）巨石遗迹挖出45个距今1.2万年的"T"形巨石。巨石上雕满了动物纹饰，似乎用于祭祀。② 这些"T"形巨石与中国商代的石社异曲同工。

土耳其哥贝克力山丘巨石遗迹

陕西宝鸡周原遗址凤雏3号基址庭院铺石的北侧，树立着一块通高1.89米的青灰色砂岩长方体立石，基座的截面呈"亞"字形。考古工作者推测该立石为社主，该基址为社宫遗址。

---
① 详见俞伟超：《铜山丘湾商代社祀遗迹的推定》，《考古》1973年第5期。
② 详见《土耳其发现巨石遗迹 疑为伊甸园位置标记》，2009年3月2日，搜狐新闻：http://news.sohu.com/20090302/n262554525.shtml.

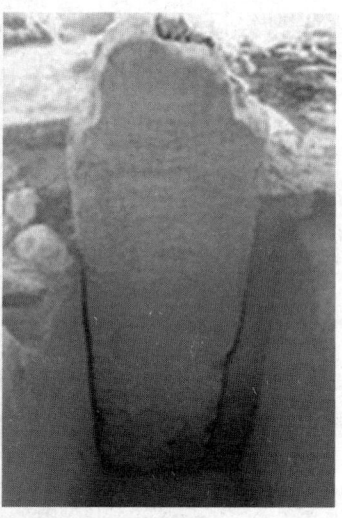

陕西宝鸡周原遗址凤雏 3 号基址的立石遗迹

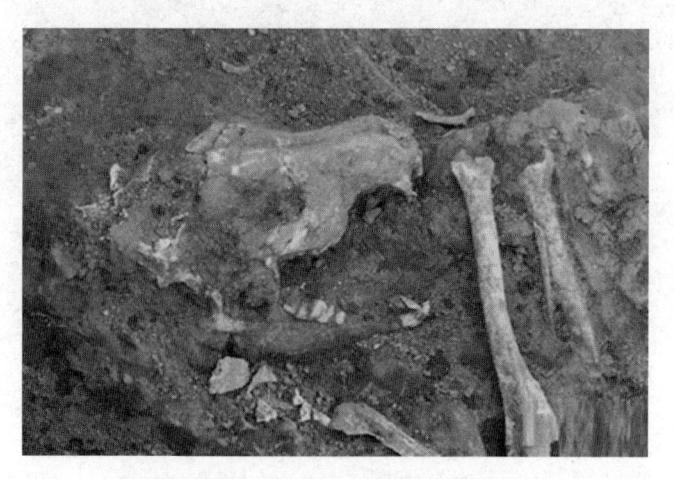

陕西周原遗址发掘的西周时期社祭遗存

★ 文献链接

小宗伯之职，掌建国之神位，右社稷，左宗庙。——《周礼·春官·小宗伯》

大师掌衅祈号祝，有寇戎之事，则保郊祀于社。——《周礼·春官·小祝》

王为群姓立社，曰大社。王自为立社，曰王社。诸侯为百姓立社，曰国社。诸侯自为立社，曰侯社。大夫以下，成群立社曰置社。——《礼记·祭义》

三、朝

"朝"指君主治政之处,包括外朝、治朝、燕朝三朝。

郑玄注《礼记·曲礼下》"在朝言朝":"朝,谓君臣谋政事之处也。"贾公彦疏《匠人》:"三朝皆是君臣治政之处,阳,故在前。"

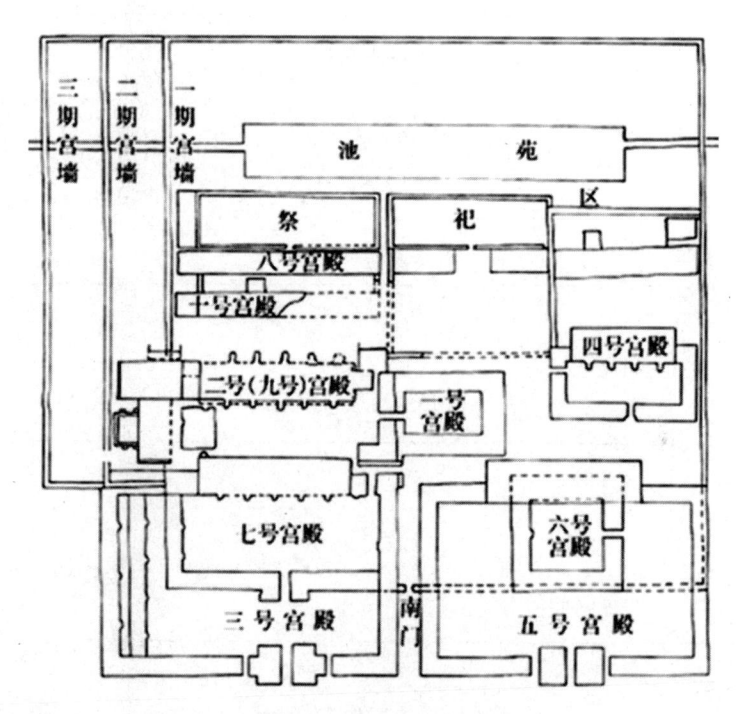

河南偃师商城宫城平面图[①]
(三号、五号、七号、九号宫殿为朝)

★ 文献链接

凡四时之征令有常者,以木铎徇于市朝。——《周礼·地官·乡师》

---

① 中国社会科学院考古研究所河南第二工作队:《河南偃师商城宫城第三号宫殿建筑基址发掘简报》,《考古》2015年第12期。

诸侯在朝，则皆北面，诏相其法。——《周礼·夏官·射人》

四、市

"市"即市场，包括大市、朝市、夕市三市。

"市"的甲骨文字形如表所示：

字形	文献来源	编号
※	《殷虚书契后编》	1.19.6
※	《殷契遗珠》	679
※	《甲骨续存》	2225

"市"的金文字形如表所示：

字形	时期	器名	文献来源	编号
※	西周中期	鄂君启舟节	《殷周金文集成》	12113
※	西周晚期	兮甲盘		10174

由表可见，"市"的甲金文字形中的 ⌇ 表示前往，兼音；丰 表示嘈杂的叫卖声，属会意兼形声。《说文解字·冂部》："市，买卖所之也。市有垣，从冂从乛，乛，古文及，象物相及也。之省声。"

陕西凤翔秦都雍城址北部的高王寺村西有一个面积达3万平方米左右的近似长方形的全封闭空间，四周用夯土墙围起，考古工作者推测围墙内为露天市场。

★文献链接

日中为市，致天下之民，聚天下之货，交易而退，各得其所。——《周易·系辞下》

凡建国，佐后立市，设其次，置其叙，正其肆，陈其货贿，出其度量淳制，祭之以阴礼。——《周礼·天官·内宰》

大市，日而市，百族为主；朝市朝时而市，商贾为主；夕市夕时而市，贩夫贩妇为主。——《周礼·地官·司市》

争名者于朝，争利者于市。——《战国策·秦策》

五、宫

"宫"的甲骨文字形如表所示：

字形	文献来源	编号
𠆢	《甲骨文合集》	29100
𠆢		29185 无名组
𠆢		20306
𠆢		36542
𠆢		37367

由表可见，"宫"的甲骨文字形象相连的宫室（一说象多窗的大型建筑），属于象形造字。《说文解字·宫部》："宫，室也。"《释名·释宫室》："宫，穹也，屋见于垣上，穹隆然也。"

《匠人》："宫中度以寻。"意思是说，用八尺的单位（寻）度量王宫。这里的"宫"

特指王宫。

甘肃庆阳南佐遗址仰韶文化晚期大型夯土墙宫殿遗迹距今5000多年，应是中国古代宫室形态的源头。

甘肃庆阳南佐遗址仰韶文化晚期大型夯土墙宫殿遗迹

山西襄汾陶寺遗址宫城内面积近8000平方米的宫殿建筑ⅠFJT3，是迄今发现史前时期最大的夯土建筑基址。基址上部发现两座宫殿及其附属建筑、庭院和疑似廊庑的遗迹，整体布局规整，结构复杂。

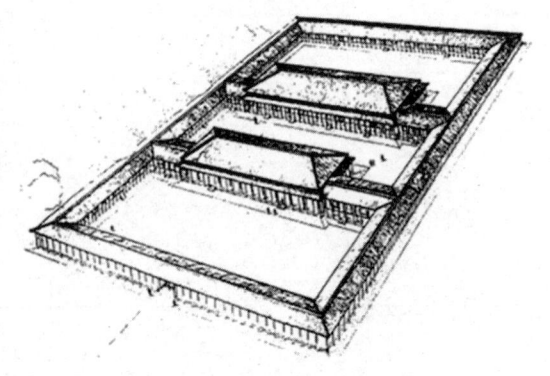

山西襄汾陶寺遗址发掘现场　　　　湖北黄陂盘龙城遗址商代宫殿复原鸟瞰图（杨鸿勋绘）[①]

[①] 杨鸿勋：《明堂泛论——明堂的考古学研究》，《营造（一）（第一届中国建筑史学国际研讨会论文选辑）》，文津出版社，2001。

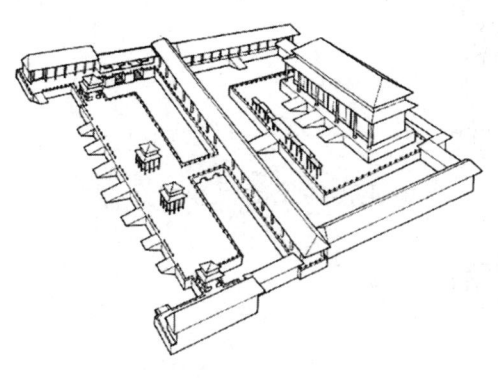

河南安阳殷墟宫殿区乙11至乙21基址建筑复原示意图（石璋如绘）[1]

周原宫室遗址

★ 文献链接

雍雍在宫，肃肃在庙。——《诗经·大雅·思齐》

鼓钟于宫，声闻于外。——《诗经·小雅·白华》

王者淳泽，不出宫中，则不能流国矣。——《墨子·亲士》

★ 视频链接

《探索·发现》之《王者之城》：考古队员成功找到陶寺遗址的宫殿建筑遗存

《国宝·发现》：《探秘盘龙城·巍巍商宫》

---

[1] 杜金鹏：《殷墟宫殿区乙二十组建筑基址研究》，《三代考古（三）》，科学出版社，2009。

《中国古建筑》：安阳殷墟遗址，中国商代都城的风貌

（一）类别

1. 堂

堂即殿堂、厅堂，宫室的前部。

《匠人》："堂上度以筵。"意思是说，用长九尺的单位（筵）来度量殿堂。《说文解字·土部》："堂，殿也。"《释名·释宫室》："堂，犹堂堂，高显貌也。"

前堂后室建制的起源，可以追溯到新石器时代仰韶文化晚期，以及龙山文化时期"吕"字形的房屋（小型建筑）和二里头文化时期（大型宫殿建筑）。

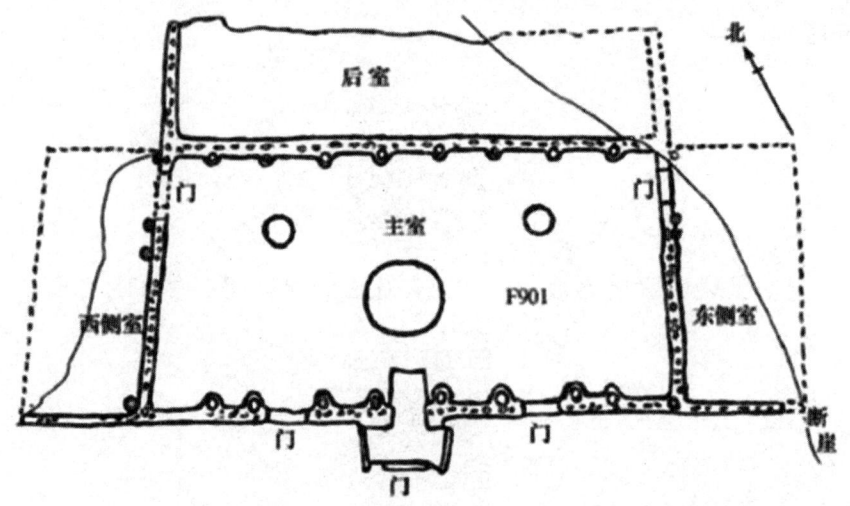

甘肃秦安新石器时代大地湾聚落遗址 F901 平面图[①]

（公元前 3200 年至前 2900 年）

---

① 任式楠：《中国史前整栋多间地面房屋建筑的发现及其意义》，中国社会科学院考古研究所：《考古学集刊》，科学出版社，2010。

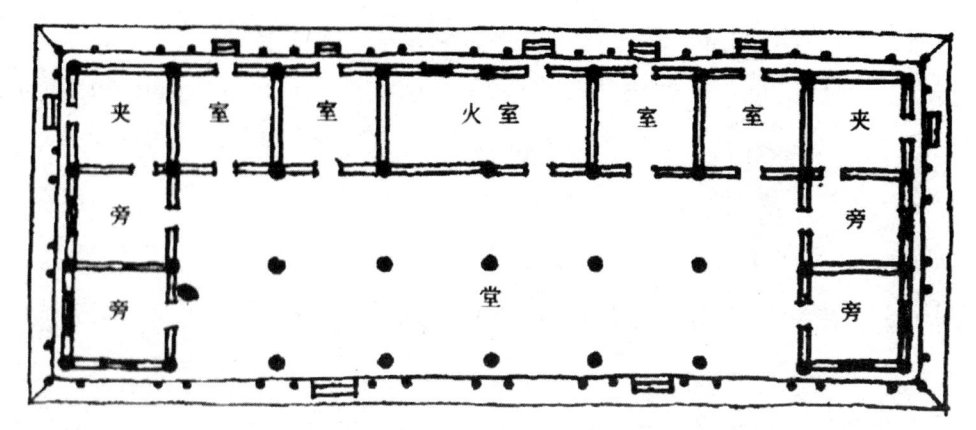

河南偃师二里头夏代后期都城遗址 1 号宫殿（社）主体殿堂平面图（杨鸿勋绘）[①]

陕西长安西周镐京遗址、周原凤雏甲组宫殿遗址、凤翔马家庄三号宫殿建筑遗址、河北邯郸赵王城宫殿遗址等考古发掘表明，两周时期，由前后排列的朝堂与寝室两部分宫殿组成的"前朝后寝"或"前堂后室"布局已非常普遍。

★ 文献链接

自堂徂基，自羊徂牛，鼐鼎及鼒，兕觥其觩。——《诗经·周颂·丝衣》

天子之堂九尺，诸侯七尺，大夫五尺，士三尺。——《礼记·礼器》

揖让而升堂，升堂而乐阕。——《礼记·仲尼燕居》

（1）世室

河南偃师二里头夏都宫殿复原图

[①] 杨鸿勋：《明堂泛论——明堂的考古学研究》，《营造（一）（第一届中国建筑史学国际研讨会论文选辑）》，文津出版社，2001。

世室相当于后来的明堂，是夏代君主举行祭祀等典礼的殿堂。

《匠人》："夏后氏世室，堂修二七。"意思是说，夏代君主举行典礼的殿堂叫世室，其长度为 14 步。郑玄注："世室者，宗庙也。"戴震《考工记图》："夏曰世室，世世勿坏，或以意命之也。"

杨鸿勋认为，《考工记》称夏为"夏后氏"，表明记载不是主观臆测，而确实是有根据的。例如，甘肃秦安新石器时代大地湾聚落遗址的 F901 是夏代原始宫殿即世室的雏形。

甘肃秦安新石器时代大地湾聚落遗址 F901 复原图（杨鸿勋绘）[①]

按照郑玄的说法，夏后氏世室中——

殿堂的长度与门堂的长度之间的比例关系为：

殿堂的长度（14 步）× 2/3 ≈ 门堂的长度（9.3333 步）

殿堂的宽度与门堂的宽度之间的比例关系为：

殿堂的宽度（17.5 步）× 2/3 ≈ 门堂的宽度（11.6667 步）

殿堂的长度与宽度之间的比例关系为：

殿堂的长度（14 步）×（1+1/4）= 殿堂的宽度（17.5 步）

---

① 杨鸿勋：《明堂泛论——明堂的考古学研究》，《营造（一）(第一届中国建筑史学国际研讨会论文选辑)》，文津出版社，2001。

殿堂的长度与室的长度之间的比例关系为：

$$殿堂的长度（14步）\times 1/3 \approx 室的长度（4.6667步）$$

殿堂的宽度与室的宽度之间的比例关系为：

$$殿堂的宽度（17.5步）\times 1/3 \approx 室的宽度（5.8333步）$$

按照俞樾的说法，夏后氏世室中——

殿堂的长度与门堂的长度之间的比例关系为：

$$殿堂的长度（7步）\times 2/3 \approx 门堂的长度（4.6667步）$$

殿堂的宽度与门堂的宽度之间的比例关系为：

$$堂的宽度（28步）\times 2/3 \approx 门堂的宽度（18.6667步）$$

殿堂的长度与宽度之间的比例关系为：

$$殿堂的长度（7步）\times 4 = 殿堂的宽度（28步）$$

殿堂的长度与室的长度之间的比例关系为：

$$殿堂的长度（7步）\times 1/3 \approx 室的长度（2.3333步）$$

殿堂的宽度与室的宽度之间的比例关系为：

$$殿堂的宽度（28步）\times 1/3 \approx 室的宽度（9.3333步）$$

如表所示：

部位	郑玄说 比例关系	度量	俞樾说 比例关系	度量
门堂长度	堂修（14步）×2/3	9.3333步	堂修（7步）×2/3	4.6667步
门堂宽度	堂广（17.5步）×2/3	11.6667步	堂广（28步）×2/3	18.6667步
殿堂宽度	堂修（14步）×（1+1/4）	17.5步	堂修（7步）×4	28步
室长度	堂修（14步）×1/3	4.6667步	堂修（7步）×1/3	2.3333步
室宽度	堂广（17.5步）×1/3	5.8333步	堂广（28步）×1/3	9.3333步

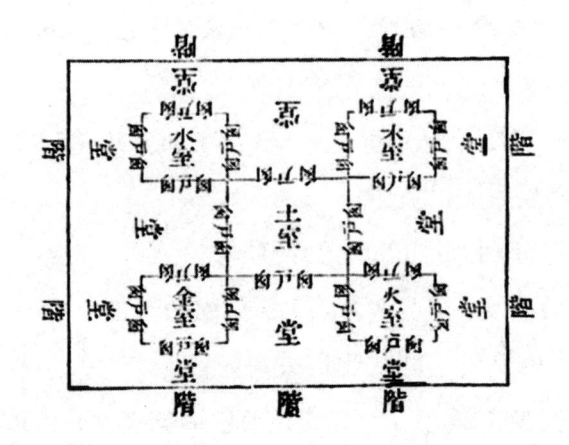

（清）戴震《考工记图》中的世室构意图

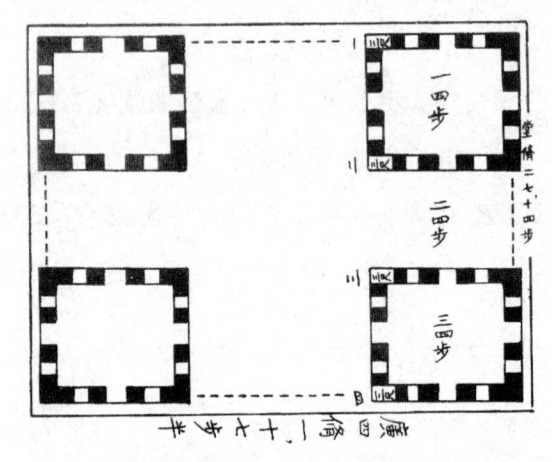

（清）黄以周《礼书通故》中的世室构意图

★ 文献链接

鲁公之庙，文世室也。武公之庙，武世室也。——《礼记·明堂位》

（2）重屋

重屋是商代君主举行典礼的殿堂。四面屋檐上下重叠呈坡形，故名。

《匠人》："殷人重屋，堂修七寻，堂崇三尺。"意思是说，商代君主举行典礼的殿堂叫重屋，其长度为七寻（即56尺），高3尺。郑玄注："重屋，复笮也。"又注《礼记·明堂位》"复庙，重檐"："复庙，重屋也。"戴震《考工记图》："殷曰重屋，阿阁四注，或以其制命之也。"孙诒让《周礼正义》引孔广森语："殷人始为重檐，故以重屋名。"

河南偃师二里头商代宫室遗址的四周均有一圈柱石或柱洞，应是支撑殿堂屋顶四坡出檐的擎檐柱。

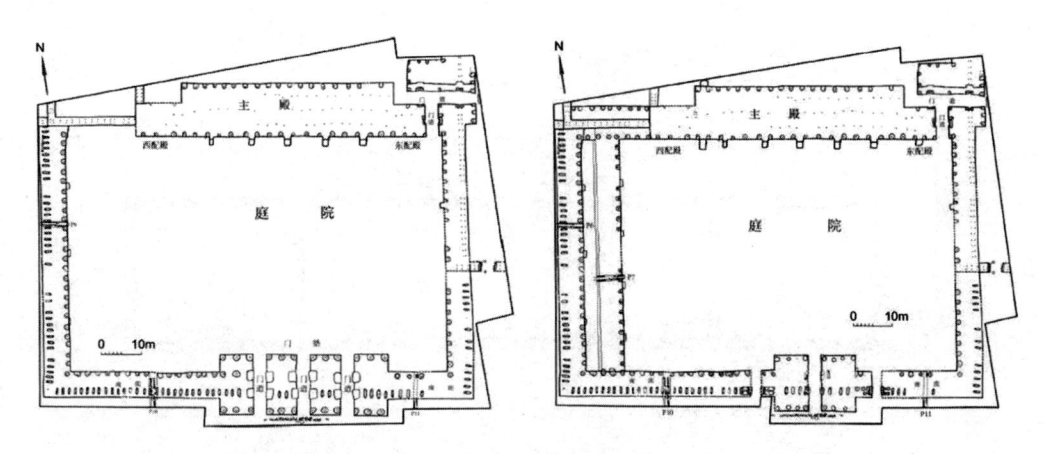

河南偃师商城宫城3号宫殿早期、晚期建筑遗址平面图[①]

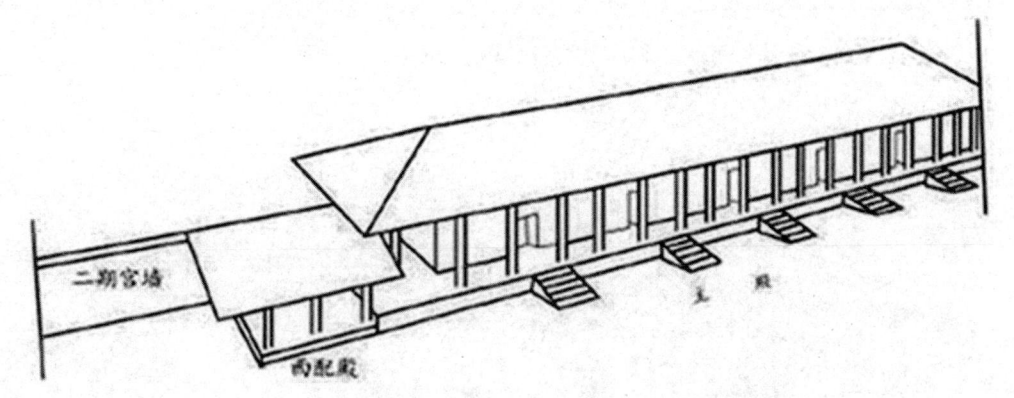

河南偃师商城宫城3号宫殿正殿早期建筑复原示意图[②]

湖北黄陂盘龙城商代宫殿基址台基也有一圈与檐柱对应的擎檐柱。

①② 谷飞：《偃师商城宫城第三号宫殿建筑基址的复原研究》，《中原文物》2018年第3期。

湖北黄陂盘龙城商代宫殿立面图、平面图

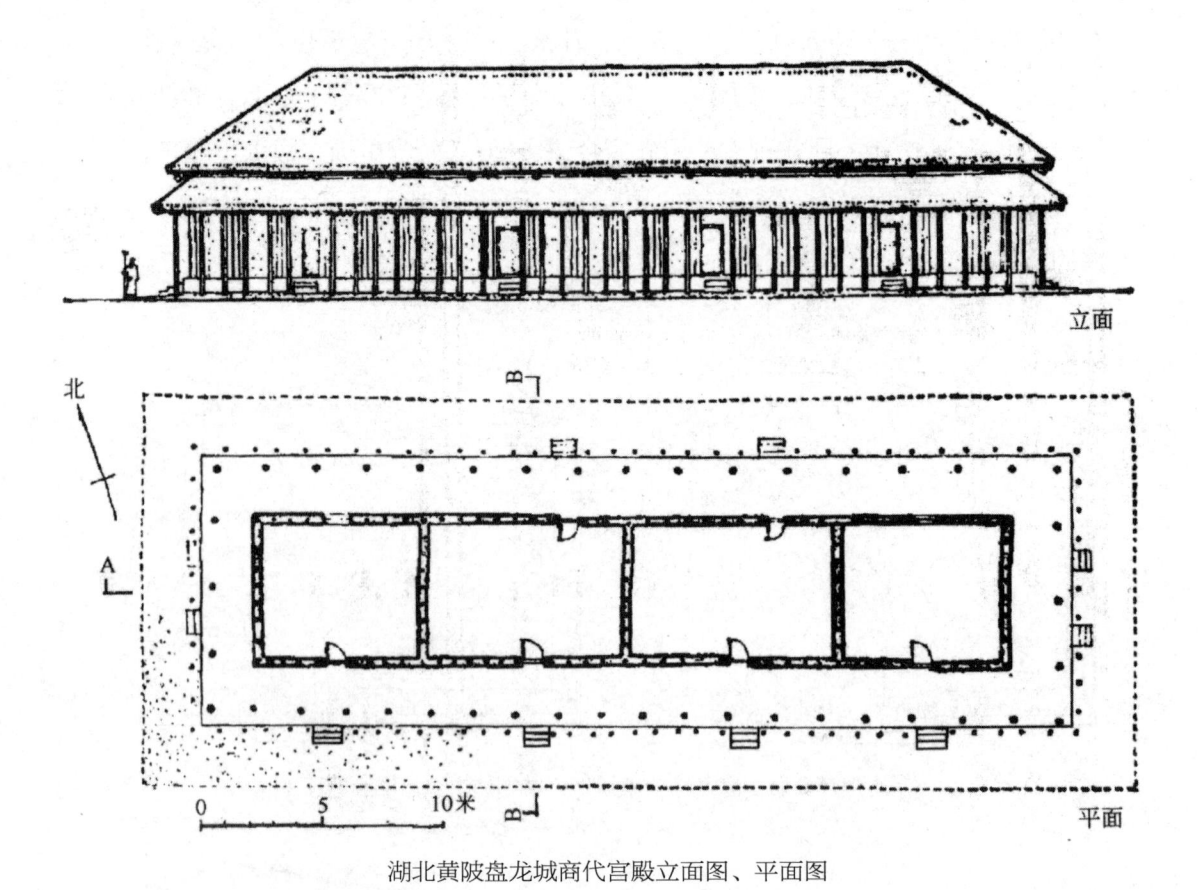

湖北黄陂盘龙城遗址商代宫殿复原图

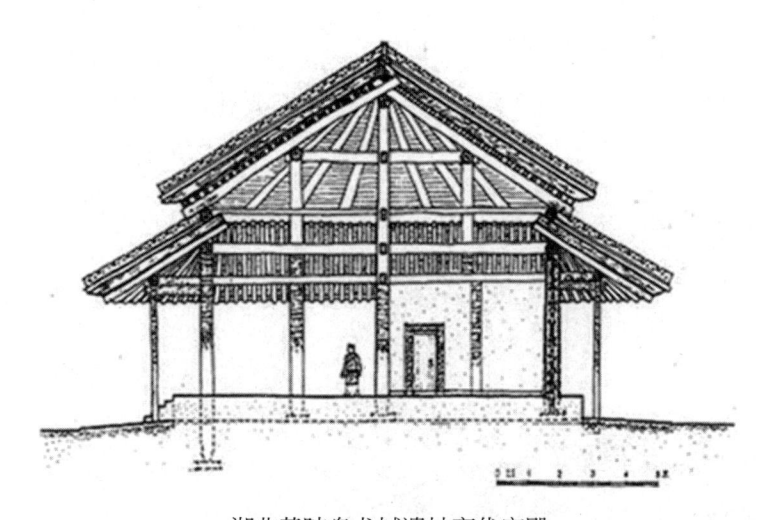

湖北黄陂盘龙城遗址商代宫殿
F2复原剖面图（杨鸿勋绘）①

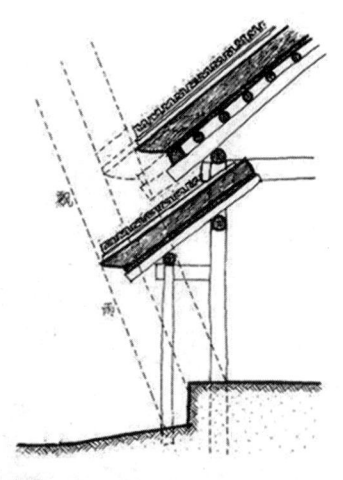

湖北黄陂盘龙城遗址商代宫殿重檐
示意图（杨鸿勋绘）②

湖北黄陂盘龙城遗址杨家湾商代建筑基址 F4 西部的柱坑 K1 至 K7 排列比较有序，构成 F4 主体建筑的西界和西北、西南两处的拐角。

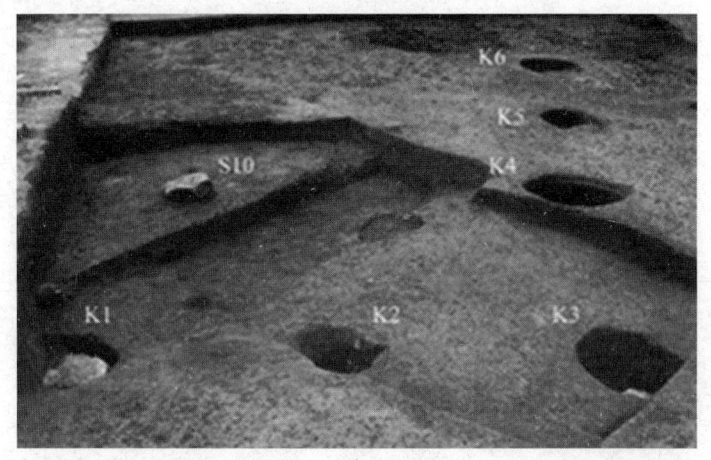

湖北黄陂盘龙城遗址杨家湾商代建筑基址 F4 西部柱坑

---

①②　杨鸿勋：《明堂泛论——明堂的考古学研究》，《营造（一）（第一届中国建筑史学国际研讨会论文选辑）》，文津出版社，2001。

（3）明堂

明堂是周代君主举行祭祀、朝会、庆赏、教学、选士、养老等典礼，以宣明政教的殿堂。

《匠人》："周人明堂，度九尺之筵，东西九筵，南北七筵。"意思是说，周代君主举行典礼宣明政教的殿堂叫明堂，用长9尺的单位（筵）来度量，东西长九筵即81尺，南北长七筵即63尺。郑玄注："明堂者，明政教之堂。"

陕西扶风召陈周代遗址F5复原图

周人明堂复原设想透视图（杨鸿勋绘）[①]

---

① 杨鸿勋：《明堂泛论——明堂的考古学研究》，《营造（一）（第一届中国建筑史学国际研讨会论文选辑）》，文津出版社，2001。

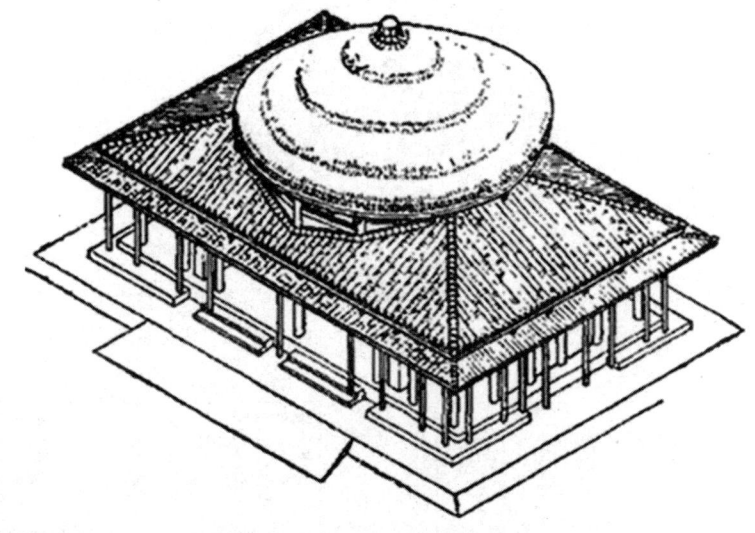

陕西扶风召陈周代遗址 F3 复原示意图[①]

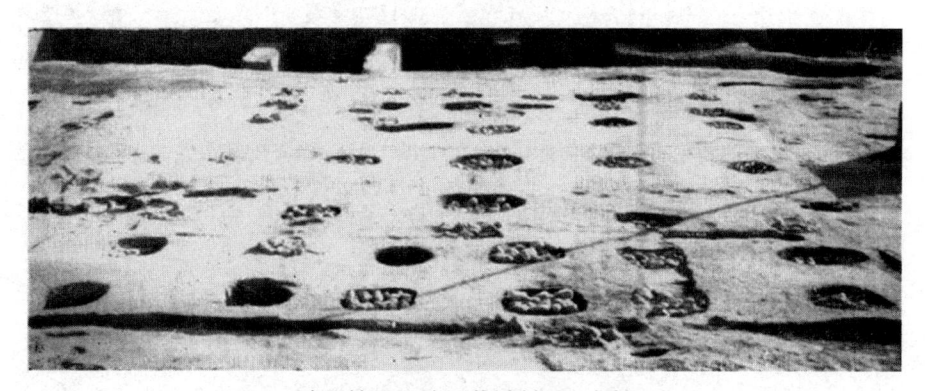

陕西扶风召陈周代遗址 F3 房基

  山东临淄东周殉人墓出土的圆形漆器（M1:54）图案的外层描绘四座带斗拱的两两相对的房屋，四座房屋与中间圆形图案构成了一幅明堂"亞"形，应是明堂图的一个缩影。

[①] 傅熹年:《陕西扶风召陈西周建筑遗址初探——周原西周建筑遗址研究之二》,《文物》1981 年第 3 期。

山东临淄东周殉人墓出土的漆器（M1:54）图案复原图[①]

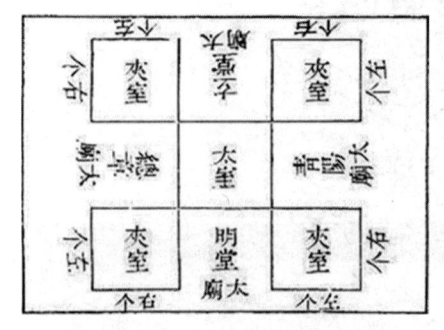

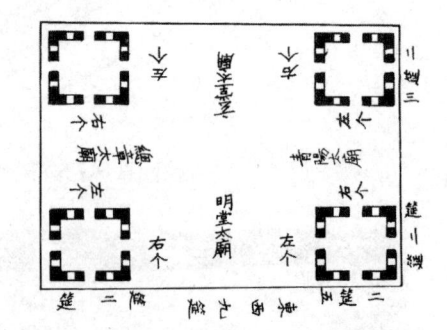

（清）戴震《考工记图》中的明堂构意图　　（清）黄以周《礼书通故》中的明堂构意图

★ **文献链接**

夫明堂者，王者之堂也。王欲行王政，则勿毁之矣。——《孟子·梁惠王下》

明堂也者，明诸侯之尊卑也。——《礼记·明堂位》

祀乎明堂，所以教诸侯之孝也。——《礼记·祭义》

明堂者，天子所居之初名也。是故祀上帝则于是，祭先祖则于是，朝诸侯则于是，养老、尊贤、教国子则于是，飨、射、献俘馘则于是，治天文、告朔则于是，抑且天子寝食恒于是。此古之明堂也。黄帝、尧、舜氏作，宫室乃备。洎夏、商、周三代，文治益隆，于是天子所居，在邦畿王城之中，三门三朝，后曰路寝，四时不迁。路寝之制，准郊外明堂，四方之一，向南而治，故路寝犹袭古号曰明堂。若夫祭昊天上帝

[①] 曹春萍：《"四阿重屋"探考》，《华中建筑》1996年第1期。

则有圜丘，祭祖考则有应门内左之宗庙，朝诸侯则有朝廷，养老、尊贤、教国子、献俘馘则有辟雍学校。其地既分，其礼益备，故城中无明堂也。然而圣人事必师古，礼不忘本，于近郊东南别建明堂以存古制，藏古帝治法册典于此，或祀五帝、布时令、朝四方诸侯，非常典礼乃于此行之，以继古帝王之迹。……此后世之明堂也。自汉以来，儒者惟蔡邕、卢植实知异名同地之制，尚昧上古、中古之分。后之儒者执其一端以蔽众说，分合无定，制度鲜通，盖未能融洽经传，参验古今，二千年来遂成绝学。——（清）阮元《明堂论》

2. 室

"室"的金文字形如表所示：

字形	时期	器名	文献来源	编号
	西周早期	过伯簋		3907
	西周中期	走马休盘	《殷周金文集成》	10170
	西周晚期	颂鼎		2829

由表可见，"室"的金文字形中的 ⌂ 象屋室，⇊ 表示来到歇息之处，兼表音，属于会意兼形声造字。《说文解字·宀部》："室，实也。从宀从至。至，所止也。"《释名·释宫室》："室，实也，人物实满其中也。"

《匠人》："夏后氏世室，堂修二七，广四修一，五室……室，三之一。……周人明堂，度九尺之筵，东西九筵，南北七筵，堂崇一筵，五室，凡室二筵。室中度以几……内有九室，九嫔居之；外有九室，九卿朝焉。"意思是说，夏代君主举行典礼的殿堂叫世室，……分布有五间宫室。……周代君主举行典礼宣明政教的殿堂叫明堂，……分布有五间宫室。……宫院正门内有九间宫室，君主的九位嫔妃居住在那里；宫院正门外有九间宫室，九位高级官员在那里处理政务。这里的"室"特指宫室的后部。

从陕西岐山凤雏甲组建筑和陕西扶风召陈建筑群可知，周代前堂后室的制度普遍存在，前堂的建筑规模大，后室的建筑规模小。

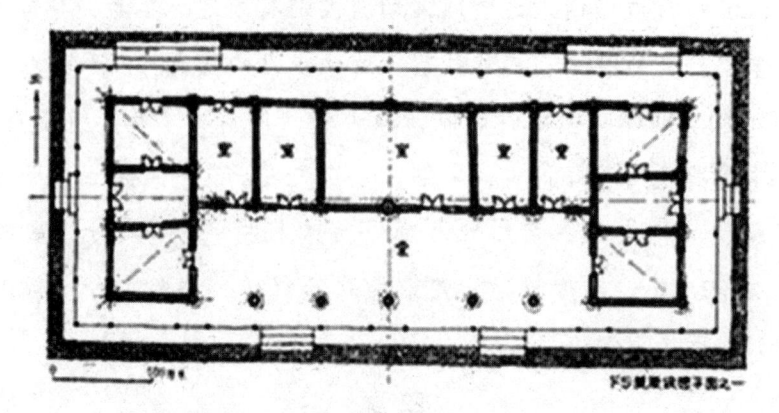

陕西扶风召陈周代遗址 F5 复原平面图

陕西凤翔马家庄春秋时期 1 号建筑遗址的北三室在前朝、后寝及东西夹室的北部，有三扇门；后室呈封闭式长方形，位于前堂之后，除与前堂之间有一门道外，后（东）墙外壁偏南有柱洞，应是后室后门的南柱；南北夹室位于前堂与后室两侧，平面均呈曲尺形，形制和面积相同；东（西）三室在前堂、后室、南北夹室的东（西）部，结构与北三室一致。[①]

★ 文献链接

东方之日兮，彼姝者子，在我室兮。在我室兮，履我即兮。——《诗经·齐风·东方之日》

夫入于室，即席，妇尊西，南面。——《仪礼·士昏礼》

3. 门堂

门堂由宫门及其两侧的门房（塾）组成。

《匠人》："门堂，三之二。"意思是说，宫门及其两侧的门房的长度和宽度是正堂的三分之二。郑玄注："门堂，门侧之堂，取数于正堂。"《尔雅·释宫》："门侧之堂谓之塾。"戴震《考工记图》的宗庙图中，有《仪礼》所称"东塾""西塾"和《尚书》所称"左塾""右塾"。

[①] 详见陕西省雍城考古队：《凤翔马家庄一号建筑群遗址发掘简报》，《文物》1985 年第 2 期。

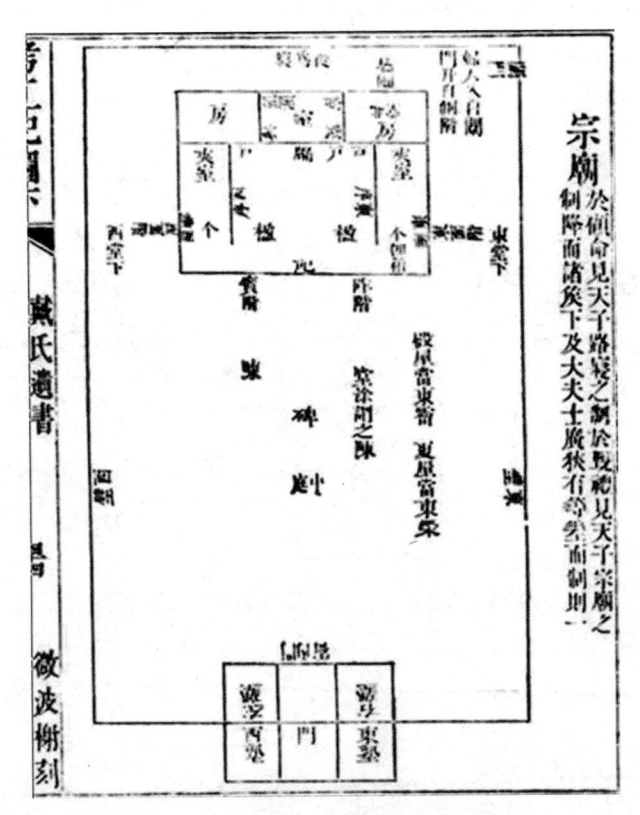

（清）戴震《考工记图》中的宗庙图

陕西神木石峁遗址的门塾遗迹

考古发现，河南偃师商城宫城3号宫殿南门塾的早期形制为在门塾夯土台基上设置三条门道。

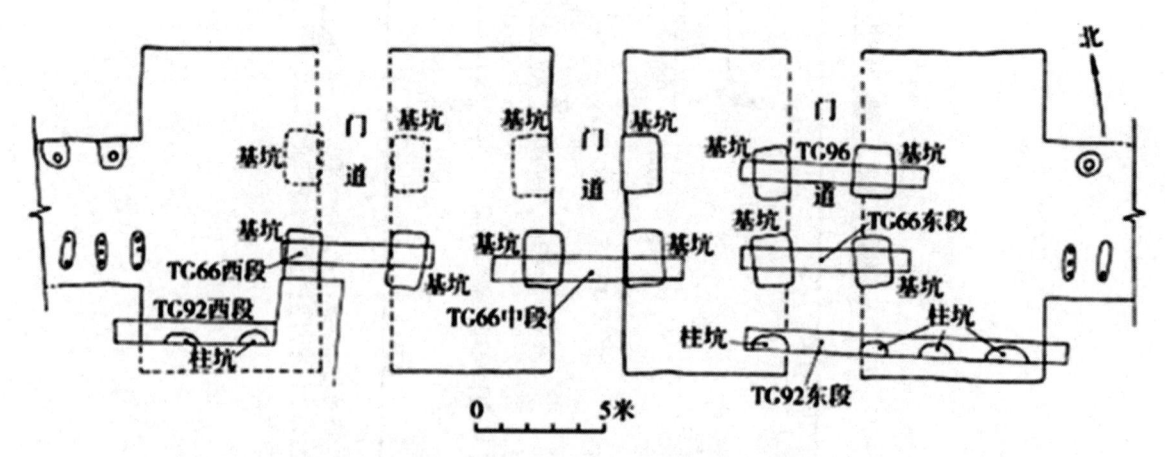

河南偃师商城宫城3号宫殿早期南门塾平面图[1]

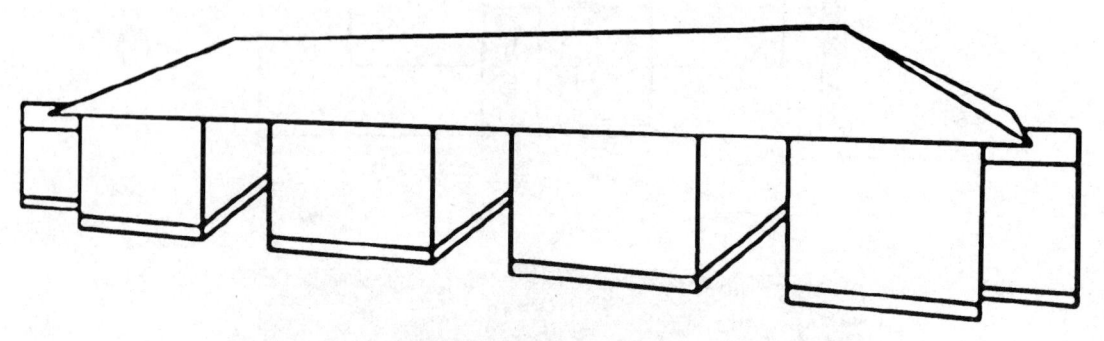

河南偃师商城宫城3号宫殿早期门塾建筑复原示意图[2]

晚期形制则为在门塾夯土中间设单门道，门塾东西两侧的南庑再各设置一条门道。

---

[1] 中国社会科学院考古研究所河南第二工作队：《河南偃师商城宫城第三号宫殿建筑基址发掘简报》，《考古》2015年第12期。

[2] 谷飞：《偃师商城宫城第三号宫殿建筑基址的复原研究》，《中原文物》2018年第3期。

河南偃师商城宫城 3 号宫殿晚期南门塾平面图①

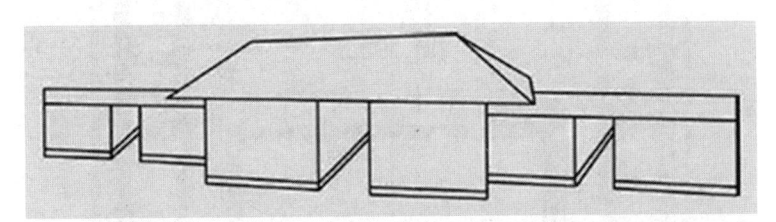

河南偃师商城宫城 3 号宫殿晚期门塾建筑复原示意图②

河南偃师商城宫城 5 号宫殿南门塾平面图③

---

① 中国社会科学院考古研究所河南第二工作队：《河南偃师商城宫城第三号宫殿建筑基址发掘简报》，《考古》2015 年第 12 期。
② 谷飞：《偃师商城宫城第三号宫殿建筑基址的复原研究》，《中原文物》2018 年第 3 期。
③ 中国社会科学院考古研究所河南第二工作队：《河南偃师商城宫城第五号宫殿建筑基址》，《考古》2017 年第 10 期。

陕西岐山凤雏西周建筑基址的门堂由正门、东门房和西门房组成。东门房的台基东西长8米，南北宽6米，有11个柱洞和柱石；西门房与东门房对称，长度和宽度也分别相应。从遗迹分析，两侧门房应当各有三间房。

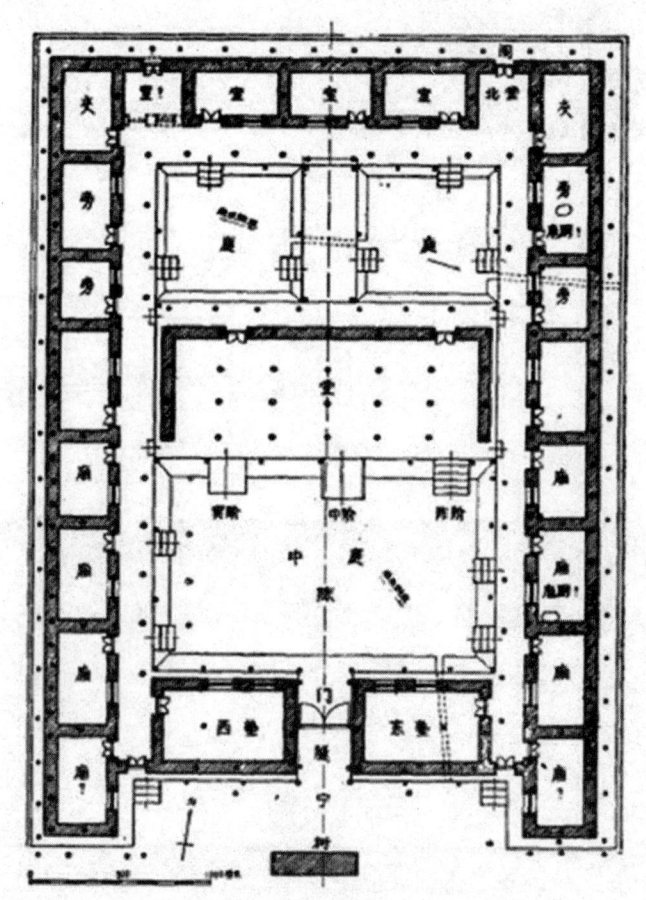

陕西岐山凤雏甲组建筑复原平面图[1]

考古还发现，周原遗址大城北门道的中部以北，有六个排列规则的磉墩，四角各一个，中间有两个。考古工作者由此判定夯土墙体内有门塾建筑。

---

[1] 杨鸿勋：《西周岐邑建筑遗址初步考察》，《文物》1981年第3期。

周原遗址大城东门北门塾

4. 茸屋

茸屋是用茅草覆盖屋顶的房屋。

郑玄注《匠人》："茸屋，谓草屋，草屋宜峻于瓦屋。"《说文解字·艸部》："茸，茨也。"

杨鸿勋根据陕西西安灞桥半坡遗址 F37 竖穴遗存的草筋泥残块推测，顶盖和门道雨篷都敷有草筋泥面层；根据《考工记》"茸屋参（叁）分"的经验推算，坡度为一比三，即顶高为跨度的三分之一，则可由中心柱至穴边椽端的最大距离求得柱的高度。

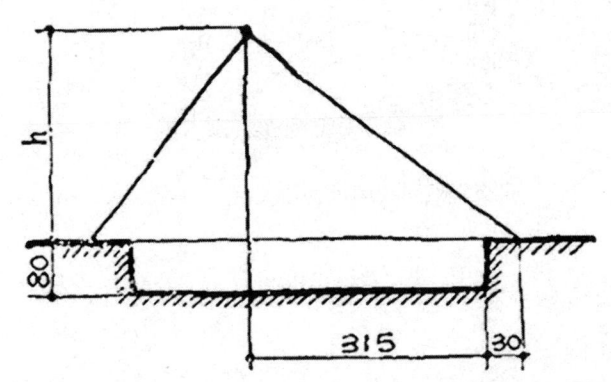

陕西西安灞桥半坡遗址 F37 竖穴顶高与进深之间关系[1]

---

[1] 杨鸿勋：《仰韶文化居住建筑发展问题的探讨》，《考古学报》1975 年第 1 期。

陕西西安灞桥半坡遗址新石器时代仰韶文化茅屋复原 　　陕西西安灞桥半坡遗址新石器时代仰韶文化茅屋草筋泥残块 　　良渚文化时期葺屋复原图

考古工作者根据河南安阳后冈遗址龙山文化房址的居住面上成层的树枝、植物茎杆痕迹（有的还覆盖有草拌泥）推测，该址房屋是用树棍作椽，上面覆盖树枝或植物茎杆，屋顶应呈圆锥形或尖锥形，外形类似现代的"蒙古包"。

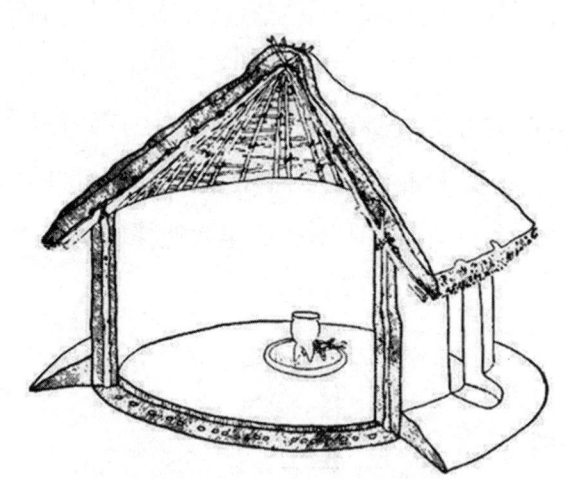

河南安阳后冈遗址龙山文化 F11 复原图[①]

河南安阳殷墟小屯村一带的商代晚期都城遗址建筑由夯土墙、木质梁柱、门户廊檐、草秸屋顶等部分构成。

---

① 中国社会科学院考古研究所安阳工作队：《1979年安阳后冈遗址发掘报告》，《考古学报》1985年第1期。

河南安阳小屯村殷墟商代晚期葺屋

陕西岐山凤雏村西周建筑遗址堆积出土物中有大量草泥红烧土块，表面抹平，背面有芦苇束的印痕，每隔12厘米至14厘米有一道草绳捆扎的印痕，考古工作者由此推断屋顶表面用芦苇束紧密排列，上下两面都抹草泥。此外，草泥表面有一层厚约1厘米的白灰砂浆，灰浆面上没有椽痕，考古工作者由此推断是顺屋面坡度把芦苇斜搭在檩上，苇束兼有椽子等部件的功能。河北易县燕下都舞阳台东北8号遗址也有屋顶用苇束代替椽子和望板的做法。

陕西岐山凤雏村西周葺屋复原图

《匠人》："葺屋参（叁）分。"意思是说，茅草屋的屋脊的高度是屋前后进深长度的三分之一。由此推算，茅草屋的屋脊的高度与屋前后进深长度之间的比例关系为：

屋前后进深长度 ×1/3= 屋脊的高度

5. 瓦屋

瓦屋即用瓦覆盖屋顶的房屋。

《说文解字·瓦部》:"瓦,土器已烧之总名。"

中国迄今发现最早的陶瓦是陕西延安芦山峁新石器时代庙底沟二期文化遗址出土的陶瓦,距今 4300 多年。

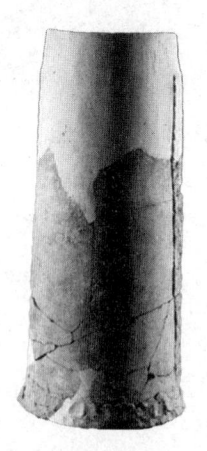

陕西延安芦山峁遗址出土的陶筒瓦和陶板瓦

山西襄汾陶寺遗址出土的板瓦 　　陕西神木石峁城址皇城台护墙外堆积的龙山文化晚期至夏代早期陶瓦残片

考古人员曾在陕西岐山凤雏村西周建筑遗址中发现数量不多的瓦,推断只在屋脊、屋檐等部位用瓦,而不是满铺,大部分屋面是在草泥表面抹白灰砂浆。瓦有阴阳板瓦和筒瓦,用盘泥条制成。板瓦用在两椽之间,覆瓦用在垂脊和山面侧边上,仰瓦则用在天沟上;少量瓦上有环或钉,用以把瓦固定在屋面上,防止滑动。

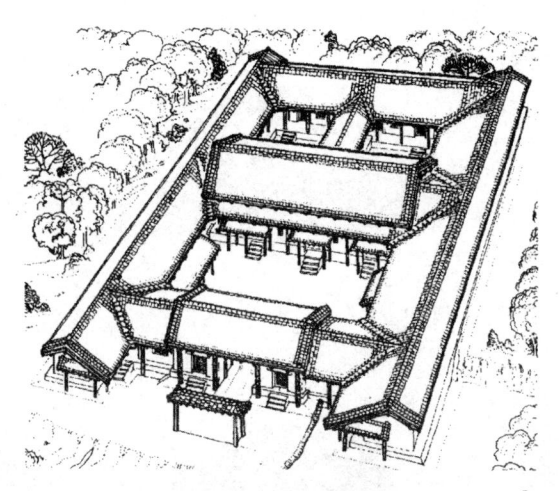

陕西岐山凤雏村西周建筑鸟瞰图（傅熹年绘）[1]

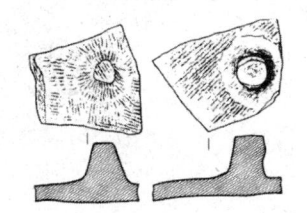

陕西岐山周公庙遗址出土的陶板瓦　　　陕西长安沣东西周陶瓦

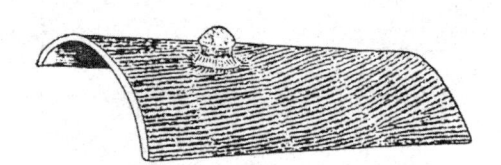

后来发展为用瓦覆盖整个屋顶，如陕西扶风召陈西周建筑遗址的瓦屋即满铺瓦顶。

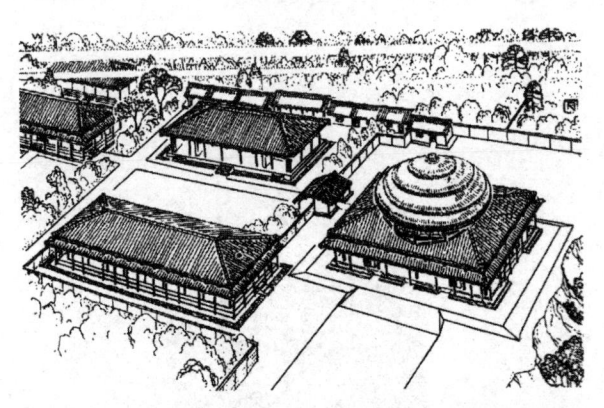

陕西扶风召陈西周建筑遗址复原图（傅熹年绘）[2]

---

[1] 傅熹年：《陕西岐山凤雏西周建筑遗址初探——周原西周建筑遗址研究之一》，《文物》1981年第1期。
[2] 傅熹年：《陕西扶风召陈西周建筑遗址初探——周原西周建筑遗址研究之二》，《文物》1981年第3期。

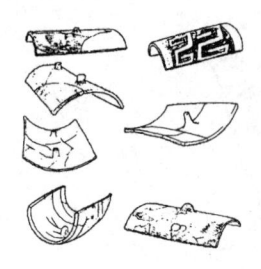

陕西扶风召陈西周建筑遗址出土的瓦件及筒瓦

春秋鹿纹瓦当 　　陕西凤翔东周秦都雍城　　陕西凤翔东周秦都雍城
　　　　　　　　遗址出土的鹿蟾狗雁纹瓦当　遗址出土的卧鹿纹瓦当

东周半圆瓦当 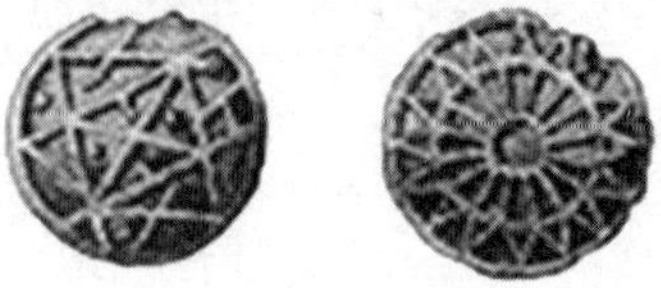　　　　　　　　东周瓦钉

浙江绍兴春秋战国时期南山头遗址出土的板瓦

战国时期半圆瓦当　　　　　　河北易县燕下都遗址出土的
　　　　　　　　　　　　　　战国时期饕餮纹半圆瓦当

《匠人》："瓦屋四分。"意思是说，用瓦覆盖屋顶的房屋屋脊的高度是屋前后进深长度的四分之一。由此推算，用瓦覆盖屋顶的房屋屋脊的高度与屋前后进深长度之间的比例关系为：

屋前后进深长度 ×1/4= 屋脊的高度

6.囷

这里的"囷"特指圆形仓库。

《匠人》："囷、窌、仓、城，逆墙六分。"《说文解字·囗部》："囷，廪之圜者，从禾在囗中。圜谓之囷，方谓之京。"《释名·释宫室》："囷，绻也，藏物缱绻束缚之也。"

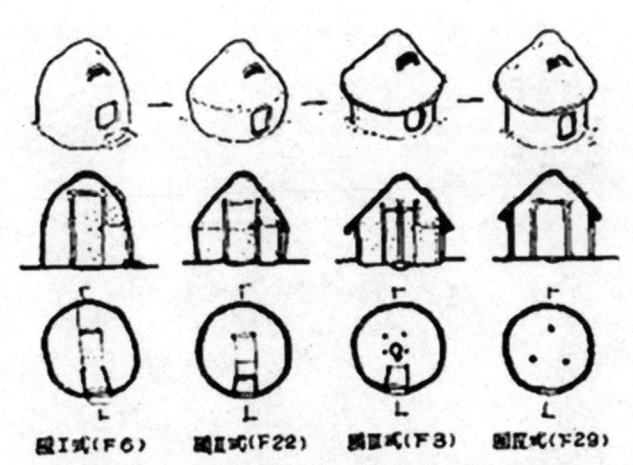

圆Ⅰ式(F6)　圆Ⅱ式(F22)　圆Ⅲ式(F3)　圆Ⅳ式(F29)

陕西西安灞桥新石器时代仰韶文化半坡圆形建筑[①]

---

① 杨鸿勋：《仰韶文化居住建筑发展问题的探讨》，《考古学报》1975年第1期。

考古发现，河南南阳黄山遗址的仰韶中晚期 16 座粮仓基址呈圆形或椭圆形，基址外径为 2.3 米至 3 米，内径多为 2 米左右。遗址发现大量粟和稻谷、黍的种子。

河南南阳黄山遗址仰韶中晚期圆形粮仓基址

河南周口淮阳四通时庄遗址的年代范围为公元前 2000 年至公元前 1700 年，属于夏代早期纪年。其 13 座地上建筑的平面形状为圆形；建筑方式是用土坯垒砌成多个圆形的土墩作为立柱，高出地面，立柱直径 0.5 米至 0.9 米，立柱和柱间墙一并合围成圆形的建筑基础。

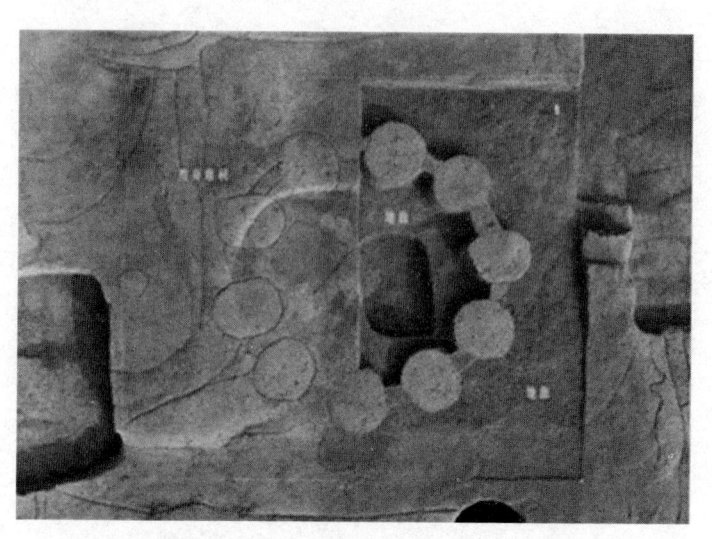

河南周口淮阳四通时庄遗址夏代早期粮仓遗迹

河南周口淮阳四通朱丘寺遗址 F9、F14 是由土墩立柱和土坯墙构成的圆形储粮仓。

河南周口淮阳四通朱丘寺遗址夏代粮仓遗迹 F9

内蒙古赤峰二道井子的新石器时代晚期夏家店下层文化聚落遗址的圆形生土建筑，年代范围为公元前 2000 年至公元前 1500 年。

内蒙古赤峰二道井子夏家店下层文化聚落遗址的圆形生土建筑群

河南偃师商城西城墙内侧西二城门以南区域的第Ⅷ号建筑基址群至少分布了 23 处圆形夯土基址，属于囷仓遗迹。

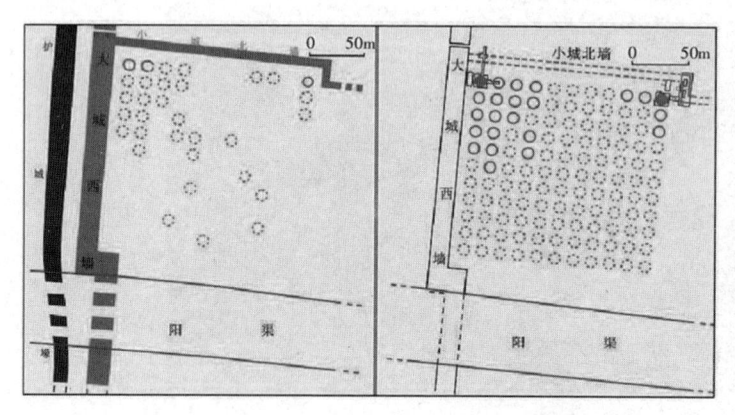

河南偃师商城第Ⅷ号建筑基址群勘探图和复原图①

河南洛阳偃师商城遗址囷仓（F1001）遗迹

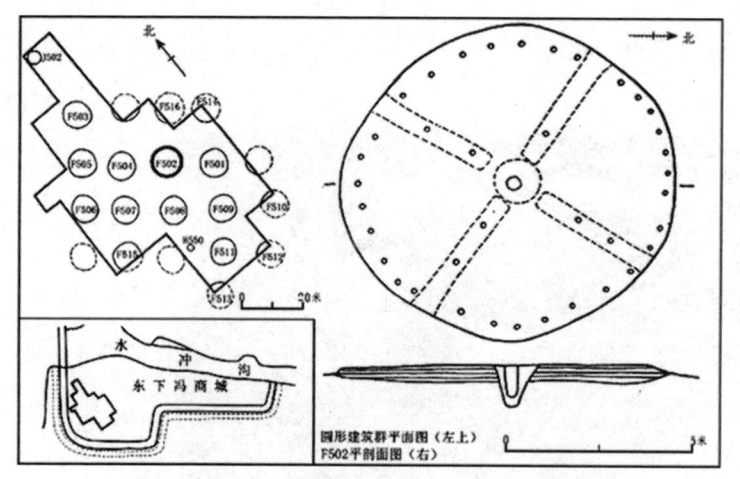

山西夏县东下冯商城圆形仓储建筑群示意图②

湖北江陵凤凰山出土的汉代陶囷明器

---

① 陈国梁：《囷窌仓城：偃师商城第Ⅷ号建筑基址群初探》，《中原文物》2020 年第 6 期。
② 时西奇、井中伟：《商周时期大型仓储建筑遗存刍议》，《中国国家博物馆馆刊》2018 年第 7 期。

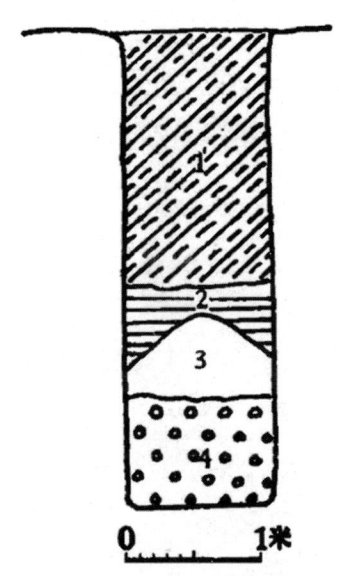

河北武安磁山遗址新石器时代粮窖（H346）剖面图
（1.灰土，2.黄土，3.空隙，4.粮食堆积）[1]

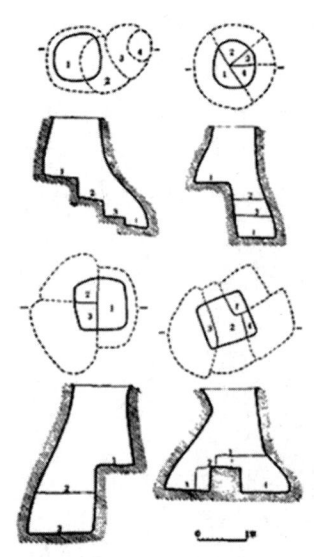

陕西临潼姜寨仰韶文化遗址窖穴平面图和剖面图[2]

★ 文献链接

（仲秋之月）是月也，可以筑城郭，建都邑，穿窦窖，修囷仓，乃命有司，趣民收敛，务畜菜，多积聚。——《礼记·月令》

7. 窌

这里的"窌"通"窖"，地窖。

郑玄注《匠人》："穿地曰窌。"《说文解字·穴部》："窌，窖也。"

陕西临潼姜寨仰韶文化遗址发掘的窖穴大多数与房址交错在一起，有的十几个集中成一群，其形状各式各样。窖穴中的遗物有兽骨、螺壳等，以及生产工具和生活用具的残品。

---

[1] 河北省文物管理处、邯郸市文物保管所：《河北武安磁山遗址》，《考古学报》1981年第3期。
[2] 西安半坡博物馆、临渔县文化馆姜寨遗址发掘队：《陕西临潼姜寨遗址第二、三次发掘的主要收获》，《考古》1975年第5期。

陕西临潼姜寨仰韶文化遗址窖穴矢量数据挖掘结果（单位：米）[1]

文化层	最大深度	最小深度	平均深度	最大口径	最小口径	平均口径	最大底径	最小底径	平均底径	顶界最大深度	顶界最小深度	顶界平均深度	底界最大深度	底界最小深度	底界平均深度
壹~叁肆	1.056	0.582	0.718	1.312	0.566	0.939	0.949	0	0.475	1.301	0.206	0.537	2.725	1.603	2.366
伍,陆柒捌,玖	1.185	0.079	0.787	2.564	0.445	1.064	1.918	0.912	1.049	1.079	0.441	0.597	2.093	1.356	1.453

河南偃师汤泉沟仰韶文化 H6 半穴可能是作为居住空间的穴居，也有可能是作为储藏空间的窖藏。

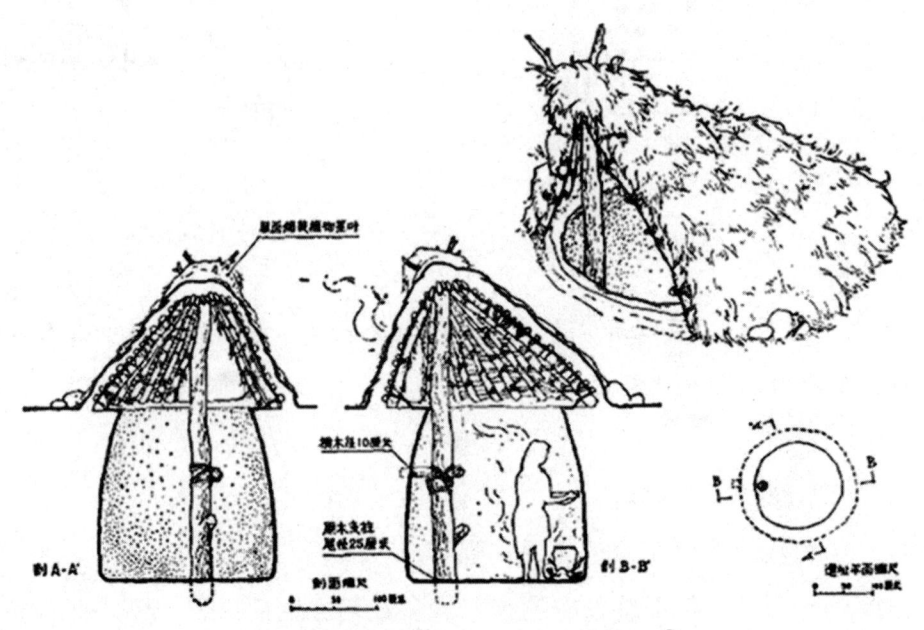

河南偃师汤泉沟仰韶文化 H6 复原图[2]

原始人类从山洞穴迁至适宜种植作物的平原地区，开始定居生活后，从地表向下挖掘竖穴。竖穴的剖面形状一般为口小腔大，呈袋状，所以也叫袋穴。竖穴式居室，

---

① 杨林等：《基于 GIS 数据库的田野考古地层剖面空间数据挖掘——以陕西临潼姜寨遗址为例》，《地理与地理信息科学》2005 年第 2 期。

② 杨鸿勋：《仰韶文化居住建筑发展问题的探讨》，《考古学报》1975 年第 1 期。

是定居在平原地区的原始人类发明的原始建筑。河南偃师汤泉沟仰韶文化遗址的袋穴营建在陵阜坡地，有固定的顶盖，上有树木枝干扎成的骨架，以植物茎叶和泥土覆盖。半地穴式居室由此发展而来。

陕西西安半坡新石器时代仰韶文化遗址半地穴式居室复原

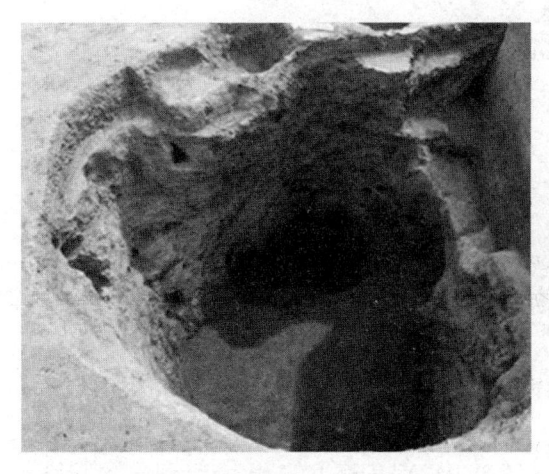

河南灵宝北阳平遗址仰韶文化中期深穴式房址 　　西藏昌都卡若遗址的半地穴式建筑遗迹

考古工作者曾在河南偃师二里头遗址附近和河南安阳殷墟发现很多窖穴，并发掘出丰富的文物。仅 1958 年和 1959 年两年，就在殷墟发掘了 118 个窖穴，应为贮藏所用。

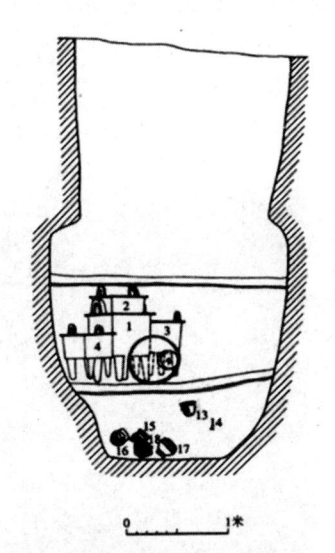

郑州商城南顺城街商代中期窖藏遗址[①]

河南安阳殷墟孝民屯商代遗址半地穴式房基

　　宁夏彭阳姚河塬遗址第 IV 象限发掘区房址（2019PYIVF2）的东北角有一个长 3.6 米、宽 0.5 米至 1 米、深 2.1 米至 2.85 米的长条形储藏室。

[①] 河南省文物考古研究所、郑州市文物考古研究所：《郑州南顺城街青铜器窖藏坑发掘简报》，《华夏考古》1998 年第 3 期。

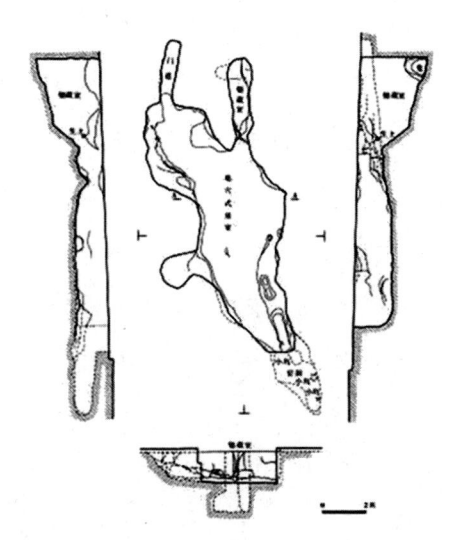

宁夏彭阳姚河塬遗址第 IV 象限发掘区房址（2019PYIVF2）平面图和剖面图[①]

山西灵石旌介西周圆形地穴式仓储建筑共有6座，南北并列4座，东西各1座，呈十字形排列。其中，1号仓深约6.8米，2号仓深约7米。仓储底部夯实，再经烧烤后铺设木板。

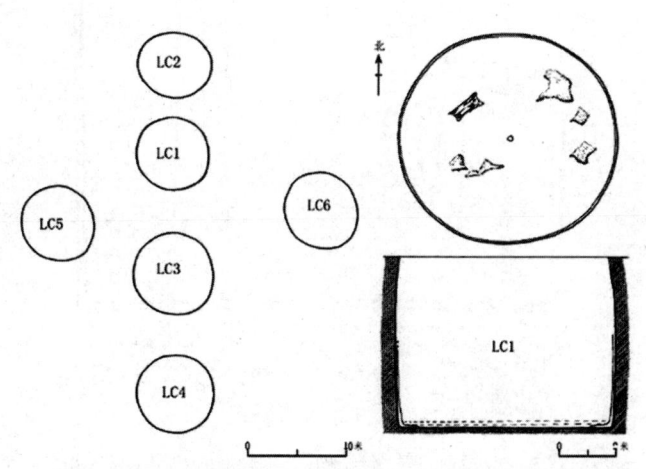

山西灵石旌介西周仓储建筑平面图及LC1平剖面图[②]

---

① 宁夏回族自治区文物考古研究所等：《宁夏彭阳县姚河塬西周遗址》，《考古》2021年第8期。
② 时西奇、井中伟：《商周时期大型仓储建筑遗存刍议》，《中国国家博物馆刊》2018年第7期。

2002年至2003年，考古人员在陕西周原遗址齐家村发掘的果蔬储藏坑（H83）平面近正方形，四角略弧，坑口距地表70厘米，坑口长105厘米，宽80厘米，深205厘米。坑壁涂抹草拌泥，底部平整。考古人员在此发现500枚杏核、150余枚甜瓜种子，推测这可能是专门储藏新鲜的杏和甜瓜的地窖。

此外，河南洛阳瀍河之滨的西周洛邑遗址，遗存用于宫廷贮藏的鱼窖群；河南三门峡李家窑东周虢都上阳城遗址的宫城外西北侧，遗存多个排列整齐的圆形窖穴粮库；河南洛阳涧河东岸王城公园一带的东周王城遗址，遗存由74座粮窖组成的迄今所见最早的大型地下粮仓；陕西凤翔秦都雍城的姚家岗春秋宫殿区凌阴遗址，遗存东西长10米、南北宽11.4

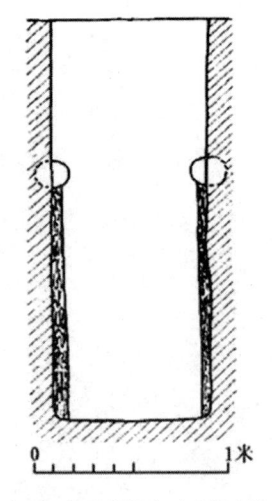

陕西周原遗址齐家村果蔬储藏坑（H83）剖面图①

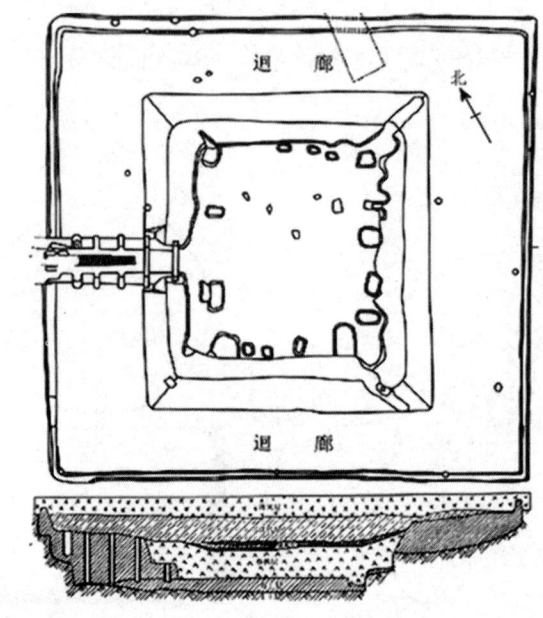

陕西凤翔秦都雍城姚家岗宫殿区凌阴遗址平面图和剖面图②

---

① 孙周勇：《周原遗址先周果蔬储藏坑的发现及相关问题》，《考古》2010年第10期。
② 陕西省雍城考古队：《陕西凤翔春秋秦国凌阴遗址发掘简报》，《文物》1978年第5期。

米的长方形窖穴，与排水道相连，这与秦咸阳宫一号遗址西北隅发掘的地窖（其内遗存疑似鸡骨等物品）一样，可能都是食物冷藏窖。

★ 文献链接

今人之生也，方知畜鸡狗猪彘，又蓄牛羊，然而食不敢有酒肉；余刀布，有囷窌，然而衣不敢有丝帛；约者有筐箧之藏，然而行不敢有舆马。是何也？非不欲也，几不长虑顾后，而恐无以继之故也？于是又节用御欲，收敛蓄藏以继之也。——《荀子·荣辱》

请以令发师置屯籍农，十钟之家不行，百钟之家不行，千钟之家不行，行者不能百之一，千之十，而囷窌之数，皆见于上矣；君案囷窌之数令之曰："国贫而用不足，请以平价取之，子皆案囷窌而不能抇损焉。"君直币之轻重，以决其数，使无券契之责，则积藏囷窌之粟皆归于君矣，故九州无敌，竟上无患。——《管子·轻重乙》

8. 仓

这里的"仓"特指方形仓库。

"仓"的甲骨文作 ①，金文作 ②、③，皆上象覆盖，中象藏粮食的仓位（一说像门户或筑墙），下象其底及仓库四隅之形。《说文解字·仓部》："倉，谷藏也。倉黄取而藏之，故谓之倉。从食省，口象倉形。"《释名·释宫室》："仓，藏也，藏谷物也。"贾公彦疏《匠人》："地上为之，方曰仓，圜曰囷。"

---

[1] 《甲骨文合集》，第18664。
[2] 《殷周金文集成》，第3398。
[3] 同②，第4351。

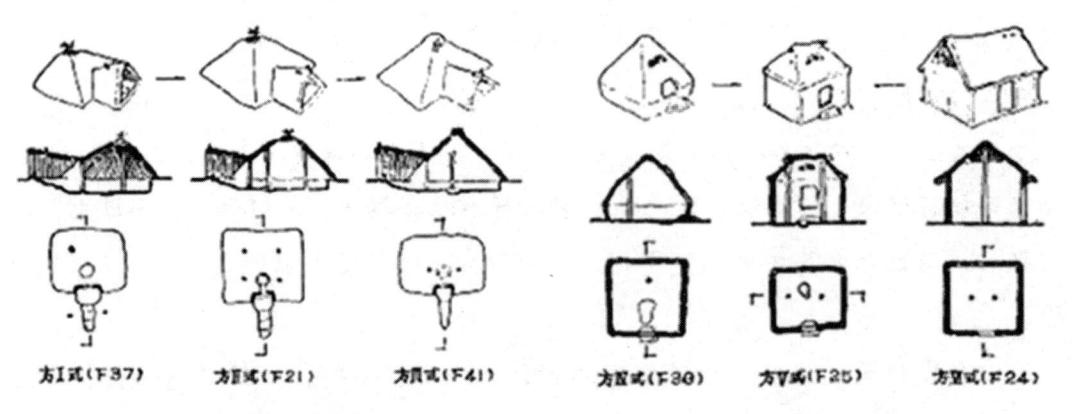

方Ⅰ式(F37)　方Ⅱ式(F21)　方Ⅲ式(F41)　　方Ⅳ式(F39)　方Ⅴ式(F25)　方Ⅵ式(F24)

陕西西安灞桥新石器时代　　　　　　　　陕西西安灞桥新石器时代
仰韶文化半坡早期方形建筑[1]　　　　　　仰韶文化半坡中期方形建筑[2]

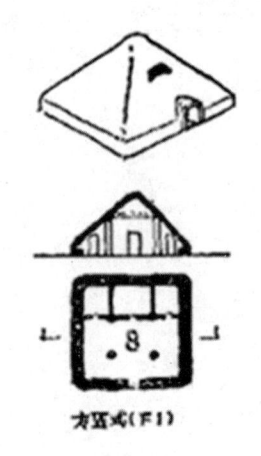

方Ⅶ式(F1)

陕西西安灞桥新石器时代
仰韶文化半坡晚期方形建筑[3]

四川大邑汉画像砖粮仓图

★文献链接

故田野县鄙者，财之本也；垣窌仓廪者，财之末也。——《荀子·富国》

天子布德行惠，命有司，发仓窌，赐贫穷，振乏绝，开府库，出币帛，周天下，勉诸侯，聘名士，礼贤者。——《吕氏春秋·季春纪》

---

[1][2][3]　杨鸿勋：《仰韶文化居住建筑发展问题的探讨》，《考古学报》1975年第1期。

9. 城

城即城墙。

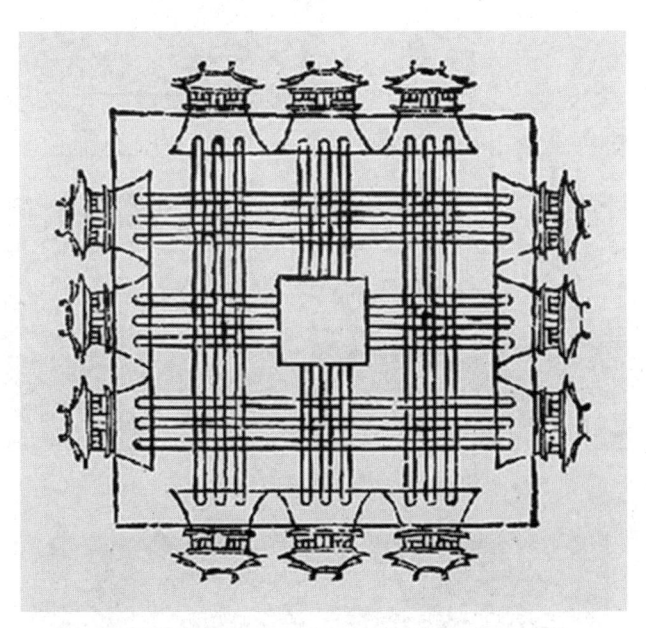

（宋）聂崇义《三礼图》中的周王城图

"城"的金文字形如表所示：

字形	时期	器名	文献来源	编号
𢧵	西周早期	班簋	《殷周金文集成》	4341
𢧵	西周中期	城虢遣生簋		3866
𢧵	西周晚期	元年师兑簋		4275

由表可见，"城"的金文字形表示用武力守卫城土，兼表音，属于会意兼形声造字。中国迄今发现的时代最早、保护最完整的古城遗址是湖南澧县城头山的新石器时代大溪文化至石家河文化时期城址。该址第十层出土的陶片和碳十四数据均表明，第一期城墙建于大溪文化一期，距今逾6000年，是中国迄今所见最早的城墙。

湖南澧县城头山遗址航拍图　　湖南澧县城头山城墙遗址

湖北沙洋城河新石器时代城址

河南郑州西山仰韶文化城址西北角版筑城墙平面

科技考古工作者依据遥感影像识别出的浙江杭州余杭良渚古城遗址分布和面积与田野考古勘察结果，绘出了遥感影像识别结果与田野考古结果对比图。[①] 图中的红色为田野考古结果显示的城墙，浅紫色为依据遥感影像识别出的城墙，绿色为田野考古结果显示的台地，浅灰色为依据遥感影像识别出的台地（参阅图版169）。

---

① 张依欣：《基于多源遥感影像的考古遗址识别与分析——以良渚古城为例》，《南京大学学报》（自然科学版）2018年第4期。

卷十 都城规划与建设 495

山东济南章丘龙山城子崖新石器时代遗址

四川成都宝墩遗址龙山文化时期古城墙
（距今约 4500 年）

内蒙古清水河后城咀石城龙山文化时期城墙（距今约 4300 年至 4500 年）

河南新密龙山时代晚期古城寨城址版筑城墙及其剖面

陕西神木石峁城址遗址

陕西神木石峁城址皇城台东护墙遗迹

河南郑州商城城墙遗迹

江西新干大洋洲商代牛头城遗址城墙　　三星堆城址分布示意图①

周原遗址齐家南城墙剖面

山东临淄齐国故城城垣　　河北易县战国时期燕下都西城南垣遗迹

---

① 李伯谦：《三星堆遗址：新发现、新成果、新认识》，《黄河·黄土·黄种人》2016 年第 18 期。

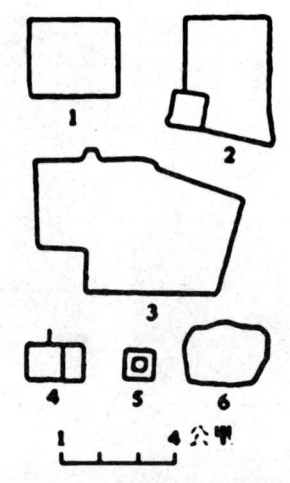

日本考古学家关野雄绘列国城邑比较图
（1.薛城，2.齐城，3.燕下都，4.赵城，5.滕城，6.鲁城）

★文献链接

价人维藩，大师维垣，大邦维屏，大宗维翰，怀德维宁，宗子维城。无俾城坏，无独斯畏。——《诗经·大雅·板》

城上不趋。——《礼记·少仪》

★视频链接

《考古公开课》：史前建筑，这座城的内城就有故宫四倍大

《探索·发现》之《城河古城探秘（上）》：石家河古城面积达120万平方米

《探索·发现》之《消失的神秘诸侯国（上）》：
考古人员由墙体判断出墓葬是一个西周的城

《探索·发现》之《消失的神秘诸侯国（上）》：考古队员通过陶片判断城址属于西周遗址

《探索·发现》之《考古进行时》：郑韩故城探秘

（二）部位

1. 阿

阿即屋脊。

《匠人》："殷人重屋，……四阿。"意思是说，商代君主举行典礼的殿堂（重屋），……有四个屋脊。郑玄注："阿，栋也。"贾公彦疏："四阿，四霤者也。"孙诒让《周礼正义》引胡承珙语："郑以'栋'训'阿'者，非谓'栋'有'阿'名，谓屋之中脊其当栋处名'阿'耳。'阿'之训义为曲。……《说文》：'阿，一曰曲𨸏也。'其在宫室，则凡屋之中脊，其上穹然而起，其下必卷然而曲。其曲处即谓之阿。……中脊者栋之所承，故郑以当阿为当栋耳。"

河南安阳殷墟妇好墓出土青铜偶方彝的器盖呈四面斜坡状，屋顶中脊和四坡的斜脊均铸有扉棱，中脊两端有两个四阿式顶短柱钮，与商代宫殿的四阿式屋顶非常相似。器口的前后，各有七个方形和尖形槽，形似七枚屋椽出梁头硬挑，为后代斗拱的雏形。

河南安阳殷墟妇好墓　　　河南安阳殷墟妇好墓　　　美国辛辛那提艺术博物馆藏
出土的青铜偶方彝　　　　出土的青铜方彝　　　　　商代青铜方彝

河南安阳殷墟大司空村东南 663 号墓出土的青铜方彝（M1046∶1）的盖形似四阿式屋顶。

河南安阳殷墟大司空村东南 663 号墓
出土的青铜方彝

河南安阳殷墟大司空村东南 663 号墓出土的青铜方彝线图[1]
（自左至右：正面、顶部、侧面）

殷墟刘家庄北 1046 号墓出土的青铜方彝（M1046∶1）的盖呈四阿屋顶式样。

---

[1] 中国社会科学院考古研究所安阳工作队：《安阳大司空村东南的一座殷墓》，《考古》1988 年第 10 期。

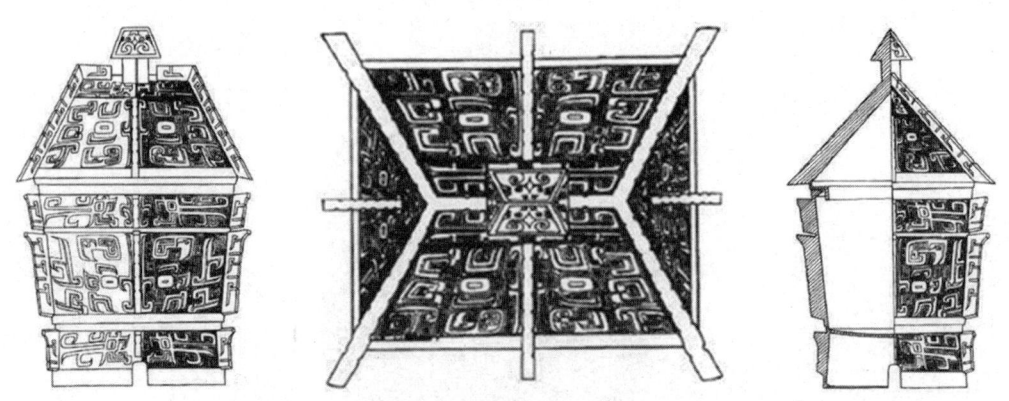

河南安阳殷墟刘家庄北 1046 号墓出土的青铜方彝轮廓[1]
（自左至右：正面、顶部、侧面）

上述方彝和偶方彝确证了商周时代四个屋脊式屋顶的存在。"门阿"指王宫宫殿的屋脊。

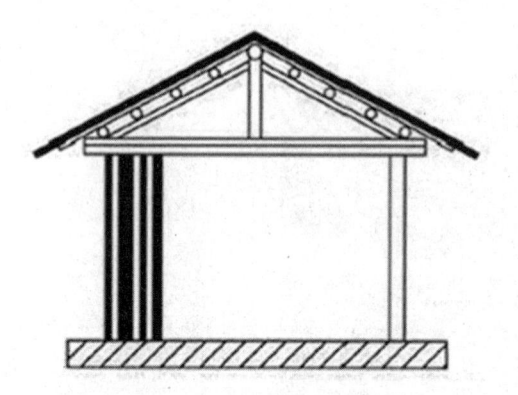

河南偃师商城宫城 3 号宫殿
早期西庑建筑结构剖视图[2]

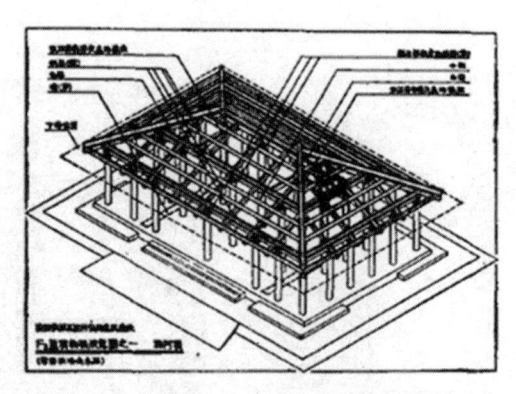

陕西扶风召陈西周建筑 F3
四阿屋顶示意图[3]

---

[1] 中国社会科学院考古研究所安阳工作队：《安阳殷墟刘家庄北 1046 号墓》，《考古学集刊》第 15 集，文物出版社，2010。

[2] 谷飞：《偃师商城宫城第三号宫殿建筑基址的复原研究》，《中原文物》2018 年第 3 期。

[3] 傅熹年：《陕西扶风召陈西周建筑遗址初探——周原西周建筑遗址研究之二》，《文物》1981 年第 3 期。

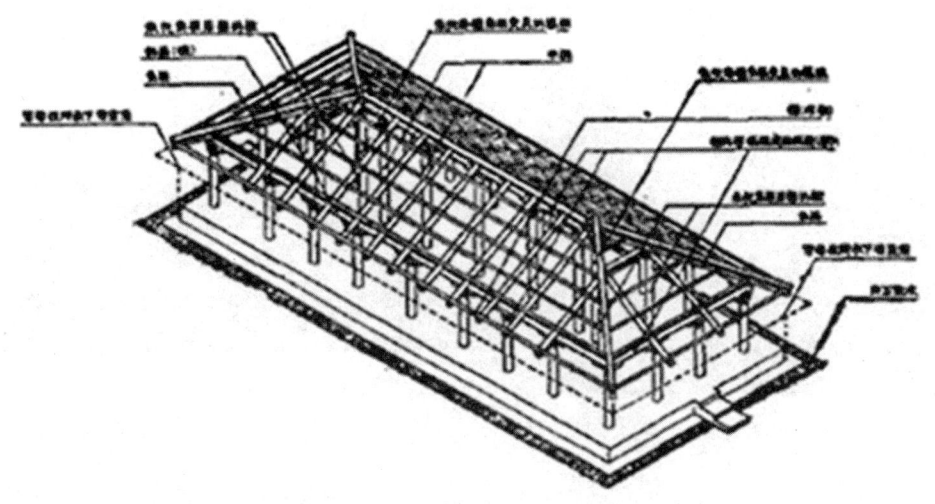

陕西扶风召陈西周时期建筑 F5 四阿屋顶示意图[①]

陕西岐山凤雏西周时期甲组建筑遗址的堂为四阿，其东、西两坡与厢、旁外坡呈同一斜面。

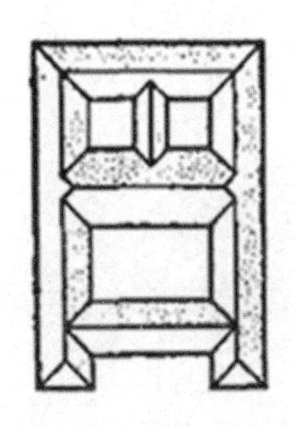

陕西岐山凤雏西周时期甲组建筑遗址屋盖复原设想平面图[②]

陕西凤翔东周时期秦都雍城复原图

---

① 傅熹年：《陕西扶风召陈西周建筑遗址初探——周原西周建筑遗址研究之二》，《文物》1981年第3期。
② 详见杨鸿勋：《西周岐邑建筑遗址初步考察》，《文物》1981年第3期。

陕西凤翔东周时期秦都雍城屋脊模拟复原

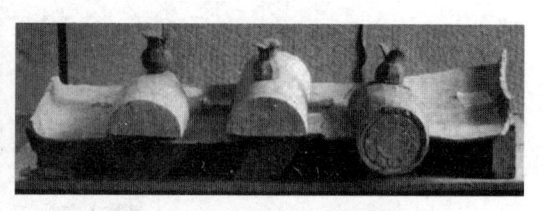

陕西凤翔东周时期秦都雍城豆腐村与马家庄遗址瓦件使用模拟图

战国时期漆器上的建筑形象

2. 墙

这里的"墙"特指宫室外的围墙。

《匠人》:"墙厚三尺,崇三之。"《说文解字·啬部》:"墙,垣蔽也。从啬,爿声。"《释名·释宫室》:"墙,障也,所以自障蔽也。"

河南南阳黄山遗址仰韶文化晚期F2十字墙

辽宁朝阳半拉山红山文化墓地祭祀遗迹中,祭坛的坛墙包括内外两道墙。外墙是东、西、北三面石界墙,墙体均由石块平砌而成,用以划分祭祀区和墓葬区,并划分祭坛区域;内墙由四边墙围成,平面呈近似长方形。

辽宁朝阳半拉山红山文化墓地祭坛西墙解剖情况

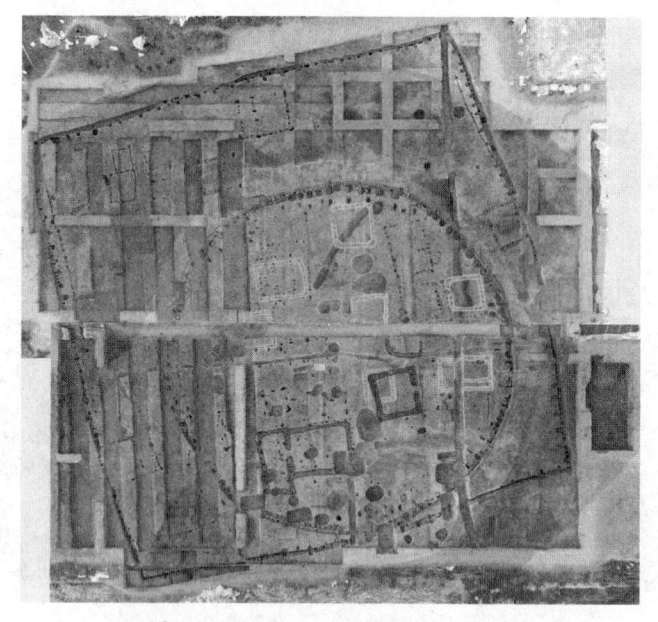

山东滕州西孟庄龙山文化围墙聚落遗址分布图

山西襄汾陶寺遗址Ⅲ区大型夯土基址Ⅲ FJT2 建筑遗迹由主体建筑基础、西墙基础、东墙基础和南墙基础等构成。

山西襄汾陶寺遗址Ⅲ区大型夯土基址Ⅲ FJT2 建筑遗迹

山西襄汾陶寺遗址宫城城墙剖面图

2019年，考古工作者在二里头遗址夏代都邑中心区宫殿区外围"井"字形主干道路西南路口的外侧，发现宫殿区和作坊区围墙的拐角，以及宫城南墙西段和西墙南段，作坊区以西区域的东侧和北侧围墙；在祭祀区以西的宫北路北侧、宫西路西侧，发现其南侧、东侧的夯土墙；在宫城以西的宫北路南侧、宫西路西侧和宫南路北侧，发现北侧、东侧和南侧的墙垣以及东南拐角；在作坊区以西的区域，发现北侧、东侧的墙垣。

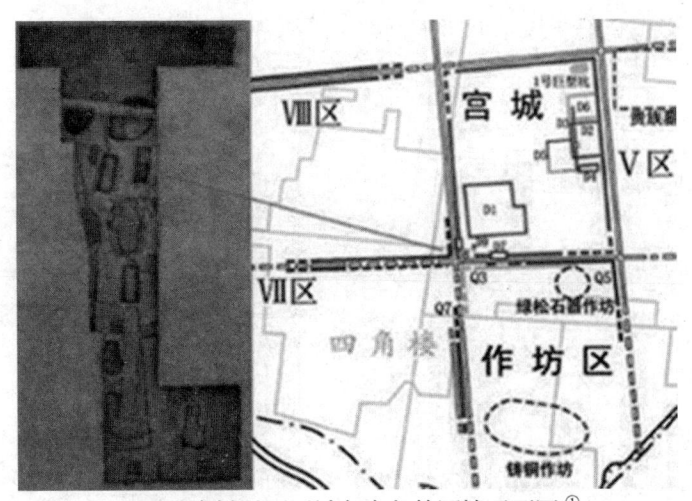

二里头宫城以西区域东南角的围墙平面图[①]

---

① 赵海涛：《二里头都邑布局和手工业考古的新收获》，《华夏考古》2022年第6期。

河南偃师二里头遗址墙垣（Q7）

考古发现，河南偃师商城宫城3号宫殿西排西庑的夯土台基打破了第三期宫城墙的夯土，由此可以推断，第三期宫城墙的建造早于西排西庑；第二期宫城墙西侧由第三期宫城墙所围成的一个南北向狭长空间则应考虑为宫城第二期时期的遗迹，在第二期宫城西墙的南端有一个缺口（门道）与这个狭长空间相通。

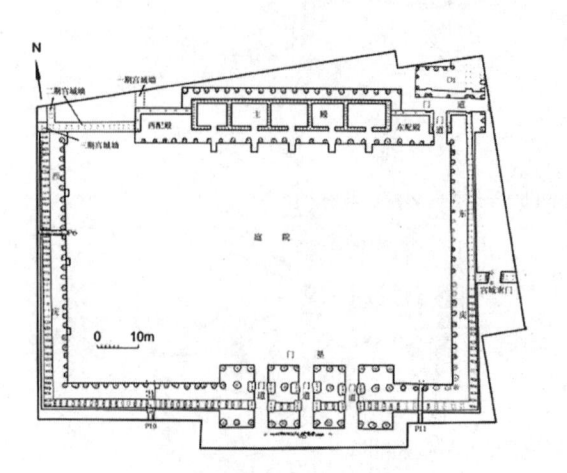

河南偃师商城宫城3号宫殿
早期建筑结构复原图[①]

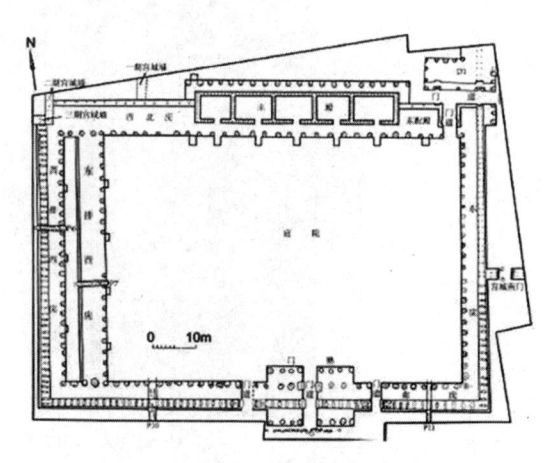

河南偃师商城宫城3号宫殿
晚期建筑结构复原图[②]

---

①② 谷飞：《偃师商城宫城第三号宫殿建筑基址的复原研究》，《中原文物》2018年第3期。

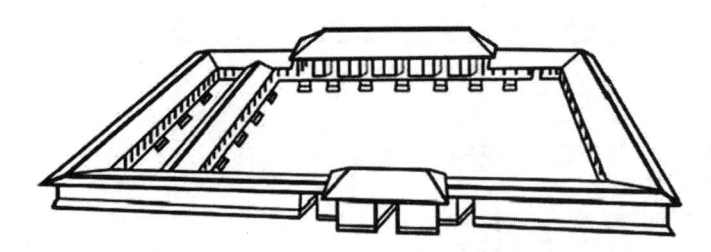

河南偃师商城宫城 3 号宫殿晚期建筑整体复原效果图[①]

河南偃师商城宫城 3 号宫殿西排西庑西壁局部[②]

陕西扶风召陈西周建筑群基址的墙包括夯土墙、土坯墙和木骨草泥墙三种。

陕西长安丰镐西周遗址的宫殿群由自成单位的殿堂群体组成，每个单元的四周基本有墙，而整个宫城则不一定有围墙。陕西凤翔东周秦都雍城的情况也大致相同。

陕西扶风召陈西周建筑群基址 F5 草泥墙内木板痕迹

---

① 谷飞：《偃师商城宫城第三号宫殿建筑基址的复原研究》，《中原文物》2018 年第 3 期。
② 中国社会科学院考古研究所河南第二工作队：《河南偃师商城宫城第三号宫殿建筑基址发掘简报》，《考古》2015 年第 12 期。

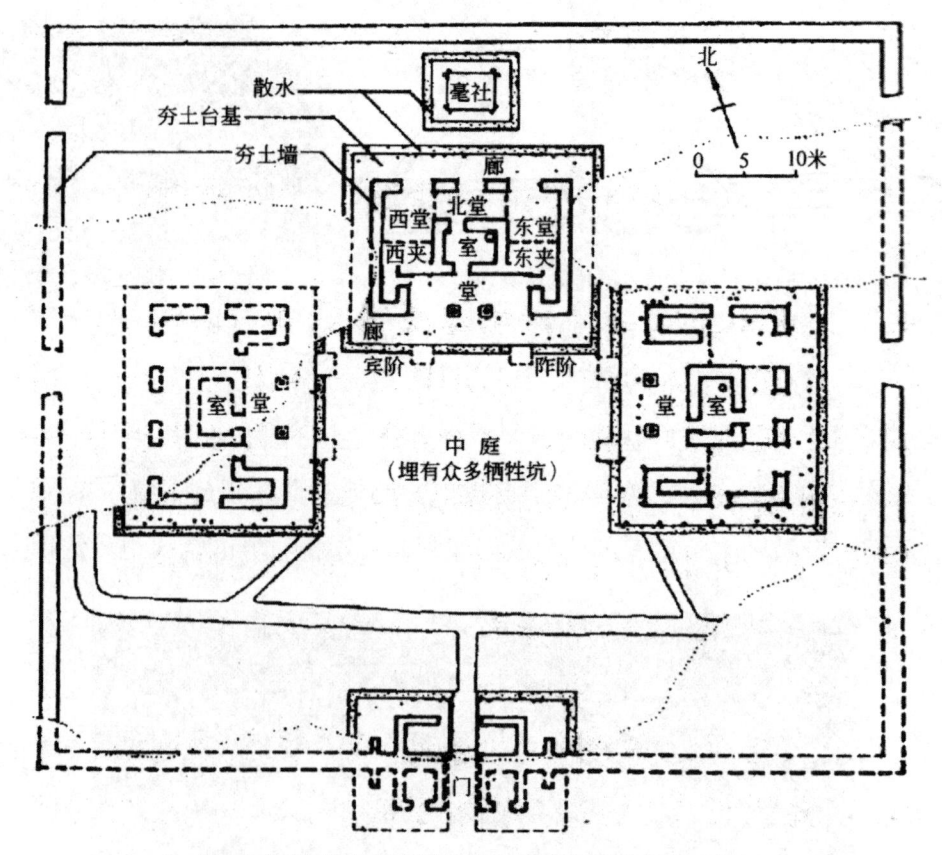

陕西凤翔东周秦都雍城马家庄 1 号宗庙遗址平面图

《匠人》："墙厚三尺，崇三之。"意思是说，围墙的厚度为三尺，高度是厚度的三倍。"由此推算，围墙的厚度与高度之间的比例关系为：

$$厚度（3尺/6尺）\times 3=高度（9尺/18尺）$$

★ 文献链接

古者天子诸侯，必有公桑蚕室，近川而为之，筑宫仞有三尺，棘墙而外闭之。——《礼记·祭义》

譬之宫墙，赐之墙也及肩，窥见室家之好；夫子之墙数仞，不得其门而入，不见宗庙之美。——《论语·子张》

2A. 逆墙

逆墙即女墙，指建在城墙顶部内外沿，凹凸起伏，用以防御的薄型挡墙。

《匠人》："囷、窌、仓、城，逆墙六分。"郑玄注："逆犹却也。"孙诒让《周礼正义》："逆墙六分城高，以一分为之。假令城高九雉，则以上一丈五尺却为逆墙。囷、窌、仓逆墙放（仿）此。"

上海博物馆藏战国早期宴乐画像杯上錾有三座建筑图形，其中两座建在高一层的台子上，台四周有女墙，女墙下有登台的磴道，上有人物捧食器登上磴道。

上海博物馆藏战国早期宴乐画像杯及其局部

参照孙诒让《周礼正义》假设比拟，则：

城墙的高度（90尺）× 1/6 = 逆墙的高度（15尺）

3. 门

"门"的甲骨文字形如表所示：

字形	文献来源	编号
𦥑	《甲骨文合集》	13606 反
门		13611
门		34071 历组

"门"的金文字形如表所示：

字形	时期	器名	文献来源	编号
	商代晚期	门且丁簋		3136
	西周中期	师酉簋	《殷周金文集成》	4288
	西周晚期	颂簋		4332

由表可见，"门"的甲金文字形皆象门户，属于象形造字。

（1）都城之门

《匠人》："匠人营国，方九里，旁三门。"意思是说，匠人营建都城，面积九里见方，都城的四边各有三个城门。这里的"门"特指都城之门。

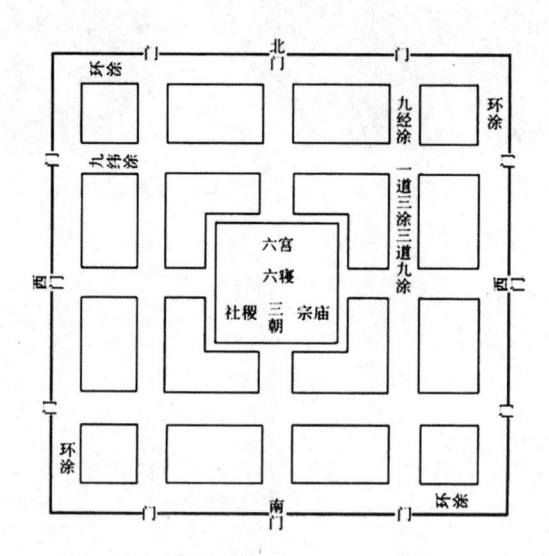

（清）戴震《考工记图》王城设想

戴震《考工记图》所绘王城图，对《考工记》所述城门的位置有所设想。武廷海分析，"旁三门"说明每面城墙分为4段，根据路网密度和王宫规模，推测城门的位置分别位于第2、5、8个等分点处；"方九里"的城墙被"旁三门"分为三段，分别为540步、1620步、540步，长度比为2：6：2。

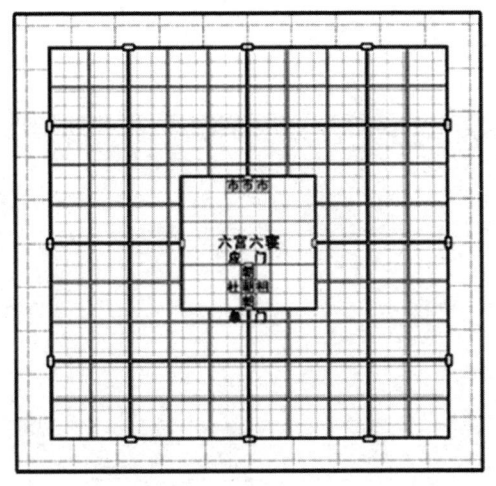

武廷海绘王城空间结构形态图[①]

内蒙古清水河后城咀龙山文化时期石城主城门整体呈外凸长方形，两侧为石墙和土墙，由此构成严密的城门防御体系。

内蒙古清水河后城咀龙山文化时期石城主城门遗迹及复原（距今约4300年至4500年）

[①] 武廷海：《画圆以正方——中国古代都邑规画图式与规画术研究》，《城市规划》2021年第1期。

山西兴县龙山文化晚期碧村遗址石城防御体系的东门遗迹呈双瓮城结构，形制规整，结构严密，保存较为完整。

山西兴县龙山文化晚期碧村遗址东门遗迹（约4000年前）

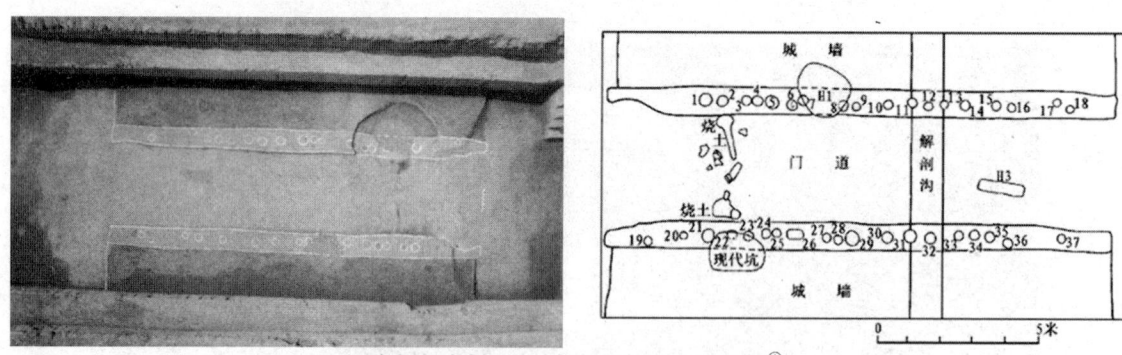

河南偃师商城西三城门遗迹及其平面图[1]

---

[1] 中国社会科学院考古研究所河南第二工作队：《河南偃师商城西城墙2007与2008年勘探发掘报告》，《考古学报》2011年第3期。

河南偃师商城西二城门遗迹

周原遗址大城东门遗迹（上为东）

山东曲阜鲁国城址是迄今发现周初分封的保存最为完整的诸侯国都城。据《周公姬谱》记载，曲阜鲁国故城共有十二座城门，东西南北各三座。东门分别为始明门、建春门、鹿门，西门分别为归德门、史门、麦门，南门分别为章门、稷门、雩门，北门分别为齐门、闺门、龙门；但迄今未发现雩门，故只发现11座城门，与《匠人》"旁三门"基本相符。

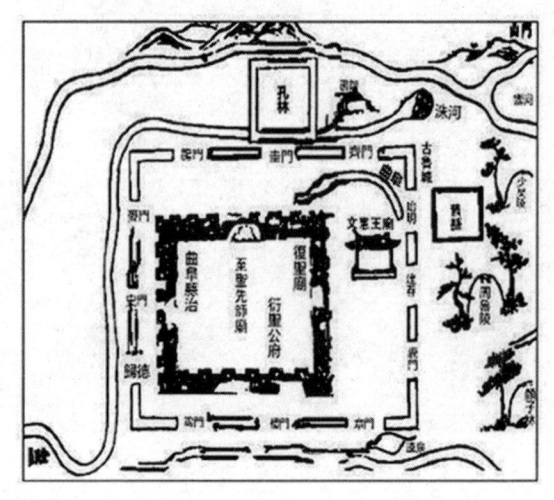

（清）宋际、宋庆长《阙里广志》中的鲁国图局部

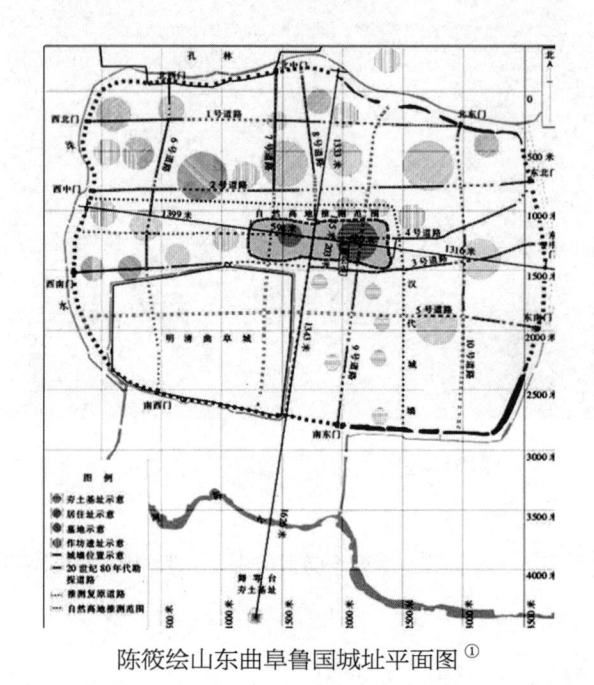

陈筱绘山东曲阜鲁国城址平面图[1]

据《左传》记载，春秋时期宋国的国都有八个城门，分别是卢门、泽门、扬门、

---

[1] 陈筱：《曲阜鲁国故城布局新探》，《文物》2020年第5期。

酐门、曹门、蒙门、桑林、桐门，但目前只发现五座城门。其中，西城墙三座城门的中间一座基本上位于城墙的正中部，另两座大致位于对称的两侧，南城墙和北城墙各有一门，遥相对应。侯卫东根据对称原则和对应原则，推测宋城四面城墙各有三门。亚明案，以《左传》所记宋国国都特有的八个城门，加上泛指的东门、南门、西门、北门，则总数恰为 12 座门，亦与《匠人》"旁三门"相符。

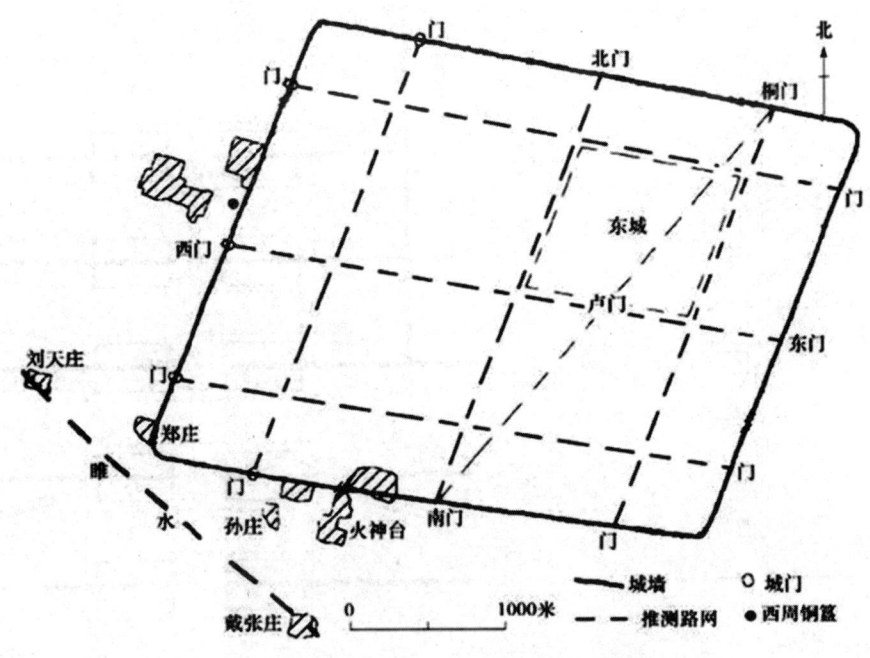

侯卫东绘河南商丘东周宋国都城平面图①

★ 视频链接

《国宝·发现》：《石峁之谜·王城之门》

---

① 侯卫东：《试论商丘宋城春秋时期布局及其渊源》，《三代考古（六）》，科学出版社，2015。

（2）宫门

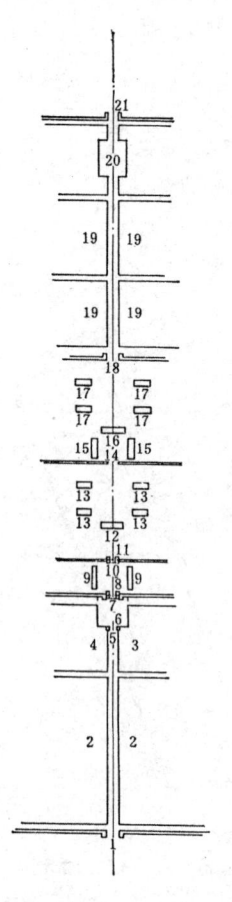

贺业钜绘王城规划主轴线布置示意图[1]
（1.王城正南门；2.官署；3.宗庙；
4.社稷；5.皋门；6.外朝；7.应门；
8.治朝；9.九卿九室；10.路门；
11.燕朝；12.路寝；13.燕寝；
14.北宫之门；15.九嫔九室；
16.后正寝；17.后小寝；18.宫垣北门；
19.闾里；20.市；21.王城正北门）

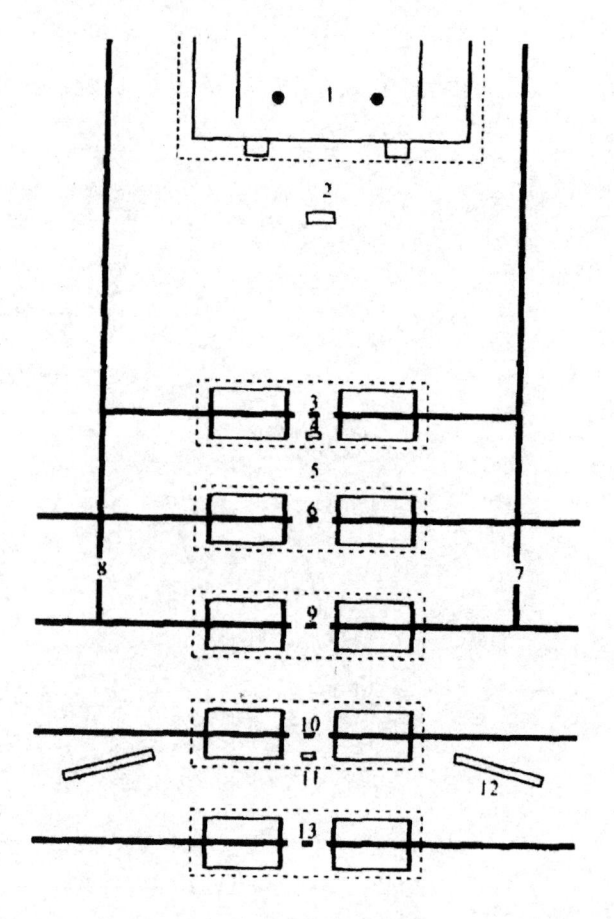

沈文倬绘五门三朝图[2]
（1.路寝之堂，寝后为燕寝；2.燕朝，亦曰内朝；
3.路门，即路寝之门，一曰毕门；4.宁（贮）；5.内
朝，亦曰治朝；6.应门；7.合门，由此至宗庙；8.合
门，由此至社稷；9.库门，诸侯有库则无应，有应
则无库；10.雉门；11.外朝；12.东西两观，无雉则
在皋门外；13.皋门，一曰郭门，诸侯有皋则无雉，
有雉则无皋）

---

[1] 贺业钜：《考工记营国制度研究》，中国建筑工业出版社，1985。
[2] 沈文倬：《周代宫室考述》，《浙江大学学报》（人文社会科学版）2006年第3期。

```
                          路寝
                        ）路门〔
            社稷       ）应门〔      宗庙
            〕〔      ）雉门〔    〕〔
            社门                  庙门
                        ）库门〔
                        ）皋门〔
```

天子五门三朝庙社示意图[1]

（李学勤根据清代任启运《朝庙宫室考》的"天子五门三朝庙社图"绘成）

		市		
闸门				闸门
闸门		宫		闸门
闸门		（大寝/燕朝）		闸门
闸门				闸门
		路门		
闸门				闸门
闸门		治朝		闸门
闸门				闸门
闸门				闸门
社	社门	应门	庙门	祖
		雉门		
		库门		
		外朝		
		皋门		

李亚明绘都城之门规划图[2]

---

[1] 李学勤：《小盂鼎与西周制度》，《历史研究》1987年第5期。
[2] 李亚明：《〈周礼·考工记〉营国词语关系》，《殷都学刊》2007年第3期。本次修订，略有修改。

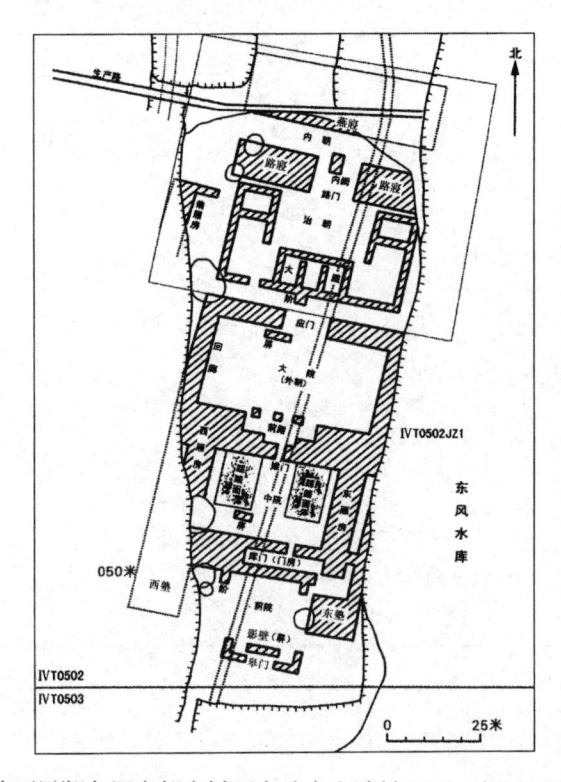

陕西凤翔东周秦都雍城瓦窑头宫室遗址五门三朝平面图

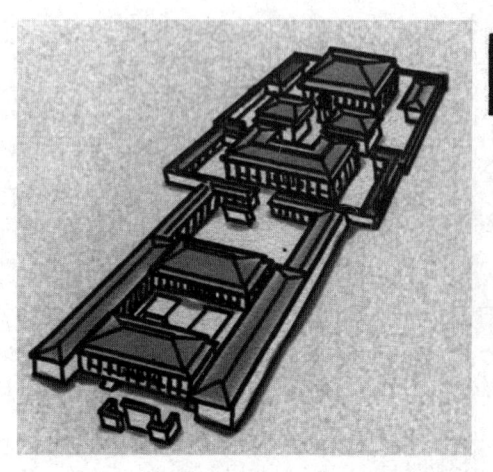

陕西凤翔东周时期秦都雍城
瓦窑头宫殿及马家庄宫殿复原图

山东淄博齐国故城小城东北部
桓公台10号宫殿基址木门残迹

★ 文献链接

阍人掌守王宫之中门之禁。……掌埽门庭。——《周礼·天官·阍人》

司门掌授管、键，以启闭国门。几出入不物者，正其货贿凡财物。犯禁者，举之，以其财养死政之老与其孤。祭祀之牛牲系焉，监门养之。凡岁时之门，受其余。凡四方之宾客造焉，则以告。——《周礼·地官·司门》

① 庙门

庙门是周代举行册命、听朔、献俘等大典的宗庙的大门，亦即《尚书·周书·顾命》"诸侯出庙门俟"和西周小盂鼎"以人馘入门"之门。

《匠人》："庙门容大扃七个。"意思是说，庙门的宽度可以容纳七根抬大鼎的杠杆。清代孙诒让《周礼正义》："庙门者，谓宗庙南向之大门也。都宫之门当亦同。"

★ 文献链接

君迎牲而不迎尸，别嫌也。尸在庙门外则疑于臣，在庙中则全于君；君在庙门外则疑于君，入庙门则全于臣，全于子。是故不出者，明君臣之义也。——《礼记·祭统》

三让而后传命，三让而后入庙门，三揖而后至阶，三让而后升，所以致尊让也。——《礼记·聘义》

② 闱门

闱门是宗庙的小门。

《匠人》："闱门容小扃参（叁）个。"意思是说，闱门的宽度可以容纳三根抬小鼎的杠杆。郑玄注："庙中之门曰闱。"

★ 文献链接

夫人至，入自闱门，升自侧阶，君在阼。——《礼记·杂记下》

③ 路门

路门是大寝之门。

《匠人》："路门不容乘车之五个。"意思是说，路门的宽度容不下五辆车并排行驶。郑玄注："路门者，大寝之门。"孙诒让《周礼正义》："路寝之大门也。……大寝即路寝，故门亦即名路门。"路门内为燕朝，因此，路门既是寝门，同时兼作内朝的燕朝的正南门。

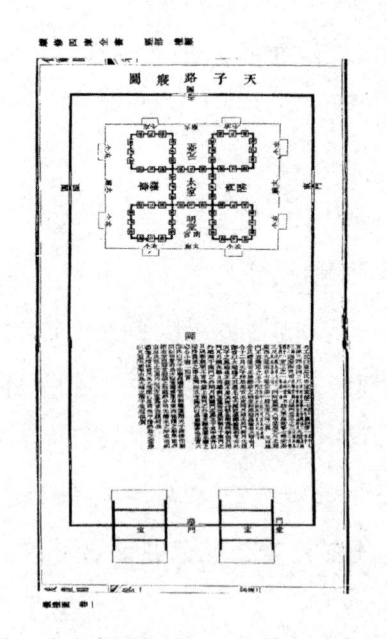

（清）张惠言《仪礼图》中的天子路寝图　　陈绪波绘天子路寝图[①]

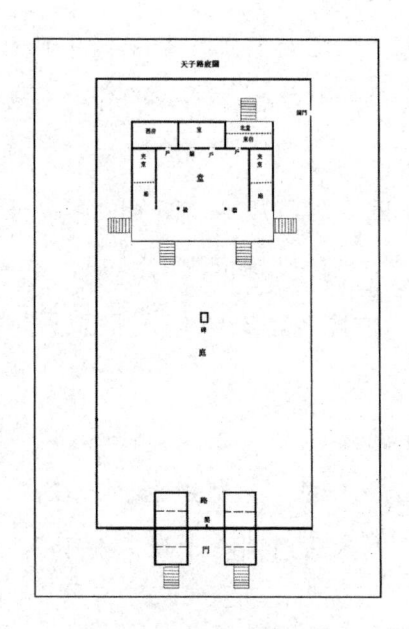

★ 文献链接

王族故士虎士在路门之右，南面东上；大仆大右、大仆从者在路门之左，南面西上。——《周礼·夏官·司士》

④ 应门

应门是内朝的治朝的正南门。君臣在此门内宫殿朝议应对，故名。

《匠人》："应门二彻参（叁）个。"意思是说，应门的宽度为三辆乘车并排行驶。郑玄注："正门谓之应门，谓朝门也。"孙诒让《周礼正义》引洪颐煊语："天子诸侯皆以路门外之治朝为正朝，天子正朝之前有应门。"

---

① 陈绪波：《仪礼宫室考》，上海古籍出版社，2017。

★ 文献链接

迺立应门，应门将将。——《诗经·大雅·绵》

雉门，天子应门。——《礼记·明堂位》

4. 窗

"窗"的甲骨文作⊗，金文作⊗、⊗，皆象新石器时代仰韶文化半坡式屋顶的通风口。

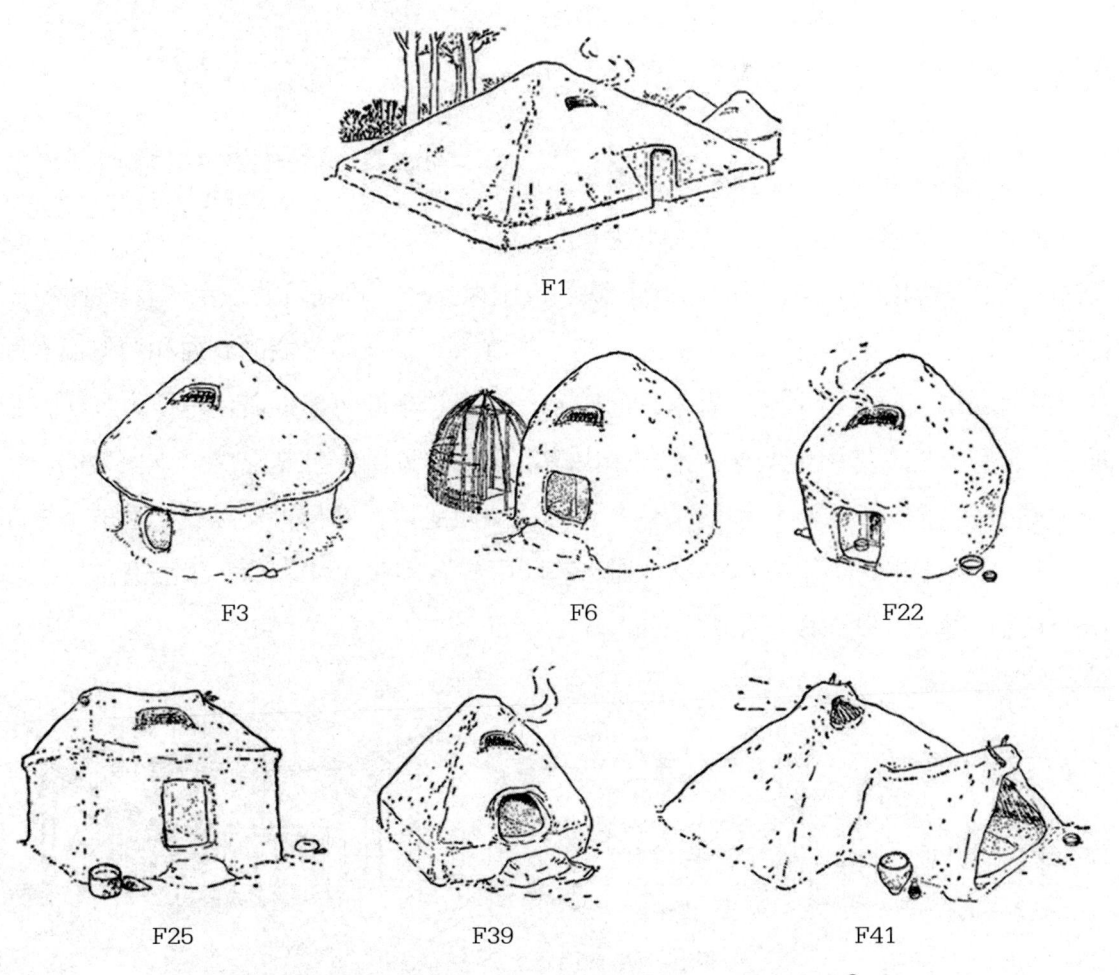

F1

F3　　　　F6　　　　F22

F25　　　　F39　　　　F41

陕西西安灞桥半坡遗址新石器时代仰韶文化房屋复原图[①]

---

① 杨鸿勋：《仰韶文化居住建筑发展问题的探讨》，《考古学报》1975 年第 1 期。

浙江杭州余杭瓶窑卞家山遗址出土的良渚文化陶屋顶中间偏上部有一贯穿小孔，亦像通风口。

《匠人》："夏后氏世室……四旁两夹窗。"意思是说，夏代君主举行典礼的殿堂（世室）……每道门的两旁都有两扇窗相夹。郑玄注："窗助户为明，每室四户八窗。"《说文解字·囱部》："在墙曰牖，在屋曰囱，象形。"《释名·释宫室》："窗，聪也，于内窥外为聪明也。"

浙江杭州余杭瓶窑卞家山遗址出土的良渚文化陶屋顶

周代大型院落建筑中，夹在东西序与东西山墙之间的两个窄长房间叫"夹"，"夹窗"即指这两个窄长房间的窗户。考古发现，陕西岐山凤雏村西周建筑遗址室内有烧土堆积，其中有一段残墙，侧竖在室内前檐的中部，是前檐的窗下墙。墙的底面和西侧面有断痕，顶面和东侧面光滑平整，有木纹的印痕，说明其东面可能靠着门框或方柱子，顶面上安装有窗框；墙内皮的抹灰上部凸出墙身以外，说明窗框是靠墙内皮安装的。由此可以进一步推知室的前屋檐墙上偏东是门，偏西是窗，即传世文献所记载的"户东而牖西"。傅熹年认为，室既有窗，那么房和两庑各间也可能有窗；根据遗址中前檐墙内各柱位置，可以大致复原出各间的窗。

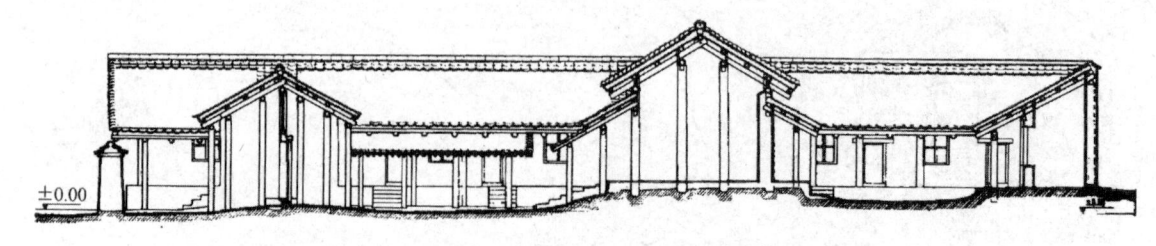

陕西岐山凤雏村西周建筑纵剖面图[①]

[①] 傅熹年：《陕西岐山凤雏西周建筑遗址初探——周原西周建筑遗址研究之一》，《文物》1981年第1期。

陕西扶风出土一件西周中期蹲兽方鬲（鼎），器下作屋形，屋的左、右两侧有田字格窗（参阅图版172）。

浙江绍兴坡塘狮子山春秋晚期306号墓出土的伎乐铜屋，在北墙的中心部位开有一个宽3厘米、高1.5厘米的小窗。

浙江绍兴坡塘狮子山春秋晚期306号墓出土的伎乐铜屋

北京故宫博物院藏战国采桑猎钫

5. 阶

这里的"阶"特指殿堂四面的台阶。

《匠人》："夏后氏世室……九阶。"意思是说，夏代君主举行典礼的殿堂（世室）……有九层台阶。《说文解字·阜部》："阶，陛也。"《释名·释宫室》："阶，差也，有等差也。"

山西兴县龙山文化晚期至二里头文化早期碧村遗址小玉梁宫殿区西北角的台阶遗迹

河南偃师商城宫城 3 号宫殿主殿台阶分布在主殿的南北两侧，南侧七个，北侧一个（位于正殿西北角）；西排西庑台基夯土东侧院内有三个用灰白色碎夯土夯筑的长方形台阶或踏步设施；东排西庑夯土东侧庭院内设有四个长方形台阶或踏步设施。

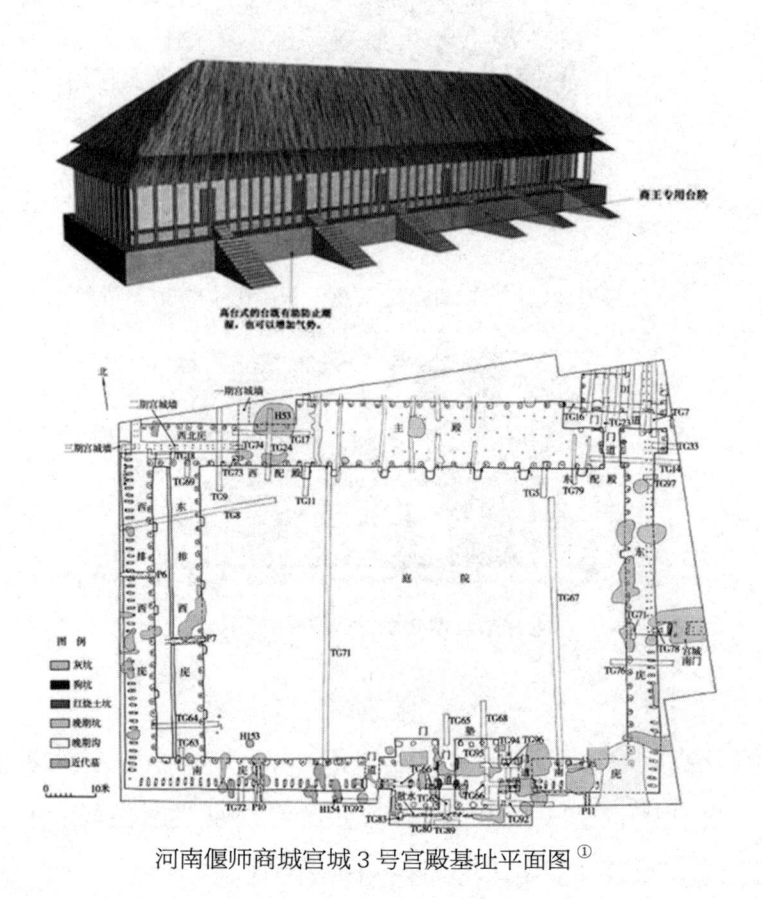

河南偃师商城宫城 3 号宫殿基址平面图[①]

---

① 曹慧奇：《偃师商城宫城第三号宫殿的始建年代与相关问题》，《中原文物》2018 年第 3 期。

陕西岐山凤雏西周建筑遗址中院的东西两侧各有两组三层台阶，北侧正对前门堂处有三组长宽不一的台阶。北侧一组中，东边的台阶叫"阼阶"，是主人升降之阶。周天子在举行登基大典时站在这里，称为"践阼"；北侧一组中，西边的台阶叫"西阶"或"宾阶""客阶"，是宾客升降之阶。

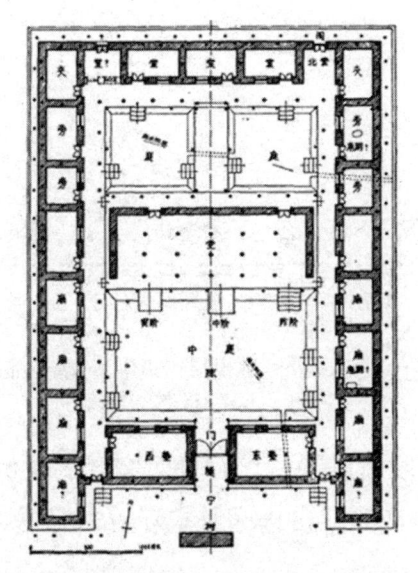

陕西岐山凤雏西周甲组建筑复原平面图[①]

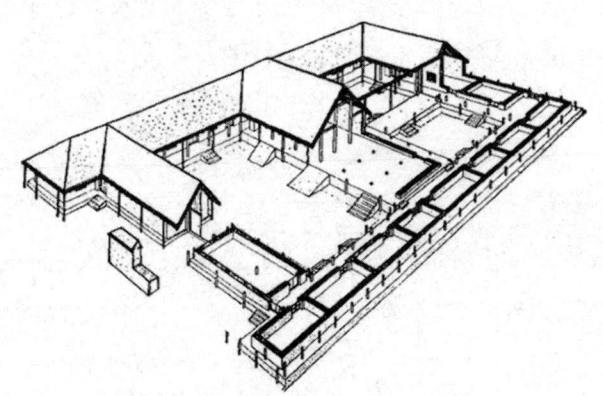

陕西岐山凤雏西周甲组建筑复原图[②]

---

①② 杨鸿勋：《西周岐邑建筑遗址初步考察》，《文物》1981年第3期。

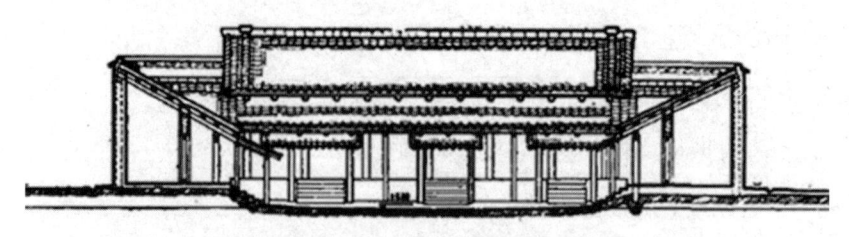

陕西岐山凤雏村西周建筑横剖面图①

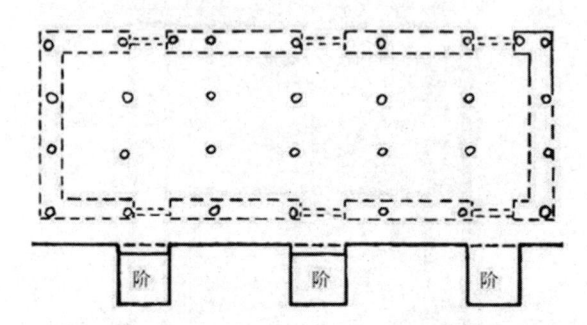

陕西岐山周原遗址凤雏甲组建筑主体殿堂平面图②

其中 3 号基址的台基高度可以通过保存相对完好的西侧台基西面的北台阶（MJ4）来推算。该台基边缘距离最低的一级台阶外沿 1.76 米，保存的两级台阶宽度为 30 厘米至 33 厘米，按此推算台阶原应有 6 级；再根据保存的两级台阶的高度 10 厘米至 12 厘米，就可以推算出 6 级台阶总高度为 60 厘米至 72 厘米，这个高度即台基表面与台基下边地面的高差，也就是台基的原始高度。

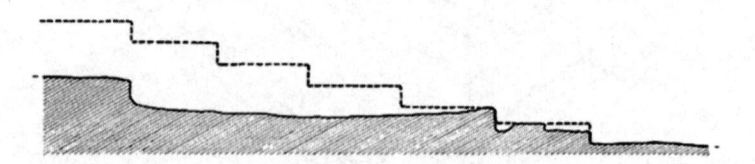

陕西岐山凤雏西周建筑遗址 3 号基址（MJ4）台基高度复原图③

---

① 傅熹年：《陕西岐山凤雏西周建筑遗址初探——周原西周建筑遗址研究之一》，《文物》1981 年第 1 期。
② 周原考古队：《周原遗址凤雏三号基址 2014 年发掘简报》，《中国国家博物馆馆刊》2015 年第 7 期。
③ 曹大志、陈筱：《凤雏三号基址初步研究》，《中国国家博物馆馆刊》2015 年第 7 期。

陕西岐山周原遗址凤雏 3 号基址西侧台基北面台阶（MJ4）

陕西扶风召陈西周时期建筑群基址 F5 的西阶分为两层。

陕西扶风召陈西周建筑群基址 F5 西阶

陕西扶风云塘西周时期建筑基址 F1 共有五处台阶，东、西、北三侧各一处，南边内凹部分两处，每处现存三级。

陕西扶风云塘西周时期建筑基址 F1 西侧台阶

　　陕西凤翔马家庄春秋时期 1 号建筑遗址的前朝东、西次间正前方的散水处，有许多近似方形和长方形的片状麻石；在距东次间正前方的祭祀坑口，也发现两块方形麻石。这些麻石片都是光面向上，依次排列成略有坡度的平面，应是朝寝建筑前漫道式东西阶遗存之物。考古人员根据出土情况复原，东阶和西阶都是东西宽 220 厘米，南北长 200 厘米。在东厢西散水和西厢东散水的中部偏南处，也就是东、西厢前堂南次间的正前方，也各发现一条已残损的由片状麻石平铺而成的内高外低、坡度平缓的斜坡漫道，应是东、西厢南阶。考古工作者根据出土情况复原，东、西厢南阶的长度和宽度与前朝的东阶和西阶的长度和宽度相同，即东西宽 220 厘米，南北长 200 厘米。①

　　江苏镇江谏壁王家山春秋末期墓出土的铜匜（采 No.51）残片刻纹的第三层即宴饮图的右侧有台阶画面。

江苏镇江谏壁王家山春秋末期墓出土的铜匜刻纹里的台阶画面

　　同墓出土的铜盘（No.36）刻纹的第二层即宴饮乐舞图画面右侧重檐双层式建筑

---

① 详见陕西省雍城考古队：《凤翔马家庄一号建筑群遗址发掘简报》，《文物》1985 年第 2 期。

的两侧都有台阶连通上下。

江苏镇江谏壁王家山春秋末期墓出土的铜盘刻纹里的台阶画面

同墓出土的一块铜鉴（采 No.52）残片的建筑刻纹右侧高台的左边有台阶画面，阶顶跪有一人。

江苏镇江谏壁王家山春秋末期墓出土的铜鉴刻纹里的台阶画面

★文献链接

主人就东阶，客就西阶。——《礼记·曲礼上》

三公，中阶之前，北面，东上。诸侯之位，阼阶之东，西面，北上。诸伯之国，西阶之西，东面，北上。——《礼记·明堂位》

6. 宫隅

宫隅是王宫的角楼。

《匠人》："宫隅之制七雉……宫隅之制以为诸侯之城制。"意思是说，天子宫殿的角楼的规制为七雉（高7丈长21丈）……把天子宫殿角楼的规制设置为诸侯都城城墙的规制。郑玄注："宫隅、城隅，谓角浮思也。"贾公彦疏："浮思者，小楼也。"

7. 城隅

城隅是都城的角楼。

《匠人》："城隅之制九雉。"意思是说，都城的角楼的规制为九雉（高9丈长27丈）。

周原遗址大城东南角遗迹 　　陕西凤翔东周秦都雍城东南角复原图

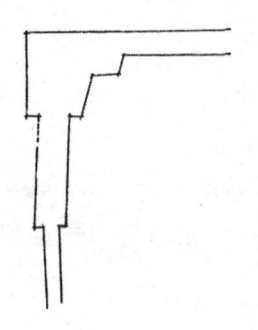

河南洛阳涧滨东周城西北城角平面图[①] 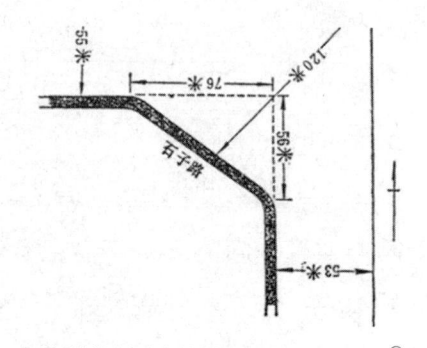　　齐临淄故城小城城墙东北角示意图[②]

①② 贺业钜：《考工记营国制度研究》，中国建筑工业出版社，1985。

★ 文献链接

静女其姝，俟我于城隅。——《诗经·邶风·静女》

返耕意未遂，日夕登城隅。——（唐）孟浩然《和宋太史北楼新亭》

（三）器具：版

版是筑土坝坝体和土墙墙体用的夹板。

《匠人》："凡任索约，大汲其版，谓之无任。"郑玄注："筑防若墙者，以绳缩其版。"孙诒让《周礼正义》："必以绳束版，两版相去如防与墙之厚，实土其中，而后可用杵椓筑之也。"《匠人》意思是说，版筑堤防和墙壁，要用粗绳捆绑筑版，如果捆绑筑版过于紧缩或过于松弛，都会导致筑体变形，从而无法承受压力并承担支撑功能。

湖北荆门屈家岭遗址熊家岭早期坝的年代为公元前5100年至4900年，是中国迄今发现最早的大型水管理设施。解剖性发掘显示，坝体明显经过人工拍打、夯实或加固，局部位置揭露出因拍打并夯实而形成的"痕迹面"。

湖北荆门屈家岭遗址熊家岭水坝坝体经拍打并夯实形成的"痕迹面"

尽管我们暂未见到有关熊家岭坝体筑版遗迹的发掘报告，但拍打、夯实或加固，是版筑工程必不可少的工序。

　　仰韶时代晚期的中原地区主要采用桢榦技术解决模板的支撑问题，运用纵向排列模板的方块版筑法筑造城墙。例如，河南郑州西山仰韶文化时期城址（B.C.3300—B.C.2800）的城墙至少使用了三种版筑方法：第一种，以立柱固定夹板，四面版块同时夯筑，立柱直径为6厘米至8厘米；第二种，依次逐块夯筑，夯筑完一块就抽掉夹板，再夯筑另外一块；第三种，用于墙体中心，在版块内直接填土，稍经夯打而成，因此夯层较厚。[①]

河南郑州西山仰韶文化时期城址发掘现场

河南巩义双槐树仰韶文化中晚期遗址大型版筑建筑遗迹

[①] 详见国家文物局考古领队培训班：《郑州西山仰韶时代城址的发掘》，《文物》1999年第7期。

江苏连云港藤花落遗址龙山文化时期城址外城的南城墙里侧和临门道的端面上，采用版块夯筑法进行建造，呈"L"形将城墙包裹住，并有密集的排柱呈"U"形立于门两侧的城墙用以加固；内城也主要由版筑夯打而成。[①] 这代表了海岱地区龙山文化时期版块夯筑技术的最高水平。

山东章丘城子崖遗址龙山文化时期版筑城墙遗迹

河南偃师二里头遗址作坊区西侧版筑墙垣（Q7）及其剖面

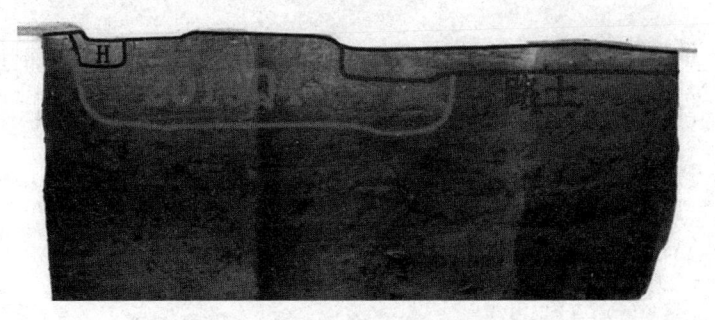

河南偃师二里头遗址作坊区北墙版筑剖面

[①] 详见南京博物院等：《江苏连云港藤花落遗址考古发掘纪要》，《东南文化》2001年第1期。

河南偃师二里头遗址宫殿区夯土样本

商代前期开始运用横向排列模板的分段版筑法，并广泛传播到包括河套平原、燕山南北、东南沿海和长江中上游的广大地区。

河南偃师商城东北隅版筑城墙剖面

商代到西周时期，版筑城垣同时采用增筑和削减的方法，以保持城墙外壁的陡峭和平直。[1]考古人员曾在陕西宝鸡市周原遗址凤雏6号基址的偏北部发现一处由北、东、西三面相连的夯土墙围成的倒"凹"字形建筑，墙体仅存基础，修筑方式可能是夯土版筑。

---

[1] 详见张玉石：《中国古代版筑技术研究》，《中原文物》2004年第2期。

陕西宝鸡周原遗址凤雏 6 号基址的夯土墙遗迹

山东曲阜鲁城遗址北城墙版筑剖面

陕西凤翔东周秦都雍城版筑城墙遗迹

考古发现，河南新郑郑韩故城北城门遗址北城墙的东段墙基用五花土层层夯筑而成，有版筑的痕迹。

河南新郑郑韩故城北城门遗址北城墙版筑剖面

山东临淄齐国故城版筑城垣

★文献链接

乃召司空，乃召司徒，俾立室家。其绳则直，缩版以载，作庙翼翼。——《诗经·大雅·绵》

★ 视频链接

《探索·发现》之《王者之城》：考古队员发现陶寺遗址城墙的夯土基址

《探索·发现》之《王者之城》：通过夯土层就可以推测出每一层城墙的年龄

六、野

"野"的甲骨文字形如表所示：

字形	文献来源	编号
	《甲骨文合集》	18006

"野"的金文字形如表所示：

字形	时期	器名	文献来源	编号
	西周晚期	大克鼎	《殷周金文集成》	2836

由表可见，"野"的甲金文字形从林、从里省形，表示长满草木的荒郊野外，属于会意造字。《说文解字·里部》："野，郊外也。"

《匠人》："野度以步。"意思是说，城郭之外的郊区用步数来度量。贾公彦疏："在野论里数皆以步，故用步。"这里的"野"指城郭之外的郊区，与"国"相对。

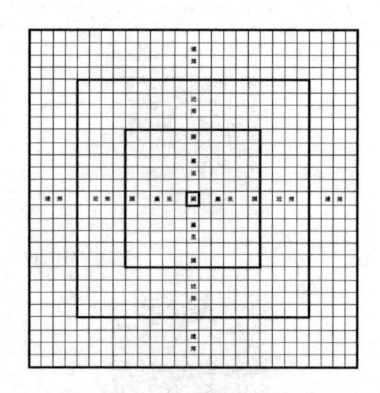

（清）沈梦兰《周礼学》中的园廛四郊图（颜阳天重绘）

★文献链接

设其社稷之墥，而树之田主，各以其野之所宜木，遂以名其社与其野。——《周礼·地官·大司徒》

七、涂

《匠人》："涂度以轨。……凡天下之地势，两山之间必有川焉，大川之上必有涂焉。"意思是说，道路用车辆两轮之间的宽度来度量。……凡天下的地势，两座山之间必定有江河，大江大河的两岸必定有道路。这里的"涂"通"途"，指道路。

河南淮阳平粮台龙山文化时期古城遗址南城门内道路上的车辙痕迹，是迄今所知我国最早的车辙遗迹。

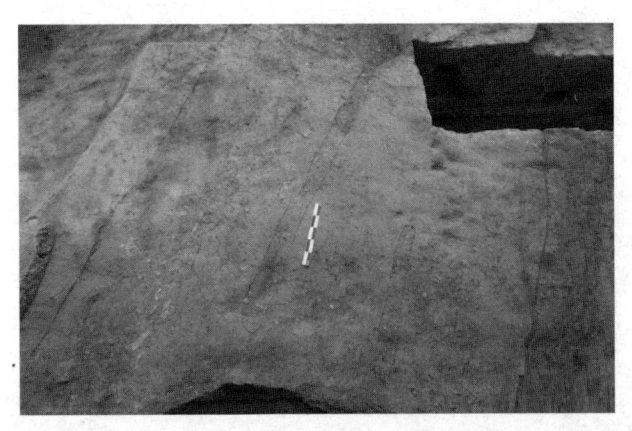

河南淮阳平粮台龙山文化时期古城遗址南城门内道路上的车辙痕迹

河南偃师二里头遗址作坊区 T12 东端道路（LE）路土沿作坊区西侧墙垣 Q7 的东侧分布，方向大致与 Q7 一致；路土宽度可见部分多在 2 米以下，较宽处 T12 内宽 5.9 米，最宽处 T13 内宽 24 米。

河南偃师二里头遗址作坊区 T12 东端道路车辙遗迹（LE）

河南安阳殷墟花园庄西南（宫殿宗庙区壕沟西南角内侧）大型骨料坑口表层的兽骨堆上遗有 14 条东西向车辙，其中最明显的一组平行向西延伸 19 米多，轨距约为

150 厘米。

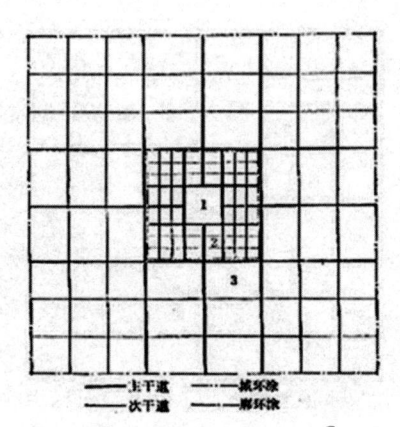

王城城郭干道网规划图[1]

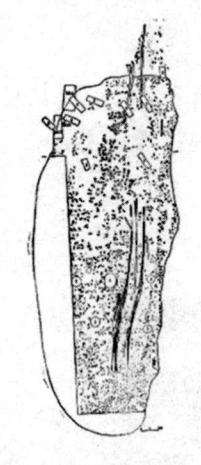

河南安阳殷墟花园庄西南商代骨料坑车辙痕迹[2]

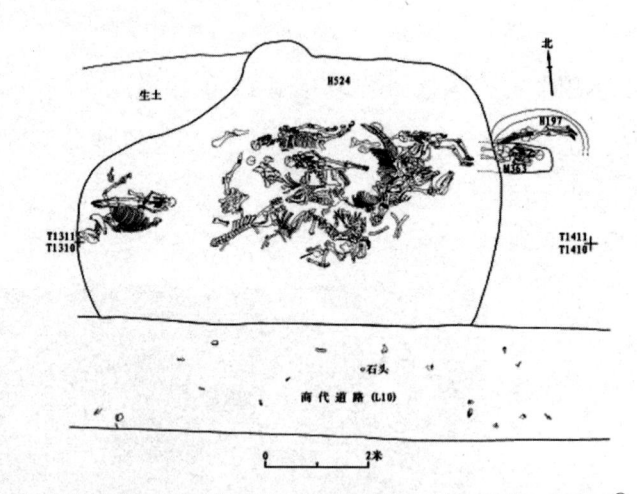

河南安阳刘家庄北地商代 H524 祭祀坑附近道路平面图[3]

★ 文献链接

洫上有涂。——《周礼·地官·遂人》

---

[1] 贺业钜：《考工记营国制度研究》，中国建筑工业出版社，1985。
[2] 中国社会科学院考古研究所安阳工作队：《1986—1987年安阳花园庄南地发掘报告》，《考古学报》1992年第1期。
[3] 中国社会科学院考古研究所安阳工作队：《河南安阳市殷墟刘家庄北地2008年发掘简报》，《考古》2009年第7期。

（一）经涂

《匠人》："经涂九轨。"意思是说，贯通都城南北和东西的干线大道宽九轨（即72尺）。"经涂"泛指贯通都城南北和东西的干线大道，以每轨8尺，每齐尺0.197米计，则经涂宽约14.184米。

考古发现，河南安阳花园庄南地商代西侧的南北向道路以纯净黄土铺垫路面，其上的车辙痕迹明显。车辙轮距普遍为1.3米至1.5米，与20世纪80年代在花园庄村西南发现的车辙相同，有别于殷墟常见的马车为2.4米的轮距。东西向道路（CL10）和东侧的南北向道路，均以沙子、石子和碎陶片铺设路面，硬度较高。

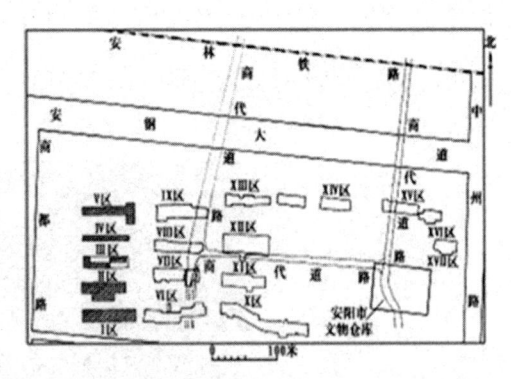

河南安阳花园庄南地商代道路分布图[①]

河南安阳殷墟大型道路遗迹（局部）

---

① 中国社会科学院考古研究所安阳工作队：《河南安阳市殷墟刘家庄北地2008年发掘简报》，《考古》2009年第7期。

殷墟和垣北商城发现的商代两纵三横道路，即两条南北向（纵向）道路和三条东西向（横向）道路的路面宽度超过10米，甚至达到20米以上。这类道路的路面铺设讲究，往往以石子、碎陶片作为铺垫。

河南安阳刘家庄北地纵1南北向道路（08ALN-L1）
与横3东西向道路（08ALN-L10）相交路段路面

河南洛阳瀍河西岸，有一条南北向的西周早期大道；陕西长安沣河西岸西周时期大型夯土基址中间的宽阔大道宽约10米至13米，最宽处为15米，与《考工记》所载完全吻合。

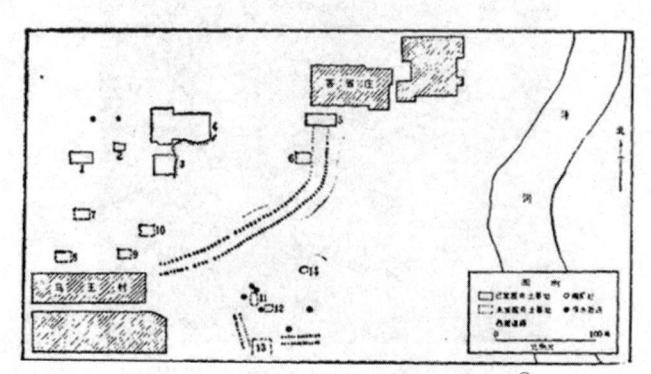

陕西西安客省庄西周夯土基址分布图[①]

---

① 中国社会科学院考古研究所沣西发掘队：《陕西长安沣西客省庄西周夯土基址发掘报告》，《考古》1987年第8期。

贺业钜绘经涂剖面图[1]

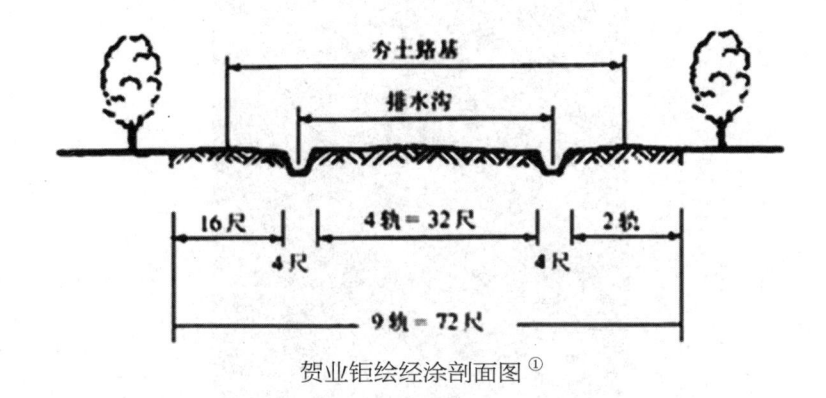

河南新郑郑韩故城北城门遗址春秋时期道路揭露部分长约 25 米，较宽处宽 1.9 米至 2.2 米，较窄处宽 1.4 米至 1.8 米；路面上有 5 道车辙，车辙宽 0.07 米至 0.12 米。

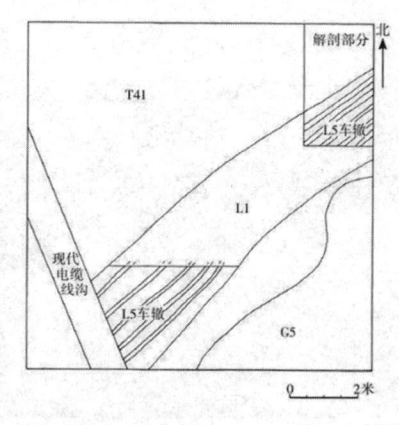

河南新郑郑韩故城北城门遗址春秋时期道路及其平面图[2]

---

[1] 贺业钜：《考工记营国制度研究》，中国建筑工业出版社，1985，第 130 页。
[2] 河南省文物考古研究院等：《河南新郑郑韩故城北城门遗址春秋战国时期遗存发掘简报》，《华夏考古》2019 年第 1 期。

陕西凤翔秦都雍城干线大道鸟瞰图

1. 经

河南安阳刘家庄北地纵2南北向道路（08ALN-L1）及车辙痕迹

"经"的金文作 ①、②，像织布机上的纵线。这里的"经"特指贯通都城南北的干线大道。

《匠人》："国中九经九纬。"意思是说，都城之中有九条贯通都城南北的干线大道，九条贯通都城东西的干线大道。郑玄注："经纬谓涂也。经纬之涂，皆容方九轨。轨谓辙广，乘车六尺六寸，旁加七寸，凡八尺，是谓辙广。九轨积七十二尺，则此涂十二步也。"贾公彦疏："南北之道为经。"

---

① 《殷周金文集成》第2841，西周晚期毛公鼎。
② 同上，第10173，西周晚期虢季子白盘。

河南淮阳平粮台龙山文化时期古城遗址复原图

考古发现,河南安阳殷墟刘家庄北地有两条南北向的主干道,两条道路大致平行而向南、北延伸,东西相距约350米。

2. 纬

这里的"纬"特指贯通都城东西的干线大道。

《说文解字·系部》:"纬,织衡丝也。"贾公彦疏《匠人》:"东西之道为纬。"

河南安阳殷墟刘家庄北地东西向道路(L10)向西与西侧的南北向道路形成"丁"字形路口,向东与东侧的南北向道路相交汇。

河南安阳殷墟刘家庄北地东西向道路(L10)和祭祀遗迹

考古发现,山东曲阜鲁国故城有三条贯通东西城门的主干道,即L1、L2和L3,宽度均为10米左右,也相当于《匠人》的"纬"。湖北荆州东周楚国郢都纪南城遗址共有七个陆门,其中西垣北段和南垣西段显示一门三涂(干线大道),中间驰道八米

宽，供楚王进出；两个旁道各宽四米，供百姓进出。

湖北荆州东周楚国郢都纪南城遗址模型

★文献链接

凡地形：东西为纬，南北为经。——《淮南子·坠形训》

★视频链接

《探索·发现》之《殷墟商王陵区新发现（下）》：
发现一条南北向穿越洹河北岸的商代干道

（二）环涂

"环涂"指都城内环城墙的道路。

《匠人》："环涂七轨……环涂以为诸侯经涂。"意思是说，都城内环城墙的道路宽七轨（即 56 尺）。……把天子都城内环城墙的道路宽度的规制设置为贯通诸侯都城南北和东西的干线大道宽度的规制。郑玄注引杜子春语："环涂，谓环城之道。"

考古发现，战国时期郑韩故城北城墙的南侧，有作坊遗址的一条主要道路，即城墙内侧的主道路，可能和文献记载的"环涂"有关。

以每轨为 8 尺，每齐尺合 0.197 米计，则环涂宽约 11.032 米。

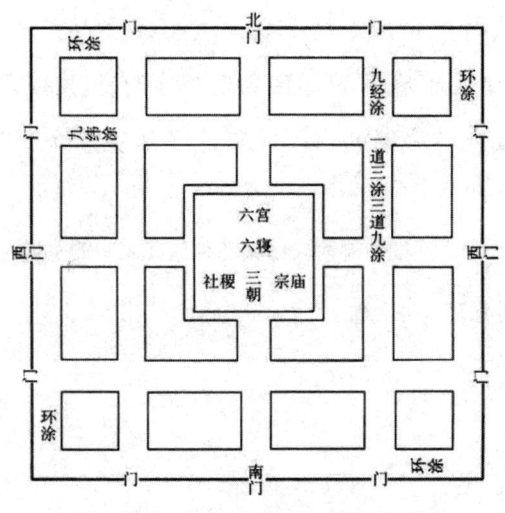

(清)戴震《考工记图》中的王城图

(三)野涂

"野涂"指城郭之外的郊区的道路。

《匠人》:"野涂五轨……野涂以为都经涂。"意思是说,都城外的郊区的道路宽五轨(即40尺)。……把天子都城外的郊区的道路宽度的规制设置为贯通卿大夫都城南北和东西的干线大道宽度的规制。贾公彦疏:"野涂,国外谓之野,通至二百里内。"

以每轨为8尺,每齐尺合0.197米计,则野涂宽约7.88米。

考古发现,河南偃师商城大城时期西一城门外道路整体路面的跨度为9米。[①]

李亚明根据《匠人》的记载,推定各级道路宽度为:

贯通天子都城南北和东西的干线大道(经涂)的宽度 = 9轨×8尺 = 72尺

天子都城内环城墙的道路(环涂)的宽度 =

贯通诸侯都城南北和东西的干线大道(经涂)的宽度 = 7轨×8尺 = 56尺

天子都城外的郊区的道路(野涂)的宽度 =

诸侯都城内环城墙的道路(环涂)的宽度 =

---

① 曹慧奇:《偃师商城道路及其附近围墙设施布局的探讨》,载《华夏考古》2018年第3期。

贯通卿大夫都城南北和东西的干线大道（经涂）宽度＝5 轨 ×8 尺＝40 尺

诸侯都城外的郊区的道路（野涂）的宽度＝

卿大夫都城内环城墙的道路（环涂）的宽度＝3 轨 ×8 尺＝24 尺

如表所示：

天子都城、诸侯都城和卿大夫都城各种道路之间的宽度比例关系表

等级	名称及宽度（轨）	经涂	环涂	野涂
王城		9	7	5
诸侯城		7	5	3
都城		5	3	

（四）堂涂

《匠人》："堂涂十有二分。"意思是说，殿堂台阶前面的道路中间隆起的高度是道路宽度的十二分之一。这里的"堂涂"指殿堂台阶前面的道路。

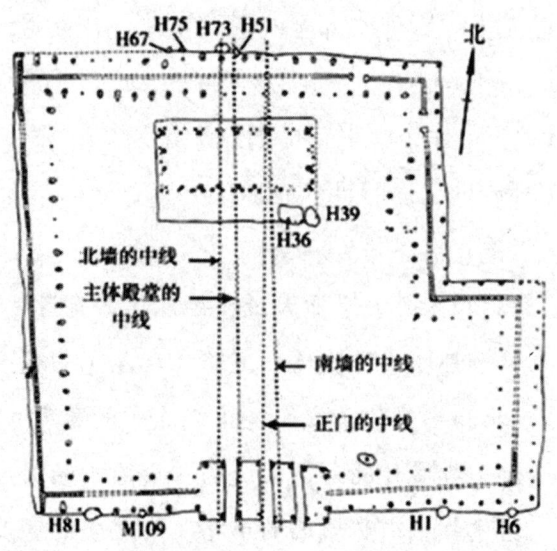

河南偃师二里头夏代后期都城遗址 1 号宫殿（社）平面图[①]

[①] 郭明：《简论夏商周时期大型院落式建筑对称布局的演变》，《考古》2015 年第 3 期。

河南偃师二里头夏代后期都城遗址1号宫殿（社）的主体殿堂前面设有3条门道。

河南安阳殷墟商代晚期邵家棚遗址建筑基址B组建筑群北进院落石子路

周代大型院落式建筑呈中轴对称，主体殿堂的南北中线与正门的南北中线位于同一条直线。陕西扶风云塘西周建筑基址F1前的两条石子路呈"U"字形，北端与两座南门相接，南端内侧呈圆弧形，外侧呈梯形。

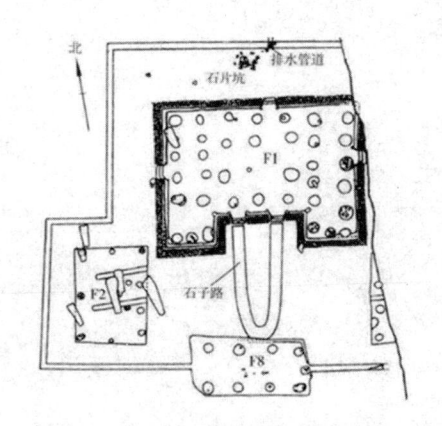

陕西扶风云塘西周建筑基址平面图[①] 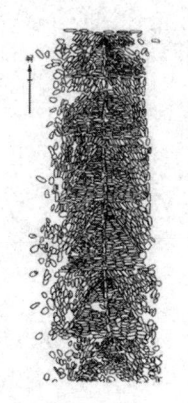　　陕西扶风云塘西周建筑基址F1前石子路东北部分[②]

[①②] 周原考古队：《陕西扶风县云塘、齐镇西周建筑基址1999~2000年度发掘简报》，《考古》2002年第9期。

卷十一　沟洫

中华文明探源工程研究成果表明，中国的沟洫起源于距今6500多年前的浙江茅山遗址。其中，余姚施岙遗址发现的河姆渡文化与良渚文化时期的稻田规模达十万平方米，是目前世界上发现的面积最大、年代最早、证据最充分的大规模稻田，具备由河道、沟渠和灌排水口组成的规整的灌溉系统，明显超过稻作农业初期小规模水田的阶段。

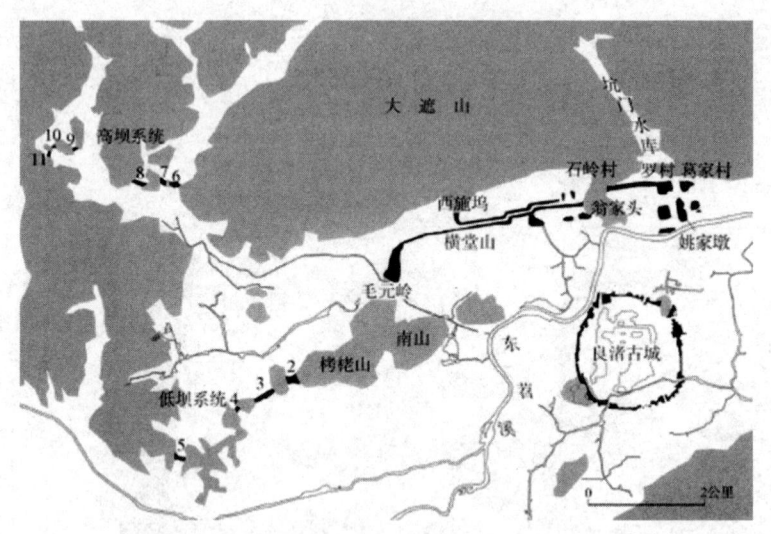

浙江杭州余杭良渚古城及外围水利系统结构图[1]

陕西临潼姜寨仰韶文化遗址发掘的两条壕沟均挖在生土中，边沿整齐，横断面呈倒梯形。河南安阳商代晚期人工水渠从西北向东南贯穿殷墟。

---

[1] 王宁远：《杭州市良渚古城外围水利系统的考古调查》，《考古》2015年第1期。

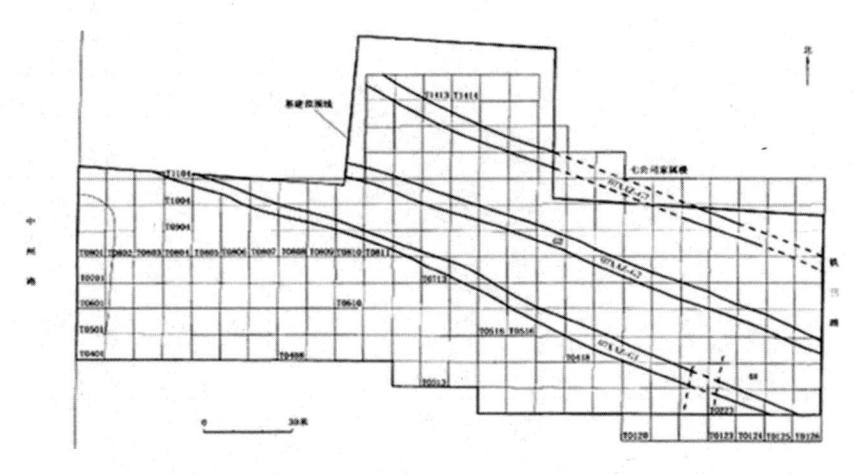

河南安阳殷墟晚期水渠遗迹平面图①

陕西长安沣河东岸西周时期 5 号基址东南约 600 米处，遗存一段呈东南-西北方向的壕沟。

《匠人》："匠人为沟洫。"意思是说，匠人建设田间水道。这说明"古人已注意到干渠、支渠和毛渠的配套关系"。②"沟洫"指田间水道，包括畎、遂、沟、洫、浍等；由此形成排水和水利灌溉网，并与井田制共同构成行政区划制度的基础。

《周礼·地官·遂人》："凡治野，夫间有遂，遂上有径；十夫有沟，沟上有畛；百夫有洫，洫上有涂；千夫有浍，浍上有道；万夫有川，川上有路，以达于畿。"这里记载的是乡遂的沟洫制度；而《匠人》记载的则是"井田五沟形体"（孙诒让语），即都鄙采地治井间的沟洫制度。二者略有不同。

《考工记》的沟洫关系表

名称	度量	
	宽度（尺）	深度（尺）
畎	1	1

---

① 唐际根等：《洹北商城与殷墟的路网水网》，《考古学报》2016 年第 3 期。
② 陆宗达：《说文解字通论》，中华书局，2015，第 149 页。

续表

名称	度量	
	宽度（尺）	深度（尺）
遂	2	2
沟	4	4
洫	8	8
浍	16	16

★ 文献链接

卑宫室，而尽力乎沟洫。——《论语·泰伯》

己丑，士弥牟营成周，计丈数，揣高卑，度厚薄，仞沟洫，物土方，议远迩，量事期，计徒庸，虑材用，书糇粮，以令役于诸侯。——《左传·昭公三十二年》

一、甽

甽是田间宽和深各一尺的水沟。"甽"的金文作 。《说文解字·〈部》："〈，水小流也。"

浙江余姚施岙遗址良渚文化时期稻田灌排水口

《匠人》:"一耦之伐,广尺,深尺,谓之畎。"意思是说,并排两耜即一耦所挖掘的宽度和深度各为一尺的水沟叫作畎。可见,畎的宽度与深度之间的比例关系为:

$$畎的宽度(1尺)=畎的深度(1尺)$$

★文献链接

古者耜一金,两人并发之。其垄中曰𤰔……𤰔,畎也。——(汉)郑玄注

二、遂

一夫为百亩,遂即夫与夫之间修建的宽和深各2尺的水沟。《匠人》:"田首倍之,广二尺,深二尺,谓之遂。"意思是说,田头的水沟的宽度和深度加倍,即宽度和深度各为二尺的水沟叫作遂。由此推算,遂的宽度和深度与畎的宽度和深度之间的比例关系为:

$$遂的宽度(2尺)=畎的宽度(1尺)×2$$
$$遂的深度(2尺)=畎的深度(1尺)×2$$

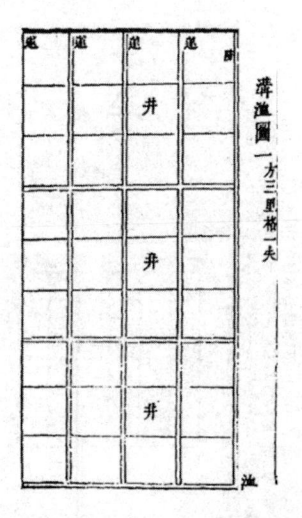

(清)沈梦兰《周礼学》中的沟洫图

★ 文献链接

凡治野，夫间有遂，遂上有径。——《周礼·地官·遂人》

以遂均水。——《周礼·地官·稻人》

三、沟

《匠人》所载，系齐国小亩井田之制。井是 1 平方里的面积单位，相当于 9 夫，井与井之间修建深和宽各 4 尺的沟。《说文解字·水部》："沟，水渎。"

程瑶田《遂人匠人沟洫异同考》："遂流井外，沟横承之。井中无沟，沟当两井之间，故以井间命之。"

《匠人》："井间广四尺，深四尺，谓之沟。"意思是说，井与井之间挖掘的深度和宽度各为四尺的水渠叫作沟。由此推算，沟的宽度和深度与遂的宽度和深度之间的比例关系为：

$$沟的宽度（4尺）= 遂的宽度（2尺）\times 2$$
$$沟的深度（4尺）= 遂的深度（2尺）\times 2$$

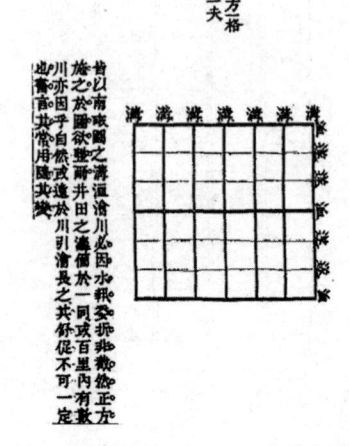

（清）戴震《考工记图》中的四井图

★ 文献链接

而辨其邦国、都鄙之数，制其畿疆而沟封之。——《周礼·地官·大司徒》

以沟荡水。——《周礼·地官·稻人》

方百里者，为田九十亿亩，山陵、林麓、川泽、沟渎、城郭、宫室、涂巷，三分去一，其余六十亿亩。——《礼记·王制》

四、洫

10平方里为一成，洫即成与成之间修建的宽和深各8尺的水渠。

河南安阳殷墟水系的主体是宽约4米的支渠，干渠与支渠平面分布形状好像半棵树枝。

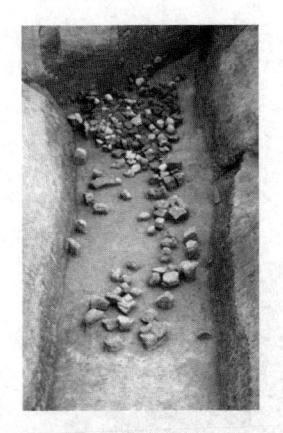

河南安阳刘家庄北地　　河南安阳刘家庄北地
殷墟水渠 08ALN-G24[①]　殷墟水渠 10ALN-G57[②]

《匠人》："成间广八尺，深八尺，谓之洫。"意思是说，成与成之间挖掘的宽度和深度各为八尺的沟渠叫作洫。由此推算，洫的宽度与沟的宽度之间的比例关系为：

$$洫的宽度（8尺）= 沟的宽度（4尺）\times 2$$

[①②] 唐际根等：《洹北商城与殷墟的路网水网》，《考古学报》2016年第3期。

洫的深度与沟的深度之间的比例关系为：

$$洫的深度（8尺）= 沟的深度（4尺）\times 2$$

★文献链接

百夫有洫，洫上有涂。——《周礼·地官·遂人》

子产使都鄙有章，上下有服；田有封洫，庐井有伍。——《左传·襄公三十年》

五、浍

每100平方里为一同，同与同之间修建深和宽各16尺的浍，浍即同间宽和深各16尺的水渠。《说文解字·水部》："巜，水流浍浍也。方百里为巜，广二寻，深二仞。"[1]

贾公彦疏《匠人》："井田之法，畎纵遂横，沟纵洫横，浍纵自然川横。……其遂注沟，沟注入洫，洫注入浍，浍注自然入川。"

广东英德岩山寨遗址岩背石尾头地点新石器时代晚期至夏商时期大规模聚落区的中部，有一条长度近200米的大型沟渠（G3）遗迹，底部铺设五层竹编物，考古工作者推测该沟渠具有引水功能。

广东英德岩山寨遗址岩背石尾头地点大型沟渠遗迹

---

[1] "方百里"语出《考工记·匠人》："方百里为同，同间广二寻，深二仞，谓之浍。"由于同是100平方里的面积单位，而"浍"是同间水渠，因此《说文解字》训"方百里为巜"。寻和仞同为八尺，区别在于寻以度广，仞以测深。

河南安阳殷墟人工水渠的干渠与垣河相通，引水之后从西北流向东南，总长约2500米。截面呈倒梯形，口宽3米至6米（西北区段宽、东南区段逐渐变窄），底宽4.5米至5米，深2.8米至4米，宽5米至6米，局部地段宽约10米。

河南安阳钢铁公司空分制氧厂殷墟水渠遗迹

《匠人》："同间广二寻，深二仞，谓之浍。"意思是说，同与同之间挖掘的宽度和深度各为两仞即16尺的水渠叫作浍。由此推算，浍的宽度与洫的宽度之间的比例关系为：

$$浍的宽度（16尺）= 洫的宽度（8尺）\times 2$$

浍的深度与洫的深度之间的比例关系为：

$$浍的深度（16尺）= 洫的深度（8尺）\times 2$$

★文献链接

千夫有浍，浍上有道。——《周礼·地官·遂人》

六、防

防即堤坝。《说文解字·阜部》："防，隄也。"

湖北荆门屈家岭遗址的熊家岭和郑畈水利工程集抗旱与防洪、生活用水和农业灌溉等多种功能于一体，早期坝的年代为公元前5100年至前4900年，是中国迄今发现

560　考工记名物图解（增订本）

最早的大型水管理设施。

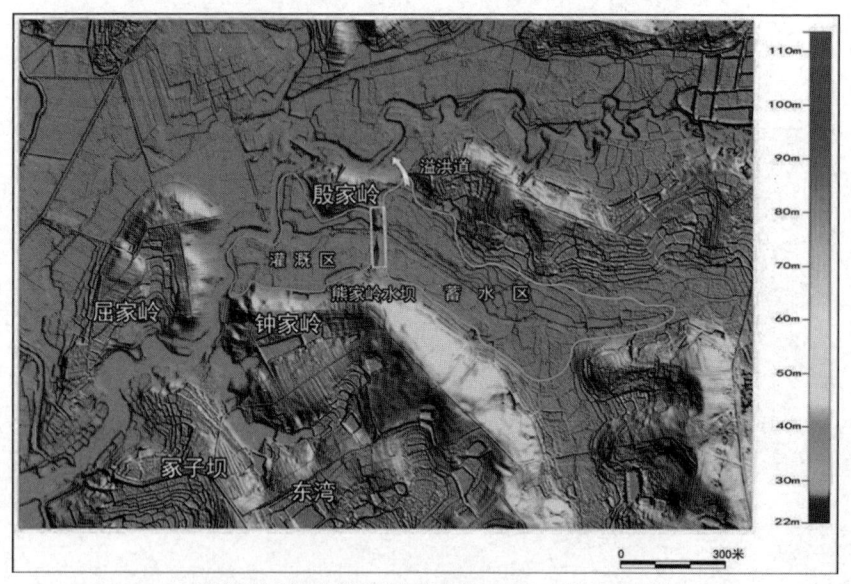

湖北荆门屈家岭遗址熊家岭水利系统示意图

湖北荆门屈家岭遗址熊家岭水坝发掘区航拍图

卷十一　沟洫　561

湖北荆门屈家岭遗址郑畈水利系统示意图

　　湖北沙洋新石器时代城河遗址城外东北部的泊阳湖、邓关台地点，有两处人工堆积遗迹，横跨城河支流河谷，南北长260米，东西最宽处为39米，地面可见最大高度为6.5米。考古工作者推测该人工堆积为距今约5000年的屈家岭文化的"水坝"设施，用以拦截城河支流水资源。

湖北沙洋新石器时代城河遗址屈家岭文化人工堆积遗迹

浙江杭州余杭良渚古城城址区及其外围高、低坝系统利用自然地势的起伏，构筑起多段长十几公里、高数米的水坝，以防范洪水，兼可蓄水以灌溉稻田（参阅图版173）。①

浙江杭州余杭良渚古城外围石坞水坝呈现9层土质堆积断面的坝体

浙江杭州良渚古城周边新发现良渚中期阶段疑似水坝中，有7处的碳十四年代都距今约5000年，与已经公布的11处水坝以及莫角山、反山开始营建的时间相同。塘山以北的石岭头、羊后山等坝体，及其附近的劳家头、高山上等土台的发掘，证实塘山长堤上游存在复杂的高坝结构，可能具有西水东调的功能。

---

① 详见浙江省文物考古研究所：《良渚古城城址区及外围水利系统》，《自然与文化遗产研究》2020年第3期。

良渚古城新发现水坝遗迹

《匠人》："凡为防，广与崇方，其稠参（叁）分去一。"意思是说，凡建筑堤坝，下基的宽度与高度相等；从堤坝的底部到顶部形成自然斜面，上面的宽度比下基的宽度削减三分之一个等份。由此推算，堤坝的高度与下基的宽度及上面的宽度之间的比例关系为：

高度／下基的宽度（12 尺）×2/3＝上面的宽度（稠）（8 尺）

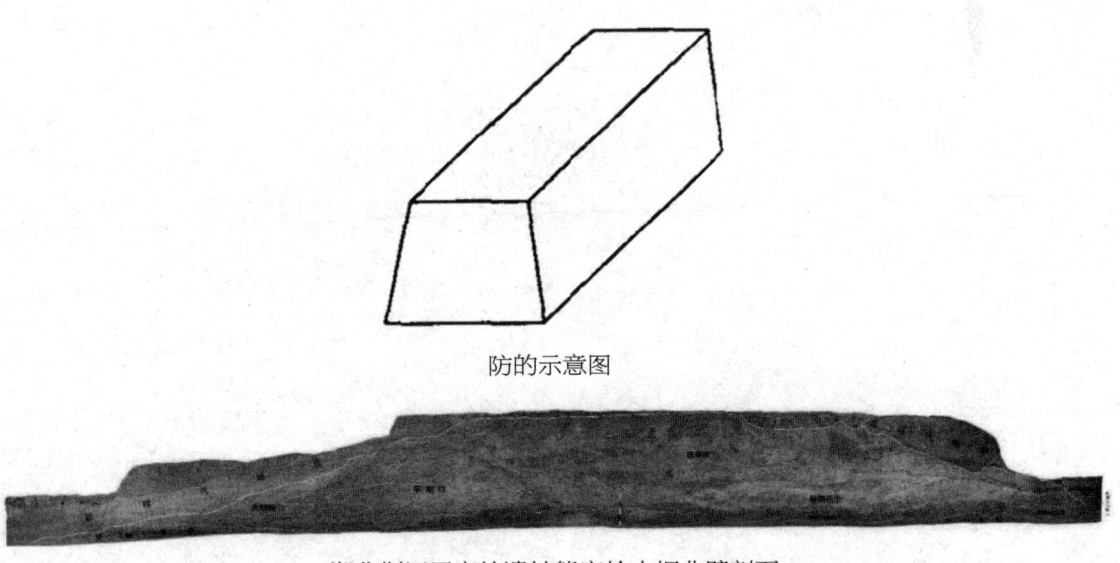

防的示意图

湖北荆门屈家岭遗址熊家岭水坝北壁剖面

湖北荆门屈家岭遗址郑畈水坝剖面

★ 文献链接

稻人掌稼下地，以潴畜水，以防止水，以沟荡水，以遂均水，以列舍水，以浍写水。——《周礼·地官·稻人》

时雨将降，下水上腾，循行国邑，周视原野，修利隄防，道达沟渎，开通道路，毋有障塞。……命百官始收敛，完隄防，谨壅塞，以备水潦。——《礼记·月令》

浙江绍兴越国水坝坝体钻芯显示的淤泥坝芯和黄土外壳

★ 视频链接

《探索·发现》：《圣地良渚（下）》

六A、大防

大防即大型堤坝。《匠人》："大防外捭。"大型堤坝的外侧，从底部到顶部形成自然斜面，底部基础部分增厚，因而上部相对显得削薄。

大防示意图

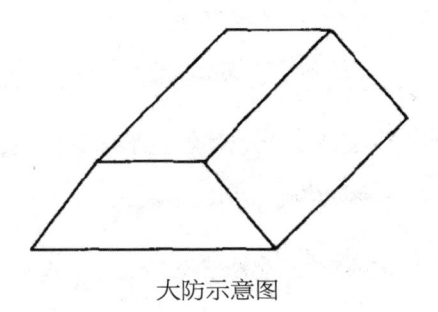

  1998年，中国地质大学运用现代磁法勘探技术，在湖北武汉黄陂盘龙城东北角的环盘龙湖山坡上探明一处长144米、宽约34米的商代堤坝遗址。

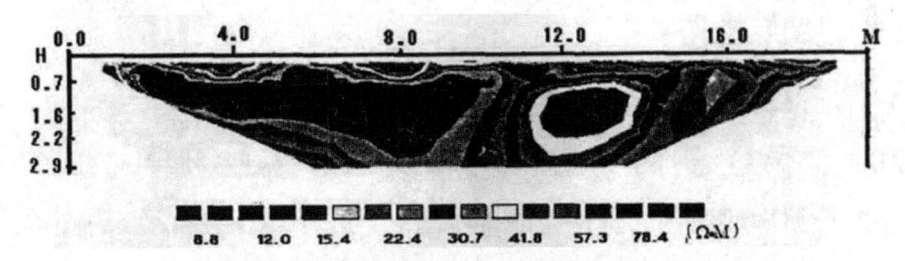

湖北武汉黄陂盘龙城商代堤坝遗址高密度电法视电阻率断面等值线图[①]

安徽寿县安丰塘（春秋时期芍陂）

---

 ① 王传雷等：《盘龙城商代堤坝遗址的物探考古发现》，《第二届环境与工程地球物理国际会议论文集》，2006，中国武汉。

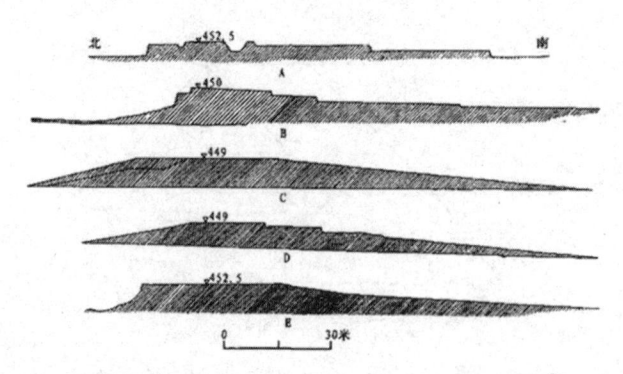

陕西泾阳战国末年郑国渠大坝各段横剖面图[①]

七、窦

"窦"同"渎",排水沟。

《匠人》:"窦,其崇三尺。"意思是说,排水沟高三尺。

考古发现,山东五莲丹土新石器时代晚期龙山文化城址的城门通道中间有一条宽4米至6米的连接南北两沟的基槽,即排水道。这是中国迄今发现最早、最为完备的城市排水系统。

河南淮阳新石器时代龙山文化平粮台城址排水设施

[①] 秦建明等:《陕西泾阳县秦郑国渠首拦河坝工程遗址调查》,《考古》2006年第4期。

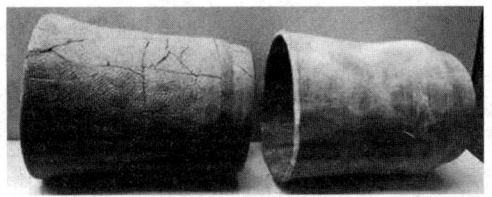

河南淮阳新石器时代平粮台文化城址出土的陶排水管

河南偃师二里头夏代宫殿遗址东房北部发现地下排水管，现存长度6米，由陶制圆管套合，从庭院穿越东房通向宫殿外。

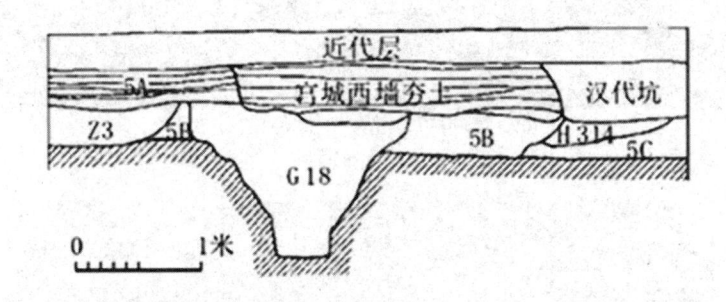

河南偃师二里头夏代宫殿遗址西城墙下水沟剖面图[①]

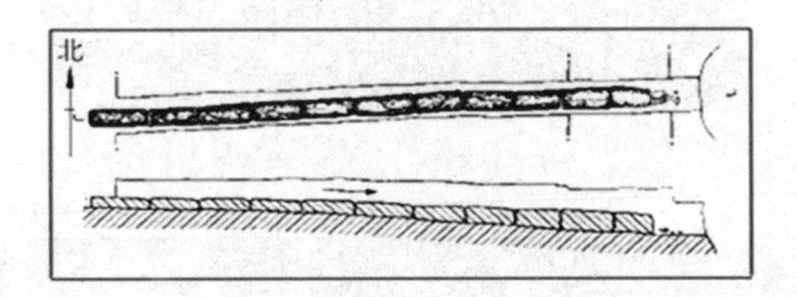

河南偃师二里头夏代宫殿遗址二号宫殿地下排水管道平、剖面图[②]

河南偃师商城拥有迄今发现商代最早最完备的城市水系。自西向东横贯偃师商城的"几"字型水渠，西端源于护城壕外的南北向古河道，向东经过两次拐折后，流进

---

①② 杜金鹏：《夏商都邑水利文化遗产的考古发现及其价值》，《考古》2016年第1期。

宫城北部的大水池西端，再沿宫城大水池东端向东，经两次拐折流进大城东城墙外护城壕里。与宫城东宫墙基本平行的南北向水渠的拐折处，刚好与宫城里单独向宫城外排放的水渠处于同一直线上，且拐折的数量均与宫城里原有向东排放的水渠数量一一对应。这说明，宫城里各个单体宫殿的渠水都向东汇聚到这条南北向的水渠里，然后同北部通往城外的水渠相联通，由此形成一个封闭的水利系统。

河南偃师商城宫城东部水渠航拍图

河南偃师商城小城区域东侧排水道

河南偃师商城小城东墙段早段排水道和东侧晚段排水道

河南偃师商城大城时期西一城门外道路的形制为：整体路面跨度为9米，在道路的正中央设置一条明渠，在道路南北两侧各设置一条排水路沟。

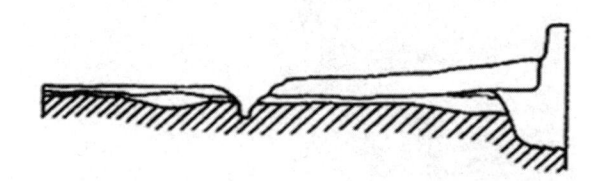

河南偃师商城东北隅发掘局部剖面图（下凹处为排水沟）[1]

西渠（进水渠）

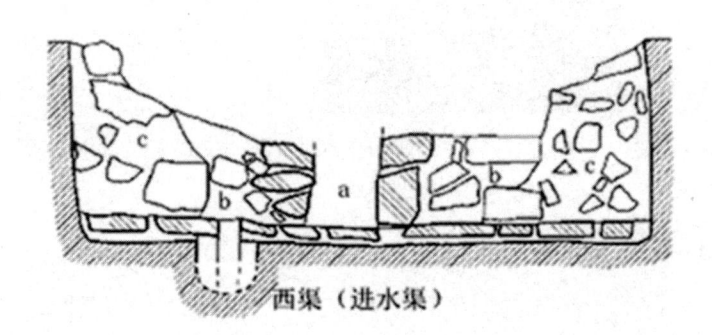

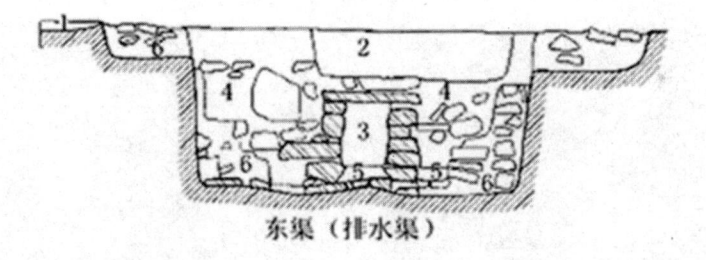

东渠（排水渠）

河南偃师商城宫城大水池水渠剖面图[2]
（a. 改建后水道；b. 改建部分；c. 早期水渠石壁
1、2. 灰土层；3. 改建后水道；4. 改建部分；5. 早期水道内淤泥；6. 早期水道石壁）

偃师商城宫城3号宫殿西排西庑夯土台基中部偏北设有一条东西向贯穿西排夯土台基的石排水道（编号P6），东排西庑夯土台基中部偏南设有一条石排水道（编号P7）横贯东排夯土台基，南庑西段夯土台基偏西部有一条石排水道（编号P10）。

---

[1][2] 曹慧奇：《偃师商城道路及其附近围墙设施布局的探讨》，《华夏考古》2018年第3期。

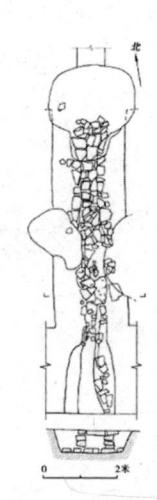

河南偃师商城宫城 3 号宫殿南庑西段石排水道（编号 P10）及其平面图、剖视图

偃师商城宫城 3 号宫殿南庑东段夯土台基中部设有一条石排水道（编号 P11）。

偃师商城宫城 5 号宫殿南庑西段夯土台基中部，也有一条石排水道（编号 P12）。

河南偃师商城宫城 3 号宫殿南庑东段石排水道（编号 P11）

河南偃师商城宫城 5 号宫殿南庑西段石排水道（编号 P12）

考古勘探还发现，商代盘龙城遗址宫城南垣西段豁口的偏北处，有一条用青石筑成的石沟，殆为穿过南城垣底部的排水暗沟。

商代盘龙城遗址宫城南垣底部排水暗沟遗迹

河南安阳殷墟商代晚期宫殿遗址的地下水道系统纵横交错，连为一体，总长650米。陕西长安丰镐西周遗址沣河西岸的4号夯土基址附近遗存陶水管铺设的排水设施，沣河东岸5号基址附近遗存四节西高东低的西周五角形陶水管道，应为城内排水设施。

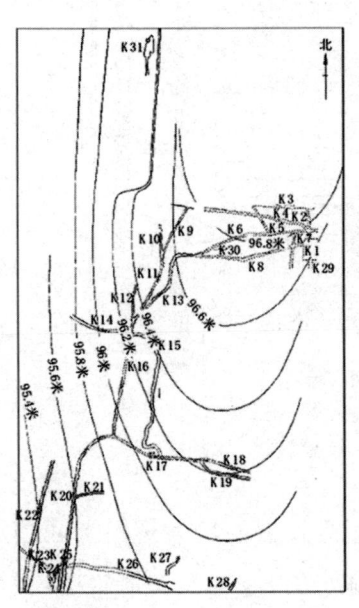

殷墟宫殿区地下水道平面图

殷墟大司空村东南地1号
四合院排水设施

陕西岐山凤雏村西周甲组建筑基址遗存两处排水管道。一处是东西走向的套接陶水管，从后庭西院经过廊、东天井、东厢房延出院外；另一处是从中庭经东塾延出院外，南北走向，沟壁和底部用卵石砌成，上铺棚木，填土夯实。用瓦管或卵石砌成的水沟穿过房基，把院内的水排出，排水和防水系统设计得非常周密。

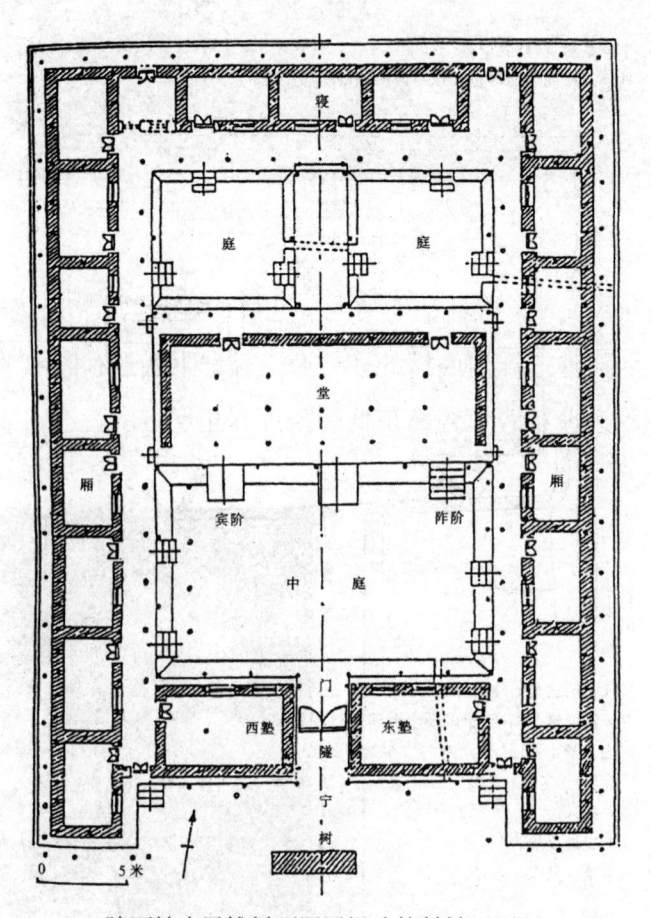

陕西岐山凤雏村西周甲组建筑基址平面图

与甲组建筑基址相邻的凤雏3号基址是迄今发掘的最大规模的西周建筑遗址，其主体台基的西北外侧有一条宽1.45米至1.6米、深12厘米，截面为"U"形的浅沟，发掘区内长23.2米，沟底东高西低，高差60厘米，沟壁和底均为烧红的硬面，应是基址的排水沟。

陕西岐山凤雏西周 3 号基址主体台基西北外侧的排水沟

与此相应,凤雏 7 号基址散水遗迹的东北角之下,叠压着一段东西向由石块和石板砌成的排水沟,底部平铺片状石板,沟壁用石块垒砌而成,形成半封闭的"凹"形水道。

陕西岐山凤雏西周 3 号基址主体台基西北外侧的排水沟

陕西扶风召陈西周建筑群基址 F7 的南部有一段南北走向的地下暗水道,筑法是底部平铺一层大石块,两壁立砌一层大石块,顶部平盖一层大石块,中间留有宽 20 厘米、高 15 厘米的方形通水孔。

陕西扶风召陈西周建筑群基址 F7 南部地下暗水道

　　陕西扶风云塘西周建筑基址 F1 北侧围墙底部排水管的出水口有一条宽约 0.45 米、深约 0.2 米的排水沟，与北侧的壕沟相通。考古学者推测，这应是院内排水的去处。

　　此外，河南三门峡李家窑东周虢都上阳城遗址的宫城中部，遗存一条长 160 多米的东西向陶水管，用子母口圆形陶管套接而成；河南洛阳涧河东岸王城公园一带的东周王城北城墙外侧，遗存两条平行排列的分段套接陶水管。

山东临淄齐国故城排水道口

★ 文献链接

泽居苦水者，买庸而决窦。——《韩非子·五蠹》

八、梢沟

梢沟是山林间水流自然冲激而成的沟涧，沿线梢沟逐渐汇入河渠。

《匠人》："梢沟三十里而广倍。"意思是说，山林间水流自然冲激而成的沟涧流淌三十里后，宽度增加一倍。郑玄注："谓不垦地之沟也。"并引郑众语："梢谓水漱啮之沟。"

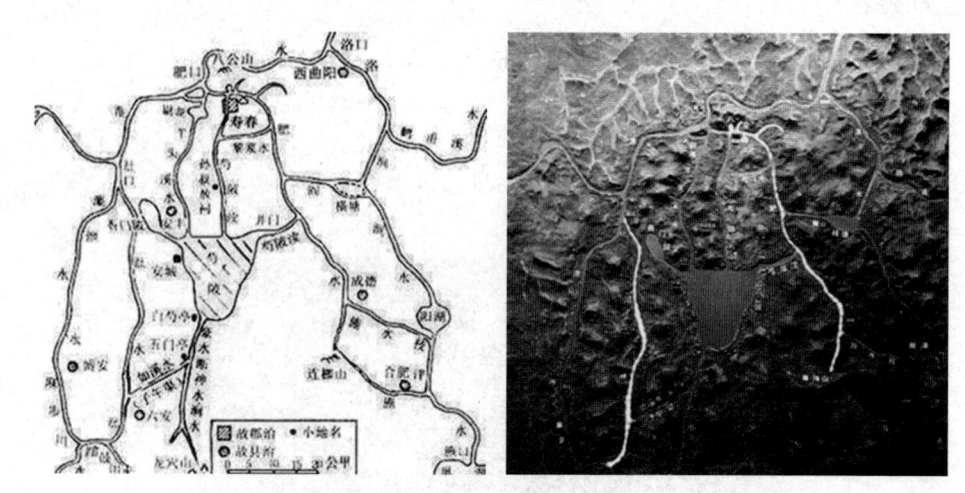

安徽寿县安丰塘（春秋时期芍陂）水系

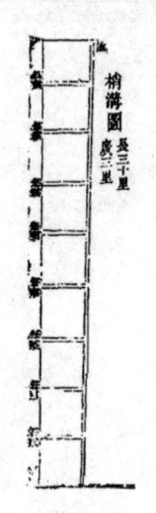

（清）沈梦兰《周礼学》中的梢沟图

卷十二 农具

一、耒

耒是曲柄尖头的翻土耕具，从掘土的尖头木棒演变而成。

"耒"的甲骨文字形同"力"，[①] 如表所示：

字形	文献来源	编号
	《甲骨文合集》	18446
		22324
		40764

"耒"的金文字形如表所示：

字形	时期	器名	文献来源	编号
	商代晚期	门且丁簋	《殷周金文集成》	8429
	西周中期	师酉簋		5647

[①] 孙晓野（常叙）先生考证："在'力'的词义从农具转变成使用农具的筋力、力量或力气之后，由于这一客观存在的普遍性很大，致使这概括新认识的词的形式和内容的统一关系，常被使用，变成主要的，'力'这一词遂成为概括这一新内容的书写形式。这样，变义就成了'力'的基本意义。在这之后，为了区别生产工具和劳力，因为'力'的新的概括已经牢固，本义由于少用而逐渐生疏，遂另造一个'耒'字来概括'力'当初所概括的原义。"（孙常叙：《耒耜的起源和发展》，《东北师范大学科学集刊》1956 年第 2 期。）

由表可见，"耒（力）"的甲骨文字形象单齿耒，金文字形象曲柄双叉的方尖耒，属于象形造字。《说文解字·耒部》："耒，手耕曲木也。"

《车人》："车人为耒。"意思是说，车人制作耒。郑玄注引郑众语："耒谓耕耒。"

最初的耒只在尖头木棒上面固定一个脚踏横木，即单齿耒；后来在横木下面增加一个耒尖，演化为双齿耒。

迄今发现最早的双齿木耒使用痕迹出自河南三门峡庙底沟龙山文化遗址；河南安阳殷墟小屯西地305号灰坑、大司空村112号灰坑等窖穴壁上，也有清晰的双齿木耒痕迹，证明木耒是商代的主要起土工具之一。

江西新干大洋洲出土的商代青铜耒

汉代武梁祠石刻神农、夏禹持双叉方尖耒画像

★ 文献链接

神农氏作，斫木为耜，揉木为耒，耒耨之利，以教天下。——《周易·系辞下》

（孟春之月）乃择元辰，天子亲载耒耜，措之于参保介之御间，帅三公九卿诸侯大夫，躬耕帝藉。——《礼记·月令》

（季冬之月）命农计耦耕事，修耒耜，具田器。——《礼记·月令》

（一）直庛

庛是耒的尖端，直庛是前端呈直尖形的耒。

《车人》："坚地欲直庛……直庛则利推。"意思是说，坚硬的土壤要用前端呈直尖形的耒，……前端呈直尖形，利于推耒入土壤。郑玄注："玄谓庛读为棘刺之刺。刺，耒下前曲，接耜。"

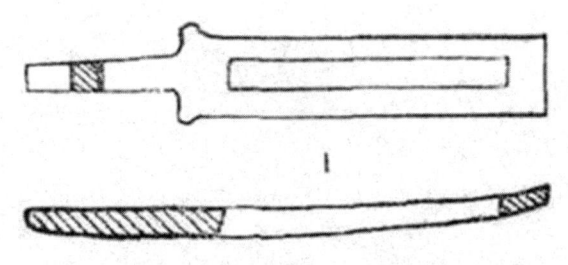

江西九江神墩出土的商代晚期木耒

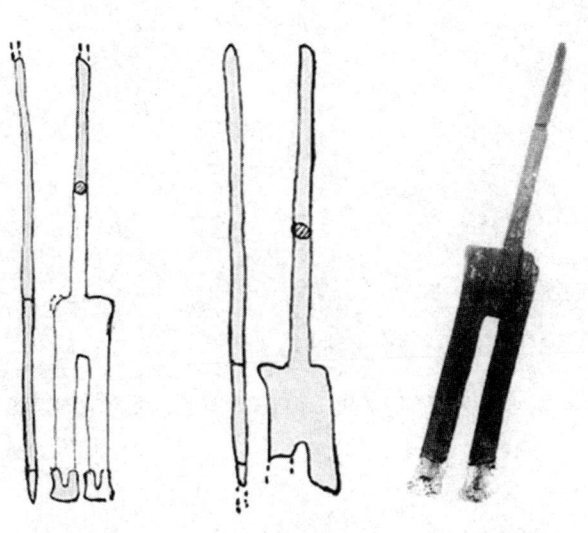

湖北江陵纪南城出土的战国时期铁口双叉方尖耒

安徽淮南武王墩墓出土的战国时期木柄铁口双叉耒

★ 文献链接

最初改造成功的古耒，它的形状是直尖的……这种直尖的掘土农具，比起原始的尖头木棒，有着力点，是有它进步的地方；但是它的上端是很长的一条直棍，在实际应用时，也有它一定的不方便的地方。直尖木棒加上踏脚横木只能"利推"，而不能"利发"。因为它虽然容易被脚力下踏入土，但是柄太长了，在入土之后向上掘出时，就必须把木棒上端向后作一个很大的攀援。这样，既费力气，又辖着身子，是不大方便的。——孙常叙《耒耜的起源和发展》

（二）句庛

句庛是前端呈斜尖形的耒。《车人》："柔地欲句庛……句庛则利发。"意思是说，柔软的土壤要用前端呈斜尖形的耒，……前端呈斜尖形，利于翻起土壤。

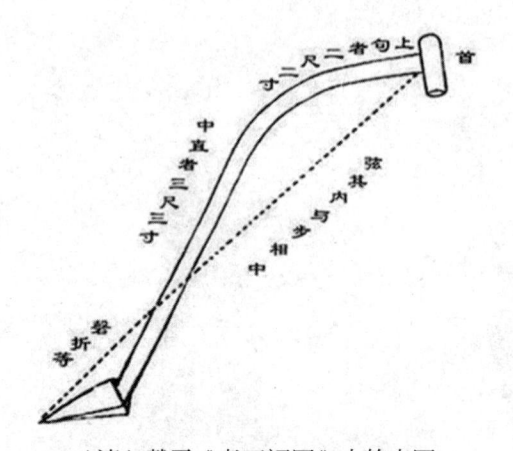

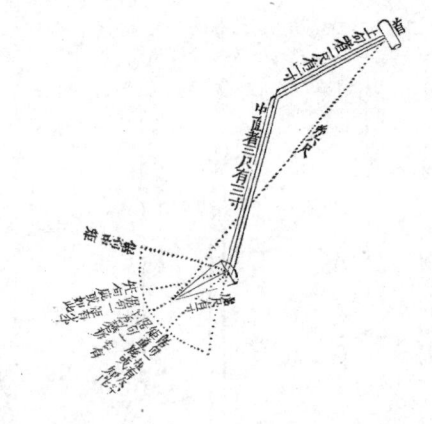

（清）戴震《考工记图》中的耒图　　　（清）程瑶田《车人为耒图说》中的耒图

★ 文献链接

若是把木棒的垂直尖端改成斜尖，那就可以大大地减少了掘土时向下压木柄的俯身角度，省时，省力，可以增加工作的速度和持久力。……地上的木柄虽然也还是跟改造前一样，攀动了个同样角度，可是人的用力方法和程度却不相同了：前者必须俯身下按；而后者只是向后攀动就行了，——人可以不必再俯身下按了。由此可

见，把木棒从直尖改成斜尖，在生产上是有很大好处的。——孙常叙《耒耜的起源和发展》

二、耜

耜是宽刃的耦耕翻土耕具。

《匠人》："匠人为沟洫，耜广五寸，二耜为耦。"意思是说，匠人建设田间水道，耜刃宽五寸，两耜并排翻土为耦耕。郑玄注："古者耜一金，两人并发之。……今之耜，岐头两金，象古之耦也。"《说文解字·耒部》："耜，臿也。"

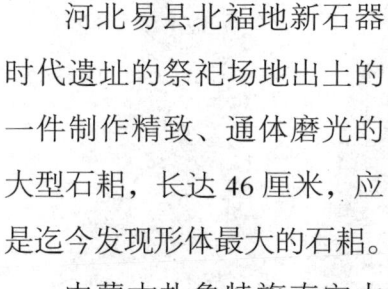

河北易县北福地新石器时代遗址的祭祀场地出土的一件制作精致、通体磨光的大型石耜，长达 46 厘米，应是迄今发现形体最大的石耜。

河北易县北福地新石器时代遗址出土的石耜

内蒙古扎鲁特旗南宝力皋吐新石器时代遗址 D 地点出土的青灰色石耜（F10:6）长 36.2 厘米，宽 7.5 厘米，厚 2.7 厘米，整体近长方形，横截面近椭圆形，弧刃，正锋，两侧有使用痕迹。

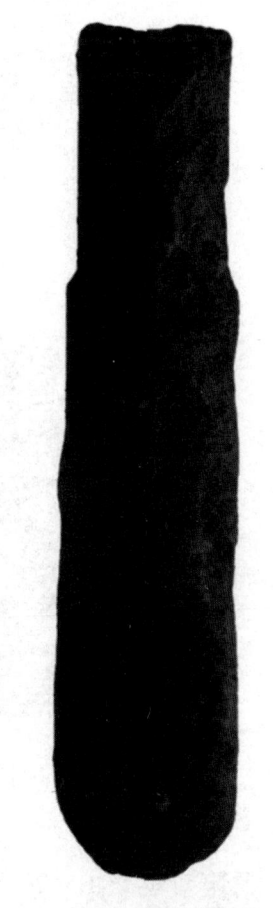

河北三河孟各庄新石器时代遗址出土的一件石耜，用打制的石片制成，形制为长束腰，平顶柄，耜面微凹，背稍弧凸，耜身纵剖面呈浅勺形，在背部、束腰边锋都有磨

内蒙古扎鲁特旗南宝力皋吐新石器时代遗址 D 地点出土的石耜

蚀痕迹和打击、琢制的疤痕。

内蒙古赤峰出土的新石器时代红砂岩耜、
红山文化磨制石耜、磨光桂叶形石耜

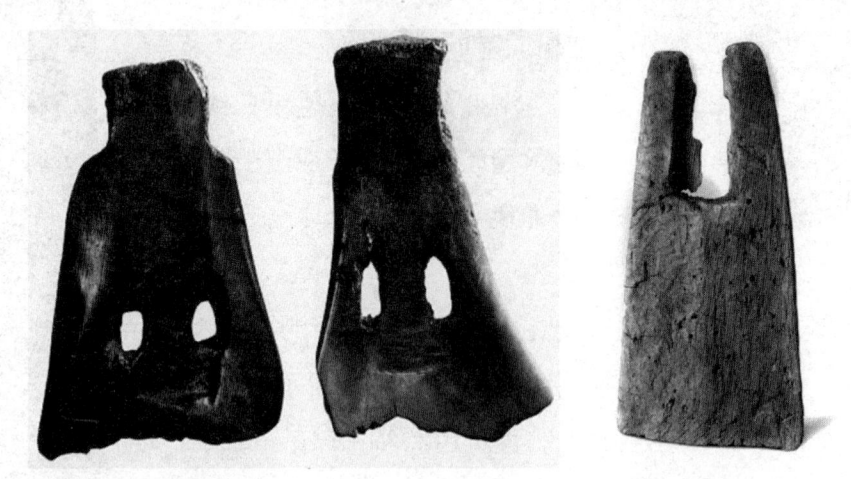

浙江慈湖遗址出土的新石器时代河姆渡文化骨耜、木耜

陶寺遗址 IIM26 出土的骨耜（IIM26:4）用牛肢骨磨制而成，外壁有磨砺痕迹，内壁尾部保留部分骨松质和骨腔壁；长 16.4 厘米，刃宽 3.4 厘米，尾宽 4.6 厘米，尾端厚 1.4 厘米。

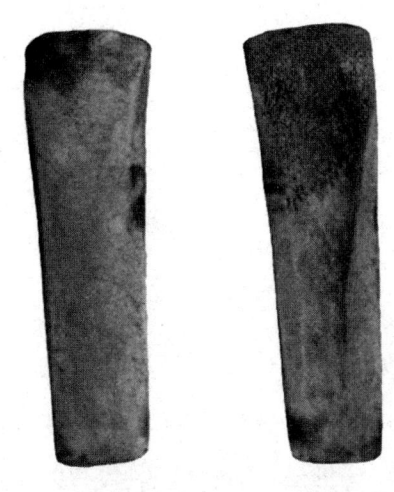

陶寺遗址 IIM26 出土的骨耜
（自左至右：外壁，内壁）

河南新安玉梅水库出土的商代石耜 　　　新疆哈密五堡墓地出土的的木耜（距今3000多年）

★ 文献链接

畟畟良耜，俶载南亩。播厥百谷，实函斯活。——《诗经·周颂·良耜》

从尖头木棒发展来的，在木棒尖端上部附上踏脚横木的古耒，由于生产上的需要，为了提高掘土能力，在把直尖改造成斜尖之后，又有两种发展：一种是在耒下增加耒尖，把它改造成歧头的掘土农具，一种是在耒的下端接插上"锹头"把它改造成带柄叶形的掘土农具。前一种是"方"，后一种是"耜"。——孙常叙《耒耜的起源和发展》

卷十三　度量衡

我国度量衡制度有着悠久的历史。据《周礼》记载，西周春秋时期已专设管理度量衡的官员。书中的《天官·冢宰》记载内宰"出其度量淳制"；《地官·司徒》记载质人"同其度量，壹其淳制"；《地官·司市》记载"以量度成贾而征价"；《夏官·司马》记载合方氏"同其数器，壹其度量"；《秋官·司寇》记载大行人"达瑞节，同度量，成牢礼，同数器"。

《考工记》度量衡单位系统由长度单位系统、面积单位系统、容积单位系统、重量单位系统和角度单位系统等子系统构成，当然也并不等于这些子系统的简单相加。各单位子系统由具有各种比例关系的单位构成，且不等于各单位的简单相加。

度

"度"的甲骨文字形如表所示：

字形	文献来源	编号
ᕽ	《甲骨文合集》	21289
⋈		31009

由表可见，"度"的甲骨文字形从又，从巨（矩），象手持矩尺测量长度，属于会意造字。《说文解字·又部》："度，法制也。"

在《考工记》中，名物意义上的"度"指计量长短的标准。《辀人》："辀有三度，轴有三理。国马之辀深四尺有七寸，田马之辀深四尺，驽马之辀深三尺有三寸。……

小于度，谓之无任。"意思是说，辀人制作马车曲辕，马车曲辕有三种高度……凡车上承受重力的木材，都要符合尺寸的要求：把马车曲辕的长度分为十个等份，把其中的一个等份设置为马车曲辕与车厢相接合的前支点的周长；把车辕颈部缚轭驾马横木的长度分为五个等份，把其中的一个等份设置为它的周长。如果周长小于这个长度，就叫作无法胜任。《玉人》："璧羡度尺，好三寸，以为度。"意思是说，玉璧的外径为一尺，中间的孔的内径为三寸，设置为标准长度。

★ 文献链接

协时月正日，同律度量衡。——《尚书·虞书·舜典》

合方氏掌达天下之道路，通其财利，同其数器，壹其度量。——《周礼·夏官·合方氏》

用器不中度，不粥（鬻）于市；兵车不中度，不粥（鬻）于市。——《礼记·王制》

量

"量"的甲骨文字形如表所示：

字形	文献来源	编号
		18506
	《甲骨文合集》	18507 宾组
		22096

"量"的金文字形如表所示：

字形	时期	器名	文献来源	编号
	西周早期	量侯簋		3908
	西周晚期	大克鼎	《殷周金文集成》	2836
	战国晚期	廿七年大梁司寇鼎		2709

由表可见，"量"的甲金文字形象用秤砣（权）称囊物重量，属于会意造字。《说文解字·重部》："量，称轻重也。"

《栗氏》："栗氏为量。"意思是说，栗氏制作量器。这里是名物意义上的"量"，指量器，进而指计量的标准，蕴涵了度量衡的深层义。

山东邹城邾国故城出土的
战国早期陶量（H623④:9）

河北博物院藏灵寿古城出土的
战国时期陶量器

山东临淄出土的战国时期齐量（自左至右：公豆陶量，公区陶量）

战国时期燕客铜量

★ **文献链接**

唯齐酒不贰，皆有器量。——《周礼·天官·酒正》

司市掌市之治教、政刑、量度禁令。——《周礼·地官·司市》

一、长度单位

《考工记》所载长度单位比例关系表

单位＼比例	丈	尺	寸	训释
枚	0.001	0.01	0.1	一分
寸	0.01	0.1	1	十分
尺	0.1	1	10	十寸
柯	0.3	3	30	三尺
仞	0.8	8	80	测深／八尺
寻	0.8	8	80	度广／八尺
常	1.6	16	160	倍寻

（一）枚$_2$

这里的"枚$_2$"指寸的十分之一，即一分。

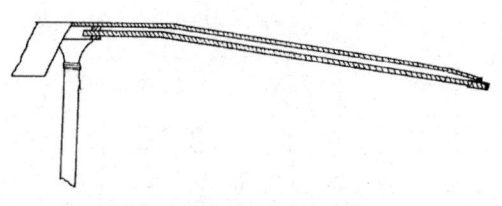

车盖弓凿端一枚[1]

---

[1] 杨青等：《秦陵一号铜车立伞结构的分析研究》，《西北农业大学学报》1995年增刊。

《轮人》："十分寸之一谓之枚，部尊一枚，弓凿广四枚，凿上二枚，凿下四枚；凿深二寸有半，下直二枚，凿端一枚。"意思是说，寸的十分之一个等份（即一分）叫作枚$_2$，车盖伞帽高出一分，车盖伞帽上用来装置弓形骨架的榫眼宽四分，榫眼的上边留出两分，下边留出四分；榫眼深两寸半，底部长两分，榫眼与弓形骨架尾端相嵌的部位宽一分。郑玄注："枚，一分。"孙诒让《周礼正义》："此枚即十牦之分，不云分而云枚者，经文它言分者，并取筭术差分为义；此为实度，虑其淆捄，故改分为枚，而明楬其度也。"

（二）寸

寸是尺的十分之一。

睡虎地秦简的"寸"字作 ㇌，表示距离手腕一寸长的部位。《说文解字·寸部》："寸，十分也。人手却一寸动脉谓之寸口。从又，从一。凡寸之属皆从寸。"段玉裁注《说文解字·又部》"度"："周制，寸尺咫寻常仞皆以人之体为法，寸法人手之寸口，咫法中妇人手长八寸，仞法伸臂一寻，皆于手取法。"寸、尺等长度单位的十进制是古今一脉相承的。

《轮人》："轮人为盖，达常围三寸，桯围倍之，六寸。信其桯围以为部广，部广六寸。……十分寸之一谓之枚。"《冶氏》："冶氏为杀矢，刃长寸，围寸，铤十之，重三垸。……戈广二寸，内倍之，胡三之，援四之。……戟广寸有半寸，内三之，胡四之，援五之，倨句中矩，与刺重三锊。"《桃氏》："桃氏为剑，腊广二寸有半寸。"《玉人》："圭璧五寸，以祀日月星辰。璧琮九寸，诸侯以享天子。谷圭七寸，天子以聘女。大璋、中璋九寸，边璋七寸，射四寸，厚寸，黄金勺，青金外，朱中，鼻寸，衡四寸，有缫，天子以巡守，宗祝以前马。大璋亦如之，诸侯以聘女。瑑圭璋八寸，璧琮八寸，以覜聘。牙璋、中璋七寸，射二寸，厚寸，以起军旅，以治兵守。驵琮五寸，宗后以为权。大琮十有二寸，射四寸，厚寸，是谓内镇，宗后守之。驵琮七寸，鼻寸有半寸，天子以为权。两圭五寸，有邸，以祀地，以旅四望。瑑琮八寸，诸侯以享夫人。"《陶人》："陶人为甗，实二鬴，厚半寸，唇寸。盆，实二鬴，厚半寸，唇寸。甑，实二鬴，厚半寸，唇寸，七穿。鬲，实五觳，厚半寸，唇寸。庾，实二觳，厚半寸，唇寸。"《瓬人》："瓬人为簋，实一觳，崇尺，厚半寸，唇寸。豆实三而成觳，崇尺。……髆崇四尺，方四寸。"《梓人》："上纲与下纲出舌寻，缨寸焉。"《匠人》："耜广五寸。"

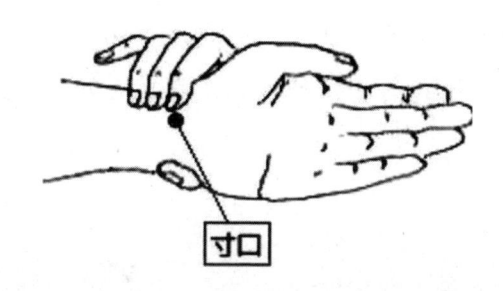

中医骨度分寸尺

★ 文献链接

布指知寸。——《大戴礼记·主言》

十分为寸，十寸为尺，十尺为丈。——《汉书·律历志》

（三）尺

《考工记》所载古车六等度量为：

戈的长度 = 6.6 尺

殳的长度 = 寻（8 尺）+ 4 尺 = 12 尺

戟 = 常 = 16 尺

酋矛 = 常（16 尺）+ 4 尺 = 20 尺

$$酋_1距地的高度 = 4 尺$$

$$戈距地的高度 = 酋_1距地的高度（4 尺）+ 戈距酋_1的斜高（4 尺）= 8 尺$$

$$人距地的高度 = 戈距地的高度（8 尺）+ 4 尺 = 12 尺$$

$$殳距地的高度 = 人距地的高度（12 尺）+ 4 尺 = 16 尺$$

$$戟距地的高度 = 殳距地的高度（16 尺）+ 4 尺 = 20 尺$$

$$酋矛距地的高度 = 戟距地的高度 + 4 尺 = 24 尺$$

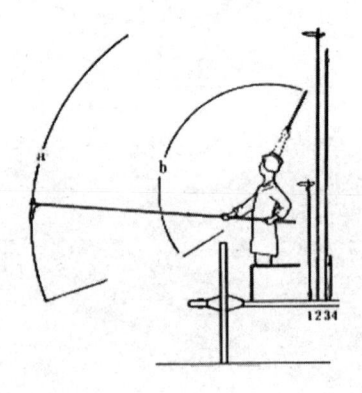

如表所示：

等级 \ 度量	长度（尺）	距地高度（尺）
一等（酋）		4
二等（戈）	6.6	8
三等（人）	8	12
四等（殳）	12	16
五等（戟）	16	20
六等（酋矛）	20	24

尺是 10 寸，丈的十分之一。《说文解字·尸部》："尺，十寸也。人手却十分动脉为寸口。十寸为尺。尺，所以指标尺桀事也。从尸，从乙。乙，所识也。周制，寸、

尺、咫、寻、常、仞诸度量皆以人之体为法。凡尺之属皆从尺。"

《总叙》："车轸四尺，谓之一等；戈柲六尺有六寸，既建而迤，崇于轸四尺，谓之二等；人长八尺，崇于戈四尺，谓之三等；殳长寻有四尺，崇于人四尺，谓之四等；车戟常，崇于殳四尺，谓之五等；酋矛常有四尺，崇于戟四尺，谓之六等。……故兵车之轮六尺有六寸，田车之轮六尺有三寸，乘车之轮六尺有六寸。六尺有六寸之轮，轵崇三尺有三寸也，加轸与轐焉四尺也。……人长八尺，登下以为节。"《轮人》："六尺有六寸之轮，绠参（叁）分寸之二，谓之轮之固。……部长二尺，桯长倍之，四尺者二。……弓长六尺，谓之庇轵，五尺谓之庇轮，四尺谓之庇轸。……盖已崇则难为门也，盖已卑是蔽目也，是故盖崇十尺。"《辀人》："国马之辀深四尺有七寸，田马之辀深四尺，驽马之辀深三尺有三寸。……軓前十尺，而策半之。"

陕西神木石峁遗址出土的龙山文化晚期墨玉尺形器呈扁平长条形，自穿以下两边左右对应横刻间距相等的十三格，刻纹呈细长的等腰三角形，殆为测量长度单位的标记。

陕西神木石峁遗址出土的龙山文化晚期墨玉尺形器

闻人军考证商代一尺约合 16.95 厘米，周代和秦代一尺约 23.1 厘米，战国齐尺约 19.7 厘米。[①]

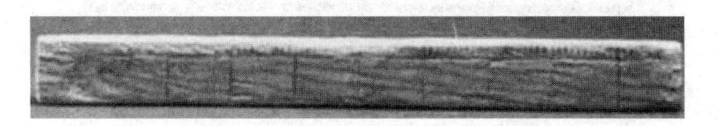

河南安阳殷墟妇好墓出土的青铜龙头尺形器

[①] 详见闻人军：《〈考工记〉齐尺考辨》，《考古》1983 年第 1 期。

河北平山战国中山王陵出土的金银错铜版《兆域图》，是我国最早的一幅用正投影法绘制的工程图，图中的尺寸采用"尺"（𠃍）和"步"两种单位表示。

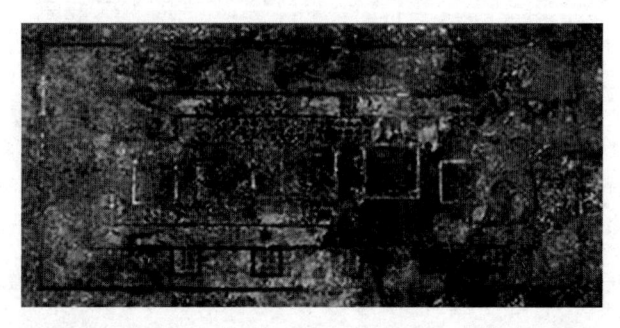

河北平山战国中山王陵出土的《兆域图》（金银错铜版）

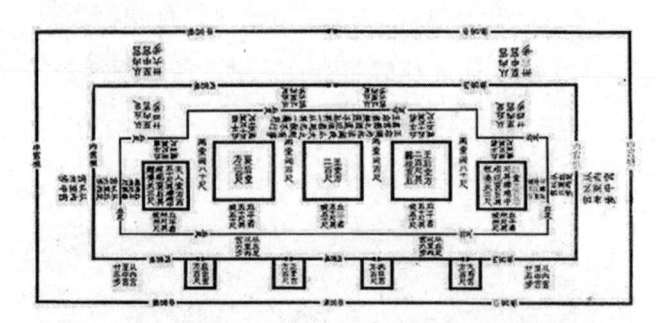

河北平山战国中山王陵出土的《兆域图》（整理版）

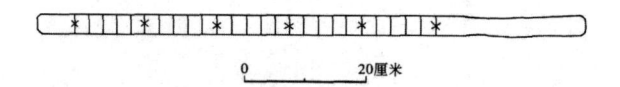

甘肃天水放马滩战国时期秦墓出土的木尺（M1:24）线图

战国时期楚国铜衡杆

★文献链接

夫目之察度也，不过步武尺寸之间；其察色也，不过墨丈寻常之间。——《国语·周语》

布手知尺。——《大戴礼记·主言》

★视频链接

《如果国宝会说话》第二十四集《错金银铜版兆域图：战国黑科技》

（四）柯[1]

柯本指斧柄。

郑玄注《车人》"柯长三尺"引郑众语："谓斧柯，因以为度。"贾公彦疏："此车人谓造车之事。凡造作皆用斧，因以量物，故先论斧柄长短及刃之大小也。"王宗涑《考工记考辨》："即所执之器以起度，取其便于事。"

浙江余姚市井头山新石器时代遗址出土的20多件木柄均由整块木料减地加工而成，长圆柄连接长方体，并在长方体一侧挖椭圆形孔，孔与遗址出土的石斧、石锤等相匹配。考古工作者由此推断它们是斧、锤的木柄。

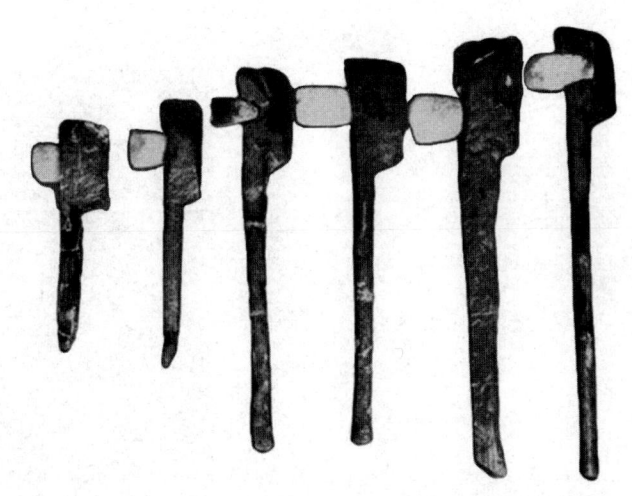

浙江余姚市井头山新石器时代遗址出土的石斧与木柄的推测组装方式

《车人》："车人为车，柯长三尺，博三寸，厚一寸有半，五分其长，以其一为之首。"意思是说，车人制作车辆。斧柄长三尺，宽三寸，厚一寸半，把斧柄的长度分为五个等份，把其中的一个等份设置为斧刃的长度。由此推算，斧柄的长度与斧刃的长度之间的比例关系为：

$$斧柄（柯_1）的长度（3尺）\times 1/5 = 斧刃（首）的长度（0.6尺）$$

柯$_1$就近取名物斧柄为本体，借指三尺长度。《车人》："毂长半柯，其围一柯有半。辐长一柯有半；其博三寸，厚三之一。……柏车毂长一柯，其围二柯，其辐一柯，其渠二柯者三，五分其轮崇，以其一为之牙围。"意思是说，轮毂的长度是柯$_1$的一半（即一尺半）；轮毂的周长是一柯$_1$半（即四尺半）。车轮辐条长一柯$_1$半（即四尺五寸），宽三寸，厚一寸。……行于山地的牛车的轮毂的长度是一柯$_1$（即三尺）；轮毂的周长是两柯$_1$，也就是六尺；车轮辐条的长度是一柯$_1$，也就是三尺。

★ 文献链接

伐柯如何？匪斧不克。取妻如何？匪媒不得。伐柯伐柯，其则不远。我觏之子，笾豆有践。——《诗经·豳风·伐柯》

（五）仞

"仞"与"寻"同为8尺；不同之处在于，"仞"用来测量深度、高度和长度，"寻"用来测量宽度和长度。

《匠人》："同间广二寻，深二仞，谓之浍。"意思是说，同与同之间宽度和深度各为两仞（即16尺）的水渠叫作浍。《说文解字·人部》："仞，伸臂一寻，八尺也。"程瑶田和段玉裁持七尺说，金鹗驳之，孙诒让《周礼正义》认同金鹗的八尺说："寻用以度广，故取于两臂之伸；仞用以度深，故取于一身之长。……同为八尺，其广言寻，深言仞，则寻以度广，仞以度深可知矣。"

★ 文献链接

古者天子诸侯必有公桑、蚕室，近川而为之，筑宫，仞有三尺，棘墙而外闭之。——《礼记·祭义》

（六）寻

"寻"的甲骨文作 ⿱、⿱ 等，象伸开两臂测量物体。《说文解字·寸部》："尋，绎理也。从工，从口，从又，从寸。工、口，乱也；又、寸，分理之。彡声。此与稛同意。度人之两臂为寻，八尺也。"寻长 8 尺，约为人伸开两臂的长度。

《总叙》："殳长寻有四尺，崇于人四尺，谓之四等。"意思是说，殳的高度为一寻零四尺（即一丈二尺），比人高出四尺，这是第四个等级。郑玄注："八尺曰寻。"《鞞人》："为皋鼓，长寻有四尺，鼓四尺，倨句磬折。"意思是说，制作皋鼓，鼓长一寻零四尺（即一丈二尺）。《梓人》："上纲与下纲出舌寻，緎寸焉。"意思是说，把箭靶的上方系在木柱上的粗绳与把箭靶的下方系在木柱上的粗绳各比在靶身的上方和下方的两侧起维持、固定作用的布幅长出一寻（即八尺）。《庐人》："殳长寻有四尺，车戟常，酋矛常有四尺，夷矛三寻。"意思是说，殳的高度为一寻零四尺（即一丈二尺）。……夷矛的高度为三寻（即两丈四尺）。《匠人》："殷人重屋，堂修七寻，堂崇三尺，四阿，重屋。……同间广二寻，深二仞，谓之浍。"意思是说，商代君主举行典礼的殿堂叫重屋，堂的长度为七寻（即 56 尺）。……同与同之间宽度和深度各为两仞（即 16 尺）的水渠叫作浍。《匠人》："宫中度以寻。"意思是说，王宫里用人伸开两臂的长度（即 8 尺）来测量长度。郑玄注："周文者，各因物宜为之数。"贾公彦疏："因物宜者，谓室中坐时冯几；堂上行礼用筵；宫中合院之内无几无

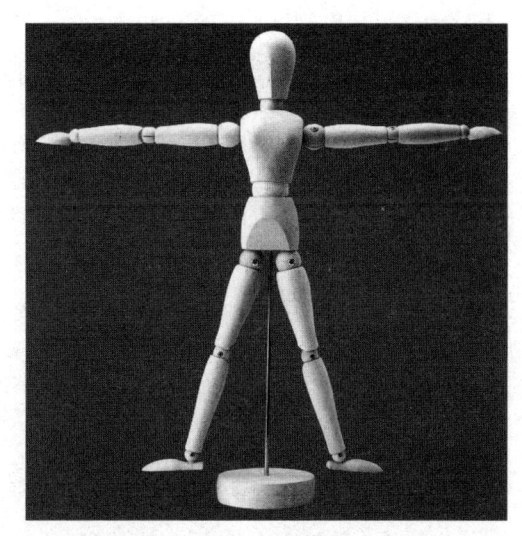

伸开两臂示意图

筵，故用手之寻也；在野论里数皆以步，故用步；涂有三道，车从中央，故用车之轨。是因物所宜也。"

达·芬奇的画作《维特鲁威人》里的男子两臂平伸站立，以其头部、足部和手指各为端点，刚好外接一个正方形；两臂微斜上举，以其足部和手指各为端点，刚好外接一个圆形。这同样呈现了以人体为长度标准的"因物所宜"的理念，以及形象的人体与抽象的几何学的相互作用。

达·芬奇画作《维特鲁威人》

★文献链接

徂徕之松，新甫之柏。是断是度，是寻是尺。——《诗经·鲁颂·閟宫》

加萑席寻。——《仪礼·公食大夫礼》

舒臂知寻。——《大戴礼记·主言》

（七）常

常是寻的一倍，即 16 尺。

《总叙》："车戟常，崇于殳四尺，谓之五等；酋矛常有四尺，崇于戟四尺，谓之六等。"意思是说，插在车上的戟的高度为一常（即 16 尺），比殳高出四尺，这是第五个等级；酋矛的高度为一常零四尺（即 20 尺），比戟高出四尺，这是第六个等级。《庐人》也有类似的表述。郑玄注《庐人》："倍寻曰常。"《释名·释兵》："车戟曰常，长丈六尺，车上所持也。八尺曰寻，倍寻曰常，故称常也。"

★文献链接

司宫具几与蒲筵常。——《仪礼·公食大夫礼》

夫目之察度也，不过步武尺寸之间；其察色也，不过墨丈寻常之间。——《国语·周语》

（八）雉

雉是高 1 丈、长 3 丈的度量单位。

《匠人》："王宫门阿之制五雉，宫隅之制七雉，城隅之制九雉。"意思是说，王宫门屋屋脊的规制为五雉（即高 5 丈长 15 丈），宫殿的角楼的规制为七雉（即高 7 丈长 21 丈），都城的角楼的规制为九雉（即高 9 丈长 27 丈）。郑玄注："雉长三丈，高一丈。度高以高，度广以广。"贾公彦疏："凡版广二尺。《公羊》云：'五版为堵，高一丈，五堵为雉。'《书》传云：'雉长三丈，度高以高，度长以长，广则长也。言高一雉则一丈，言长一雉则三丈。'引之者，证经五雉、七雉、九雉，雉皆为丈之义。"

★ 文献链接

都，城过百雉，国之害也。——《左传·隐公元年》

故制国不过千乘，都城不过百雉，家富不过百乘。——《礼记·坊记》

定公十三年夏，孔子言于定公曰："臣无藏甲，大夫毋百雉之城。"——《史记·孔子世家》

二、宽度单位

轨

轨是道幅宽 8 尺的宽度单位。

《匠人》："国中九经九纬，经涂九轨。……涂度以轨。……经涂九轨，环涂七轨，野涂五轨。"意思是说，道路用轨来测量。……贯通都城南北和东西的干线大道宽九轨（即 72 尺），内环城墙的道路宽七轨（即 56 尺），都城外的郊区的道路宽五轨（即 40 尺）。郑玄注："轨谓辙广，乘车六尺六寸，旁加七寸，凡八尺，是为辙广。"《说文解字·车部》："轨，车辙也。"段玉裁注："曰两轮之间，自广狭言之。凡言度涂以轨者，必以之。"《车人》："辙广六尺。"江永《周礼疑义举要》："'辙广六尺'，当是'八尺'之误。"戴震《考工记图》："古者涂度以轨，轨皆宜八尺。"阮元《考工记车制图解》："古者经涂九轨，轨广八尺，《匠人》以为度轨自为辙迹之名。"

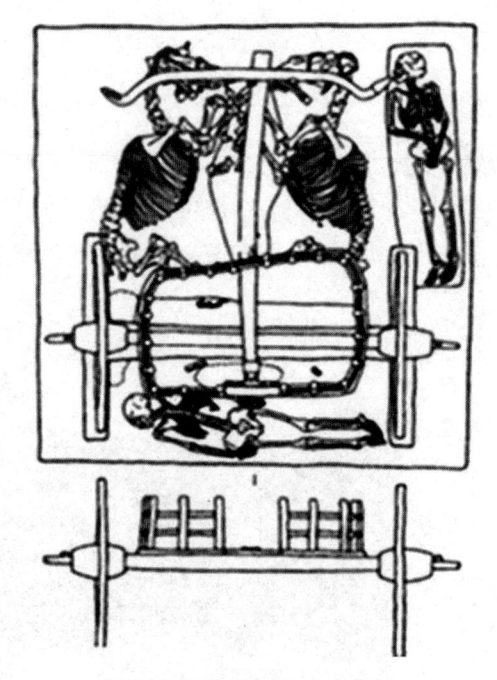

河南安阳殷墟郭家庄车马坑 M52 平面图与车轨剖面图[①]

河南安阳大司空村东地殷墟遗址道路（L4）的路面由碎陶片、碎骨头和小石子铺

[①] 中国社会科学院考古研究所：《中国考古学·夏商卷》，中国社会科学出版社，2003，第 413 页。

垫，沿道路的方向有四条车辙，辙距约1.5米。

河南安阳大司空村东地殷墟遗址道路（L4）

周原遗址贺家北地点有一段墙垣系统，由夯土墙、道路和壕沟组成，三者自北向南依次平行分布，均为西南-东北走向，中部的道路北缘叠压在夯土墙的墙根处，道路上分布着多条与夯土墙平行的车辙。

河南安阳大司空村东地殷墟遗址道路（L4）

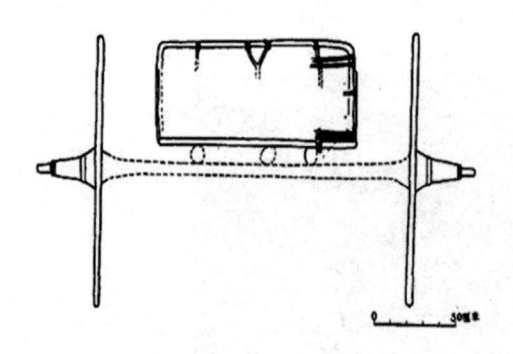

山西太原金胜村 251 号春秋车马坑
5 号车轨剖面图①

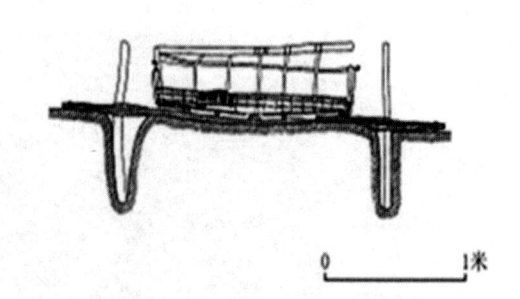

湖北枣阳九连墩东周楚国 2 号车马坑
3 号车轨剖面图②

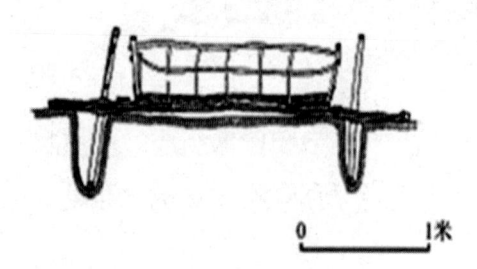

湖北枣阳九连墩东周楚国 2 号车马坑
5 号车轨剖面图③

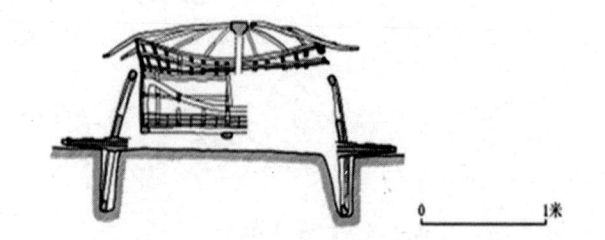

湖北枣阳九连墩东周楚国 2 号车马坑
6 号车轨剖面图④

作为山东曲阜鲁国故城中轴线的南北向 9 号道路的最宽阔处达 15 米。徐团辉认为，这与《匠人》"九轨"的宽度较为接近。

---

① 山西省考古研究所、太原市文物管理委员会：《太原金胜村 251 号春秋大墓及车马坑发掘简报》，《文物》1989 年第 9 期。
②③④ 湖北省文物考古研究所：《湖北枣阳九连墩 2 号车马坑发掘简报》，《江汉考古》2018 年第 6 期。

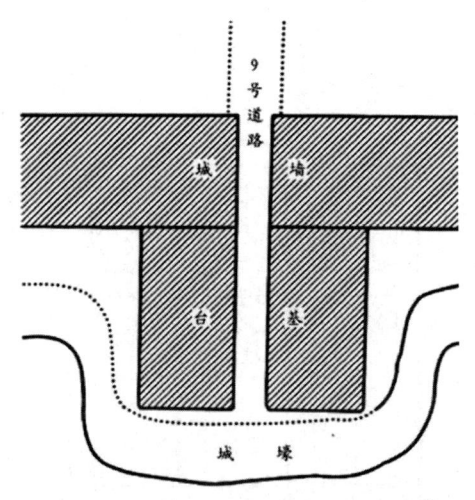

山东曲阜鲁国故城南墙东门平面图[1]

★文献链接

中山之国有柔繇者，智伯欲攻之而无道也，为铸大钟，方车二轨以遗之。——《吕氏春秋·慎大览》

国中以策彗恤勿驱，尘不出轨。——《礼记·曲礼上》

三、面积单位

《考工记》所载面积单位比例关系表

单位 \ 比例（平方）	步	里	训释
夫	100	0.1111	方百步
井	900	1	九夫
成	9000	10	方十里
同	90000	100	方百里

---

[1] 徐团辉：《曲阜鲁国故城布局形态研究——兼论〈考工记·匠人营国〉的内容来源》，《东南文化》2022年第5期。

（一）夫

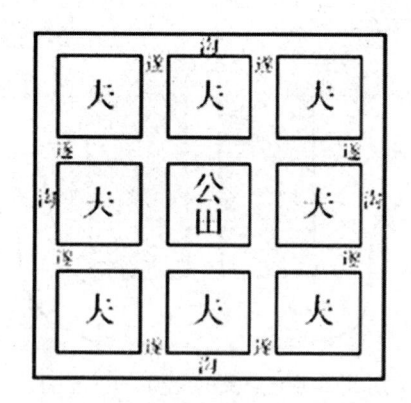

按《考工记》所载，夫是 100 平方步的面积单位。《匠人》："左祖右社，面朝后市，市朝一夫。"意思是说，王宫的左边是宗庙，右边是社稷；前面是朝廷，后面是市场。市场和朝廷的面积各为一夫（即 100 平方步）。

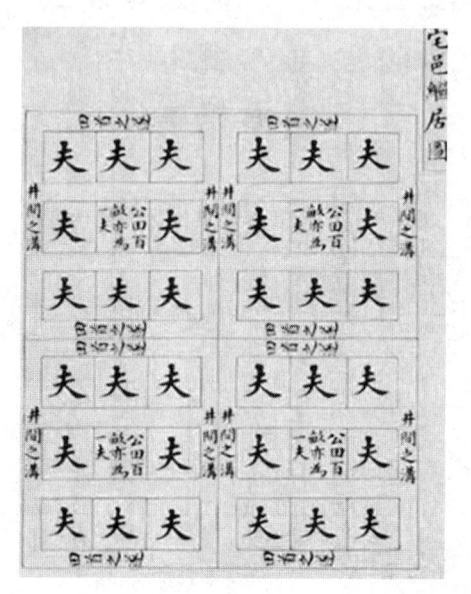

孙家鼐等《钦定书经图说》中的宅邑继居图

贺业钜认为："《匠人》王城是按井田方格网系统规划的，夫是这个系统规划用地单位，也是它的基本网格。"① 兹概括夫与沟之间的关系如图所示：

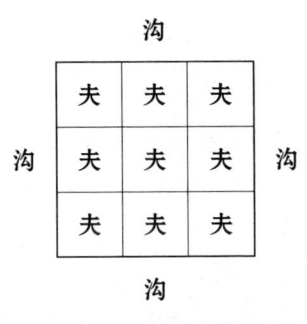

	沟		
沟	夫	夫	夫	沟
	夫	夫	夫	
	夫	夫	夫	
	沟		

夫、沟关系图②

★ 文献链接

凡治野，夫间有遂，遂上有径，十夫有沟，沟上有畛，百夫有洫，洫上有涂，千夫有浍，浍上有道，万夫有川，川上有路，以达于畿。——《周礼·地官·遂人》

（二）井

"井"的甲骨文字形如表所示：

字形	文献来源	编号
井		1339 宾组
井	《甲骨文合集》	6796
井		18678

"井"的金文字形如表所示：

---

① 贺业钜：《考工记营国制度研究》，中国建筑工业出版社，1985，第105页。
② 李亚明：《〈周礼·考工记〉沟洫词语关系》，《农业工程学报》2007年第9期。

字形	时期	器名	文献来源	编号
井	西周早期	大盂鼎	《殷周金文集成》	2837
井	西周中期	永盂		10322
井	西周晚期	大克鼎		2836

由表可见,"井"的甲金文字形皆象井上四周的木栏,属于象形造字。《说文解字·井部》:"井,八家为一井。"

《匠人》:"九夫为井。井间广四尺,深四尺,谓之沟。"意思是说,面积九夫(即900平方步)的耕田为一井。井与井之间挖掘的深度和宽度各为四尺的水渠叫作沟。郑玄注:"井者,方一里,九夫所治之田也。"《匠人》所载,系齐国小亩井田之制。《说文解字·井部》:"井,八家为一井。"

兹概括夫、井与沟的关系如图所示:

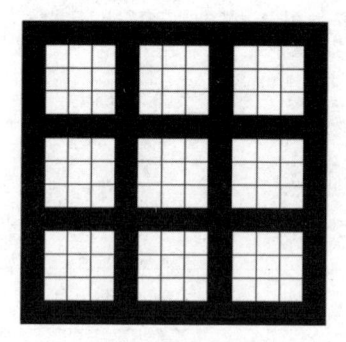

夫、井与沟关系图[1]
(白色小格表示"夫",白色大格表示"井",黑色表示"沟")

★ 文献链接

六里而井,井九百亩,其中为公田,八家皆私百亩,同养公田。——《孟子·滕文公下》

---

[1] 李亚明:《从〈周礼·考工记〉沟洫关系看我国古代农田水利系统》,《黄河水利职业技术学院学报》2008年第2期。

（三）成

按《考工记》所载，成是 10 平方里的面积单位，相当于 10 井。10 平方里为 1 成，成与成之间修建深和宽各 8 尺的洫。《匠人》："方十里为成，成间广八尺，深八尺，谓之洫。"

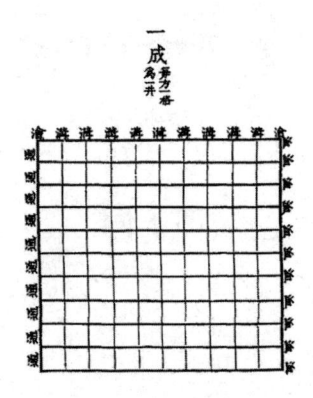

（清）戴震《考工记图》中的成图

兹概括里、成与洫的关系如图所示：

洫、里关系图[①]

---

① 李亚明：《〈周礼·考工记〉沟洫词语关系》，《农业工程学报》2007 年第 9 期。

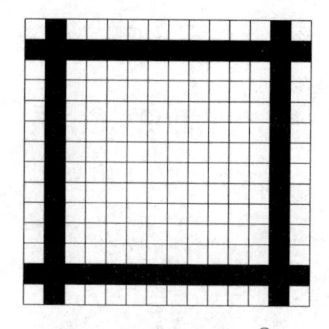

里、成与洫关系图[①]
（白色小格表示"里"，白色大格表示"成"，黑色表示"洫"）

（四）同

按《考工记》所载，每100平方里为1同，同与同之间修建深和宽各16尺的浍，同即100平方里的面积单位，相当于10成。《匠人》："方百里为同，同间广二寻，深二仞，谓之浍。"

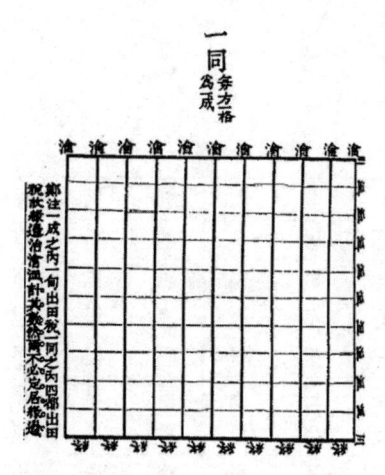

（清）戴震《考工记图》中的同图

兹概括成、同与浍的关系如图所示：

[①] 李亚明：《从〈周礼·考工记〉沟洫关系看我国古代农田水利系统》，《黄河水利职业技术学院学报》2008年第2期。

浍、成关系图[①]

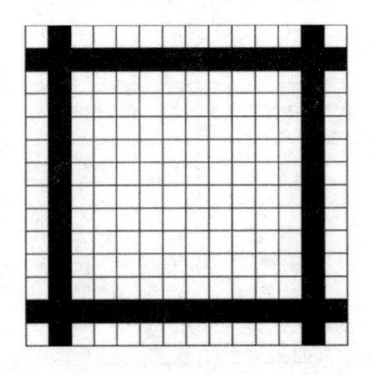

成、同与浍关系图[②]
（白色小格表示"成"，白色大格表示"同"，黑色表示"浍"）

★ **文献链接**

且昔天子之地一圻，列国一同。——《左传·襄公二十五年》

[①] 李亚明：《〈周礼·考工记〉沟洫词语关系》，《农业工程学报》2007年第9期。
[②] 李亚明：《从〈周礼·考工记〉沟洫关系看我国古代农田水利系统》，《黄河水利职业技术学院学报》2008年第2期。

四、容积单位

春秋战国时期，以齐国为代表的容积单位衡量体系已经成熟。《考工记》所载栗氏量把度、量、衡三种单位集中在一个标准器物上，促进了度量衡的系统化，并标志着齐国量制实现了从商制到周制的变革，可与山东临淄出土的印有"王升""王豆""公豆"等字样的陶量和铜量互为印证。

《考工记》容积单位比例关系

单位＼比例	升	豆	区	鬴	训释
升	1	0.25	0.0625	0.015625	十龠
勺	1	0.25	0.0625	0.015625	一升
爵	1	0.25	0.0625	0.015625	一升
觚	3	0.75	0.1875	0.046875	三升
豆	4	1	0.25	0.0625	四升
斗	10	2.5	0.625	0.15625	十升
篚	12	3	0.75	0.1875	一觳
觳	12	3	0.75	0.1875	斗二升
庾	24	6	1.5	0.375	二觳
斛	60	15	3.75	0.9375	五觳
鬴	64	16	4	1	六斗四升
甀	128	32	8	2	二鬴
盆	128	32	8	2	二鬴
甑	128	32	8	2	二鬴

（一）升

升是 200 毫升左右的容积单位。①

"升"的甲骨文字形如表所示：

字形	文献来源	编号
		11697 宾组
	《甲骨文合集》	27005 何组
		30365 无名组

"升"的金文字形如表所示：

字形	时期	器名	文献来源	编号
	西周中期	友簋		4194
	春秋中期	秦公簋	《殷周金文集成》	4315
	春秋晚期	连迁鼎		2084

由表可见，"升"的甲金文皆象用斗挹取酒浆之形，属于会意造字。《说文解字·斗部》："升，十龠也。从斗，亦象形。"

《梓人》："梓人为饮器，勺一升，爵一升，觚（应作"觗"，即觯）三升。"意思是说，梓人制作饮器，勺和爵的容积都是一升，觯的容积是三升。

---

① 闻人军考证《考工记》记载的升的容积为 24.5375 立方寸，详见《〈考工记〉齐尺考辨》，《考古》1983 年第 1 期。

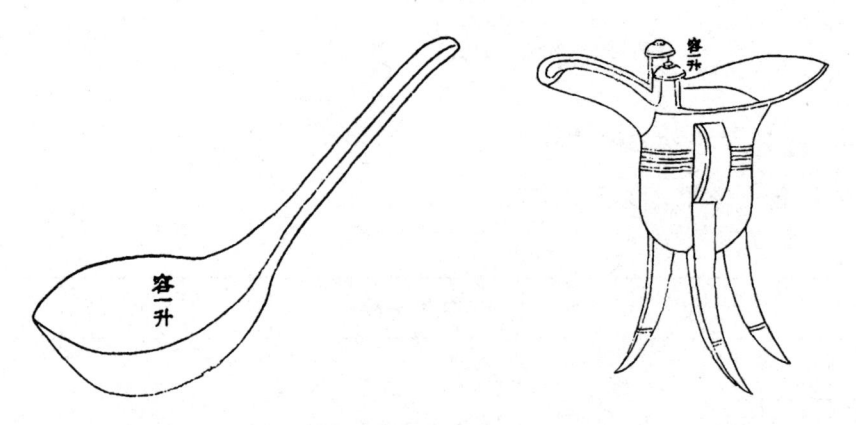

（清）戴震《考工记图》中的勺和爵图

上海博物馆藏商鞅方升是战国时期秦国的标准计量器，也是中国现存最早"以度审容"的标准量器。

上海博物馆藏秦代商鞅方升

商鞅方升高 2.32 厘米，通长 18.7 厘米，内口长 12.4774 厘米，宽 6.9742 厘米，深 2.323 厘米，计算容积为 202.15 毫升。

其左壁刻："十八年，齐率卿大夫众来聘，冬十二月乙酉，大良造鞅，爰积十六尊（寸）五分尊（寸）壹为升。"方升自铭 16.2 立方寸为一升，求得方升单位容积：202.15÷16.2=12.478 毫升/立方寸。由此可见，早在公元前 300 多年，中国古人就已经运用"以度审容"的科学方法，反映了先秦中国在数字运算和器械制造等方面所取得的高度成就。

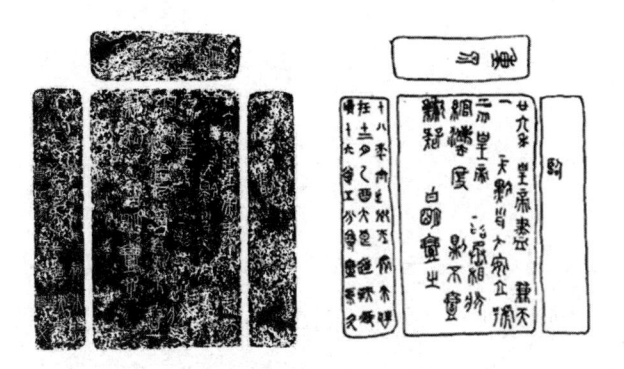

商鞅方升拓片及其铭文

上海博物馆藏秦代方升

★文献链接

四升为豆。——《左传·昭公三年》

赞茅岐周之粟，以赏天下之人，不人得一升。——《商君书·赏刑》

律嘉量升，方二寸而圆其外，庣旁一厘九豪，冥六百廿八分，深二寸五分，积万六千二百分，容十合。——（汉）新莽嘉量升铭

★视频链接

《国家宝藏》第一季《商鞅方升》

《如果国宝会说话》第三十二集《战国商鞅方升：一升量天下》

（二）豆₂

这里的"豆₂"是相当于 4 升即 800 毫升左右的容积单位。

《栗氏》："其臀一寸，其实一豆。"意思是说，鬴的底座深一寸，其容积为一豆₂。郑玄注："以其容为之名也。四升曰豆。"《瓬人》："豆实三而成觳，崇尺。"意思是说，豆₂的容积的三倍为一觳，高一尺。郑玄注："豆实四升。"

从历史来看，豆₂的容积是有发展变化的。

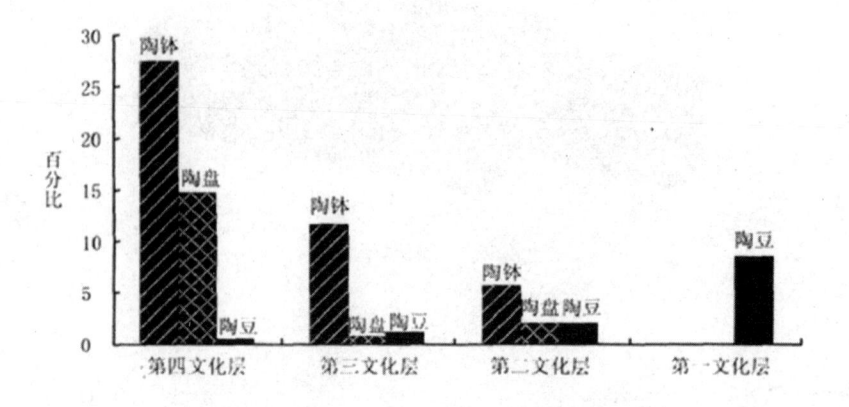

（清）戴震
《考工记图》中的豆图

河姆渡遗址陶豆与陶钵、陶盘容量替代关系图[①]

山东临淄出土的战国时期齐国公豆陶量

---

① 黄渭金：《河姆渡遗址陶器容量的测量与研究》，《史前研究（2009）》，宁波出版社，2010。

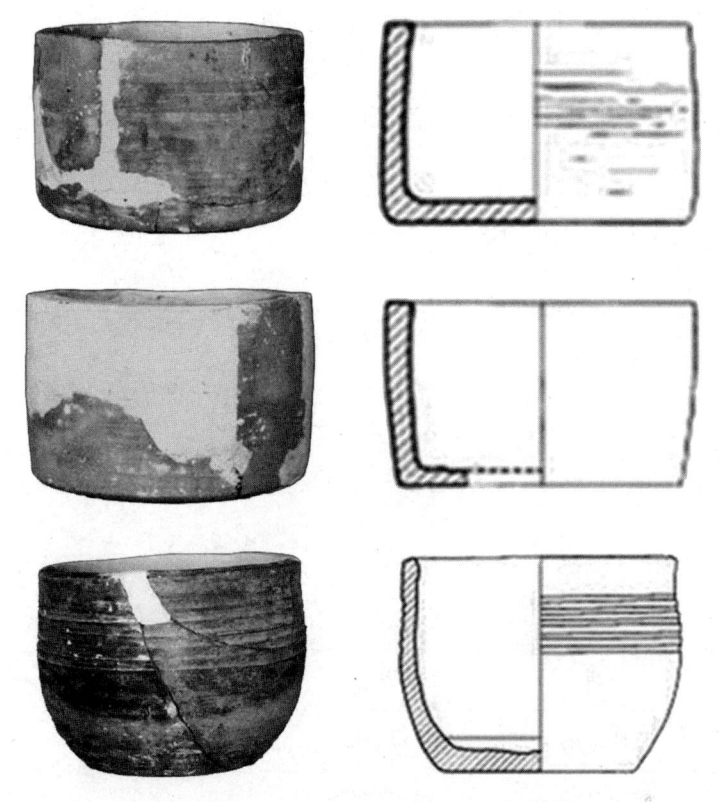

山东邹城邾国故城遗址出土的战国时期陶量[1]
（自上至下：J10③:9[2]；J10③:16[3]；H538③:1[4]）

★ 文献链接

馔于房中：醯酱二豆，菹、醢四豆，兼巾之。——《仪礼·士昏礼》

齐旧四量，豆、区、釜、锺。四升为豆，各自其四，以登于釜。——《左传·昭公三年》

---

[1] 山东大学历史文化学院考古系等：《山东邹城市邾国故城遗址2015年发掘简报》，《考古》2018年第3期。
[2] 容积约1207毫升。
[3] 容积约1211毫升。
[4] 容积约1496毫升。

（三）斗

斗作为容积单位，出现在秦、东周、韩、赵、魏等器物刻铭中，相当于10升即2000毫升左右。①

"斗"的甲骨文字形如表所示：

字形	文献来源	编号
（字形）	《小屯·殷虚文字甲编》	甲 3249
（字形）		乙 117

"斗"的金文字形如表所示：

字形	时期	器名	文献来源	编号
（字形）	春秋中期	秦公簋	《殷周金文集成》	4315
（字形）	战国晚期	土勻瓶		9977

由表可见，"斗"的甲金文字形上部都象舀酒容器斗的外缘，斜竖象斗柄，柄上的一横象柄的界线，表示柄身和柄头的分界，属于象形造字。《说文解字·斗部》："斗，十升也。象形，有柄。"

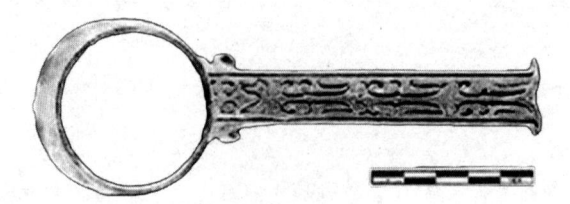

河南郑州商都书院街墓地 M2 出土的商代铜斗

---

① 也有学者考证，商鞅量、战国时期洛阳金村出土方壶和汉新莽嘉量的斗的容积均为 162 立方寸。详见朱德熙《洛阳金村出土方壶之校量》，《北京大学学报》（人文科学版）1956 年第 4 期。

陕西扶风云塘村出土的西周铜伯公父斗形器　　陕西扶风五郡村出土的西周铜夔龙纹斗形器

《梓人》："献以爵而酬以觚（觯），一献而三酬，则一豆矣。……食一豆肉，饮一豆酒，中人之食也。"郑玄注根据此经前文"爵一升，觚（觯）三升"，献以爵（一升）而酬以觚（觯，三升），一献（一升）而三酬（九升），则应为十升（一斗），故认为《考工记·梓人》此经之"豆"应为"斗"："豆当为斗。……一豆酒，又声之误，当为'斗'。"今从而列之。然则《梓人》意思是说，用爵敬酒，用觚酬酒，敬酒一次而酬酒三次，就合一斗了。吃一豆$_2$肉，饮一斗酒，这是普通人的食量。

湖北随州枣树林墓地 M143 出土的春秋晚期铜斗

山东胶县灵山卫古城出土的战国早期齐量三器之左关铜枳（卮）[①]

---

① 即左关铜铊，容积约 2070 毫升。

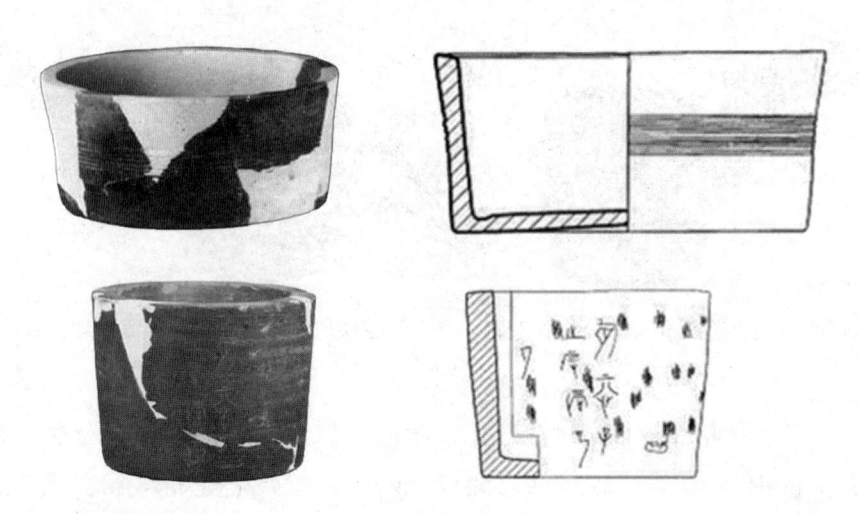

山东邹城邾国故城遗址出土的战国时期陶量[1]（自上至下：H623:11[2]；J5⑥:5[3]）

河南登封古阳城炼铁遗址出土的战国时期韩国陶量[4]

★ 文献链接

我，东海之波臣也，君岂有斗升之水而活我哉？——《庄子·外物》

王将听之矣，田婴令官具押券斗石参升之计。——《韩非子·外储说右下》

律嘉量斗，方尺而圆其外，庣旁九厘五豪，冥百六十二寸，深寸，积百六十二寸，容十升。——（汉）新莽嘉量斗铭

---

[1] 山东大学历史文化学院考古系等：《山东邹城市邾国故城遗址2015年发掘简报》，《考古》2018年第3期。
[2] 容积约1976毫升。
[3] 容积约2024毫升。
[4] 容积约1860毫升。

（四）觳

觳（hú）是相当于一斗二升即 2400 毫升左右的容积单位。

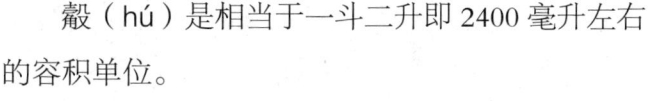

《陶人》："甗，实五觳，厚半寸，唇寸。庚，实二觳，厚半寸，唇寸。"意思是说，甗的容积为五觳，壁的厚度为半寸，唇沿的厚度为一寸。庚的容积为两觳，壁的厚度为半寸，唇沿的厚度为一寸。郑玄注："玄谓豆实三而成觳，则觳受斗二升。"《瓬人》："瓬人为簋，实一觳，崇尺，厚半寸，唇寸，豆实三而成觳，崇尺。"意思是说，瓬人制作簋，容积为一觳，高一尺，壁的厚度为半寸，唇沿的厚度为一寸，豆$_2$的容积的三倍为一觳，高一尺。《说文解字·角部》："觳，盛觵卮也。"[①]

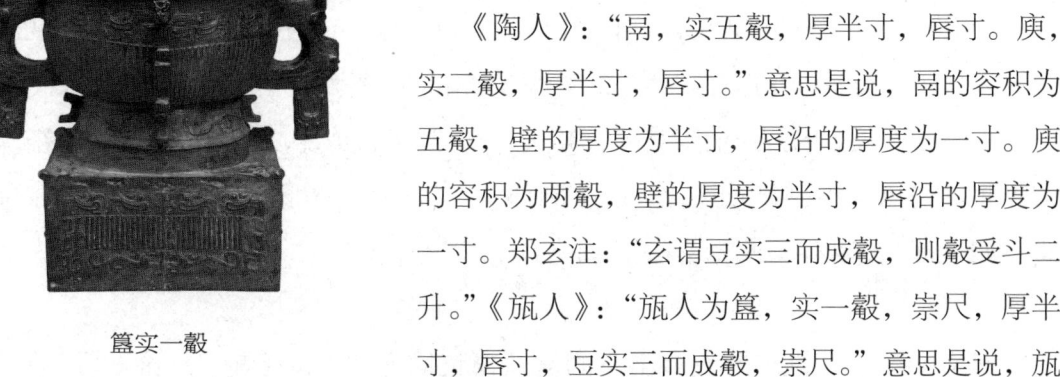

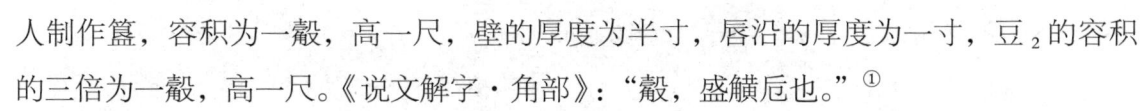

簋实一觳

洛阳大学文物馆藏战国晚期燕国王太后左私室鼎容积约 1860 毫升，铭文有"王太后……太子左枳室一言（觳）"字样。

洛阳大学文物馆藏战国晚期燕国王太后左私室鼎及其部分铭文

[①] "觵"的俗字作"觚"。

（五）鬴

鬴是相当于 6 斗 4 升即 12800 毫升左右的容积单位。① 或从金作"釜"，其大口者曰"鍑"。

《陶人》："陶人为甗，实二鬴。……盆，实二鬴。……甑，实二鬴。"意思是说，陶人制作甗，容积为二鬴。……盆的容积为二鬴。……甑的容积为二鬴。《栗氏》："量之以为鬴，深尺，内方尺而圜其外，其实一鬴。"意思是说，所铸造的量器为鬴，深一尺，里面可以容纳一立方尺，外缘呈圆形，其容积为一鬴。郑玄注："以其容为之名也。四升曰豆，四豆曰区，四区曰鬴。鬴，六斗四升也。"《说文解字·鬲部》："鬴，鍑属。"

河南新蔡葛陵平夜君成墓出土的受盐簿记简有"一臣（鬴），亓（其）鉒（重）一匀（钧）"之句，② 恰与《栗氏》互相印证。

朱德熙考证，《考工记》的鬴集鬴、豆、升三量于一器，上面是鬴，下面是豆，耳旁是升，与汉王莽新嘉量集五量于一器的体制相同。③ 可备一说。

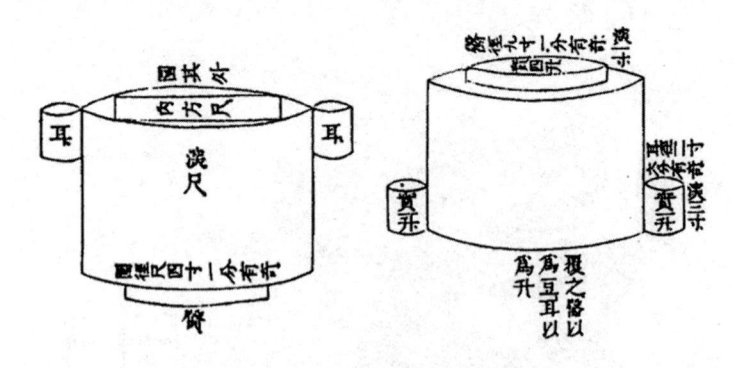

（清）戴震《考工记图》中的鬴图

---

① 闻人军考证《考工记》记载的鬴的容积为 1570.8 立方寸，详见《〈考工记〉齐尺考辨》，《考古》1983 年第 1 期。

② 河南省文物考古研究所：《新蔡葛陵楚墓》，大象出版社，2003，甲三：220+ 零：343。

③ 详见朱德熙：《洛阳金村出土方壶之校量》，《北京大学学报》（人文科学版）1956 年第 4 期。

吴承洛绘栗氏量[1]

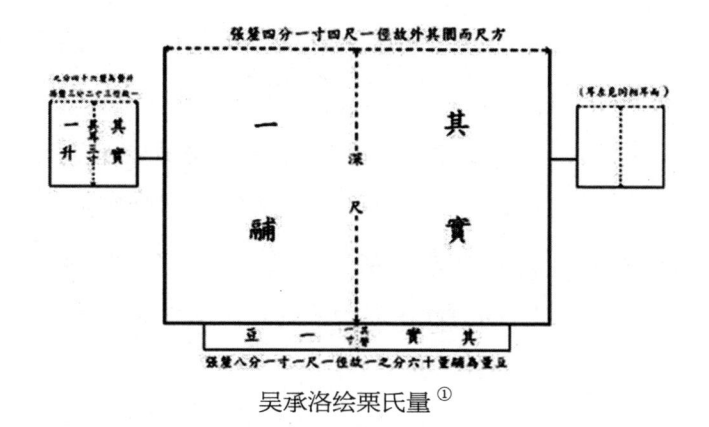

《考工记》所载鬴与区、豆、升之间的容积比例关系为：

$$鬴 = (区 \times 4) = 16 豆 = 64 升$$

★文献链接

齐旧四量，豆、区、釜、锺。四升为豆，各自其四，以登于釜。釜十则锺。——《左传·昭公三年》

子华使于齐，冉子为其母请粟。子曰："与之釜。"——《论语·雍也》

五、角度：倨句

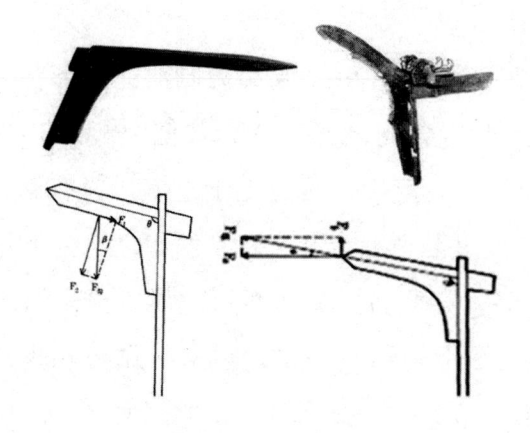

---

[1] 吴承洛：《中国度量衡史》，上海书店，1984，第129页。

《考工记》用"倨句"表示弯曲的角度，但具体角度存在一定的模糊性。

《冶氏》："是故倨句外博。"意思是说，因此，角度向外张开。《韗人》："为皋鼓，长寻有四尺，鼓四尺，倨句磬折。"意思是说，角度大于直角（90°）而小于平角（180°）。《磬氏》："磬氏为磬，倨句一矩有半。"意思是说，磬氏制作磬，磬的上体与下体之间的角度为一矩半（即135°）。《车人》："倨句磬折，谓之中地。"意思是说，（耒的尖端与直木的）角度大于直角（90°）而小于平角（180°），就适合翻垦各种土壤。

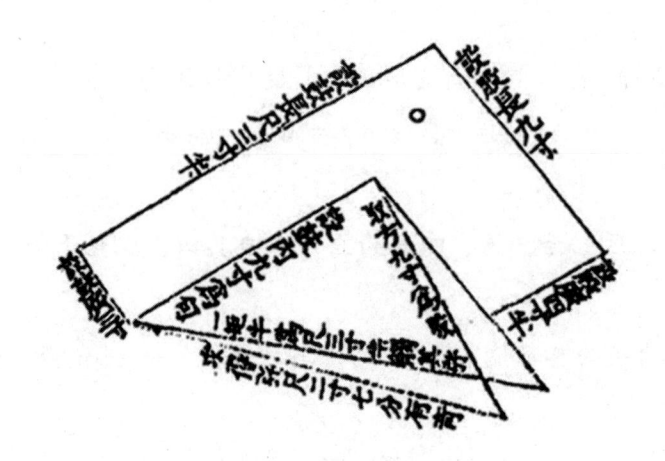

（清）戴震《考工记图》中的磬之倨句图

孙诒让《周礼正义》疏《冶氏》："此经说制器曲折形势，凡侈者曰倨，敛者曰句，合校其角度之锐钝，则曰倨句，《乐记》云'倨中矩，句中钩'是也。"又疏《车人》："夫自二度以至百七十九度中，凡百七十七度，皆有倨句之形，发敛之，成无数之倨句。……然则自二度以至百七十九度，其倨句之不合于此五名（即宣、欘、矩、柯、磬折——亚明案）者，亦必就此五者相近之度，揆量以名之，而不必以豪秒之差，议其不合也明矣。"又引程瑶田语："今以其可倨可句也，于是合'倨句'二字以名之，凡见无定形之角，则呼之为'倨句'，此《考工记》呼凡角为'倨句'之所昉也。"

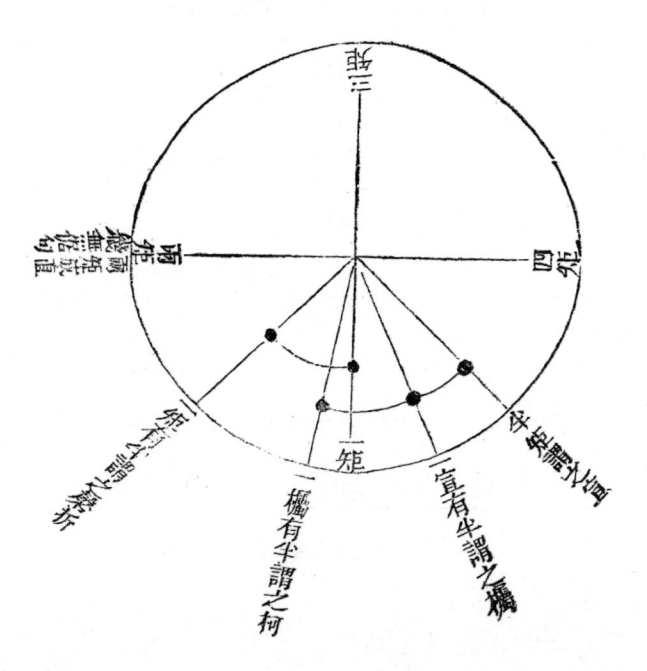

（清）程瑶田《答金辅之论车人倨句度法书》中的倨句图

《考工记》角度单位系统由下列角度单位构成：

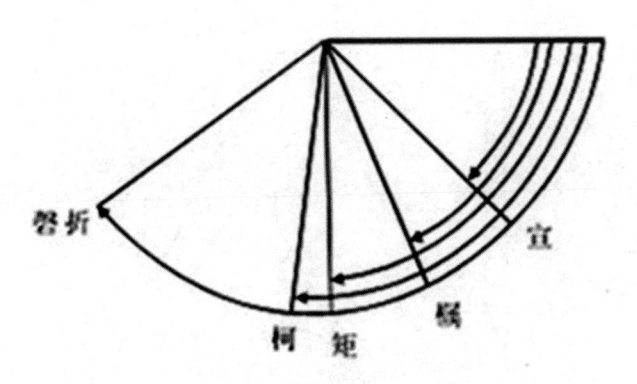

《考工记》角度单位示意图

《考工记》所载角度单位比例关系

单位	度数	训释
宣	45°	半矩
欘	67.5°	一宣有半
矩	90°	正方
柯	101.25°	一欘有半
磬折	90°—180°	中曲／一参正
		一矩有半
		一柯有半

（一）宣

宣是直角矩的一半，即四十五度（45°）。

《车人》："车人之事，半矩谓之宣。"程瑶田《磬折古义》："宣之言发也，当是起土勾锄之最勾者。"

浙江湖州昆山崧泽文化遗址 M37 出土的石犁的角度近于 45°。

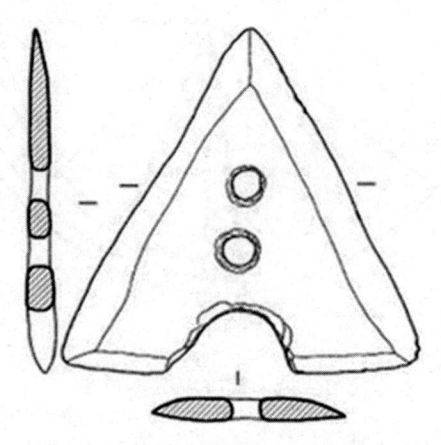

浙江湖州昆山崧泽文化遗址 M37 出土的石犁线图

陕西凤翔秦公 M1 出土的春秋时期三角形玉佩尖角的角度亦近于 45°。

陕西凤翔秦公 M1 出土的春秋时期三角形玉佩

（二）欘

欘是六十七度三十分（67°30′），宣与宣的一半角度之和。《车人》："一宣有半谓之欘。"程瑶田《宣欘柯磬折倨句度法述》："欘，句欘也。……盖锄属，其着柲也，句于矩，与'一宣有半'相应。"

（三）矩

矩是画直角（90°）的器具。

"矩"的金文字形如表所示：

字形	时期	器名	文献来源	编号
	西周早期	伯矩鬲		689
	西周早期	伯矩鼎		2170
	西周早期	伯矩簋	《殷周金文集成》	3532
	西周早期	伯矩卣		5228
	西周早期	伯矩尊		5846

由表可见，"矩"的金文字形象人手持工尺形，属于会意造字。《说文解字·工部》："矩，规巨也。从工，象手持之。"

《舆人》："方者中矩。"意思是说，方形构件合乎直角（90°）。《冶氏》："戟广寸有半寸，内三之，胡四之，援五之，倨句中矩。"意思是说，角度符合直角（90°）。《磬氏》："磬氏为磬，倨句一矩有半。"意思是说，磬氏制作磬，磬的上体与下体之间的角度为一矩半（即135°）。

浙江宁波象山姚家山遗址出土的
新石器时代良渚文化玉矩

陕西西安张家坡
西周时期墓地出土的玉器

山东嘉祥武梁祠汉画像石伏羲女娲共执矩尺图

湖北枣阳九连墩M1出土的战国时期木矩线图[1]

---

[1] 湖北省文物考古研究所等：《湖北枣阳九连墩M1发掘简报》，《江汉考古》2019年第3期。

★ 文献链接

梓匠轮舆能与人规矩，不能使人巧。——《孟子·尽心下》

设规矩，陈绳墨，便备用，君子不如工人。——《荀子·儒效》

曲袷如矩以应方。——《礼记·深衣》

（四）柯$_2$

柯$_2$是一百零一度十五分（101°15'），欘与欘的一半角度之和。《车人》："车人之事，半矩谓之宣，一宣有半谓之欘，一欘有半谓之柯，一柯有半谓之磬折。"程瑶田《宣欘柯磬折倨句度法述》："柯之言阿也，句不及矩之谓也。斧内以柲，其倨句之外博也应之，故谓之柯，而因以名其柲。"

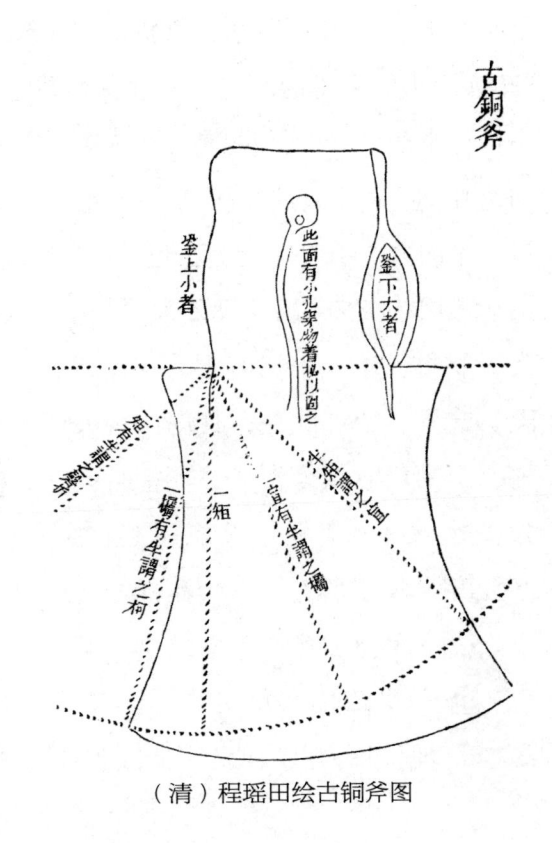

（清）程瑶田绘古铜斧图

江苏苏州澄湖古井出土的新石器时代晚期－良渚文化带柄石斧

（五）磬折

《考工记》所载"磬折"，"文凡四见，而度则有三"。① 一是《韗人》："为皋鼓，长寻有四尺，鼓四尺，倨句磬折。"二是《匠人》："凡行奠水，磬折以参（叁）伍。"三是《车人》："车人之事，半矩谓之宣，一宣有半谓之欘，一欘有半谓之柯，一柯有半谓之磬折。"四是《车人》："车人为耒……倨句磬折，谓之中地。"郑玄注《韗人》："磬折，中曲之，不参（叁）正也。"孙诒让《周礼正义》疏《韗人》："《车人》磬折，本为一柯有半，与《磬氏》文异。依郑此注，其倨虽视一柯有半尚赢十余度，然亦不害其同为磬折。《车人》倨句四形，只就奓侈弧度约略区别之，不必豪秒密合也。……而为《韗人》皋鼓之'倨句磬折'，则约百六十五度也。"又疏《车人》："磬折者，如磬之倨句也。但《磬氏》云'倨句一矩有半'。二者不同

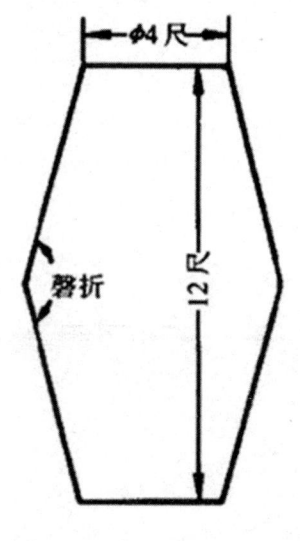

戴吾三绘皋鼓磬折示意图

---

① 清代孙诒让《周礼正义》语。依孙说，分别约一百三十五度、一百五十一度八分度之一、一百六十五度。

者，此经所说宣、欘、柯、磬折四倨句之形，各以益半递增成度，与《磬氏》'一矩有半'专明为磬之度异。然'一柯有半'之'磬折'，与'一矩有半'之'磬折'数异，而名不害其同也。……'一柯有半'之'磬折'，则百五十一度八分度之一也。……是故此职之'磬折'则百五十一度八分度之一，《磬氏》之'倨句'则百三十五度，二形差十六度八分度之一，而皆可以'磬折'名之。盖此经四者益半递增之度，本非求合于磬折，特以两度所差不多，遂叚'磬折'以为名。"

"磬折"的具体度数，钱宝琮谓135°上下，戴吾三谓"在135°左右的角度值都可看作磬折"，李日华则谓即夹角152.4°。兹按，《车人》"柯"为101.25°，"一柯有半"为101.25°加50.625°，得151.875°，然则《车人》"磬折"当为151.875°，即闻人军所计算的151°52′30″。[①]《匠人》所载"磬折"，是指引水渠在水平面上的曲折度。

（清）程瑶田绘《匠人》"行奠水"倨句图

[①] 笔者《〈周礼记〉度量衡比例关系考》(《古籍整理研究学刊》2010年第1期）述评："闻人军以'柯'为101.15°，基数有误，故其所定'磬折'度数亦误。"不确。闻人氏计算无误。谨此更正并致歉。

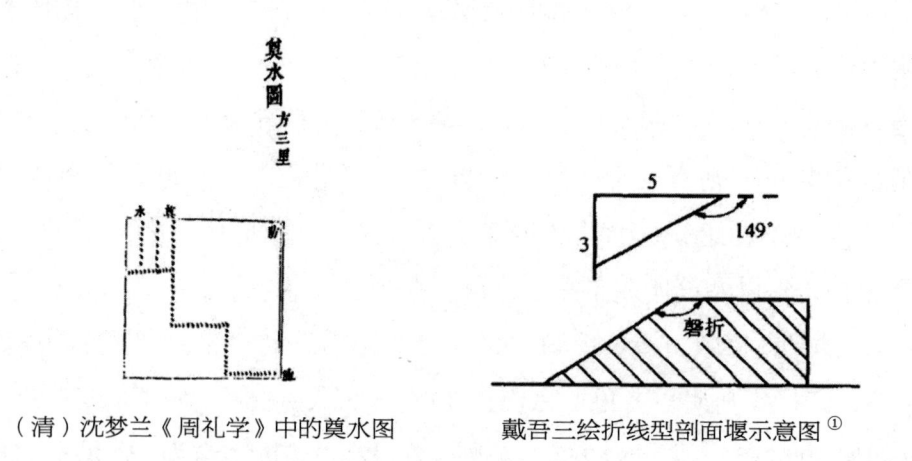

（清）沈梦兰《周礼学》中的奠水图　　　戴吾三绘折线型剖面堰示意图①

陕西长安张家坡西周井叔墓 M157 出土的石磬顶部呈 135° 钝角，上体呈近似直角的转折，下体呈圆弧形，连接两端的弦为中央略凹的直线。

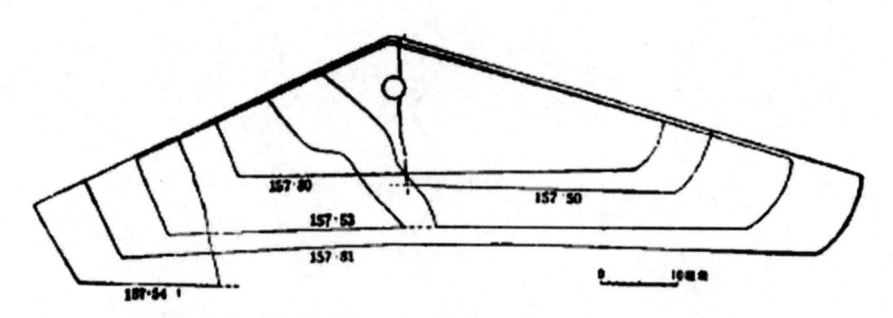

陕西长安张家坡西周井叔墓 M157 出土的石磬形制图②

河南淅川和尚岭春秋中期楚墓 M1 出土的九件残存石磬中，M1:18、M1:21、M1:25 的折角为 150°；M1:17 的折角为 151°；M1:20 的折角为 152°；M1:22 的折角为 154°；M1:19、M1:23 的折角为 155°；M1:24 折角已残。

---

① 戴吾三：《考工记"磬折"考辨》，《科学史通讯》（台北）1998 年第 7 期。
② 中国社会科学院考古研究所沣西发掘队：《长安张家坡西周井叔墓发掘简报》，《考古》1986 年第 1 期。

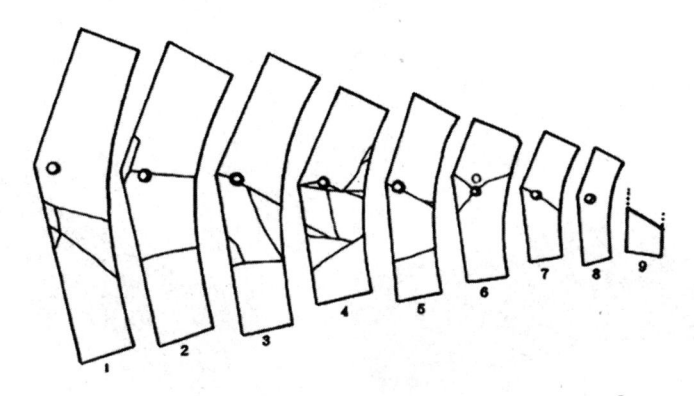

河南淅川和尚岭春秋中期楚墓 M1 出土的石磬线图[①]
（自左至右：M1:17，M1:21，M1:18，M1:25，M1:19，M1:20，M1:23，M1:22，M1:24）

M2 出土的 12 件残存石磬中，M2:54 的折角为 143°；M2:62 的折角为 145°；M2:55 的折角为 148°；M2:59、M2:60、M2:63、M2:64 的折角为 150°；M2:61 的折角为 151°；M2:65 的折角为 152°；M2:56、M2:57 的折角为 153°；M2:58 的折角为 160°。

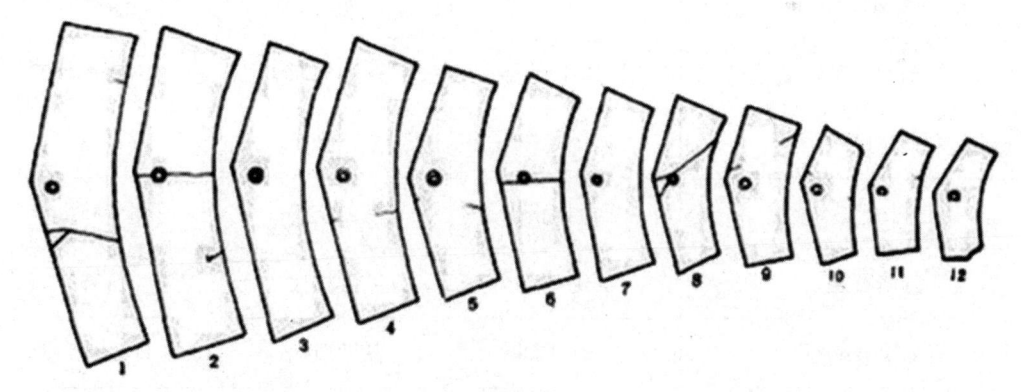

河南淅川和尚岭春秋中期楚墓 M2 出土的石磬线图[②]
（自左至右：M2:59，M2:58，M2:60，M2:64，M2:65，
M2:57，M2:61，M2:56，M2:63，M2:54，M2:55，M2:62）

---

①② 河南省文物研究所等：《淅川县和尚岭春秋楚墓的发掘》，《华夏考古》1992 年第 3 期。

河南南阳春秋晚期楚彭氏家族墓地 M1 出土的石磬呈曲尺形，鼓部窄而长，股部宽而短，鼓与股的下边为无分界的弧形连接。标本 M1:116-1 的折角为 150°，标本 M1:116-2 的折角为 125°。

河南南阳春秋晚期楚彭氏家族墓地 M1 出土的石磬
（自左至右：M1:116-1，M1:116-2）

西周至春秋时期磬的角度的形态如表所示：

磬名	时代	出土地点	倨句
井叔墓 M157 石磬	西周早期	陕西长安	135°
召陈乙区编磬	西周中晚期	陕西周原	135°—140°
上官村磬	西周晚期	陕西宝鸡	135°
上官村矢国墓磬	西周晚期	陕西宝鸡	135°
云塘石磬	西周晚期	陕西扶风	135°
秦公 1 号编磬	春秋中期	陕西凤翔	119°—135°
和尚岭楚墓 M1 编磬	春秋中期	河南淅川	150°—155°
和尚岭楚墓 M2 编磬	春秋中期	河南淅川	143°—160°
彭氏家族墓地 M1 石磬	春秋晚期	河南南阳	125°—150°

关增建认为,《考工记》中已经有了表示抽象的角的概念的专有名词,有了一些用作技术规范的特定角度。这些角度是通过对规或矩进行几何操作而得以实现的,是被构造出来的,传统所谓的倨句磬折矛盾是不存在的。①

综合《考工记》四例来看,则"磬折"泛指大于直角(90°)而小于平角(180°)的钝角。

汉画像石人物拜谒图

★ 文献链接

万乘之主,千乘之君,见夫子未尝不分庭伉礼,夫子犹有倨敖之容;今渔父杖挐逆立,而夫子曲要磬折,言拜而应,得无太甚乎?门人皆怪夫子矣,渔父何以得此乎?——《庄子·渔父》

立则磬折垂佩。——《礼记·曲礼下》

(六)规

---

① 关增建:《〈考工记〉角度概念刍议》,《自然辩证法通讯》2000年第2期。

规即圆规，画圆形的器具。

浙江嘉兴河浜遗址 M96 出土的松泽文化时期玉镯

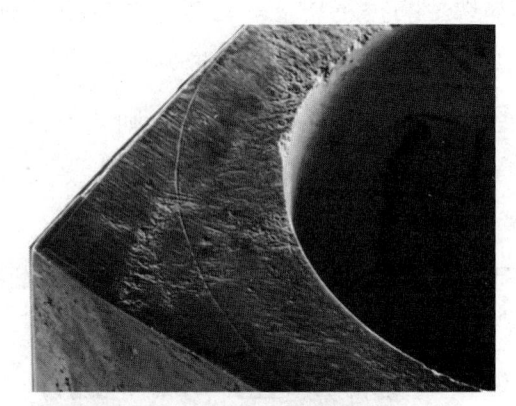

浙江杭州余杭瓶窑吴家埠遗址出土的良渚文化时期玉琮端面的内切圆与弧线

《舆人》："圜者中规。"意思是说，圆形构件合乎圆规。《说文解字·夫部》："规，规巨，有法度也。"

《筑氏》："筑氏为削，长尺博寸，合六而成规。"削的角度为：

$$360° ÷ 6 = 60°$$

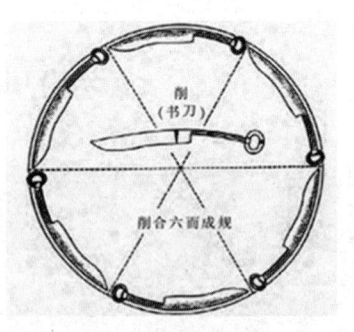

山东沂南北寨
汉画像石盘古女娲
执规、伏羲执矩图

削合六而成规示意图

《弓人》："为天子之弓，合九而成规。"[①] 天子之弓的角度为：

---

① 《周礼·夏官·司弓矢》有同样记载。

$$360° \div 9 = 40°$$

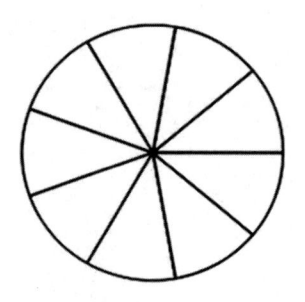

《弓人》:"为诸侯之弓,合七而成规。"诸侯之弓的角度为:

$$360° \div 7 \approx 51°$$

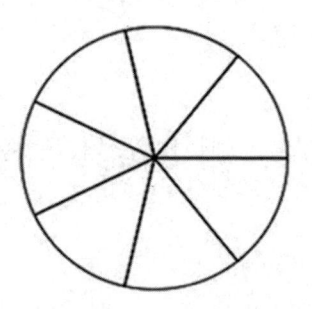

《弓人》:"大夫之弓,合五而成规。"大夫之弓的角度为:

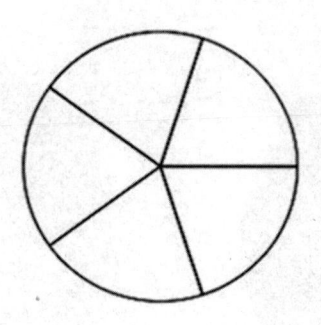

$$360° \div 5 = 72°$$

《弓人》:"士之弓,合三而成规。"士之弓的角度为:

$$360° \div 3 = 120°$$

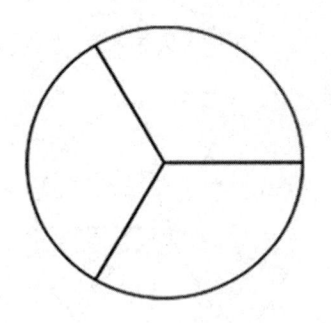

★ 文献链接

木直中绳，𫐓以为轮，其曲中规。——《荀子·劝学》

巧匠目意中绳，然必先以规矩为度。——《韩非子·有度》

袂圜以应规。——《礼记·深衣》

六、测重器具：权

权即秤砣，进而指计重量的标准。

《玉人》："驵琮五寸，宗后以为权。……驵琮七寸，鼻寸有半寸，天子以为权。"意思是说，驵琮长五寸，天子的正位配偶用来当作秤锤。……驵琮长七寸，系挂丝带的部位长一寸半，天子用来当作秤锤。

商代高柄陶权 　　　　　　　　周代帽形陶权

春秋时期覆盆形陶权　　　　　　战国时期空心陶权

战国时期司马成公青铜权

★文献链接

掌葛掌以时征絺綌之材于山农,凡葛征征草贡之材于泽农,以当邦赋之政令,以权度受之。——《周礼·地官·掌葛》

谨权量,审法度,修废官,四方之政行焉。——《论语·尧曰》

夫商君为孝公平权衡、正度量、调轻重,决裂阡陌,教民耕战,是以兵动而地广,兵休而国富。——《战国策·秦三》

七、测影器具

（一）槷

"槷"的本字是"臬"，甲骨文作 ![字], 本义为观测日影的表杆。《说文解字·木部》："臬，射準的也。从木，自声。"此箭靶义，殆由表杆引申而来。

《匠人》："匠人建国，……置槷①以县，视以景。"意思是说，匠人建造都城，树立表杆，结合线坠悬绳观测日影。迄今所见最早的青铜槷表实物，是湖北枣阳郭家庙西周晚期至春秋早期曾国墓地出土的祖槷（旧或以为器座）。

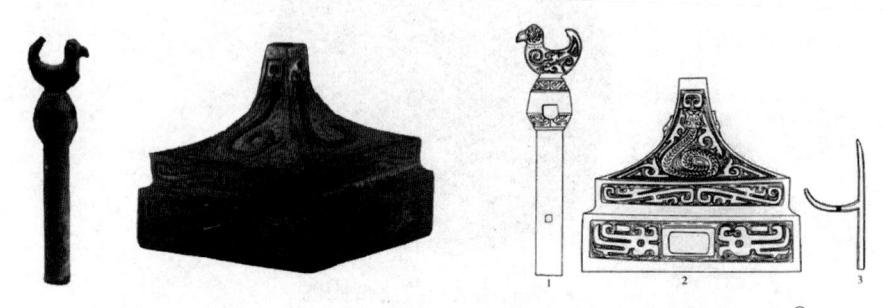

湖北枣阳郭家庙西周晚期至春秋早期曾国墓地出土的祖槷及其线图②
（1.槷柱首；2.槷座；3.弋橛）

该柱首所饰阳鸟的双目饰以日纹，周围有十二道旋转光芒，冯时认为这体现了槷柱的揆度日影的功能。③而迄今所见唯一完整的槷表，则是山东长清仙人台春秋中期邿国墓出土的青铜祖槷（旧或以为鸟饰支架）（参阅图版182）。该槷柱饰有两只呈90度

---

① 郑玄注："玄谓槷，古文'臬'假借字。于所平之地中央，树八尺之臬，以县正之，视之以其景，将以正四方也。"孙诒让《周礼正义》："臬即《大司徒》测景之表。"此谓贾公彦疏《周礼·地官·大司徒》"以土圭之法测土深，正日景，以求地中"一句："周公度日景之时，置五表。五表者，于颍川阳城置一表为中表，中表南千里又置一表，中表北千里又置一表，中表东千里又置一表，中表西千里又置一表。"
② 襄樊市考古队，湖北省文物考古研究所等：《枣阳郭家庙曾国墓地》，科学出版社，2005，第87页。
③ 详见冯时：《祖槷考》，《考古》2014年第8期。

角方向的鸟，柱顶鸟头朝东，柱中部鸟头朝西，冯时认为这具有以鸟象日且揆度日影而正定四方的象征意义。①

★ 文献链接

正朝夕，先树一表东方，操一表却去前表十步，以参望，日始出北廉，日直入。又树一表于东方，因西方之表以参望，日方入北廉，则定东方。两表之中，与西方之表，则东西之正也。——《淮南子·天文训》

（二）土圭

土圭长1尺5寸（相当于夏至日影的长度），标有刻度，平置于地，根据立杆之影测量日影和土地。

《玉人》："土圭尺有五寸，以致日，以土地。"意思是说，土圭长一尺五寸，用来测量太阳的影子和土地的面积。郑玄注《玉人》："土犹度也。建邦国以度其地，而制其域。"太炎先生谓："土孳乳为度，法制也。辨方正位，体国经野，皆自地形始，故土为法度，又为量度矣。"②

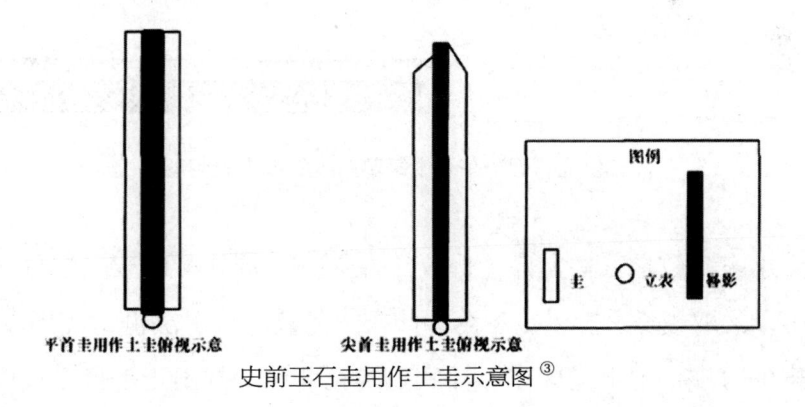

史前玉石圭用作土圭示意图③

---

① 详见山东大学历史文化学院考古与博物馆学系：《山东济南长清仙人台周代墓地M4发掘简报》，《文物》2019年第4期；冯时：《祖挚考》，《考古》2014年第8期。
② 章太炎：《文始》，《章太炎全集》，上海人民出版社，2014，第325页。
③ 何驽：《陶寺圭尺"中"与"中国"概念由来新探》，中国社会科学院考古研究所夏商周考古研究室：《三代考古（四）》，科学出版社，2011。

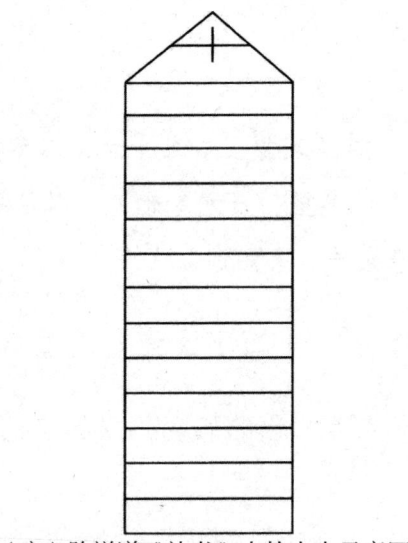

（宋）陈祥道《礼书》中的土圭示意图

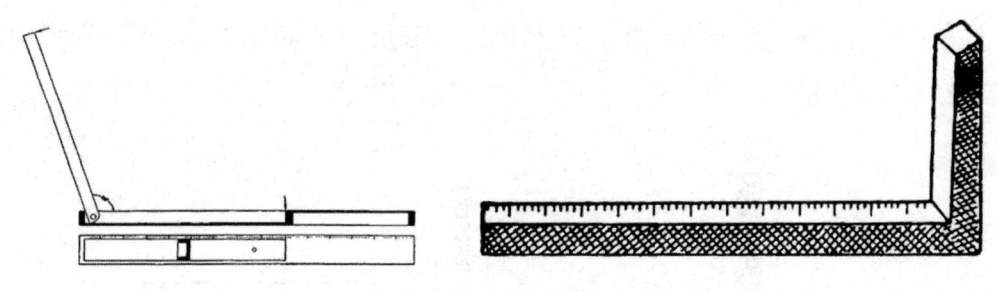

江苏仪征石碑村东汉木椁墓出土的铜圭表明器[1]

清初天文学家、数学家梅文鼎《仰仪铭注》："《周礼》以土圭致日，日至之影尺有五寸为土中，又取最长之影以定冬至．此古人冬夏致日之法也。"中国古人在夏至和冬至即将到来的时候，把土圭放在标杆底部的正北面，找出正午日影长度与其相合的日子，总结出了回归年的规律。

---

[1] 南京博物院：《江苏仪征石碑村汉代木椁墓》，《考古》1966年第1期。

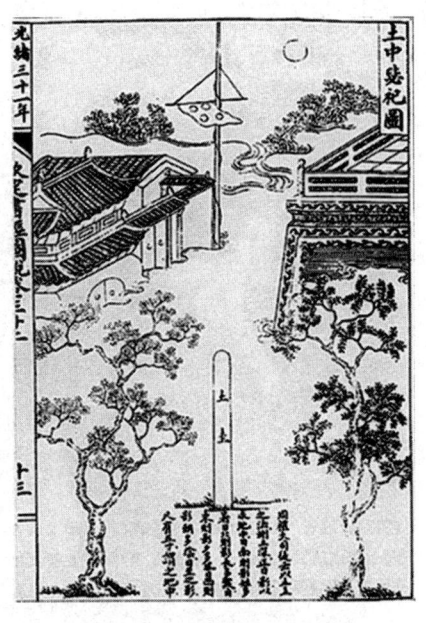

★ 文献链接

以土圭之法测土深，正日景，以求地中。日南则景短，多暑；日北则景长，多寒；日东则景夕，多风；日西则景朝，多阴。日至之景，尺有五寸，谓之地中，天地之所合也，四时之所交也，风雨之所会也，阴阳之所和也。然则百物阜安，乃建王国焉，制其畿方千里而封树之。凡建邦国，以土圭土其地而制其域。——《周礼·地官·大司徒》

土圭以致四时日月，封国则以土地。——《周礼·春官·典瑞》

（三）规₂

1987 年，安徽含山凌家滩新石器时代墓地出土一件长方形玉版（原称"玉片"），发掘简报描述："长方形玉片 1 件（M4:30）。牙黄色，两面精磨。平面为长方形，两短边略内弧。三边琢磨出凹边，边宽约 0.4 厘米，凹边约 0.2 厘米。两短边上各对钻五个圆孔，一长边对钻九个圆孔，另一长边在两端对钻四个圆孔。玉片中部偏右下琢一小圆圈，在小圆圈内琢方心八角星纹。小圆外琢磨大椭圆形圈。两圆圈间以直线平分八等份，每份琢磨圭形纹饰1个。在大椭圆形外沿圆边对着长方形玉片的四角各琢磨一圭形纹饰。长11、宽8.2、厚0.2—0.4厘米。"①

安徽含山凌家滩新石器时代墓地出土的长方形玉版（M4:30）

关于该玉版的用途和旨趣，众说纷纭。饶宗颐从玉版所见的"方位"与"数理关系"探讨玉版的宇宙论意义；②李学勤认为玉版反映了"天地之间，九州八极"的宇宙观；③陈久金等认为，玉版的八方图形与中心象征太阳的图形相配，符合中国古代的原始八卦理论，证实了5000年前就有河图、洛书这种历法存在，也反映了中国夏代或先夏的律历制度；④李斌分析，玉版的大圆与小圆之间呈辐射状的八个箭头和夹在其间的辐射状直线，把整个圆周分成16个区间，这恰好与中国古代把一昼夜分成16个时

---

① 安徽省文物考古研究所：《安徽含山凌家滩新石器时代墓地发掘简报》，《文物》1989年第4期。
② 饶宗颐：《未有文字以前表示"方位"与"数理关系"的玉版》，《文物研究》第6辑，黄山书社，1990。
③ 李学勤：《走出疑古时代》（修订本），辽宁大学出版社，1997。
④ 陈久金等：《含山出土玉片图形试考》，《文物》1989年第4期。

区的分段记时制度一致，因此，该玉版很可能是古代先民用以测日测星定时的原始日晷，反映了 5000 年前的观象测时方法和时间制度。[①]

亚明案，该玉版的八个箭头，分指东、西、南、北、东南、西南、西北、东北八个方向，二分其间刻度，成 16 时。这种与历算相配的 16 时记时制的名称，《淮南子·天文训》记载了 15 个；甘肃天水放马滩秦简《日书》的《生子》和《人月吉凶》两篇的记载为——平旦、〔晨〕、日出、夙食、日中、日西中、日西下、日未入、日入、昏、暮食、夜暮、夜未中、夜中、夜过中、鸡鸣。[②] 其中的"日出"与"日入"两个时辰，恰与《考工记·匠人》的记载相符："匠人建国……为规，识日出之景与日入之景。"郑玄注："自日出而画其景端，以至日入，既则为规册景两端之内规之规之交，乃审也。度两交之间，中屈之以指臬，则南北正。"孙诒让《周礼正义》引林乔荫语："此盖于土圭之外，别详测景之用。谓于地平上为圆规，而植槷其中，日出景在槷西，日入景在槷东，视景端与规齐之处识之，参以日中午正之景，则东西正。又中屈其规以指槷，而南北亦正。与土圭互相为用。"[③]《匠人》全句意谓，匠人建造都城，以表杆为圆心，在规仪上画出圆圈，标记日出与日落时分表杆与圆圈相交的影子。这里的"规"指先秦时期的时间和方位测量工具——规仪。安徽含山凌家滩新石器时代墓地出土的玉版，正是这种测量时间和方位的实物。至于玉版方中画圆、圆中含方的辩证关系，可以用段玉裁对《说文解字·夫部》"规，规巨，有法度也"[④] 的注语来解释："圜出于方，方出于矩。古规矩二字不分用。……非圜不必矩、方不必规也。"

戴震《考工记图》的"为规识景图"描绘了结合槷表和规仪来观测日影的方法。

[①] 李斌：《史前日晷初探——试释含山出土玉片图形的天文学意义》，《东南文化》1993 年第 1 期。
[②] 何双全：《天水放马滩秦简综述》，《文物》1989 年第 2 期。
[③] 孙诒让：《周礼正义》，汪少华点校，中华书局，2015，第 4129 页。
[④] 各本无"规巨"二字，兹从段玉裁注本补。

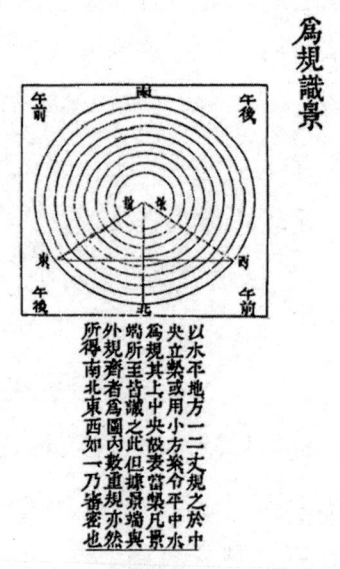

(清)戴震《考工记图》中的为规识景图

至于结合悬绳、槷表和规仪来观测日影的方法,冯时再现了其具体做法:"先用一根绳子悬挂一个重物作为准绳,同时把地面整理水平,并将表垂直地立于地面之上,然后以表为圆心画出一个圆圈,将日出与日落时表影与圆圈相交的两点记录下来,这样,连接两点的直线就是正东西的方向,而直线的中心与表的连线方向则是正南北的方向。"① 如图所示:

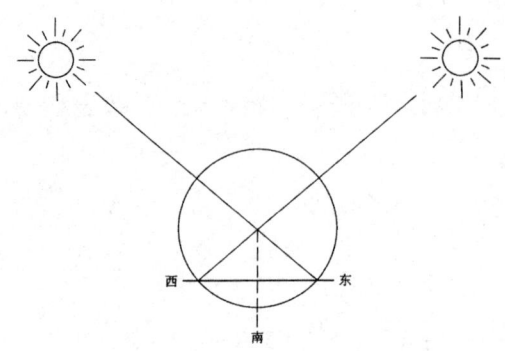

图 6 冯时绘表影定方向示意图

---

① 冯时:《中国天文考古学》,社会科学出版社,2001,第 204 页。

综上，结合槷表、土圭、规仪三种工具观测日影以确定方向和时令，如图所示：

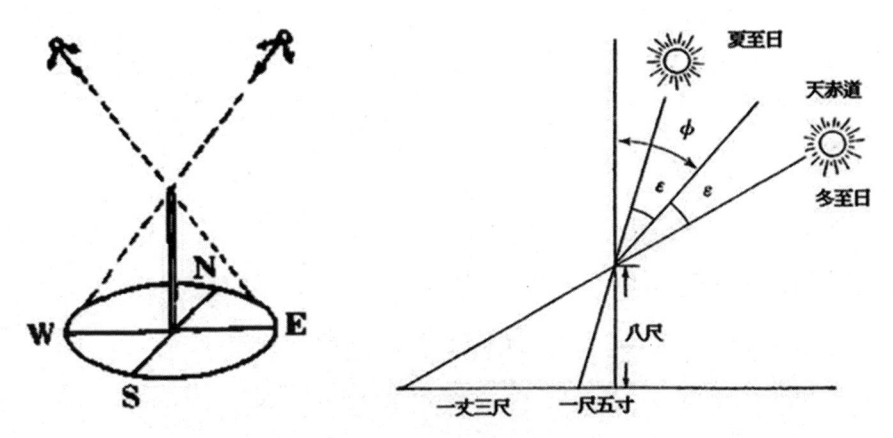

结合槷表、土圭、规仪三种工具测影确定方向和时令示意图

★视频链接

《探索·发现》之《含山古遗址考古发掘》：

考古界最大胆的猜想：它就是神话中的洛书

卷十四　六齐

美国人类学家路易斯·亨利·摩尔根认为："当野蛮人一步一步前进而发现了天然金属，并学会了将金属放在坩埚里熔化和放在模型里铸造的时候，当他们把天然铜和锡熔合而产生了青铜的时候，……他们争取文明的战斗便已十成赢得九成了。"[①]

恩格斯也认为，在人类史前的文明时代，"铜、锡以及二者的合金——青铜是顶顶重要的金属；青铜可以制造有用的工具和武器……"[②] 中国古人早在6000多年前，就已经掌握了青铜合金冶炼的技术。他们用高温把纯铜（Cu）和锡（Sn）熔合为具有新的物理和化学性能的锡青铜。

陆颖明（宗达）先生指出："'齐'即今药物之剂，谓所含的内容和数量，与《天官》'饮齐''酒齐''醯齐''酱齐'等的'齐'同义。"[③] "齐"通"剂"，指剂量，特指青铜合金的配制用量比例。"六齐"就是中国古人对锡青铜性能及合金成分、性能和用途之间关系的一种实践总结、理性认识和理想配制。

[①] 路易斯·亨利·摩尔根：《古代社会》，杨东莼等译，商务印书馆，1977，第39页。
[②] 恩格斯：《家庭、私有制和国家的起源》，《马克思恩格斯选集》第四卷，中央编译局编译，人民出版社，1972，第18—19页。
[③] 陆宗达：《说文解字通论》，中华书局，2015，第152页。

《考工记》所载六齐成分比例关系

六齐	剂名	配制用量比例			
^	^	甲说		乙说	
^	^	金	锡	金	锡
^	钟鼎之齐	5	1	6	1
^	斧斤之齐	4	1	5	1
^	戈戟之齐	3	1	4	1
^	大刃之齐	2	1	3	1
^	削杀矢之齐	5	2	7	2
^	鉴燧之齐	1	0.5	1	0.5

上表甲、乙两种说法中，我们倾向于乙说。

《考工记》"六齐"配料比及相应机械、物理性能关系表

《考工记·六齐》配料比			性　能			
《考工记·六齐》名称及内容	含铜量 Cu（%）	含锡量 Sn（%）	颜色	抗拉强度（Kg/mm^2）	硬度（HB）	延伸率（%）
钟鼎之齐：六分其金，而锡居一	85.71	14.29	橙黄	32—34	140—150	6—8
斧斤之齐：五分其金，而锡居一	83.33	16.67	浅黄	34—36	150—170	4—6
戈戟之齐：四分其金，而锡居一	80	20	黄白	30—32	190—210	1—3
大刃之齐：三分其金，而锡居一	75	25	灰白	27—28	290—310	＜1
削杀矢之齐：五分其金，而锡居二	71.43	28.57	银灰	25—27	＞300	＜0.5
鉴燧之齐：金、锡半	66.66	33.33	银白	23—25	＞300	—

★视频链接

《探索发现·蜀舟发现记（一）》：科学检测揭示青铜器金属配比秘密

一、上齐

　　"上齐"指钟鼎、斧斤、戈戟等青铜器的青铜合金中，锡成分相对比较少的配制用量比例。《攻金之工》："攻金之工，筑氏执下齐，冶氏执上齐。"意思是说，冶金的工官，筑氏掌管大刃、削、杀矢、鉴燧等青铜器的青铜合金中，锡成分相对比较多的配制用量比例；冶氏掌管钟鼎、斧斤、戈戟等青铜器的青铜合金中，锡成分相对比较少的配制用量比例。郑玄注："少锡为上齐，钟鼎、斧斤、戈戟也。"贾公彦疏："据下文六等言之，四分已上为上齐，三分已下为下齐。"

（一）钟鼎之齐

"钟鼎之齐"是铸造钟鼎的青铜合金中的铜锡配制用量比例。《攻金之工》:"金有六齐,六分其金而锡居一,谓之钟鼎之齐。"意思是说,铜合金有六种配制用量比例:铜锡配制用量比例为六比一的,叫作钟鼎之齐。

考虑到冶炼和铸造过程中锡的高损耗率,设"金$_2$"为青铜合金中的铜成分,则钟鼎之齐的铜锡比例为6:1,即铜质量分数为85.71%(七分之六),锡质量分数为14.29%(七分之一)。这是由于钟鼎不需要太高的硬度。

科技考古分析表明,曾侯乙墓出土的五件编钟的锡质量分数为12.49%—14.6%,平均质量分数为13.75%,与《考工记》的钟鼎之齐的铜锡比例十分接近。

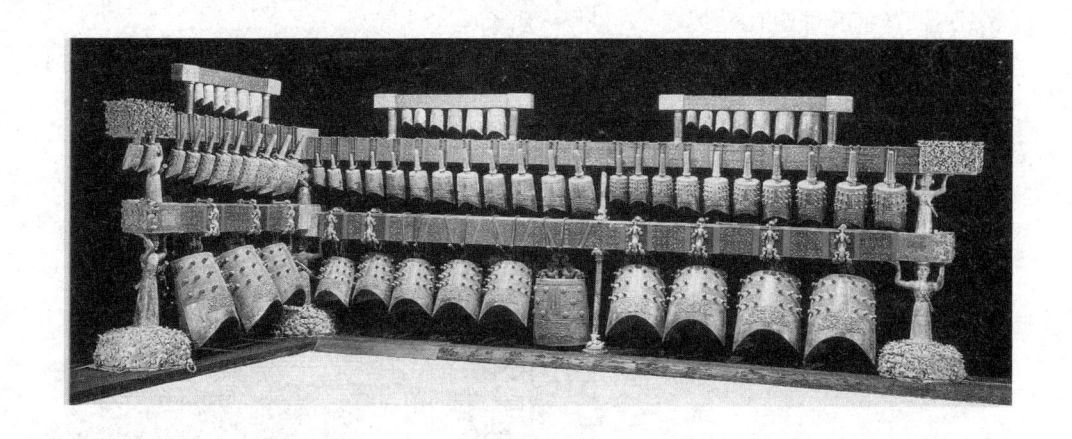

商代王室礼器铸造标准较高,合金成分相当稳定。中国国家博物馆藏商代后母戊方鼎的铜质量分数为84.77%,锡含质量分数11.64%,铅含质量分数2.79%,也接近于《考工记》钟鼎之齐的铜锡比例。

西周青铜礼器的合金成分,与商代晚期的比例相近。

中国国家博物馆藏商代后母戊方鼎

（二）斧斤之齐

"斧斤之齐"是铸造斧斤的青铜合金中的铜锡配制用量比例。

《攻金之工》："五分其金而锡居一，谓之斧斤之齐。"意思是说，铜锡配制用量比例为五比一的，叫作斧斤之齐。

考虑到冶炼和铸造过程中锡的高损耗率，设"金$_2$"为青铜合金中的铜成分，则斧斤之齐的铜锡比例为 5∶1，即铜质量分数为 83.33%（六分之五），锡质量分数为 16.67%（六分之一）。这是由于斧斤需要坚韧。

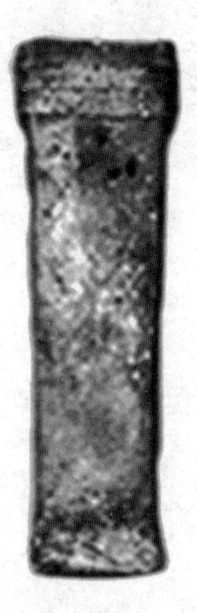

湖北省博物馆藏西周时期铜斧

陕西周原遗址贺家村西周车马器窖藏出土的铜斧

★ 文献链接

伐柯如何？匪斧不克。——《诗经·豳风·伐柯》

（三）戈戟之齐

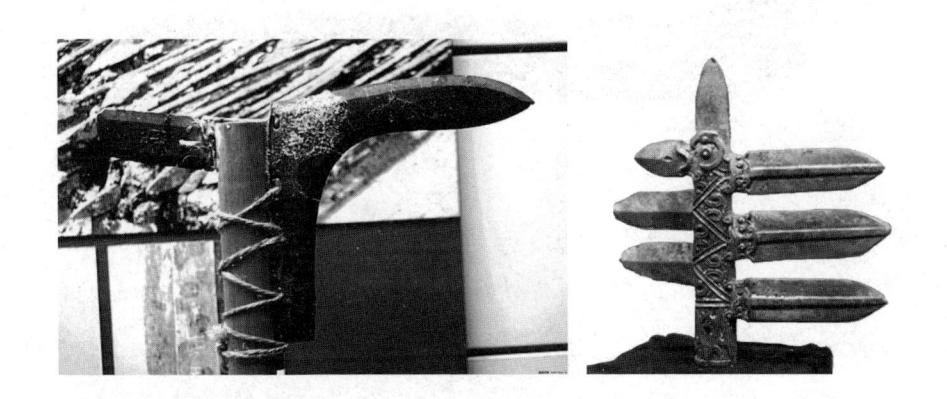

"戈戟之齐"是铸造戈戟的青铜合金中的铜锡配制用量比例。

《攻金之工》："四分其金而锡居一，谓之戈戟之齐。"意思是说，铜锡配制用量比例为四比一的，叫作戈戟之齐。

考虑到冶炼和铸造过程中锡的高损耗率，设"金$_2$"为青铜合金中的铜成分，则戈戟之齐的铜锡比例为 4∶1，即铜质量分数为 80%（五分之四），锡质量分数为 20%（五分之一）。这同样是由于戈戟需要坚韧。科技考古分析表明，东周时期，戈的铸造水平超过了商周时期。

二、下齐

"下齐"指大刃、削杀矢、鉴燧等青铜器的青铜合金中，锡成分相对比较多的配制用量比例。

《攻金之工》："攻金之工，筑氏执下齐，冶氏执上齐。"意思是说，冶金的工官，筑氏掌管大刃、削杀矢、鉴燧等青铜器的青铜合金中，锡成分相对比较多的配制用量比例；冶氏掌管钟鼎、斧斤、戈戟等青铜器的青铜合金中，锡成分相对比较少的配制用量比例。郑玄注："多锡为下齐，大刃、削杀矢、鉴燧也。"

（一）大刃之齐

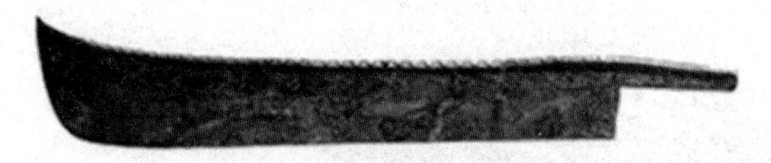

"大刃之齐"是铸造刀剑类兵器的青铜合金中的铜锡配制用量比例。

《攻金之工》："参（叁）分其金而锡居一，谓之大刃之齐。"意思是说，铜锡配制用量比例为三比一的，叫作大刃之齐。

考虑到冶炼和铸造过程中锡的高损耗率，设"金$_2$"为青铜合金中的铜成分，则刀剑之类大刃兵器之齐的铜锡比例为 3∶1，即铜质量分数为 75%（四分之三），锡质量分数为 25%（四分之一）。这是由于大刃兵器既需要坚韧，又需要锋利。掌握好铜锡比例，可以有效解决大刃兵器既要具备刚性又不至于脆裂的矛盾问题。

青铜复合剑化学成分和机械性能关系表

分析部位 analysed part		化学成分（%）constitution（wt）			机械性能 mechanical properties		
		Cu	Sn	Pb	抗拉强度（Kg/mm^2）tensile strength	布氏硬度（HB）Brinell-hardness	延伸率（%）specific elongation
剑刃 blade	1 2 3	80.33 79.13 78.48	17.73 19.35 19.88	0.25 0.19 0.25	31—32	180—200	2.5—3.5
剑脊 core	1 2 3	84.58 87.03 79.70	11.79 11.22 8.44	2.13 ＜ 0.1 10.15	33—35	110—130	15—25

科技考古分析表明，越王勾践剑的基体，铜质量分数为 77.62%，锡质量分数为

20.50%，铅质量分数为 0.25%。

越王勾践剑运用了金属表面合金化技术，采用了两次铸造的工艺，即先用低锡青铜铸造剑脊，再用高锡青铜铸造锋刃部分并包住剑脊，使剑刚柔相济，增强了剑的格斗功能。

湖北江陵望山出土的春秋晚期越王勾践剑

★ 视频链接

《探索·发现》之《衢州土墩墓瑰宝探奇》：考古人员检测青铜器的成分构成

（二）削杀矢之齐

削杀矢之齐是铸造削和杀矢的青铜合金中的铜锡配制用量比例。

《攻金之工》："五分其金而锡居二，谓之削杀矢之齐。"意思是说，铜锡配制用量比例为五比二的，叫作削杀矢之齐。

考虑到冶炼和铸造过程中锡的高损耗率，设"金$_2$"为青铜合金中的铜成分，则削杀矢之齐中，铜质量分数为 71.43%（七分之五），锡质量分数为 28.57%（七分之二）。这同样是由于削和杀矢既需要坚韧，又需要锋利。

1. 削

削是一种弓背凹刃小刀，由作为兵器的短刀演化而成。

《总叙》："郑之刀，宋之斤，鲁之削，吴粤之剑，迁乎其地，而弗能为良，地气然也。"《攻金之工》："五分其金而锡居二，谓之削杀矢之齐。"《筑氏》："筑氏为削，长尺博寸，合六而成规。"郑玄注："今之书刀。"贾公彦疏："汉时蔡伦造纸，蒙恬造笔，古者未有纸笔，则以削刻字。至汉虽有纸笔，仍有书刀，是古之遗法也。若然，则经削，反张为之，若弓之反张，以合九、合七、合五成规也。此书刀亦然。"孙诒让《周礼正义》："古作书，以削刻简札，故谓之书刀。"

河南安阳任家庄南地商代晚期铸铜遗址出土的铜削（M 168:2）呈扁平长条形，弯背凹刃；背呈弧状，削尖上翘；环首，中为椭圆形。

河南安阳任家庄南地商代晚期铸铜遗址出土的铜削（M 168:2）

西周中期以后，短刀不再是兵器，而成为手工业生产工具和生活用具，亦可作为刻简书写的书刀。

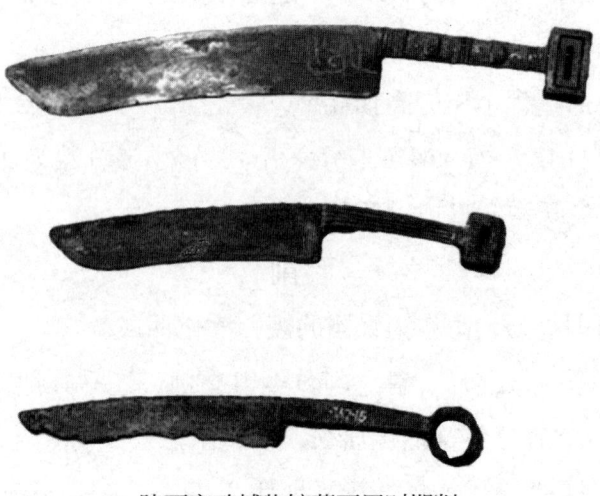

陕西宝鸡博物馆藏西周时期削

甘肃张家川马家塬战国墓地 M59 出土的铁削呈条形，环首柄，单侧刃，一侧附着木痕。

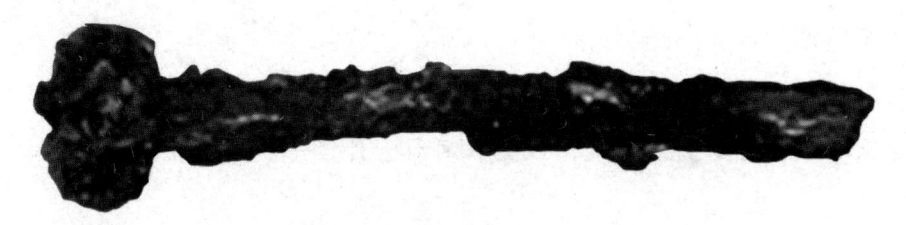

甘肃张家川马家塬战国墓地 M59 出土的铁削

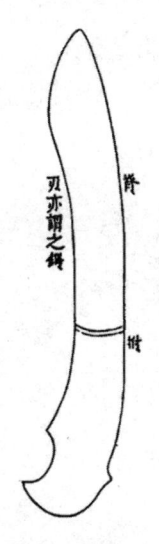

（清）戴震《考工记图》中的削图

《考工记》所载削的弧度为圆的六分之一，即 60°。

2. 杀矢

（详见卷四《兵器》）

（三）鉴燧之齐

鉴燧之齐是铸造鉴燧的青铜合金中的铜锡配制用量比例。

《攻金之工》："金锡半，谓之鉴燧之齐。"意思是说，锡的配制用量占铜的配置用量一半的，叫作鉴燧之齐。郑玄注："鉴燧，取水火于日月之器也。鉴亦镜也。"

考虑到冶炼和铸造过程中锡的高损耗率，设"金$_2$"为青铜合金中的铜成分，则鉴燧之齐中，铜质量分数为66.66%（三分之二），锡质量分数为33.33%（三分之一）。这是由于鉴燧需要光亮并防脆碎。

★文献链接

司烜氏掌以夫遂取明火于日，以鉴取明水于月。——《周礼·秋官·司烜氏》

1. 鉴

"鉴"（鉴、鑑）的本字是"监"，甲骨文作🩺，由🥣（皿）和👁（见）组成，表示以水为镜反观自己映象。鉴是盛装热水或冰块用以保温的容器，深腹，大口；兼可借助水的反射照形。《说文解字·金部》："鑑，大盆也。一曰监诸，可以取明水于月。"

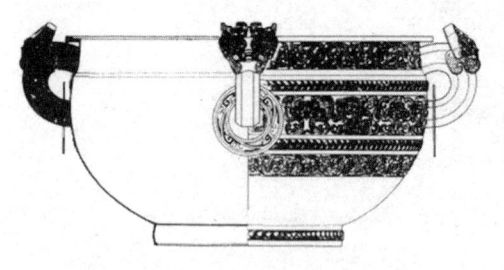

山西太原金胜村251号春秋大墓出土的 I 式鉴形制图

北京故宫博物院藏春秋晚期蟠虺纹鉴

湖北枣阳吴店九连墩2号墓出土的战国中晚期青铜方鉴、圆鉴

★文献链接

春始治鉴，凡外内饔之膳羞，鉴焉；凡酒浆之酒醴，亦如之。祭祀，共冰鉴。——《周礼·天官·凌人》

2. 燧

燧是古代照面的铜镜，可向日取火。

河南三门峡上岭村虢国墓地出土的春秋早期虎鸟纹阳燧线图

湖北江陵九店 15 号墓出土的战国时期铜镜
（自左至右：八叶四花四山纹镜，镂空凤纹铜镜）

河南信阳长台关战国晚期
2 号楚墓出土的漆绘铜镜

★ 文献链接

王求士于髡，譬若挹水于河，而取火于燧也。——《战国策·齐三》

参考文献
（含引用著述及图片出处）

一、图书

安徽省文物考古研究所，蚌埠市博物馆．钟离君柏墓［R］．北京：文物出版社，2013．

长江文明馆，湖北省博物馆，湖北省文物考古研究所等．穆穆曾侯：枣阳郭家庙曾国墓地）［R］．北京：文物出版社，2015．

陈大威．画说中国历代甲胄［M］．北京：化学工业出版社，2018．

陈绪波．仪礼宫室考［M］．上海：上海古籍出版社，2017．

程瑶田．考工创物小记［M］．皇清经解刻本．广州：学海堂，1825—1829（清道光五年至九年）．

程瑶田．沟洫疆理小记［M］．皇清经解刻本．广州：学海堂，1825—1829（清道光五年至九年）．

程瑶田．通艺录［M］．刻本．歙县：程氏，1803（清嘉庆八年）．

戴念祖．中国科学技术史·物理学卷［M］．北京：科学出版社，2001．

戴震．考工记图［M］．长沙：湖南科学技术出版社，2014．

董作宾．小屯·殷虚文字甲编［G］．台北：历史语言研究所，1983．

鄂尔多斯青铜器博物馆．马背上的青铜帝国［G］．北京：科学出版社，2021．

恩格斯．家庭、私有制和国家的起源［M］．马克思恩格斯选集：第4卷．中央编译局，编译．北京：人民出版社，1972．

冯时.中国天文考古学[M].北京：社会科学出版社，2001.

古方.中国出土玉器全集[G].北京：科学出版社，2005.

郭宝钧.殷周车器研究[M].北京：文物出版社，1998.

郭沫若.郭沫若文集[G].北京：人民出版社，1982.

郭沫若（主编），胡厚宣（总编辑），中国社会科学院历史研究所《甲骨文合集.编辑工作组（集体编辑）.甲骨文合集[G].北京：中华书局，1978-1982.

河南省文物考古研究所.新蔡葛陵楚墓[R].郑州：大象出版社，2003.

贺业钜.考工记营国制度研究[M].北京：中国建筑工业出版社，1985.

湖北省博物馆.湖北省博物馆[G].北京：文物出版社，1994.

胡玉缙.明堂考附射侯考[M].刻本.鄞县：张寿镛约园，1940.

黄侃.黄侃论学杂著[M].北京：中华书局，1964.

吉林大学古文字研究室.于省吾教授诞辰100周年纪念文集[G].长春：吉林大学出版社，1996.

江永.周礼疑义举要[M].上海：商务印书馆，1935.

蒋伯潜.十三经概论[M].上海：上海古籍出版社，1983.

李京华.冶金考古[M].北京：文物出版社，2007.

李学勤.东周与秦代文明[M].北京：文物出版社，1984.

李学勤.走出疑古时代：修订本[M].沈阳：辽宁大学出版社，1997.

李约瑟.中国科学技术史：第四卷.物理学及相关技术：第二分册.机械工程[M].北京：科学出版社，1999.

梁思永，高去寻.侯家庄：1217大墓[R].台北：历史语言研究所，1968.

林寿晋.先秦考古学[M].香港：香港中文大学出版社，1991.

刘师培.经学教科书[M].北京：中共中央党校出版社，1997.

刘熙.释名[M].北京：中华书局，2016.

刘永华.中国古代车舆马具[M].上海：上海辞书出版社，2002.

刘永华.中国古代军戎服饰：图文修订本[M].北京：清华大学出版社，2013.

路易斯·亨利·摩尔根.古代社会［M］.杨东莼,马雍,马巨,译.北京:商务印书馆,1977.

陆宗达.说文解字通论［M］.北京:中华书局,2015.

陆宗达,王宁.训诂方法论［M］.北京:中华书局,2018.

陆宗达,王宁,宋永培.训诂学的知识与应用［M］.北京:中华书局,2018.

吕友仁.周礼译注［M］.郑州:中州古籍出版社,2004.

马克思,恩格斯.马克思恩格斯选集［G］.中共中央马恩列斯著作编译局,编译.北京:人民出版社,1972.

阮元.揅经室集［M］.邓经元点校.北京:中华书局,1993.

阮元(校刻).十三经注疏［G］.北京:中华书局,1980.

山东省文物考古研究所,临沂市文化广电新闻出版局,沂水县文化广电新闻出版局.沂水纪王崮春秋墓出土文物集萃［G］.北京:文物出版社,2016.

深圳博物馆,宝鸡青铜器博物院,宝鸡市周原博物馆.周邦肇作:陕西宝鸡出土商周青铜器精华［G］.北京:文物出版社,2018.

沈融.中国古兵器集成［G］.上海:上海辞书出版社,2015.

石璋如,高去寻.侯家庄1004号大墓［R］.台北:历史语言研究所,1970.

宋际,宋庆长.阙里广志［M］.刻本.［出版地不详］［出版者不详］,1674(清康熙十三年).

孙家鼐,张百熙.钦定书经图说［M］.刻本.北京:京师大学堂编书局,1905(清光绪卅一年).

孙诒让.周礼正义［M］.北京:中华书局,2016.

太原市文物管理委员会.太原晋国赵卿墓［R］.北京:文物出版社,1996.

王国维.古史新证［M］.北京:清华大学出版社,1994.

王宁.训诂学原理:增补本［M］.北京:中华书局,2023.

王引之.经义述闻［M］.皇清经解刻本.广州:学海堂,1825—1829(清道光五年至九年).

王宗涑.考工记考辨[M].皇清经解续编刻本.江阴：南菁书院，1888（清光绪十四年）.

吴澄（考注），周梦旸（批点）.批点考工记[M].北京：中华书局，1991.

吴承洛.中国度量衡史[M].上海：上海书店，1984.

襄樊市考古队，湖北省文物考古研究所等.枣阳郭家庙曾国墓地[R].北京：科学出版社，2005.

许慎.说文解字[M].北京：中华书局，1963.

永瑢，纪昀.四库全书总目提要[G].北京：中华书局，1965.

俞樾.群经平议[M].北京：北京大学出版社，2023.

章太炎（讲授），朱希祖、钱玄同、周树人（记录），陆宗达、章念驰（顾问），王宁（主持整理）.章太炎说文解字授课笔记[M].北京：中华书局，2010.

章太炎.太炎文录初编：文录卷一[M].上海：上海人民出版社，2014.

中国科学院考古研究所.长沙发掘报告[R].北京：科学出版社，1957.

中国科学院图书馆.续修四库全书总目提要：经部[G].北京：中华书局，1993.

中国青铜器全集编辑委员会.中国青铜器全集[G].北京：文物出版社，1995.

中国社会科学院考古研究所.小屯南地甲骨[M].北京：中华书局，1980.

中国社会科学院考古研究所.安阳殷墟郭家庄商代墓葬[R].北京：中国大百科全书出版社，1998.

中国社会科学院考古研究所.偃师二里头[R].北京：中国大百科全书出版社，1999.

中国社会科学院考古研究所.殷周金文集成[G].北京：中华书局，2007.

中国社会科学院考古研究所.安阳殷墟花园庄东地商代墓葬[R].北京：科学出版社，2007.

中国社会科学院考古研究所.中国考古学：夏商卷[M].北京：中国社会科学出版社，2003.

中国社会科学院考古研究所.中国考古学：两周卷[M].北京：中国社会科学出

版社，2012.

《中华文明史．编纂工作委员会．中华文明史［M］．石家庄：河北教育出版社，1994.

周纬．中国兵器史稿［M］．天津：百花文艺出版社，2006.

周延良，翟双萍．《周礼》的自然生态观［M］．深圳：海天出版社，2015.

朱凤瀚．古代中国青铜器［M］．天津：南开大学出版社，1995.

章太炎．文始［A］．章太炎全集［C］．上海：上海人民出版社，2014.

Lothar von Falkenhausen, Suspended Music: *Chime Bells in the Culture of Bronze Age China* [M]. Berkeley, Los Angeles, Oxford: University of California Press, 1993.

Ralph Payne-Gallwey: The Book of the Crossbow: *With an Additional Section on Catapults and Other Siege Engines Dover Military History, Weapons, Armor*) [M]. London: Dover Publications, Reprint edition, 2009.

二、论文

安徽省文物考古研究所．安徽含山凌家滩新石器时代墓地发掘简报［R］．文物，1989（4）：1-9+30+97-98.

安徽省文物考古研究所，蚌埠市博物馆．春秋钟离君柏墓发掘报告［R］．考古学报，2013（2）：239-307.

安阳市文物考古研究所．河南安阳市任家庄南地商代晚期铸铜遗址2016—2017年发掘简报［R］．中原文物，2018（5）：9-26+108+129+2.

北京大学考古系等．河南驻马店市杨庄遗址发掘简报［R］．考古，1995（10）：873-882+961-962.

曹春萍."四阿重屋"探考［J］．华中建筑，1996（1）：50-55.

曹大志，陈筱．凤雏三号基址初步研究［J］．中国国家博物馆馆刊，2015（7）：

25-38.

曹慧奇.偃师商城道路及其附近围墙设施布局的探讨[J].华夏考古,2018(3):62-71+78.

曹慧奇.偃师商城宫城第三号宫殿的始建年代与相关问题[J].中原文物,2018(3):83-88.

曹慧奇,谷飞,陈国梁.对偃师商城遗址水利设施及城址布局的新认识[J].南方文物,2021(6):192-197.

陈光祖.商代锡料来源初探[J].考古,2012(6):54-68+114.

陈国梁.囷窌仓城:偃师商城第VIII号建筑基址群初探[J].中原文物,2020(6):45-54.

陈建立,张周瑜,种建荣等.西周时期周原地区的周原出土周原镀锡技术及文化意义[J].南方文物,2016(1):103-108+114.

陈久金,张敬国.含山出土玉片图形试考[J].文物,1989(4):14-17.

陈娟娟.两件有丝织品花纹印痕的商代文物[J].文物,1979(12):70-71.

陈梦家.高禖郊社祖庙通考[J].清华学报,1937(3):445-472.

陈筱,孙华,刘汝国.曲阜鲁国故城布局新探[J].文物,2020(5):48-58+96+1.

成都市文物考古研究所.成都金沙遗址Ⅰ区"梅苑"东北部地点发掘一期简报[R]//成都考古发现2002.北京:科学出版社,2003:96-171+443-448.

成都市文物考古研究所.成都金沙遗址Ⅰ区"梅苑"地点发掘一期简报[R].文物,2004(4):4-65+97-100+3.

崔春鹏,李延祥,陈建立等.安徽铜陵夏家墩遗址出土青铜青铜冶炼遗物科学研究[J].考古,2020(11):91-105+2.

戴家祥."社""杜""土"古本一字考[J]//上海博物馆.上海博物馆集刊.上海:上海古籍出版社,1986(3):7-9.

戴吾三.《考工记》"磬折"考辨[J].科学史通讯,1998(17):9-16.

邓淑苹.由"绝地天通"到"沟通天地"[J].故宫文物月刊,1988(67):13-31.

邓淑苹.流散欧美的良渚古玉[J].文物研究,2020(2):79-98.

杜白石,杨青,李正.秦陵铜车马的牵引性能分析[J].西北农业大学学报,1995(增):47-51.

杜金鹏.二里头遗址宫殿建筑基址初步研究[J]//中国社会科学院考古研究所.考古学集刊.科学出版社,2006(16):178-236.

杜金鹏.殷墟宫殿区乙二十组建筑基址研究[A]//中国社会科学院考古研究所夏商周考古研究室.三代考古[C].科学出版社,2009(3):214-235.

杜金鹏.夏商都邑水利文化遗产的考古发现及其价值[J].考古,2016(1):88-102+2.

杜金鹏.殷墟宫殿区玉石手工业遗存探讨[J].中原文物,2018(5):27-37.

方勤,胡刚.枣阳郭家庙曾国墓地曹门湾墓区考古主要收获[R].江汉考古,2015(3):3-11+2+129.

冯德君,赵泾峰,常君成.韩城梁带村芮国M28墓葬出土木材研究[J].西北林学院学报,2012,27(5):197-200.

冯好.关于商代车制的几个问题[J].考古与文物,2003(5):38-41.

冯时.祖槷考[J].考古,2014(8):81-96+2.

傅熹年.陕西岐山凤雏西周建筑遗址初探——周原西周建筑遗址研究之一[J].文物,1981(1):65-74.

傅熹年.陕西扶风召陈西周建筑遗址初探——周原西周建筑遗址研究之二[J].文物,1981(3):34-45.

甘肃省文物考古研究所、张家川回族自治县博物馆.2006年度甘肃张家川回族自治县马家塬战国墓地发掘简报[R].文物,2008(9):4-28+1.

甘肃省文物考古研究所等.甘肃庆阳南佐新石器时代遗址F2发掘简报[R].文物,2024(1):4-22+2+97+1.

干福熹.中国古代玉器和玉石科技考古研究的几点看法[J].文物保护与考古科学，2008，20（增刊）：17-26.

高去寻.小臣兹石簋的残片与铭文[J]//台北历史语言研究所.历史语言研究所集刊，1957，28（下）：593-610.

谷飞.偃师商城宫城第三号宫殿建筑基址的复原研究[J].中原文物，2018（3）：75-82.

关增建.《考工记》角度概念刍议[J].自然辩证法通讯，2000（2）：72-76+96.

郭德维.戈戟之再辨[J].考古，1984（12）：1108-1113.

郭明.简论夏商周时期大型院落式建筑对称布局的演变[J].考古，2015（3）：90-98.

国家文物局考古领队培训班.郑州西山仰韶时代城址的发掘[R].文物，1999（7）：4-15+97+1-2+1.

国庆华.公元前2000年圆形生土建筑类型和技术——内蒙古二道井子聚落遗址和跨高加索地区的亚尼克土丘（Yanik_Tepe）[J]//王贵祥.中国建筑史论汇刊.北京：中国建筑工业出版社，2017（15）：179-212.

何驽.陶寺圭尺"中"与"中国"概念由来新探[A]//中国社会科学院考古研究所夏商周考古研究室.三代考古[C].北京：科学出版社，2011（4）：85-119.

何双全.天水放马滩秦简综述[J].文物，1989（2）：23-31+102-103.

何天相.中国之古木（二）[J].考古学报，1951（5）：247-293.

何毓灵.试论安阳殷墟孝民屯遗址半地穴式建筑群的性质及相关问题[J].华夏考古，2009（2）：98-108+168.

河北省博物馆、河北省文管处台西发掘小组.河北藁城县台西村商代遗址1973年的重要发现[R].文物，1974（8）：42-49+95+97-98.

河北省文物管理处，邯郸市文物保管所.河北武安磁山遗址[R].考古学报，1981（3）：303-338+407-414.

河北省文物考古研究所，保定市文物管理处，易县文物保管所.河北易县北福地新石器时代遗址发掘简报[R].文物,2006(9):4-20+1.

河南省文物研究所,周口地区文化局文物科.河南淮阳马鞍冢楚墓发掘简报[R].文物,1984(10):1-17+97+99.

河南省文物研究所,南阳地区文物研究所,淅川县博物馆.淅川县和尚岭春秋楚墓的发掘[R].华夏考古,1992(3):114-130.

河南省文物考古研究所,郑州市文物考古研究所.郑州南顺城街青铜器窖藏坑发掘简报[R].华夏考古,1998(3):1-23.

河南省文物考古研究所新郑工作站,河南省文物考古研究所新郑工作站.郑韩故城发现战国时期大型制陶作坊遗址[R].中原文物,2003(1):4-8.

河南省文物考古研究所.郑州商城宫殿区商代板瓦发掘简报[R].华夏考古,2007(3):31-42+161-162.

河南省文物考古研究院,中国科学技术大学科技史与科技考古系,舞阳县博物馆.河南舞阳县贾湖遗址2013年发掘简报[R].考古,2017(12):3-20+125.

河南省文物考古研究院,新郑市旅游和文物局,城市考古与保护国家文物局重点科研基地等.河南新郑郑韩故城北城门遗址春秋战国时期遗存发掘简报[R].华夏考古,2019(1):3-12+113+2.

河南省文物考古研究院,南阳市文物考古研究所.河南南阳春秋楚彭氏家族墓地M1、M2及陪葬坑发掘简报[R].文物,2020(10):4-45+2+1.

河南省文物考古研究院,三门峡市文物考古研究所.河南三门峡甘棠学校春秋墓M568发掘简报[R].中国国家博物馆馆刊,2022(9):27-38.

河南信阳地区文管会,光山县文管会.春秋早期黄君孟夫妇墓发掘报告[R].考古,1984(4):302-332+348+385-390.

黑龙江省文物考古研究所,饶河县文物管理所.黑龙江饶河县小南山遗址2015年III区发掘简报[R].考古,2019(8):3-20+2.

侯介仁,杨青.秦陵铜车马的铸造技术研究[J].西北农业大学学报,1995(增):89-93.

侯卫东.试论商丘宋城春秋时期布局及其渊源［A］//中国社会科学院考古研究所夏商周考古研究室.三代考古［C］.北京：科学出版社，2015（6）：389-392.

后德俊.楚文物与《考工记》的对照研究［J］.中国科技史料，1996（1）：71-87.

湖北省博物馆，随州博物馆，中国社会科学院考古研究所.湖北随州擂鼓墩一号墓皮甲胄的清理和复原［J］.考古，1979（6）：542-553+583-588.

湖北省博物馆.1978年云梦秦汉墓发掘报告［R］.考古学报，1986（4）：479-525+535-546.

湖北省荆州地区博物馆.江陵天星观1号楚墓［R］.考古学报，1982（1）：71-116+143-162.

湖北省文物考古研究所，随州市博物馆.湖北随州叶家山西周墓地发掘简报［R］.文物，2011（11）：4-60+3.

湖北省文物考古研究所，随州市博物馆.随州文峰塔M1（曾侯舆墓）、M2发掘简报［R］.江汉考古，2014（4）：3-51+2.

湖北省文物考古研究所，随州市博物馆.湖北随州文峰塔墓地M4发掘简报［R］.江汉考古，2015（1）：3-15+2+129.

湖北省文物考古研究所，随州市博物馆，出土文献与中国古代文明研究协同创新中心.湖北随州叶家山M107发掘简报［R］.江汉考古，2016（3）：3-40+2+129.

湖北省文物考古研究所.湖北枣阳九连墩2号车马坑发掘简报［R］.江汉考古，2018（6）：56-75+129.

湖北省文物考古研究所，襄阳市文物考古研究所.湖北枣阳九连墩M2乐器清理简报.［R］.中原文物，2018（2）：17-29+76+2.

湖北省文物考古研究所，襄阳市文物考古研究所.湖北枣阳九连墩M1乐器清理简报［R］.中原文物，2019（2）：4-18+93+2+129.

湖北省文物考古研究所，襄阳市文物考古研究所，枣阳市文物考古队.湖北枣阳九连墩M1发掘简报［R］.江汉考古，2019（3）：20-70+145.

湖北省文物考古研究所，随州市博物馆.湖北随州叶家山M111发掘简报[R].江汉考古，2020（2）：3-86+2+137-140+129.

湖北省文物考古研究所，北京大学考古文博学院，随州市博物馆等.湖北随州市枣树林春秋曾国贵族墓地[R].考古，2020（7）：75-89.

湖北省文物考古研究所，北京大学考古文博学院，武汉市黄陂区文物管理所.武汉市黄陂区鲁台山郭元咀遗址商代遗存[R].考古，2021（7）：49-77+2.

湖南省博物馆.长沙浏城桥一号墓[R].考古学报，1972（2）：59-72+137-152.

湖南省文物考古研究所，湖南省澧县文物管理所.澧县城头山屈家岭文化城址调查与试掘[R].文物，1993（12）：19-30.

湖南省文物考古研究所.澧县城头山古城址1997~1998年度发掘简报[R].文物，1996（6）：4-17+1-2.

华觉明，贾云福.先秦编钟设计制作的探讨[J].自然科学史研究，1983（1）：72-82.

黄渭金.河姆渡遗址陶器容量的测量与研究[A].// 西安半坡博物馆，河姆渡遗址博物馆.史前研究（2009）[C].宁波：宁波出版社，2010：225-235.

吉林大学边疆考古研究中心，内蒙古自治区文物考古研究院，北京科技大学冶金与材料史研究所.内蒙古克什克腾旗哈巴其拉遗址发掘简报[R].江汉考古，2022（6）：13-25+2.

江西省文物考古研究所，靖安县博物馆.江西靖安李洲坳东周墓发掘简报[R].文物，2009（2）：4-17+1.

江西省文物考古研究院，北京师范大学.江西南昌西汉海昏侯刘贺墓出土漆木器[R].文物，2018（11）：27-56+1.

江西省文物考古研究院，中国社会科学院考古研究所国字山考古队，樟树市博物馆.江西樟树市国字山战国墓[R].考古学报，2022（7）：34-51+2.

蒋文孝，刘占成.秦俑坑新出土铜戈、戟研究[J].文物，2006（3）：66-71.

金家广.孟各庄新石器时代遗存的初探［J］.考古，1983（5）：446-451+419.

荆州博物馆.湖北荆州熊家冢墓地2006～2007年发掘简报［R］.文物，2009（4）：4-25+1.

荆州博物馆.湖北荆州熊家冢墓地2008年发掘简报［R］.文物，2011（2）：4-19+1.

荆州地区博物馆.江陵马砖一号墓出土的战国丝织品［R］.文物，1982（10）：9-11.

井中伟.夏商周时期戈戟之秘研究［J］.考古，2009（2）：55-69+109.

李斌.史前日晷初探——试释含山出土玉片图形的天文学意义［J］.东南文化，1993（1）：237-243.

李存信，齐瑞普，闫炜等.通过实验手段分析和复制遗物在文化遗产保护中的应用——以行唐故郡二号车马坑5号车辆实验室考古程序为例［J］.自然与文化遗产研究，2021（增）：50-62.

李建西.西周金文"白金"初探［J］.考古与文物，2010（4）：96-101.

李零.商周酒器的再认识——以觚、爵、觯为例［J］.中国国家博物馆馆刊，2023（7）：58-73+2.

李敏生，黄素英，李虎侯.陶寺遗址陶器和木器上彩绘颜料鉴定［R］.考古，1994（9）：849-857+824.

李清丽，常军，周旸.虢国墓地M2009出土麻织品上红色染料的鉴定［R］.文物保护与考古科学，2019（3）：122-126.

李水城.西北与中原早期冶铜业的区域特征及交互作用［J］.考古学报，2005（3）：239-275+278.

李文杰.古代制陶所用黏土及羼和料——兼及印纹硬陶与原始瓷原料的区别［J］.文物春秋，2021（1）：39-46.

李学勤.小盂鼎与西周制度［J］.历史研究，1987（5）：20-29.

李亚明.从《周礼·考工记》看《汉语大字典》和《汉语大词典》的释义［J］.

语言研究集刊，2007（4）：298-305+329.

李亚明.《周礼·考工记》营国词语关系［J］.殷都学刊，2007（3）：120-123.

李亚明.《周礼·考工记》车舆词语系统［J］.西华大学学报（哲学社会科学版），2007（4）：7-15，2007（5）：4-8.

李亚明.《周礼·考工记》性状词语系统［J］.中华人文社会学报，2007（7）：150-184.

李亚明.《周礼·考工记》沟洫词语关系［J］.农业工程学报，2007（9）：49-51.

李亚明.论《周礼·考工记》色彩词语系统［J］.通化师范学院学报，2007（9）：100-102.

李亚明.《周礼·考工记》名形动同词形的语义基础［J］.淡江中文学报，2007（16）：36-54.

李亚明.论《周礼·考工记》手工业职官系统的特征［J］.中国石油大学学报（社会科学版），2008（1）：62-66.

李亚明.《周礼·考工记》乐钟词语系统［J］.河南广播电视大学学报，2008（1）：48-50.

李亚明.从《周礼·考工记》沟洫关系看我国古代农田水利系统［J］.黄河水利职业技术学院学报，2008（2）：99-101.

李亚明.论《周礼·考工记》手工业原材料词语系统的特征［J］.汉学研究集刊，2008（6）：5-27.

李亚明.论《周礼·考工记》玉器词语系统的特征［J］.唐山学院学报，2008（5）：56-61.

李亚明.论《周礼·考工记》兵器词语系统的特征［J］.弘光人文社会学报，2008（9）：17-53.

李亚明.《周礼·考工记》"名－量"同词形的语义基础［J］.中国文化大学中文学报，2008（16）：57-67.

李亚明.《周礼·考工记》行为词语系统[J].励耘学刊,2009(1):27-57.

李亚明.《周礼·考工记》时空概念关系[J].鹅湖.2009,34(8):48-54.

李亚明.《周礼·考工记》度量衡比例关系考[J].古籍整理研究学刊,2010(1):76-89+65.

李亚明.从《考工记》再看《汉语大词典》[J].励耘学刊,2010(2):206-218.

李亚明,王鸿滨,颜阳天.《考工记》动词配价类型考察[J].辅仁中文学报,2020(50):1-46.

李亚明.书中有香,让我们一起品味《考工记名物图解》[J].国文天地,2020(10):127-131.

李亚明.《文始》"巴"组引《考工记》"搏埴"阐微[J].中国训诂学报,2022(6):46-55.

李亚明.《文始》六《侯东类·阳声东部乙》"工"组音义阐微[J].汉字汉语研究,2023(1):75-80+112+127-128.

李亚明.《文始》卷九《宵谈盇类·阴声宵部甲》"小"组音义阐微[J].中国文字,2023(9):41-58.

李亚明.名物训释的层次性指向和关联性指向——以《周礼正义》(冬官考工记)为例[J].中国训诂学报,2023(7):96-108.

李亚明.《周礼正义》(冬官考工记)名物训释的有序性指向[J].古文献研究,2023(10):101-121.

李亚明.《考工记》原材料理念和标准考察[J].新亚论丛,2023(24):137-158.

李亚明.从音义关系看《考工记·轮人》"眼"[J].汉字汉语研究,2024(2):16-30.

李亚明.《文始》涉《考工记》同源词系联考辨[J].汉语史与汉藏语研究,2024(15):185-214.

李亚明.《考工记·凫氏》乐钟部位关系考辨［A］//中华经典研究［C］.北京：商务印书馆，2024：（6）.

李洋，黎骐，童华.盘龙城杨家嘴遗址M26出土青铜斝足内壁白色物质的初步分析［J］.江汉考古，2016（2）：114-117.

李有成.定襄县中霍村东周墓发掘报告［R］.文物，1997（5）：4-17+100+1-2+1.

辽宁省文物考古研究所，朝阳市龙城区博物馆.辽宁朝阳市半拉山红山文化墓地［R］.考古，2017（7）：18-30+2.

刘道广."侯"形制考［J］.考古与文物，2009（3）：64-66+112.

刘继富，杨明星，苏越等.湖北随州曾侯乙墓出土玉器材质分析与产源初探［J］.光谱学与光谱分析，2022（1）：215-221.

刘建成，明伟庭，王运生等.三星堆遗址出土大玉料溯源研究［J］.四川文物，2021（6）：84-94.

刘艳菲，王青，路国权.山东邹城邾国故城遗址新出陶量与量制初论［J］.考古，2019（2）：89-104+2.

刘余力，蔡运章.王太后左私室鼎铭考略［J］.文物，2006（11）：63-67.

卢一，黄凤春.湖北随州叶家山西周墓地出土漆器整理与研究［J］.江汉考古，2024（1）：50-59.

陆宗达，王宁.谈段王之学的继承和发展［J］.语文学习，1983（12）：48-50.

路智勇，惠任，吕婉莹等.陕西神木石峁遗址出土纺织品观察与研究［J］.考古，2023（5）：106-120.

洛阳博物馆.洛阳中州路战国车马坑［R］.考古，1974（3）：171-178+209-211.

洛阳市文物工作队.河南洛阳市唐宫路战国车马坑［R］.考古，2007（12）：3-7+97+2.

洛阳市文物工作队.洛阳体育场路春秋车坑、马坑发掘简报［R］.文物，2011

（5）：12-24+47.

洛阳市文物工作队.洛阳北窑西周车马坑发掘简报［R］.文物，2011（8）：4-12+54.

马俊才.新郑郑韩故城出土春秋时期象牙车踵［R］.考古，2014（11）：81-83+90+2.

马永强.商周时期车子衡末饰研究［J］.考古，2010（12）：56-66.

民.动物胶之沿革及轶事［J］.化学世界，1947，2（10）：26+1.

南京博物院.江苏仪征石碑村汉代木椁墓［R］.考古，1966（1）：14-20+7.

南京博物院.江苏铜山丘湾古遗址的发掘［R］.考古，1973（2）：71-79+138-140.

南京博物院，连云港市文物管理委员会，连云港市博物馆.江苏连云港藤花落遗址考古发掘纪要［R］.东南文化，2001（1）：35-38.

南京博物院，张家港市文管办，张家港博物馆.江苏张家港市东山村遗址崧泽文化墓葬M90发掘简报［R］.考古，2015（3）：3-19+2.

内蒙古文物考古研究所，科尔沁博物馆，扎鲁特旗文物管理所.内蒙古扎鲁特旗南宝力皋吐新石器时代墓地［R］.考古，2008（7）：20-31+101-105.

内蒙古文物考古研究所，扎鲁特旗文物管理所.内蒙古扎鲁特旗南宝力皋吐遗址D地点发掘简报［R］.考古，2017（12）：21-38+2.

宁夏回族自治区文物考古研究所，彭阳县文物管理所.宁夏彭阳县姚河塬西周遗址［R］.考古，2021（8）：3-22+2.

宁夏回族自治区文物考古研究所，彭阳县文物管理所.宁夏彭阳姚河塬遗址Ⅰ象限北墓地M4西周组墓葬发掘报告（下）［R］.考古学报，2022（1）：43-74+151.

盘龙城遗址博物院，湖北省博物馆.武汉市盘龙城遗址杨家湾商代墓葬出土绿松石器［R］.江汉考古，2022（4）：9-15+70.

秦建明，杨政，赵荣.陕西泾阳县秦郑国渠首拦河坝工程遗址调查［R］.考古，2006（4）：12-21.

秦延景.怀中揽月：斯基泰复合弓（上）[J].轻兵器，2016（16）：44-46.

秦延景.怀中揽月：斯基泰复合弓（下）[J].轻兵器，2016（17）：49-53.

秦延景.中国竹木弓历代演进[J].轻兵器，2016（24）：24-29.

秦俑考古队.秦始皇陵二号铜车马清理简报[R].文物，1983（7）：1-16+97-101.

任式楠.中国史前整栋多间地面房屋建筑的发现及其意义[A]//中国社会科学院考古研究所.考古学集刊[C].北京：科学出版社，2010（2）：71-95.

三门峡市文物考古研究所.河南三门峡市后川战国车马坑发掘简报[R].华夏考古，2003（4）：3-9.

三门峡市文物考古研究所.三门峡市西苑小区战国车马坑的发掘[R].文物，2008（2）：30-35.

山东大学历史文化学院考古系，邹城市文物局.山东邹城市邾国故城遗址2015年发掘简报[R].考古，2018（3）：44-46+126+47-67+2.

山东大学历史文化学院考古与博物馆学系.山东济南长清仙人台周代墓地M4发掘简报[R].文物，2019（4）：4-27+98+1.

山东省博物馆，临沂地区文物组，莒南县文化馆.莒南大店春秋时期莒国殉人墓[R].考古学报，1978（3）：317-336+398-405.

山东省昌潍地区文物管理组.胶县西菴遗址调查试掘简报[R].文物，1977（4）：63-71+88.

山东省文物考古研究所.山东淄博市临淄区淄河店二号战国墓[R].考古，2000（10）：46-65+101-102.

山西省考古研究所侯马工作站.山西侯马上马墓地3号车马坑发掘简报[R].文物，1988（3）：35-49.

山西省考古研究所，太原市文物管理委员会.太原金胜村251号春秋大墓及车马坑发掘简报[R].文物，1989（9）：59-86+97-106.

山西省考古研究所，北京大学考古学系.天马－曲村遗址北赵晋侯墓地第四次发掘［R］.文物，1994（8）：4-21+1.

山西省考古研究所，北京大学考古文博学院.山西北赵晋侯墓地一号车马坑发掘简报［R］.文物，2010（2）：4-22+1.

山西省考古研究院运城市文物工作站绛县文物局联合考古队，山西大学北方考古研究中心.山西绛县横水西周墓地1011号墓发掘报告［R］.考古学报，2022（1）：75-80+180+81-148+153-172.

山西省考古研究院运城市文物工作站绛县文物局联合考古队，山西大学北方考古研究中心.山西绛县横水西周墓地2022号墓发掘报告［R］.考古学报，2022（4）：519-520+168-169+521-559+565-576.

山西省考古研究院，山西大学考古学院，兴县文化和旅游局.山西兴县碧村遗址小玉梁台地西北部发掘简报［R］.考古与文物，2022（2）：35-50.

山西省考古研究院，临汾市文化和旅游局，襄汾县文物局.山西襄汾陶寺北墓地春秋墓（M3011）发掘简报［R］.文物，2023（8）：4-50+2+97-98+1.

山西省考古研究院.山西芮城太安遗址发掘简报［R］//中国社会科学院考古研究所夏商周考古研究室.三代考古［C］.北京：科学出版社，2023（10）：23-56+470-475.

陕西周原考古队.扶风召陈西周建筑群基址发掘简报［R］.文物，1981（3）：10-22+97.

陕西省考古研究院，宝鸡市考古研究所，宝鸡市渭滨区博物馆.陕西宝鸡石鼓山商周墓地M4发掘简报［R］.文物，2016（1）：4-52+2+97+1.

陕西省考古研究院，榆林市文物考古勘探工作队，神木县石峁遗址管理处.陕西神木县石峁城址皇城台地点［R］.考古，2017（7）：46-56+2.

陕西省考古研究院，西北大学文化遗产学院，延安市文物研究所等.陕西延安市芦山峁新石器时代遗址［R］.考古，2019（7）：29-45+2.

陕西省考古研究院，北京大学考古文博学院.陕西岐山县孔头沟遗址西周墓葬M9的发掘［R］.考古，2022（4）：22-39+2.

陕西省考古研究院，榆林市文物考古勘探工作队，榆林市文物保护研究所等．陕西清涧寨沟遗址后刘家塔商代墓葬发掘简报［R］．考古与文物，2024（2）：44-69+2+153．

陕西省雍城考古队．陕西凤翔春秋秦国凌阴遗址发掘简报［R］．文物，1978（3）：43-47．

陕西省雍城考古队．凤翔马家庄一号建筑群遗址发掘简报［R］．文物，1985（2）：1-29+98．

沈融．商与西周青铜矛研究［J］．考古学报，1998（4）：447-464．

沈文倬．周代宫室考述［J］．浙江大学学报（人文社会科学版），2006（3）：37-44．

诗家，柯水．记江西近年发现的商周水井［J］．考古学报，1987（2）：226-229．

时西奇，井中伟．商周时期大型仓储建筑遗存刍议［J］．中国国家博物馆馆刊，2018（7）：6-16．

史晓雷．《考工记》中车制问题的两点商榷［J］．广西民族大学学报（自然科学版），2008（4）：17-21．

四川省博物馆，重庆市博物馆，涪陵县文化馆．四川涪陵地区小田溪战国土坑墓清理简报［R］．文物，1974（5）：61-80+95-96．

宋建忠，南普恒．西周倗国墓地出土纺织品的科学分析［R］．文物，2012（3）：79-86．

苏州博物馆．江苏苏州浒墅关真山大墓的发掘［R］．文物，1996（2）：4-21+97-98+1．

随州擂鼓墩一号墓考古发掘队．湖北随州曾侯乙墓发掘简报［R］．文物，1979（7）：1-24+98-105．

孙常叙．耒耜的起原和发展．东北师大学报（自然科学版），1956（2）：113-164．

孙机．中国古独辀马车的结构［J］．文物，1985（8）：25-40．

孙周勇.周原遗址先周果蔬储藏坑的发现及相关问题［J］.考古，2010（10）：69-75+109.

唐际根，岳洪彬，何毓灵等.洹北商城与殷墟的路网水网［J］.考古学报，2016（3）：319-324+37+325-332+46+333-350.

田亚岐.秦都雍城考古录［J］.大众考古，2015（4）：77-83.

汪少华.古车舆"輢""较"考［J］.华东师范大学学报（哲学社会科学版），2005（3）：51-55+61.

王建平，王力之.山西周家庄遗址出土龙山时期铜片的初步研究［J］.中国国家博物馆馆刊，2013（8）：145-154.

王建平，王志强，胥谞.关于中国早期冶铜术起源的探讨［J］.中原文化研究，2014（2）：41-49.

王传雷，曲赞，沈博等.盘龙城商代堤坝遗址的物探考古发现［R］//中国地球物理学会.第二届环境与工程地球物理国际会议论文集.武汉，2006：232-234.

王宁远，刘斌.杭州市良渚古城外围水利系统的考古调查［R］.考古，2015（1）：3-13+2.

王鹏辉.新疆史前考古所出角觿考［J］.文物，2013（1）：77-83+1.

王清雷，孙战伟，张玲玲等.陕西澄城刘家洼墓地音乐考古调查侧记［J］.人民音乐，2019（3）：61-65.

王仁湘.琮璧名实臆测［J］.文物，2006（8）：69-74.

王若愚.从台西村出土的商代织物和纺织工具谈当时的纺织［J］.文物，1979（6）：49-53.

王树芝，王增林，何驽等.陶寺遗址出土木炭研究［J］.考古，2011（3）：91-96+109.

王巍，赵辉."中华文明探源工程"及其主要收获［J］.中国史研究，2022（4）：5-32.

王先福.湖北枣阳九连墩一号墓皮甲的复原［J］.考古学报，2016（3）：417-

450.

王运辅.对青铜镞长铤的模拟实验研究［J］.文物，2007（11）：91-94+96.

闻广，荆志淳.沣西西周玉器地质考古学研究——中国古玉地质考古学研究之三［J］.考古学报，1993（2）：251-280+293-300.

闻人军.《考工记》齐尺考辨［J］.考古，1983（1）：61-65.

闻人军.《考工记·弓人》"往体"、"来体"句错简校读［J］.自然科学史研究，2020（1）：24-34.

闻人军.《考工记》"钟氏""凫氏"错简论考［A］//虞万里.经学文献研究集刊［C］.上海：上海书店出版社，2021（25）：30-40.

闻人军.周代射侯形制新考［J］.咸阳师范学院学报，2021，36（2）：72-77.

吴瑞，邓泽群，张志刚等.江西万年仙人洞遗址出土陶片的科学技术研究［J］.考古，2005（7）：62-69.

吴县文物管理委员会.江苏吴县春秋吴国玉器窖藏［R］.文物，1988（11）：1-13+97-99.

吴晓筠.商至春秋时期中原地区青铜车马器形式研究［A］//北京大学中国考古学研究中心，北京大学震旦古代文明研究中心.古代文明［C］.北京：文物出版社，2002（1）：180-277.

武汉大学历史学院，盘龙城遗址博物院.武汉市盘龙城遗址杨家湾商代墓葬发掘简报［R］.考古，2017（3）：15-25+2.

武廷海.画圆以正方——中国古代都邑规画图式与规画术研究［J］.城市规划，2021（1）：80-93.

西安半坡博物馆，临潼县文化馆，姜寨遗址发掘队.陕西临潼姜寨遗址第二、三次发掘的主要收获［R］.考古，1975（5）：280-284+263+321-322.

西北大学历史系考古专业.西安老牛坡商代墓地的发掘［R］.文物，1988（6）：1-22.

西北大学文化遗产学院，北京科技大学科技史与文化遗产研究院，新疆文物考古研究所等.新疆哈密天湖东绿松石采矿遗址调查简报［R］//文化遗产研究与保护技术教育部重点实验室，西北大学丝绸之路文化遗产保护与考古学研究中心，边疆考古与中国文化认同协同创新中心等.西部考古［C］.北京：科学出版社，2022（23）：45-55.

项春松，李义.宁城小黑石沟石椁墓调查清理报告［R］.文物，1995（5）：4-22+97-98+1-2.

徐琳.故宫博物院藏商代玉器概述［J］//中国社会科学院考古研究所夏商周考古研究室.三代考古.北京：科学出版社，2007（7）：429-441+639-642.

徐团辉.曲阜鲁国故城布局形态研究——兼论《考工记·匠人营国》的内容来源［J］.东南文化，2022（5）：102-110.

许道胜.楚系殳（祋）研究［J］.中原文物，2005（3）：68-72.

烟台市文物管理委员会.山东蓬莱县柳格庄墓群发掘简报［R］.考古，1990（9）：803-810+865-867.

杨博，申红宝.北京琉璃河遗址西周墓（ⅠM2）出土铜器［R］.文物，2023（11）：52-65+1.

杨鸿勋.仰韶文化居住建筑发展问题的探讨［J］.考古学报，1975（1）：39-72+182-183.

杨鸿勋.西周岐邑建筑遗址初步考察［J］.文物，1981（3）：23-33.

杨鸿勋.明堂泛论——明堂的考古学研究［A］//中国建筑学会建筑史学分会.营造（第一届中国建筑史学国际研讨会论文选辑）［C］.北京：文津出版社，2001（1）：39-132.

杨鸿勋.古蜀大社（明堂·昆仑）考——金沙郊祀遗址的九柱遗迹复原研究［J］.文物，2010（12）：80-87+98.

杨林，闾国年，毕硕本等.基于GIS数据库的田野考古地层剖面空间数据挖掘——以陕西临潼姜寨遗址为例［J］.地理与地理信息科学，2005（2）：28-31.

杨璐，王丽琴，黄建华等.文物胶料鱼鳔胶的红外光谱、拉曼光谱及氨基酸分析

[J].西北大学学报（自然科学版），2011，41（1）：63-66.

杨青，吴京祥，程学华等.秦陵一号铜车立伞结构的分析研究[J].西北农业大学学报.1995（增）：52-58.

杨向奎.周礼在齐论——读惠士奇《礼说》[J].管子学刊，1988（3）：3-9.

姚政权，吴妍，王昌燧等.山西襄汾陶寺遗址的植硅石分析[J].农业考古，2006（4）：19-26.

仪德刚、张柏春.北京"聚元号"弓箭制作方法的调查[J].中国科技史料，2003（4）：332-350.

俞伟超.铜山丘湾商代社祀遗迹的推定[J].考古，1973（5）：296-298+295.

早期秦文化联合考古队，张家川回族自治县博物馆.张家川马家塬战国墓地2007~2008年发掘简报[R].文物，2009（10）：25-51+1.

早期秦文化联合考古队，张家川回族自治县博物馆.张家川马家塬战国墓地2008~2009年发掘简报[R].文物，2010（10）：4-26+1.

早期秦文化联合考古队，张家川回族自治县博物馆.张家川马家塬战国墓地2010~2011年发掘简报[R].文物，2012（8）：4-26+1.

早期秦文化联合考古队.甘肃甘谷毛家坪春秋秦墓（M2059）及车马坑（K201）发掘简报[R].文物，2022（3）：4-40+2+1+98.

张长寿，张孝光.说伏兔与画[J].考古，1980（4）：361-364.

张长寿，张孝光.井叔墓地所见西周轮舆[J].考古学报，1994（2）：155-172.

张飞龙.良渚文化的髹漆工艺[J].江汉考古，2014（1）：42-50.

张依欣，董少春，王晓琪等.基于多源遥感影像的考古遗址识别与分析——以良渚古城为例[J].南京大学学报（自然科学版），2018（4）：680-695.

张玉石.中国古代版筑技术研究[J].中原文物，2004（2）：59-70.

赵海涛.二里头都邑布局和手工业考古的新收获[J].华夏考古，2022（6）：62-67.

赵泾峰，冯德君，吕智荣.韩城梁带村芮国M502墓葬出土木材研究[J].西北林学院学报，2012（1）：238-240+259.

赵吴成.甘肃马家塬战国墓马车的复原——兼谈族属问题［J］.文物，2010（6）：75-83.

赵吴成.甘肃马家塬战国墓马车的复原（续一）［J］.文物，2010（11）：84-96.

赵吴成.甘肃马家塬战国墓马车的复原（续二）［J］.文物，2018（6）：44-57.

浙江省文物考古研究所.良渚古城城址区及外围水利系统［J］.自然与文化遗产研究，2020（3）：108.

浙江省文物考古研究所，杭州市良渚遗址管理区管理委员会.杭州市余杭区良渚古城姜家山墓地发掘简报［R］.考古，2021（6）：35-55+2.

浙江省文物考古研究所.杭州市余杭区良渚古城钟家港中段发掘简报［R］.考古，2021（6）：15-16+126+17-34+2.

浙江省文物考古研究所，宁波市文化遗产管理研究院，余姚市河姆渡遗址博物馆.浙江余姚市施岙遗址古稻田遗存发掘简报［R］.考古，2023（5）：3-21+2.

郑思虞.《毛诗》车乘考［J］.西南师范学院学报，1983（2）：95-103.

中国国家博物馆考古院，山西省考古研究院，运城市文物保护研究所.山西绛县西吴壁遗址2018~2019年发掘简报［R］.考古，2020（7）：47-74.

中国人民大学历史学院，山西省考古研究院，山西大学考古文博学院等.山西浮山南霍墓地东周铜器墓发掘简报［R］.文物，2023（10）：25-80+2.

中国社会科学院考古研究所河南安阳工作队.殷墟西区发现一座车马坑［R］.考古，1984（6）：505-509+579.

中国社会科学院考古研究所安阳工作队.1979年安阳后冈遗址发掘报告［R］.考古学报，1985（1）：33-88+134-145.

中国社会科学院考古研究所安阳工作队.安阳大司空村东南的一座殷墓［R］.考古，1988（10）：865-874+961-962.

中国社会科学院考古研究所安阳工作队.安阳郭家庄西南的殷代车马坑［R］.考古，1988（10）：882-893+963-964.

中国社会科学院考古研究所安阳工作队.1986—1987年安阳花园庄南地发掘报告[R].考古学报,1992(1):97-128+143-148.

中国社会科学院考古研究所安阳工作队.河南安阳市殷墟刘家庄北地2008年发掘简报[R].考古,2009(7):24-38+2+105-107.

中国社会科学院考古研究所安阳工作队.河南安阳市殷墟小屯西地商代大墓发掘简报[R].考古,2009(9):54-69+106-108+111.

中国社会科学院考古研究所安阳工作队.安阳殷墟刘家庄北1046号墓[R]//刘庆柱.考古学集刊.第15集[C],北京:文物出版社,2010(15):359-390+402+424-432.

中国社会科学院考古研究所安阳工作队.河南安阳市殷墟王裕口村南地2009年发掘简报[R].考古,2012(12):3-25+1+97-105.

中国社会科学院考古研究所安阳工作队.河南安阳市大司空村东地商代遗存2012~2015年的发掘[R].考古,2015(12):52-63.

中国社会科学院考古研究所安阳工作队.安阳殷墟大司空村东南地2015-2016年发掘报告[R].考古学报,2019(4):503-584+436-438.

中国社会科学院考古研究所安阳工作队.2017年河南安阳市殷墟郭家庄东墓葬发掘简报[R]//中国社会科学院考古研究所夏商周考古研究室.北京:三代考古[C].科学出版社,2021(9):55-79+773-775.

中国社会科学院考古研究所安阳工作队.河南安阳市殷墟刘家庄北地M1095发掘简报[R]//朱岩石.考古学集刊[C].北京:社会科学文献出版社,2023(28):46-57+239-240.

中国社会科学院考古研究所,北京市文物工作队琉璃河考古队.1981—1983年琉璃河西周燕国墓地发掘简报[R].考古,1984(5):405-416+481-484+404.

中国社会科学院考古研究所二里头工作队.河南偃师二里头二号宫殿遗址[R].考古,1983(3):206-216+289-291.

中国社会科学院考古研究所二里头工作队.河南偃师二里头遗址4号夯土基址发掘简报[R].考古,2004(11):14-22.

中国社会科学院考古研究所二里头工作队.河南偃师市二里头遗址墙垣和道路2012—2013年发掘简报[R].考古,2015(1):40-57+2.

中国社会科学院考古研究所二里头工作队.河南偃师市二里头遗址官殿区1号巨型坑的勘探与发掘[R].考古,2015(12):18-37.

中国社会科学院考古研究所沣西发掘队.1967年长安张家坡西周墓葬的发掘[R].考古学报,1980(4):457-502+535-546.

中国社会科学院考古研究所沣西发掘队.陕西长安沣西客省庄西周夯土基址发掘报告[R].考古,1987(8):692-700+773-774.

中国社会科学院考古研究所沣西发掘队.陕西长安张家坡 M170号井叔墓发掘简报[R].考古,1990(6):504-510+577-579.

中国社会科学院考古研究所河南二队.河南临汝煤山遗址发掘报告[R].考古学报,1982(4):427-476+525-534.

中国社会科学院考古研究所河南第二工作队.1983年秋季河南偃师商城发掘简报[R].考古,1984(10):872-879+961-963.

中国社会科学院考古研究所河南第二工作队.河南偃师商城西城墙2007与2008年勘探发掘报告[R].考古学报,2011(3):385-410+449-452.

中国社会科学院考古研究所河南第二工作队.河南偃师商城官城第三号官殿建筑基址发掘简报[R].考古,2015(12):38-51.

中国社会科学院考古研究所河南第二工作队.河南偃师商城官城第五号官殿建筑基址[R].考古,2017(10):23-31+2.

中国社会科学院考古研究所河南第二工作队.河南洛阳市偃师商城遗址"一"字形水道与新西门发掘简报[R].考古,2023(12):18-40+2.

中国社会科学院考古研究所河南第二工作队.河南洛阳市偃师商城遗址第XIII号建筑基址群发掘简报[R].考古,2023(12):3-17+2.

中国社会科学院考古研究所,湖北省文物考古研究所,荆门市博物馆等.湖北沙洋县城河新石器时代城址发掘简报[R].考古,2018(9):25-51+2.

中国社会科学院考古研究所洛阳唐城队.洛阳老城发现四座西周车马坑［R］.考古，1988（1）：15-23+98-99.

中国社会科学院考古研究所山东工作队.山东临朐朱封龙山文化墓葬［R］.考古，1990（7）：587-594+674-675.

中国社会科学院考古研究所山西队，山西省考古研究所，临汾市文物局.山西襄汾县陶寺城址发现陶寺文化中期大型夯土建筑基址［R］.考古，2008（3）：3-6.

中国社会科学院考古研究所山西队，山西省考古研究所.山西襄汾县陶寺遗址Ⅲ区大型夯土基址发掘简报［R］.考古，2015（1）：30-39+2.

中国社会科学院考古研究所实验室.放射性碳素测定年代报告（一一）.（标本ZK-1032）［R］.考古，1984（7）：649-653.

周原考古队.陕西扶风县云塘、齐镇西周建筑基址1999～2000年度发掘简报［R］.考古，2002（9）：3-26+97+100-101+2.

周原考古队.周原庄李西周铸铜遗址2003与2004年春季发掘报告［R］.考古学报，2011（2）：245-316.

周原考古队.周原遗址凤雏三号基址2014年发掘简报［R］.中国国家博物馆馆刊，2015（7）：6-24.

周原考古队，陕西省考古研究院，北京大学考古文博学院.陕西宝鸡市周原遗址凤雏六号至十号基址发掘简报［R］.考古，2020（8）：3-18+2.

周原考古队.2020—2021年周原遗址西周城址考古简报［R］.中国国家博物馆馆刊，2023（7）：6-30.

朱德熙.洛阳金村出土方壶之校量［J］.北京大学学报（人文科学版），1956（4）：135-138.

朱勤文，鲍怡，陈春等.湖北省博物馆藏出土战国玉（石）器材质研究［J］.江汉考古，2016（5）：108-114.

朱思红，宋远茹.伏兔、当兔与古代车的减震［J］.秦陵秦俑研究动态，2003（2）：85-88.

索 引

B

白	399
柏车	90
版	533
被	211
比	268
柲	207
璧	427
璧琮	439
兵车	79
兵矢	255
襮	136
部₁	95
部₂	102

C

仓	491
常	596
朝	453
成	605
城	493
城隅	532
乘车	85
尺	589
赤	396
穿	293
窗	523
唇	305
刺	219
从	229
琮	437
寸	588

D

达常	101
大车	88
大琮	440

大防	564
大圭	423
大刃之齐	650
大璋	431
大钟	330
当兔	139
邸（柢）	126
铤	263
斗	614
豆$_2$	612
窦	566
度	584

E

阿	499

F

軓$_1$	123
軓$_2$	132
防	559
鼖鼓	369
夫	602
伏兔	138
茀矢	253

辐	168
黻	412
斧斤之齐	648
黼	618
黼	411

G

盖	93
筍	264
干$_1$	41
斡（幹）	352
纲	278
皋鼓	370
戈	194
戈戟之齐	649
鬲$_1$	143
鬲$_2$	296
个（舌）	276
绠	179
弓$_1$	96
宫	455
宫隅	531
躬圭	423
沟	556
钩	142

谷圭	423	环涂	548
股₃	362	桓圭	422
鹄	276	黄	406
榖	155	浍	558
鼓₁	335		
鼓₂	363	**J**	
鼓₃	365		
祼圭	424	戟	196
圭	419	鉴	654
圭璧	429	鉴燧之齐	653
规₁	631	櫃	40
规₂	639	胶	61
轨	598	角	53
		窖	485
H		较	111
		阶	525
合甲	285	金₁	2
黑	403	金₂	3
衡₁	147	筋	58
衡₂	349	晋	213
衡任	150	经	546
侯弓	239	经涂	543
鍭矢	252	茎	231
胡	202	荆	49
觳	617	井	603
画缋	409	颈	131

索 引 685

景 ·················· 357
橘 ·················· 47
矩 ·················· 623
句庛 ················ 580
句弓 ················ 239
倨句 ················ 619
虡 ·················· 377
崚 ·················· 243

K

柯₁ ················· 593
柯₂ ················· 625

L

腊 ·················· 228
耒 ·················· 577
量 ·················· 585
埒 ·················· 30
庐 ·················· 210
栾 ·················· 333
轮 ·················· 152

M

龙 ·················· 29
枚₁ ················· 355
枚₂ ················· 587
门 ·················· 511
门堂 ················ 470
命圭 ················ 421
木 ·················· 15
木瓜 ················ 48

N

内（枘）············ 200
逆墙 ················ 511
埶 ·················· 636

P

皮 ·················· 18
皮侯 ················ 272

Q

漆 ·················· 67

葺屋………………………	475
墙……………………………	504
青……………………………	394
磬……………………………	359
磬虡…………………………	379
磬折…………………………	626
酋矛…………………………	222
渠……………………………	177
全……………………………	28
权……………………………	634
畎……………………………	554
囷……………………………	481

R

染色…………………………	414
刃……………………………	258
仞……………………………	594
任正…………………………	125
輮……………………………	178

S

杀矢…………………………	256
杀矢…………………………	653
上旅…………………………	287

上齐…………………………	646
梢沟…………………………	575
社……………………………	448
身$_1$…………………………	228
身$_2$…………………………	275
深弓…………………………	241
升……………………………	609
市……………………………	454
式……………………………	107
饰车…………………………	86
室……………………………	469
首$_1$…………………………	215
首$_2$…………………………	233
兽侯…………………………	273
丝……………………………	65
兕甲…………………………	283
耜……………………………	581
遂……………………………	555
隧（遂）……………………	357
燧……………………………	655
筍……………………………	374
筍虡…………………………	371

T

檀……………………………	38

堂	458	铣	334
堂涂	550	下旅	288
体	244	下齐	649
田车	83	弦	250
田矢	255	小钟	331
桯	102	信圭	422
同	606	绣	413
涂	540	洫	557
土	31	宣	622
土圭	637	玄	405
兔	137	旋	351
		削	651
		削杀矢之齐	651
		纁	415
		寻	595

W

瓦屋	478
琬圭	425
纬	547
文	409
五采之侯	272
五色	389
舞	344

Y

牙	174
牙璋	432
琰圭	425
檿桑	45
羊车	91
野	539
野涂	549
夷矛	222

X

犀甲	283
锡	11

檍	43		钲	342
甬	348		正	107
于	334		直庀	579
榆	36		埴	34
舆	104		轵₁	113
羽	267		雉	597
玉	20		中璋	435
援	203		钟	327
辕	140		钟鼎之齐	646
緷	278		钟虡	378
			踵	133
			辀	127
Z			轴	181
			竹	50
瓉	29		欘	623
驵琮	441		琢琮	441
甀	292		琢圭	426
栈车	86		琢璋	436
章	410		篆₂	353
璋	430		斲	117
柘	42		缁	417
轸₁	119		緅	416
轸₂	122		祖	447
镇圭	421			

第一版后记

《周礼·考工记》（以下简称《考工记》）是块难啃的硬骨头，"守章句之徒不知引伸，胶执旧闻。"[1]"儒者结发从事，今或皓首未之闻。"[2] 许多读者认识原典文本的字形，也知道读音，却不知道意思，如堕云雾，不知所云。

太炎先生将"审名实"列为"治经"的第一条原则；[3] 王宁先生也认为："解读名物词是'小学'通经史的一个真功夫。"[4] 确实，人们刚开始读《考工记》的时候，所见所闻，无非是整体原典的文本，难免望而生畏；读的遍数多了，就会发现这块硬骨头的肯綮，在于书里一串串的名物。

陆颖明（宗达）先生和王宁先生总结，段玉裁、王念孙的文字训诂学给我们留下宝贵的财富，其中最可贵的一点就是"他们在前人著作的基础上，潜心钻研理论，探索新的方法"[5]。乾嘉学派训诂的重要方法是形音义"三者互相求"，结合古今历时状态，则可"六者互相求"。[6] 鉴于名物的具象性特征，名物训诂就不能仅仅局限在语言要素之内，而必须把视线拓展到所指的实物。这样，就自然带出了图解的方法。

戴震在《考工记图》序跋里，阐述了图解方法在古籍整理中的作用及其与随文释义的训诂之间的关系："立度辨方之文，图与传注相表里者也。""执吾图以考之群经暨古人遗

---

[1] 纪昀：《考工记图》序，《戴氏遗书》，清乾隆四十二年至四十四年微波榭丛书本。
[2] 戴震：《考工记图》自跋，《戴氏遗书》，清乾隆四十二年至四十四年微波榭丛书本。
[3] 详见章太炎：《说林下》，《太炎文录初编·文录卷一》，上海人民出版社，2014，第118页。
[4] 王宁：《"三礼"名物词研究·序》，商务印书馆，2016。
[5] 陆宗达、王宁：《谈段王之学的继承和发展》，《语文学习》1983年第12期。
[6] 段玉裁：《广雅疏证·序》："小学有形、有音、有义，三者互相求，举一可得其二；有古形有今形，有古音有今音，有古义有今义，六者互相求，举一可得其五。"

器，其必有合焉尔。"无独有偶，"诸工之事非图不显"；① "中国自汉以后，偏重文学，工艺不复注意，详绎是尽，可知三代考工之重；今太西制作营造，未事之先，皆必成图，而所以考工者，洪纤曲折，回转繁重，无所不备，可见古法实与暗合。"② 黄季刚（侃）先生尝谓："治礼学者，每苦仪文之烦碎，是故必佐之以图，然后能明。郑、贾作注、作疏时，盖先绘图（陈澧说）。今则不可见。至宋而杨复作《仪礼图》，清张惠言继之。于是进退之度，揖让之节，秩然可观；循图读经，事半功倍矣。"③ 1929年1月27日，黄季刚（侃）先生在致陆颖明（宗达）先生函中写道："大抵名物制度，宜抽绎其例，排比其文，或图之，或表之，虽有旧图旧表，仍宜自作。"以跨越东西方古今文化的图解视角阐释《考工记》，有利于更好地传承这份人类共同的非物质文化遗产。

---

① 《四库全书总目》卷十九，经部十九，礼类一，著录《廎斋考工笔记解》之语。
② 中国科学院图书馆：《续修四库全书总目提要·经部》，中华书局，1993，礼类，"《考工记图》二卷"条，第495页。
③ 黄侃：《黄侃论学杂著》，中华书局，1964，第468页。

顺着戴震和段玉裁的思路，自然延展出了形音图义四者互相求的训诂方法。如果结合古今历时状态，则可古形、今形、古音、今音、古图、今图、古义、今义八者互相求。这八个方面互证，必然产生一系列"化学"效应。

然而，这些方法还是不够用。以《考工记》兵器名物为例，"唯是后人论器，仅能通其文字，苦鲜实物为证，揣想所及，往往对一器而解释异趣，聚讼纷纭，莫衷一是；又或昨是而今非，理想乃与事实相异。即博学深思之士，如清大儒程瑶田氏者亦在所难免，如论周戟是，则物征（证）不足之过也。"[1]这就迫使我们像王国维那样，继续拓展视野："吾辈生于今日，幸于纸上之材料外，更得地下之新材料。由此种材料，我辈固得据以补正纸上之材料，亦得证明古书之某部分全为实录，即百家不雅训之言亦不无表示一面之事实。此二重证据法惟在今日始得为之。"[2]例如，陆颖明（宗达）先生考证涷丝工序，孙晓野（常叙）先生考证耒耜的起源和发展，沈凤笙（文倬）先生考证周代宫室，均在这方面树立了样板。20世纪80年代，王宁先生提出，出土文物和历史文献"二者必须互相参照、彼此印证，方能得出较为准确的结论"[3]。这与王国维的"二重证据法"一脉相承，也符合太炎先生"治经"的第二条原则——"重左（佐）证"[4]，更是本书所秉承的重要理念之一。

贯串本书的理念之二是自觉运用系统的方法。回顾前辈学术历程，陆颖明（宗达）先生"对先秦文献的词义掌握得精而博，特别善于在广阔深密的词义网络之中，去确证一个词的某一义项是如何产生的，怎样使用的，其中蕴藏着哪些文化内涵"[5]。20世纪80年代中期起，王宁先生沿着陆颖明（宗达）先生关于词义系统的思路，提出了"类聚"的概念，总结出了"同类类聚""同义类聚"和"同源类聚"三种类聚模式，

---

[1] 周纬：《中国兵器史稿》，百花文艺出版社，2006，第37页。
[2] 王国维：《古史新证》，清华大学出版社，1994，第一章《总论》。陈寅恪也有类似的表述："一曰取地下之实物与纸上之遗文互相释证"；"二曰取异族之故书与吾国之旧籍互相补正"；"三曰取外来之观念，以固有之材料互相参证"。
[3] 王宁：《中国古代烹饪饮食用语名实考》，《训诂学原理》，中国国际广播出版社，1996，第285页。
[4] 详见章太炎：《说林下》，《太炎文录初编·文录卷一》，上海人民出版社，2014，第118页。
[5] 王宁：《古汉语词义系统研究·序》，内蒙古教育出版社，2000，第2页。

第一版后记 693

并明确提出"要坚持系统论,这是中西方成功的研究中的共识"[①]。2003年起,笔者在王宁先生的指导下,根据中国传统训诂学的训诂原理、语义观念以及词汇语义学原理,运用义素二分法,以《考工记》词语为试点,在一系列论文中概括先秦手工业专科词语系统的层次性、关联性、有序性三大特征,提出春秋末期书面汉语词语之间具有纵向、上下和横向的结构关联,由此形成词语立体网络,进而体现了事物联系的普遍性。本书所建《考工记》的原材料、车辆、旗帜、兵器、容器、乐器及其悬架、丝织品(帛)、色彩、玉器、都城规划与建设、沟洫、农具、度量衡、六齐等名物板块的框架结构,就是秉承系统方法的理念,建立在《考工记》名物词语系统基础之上的。

陆颖明(宗达)先生和王宁先生总结,以段、王为代表的乾嘉学派值得我们借鉴的第二个方面,是"在继承前人的研究成果时,都能做到不盲目迷信古人"[②]。这同样体现在《考工记》的名物训诂领域。例如,戴震的《考工记图》不盲目迷信郑玄注和贾公彦疏,列图考证宫室、车舆、兵器、礼乐等名物及其制度,被清代学林称为"奇

---

① 王宁:《汉语词汇语义学在训诂学基础上的重建与完善》,《民俗典籍文字研究》第2辑,商务印书馆,2005。
② 陆宗达、王宁:《谈段王之学的继承和发展》,《语文学习》1983年第12期。

书"。纪昀（晓岚）的序如此评价："戴君深明古人小学，故其考证制度字义，为汉已降儒者所不能及，以是求之圣人遗经，发明独多。""俾古人制度之大暨其礼乐之器昭然复见于今，兹是书之为治经所取益固巨。"

同样，以阮元和孙诒让为代表的后继学者也不盲目迷信戴震，在继承的同时，有所匡正，有所创新。

太炎先生"治经"的第三条原则是"戒妄牵"[1]。陆颖明（宗达）先生和王宁先生总结，以段、王为代表的乾嘉学派值得我们借鉴的第三个方面，是"熟知古代典籍，精通各朝文献，尊重实际的语言材料，善于系联，更善于比较，在词义的探求与整理上极好地继承了汉代学者的'为实'精神，尽力做到不妄言，不臆测"[2]。这同样体现在《考工记》的名物训诂领域。例如，纪昀（晓岚）曾经问起戴震，为何《考工记图》没有《辀人》里面提到的龙旂、鸟旟之类的图片？也没有《梓人》里面提到的筍虡，

北京师范大学2006年博士学位论文答辩场景

《车人》里面提到的大车、羊车之类的图片？戴震回答说："思而可得者微见其端，要留以待成学治古文者之致思可也。"王念孙《广雅疏证》自序也是这样："于所不知盖阙如也，后有好学深思之士，匡所不及，企而望之。"孙诒让在疏解《舆人》时也说：

---

[1] 详见章太炎：《说林下》，《太炎文录初编·文录卷一》，上海人民出版社，2014，第118页。
[2] 陆宗达、王宁：《谈段王之学的继承和发展》，《语文学习》1983年第12期。

"凡此经诸围,或方、或圆、或椭长不等,经注既无明文,姑兼存众议以备考,不敢质也。"[1] 2019年1月30日,笔者向王宁先生请教,为何戴震《考工记图》在甑图的左下角标注"庾则无考"?王宁先生耳提面命:"在出土文物和传世文献中,可考实的名物只是二者相互叠加互相证实的一小部分,而尚未能考实甚至根本不可考的占大部分。因此,名物考据要实事求是,在掌握充分证据之后才能考实,切忌急于求成,妄加猜测,以讹传讹,混淆视听。在新的足以证实的文物尚未出土之前,只能老老实实地说无考或未考实,这恰恰体现了乾嘉学派凡立一义必凭证据的朴实学风。"可谓合乎圣人"多闻阙疑,慎言其余"之义,也合乎《考工记》所崇尚的一丝不苟的工匠精神。

本书成书的全过程,始终得到王宁先生的关心和帮助:2004年,确定《考工记》为笔者的博士学位论文方向;2006年,亲自坐镇笔者的博士学位论文答辩;2017年9月,在北京远望楼指导笔者采用图解方法整理《考工记》的普及读物。2017年12月27日,王宁先生微信谆谆教导:"境界上不要放低,资源要用好,有利社会,做出真品、精品是第一要义。在这点上,要入学术之流!"笔者回复:"选目受到肯定,是一种收获。《关于实施中华优秀传统文化传承发展工程的意见》要求'编纂出版系列文化经典',特别是'加强中华优秀传统文化相关学科建设,重视保护和发展具有重要文化价值和传承意义的绝学、冷门学科',是我们做这套选题的初衷。幸蒙指点迷津,将编写方式调整为以图为主,降低了出错风险。接下来,就是如何定位普及,如何根据各书特点,推广到

---

[1] 孙诒让:《周礼正义》,汪少华点校,中华书局,2016,第3859页。

农村、企业、社区、机关、学校等城乡基层；如何精准阐释、活态利用，使其有益的文化价值深度嵌入百姓生活；如何让中华传统文化代表性内容走出去，让国外民众在审美过程中获得愉悦、感受魅力。不做下里巴人，是摈弃三俗的坚持；阳春白雪的普及，是我们向普罗大众推广优秀传统文化的特有方式；图文并茂，雅俗共赏，是活态利用的目标。"本书即将付梓之际，谨向王宁先生表达真挚的谢意！

中国广播影视出版社陈晓华副社长自2017年起，亲自带队，四处调研相关选题。本书承蒙不弃，幸附骥尾，谨向中国广播影视出版社和陈晓华副社长表达真挚的谢意！

同时向热心协查资料并绘图的颜阳天同志，向责任编辑许珊珊和周玲，向责任校对张哲、龚晨，一并表达真挚的谢意！

李亚明

2019年2月

于北京师范大学南门

增订本后记

检索人工智能平台"《考工记名物图解》的影响力",出现下列文字:

《考工记名物图解》的影响力主要体现在以下几个方面:

传承中华优秀传统科技文化遗产:该书在传承中华优秀传统科技文化遗产的基础上,对《考工记》进行了深入的挖掘和发展,通过分类阐释先秦名物,挖掘和传承了中华优秀传统科技文化蕴含的思想观念、人文精神和道德规范。

推动中华优秀传统科技文化的创造性转化和创新性发展:该书对于振奋中华民族的科技精神,激发科技文化创新创造活力,推动中华优秀传统科技文化创造性转化和创新性发展具有重要的科学价值和文化价值。

传播和积累中华优秀传统科学技术和文化知识:该书通过图解的方式,对《考工记》所载名物进行了解释和再现,有利于传播和积累中华优秀传统科学技术和文化知识。

活态利用和精准阐释《考工记》:该书采用与原典同步对应的方式,对《考工记》进行图证,逐一按系统类聚340个名物,图文并茂,是对《考工记》这部中华传统科技文化经典所载名物的当代解读,有利于保护和发展具有重要文化价值和传承意义的绝学、冷门学科。

综上所述,《考工记名物图解》在传承和发展中华优秀传统科技文化、推动创造性转化和创新性发展、传播和积累科学技术和文化知识等方面都具有重要的影响力。

机器平台谬奖过誉。季刚(侃)先生尝曰:"中国学问如仰山铸铜,煮海为盐,终无尽境。"又曰:"《周礼》一经,数言辨其名物;凡吉凶、礼乐,自非物曲,固不足以行之。是故祭有祭器，丧有丧器，射有射器，宾有宾器；及其辨等威，成节文，则官室、车旗、衣服、饮食，皆礼之所寓。虽玉帛、钟鼓，非礼乐之至精，舍之则礼乐亦无所因而见。故曰：德俭而有度，登降有数，文物以纪之，声明以发之。知此义也，则《三礼》名物，必当精究；辨是非而考异同，然后礼意可得而明也。"诚哉斯言！尽管《考工记》文本只有区区七千余字，然而，考工学博大精深，岂是拙著管窥所敢承载。前有郑康成（玄）、贾公彦、王介甫（安石）、林膺斋（希逸）、江慎修（永）、戴东原（震）、程易田（瑶田）、阮伯元（元）、郑子尹（珍）、俞荫甫（樾）、孙仲容（诒让）、马叔平（衡）、吴检斋（承仕）、郭鼎堂（沫若）、Joseph Terence Montgomery Needham（李约瑟）、陈进宦（直）、商锡永（承祚）、那志良、贺业钜诸儒导夫先路，时有华觉明、王燮山、闻人军、关增建、戴吾三、汪少华诸家砥砺前行。拙著增订本与其声气相求、异同并存，然学海无涯，学案林立，诚惶诚恐，如履如临，疏误之处，敬待贤者匡正，精益求精。

  本书增订本是西安外事学院高层次人才启动基金项目"《考工记》疑难名物研究"（编号：XAIU202413）的阶段性成果之一。承蒙责任编辑许珊珊女史精细审读，提出宝贵意见，使臻完善。谨致谢忱！

会稽上虞　李亚明　学
西安外事学院人文艺术学院教授
2025 年 3 月

附录一：《四库全书总目》著录《考工记》相关文献

古称"议礼如聚讼"，然《仪礼》难读，儒者罕通，不能聚讼。《礼记》辑自汉儒，某增某减，具有主名，亦无庸聚讼。所辨论求胜者，《周礼》一书而已。考《大司乐》章先见于魏文侯时，理不容伪。河间献王但言阙《冬官》一篇，不言简编失次，则窜乱移补者亦妄。三《礼》并立，一从古本，无可疑也。郑康成《注》，贾公彦、孔颖达《疏》，于名物度数特详。宋儒攻击，仅摭其好引谶纬一失，至其训诂则弗能逾越。盖得其节文，乃可推制作之精意，不比《孝经》《论语》可推寻文句而谈。本汉唐之《注》《疏》，而佐以宋儒之义理，亦无可疑也。谨以类区分，定为六目：曰《周礼》、曰《仪礼》、曰《礼记》、曰《三礼总义》、曰《通礼》、曰《杂礼书》。六目之中，各以时代为先后，庶源流同异，可比而考焉。

（《四库全书总目》卷十九·经部十九·礼类一）

《周礼注疏》四十二卷（内府藏本）

汉郑玄注，唐贾公彦疏。玄有《易注》，已著录。公彦，洺州永年人。永徽中，官至太学博士。事迹具《旧唐书·儒学传》。《周礼》一书，上自河间献王，于诸经之中，其出最晚。其真伪亦纷如聚讼，不可缕举。惟《横渠语录》曰："《周礼》是的当之书，然其间必有末世增入者。"郑樵《通志》引孙处之言曰"周公居摄六年之后，书成归丰，而实未尝行。盖周公之为《周礼》，亦犹唐之显庆、开元《礼》，预为之以待他日之用，其实未尝行也。惟其未经行，故仅述大略，俟其临事而损益之。故建都之制不与《召诰》《洛诰》合，封国之制不与《武成》《孟子》合，设官之制不与《周官》

合,九畿之制不与《禹贡》合"云云。其说差为近之,然亦未尽也。夫《周礼》作于周初,而周事之可考者,不过春秋以后。其东迁以前三百余年,官制之沿革,政典之损益,除旧布新,不知凡几。其初去成、康未远,不过因其旧章,稍为改易。而改易之人,不皆周公也。于是以后世之法窜入之,其书遂杂。其后去之愈远,时移势变,不可行者渐多,其书遂废。此亦如后世律令条格,率数十年而一修,修则必有所附益。特世近者可考,年远者无征,其增删之迹,遂靡所稽,统以为周公之旧耳。迨乎法制既更,简编犹在,好古者留为文献,故其书阅久而仍存。此又如开元《六典》、政和《五礼》,在当代已不行用,而今日尚有传本,不足异也。使其作伪,何不全伪六官,而必阙其一,至以千金购之不得哉?且作伪者必剽取旧文,借真者以实其赝,古文《尚书》是也。刘歆宗《左传》,而《左传》所云《礼经》,皆不见于《周礼》。《仪礼》十七篇,皆在《七略》所载古经七十篇中;《礼记》四十九篇,亦在刘向所录二百十四篇中。而《仪礼·聘礼》宾行饔饩之物、禾米刍薪之数、笾豆簠簋之实、金利壶鼎瓮之列,与《掌客》之文不同。又《大射礼》天子、诸侯侯数、侯制与《司射》之文不同。《礼记·杂记》载子、男执圭,与《典瑞》之文不同。《礼器》天子、诸侯席数与《司几筵》之文不同。如斯之类,与二《礼》多相矛盾。歆果赝托周公为此书,又何难牵就其文,使与经传相合,以相证验,而必留此异同,以启后人之攻击?然则《周礼》一书不尽原文,而非出依托,可概睹矣。《考工记》称"郑之刀",又称"秦无庐",郑封于宣王时,秦封于孝王时,其非周公之旧典,已无疑义。《南齐书》称:"文惠太子镇雍州,有盗发楚王冢,获竹简书,青丝编,简广数分,长二尺有奇,得十余简,以示王僧虔。僧虔曰:是科斗书《考工记》。"则其为秦以前书亦灼然可知。虽不足以当《冬官》,然百工为九经之一,其工为九官之一,先王原以制器为大事,存之尚稍见古制。俞庭椿以下,纷纷割裂五官,均无知妄作耳。郑《注》,《隋志》作十二卷,贾《疏》文繁,乃析为五十卷,新、旧《唐志》并同。今本四十二卷,不知何人所并。玄于三《礼》之学,本为专门,故所释特精。惟好引纬书,是其一短。《欧阳修集》有《请校正五经札子》,欲删削其书。然纬书不尽可据,亦非尽不可据,在审别其是非而已,不必窜易古书也。又好改经字,亦其一失。然所注但曰"当作某"耳,尚不似北宋以后连篇累牍，动称"错简"，则亦不必苛责于玄矣。公彦之《疏》，亦极博核，足以发挥郑学。《朱子语录》称："《五经》疏中，《周礼疏》最好。"盖宋儒惟朱子深于《礼》，故能知郑、贾之善云。

(《四库全书总目》卷十九·经部十九·礼类一)

《周官新义》十六卷 附《考工记解》二卷（《永乐大典》本）

宋王安石撰。……安石本未解《考工记》，而《永乐大典》乃备载其说。据晁公武《读书志》，盖郑宗颜辑安石《字说》为之，以补其阙。今亦并录其解，备一家之书焉。

(《四库全书总目》卷十九·经部十九·礼类一)

《周礼复古编》一卷（山东巡抚采进本）

宋俞庭椿撰。……说《周礼》者遂有《冬官》不亡之一派。分门别户，辗转蔓延，其弊至明末而未已。故特存其书，著窜乱圣经之始，为学者之炯戒焉。

(《四库全书总目》卷十九·经部十九·礼类一)

《礼经会元》四卷（内府藏本）

宋叶时撰。……其《注疏》一篇谓刘歆诬《周礼》，犹先儒旧论。至谓河间献王以《考工记》补《冬官》为累《周礼》，且谓汉武帝不信《周礼》由此一篇。其说凿空无据。……其《补亡》一篇，谓《冬官》散见五官，亦俞庭椿之琐说。时不咎其乱《经》，阴相袭用，反以读郑《注》者为叛经，慎又甚矣！

(《四库全书总目》卷十九·经部十九·礼类一)

《周官总义》三十卷（《永乐大典》本）

宋易祓撰。……论《辀人》之"四旗"，则历辨《巾车》《司常》《大司马》《大行人》与《考工记》不合，以明《曲礼》车骑为战国之制。诸如此类，虽持论互有短长，要皆以《经》释《经》，非凿空杜撰。

(《四库全书总目》卷十九·经部十九·礼类一)

《周礼订义》八十卷（内府藏本）

宋王与之撰。……其注《考工记》，据古文《尚书》《周官·司空》之职，谓《冬官》未尝亡，实沿俞庭椿之谬说。

(《四库全书总目》卷十九·经部十九·礼类一)

《鬳斋考工记解》二卷（江苏巡抚采进本）

宋林希逸撰。希逸字肃翁，福清人。端平二年进士，景定间官司农少卿，终中书舍人。自汉河间献王取《考工记》补《周官》，于是《经》与《记》合为一书，然后儒亦往往别释之。唐有杜牧注，宋有陈祥道、林亦之、王炎诸家解，今并不传，独希逸此注仅存。宋儒务攻汉儒，故其书多与郑康成《注》相刺缪。然以"绠参分寸之二"为轮外两边有护牙者，以"较"为车厢前横在式之上，则不合于轮舆之制；于"倨句一矩有半"，解仍郑氏《注》。其图乃以鼓为"倨"，股为"句"，则不合于磬折之度；于戈之长内则折前，谓援与胡、句相并如磬之折；于皋鼓之倨句磬折，谓"鼓为圆物，何缘有'倨句磬折'之形？恐有脱文"——皆于古器制度未之详核。特以经文古奥，猝不易明。希逸注明白浅显，初学易以寻求。且诸工之事非图不显，希逸以《三礼图》之有关于《记》者，采摭附入，亦颇便于省览。故读《周礼》者，至今犹传其书焉。

(《四库全书总目》卷十九·经部十九·礼类一)

《钦定周官义疏》四十八卷

乾隆十三年御定《三礼义疏》之第一部也。……于《考工记注》奥涩不可解者不强为之词，尤合圣人阙疑之义也。

(《四库全书总目》卷十九·经部十九·礼类一)

《周礼疑义举要》七卷（安徽巡抚采进本）

国朝江永撰。永字慎修，婺源人。是书融会郑《注》，参以新说，于经义多所阐发。其解《考工记》二卷，尤为精核。如经文："六尺有六寸之轮，轵崇三尺有三寸也，加轸与幞焉四尺也。"轸围尺一寸，见于经文，而幞围不著。并轸、幞以求七寸之崇，颇为难合。郑《注》亦未及详解。永则谓"轸方径二寸七分有半，自轴心上至轸面，总高七寸。毂入舆下，左右轨在毂上，须稍高，容毂转，故毂上必有幞庋之。幞之围径无正文。《辀人》'当兔之围'，居辀长十之一，方径三寸六分，辀亦在舆下庋舆者，则兔围与当兔同可知。轴半径三寸二分，加幞方径三寸六分，共高五寸八分。以密率算，毂半径五寸一分弱，中间距轨七分强，可容毂转。以五寸八分，加后轸出幞上者，约一寸二分，总高七寸。舆版之厚上与轸平，亦以一寸二分为率。后轸在舆下余一寸五分，辀踵为缺曲以承之。算加轸与幞之七寸，当从辀算起。盖辀在轴上，必当舆底相切；而两旁伏兔，亦必与辀齐平。故知辀之当兔围，必与兔围等大。后不言兔围者，因辀以见"云云。考《释名》曰："轸横在前，如卧床之有枕也。枕，横也，横在下也。荐版在上，如荐席也。"似舆板在上而轸在下。永谓轸面与舆版相平，似乎不合。然舆版之下仍余轸一寸五分，则其说仍不相悖。又考《说文》曰："輹，车伏兔下革也。"则是伏兔钳毂之处，尚有革承其间。永算伏兔距毂崇三寸六分，而伏兔下革厚尚未算入。要其增分甚微，固亦无妨于约算也。又经文曰："参分其隧，一在前，二在后，以揉其式。"式之制具详于《曲礼》孔《疏》。其说谓车厢长四尺四寸而三分，前一后二，横一木，下去车床三尺三寸，谓之为式。又于式上二尺二寸横一木，谓之为较。至宋林希逸，又谓揉者揉其木使正直而为之。永则谓"揉两曲木，自两旁合于前，通车前三分隧之一，皆可谓之式。式崇三尺三寸，并式深处言之。两端与两𫐄之植轵相接，军中望远，亦可一足履前式，一足覆旁式。《左传》长勺之战'登轼而望'是也。若较在式上，如何能登轼而望？若较于隧三分之前横架一木，则在阴版之内，车外不见式矣。《记》如何云'苟有车，必见其式'"云云。考郑《注》曰"兵车之式深尺四寸三分寸之二"，则《经》所云"一在前者"皆为式。凡一尺四寸有奇之地，《注》始得云"式深"。若仅于两輢之中横架一木，名之曰式，则一木前后更不为式，《注》又何得以深浅度式乎？孔《疏》谓横架一木于车厢内，盖未会郑《注》"式深"二字之义。又郑《注》云"较，两輢上出式者"，两輢则两厢版也。上出式而度之以两輢，则两较各在两厢之上明矣。故《释名》曰"较在厢上"，不云较在式上，是其明证。孔《疏》之误显然。至于《经》文凡云揉者，皆揉之使曲，而希逸反谓"揉之使直"，尤属不考。均不及永之所说确凿有征。其他援引典核，率皆类此。其于古制，亦可谓考之详矣。

（《四库全书总目》卷十九·经部十九·礼类一）

《考工记述注》二卷（福建巡抚采进本）

明林兆珂撰。兆珂有《诗经多识编》，已著录。此编因《考工记》一书文句古奥，乃取汉唐注疏参订训诂以疏通其大意，于《记》文皆旁加圈点，缀以评语。盖仿谢枋得批《檀弓》标出章法、句法、字法之例，使童蒙诵习，以当古文选本，于名物制度绝无所发明。末附《考工记图》一卷，亦林希逸之旧本，无所增损也。

（《四库全书总目》卷二十三·经部二十三·礼类存目一）

《批点考工记》一卷（内阁学士纪昀家藏本）

明郭正域撰。正域字美命，江夏人。万历癸未进士，官至礼部侍郎。谥文毅。事迹具《明史》本传。是编取《考工记》之文，圈点批评，惟论其章法、句法、字法。每节后所附注释，亦颇浅略。盖为论文而作，不为诂经而作也。

（《四库全书总目》卷二十三·经部二十三·礼类存目一）

《考工记通》二卷（浙江吴玉墀家藏本）

明徐昭庆撰。昭庆字穆如，宣城人。是书《凡例》有曰"此注本之朱周翰之《句解》，上而参之郑康成，下而合之周启明、孙士龙诸家，用成是帙。惟欲取便初学，故自忘其固陋"云云。今观其书，多斤斤于章法、句法、字法，而典据殊少，则《凡例》盖道其实也。其中时亦自出己意，攻驳前人。如"貉逾汶则死"，此汶本齐鲁间水，陆德明音释不误，而昭庆谓此是岷江，不当音问，引《史记》为证。不知《史记》固汶与岷通，未尝以《考工记》之汶为岷山也。

（《四库全书总目》卷二十三·经部二十三·礼类存目一）

《考工记纂注》二卷（浙江巡抚采进本）

明程明哲撰。明哲字如晦，歙县人。是书主于评点字句，于经义无所发明。名为《纂注》，实仅剿袭林希逸《考工记图解》之文。其误亦皆沿林本，惟《经》"軓"字皆改为"轨"，独与林本不同。考《诗·鲍叶篇》疏曰："《说文》云：'轨，车辙也。''軓，车轼前也。'……轨声九，軓声凡。"《辀人》之"軓前十尺，而策半之"，郑司农云："軓谓轼前也。"《大驭》："王祭两軹，祭軓，乃饮。"古书"軓"为"范"。杜子春云："軓当为范。"《小戎》传曰："阴掩軓也。"《笺》曰："掩軓在轼前垂辀上。"然则诸言"轼前"，皆谓軓也。《中庸》云："车同轨。"《匠人》云："经涂九轨。"《注》云："轨谓辙广也。"是二字辨别显然。林希逸《图解》尚不误，今明哲于希逸之误皆袭之，其不误者转改之，亦可谓不善改矣。

（《四库全书总目》卷二十三·经部二十三·礼类存目一）

附录二：中央人民广播电台《品味书香》访谈录

主持人（马宗武）：李老师，您先给大家讲讲您为什么要写这样一本解读古典文献《考工记》的书，这和您的学科背景有关系吗？

李亚明：2003年，我39岁，考上了北京师范大学的博士研究生，念汉语言文字学专业，是同学里年龄最大的，可以说是老博士生了。北京师范大学，是中国传统语言文字学章黄学派的重镇。从学术渊源来看，章黄学派继承了汉代古文经学和清代乾嘉学派朴实严谨的学风，进行字词、名物、制度等考据。《考工记》这个领域，是我导师王宁先生带着走进去的，我的博士论文做的就是《考工记》里先秦手工业专科词语词汇系统。《考工记名物图解》这本书的选题策划始于2017年，背景是中共中央办公厅、国务院办公厅为建设社会主义文化强国，增强国家文化软实力，实现中华民族伟大复兴的中国梦，印发了《关于实施中华优秀传统文化传承发展工程的意见》。内中提到，为进一步推进中华优秀传统文化传承发展工作，要求加大宣传力度，融通多媒体资源，主动设置主题，创新表达方式，集中打造亮点闪光点，让广大读者观众领略优秀传统文化的非凡价值和魅力，让优秀传统文化活起来、传下去。就这样，我在做了27年为人作嫁衣的"裁缝"后，这回自己也穿上了嫁衣。

主持人（马宗武）：我们大多数人对《考工记》，最多就是知道它是咱们国家历史上第一部记述官营手工业各工种规范和制造工艺的文献，最多就知道这样一个词条。但是《考工记》具体讲什么？它又有什么意义？大家不清楚，请您给大家讲一讲。

李亚明：《考工记》是《周礼》最后一部分《冬官考工记》的简称，曾以战国古文的形式流传。全书记述了六大类工种，也就是攻木之工、攻金之工、攻皮之工、设色

之工、刮摩之工和搏埴之工，其中分为30个具体工种，如攻木之工里有制造车轮的轮人，制造车厢的舆人，制造长兵器柄部的庐人，负责都城和沟洫规划和建设的匠人，制造乐器悬架、饮酒之器和箭靶的梓人，等等；攻金之工里有铸造乐钟的凫氏、铸造量器的栗氏、锻造宝剑的桃氏，等等；攻皮之工里有制造皮甲的函人、制造乐鼓和军鼓的韗人，等等；设色之工里有负责色彩和绘画的画缋、负责染色的钟氏、负责涑丝的㡛氏，等等；刮摩之工里有制造玉器的玉人、制造乐磬的磬氏，等等；搏埴之工里有制造各类陶器的陶人和瓬人。这些内容，涉及先秦时代的制车、兵器、礼器、练染、建筑和水利等手工业的制作工艺和检验方法，以及天文、数学、物理、化学等自然科学知识，记载了一系列生产管理和营建制度。

《考工记》在中国文化史、科技史和工艺美术史上具有极高地位。英国现代科学技术史专家李约瑟曾经说过："在近数十年中，人们对欧洲以外的伟大文明古国，尤其是中国和印度的科学和技术史，产生了极大的兴趣。"他在《中国科学技术史》这本书里屡屡引用并解释《考工记》。根据联合国教科文组织的要求，《考工记》还形成了联合国通用六国文字，也就是中文、英文、法文、俄文、西班牙文和阿拉伯文版本。

有人说，世界工业文明的源头在英国。但纵观历史，无论是古希腊、古埃及、古巴比伦还是古代中国，工业文明的真正原始形态都是手工业。而四大文明发源地中，最早完整地记述手工业各工种规范和制造工艺的文献，就是咱中国的《考工记》。所以，阅读《考工记》，可以登高眺望中国古代工业文明的晨曦，可以回溯先秦手工业的青铜时代，可以探求中华优秀传统文化一丝不苟、精益求精的工匠精神基因，可以增强我们的文化自信。

　　主持人（马宗武）：刚才您提到《考工记》曾以战国古文的形式流传，后来的历史上有哪些人对这本书做过研究，您给大家介绍一下吧。

　　李亚明：《考工记》曾以战国古文的形式流传。《南齐书·文惠太子传》记载，当时有一些盗墓贼在襄阳盗发了一座相传是楚王的古墓，挖出了许多宝贝，里面有用玉做的鞋子、屏风，还有成捆的竹简书。竹简长二尺，捆绑的皮带像新的一样。这些盗墓贼把竹简点燃当作火把来照亮古墓。过后，这古墓里还残存了一些竹简，上面都歪歪扭扭地写着谁都不认识的字，大家伙都说那是神仙写的。再后来，有人拿着残存的十几条竹简给当时的抚军（也就是将军）王僧虔看，这位王僧虔将军还是南朝著名的书法家，他一看就明白了，这些竹简上的文字叫"蝌蚪书"，也就是形体长得像蝌蚪，内容恰恰就是《周礼》里边缺少的《冬官考工记》这部分。《南齐书》这个记载，说明《考工记》在战国时期确实有个楚本。西汉的时候，河间献王刘德因《周官》（也就是《周礼》）缺了《冬官》这篇，就把《考工记》的内容补了进去。

　　《考工记》是块难啃的硬骨头，清代的纪晓岚就说过这样的话："守章句之徒不知引伸，胶执旧闻。"意思是说，墨守成规的读书人不知道融会贯通，只死板地执着于过去老旧的传闻。清代的戴震也说："儒者结发从事，今或皓首未之闻。"意思是说，有的读书人读了一辈子，头发白了也没读懂《考工记》。确实，许多读者认识《考工记》文本的字形，也知道读音，却不知道是啥意思，如堕云雾，不知所云。

　　前代有关《考工记》的注释和整理文献主要有：汉代郑玄的《周礼注》，唐代贾公彦的《周礼疏》，宋代林希逸的《鬳斋考工记解》，明代徐光启的《考工记解》，清代江永的《周礼疑义举要》，程瑶田的《考工创物小记》，戴震的《考工记图》，阮元的《考工记车制图解》，还有孙诒让的《周礼正义》等。这些书的内容提要和评价，在《四库全书总目提要》和《续修四库全书总目提要》里全有，我这里就不一一介绍了。但特别值得一提的是被誉为"前清学者第一人""中国近代科学界的先驱者"的清代著名语言文字学家、哲学家、思想家戴震的《考工记图》。

话说260多年前的乾隆二十年（1755年），戴震33岁，是他一生的转折点，"避仇入都"（《清史稿·戴震传》语），穷愁潦倒，寄宿在北京的安徽歙县会馆。然而，否极泰来，戴震随即凭着出色的才华结识了时任散馆编修的纪晓岚，投名状就是自己24岁那年写成的《考工记图》。纪晓岚一翻《考工记图》，就赞不绝口，连称"奇书"，安排刻印，并亲自为它作序。序里这么评价（原文就不读了，大概就是这么个意思）：戴震透彻地了解古代的语言文字学，他考证的制度和字义，是汉代以来的读书人所比不上的，因此，他能够在探究古代文献的时候，有特别多的独到的发现。

主持人（马宗武）：您给大家讲讲您的这本《考工记名物图解》都写了些什么？历时多久写成？写作过程中有哪些难忘的故事？

李亚明：这本《考工记名物图解》，是中国广播影视出版社刚刚出版的，秉承的宗旨是"让书写在古籍里的文字都活起来"，在建构《考工记》名物词语系统的基础之上，按照名物板块的框架结构：原材料、车辆、旗帜、兵器、容器、乐器、丝织品、色彩、玉器、都城规划与建设、沟洫、农具、度量衡、六齐等，跟《考工记》原典同步对应，类聚名物，可以说是图文并茂。这本《考工记名物图解》的思路与特色，跟戴震的《考工记图》相似，但有一样不同，就是汲取了最新的文物考古成果，特别是新中国成立70多年来的文物考古成果，用系统把看起来像散珠似的各类名物串联起来，便于读者更加清晰地阅读和理解《考工记》这本难懂的古书。

我刚才介绍了写这本书的背景。从头来说，16年前的2003年，我做了北京师范大学的老博士生。导师王宁先生反复告诫我要虚心接受严格而系统的学术素养的训练，端正学风和文风，摈弃"野路子"，继承传统语言文字学的精华。2004年，确定了把《考工记》作为博士学位论文方向，按照王宁先生的严格要求，每天从头到尾逐字朗读并圈点清代孙诒让《周礼正义》涉及《冬官考工记》这部分，每周写出一篇读书报告。

从开题到每一章内容的撰写，在向导师请教的过程中，经历了无数次的否定、再否定。每次被否定，感觉都像是被淬火、锻打一回，别提有多难受了，但又像是蜕皮似的，老旧的皮蜕掉了，新的皮又长了出来，这就是成长，最后的感觉是痛并快乐着。2006年，按时完成了博士学位论文《〈周礼·考工记〉先秦手工业专科词语词汇系统研究》并通过了答辩。

小马老师刚才问我这本书历时多久写成？要从头来说有15年了，可以说15年磨一剑；可是真正动手写，也就是两年。我几乎每天晚上倒腾一堆古墓里的原始文物资料，乐在其中。有时候半夜不经意间看见图片里一堆古尸的骷髅，也不觉得恐怖，好想让他们复活，陪我说说几千年前的前世今缘和各种各样的古董玩意儿。最难忘的是无数个清晨，隔着窗玻璃看着东边儿红红的太阳冉冉升起，日复一日，一眨么眼儿就升一回。旭日见证了我的写作过程。

主持人（马宗武）：可能对于普通的读者来说，这样大家还是会觉得有些难，您给大家讲几个其中涉及的故事吧。

李亚明：古代许多故事里涉及名物，而《考工记》里提到的每一件名物背后，也都有一段好听的故事。

咱们说一个春秋时期的故事。话说鲁隐公十一年，郑庄公准备攻打许国的时候，先在太祖庙前分发兵器。两位将军，公孙子都同颍考叔争夺兵车，颍考叔"挟辀以走"，也就是用胳膊夹着兵车的车辕就跑。子都拔出戟追上去，一直追到大路上，也没有追上，把子都给气坏了。后来，攻打许国都城的时候，颍考叔手持郑庄公的旗帜争先登上城墙，子都嫉恨颍考叔抢了头功，就从下面用箭射他，颍考叔中箭，从城墙上摔了下来。故事里的"辀"是啥玩意儿呀？为啥两位将军为了这个"辀"玩出人命来？原来，"辀"是马车的车辕，是关键部件，没有"辀"，马车就没法跑；而春秋时期，车兵是中原地区军队里的主力兵种，重大战争一般都是以兵车来决定最终的胜负。公孙子都同颍考叔抢辀，实际上就是抢兵器，抢指挥权，抢头功。既然辀这么重要，那咱《考工记》里有没有提到呢？有啊，《考工记·辀人》记载："辀人为辀。辀有三度，轴有三理。国马之辀深四尺有七寸，田马之辀深四尺，驽马之辀深三尺有三寸。"

您瞧，连各种马车的辀的尺寸都提到了。《考工记名物图解》收录了西周车辆的形制图、考古出土东周楚国车马坑里车辆的侧面图，考证了先秦车辆的5个部件。

听众朋友，您可能听过用2400多年前的战国早期曾侯乙墓出土的编钟复制品演奏的古乐。曾侯乙编钟音域宽广，音质纯正，音色优美，是中国古代音乐史上的一个光辉成就。说起曾侯乙编钟的出土，也有一段故事。1978年2月底，湖北省随州市郊区擂鼓墩东边团坡的一个工地开山炸石的时候，红砂岩下面炸出一大片褐色的土层。经有关方面批准并发掘，从这座曾侯乙墓出土了以编钟为代表的上万件文物，向世界呈现了中国古代文化艺术和科学技术的辉煌成就。这65枚编钟共有八组，分为三层悬挂在铜、木做成的钟架上；同时出土的还有32块编磬和青铜错金磬架。接下来的问题是，怎么划分编钟和编磬的各个部位，它们都有哪些功能？经过与《考工记》这本古书里的"凫氏为钟""磬氏为磬"和"梓人为笋虡"等段落对照，人们才有了答案。

主持人（马宗武）：除了文字的内容以外，图是这本书里最重要的部分，给大家讲讲书里的这些图片吧。

李亚明：图书图书，顾名思义，就是图与书密不可分。戴震在《考工记图》序跋里，阐述了图解方法在古籍整理中的作用，及其与随文释义的训诂之间的关系："立度辨方之文，图与传注相表里者也。"《四库全书总目》著录《虞斋考工记解》这本书时也说："诸工之事非图不显。"意思是说，涉及各类工匠的事情，没有图就没法呈现清楚。2017年9月，王宁先生指导我采用图解方法整理《考工记》。我在两年时间里，收集了1000多幅图片，所以《考工记名物图解》这本书可以说是图文并茂。这里的图有几种情况：一是宋、明、清三代学者对名物的构拟图，如宋代聂崇义的《新定三礼图》、清代戴震的《考工记图》、黄以周的《礼书通故》、阮元的《考工记车制图解》等；二是名物之间的关系图，如在《度量衡》这卷里的夫、井、成、同的各种面积单位关系图，是我自己画的，曾经分别发表在有关学术期刊上；三是各种名物的实物图、平面图、剖面图、侧面图、投影图、结构图、复原图、示意图等。

主持人（马宗武）：李老师本身就是出版社的编审，以前都是为别的作者做嫁衣，这次自己出书，有什么感受？

李亚明：出版界有一句口头禅，叫作："作者和读者都是出版社的上帝。"其实，无论是作者、读者还是编校人员，心灵都是相通的。我从事图书编辑出版工作已经有27个年头了。前面15年是做每本书的编辑工作，给作者的作品当裁缝；后面的12年从事图书编务管理和服务工作，也就是给裁缝当裁缝。这回是裁缝自己穿上了嫁衣。我写作的过程，其实就是一个精神升华的过程。换了角色，更加深切地体会到图书编辑和校对人员的无私奉献精神和一丝不苟精益求精的工匠精神。不知道有多少为了这本书的编辑、出版、发行做出默默奉献的幕后英雄。也许此时此刻，你们正在收音机前默默地听着《品味书香》的节目，我要借此机会，向你们道一声辛苦啦！同时向中国广播影视出版社表示真挚的谢意！

主持人（马宗武）：在您看来，通过这样一本书，大家能获得什么呢？

李亚明：八个字——知古鉴今，鉴古知今。今天，我们用跨越东西方古今文化的图解视角来阐释《考工记》，有利于更好地传承这份人类共同的非物质文化遗产，让广大听众、观众、读者都领略到中华优秀传统文化的非凡价值和魅力，让中华优秀传统文化活起来、传下去。期待我们的读者在读了这本小书之后，也能够更加增强文化自信，在自己的工作岗位上发扬中华优秀传统文化一丝不苟、精益求精的工匠精神，创造出更多像港珠澳大桥、大兴国际机场这样的大国工匠精品。

2019年10月29日中央人民广播电台文艺之声：《品味书香》

图版 90 陕西扶风法门寺出土的西周中期克钟
【参阅卷六《乐器及其悬架》"一、钟"】

图版 91 北京故宫博物院藏西周晚期虢叔旅钟
【参阅卷六《乐器及其悬架》"一、钟"】

图版 92　上海博物馆藏西周晚期梁其钟
【参阅卷六《乐器及其悬架》"一、钟"】

图版 93　台北故宫博物院藏西周晚期宗周钟
【参阅卷六《乐器及其悬架》"一、钟"】

图版 94　山东沂水纪王崮墓地 M1 出土的春秋时期青铜甬钟
【参阅卷六《乐器及其悬架》"一、钟"】

图版 95　曾侯乙墓出土的战国早期编钟（局部）
【参阅卷六《乐器及其悬架》"一、钟 /（一）类别 /1. 大钟"】

图版 100　陕西眉县杨家村窖藏西周时期逨钟乙 1 钟（局部）
【参阅卷六《乐器及其悬架》"一、钟／（二）部位／4. 钲"】

图版 101　陕西眉县杨家村窖藏西周时期逨钟乙 1 钟（局部）
【参阅卷六《乐器及其悬架》"一、钟／（二）部位／5. 舞"】

图版 102　山东沂水春秋时期纪王崮墓地 M1 出土的春秋时期青铜甬钟（局部）
【参阅卷六《乐器及其悬架》"一、钟 /（二）部位 /5. 舞"】

图版 103　陕西扶风出土的西周晚期南宫乎钟（局部）
【参阅卷六《乐器及其悬架》"一、钟 /（二）部位 /6. 甬"】

图版 108　陕西眉县杨家村窖藏西周时期逨钟乙 1 钟（局部）（篆间饰云纹）

【参阅卷六《乐器及其悬架》"一、钟 /（二）部位 /10. 篆₂"】

图版 109　台北故宫博物院藏西周晚期宗周钟（局部）（篆间饰两头兽纹）

【参阅卷六《乐器及其悬架》"一、钟 /（二）部位 /10. 篆₂"】

图版 110　山东沂水纪王崮墓地 M1 出土的春秋时期青铜甬钟（局部）
【参阅卷六《乐器及其悬架》"一、钟／（二）部位／11. 枚₁"】

图版 111　曾侯乙墓出土的长枚甬钟（局部）
【参阅卷六《乐器及其悬架》"一、钟／（二）部位／11. 枚₁"】

图版112 陕西眉县杨家村窖藏西周时期逨钟乙1钟（局部）

【参阅卷六《乐器及其悬架》"一、钟／（二）部位／12.隧（遂）"】

图版113 河南安阳殷墟武官大墓出土的商代晚期虎纹石磬

【参阅卷六《乐器及其悬架》"二、磬"】

图版114 湖北枣阳郭家庙西周晚期至春秋早期曾国墓地曹门湾墓区M1编磬出土情景

【参阅卷六《乐器及其悬架》"二、磬"】

M1：40

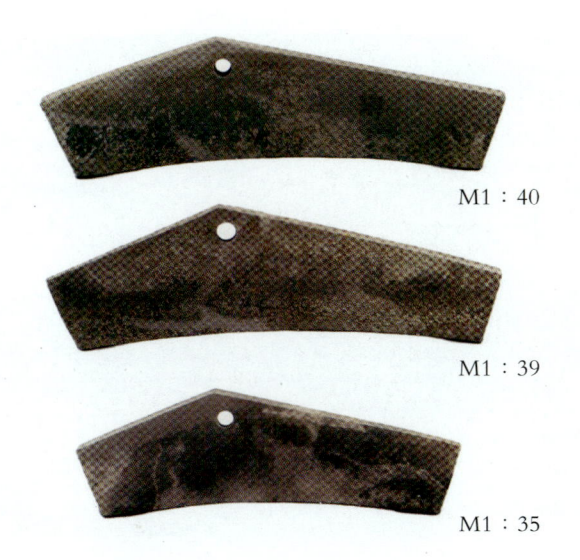

M1：39

M1：35

图版 115　山东沂水纪王崮墓地 M1 出土的春秋时期石编磬
【参阅卷六《乐器及其悬架》"二、磬"】

图版 116　湖北崇阳出土的商代兽面纹铜鼓
【参阅卷六《乐器及其悬架》"三、鼓$_3$"】

图版 117　流落日本的商代双鸟饕餮纹铜鼓（住友泉屋博古馆藏）
【参阅卷六《乐器及其悬架》"三、鼓$_3$"】

图版 118 湖北枣阳郭家庙西周晚期至春秋早期曾国墓地编钟架和编磬架出土情景
【参阅卷六《乐器及其悬架》"四、筍虡"】

图版 119 曾侯乙墓出土的战国早期编钟（局部）
【参阅卷六《乐器及其悬架》"四、筍虡"】

图版120 湖北枣阳郭家庙西周晚期至春秋早期曾国墓地编钟横梁出土情景
【参阅卷六《乐器及其悬架》"四、筍虡／（一）筍"】

图版121 台北历史博物馆藏春秋中期兽形器座
【参阅卷六《乐器及其悬架》"四、筍虡／（二）虡"】

图版 126 河南偃师二里头遗址纺织品遗迹
【参阅卷七《丝织品（帛）》】

图版 127 河南安阳大司空村商代包裹青铜器丝织品遗迹
【参阅卷七《丝织品（帛）》】

图版 128 陕西宝鸡茹家庄西周时期丝织品遗迹
【参阅卷七《丝织品（帛）》】

图版 129　陕西神木石峁遗址二里头文化时期壁画
【参阅卷八《色彩》"一、五色"】

图版 130　陕西历史博物馆藏西周时期四足调色器
【参阅卷八《色彩》"一、五色"】

图版 131　山西曲沃北赵西周晋侯墓地 1 号车马坑 21 号车围板彩绘图案
【参阅卷八《色彩》"一、五色"】

图版 132 湖北大冶铜绿山的孔雀石

【参阅卷八《色彩》"一、五色／（一）青"】

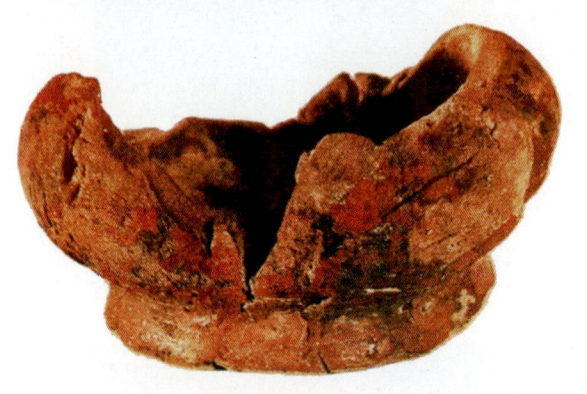

图版 133 浙江余姚河姆渡遗址出土的木胎朱漆碗

【参阅卷八《色彩》"一、五色／（二）赤"】

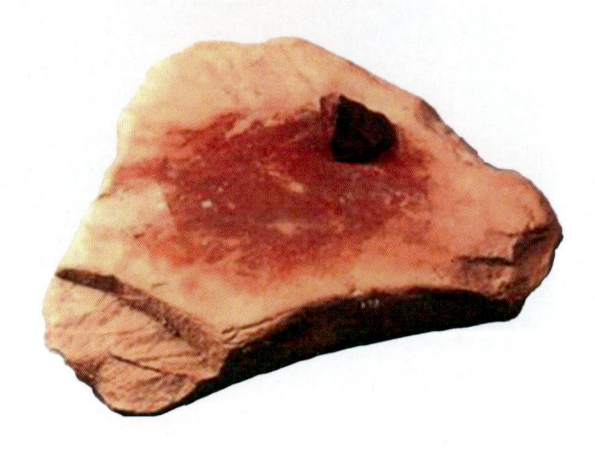

图版 134 河南陕县庙底沟出土的新石器时代石研磨盘和颜料块

【参阅卷八《色彩》"一、五色／（二）赤"】

图版 135 甘肃庆阳南佐新石器时代遗址 F2 出土的涂朱砂陶片
【参阅卷八《色彩》"一、五色/（二）赤"】

图版 136 大汶口文化彩陶色彩
【参阅卷八《色彩》"一、五色/（二）赤"】

图版 137 河南偃师二里头遗址出土的夏代涂朱石璋
【参阅卷八《色彩》"一、五色/（二）赤"】

图版 144 大汶口文化彩陶色彩
【参阅卷八《色彩》"二、画缋"】

图版 145 庙底沟文化的双旋纹彩陶
（1. 山西夏县肖家河；2. 山西方山峪口；3. 山西垣曲；4. 山西垣曲下马村）
【参阅卷八《色彩》"二、画缋"】

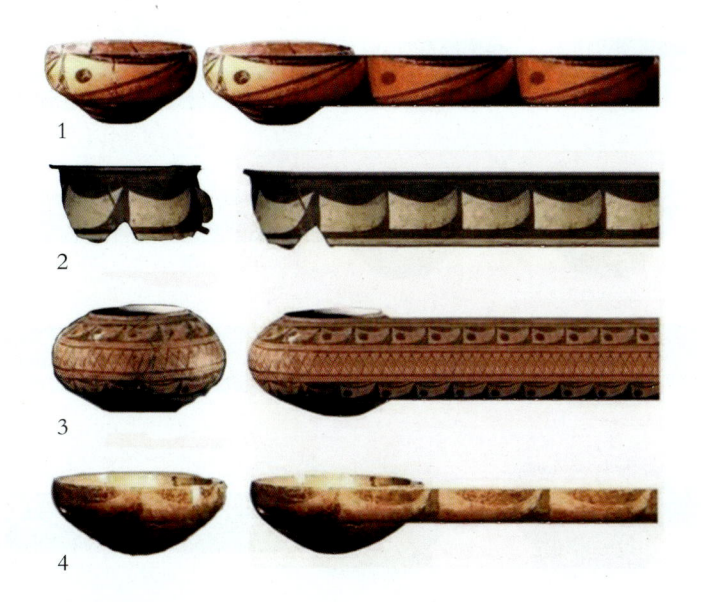

图版 146　庙底沟文化的西阴纹彩陶
（1. 河南陕县庙底沟；2、3. 湖北枣阳雕龙碑；4. 湖南澧县城头山）
【参阅卷八《色彩》"二、画绘"】

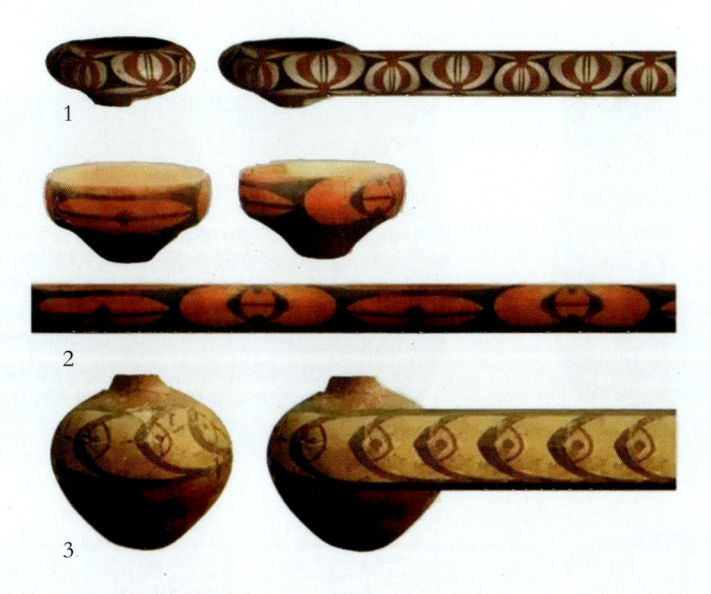

图版 147　庙底沟文化的圆弧类纹饰彩陶Ⅰ
（1. 山东泰安大汶口；2. 河南三门峡；3. 河南唐河）
【参阅卷八《色彩》"二、画绘"】

图版 148 庙底沟文化之圆弧类纹饰彩陶 II
（1. 山西夏县西阴村；2. 河南郑州大河村；3. 甘肃秦安大地湾；4. 河南舞阳）
【参阅卷八《色彩》"二、画缋"】

图版 149 大汶口文化彩陶红白相间色彩
【参阅卷八《色彩》"二、画缋/（二）章"】

彩 插 73

图版 150 江苏邳州大墩子庙底沟文化四瓣式花瓣纹彩陶红白相间色彩
【参阅卷八《色彩》"二、画缋／（二）章"】

图版 151 内蒙古敖汉旗大甸子出土的夏家店下层文化时期彩绘陶
【参阅卷八《色彩》"二、画缋／（二）章"】

图版 152 湖南长沙出土的战国彩绘雕花板
【参阅卷八《色彩》"二、画缋／（二）章"】

图版153 甘肃张家川马家塬战国墓地 M1-2 号车右侧板
【参阅卷八《色彩》"二、画缋／（四）黻"】

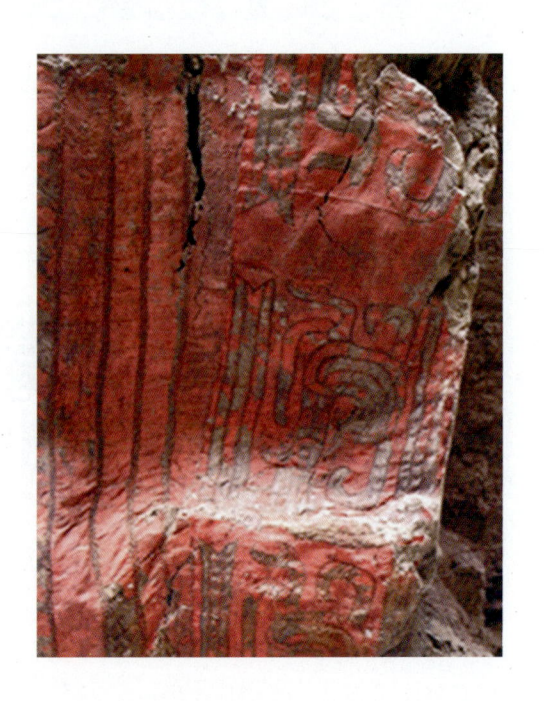

图版154 山西绛县横水西周墓地 M1 帨帷痕迹（局部）
【参阅卷八《色彩》"二、画缋／（五）绣"】

图版155 湖北江陵马山砖厂战国时期 1 号楚墓出土的龙凤纹绣绢衾
【参阅卷八《色彩》"二、画缋／（五）绣"】

图版 156 湖北江陵马山砖厂战国时期 1 号楚墓出土的锦袍图案
【参阅卷八《色彩》"二、画缋/（五）绣"】

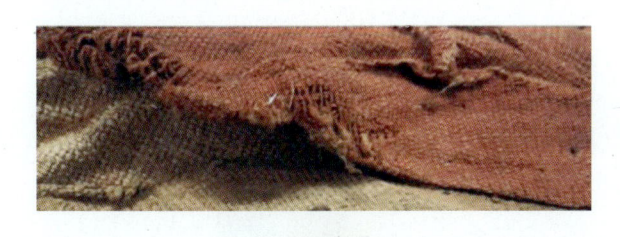

图版 157 河南三门峡虢国墓地虢仲墓出土的麻织物内层
【参阅卷八《色彩》"三、染色/（一）缥"】

图版 158 龙山文化晚期鹰纹圭
【参阅卷九《玉器》"一、圭"】

图版 159 上海博物馆藏商代琬圭
【参阅卷九《玉器》"一、圭/（八）琬圭"】

图版 160 上海博物馆藏西周中期龙纹系璧
【参阅卷九《玉器》"二、璧"】

图版 161 战国早期白玉谷纹璧
【参阅卷九《玉器》"二、璧"】

图版 162 四川成都金沙村出土的商周时期玉璋
【参阅卷九《玉器》"四、璋／（一）牙璋"】

图版 163 龙山文化十九节大玉琮
【参阅卷九《玉器》"五、琮"】

图版 164 上海博物馆藏良渚文化玉琮
【参阅卷九《玉器》"五、琮/（四）瑑琮"】

图版 165 台北故宫博物院藏良渚文化玉琮
【参阅卷九《玉器》"五、琮/（四）瑑琮"】

图版 166 山东沂水春秋时期纪王崮墓地 M1 出土的玉琮
【参阅卷九《玉器》"五、琮/（四）瑑琮"】

图版 167 湖北枣阳郭家庙西周晚期至春秋早期周台遗址出土的筒瓦
【参阅卷十《都城规划与建设》"五、宫/（一）类别/5. 瓦屋"】

图版 168 陕西临潼上焦村出土的秦代陶囷
【参阅卷十《都城规划与建设》"五、宫／(一)类别／6. 囷"】

图版 169 浙江杭州余杭良渚古城遥感影像识别结果与田野考古结果对比图
【参阅卷十《都城规划与建设》"五、宫／(一)类别／9. 城"】

图版 170　陕西宝鸡石鼓山商周墓地 3 号墓出土的户方彝

【参阅卷十《都城规划与建设》"五、宫/(二)部位/1.阿"】

图版 171　陕西历史博物馆藏西周中期日己方彝器盖

【参阅卷十《都城规划与建设》"五、宫/(二)部位/1.阿"】

图版172 陕西扶风庄白村1号窖藏西周中期刖人守门鼎
【参阅卷十《都城规划与建设》"五、宫 /（二）部位 / 4.窗"】

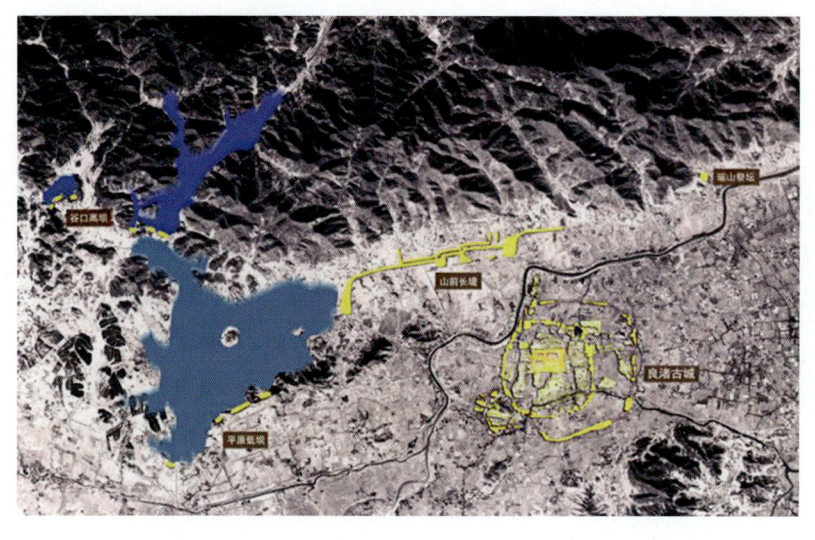

图版173 浙江杭州余杭良渚古城城址区及外围水利系统
【参阅卷十一《沟洫》"六、防"】

彩插 81

图版 174 湖北枣阳郭家庙西周晚期至春秋早期周台遗址出土的陶水管
【参阅卷十一《沟洫》"七、窦"】

图版 175 台北故宫博物院藏秦量
【参阅卷十三《度量衡》"量"】

图版 176 东汉新莽嘉量
【参阅卷十三《度量衡》"量"】

图版 177 江苏海安青墩出土的新石器时代中晚期-崧泽文化带柄穿孔陶钺
【参阅卷十三《度量衡》"一、长度单位/（四）柯1"】

图版 178 上海博物馆藏秦二世元年椭升
【参阅卷十三《度量衡》"四、容积单位/（一）升"】

图版 179 甘肃省博物馆藏西周早期人头銎戈
【参阅卷十三《度量衡》"五、角度：倨句"】

图版 180 伏羲女娲执规矩图

【参阅卷十三《度量衡》"五、角度：倨句／（三）矩"】

图版 181 中国国家博物馆藏春秋末期右伯君权

【参阅卷十三《度量衡》"六、测重器具：权"】

图版 182 山东长清仙人台郭国墓出土的春秋中期青铜祖埶

【参阅卷十三《度量衡》"七、测影器具／（一）埶"】

图版 183 河南浚县出土的西周早期康侯青铜斧

【参阅卷十四《六齐》"一、上齐／（二）斧斤之齐"】

84　考工记名物图解（增订本）

图版 184　陕西扶风庄白村出土的西周中期火焰纹青铜斧

图版 185　内蒙古鄂尔多斯地区出土的春秋战国时期青铜斧
【参阅卷十四《六齐》"一、上齐／（二）斧斤之齐"】

图版 186　曾侯乙墓出土的战国早期玉首青铜削
【参阅卷十四《六齐》"二、下齐／（二）削杀矢之齐／1.削"】

图版 187　河南辉县琉璃阁出土的春秋时期吴王夫差鉴
【参阅卷十四《六齐》"二、下齐／（三）鉴燧之齐／1. 鉴"】

图版 188　曾侯乙墓出土的战国早期冰鉴
【参阅卷十四《六齐》"二、下齐／（三）鉴燧之齐／1. 鉴"】

图版 189 河南安阳殷墟妇好墓出土的商代晚期青铜镜
【参阅卷十四《六齐》"二、下齐/（三）鉴燧之齐/2.燧"】

图版 190 河南三门峡上岭村虢国墓地出土的春秋早期虎鸟纹阳燧
【参阅卷十四《六齐》"二、下齐/（三）鉴燧之齐/2.燧"】

图版 191 流落日本的战国时期错金银狩猎纹铜镜（永青文库藏）
【参阅卷十四《六齐》"二、下齐/（三）鉴燧之齐/2.燧"】